ÉLÉMENS
DE
MATHEMATIQUES

PAR M. RIVARD,
Professeur de Philosophie en l'Université de Paris.

CINQUIÉME ÉDITION,

Revûe & augmentée de nouveau par l'Auteur.

A PARIS,

Chez JEAN DESAINT & CHARLES SAILLANT, Libraires rue Saint-Jean-de-Beauvais, vis-à-vis le Collége.
ET
LE PRIEUR, rue Saint-Jacques, à la Croix d'Or.

M. DCC. LII.

AVEC APPROBATION ET PRIVILEGE DU ROI.

A MONSEIGNEUR

LE RECTEUR,

ET

A L'UNIVERSITÉ DE PARIS.

ONSEIGNEUR,

C'est dans l'Université dont vous êtes le Chef, que j'ai puisé quelques connoissances des Mathématiques. A qui puis je mieux offrir les Elémens que j'en ai recueillis, qu'à cette Mère commune des Sciences, de qui je tiens le peu que j'en ai. C'est un tribut que je lui dois, ou plutôt c'est le juste hommage d'un bien qui lui appartient tout entier : car je reconnois sans peine, que mon Livre ne contient que les principes répandus dans les cayers de quelques Professeurs

de Philoſophie, auxquels j'ai tâché de donner l'ordre & l'étendue que demande l'impreſſion.

Témoin des peines & des dégoûts que cauſent aux jeunes gens qui étudient la Philoſophie, des cayers écrits peu correctement ſur des matiéres embarraſſantes, j'ai cru que ce ſeroit leur rendre ſervice que de leur donner imprimé en un ſeul Volume, tout ce que le tems leur permet d'apprendre de Mathématiques pendant leurs cours. Rien ne peut être plus efficace pour les porter à le lire & à en profiter, que de le voir paroître ſous le nom & les auſpices d'une Compagnie célébre, qui depuis pluſieurs ſiécles eſt en poſſeſſion de réunir dans ſon ſein toutes les Sciences, & qui paſſe, à juſte titre, pour la premiere Ecole de l'Univers.

Si ce fut autrefois un grand bonheur pour moi de recevoir de ſes leçons, c'eſt aujourd'hui un honneur dont je connois tout le prix, qu'Elle veuillle bien me permettre de lui en préſenter les fruits. Trouvez bon, MONSEIGNEUR, *que je vous ſupplie d'être le Dépoſitaire & le Garant de la reconnoiſſa ce & du profond reſpect avec lequel je ſerai toute ma vie,*

MONSEIGNEUR,

Son très-humble, très-fidéle, & très-dévoué ſerviteur,
RIVARD.

PRÉFACE.

L'ESTIME que l'on fait généralement des Mathématiques, a introduit depuis quelques années dans l'Université de Paris l'usage d'en expliquer les Elémens dans la plûpart des Classes de Philosophie. Les Professeurs les mieux instruits de cette Science & de ses avantages, ont reconnu sans peine que cette partie de la Philosophie ne méritoit pas moins leur attention que la Logique & la Physique : ils ont vû que les Mathématiques étoient une véritable Logique-pratique, qui ne consiste pas à donner une connoissance séche des régles qui conduisent à la vérité, mais qui les fait observer sans cesse ; & qui, à force d'exercer l'esprit à former des jugemens & des raisonnemens certains, clairs & méthodiques, l'habitue à une grande justesse.

En effet, rien n'est plus propre que l'étude de cette Science, pour fixer l'attention des jeunes Etudians, pour leur donner de l'étendue d'esprit, pour leur faire goûter la vérité, pour mettre de l'ordre & de la netteté dans leurs pensées, ce qui est le but de la Logique. S'il y avoit encore quelqu'un qui n'en fût pas persuadé, il pourroit s'en convaincre par ces courtes réflexions. Les signes que les Mathématiques emploient, les lignes sur-tout, & les figures dont se sert la Géométrie, arrêtent la légereté de l'imagination en frappant les yeux ; elles tracent dans l'esprit les idées des choses qu'il veut appercevoir ; elles surprennent & attachent ainsi son attention, souvent la preuve d'une proposition dépend de quantités de principes ; l'esprit n'est-il pas alors obligé d'étendre, pour ainsi dire, sa vûe avec effort, afin de les envisager tous en même-tems ?

La vérité est difficile à découvrir dans ces Sciences ; mais aussi elle semble vouloir dédommager ceux qui la cherchent, de leurs peines, par l'éclat d'une vive lumiere dont elle charme leur entendement, & par un plaisir pur & sans mélange dont elle pénétre l'ame. A force de la voir & de l'aimer, on se familiarise avec elle, & on s'accoutume à remarquer si bien les traits lumineux qui l'annoncent & la caractérisent toujours, qu'on est bien-tôt capable de la reconnoître sous quelque forme qu'elle paroisse, & de distinguer en toute matiere ce qui ne porte pas son empreinte.

Enfin personne n'ignore que la méthode des Mathématiciens tend plus que toute autre, à rendre l'esprit net & précis, & à le diriger dans la recherche de la vérité sur quelque sujet que l'on puisse travailler. Les Mathématiciens pour fondement de leurs connoissances, ne posent que des principes simples & faciles, mais certains, lumineux, féconds. Ensuite ils tirent de ces points fondamentaux les conclusions les plus aisées & les plus immédiates, qui n'ayant rien perdu de l'évidence de leurs principes, la communiquent à d'autres conclusions, celles-ci à des plus éloignées, & ainsi de suite. Par-là il se forme une longue chaîne de vérités, laquelle étant attachée par un bout à une vase inébranlable, s'étend de l'autre côté dans les matieres les plus difficiles.

Peut-on disconvenir, qu'une application de quelques mois, donnée à la pratique d'une telle méthode ne serve infiniment plus que certaines questions que l'on avoit coutume de traiter sans aucun fruit, à former le jugement, & à l'accoutumer à faire usage des regles de la Logique dans toutes les autres parties de la Philosophie, dont les routes se trouvent même par-là fort applanies? Qui pourroit ne pas approuver les Maîtres de Philosophie qui ont banni à perpétuité de leurs Leçons des matieres vaines & étrangeres, pour y en faire entrer d'autres si utiles, & qui y ont un droit naturel & inaliénable?

Une seconde considération aussi très-importante engage encore le Professeur à faire voir les Elémens des Mathématiques, sur tout ceux de Géométrie; c'est qu'ils sont très-utiles, pour ne pas dire nécessaires, à l'intelligence des matieres de Physique. Cette raison fait même qu'on ne les explique pour l'ordinaire qu'immédiatement avant la Physique.

La Méchanique, qui est le fondement de la vraie Physique, fait un usage continuel des principes des Mathématiques: quand je dis la Méchanique, je n'entends pas seulement cet art qui enseigne à lever les fardeaux très-pesans par le moyen d'une puissance peu considérable: je comprends sous ce nom la Science entiere du mouvement, qui apprend à en mesurer la quantité, qui en découvre les propriétés, qui en détermine les loix: la Méchanique prise en ce sens n'est-elle pas la base & le fondement de la Physique, dont le but est d'expliquer les effets de la nature: effets qui sont toujours produits par quelques mouvemens? Or il n'y a personne qui ose nier que les Mathématiques ne soient nécessaires pour traiter cette Science avec quelque exactitude. Elles ne le sont pas moins pour approfondir un peu l'Astronomie, qui est encore une partie de la Physique telle qu'on a coutume de la donner dans les Ecoles, & qui est même la plus curieuse & celle dont la connoissance nous procure plus de plaisir & de satisfaction. Qu'y a-t'il en effet dans les Sciences naturelles de plus capable de piquer notre curiosité, que de connoître les clauses de ces phénomenes remarquables qui sont exposés aux yeux de tous les hommes, tels que sont les éclipses du Soleil & de la Lune, la diversité des Saisons, l'inégalité des jours dans les différens Pays, le mouvement des Astres: c'est l'Astronomie qui nous développe les raisons de toutes ces apparences merveilleuses par les principes des Mathématiques, & sur-tout de la Géométrie.

Ajoutons que les bons Livres qui traitent de la Physique supposent au moins les Elémens de Géométrie; en sorte que ceux qui les ignorent sont obligés, ou de renoncer à la Lecture des meilleurs Livres de Physique, ou de passer les endroits les plus curieux & les plus intéressans.

Mais il n'est pas besoin de m'étendre davantage pour prouver une vérité dont il n'y a presque personne aujourd'hui qui ne tombe d'accord: on sent assez que rien n'est mieux dans les Classes que de cultiver les Mathématiques, tant pour procurer à l'esprit l'habitude de juger solidement, que pour préparer à la Physique. J'avois ouï dire plusieurs fois à quelques Professeurs habiles qu'il seroit à souhaiter que l'on eût dans un même volume un abrégé d'Arithmétique & d'Algebre, avec des Elémens de Géométrie; le tout proportionné aux besoins des Etudians en Philosophie; que par-là on éviteroit deux grands inconvéniens qui se rencontrent à dicter des cayers de Mathématiques, la perte du tems; c'est-à-dire, près de deux heures par jour employées à écrire des choses qu'on n'entend point; & les fautes qui se glissent si aisément dans cette matiere, où un chiffre, une lettre, un trait de plume mis pour un autre; déroutent un Commerçant dans les choses les plus faciles, le désolent & l'arrêtent quelquefois pendant long-tems, sans pouvoir passer outre. Ces considérations sur l'avantage que les jeunes gens pourroient tirer d'un Ouvrage fait dans ce goût, m'ont déterminé à donner les différentes Editions de ce Traité qui est devenu beaucoup plus considérable par les augmentations que j'ai faites, sur-tout dans la quatriéme Edition, qui se trouvent toutes dans cette cinquiéme, qui en contient encore plusieurs nouvelles qui sont repandues en différens endroits de l'Ouvrage.

APPROBATION.

J'Ai lû par l'ordre de Monseigneur le Garde des Sceaux un Manuscrit intitulé: *Elémens de Géométrie, avec un Abregé d'Arithmetique & d'Algebre*; j'ai cru que l'ordre & la clarté qui regnent en cet Ouvrage, en rendroient l'impression utile au Public. Fait à Paris le 3 de Mai 1732. SAURIN.

CONCLUSION DU TRIBUNAL DE L'UNIVERSITÉ.

Extractum è Commentariis Universitatis Parisiensis.

ANno Domini millesimo septingentesimo trigesimo secundo, die secundo mensis Augusti, habita sunt apud Amplissimum Rectorem in Collegio Sorbonæ-Plessæo Comitia ordinaria Deputatorum Universitatis.... accessit Magister *Rivard*, è Constantissima Natione vir Procuratorius, petiitque sibi liceret Universitati dedicare Librum à se scriptum, *de Matheseos Elementis*. Illo è Comitio de more egresso, dixit Amplissimus Rector cùm secum jam de illo Libro prædictus Magister *Rivard* privatim egisset, se ante omnia postulasse ut opus illud suum viris aliquot Academicis in Mathesi versatis legendum traderet, ut ex eorum judicio haberet Universitas quod sequeretur: post paucos dies venisse ad se celeberrimos Philosophiæ Professores Magistros *Le Monnier*, *Guillaume* & *Grandin*, ac de prædicti Magistri *Rivard* opere luculenta dedisse testimonia. His ab amplissimo Rectore dictis, audito Edmundo *Pourchot*, Syndico, omnes censuerunt accipiendam esse, quam offerret Magister *Rivard* Libri sui Dedicationem. Atque ita ab Amplissimo Rectore conclusum fuit.

INGOUT, Vice-Scriba.

APPROBATION.

J'Ai lû par ordre de Monseigneur le Chancelier le Livre de Mr.... Rivard des *Elémens de Géométrie, d'Arithmétique & d'Algebre*. Cet Ouvrage qui a mérité l'approbation & l'empressement du Public par l'ordre & la clarté, devient encore plus utile par les Additions nouvelles qu'on trouvera daus cette troisiéme Edition. Fait à Paris ce 25 Février 1739. Signé, PITOT.

Autre Approbation.

J'Ai lû par ordre de Monseigneur le Chancelier trois Livres de M. Rivard, intitulés: *Elémens de Mathématiques*, *Abregé des Elémens de Mathématiques*, *Traité du Calendrier*; & je n'ai rien trouvé dans ces Ouvrages qui en puisse empêcher la réimpression. A Paris ce 25 Septembre 1744. Signé, CLAIRAUT.

AVERTISSEMENT
de l'Auteur.

MR. Trabaud, Auteur du Traité de Méchanique, intitulé : *Principes sur le mouvement & l'équilibre*, ayant bien voulu citer les différentes propositions des Elémens de Mathématiques dont il fait usage, conformement au Traité que j'en ai donné, & s'étant servi de la troisiéme Edition, j'ai cru qu'il étoit à propos de conserver les numeros de cette troisiéme Edition dans celle-ci qui est la cinquiéme in-4°. & comme il y a un grand nombre d'Articles dans cette derniere Edition qui ne se trouvent pas dans la troisiéme, j'ai été souvent obligé de mettre le même numero à plusieurs Articles qui n'étoient pas dans la troisiéme Edition : mais cela n'empêche pas que ces Articles ne soient distingués les uns des autres, afin de pouvoir les citer, parce qu'on a eu soin de mettre différentes lettres de l'alphabet après les numeros qui sont repetés : par exemple, entre l'Art. 111 & le 112me de la seconde Partie, troisiéme Edition, on en a ajouté quatre qui sont désignés dans cette cinquiéme Edition en cette maniere, 111B, 111C, 111D, 111E. Il y a aussi quelques Articles de cette derniere édition qu'on a marqués par plusieurs numeros de suite, parce qu'ils renferment plusieurs Articles de la troisiéme édition réunis en un seul dans cette cinquiéme. Au reste, les augmentations que j'ai faites depuis la troisiéme édition sont si considérables, que je crois que l'Abregé de ces Elémens qui est in-8°. convient mieux à l'usage des Classes de Philosophie où l'on ne peut employer que quatre ou cinq mois au plus à l'étude des Mathématiques pures, à cause des autres matieres qu'on est obligé de voir pendant le cours de Philosophie.

ÉLÉMENS

PREMIERE TABLE DES ÉLEMENS DE GÉOMÉTRIE.

LIVRE SECOND.

Des Figures planes considérées selon leur surface. 121

Des Elémens & de l'égalité des surfaces. 122

De la mesure des Figures planes. *Ibid.*

Fin de la Table des Elémens de Géométrie.

DE LA TRIGONOMÉTRIE.

Théorême

Propositions qui renferment la Théorie de la Trigonométrie 263.

Problêmes généraux pour la pratique de la Trigonométrie. 273.

FIN.

SECONDE TABLE.

Dans cette Table la lettre A *marque l'Arithmétique & l'Algebre ; la Lettre* G *la Géométrie.* L *signifie Livre ; &* art. *article. Ainsi* G, L, II. art. 30. *signifie Géométrie, Livre second, Article* 30. Tri. *signifie Trigonométrie.*

Fin de la ſeconde Table.

AVIS SUR LA TABLE SUIVANTE.

¶ Comme on cite ſouvent les propoſitions des Elémens de Mathématiques ſelon l'ordre qu'elles ont dans les Elémens d'Euclide, en diſant, par exemple, par la XVI propoſition du premier Livre d'Euclide, on a cru qu'il ſeroit utile de faire une table qui contînt les énoncés des propoſitions qui ſont dans nos Elémens, qui ſoient précédées des numéros qu'elles ont dans Euclide, & ſuivies des citations des livres & des articles qui renferment les mêmes propoſitions, ou des propoſitious équivalentes, dans nos Elémens; on a même marqué les pages pour plus grande facilité. Lorſque ces propoſitions appartiennent à la premiere partie qui contient l'Arithmétique & l'Algebre, on a mis avant la citation du livre & de l'article ce mot abrégé Arith. qui veut dire Arithmétique : mais quand les propoſitions ſont dans la ſeconde partie, qui renferme la Géométrie, on s'eſt contenté de citer le livre & l'article avec la page. On ne trouvera pas dans cette table toutes les propoſitions d'Euclide, parcequ'elles ne ſont pas toutes dans nos Elémens : nous n'avons pas cru y devoir mettre celles qui ne ſont preſque d'aucun uſage, de peur de groſſir le volume inutilement; mais nous avons remplacé ces propoſitions par quantité d'autres qui ne ſont pas dans Euclide.

TROISIEME TABLE

Des propositions des Elémens d'Euclide, contenues dans nos Elémens.

LIVRE PREMIER.

pourvû que deux prises ensemble soient plus grandes que la troisiéme. *liv.* 2. *art.* 38. *page* 84.

Propos. XXIII. *Probl.* Faire un angle égal à un autre à un point d'une ligne. *liv.* 1. *art.* 61. *page* 16.

Propos. XXIV. *Théor.* Si deux côtés d'un triangle sont égaux à deux côtés d'un autre triangle, chacun à chacun, & que l'angle compris entre les côtés de l'un soit plus grand que l'angle compris entre les côtés de l'autre, égaux à ceux du premier, la base dans le premier triangle sera aussi plus grande que la base dans le second. *liv.* 2. *art.* 34. *page* 84.

Propos. XXV. *Théor.* Si deux côtés d'un triangle sont égaux à deux côtés d'un autre triangle, & que la base de l'angle compris entre les côtés du premier soit plus grande que la base de l'angle compris entre les côtés de l'autre égaux à ceux du premier, cet angle, compris du premier triangle, sera plus grand que l'angle compris du second. *liv.* 2. *art.* 34. *page* 84.

Propos. XXVI. *Théor.* Si un triangle a un côté égal à celui d'un autre triangle, & que les angles aux extrêmités de ces côtés soient égaux les uns aux autres, ces triangles seront égaux en tout sens. *liv.* 2. *art.* 27. *page* 79.

Propos. XXVII. *Théor.* Si une ligne tombant sur deux autres fait avec elle les angles alternes égaux, ces deux lignes seront paralleles. *liv.* 1. *art* 15. *page* 28.

Propos. XXVIII. *Théor.* Si une ligne tombant sur deux autres fait l'angle extérieur égal à l'intérieur opposé du même côté, ou les deux intérieurs du même côté égaux à deux droits, les deux lignes seront paralleles. *liv.* 1. *art.* 93 *&* 95. *pag.* 27 *&* 28.

Propos. XXIX. *Théor.* Si une ligne coupe deux paralleles, les angles alternes seront égaux; l'angle extérieur sera égal à l'intérieur opposé, & les deux intérieurs du même côté seront égaux à deux droits. *liv* 1. *art.* 90 *&* 91. *page* 25 & 26.

Propos. XXX. *Théor.* Les lignes paralleles à une troisieme sont paralleles entr'elles. *Cette proposition est évidente.*

Propos. XXXI. *Probl.* Tirer une ligne parallele à une autre par un point donné. *liv.* 1. *art.* 99. *page* 31.

Propos. XXXII. *Théor.* L'angle extérieur d'un triangle est égal aux deux intérieurs opposés, pris ensemble, & les trois angles d'un triangle rectiligne sont égaux à deux droits. *liv.* 2. *art.* 17 *&* 16. *page* 75 *&* 74.

Propos. XXXIII. *Théor.* Les deux lignes sont égales & paralleles qui sont tirées du même côté, par les extrêmités de deux autres lignes paralleles & égales. *liv.* 1. *art.* 97. *page* 30.

Propos. XXXIV. *Théor.* Les côtés & les angles opposés dans un parallélogramme sont égaux; & la diagonale le partage en deux également. *liv.* 2. *art.* 43 *&* 44. *page* 87 *&* 88.

Propos. XXXV. *Théor.* Les parallélogrammes sont égaux, quand ayant la même base ils sont entre les mêmes paralleles. *liv.* 2. *art.* 124 *&* 126.

Propos. XXXVI. *Théor.* Les parallélogrammes sont égaux qui étant entre les mêmes paralleles ont des bases égales. *liv.* 2. *art.* 124. *page* 126.

Propos. XXXVII. *Théor.* Les triangles sont égaux, qui ayant la même base, sont entre les mêmes paralleles. *liv.* 2. *art.* 126. *page* 126.

Propos. XXXVIII. *Théor.* Les triangles sont égaux qui ayant des bases égales sont renfermées entre les mêmes paralleles. *liv.* 2. *art.* 126. *page* 126.

Propos. XXXIX. *Théor.* Les triangles égaux dessus la même base sont entre les mêmes paralleles. *liv.* 2. *art.* 126. *pag.* 126.

Propos. XL. *Théor.* Les triangles égaux qui ont des bases égales prises sur la même ligne sont entre les mêmes paralleles. *liv.* 2. *art.* 126. *page* 126.

Propos. XLI. *Théor.* Un parallélogramme sera double d'un triangle, si entre les mêmes paralleles ils ont leurs bases égales. *liv.* 2. *art.* 125. *page* 126.

Propos. XLII. *Probl.* Faire un parallélogramme égal à un triangle sous un angle donné. *liv* 2. *art.* 45 *&* 127. *page* 88 *&* 127.

Propos. XLIII. *Théor.* Les compléments d'un parallélogramme sont égaux. *liv.* 2. *art.* 132. D. *page* 130.

Propos. XLIV. *Probl.* Décrire un parallélogramme sur une ligne, qui soit égal à un triangle, & qui ait un angle déterminé. *La solution se déduit des arts.* 45 *&* 128. *B. page* 88 *&* 127.

Propos. XLV. Probl. Décrire un parallélogramme, qui ait un angle déterminé & qui soit égal à un rectiligne donné. *liv.* 2. *art.* 45, 127 *&* 133. *page* 88, 127 *&* 131.

Propos. XLVI. Probl. Décrire un quarré sur une ligne donnée. *liv.* 2. *art.* 46. *page* 89.

Propos. XLVII. Théor. Le quarré de la base d'un triangle rectangle est égal aux quarrés des deux côtés pris ensemble. *liv.* 2. *art.* 183. *page* 151.

LIVRE SECOND D'EUCLIDE.

PRopos. I. Théor. Si on propose deux lignes, dont l'une soit divisée en plusieurs parties, le rectangle compris sous ces deux lignes est égal aux rectangles compris sous la ligne qui n'est pas divisée & sous les parties de celle qui est divisée. *liv.* 2. *art.* 204. *page* 173.

Propos. II. Théor. Le quarré d'une ligne est égal au rectangle compris sur toute la ligne & sous ses parties. *liv.* 2. *art.* 205. *page* 173.

Propos. III. Théor. Si on divise une ligne en deux, le rectangle compris sous toute la ligne & sous une de ses parties, est égal au quarré de cette même partie, & au rectangle compris sous les deux parties. *liv.* 2. *art.* 206. *page* 173.

Propos. IV. Théor. Si on divise une ligne en deux, le quarré de toute la ligne sera égal aux deux quarrés de ses parties & à deux rectangles compris sous ces mêmes parties. *liv.* 2. *art.* 207. *page* 173.

Propos. V. Théor. Si une ligne est coupée également & inégalement, le rectangle compris sous les parties inégales avec le quarré de la partie du milieu, est égal au quarré de la moitié de la ligne. *liv.* 2. *art* 208 *page* 173.

Propos. VI. Théor. Si on ajoute une ligne à une autre divisée en deux également; le rectangle compris sous la ligne composée des deux, & sous l'ajoutée avec le quarré de la moitié de la ligne divisée est égal au quarré d'une ligne composée de la moitié de la divisée, & de toute l'ajoutée. *liv.* 2. *art.* 209. *page* 174.

Propos. VII. Théor. Si on divise une ligne le quarré de toute la ligne & celui d'une de ses parties seront égaux à deux rectangles compris sous toute la ligne & sous cette premiere partie & au quarré de l'autre partie. *liv.* 2. *art.* 210. *page* 174.

Propos. VIII. Théor. Si on divise une ligne & qu'on lui ajoute une de ses parties, le quarré de la ligne composée sera égal aux quatre rectangles compris sous la premiere ligne, & sous cette partie ajoutée, avec le quarré de l'autre partie. *liv.* 2. *art.* 211. *page* 174.

Propos. IX. Théor. Si une ligne est divisée également & inégalement, les quarrés des parties inégales seront doubles du quarré de la moitié de la ligne, & de celui de la partie d'entre deux. *liv.* 2. *art.* 212. *page* 175.

Propos. X. Théor. Si on ajoute une ligne à une autre divisée également, le quarré de la ligne composée des deux, avec le quarré de l'ajoutée sont doubles du quarré de la moitié de la ligne, & du quarré de celle qui est composée de cette moitié & de l'ajoutée *liv.* 2. *art.* 213. *page* 175.

Propos. XI. Probl. Diviser une ligne de telle sorte que le rectangle compris sous toute la ligne, & sous la plus petite de ses parties, soit égal au quarré de l'autre partie qui est plus grande. *liv.* 2. *art.* 214. *page* 175.

Propos. XII. Théor. Dans un triangle obtusangle le quarré du côté opposé à l'angle obtus est égal au quarré des deux autres côtés & à deux rectangles compris sur le côté, sur lequel étant prolongée on a tiré une perpendiculaire, & sous la ligne qui est entre le triangle & cette perpendiculaire. *liv* 2. *art.* 215. *page* 176.

Propos. XIII. Théor. Dans quelque triangle rectiligne que ce soit le quarré du côté opposé à l'angle aigu avec deux rectangles compris sous le côté sur lequel la perpendiculaire tombe, & sous la ligne qui est entre la perpendiculaire & cet angle est égal aux quarrés des autres côtés. *liv.* 2. *art.* 216. *page* 176.

Propos. XIV. Probl. Décrire un quarré égal à un rectiligne donné. *liv.* 2. *art.* 217. *page* 176.

LIVRE TROISIEME D'EUCLIDE.

PRopos. I. Probl. Trouver le centre d'un cercle. *liv. 1. art.* 34. *page* 10.

Propos. II. Théor. La ligne droite qu'on tire d'un point de la circonférence à un autre est toute dans le cercle. *C'est une suite évidente de la convexité de la circonférence.*

Propos. III. Théor. Si dans un cercle une ligne droite passe par le centre, & coupe en deux également une autre ligne droite qui n'y passe point, elle la coupera perpendiculairement, & si elle la coupe perpendiculairement, elle la coupera en deux également. *liv. 1. art.* 103. *page* 31.

Propos. IV. Probl. Deux lignes droites tirées dans un cercle ne se coupent point également l'une l'autre hors du centre du cercle. *liv. 1. art.* 105 B. *page* 34.

Propos. V. Théor. Les cercles qui se coupent n'ont pas le même centre. *Cette proposition est évidente par elle-même.*

Propos. VI. Théor. Les cercles qui se touchent en dedans n'ont point le même centre. *Cette proposition n'a pas besoin de preuve.*

Propos. VII. Théor. Si on tire plusieurs lignes d'un point, qui étant dans le cercle, n'est pas son centre, jusqu'à la circonférence. 1°. Celle qui passe par le centre est la plus grande de toutes. 2°. Le reste de celle-là est la plus petite. 3°. La plus proche de la plus grande surpasse la plus éloignée. 4°. On n'en peut tirer que deux égales. *liv. 1, art.* 106, 110 *&* 110 F. *page* 34, 36 *&* 37.

Propos. VIII. Théor. Si d'un point pris hors du cercle on tire plusieurs lignes à sa circonférence. 1°. De toutes celles qu'on tire à la circonférence concave, la plus grande passe par le centre. 2°. Celles qui en approchent le plus sont plus grandes que les plus éloignées, 3°. Entre les lignes qui tombent sur la circonférence convexe, la plus petite étant continuée passe par le centre. 4°. Les plus proches de celle-là sont les plus petites 5°. On n'en peut tirer que deux égales, soit qu'on les tire à la circonférence convexe, ou qu'elles tombent sur la concave. *liv. 1. art.* 106, 110 *&* 110 F. *page* 34, 36 *&* 37.

Propos. IX. Théor. Si d'un point pris dans un cercle on peut tirer à la circonférence trois lignes égales, ce point est le centre du cercle. *liv. 1. art.* 110 F. *page* 38.

Propos. X. Théor. Si deux cercles se coupent ils ne peuvent se couper qu'en deux points. *liv. 1. art.* 110 G. *page* 38.

Propos. XIII. Théor. Deux cercles se touchent seulement dans un point. *liv. 1. art.* 117B. *page* 41.

Propos. XIV. Théor. Les lignes égales, tirées dans un cercle, sont également éloignées du centre, & celles qui sont également éloignées du centre sont égales. *liv. 1. art.* 25. *page* 7.

Propos. XV. Théor. De toutes les lignes qu'on peut tirer dans un cercle, celle qui passe par le centre est la plus grande, & celle qui approche le plus du centre est plus grande que celle qui en approche moins. *liv. 1. art.* 24B. *page* 7.

Propos. XVI. Théor. La ligne perpendiculaire à l'extrêmité du diametre est toute hors du cercle & le touche. Toute autre ligne tirée entr'elle & la circonférence du cercle le coupe & entre dedans. *liv. 1. art.* 111 *&* 117. *page* 38 *&* 40.

Propos. XVII. Probl. D'un point pris hors du cercle tirer une ligne qui le touche. *liv. 1. art.* 136. *page* 51.

Propos. XVIII. Théor. La ligne tirée du centre d'un cercle au point où une ligne droite le touche, est perpendiculaire à la même ligne. *liv. 1. art.* 113. *page* 38.

Propos. XIX. Théor. La perpendiculaire tirée à une tangente par le point d'attouchement passe par le centre. *liv. 1. art* 115. *page* 39.

Propos. XX. Théor. L'angle du centre est double de celui de la circonférence, qui a le même arc pour base. *liv. 1. art.* 126. *page* 47.

Propos. XXI. Théor. Les angles qui sont dans le même segment de cercle, ou qui ont le même arc pour base sont égaux. *liv. 1. art.* 125. *page* 46.

Propos. XXII. Théor. Les figures quadrilateres, inscrites dans un cercle, ont les angles opposés égaux à deux droits. *liv. 2. art.* 42B. *page* 87.

Propos. XXIII. Théor. Deux semblables segments de cercle, décrits dessus la même ligne, sont égaux. *liv. 1. art. 22. page 6.*

Propos. XXIV. Théor. Deux semblables segments de cercles, décrits sur des lignes égales, sont égaux. *liv. 1. art. 23. page 6.*

Propos. XXV. Achever un cercle dont nous n'avons qu'une partie. *liv. 1. art. 34. page 10.*

Propos. XXVI. Théor. Les angles égaux qui sont au centre ou à la circonférence des cercles égaux, ont pour bases des arcs égaux. *C'est une suite des art.* 42 & 124 du *liv. 1. page 11. & 45.*

Propos. XXVII. Théor. Les angles qui sont au centre ou à la circonférence des cercles égaux, & qui ont des arcs égaux pour base, sont aussi égaux. *C'est une suite des art. 42 & 124 du liv. 1. page 11 & 45.*

Propos. XXX. Probl. Diviser un arc de cercle en deux également. *liv. 1. art. 31. page 9.*

Propos. XXXI Théor. L'angle qui est dans un demi cercle est droit; celui qui est compris dans un plus grand segment est aigu, & celui qui est dans un plus petit est obtus *liv. 1. art. 127 & 128. page 47.*

Propos. XXXV Théor. Si deux lignes se coupent dans un cercle, le rectangle, compris sous les parties de l'une, est égal au rectangle compris sous les parties de l'autre. *liv. 1. art 63 page 62.*

Propos XXXVI Théor. Si d'un point pris hors d'un cercle on tire une ligne tangente & une autre qui aille se terminer sur la circonférence concave, le quarré de la touchante sera égal au rectangle compris sous toute la ligne qui coupe le cercle, & sous la partie extérieure. *liv. 2. art 167. page 64.*

LIVRE QUATRIEME D'EUCLIDE.

Propos. I. Probl. Inscrire dans un cercle une ligne donnée qui ne soit pas plus grande que son diametre. *Ouvrez un compas en sorte que la distance des deux pointes soit égale à la ligne donnée : posez ensuite une de ces pointes sur un point de la circonférence, & décrivez un arc qui la coupe en un autre point : la ligne tirée entre ces deux points est inscrite & égale à la ligne donnée.*

Propos IV Probl. Inscrire un cercle dans un triangle. *liv 2 art.* 147 B *page 135.*

Propos. V. Probl. Décrire un cercle autour d'un triangle. *C'est une suite de l'art. 32 du liv. 1. page 9, parcequ'il ne s'agit dans ce Problême V. que de faire passer une circonférence par les trois sommets du triangle.*

Propos. VI Probl. Inscrire un quarré dans un cercle. *liv. 2. art. 105. page 116.*

Propos. VII. Probl. Décrire un quarré autour d'un cercle. *liv. 2. art. 105 & 111. page 116 & 118.*

Propos. VIII. Probl. Inscrire un cercle dans un quarré. *liv. 2. art. 77. page 104.*

Propos. IX. Probl. Décrire un cercle autour d'un quarré. *liv. 2. art. 76. page 103.*

Propos. X. Probl. Décrire un triangle isocele qui ait les angles sur la base, chacun double du troisiéme. *liv. 2. art. 103 & 107. page 113 & 117.*

Propos. XI. Probl. Inscrire un pentagone régulier dans un cercle. *liv. 2. art.* 105 B. *page 116.*

Propos. XII. Probl. Décrire un pentagone régulier autour d'un cercle. *liv. 2. art.* 105 B. *& 111. page 116 & 118.*

Propos. XIII. Prob. Inscrire un cercle dans un pentagone régulier. *liv. 2. art. 77. page 104.*

Propos. XIV. Probl. Décrire un cercle autour d'un pentagone régulier. *liv. 2. art. 76. page 103.*

Propos. XV. Probl. Inscrire un exagone régulier dans un cercle. *liv. 2. art. 105. page 116.*

Propos. XVI. Probl. Inscrire un pente décagone régulier dans un cercle. *Supplém. art.* 4 B.

LIVRE CINQUIEME D'EUCLIDE.

LEs ſix premieres propoſitions d'Euclide n'étant utiles que pour prouver les ſuivantes par la méthode des équimultiples, nous les avons paſſé, parce que nous ne nous ſervons point de cette méthode.

Propoſ. VII. Théor. Les quantités égales ont même raiſon à une troiſiéme quantité; & une quantité a même raiſon à des quantités égales. *Arith. liv. 2. art. 13. page* 129.

Propoſ. VIII. Théor. La plus grande de deux quantités a plus grande raiſon a une troiſiéme que la plus petite, & cette troiſiéme quantité a plus grande raiſon à la plus petite qu'à la plus grande. *Arith. liv. 2. art. 15 & 16. page 129 &* 130.

Propoſ. IX. Théor. Les quantités ſont égales lorſqu'elles ont même raiſon à une troiſiéme quantité. *Arith. liv. 2. art. 14. page* 129.

Propoſ. X. Théor. La quantité qui a plus grande raiſon à la même eſt la plus grande; & celle là eſt la plus petite à laquelle la même a une plus grande raiſon. *Arith. liv. 2. art. 15 & 16. page 129 &* 130.

Propoſ. XI. Théor. Les raiſons qui ſont égales à une troiſiéme le ſont auſſi entr'elles. *Arith. liv. 2. art. 12. page* 129.

Propoſ. XII. Théor. Si pluſieurs quantités ſont proportionnelles, il y aura même raiſon d'un antécédent à ſon conſéquent que de tous les antécédens pris enſemble a tous les conſéquens. *Arith. liv. 2. art. 83. page* 158.

Propoſ. XIII. Théor. Si de deux raiſons égales l'une eſt plus grande qu'une troiſiéme, l'autre le ſera auſſi. *Cette propoſition eſt évidente par elle-même.*

Propoſ. XIV. Théor. S'il y a même raiſon de la premiere quantité à la ſeconde, que de la troiſiéme à la quatriéme, & que la premiere ſoit ~~plus~~ grande, égale ou plus petite que la troiſiéme, la ſeconde ſera auſſi plus grande, égale, ou plus petite que la quatriéme. *C'eſt une ſuite des art. 38 & 39 de l'Arith. liv. 2. page 137 de l'art. 53. page* 146.

Propoſ. XV. Théor. Les équimultiples, & les ſemblables parties aliquotes ſont en même raiſon. *Arith. liv. 2. art.* 17. page 131.

Propoſ. XVI. Théor. Si quatre grandeurs de même eſpece ſont proportionnelles, elles ſeront auſſi proportionnelles alternativement. *Arith. liv. 2. art. 53. page* 146.

Propoſ. XVII. Théor. Si les quantités compoſées ſont proportionnelles, elles le ſeront auſſi étant diviſées. *Arith. liv. 2. art 62 & 63. page* 148.

Propoſ. XVIII. Si les quantités étant diviſées ſont proportionnelles, elles le ſeront étant compoſées. *Arith. liv. 2. art. 60 & 61. page* 148.

Propoſ. XXII. Théor. La raiſon d'égalité avec ordre. Si on propoſe quelques termes auxquels on en compare un pareil nombre, de ſorte que ceux qui ſe répondent dans les mêmes rangs ſoient proportionnels, les premiers & les derniers ſeront proportionnels. *Arith. liv. 2. art. 67. page* 149.

Propoſ. XXIII. Théor. La raiſon d'égalité ſans ordre. Si deux rangs de termes ſont en même raiſon mal rangée, les premiers & les derniers de l'un & de l'autre ſeront proportionnels. *Arith. liv. 2. art. 68. page* 149.

LIVRE SIXIEME D'EUCLIDE.

PRopoſ. *I. Théor.* Les parallélogrammes & les triangles de même hauteur ont même raiſon que leurs baſes. *liv. 2. art. 164 & 172. page 146 &* 148.

Propoſ. II. Théor. Une ligne tirée dans un triangle parallelement à ſa baſe, diviſe ſes côtés proportionnellement; que ſi une ligne diviſe proportionnellement les côtés d'un triangle, elle ſera parallele à ſa baſe. *art. 1. du Supplement, à la fin de la*

Trigonométrie. On peut aussi voir l'art. 149. *page* 58. *du premier liv. pour la première partie de la proposition.*

Propos. III. Théor. La ligne qui partage en deux également l'angle d'un triangle partage sa base en deux parties, qui sont en même raison que les côtés; que si la ligne partage la base en deux parties proportionnelles aux côtés, elle divisera l'angle en deux également. *liv.* 1. *art.* 161 & 161 B. *page* 61.

Propos. IV. Théor. Les triangles équiangles ont les côtés proportionnels. *liv.* 2. *art.* 53 & 53 B. *page* 93 & 94.

Propos. V. Théor. Les triangles qui ont les côtés proportionnels sont équangles. *liv.* 2. *art.* 59. *page* 96.

Propos. VI. Théor. Les triangles qui ont les côtés proportionnels autour d'un angle égal, sont équiangles. *liv.* 2. *art.* 55. *page* 95.

Propos. VII. Théor. Si deux côtés d'un triangle sont proportionnels à deux côtés d'un autre triangle, & que l'angle opposé à l'un de ces côtés dans le premier triangle soit égal à l'angle opposé au côté correspondant dans le second: si de plus l'angle opposé à l'autre côté du premier triangle est de même espece que l'angle opposé au côté correspondant du second, les deux triangles seront équiangles. *liv.* 2. *art.* 56. *page* 95.

Propos. VIII. Théor. La perpendiculaire tirée de l'angle droit d'un triangle rectangle au côté opposé, le divise en deux triangles qui lui sont semblables. *liv.* 2. *art.* 62. *page* 97.

Propos. IX. Probl. Couper la partie qu'on voudra d'une ligne. *liv.* 1. *art.* 174. *pag.* 68.

Propos. X. Probl. Diviser une ligne de même façon qu'une autre ligne est divisée. *liv.* 1. *art.* 173. *page* 67.

Propos. XI. Probl. Trouver une troisiéme proportionnelle à deux lignes données. *liv.* 2. *art.* 171. *page* 66.

Propos. XII. Probl. Trouver une quatrieme proportionnelle à trois lignes données. *liv.* 2. *art.* 170. *page* 65.

Propos. XIII. Probl. Trouver une moyenne proportionnelle entre deux lignes données. *liv.* 2. *art.* 172. *page* 67.

Propos. XIV. Théor. Les parallélogrammes équiangles & égaux ont les côtés réciproques, & les parallélogrammes équiangles & qui ont les côtés réciproques sont égaux. *liv.* 2. *art.* 166 & 174. *page* 146 & 149.

Propos. XV. Théor. Les triangles égaux & qui ont un angle égal ont les côtés qui forment cet angle réciproques, & s'ils ont les côtés réciproques ils seront égaux. *Supplément. art.* 3 B.

Propos. XVI. Théor. Si quatre lignes sont proportionnelles, le rectangle compris sous la premiere & la quatriéme est égal au rectangle compris sous la seconde & la troisiéme. Que si le rectangle compris sous les extrêmes est égal au rectangle compris sous celles du milieu, les quatre lignes sont proportionnelles. *liv.* 1. *art.* 146. *page* 57. & *Arith. liv* 2. *art.* 40 & 41. *page* 138 & 140.

Propos. XVII. Théor. Si trois lignes sont proportionnelles, le rectangle compris sous la premiere & sous la derniere est égal au quarré de celle du milieu. Que si le quarré de celle du milieu est égal au rectangle des extrêmes, les trois lignes sont proportionnelles. *Arith. liv.* 2. *art.* 41 & 42 B. *page* 140 & 141.

Propos. XVIII. Probl. Décrire un polygone semblable à un autre sur une ligne donnée. *liv.* 2. *art.* 111 C. *page* 118 & *art.* 194 D. *page* 166.

Propos. XIX. Théor. Les triangles semblables sont en raison doublée de celles de leurs côtés homologues. *liv.* 2. *art.* 177. *page* 149.

Propos. XX. Theor. Les polygones semblables se peuvent diviser en autant de triangles semblables, & ils sont en raison doublée de leurs côtés homologues. *liv.* 2. *art.* 67. *page* 100. & *art.* 178 *page* 150.

Propos. XXI Théor. Les polygones qui sont semblables à un troisiéme polygone, le sont aussi entr'eux. *Cette proposition est évidente par elle-même.*

Propos. XXIII. Théor. Les parallélogrammes équiangles sont en raison composée de celle de leurs côtés *liv.* 2. *art.* 174. *page* 149.

Propos. XXIV. Théor. Dans toutes sortes de parallélogrammes, ceux par lesquels la diagonale passe sont semblables aux grands. *Cette proposition est évidente par l'art.* 132 C *du liv.* 2. *page* 130.

Propos. XXV. Probl. Décrire un polygone semblable à un polygone donné & égal à un autre. *Supplément. art.* 4 C.

Propos. XXX. Probl. Couper une ligne selon l'extrême & moyenne raison. *liv.* 1. *art.* 175. *page* 68.

Propos. XXXI. Théor. Un polygone décrit sur la base d'un triangle rectangle est égal aux deux polygones semblables, décrits sur les côtés du même triangle. *liv.* 2. *art.* 187. *page* 154.

Propos. XXXIII. Théor. Dans les cercles égaux les angles, tant du centre que de la circonférence, comme aussi les secteurs, sont en même raison que les arcs qui leur servent de base. *Cette proposition est une suite des art.* 42. *page* 11 *&* 124. *page* 45 *du liv.* 1.

LIVRE ONZIEME D'EUCLIDE.

Propos. I. Théor. Une ligne droite ne peut avoir une de ses parties dedans un plan & l'autre dehors. *liv.* 2. *art.* 229. *page* 179.

Propos. II. Théor. Les lignes qui se coupent sont dans le même plan aussi bien que toutes les parties d'un triangle. *liv.* 2. *artr* 232 *&* 233. *page* 180.

Propos. III. Théor. La commune section des deux plans est une ligne droite. *liv.* 2. *art.* 231. *page* 180.

Propos. IV. Théor. Si une ligne est perpendiculaire à deux autres qui se coupent, elle le sera aussi au plan des mêmes lignes. *liv.* 2. *art.* 235. *page* 181.

Propos. V. Théor. Si une ligne est perpendiculaire à trois autres qui se coupent dans le même point, elles seront toutes trois dans un même plan. *liv.* 2. *art.* 237. *page* 181.

Propos. VI. Théor. Les lignes qui sont perpendiculaires au même plan sont paralleles. *liv.* 2. *art.* 240. *page* 182.

Propos. VII. Théor. La ligne qui est tirée d'une parallele à l'autre est dans leur même plan. *C'est une suite de l'art.* 242 *du liv.* 2. *page* 182.

Propos. VIII. Théor. Si de deux lignes paralleles l'une est perpendiculaire à un plan, l'autre le sera aussi. *liv.* 2. *art.* 243. *page* 183.

Propos. IX. Théor. Les lignes paralleles à une troisiéme sont paralleles entr'elles. *liv.* 2. *art.* 244. *page* 183.

Propos. X. Théor. Si deux lignes qui concourent sont paralleles à deux autres de différens plans, elles formeront un angle égal. *liv.* 2. *art.* 245. *page* 183.

Propos. XIII. Théor. On ne peut pas tirer par le même point deux perpendiculaires à un plan. *liv.* 2. *art.* 219 *&* 220. *page* 177.

Propos. XIV. Théor. Les plans sont paralleles, auxquels la même ligne est perpendiculaire. *Il en est de même des plans comme des lignes ; or deux lignes sont paralleles quand une troisiéme est peependiculaire à ces deux premieres. liv.* 1. *art.* 96. *page* 29.

Propos. XV. Théor. Si les deux lignes qui se rencontrent au même point sont paralleles à deux lignes d'un autre plan, les plans de ces lignes seront paralleles. *C'est une suite des art.* 232, 233 *&* 234 *du liv.* 2. *page* 180.

Propos. XVI. Théor. Si un plan en coupe deux qui soient paralleles, les communes sections avec eux seront parelleles. *liv.* 2. *art.* 247. *page* 184.

Propos. XVII Théor. Deux lignes sont divisées proportionnellement par deux plans paralleles. *liv.* 2. *art.* 248. *page* 184.

Propos. XVIII. Théor. Si une ligne est perpendiculaire à un plan, tous les plans dans lesquels elle se trouvera seront perpendiculaires au même plan. *liv.* 2. *art.* 225. *page* 178.

Propos. XIX. Théor. Si deux plans qui se coupent sont perpendiculaires à un autre, leur commuue section lui sera aussi perpendiculaire. *liv.* 2. *art.* 250. *page* 185.

Propos. XX. Théor. Si trois angles plans composent un angle solide, les deux doivent être plus grands que le troisiéme. *liv.* 3. *art.* 11. *page* 188.

Propos. XXI. Théor. Tous les angles plans qui composent un angle solide sont moindres que quatre droits. *liv* 3. *art.* 12. *page* 189.

Propos. XXV. Théor. Si on divise un parallélepipede par un plan parallele à un des siens, les deux corps solides qui résulteront de cette division seront en même raison que leurs bases. *Les deux parties du parallélepipede seront des prismes de même hauteur : ainsi ils seront entr'eux comme leurs bases. liv.* 3. *art.* 114. *page* 226.

Propos. XXVI. Théor. Un parallélepipede se divise en deux également par le plan diagonal, ou en deux prismes égaux. *C'est une suite de la notion du parallélepipede, liv.* 3. *art.* 3. *page* 186.

Propos. XXXI. Théor. Les parallélepipedes de même hauteur qui ont la même base ou des bases égales sont égaux. *Les parallélepipedes sont des prismes, ainsi cette proposition est contenue dans l'art.* 87. *du liv.* 3. *page* 212.

Propos. XXXII. Théor. Les parallélepipedes de même hauteur sont en même raison que leurs bases. *liv.* 3. *art.* 114. *page* 226.

Propos. XXXIII. Théor. Les parallélepipedes semblables sont en raison triplée de leurs côtés homologues. *liv.* 3. *art.* 127. *page* 230.

Propos. XXXIV. Théor. Les parallélepipedes égaux ont les bases & les hauteurs réciproques, & ceux qui ont les hauteurs & les bases réciproques sont égaux. *liv.* 3. *art.* 115. *page* 226.

LIVRE DOUZIEME D'EUCLIDE.

Propos. I. Théor. Les polygones semblables, inscrits dans des cercles, sont en même raison que les quarrés des diametres des mêmes cercles. *liv.* 2. *art.* 179. *page* 150. *Ces diametres sont des lignes semblablement tirées des polygones inscrits.*

Propos. II. Théor. Les superficies des cercles sont en même raison que les quarrés de leurs diametres *liv.* 2. *art.* 180 & 181. *page* 150.

Propos. V. Théor. Les pyramides triangulaires de même hauteurs ont en même raison que leurs bases. *liv.* 3. *art.* 120. *page* 227.

Propos. VI. Théor. Toutes sortes de pyramides de même hauteur ont même raison que leurs bases. *liv.* 3. *art.* 120. *page* 227 & 228.

Propos. VII. Théor. Toute pyramide est la troisiéme partie d'un prisme de même base & de même hauteur. *liv.* 3. *art.* 95. *page* 218.

Propos. VIII. Théor. Les pyramides semblables sont en raison triplée, ou comme les cubes de leurs côtés homologues. *liv.* 3. *art* 127. *page* 230.

Propos. IX. Théor. Les pyramides égales ont les hauteurs & les bases réciproques, & celles qui ont les hauteurs & les bases réciproques sont égales. *liv.* 3. *art.* 115. *page* 226. & *art.* 120 *page* 227.

Propos. X. Théor. Un cone est la troisiéme partie d'un cylindre de même base & de même hauteur. *liv.* 3. *art.* 96. *page* 218.

Propos. XI. Théor. Les cylindres & les cones de même hauteur sont en même raison que leurs bases. *liv.* 3. *art.* 114 & 119. *page* 226 & 227. & *art.* 120. *page* 227.

Propos. XII. Théor. Les cylindres & les cones semblables sont en raison triplée de celle des diametres de leurs bases. *liv.* 3. *art.* 127. *page* 230.

Propos. XIII. Théor. Si un cylindre est coupé par un plan parallele à sa base, les parties de l'essieu seront en même raison que les parties du cylindre. *C'est une suite des art.* 113 & 119. *page* 226 & 227.

Propos. XIV. Théor. Les cylindres & les cones de même base sont en même raison que les hauteurs *liv.* 3. *art.* 113 & 119. *page* 226 & 227.

Propos. XV. Théor. Les cylindres & les cones égaux ont les bases & les hauteurs réciproques, & ceux qui ont les bases & les hauteurs réciproques sont égaux. *liv.* 3. *art.* 115, 119 & 120. *page* 226 & 227.

Propos. XVIII. Théor. Les spheres sont en raison triplée de leurs diametres; c'est-à-dire, comme les cubes de leurs diametres. *liv. 3. art. 128. page 230.*

FIN.

PRIVILEGE DU ROI.

LOUIS, PAR LA GRACE DE DIEU, ROI DE FRANCE ET DE NAVARRE, à nos amés & féaux Conseillers les Gens tenans nos Cours de Parlement, Maîtres des Requêtes ordinaires de notre Hôtel, Grand-Conseil, Prevôt de Paris, Baillifs, Sénéchaux, leurs Lieutenans Civils, & autres nos Justiciers qu'il appartiendra, SALUT. Notre bien amé le Sr. FRANÇOIS RIVARD, Nous a fait exposer qu'il désireroit faire imprimer & donner au public deux Ouvrages de sa composition, intitulés, *Elémens de Mathématiques*, *Tables des Sinus, des Tangentes, des Sécantes & des Logarithmes, avec la construction de ces Tables, & les deux Trigonométries rectiligne & Sphérique*, s'il nous plaisoit lui accorder nos Lettres de Privilége sur ce nécessaire; A CES CAUSES voulant traiter favorablement l'Exposant, Nous lui avons permis & permettons par ces Présentes de faire imprimer lesdits Ouvrages, en un ou plusieurs volumes, & autant de fois que bon lui semblera, & de les faire vendre & débiter par tout notre Royaume pendant le tems de douze années consécutives, à compter du jour de la date desdites Présentes; Faisons défenses à toutes sortes de personnes de quelque qualité & condition qu'elles soient, d'en introduire d'impression étrangére dans aucun lieu de notre obéissance; comme aussi à tous Libraires, Imprimeurs & autres, d'imprimer, faire imprimer, vendre, faire vendre, ni contrefaire lesdits Ouvrages, ni d'en faire aucuns extraits sous quelque prétexte que ce soit, d'augmentation, correction, changemens ou autres, sans la permission expresse & par écrit dudit Exposant, ou de ceux qui auront droit de lui, à peine de confiscation des Exemplaires contrefaits, de trois mille livres d'amende contre chacun des contrevenans, dont un tiers à Nous, un tiers à l'Hôtel-Dieu de Paris, l'autre tiers audit Exposant, & de tous dépens, dommages & intérêts. A la charge que ces Présentes seront enregistrées tout au long sur le Registre de la Communauté des Libraires & Imprimeurs de Paris, dans trois mois de la date d'icelles Que l'impression desdits Livres sera faite dans notre Royaume, & non ailleurs; en bon papier & beaux caractéres conformement à ladite feuille imprimée & attachée pour modele sous contre-scel desdites Présentes; & que l'Impétrant se conformera en tout aux Réglemens de la Librairie, & notamment à celui du 10 Avril 1725, qu'avant que de l'exposer en vente, le Manuscrit ou Imprimé qui auront servi de copie à l'impression desdits Ouvrages, seront remis dans le même état où l'approbation y aura été donnée, ès mains de notre très-cher & féal Chevalier le Sieur DAGUESSEAU, Chancelier de France, Commandeur de nos Ordres; & qu'il en sera ensuite remis deux Exemplaires dans notre Bibliothéque publique, un dans celle de notre Château du Louvre, & un dans celle de notre très-cher & féal Chevalier, le Sieur DAGUESSEAU, Chancelier de France; le tout à peine de nullité des Présentes, du contenu desquelles vous mandons & enjoignons de faire jouir ledit Exposant & ses ayans cause, pleinement & paisiblement, sans souffrir qu'il leur soit fait aucun trouble ou empêchement. Voulons que la copie desdites Présentes, qui sera imprimée tout au long au commencement ou à la fin desdits Ouvrages, soit tenue pour dûement signifiée, & qu'aux copies collationnées par l'un de nos amés & féaux Conseillers & Secretaires, foi soit ajoutée comme à l'original. Commandons au premier notre Huissier ou Sergent sur ce requis, de faire pour l'exécution d'icelles tous Actes requis & nécessaires, sans demander autre permission, & nonobstant clameur de Haro, Chartre Normande & Lettres à ce contraires: CAR tel est notre plaisir. DONNE' a Versailles le troisiéme jour du mois d'Août, l'an de grace 1742, & de notre regne le vingt-septiéme.

Par le Roi en son Conseil. SAINSON.

Registré sur le Registre XI. de la Chambre Royale & Syndicale des Libraires &

Imprimeurs de Paris, N° 64, *fol.* 53, *conformément au Réglement de* 1723, *qui fait défenses*, *Artcle* 4, à toutes personnes de quelque qualité & condition qu'elles soient, autres que les Libraires & Imprimeurs, de vendre, débiter & faire afficher aucuns Livres pour les vendre en leurs nom, soit qu'ils s'en disent les Auteurs ou autrement. Et à la charge de fournir à ladite Chambre Royale & Syndicale des Libraires & Imprimeurs de Paris les huit Exemplaites prescrits par l'article 108 du même Reglement. *A Paris le* 20 *Août* 1742. *Signé* SAUGRAIN, *Syndic*.

ÉLÉMENS DE MATHEMATIQUES.

NOTIONS PRELIMINAIRES.

I. ON appelle *Mathématiques* toutes les Sciences qui traitent des grandeurs pour en découvrir l'égalité ou l'inégalité.

II. On entend par *grandeur* tout ce qui peut être augmenté ou diminué : ainſi les lignes, les nombres, les mouvemens, les viteſſes, &c. ſont des grandeurs, parce qu'elles ſont capables d'augmentation & de diminution. Toutes ces choſes ſont auſſi appellées *quantités ;* enſorte que ces deux termes, *grandeur & quantité*, ont la même ſignification dans les Mathématiques, & peuvent être pris l'un pour l'autre.

Les Mathématiques ſont partagées en deux claſſes ; ſçavoir, les *Mathématiques pures & les mixtes*.

III. Les Mathématiques pures, ſont celles qui conſidérent les grandeurs en général, independamment des qualités ſenſibles que ces grandeurs peuvent avoir, telles que ſont la dureté, la fluidité, la peſanteur, la lumiere, la couleur, &c.

IV. Les Mathématiques mixtes, ſont celles qui conſidérent les différentes eſpéces de grandeurs avec les qualités ſenſibles qui les accompagnent : par exemple, la Méchanique, l'Aſtronomie, l'Optique, la Dioptrique, la Catoptrique ſont des Mathématiques mixtes.

Nous ne parlerons dans cet Ouvrage que des Mathématiques pures : elles ſe diviſent en *Algébre*, *Arithmétique* & *Geométrie*.

V. L'Algébre traite des grandeurs en général exprimées par des signes ou caractéres dont la signification n'eſt pas déterminée par leur nature, telles que ſont les lettres de l'Alphabet.

VI. L'Arithmétique traite des nombres qu'elle exprime par des chiffres.

VII. La Géométrie conſidere les trois eſpeces d'étendue, les lignes, les ſurfaces & les ſolides.

Les principes que les Mathématiciens emploient dans leurs raiſonnemens, ſont ou des *définitions*, ou des *axiomes*, ou des *demandes*.

VIII. Les définitions ſont les explications des termes dont on ſe ſert, & dont on fixe le ſens pour éviter l'ambiguité & la confuſion : telle eſt la définition ſuivante du terme d'*axiome*.

IX. Les axiomes ſont des propoſitions qui ſervent à en démontrer pluſieurs autres, & qui ſont ſi évidentes, qu'elles n'ont pas beſoin de preuves, telles ſont les propoſitions ſuivantes : le tout eſt plus grand qu'une de ſes parties : deux grandeurs qui ſont chacune égales à une troiſiéme, ſont égales entr'elles.

X. Les demandes ſont des ſuppoſitions qui ſont évidemment poſſibles, ou des choſes ſi faciles à faire, que perſonne ne les conteſte ; comme ſi on demande que *a* ſignifie une grandeur, & *b* une autre ; qu'il ſoit permis d'ajouter un nombre à un autre, &c.

C'eſt par le moyen de ces ſeuls principes que les Mathématiciens démontrent toutes leurs propoſitions, qui ſont de quatre ſortes, *Théorêmes*, *Problêmes*, *Corollaires & Lemmes.*

XI. Un Théorême eſt une propoſition de laquelle il faut ſeulement démontrer la vérité.

XII. Un Problême eſt une propoſition dans laquelle il s'agit d'enſeigner la maniere de faire quelque choſe, & de démontrer que celle qu'on propoſe pour l'exécution eſt infaillible.

XIII. Un Corollaire eſt une vérité qui ſuit d'une propoſition précédente.

XIV. Un Lemme eſt une propoſition que l'on ne prouve que pour démontrer d'autres propoſitions.

Outre ces quatre ſortes de propoſitions, on fait encore des remarques, ſoit pour les éclaircir, ſoit pour en faire connoître l'uſage, ſoit pour préparer à leur démonſtration. On emploie auſſi des *Scholies*, pour l'éclairciſſement de quelques propoſitions, & pour en expliquer l'uſage.

Nous allons expoſer quelques-uns des axiomes ſur leſquels ſont fondées les Mathématiques.

Le tout eſt égal à toutes ſes parties priſes enſemble : par exemple, ſi on partage une toiſe en quatre parties, il eſt évident que la toiſe eſt égale à ces quatre parties.

Le tout eſt plus grand qu'une de ſes parties.

Deux grandeurs, qui ſont chacune égales à une troiſiéme, ſont égales entr'elles : & ſi deux grandeurs ſont égales entr'elles, & que l'une ſoit égale à une troiſiéme, l'autre ſera pareillement égale à cette troiſiéme.

Si à des grandeurs égales on ajoute d'autres grandeurs égales, les tous qui en réſulteront ſeront égaux.

Si à des grandeurs inégales on ajoute des grandeurs égales, les tous ſeront inégaux : pareillement ſi à des grandeurs égales on ajoute des grandeurs inégales, les tous ſeront inégaux.

Si de grandeurs égales on retranche des grandeurs égales, les reſtes ſeront égaux.

Si de grandeurs inégales on retranche des grandeurs égales, les reſtes ſeront inégaux : pareillement ſi de grandeurs égales on retranche des grandeurs inégales, les reſtes ſeront inégaux.

Si de pluſieurs quantités la premiere eſt plus grande que la ſeconde, la ſeconde plus grande que la troiſiéme, la troiſiéme que la quatriéme, & ainſi de ſuite, la premiere ſera plus grande que la derniere.

Nous diviſerons cet Ouvrage en deux parties, dont la premiere contiendra les Élémens d'Arithmétique & d'Algébre, que nous joignons enſemble, parce que l'on fait les mêmes opérations dans l'une & l'autre ſcience : la ſeconde partie ſera la Géométrie.

PREMIERE PARTIE.

DES ÉLÉMENS DE MATHÉMATIQUES.

Arithmétique & Algébre.

CETTE premiere partie renfermera trois Livres : dans le premier, on expliquera les ſix principales opérations, tant ſur les nombres que ſur les lettres : ſçavoir, l'addition, la ſouſtraction, la multiplication, la diviſion, la formation des puiſſances, & l'extraction des racines : dans le ſecond Livre, on expliquera & on démontrera d'abord les raiſons & les proportions, & enſuite les fractions : dans le troiſiéme, on traitera des équations.

LIVRE PREMIER.

Des principales opérations de l'Arithmétique & de l'Algébre.

DANS ce premier Livre nous parlerons des opérations de l'Arithmétique avant que de traiter de celles de l'Algébre, parce que les premieres paroiſſent moins difficiles, & qu'elles peuvent beaucoup contribuer à l'intelligence des autres.

DE L'ARITHMÉTIQUE.

ART. I. L'ARITHMÉTIQUE eſt un ſcience qui enſeigne à faire différentes opérations ſur les nombres, & qui en démontre les principales propriétés.

2. On ſçait que pluſieurs unités ou pluſieurs parties de l'unité font un nombre : ainſi trois, cinquante-huit, quatre cinquiémes, &c. ſont des nombres.

3. Pour marquer les nombres on ſe ſert de pluſieurs caractéres qui nous viennent des Arabes ; on les nomme ordinairement *Chiffres* : il y en a dix ; ſçavoir, 0, 1, 2, 3, 4, 5, 6, 7, 8, 9. Le premier ne ſignifie rien quand il eſt ſeul ; mais lorſqu'il eſt avec d'autres chiffres, il ſert à augmenter la valeur de ceux après leſquels il ſe trouve : par exemple, le 5 ſeul ne vaut que cinq ; mais s'il eſt ſuivi de 0 en cette maniere 50, il vaut cinquante. On verra par les remarques ſuivantes, qu'on peut avec ces dix caractéres exprimer tous les nombres poſſibles : on pourroit même le faire avec plus ou moins de chiffres : cela eſt arbitraire. Il y a apparence qu'on s'en eſt tenu à dix à cauſe des dix doigts dont on ſe ſert naturellement pour compter.

REMARQUE PREMIERE ET FONDAMENTALE.

4. On eſt convenu que chaque chiffre auroit des valeurs différentes, ſuivant le rang qu'il occupe dans un nombre ; enſorte que les chiffres augmentent en proportion décuple en allant de droite à gauche, ou ce qui revient au même, les chiffres diminuent en proportion décuple en avançant de gauche à droite : c'eſt-à-dire, qu'une unité d'un chiffre vaut dix unités de celui qui eſt immédiatement plus à droite : par exemple, dans le nombre ſept mille

cinq cens soixante & deux, qui se marque en cette maniere, 7562, chaque unité du 7 vaut dix unités du 5 : car les unités du 7 sont des mille, puisque ce 7 marque sept mille, & les unités du 5 sont des centaines : or un mille vaut dix centaines. Pareillement chaque unité du 5 vaut dix unités du 6, parce que les unités du 5 sont des centaines, & les unités du 6 sont des dixaines. Enfin chaque unité du 6 vaut dix unités du 2, puisque les unités du 6 sont des dixaines, & les unités du 2 sont des unités simples. Cette remarque est d'une si grande importance, qu'elle est le fondement des opérations de l'Arithmétique.

I I.

5. On divise les chiffres qui composent un nombre en tranches, qui contiennent chacune trois caractéres, excepté la premiere à gauche, qui peut n'en contenir que deux, ou même un seul : c'est en allant de droite à gauche que l'on partage le nombre en tranches, lesquelles marquent différentes parties des nombres. Voici l'ordre de ces tranches en commençant vers la droite : celle des unités, celle des mille, celle des millions, celle des milliards, celle des billiards, celle des trilliards, celle des quatrilliards, &c. Dans chaque tranche on distingue trois rangs ; le premier, qui est le plus à gauche, est celui des centaines ; le second, celui des dixaines, & le troisiéme, celui des unités : on peut voir tout cela dans le nombre suivant.

Trilliards,	*Billiards*,	*Milliards*,	*Millions*,	*Mille*,	*Unités.*
70,	425,	670,	383,	952,	104.
Dixaines Unités	Centaines Dixaines Unités	Centaines Dixaines Unités	Centaines Dixaines Unités	Centaines Dixaines Unités	Centaines Dixaines Unités

Tous les Auteurs ne s'accordent pas à donner les mêmes noms aux tranches qui précédent celle des milliards. L'usage commun ne détermine pas ces dénominations, parce que les nombres dont on se sert ordinairement, ne contiennent pas de ces tranches.

I I I.

6. On peut bien juger après ce que nous avons dit dans les remarques précédentes, que quoique chaque tranche contienne des centaines, des dixaines & des unités ; cependant une tranche signifie des parties de nombre fort différentes de celles d'une autre tranche : par exemple, la tranche des millions marque des cen-

taines, des dixaines & des unités de millions; celle des mille signifie des centaines, des dixaines, & des unités de mille; ainsi des autres, comme nous l'avons marqué au-dessus des tranches dans le nombre précédent.

Quand nous disons que chaque tranche contient trois rangs; sçavoir, des centaines, des dixaines & des unités, il en faut excepter la premiere à gauche, qui peut ne contenir que des dixaines & des unités, ou des unités seulement, s'il n'y a qu'un chiffre dans cette tranche.

6 *B.* Il paroît par ces remarques que chaque chiffre qui compose un nombre, a deux valeurs, une propre & absolue, l'autre relative. La valeur propre ou absolue d'un chiffre, est celle qu'il a étant consideré seul indépendamment des autres qui l'accompagnent. La valeur relative est celle qui convient à un chiffre eu égard au rang qu'il tient dans un nombre. Par exemple, dans le nombre 7562 la valeur absolue du 7 est sept, & sa valeur relative est sept mille. Pareillement la valeur absolue du 5 est cinq, & sa valeur relative est cinq cens. La valeur absolue d'un chiffre est toujours la même, mais sa valeur relative change selon le rang qu'il tient.

I V.

7. Quand on nomme les rangs en particulier; par exemple, ceux des milliards, on dit, centaines de milliards, dixaines de milliards; mais il seroit inutile de dire, unités de milliards; on dit seulement, milliards: de même pour la tranche des millions, on dit, centaines de millions, dixaines de millions, & millions au lieu d'unités de millions; ainsi des autres. Pour ce qui est de la derniere tranche, qui est celle des unités, on dit seulement, centaines, dixaines & unités, parce qu'il est inutile de dire, centaines d'unités, dixaines d'unités & unités d'unités, ou unités simples. La dénomination propre à chaque tranche, signifie un nombre qui vaut mille fois plus que celui qui est exprimé par le nom de la tranche suivante: ainsi un billiard vaut mille milliards, un milliard vaut mille millions, un million vaut mille fois mille, & enfin un mille vaut mille unités. Tout cela posé, il ne sera pas difficile de concevoir comment on peut nommer un nombre marqué par deschiffres (ce qui s'appelle *Numération*), & comment on peut aussi marquer par des chiffres un nombre proposé: c'est ce que nous allons voir.

8. Pour nommer ou énoncer un nombre marqué en chiffres, il faut 1°. le partager en tranches, en commençant vers la droite:

enſorte que chaque tranche contienne trois chiffres, excepté la premiere, c'eſt-à-dire, celle qui eſt la plus à gauche, qui pourra n'en contenir que deux, ou même un ſeul. 2°. Ne prononcer le terme propre à chaque tranche, que quand on eſt venu au rang des unités, lequel rang eſt toujours le dernier à droite dans la tranche. 3°. Quand il ſe trouve des zeros dans quelques rangs, il ne faut point nommer les parties des nombres qui conviennent à ces rangs : par exemple, ſoit le nombre 45782539, 1°. Je le partage en trois tranches par des virgules, en cette maniere, 45,782,539 : la premiere tranche, qui eſt celle des millions, ne contient que deux chiffres, ſçavoir 45 ; la ſeconde, qui eſt celle des mille, contient ceux-ci 782 ; la troiſiéme enfin contient les trois derniers 539. 2°. Je ne prononce le terme propre à chaque tranche que quand j'en ſuis venu aux unités : ainſi je ne dirai pas pour la premiere tranche, quarante millions, enſuite, cinq millions ; mais je ne nommerai millions qu'après avoir exprimé 5, qui eſt au rang des unités de millions : je dirai donc, quarante-cinq millions. De même pour la ſeconde tranche, je ne dirai pas, ſept cens mille, enſuite quatre-vingt mille, & enfin deux mille ; mais je dirai, ſept cens quatre-vingt-deux mille : pour la derniere tranche, on dit ſimplement cinq cens trente-neuf, ſans ajouter le terme d'*unité*, qui ſeroit inutile : toute la ſomme eſt donc quarante-cinq millions ſept cens quatre-vingt-deux mille cinq cens trente-neuf.

Pareillement, afin de nommer ce nombre 50400060, je remarque après l'avoir partagé en tranches de trois chiffres, chacune, que dans la premiere tranche il y a un zero au rang des unités de millions ; c'eſt pourquoi il ne faut point parler des unités de millions, mais ſeulement des dixaines, en diſant, cinquante millions : de même dans la ſeconde tranche, qui eſt celle des mille, y ayant un zero au rang des dixaines, & un autre au rang des unités de mille, il ne faut point parler ni des dixaines ni des unités de mille ; mais ſeulement des centaines, & dire, quatre cens mille : enfin dans la troiſiéme tranche ; n'y ayant que des zeros aux rangs des centaines & des unités, je dirai ſimplement, ſoixante, ſans parler de centaines ni d'unités : le nombre entier eſt donc cinquante millions quatre cens mille ſoixante. Nous allons parler à préſent de la maniere dont il faut s'y prendre quand on veut exprimer en chiffres un nombre propoſé.

9. Pour marquer par des chiffres une ſomme propoſée, il faut d'abord écrire le nombre des millions, ſi la ſomme commence par

des millions, ou le nombre des mille, si elle commence par des mille, ainsi du reste; il faut, dis-je, écrire le nombre des millions, sans s'embarasser de ce qui suit, ensuite le nombre des mille, & enfin les centaines, les dixaines, & les unités simples, observant de mettre des zeros aux rangs des parties de nombre desquelles il n'est point fait mention dans la somme proposée : par exemple, supposé que je veuille écrire en chiffres la somme suivante, cinquante-sept millions trois cens soixante-huit mille deux cens six; j'écris d'abord les millions en cette maniere, 57, sans faire attention à ce qui suit; après quoi je marque les mille en cette sorte, 368; & les mettant à côté des millions, il vient 57368 : enfin à la suite des mille je marque deux cens six de cette maniere : 206, écrivant un zéro au rang des dixaines dont on ne parle point dans la somme : ce qui donne le nombre proposé 57368206.

Soit encore le nombre trois cens millions vingt-trois mille soixante-quatre, qu'il faut écrire en chiffres. Je marque en premier lieu les millions en cette sorte, 300, mettant des zeros aux rangs des dixaines & des unités de millions, parce qu'il n'en est point fait mention dans la somme : j'écris ensuite les mille 023 à la droite des millions, mettant encore un zero au rang des centaines de mille dont il n'est point parlé; après cela je marque le reste 064 à la suite des mille : dans cette derniere tranche j'ai écrit un zero au rang des centaines dont il n'est point parlé. Ces trois tranches écrites à côté les unes des autres font 300023064 : c'est la somme proposée exprimée en chiffres.

Voici un troisiéme exemple : si on me donnoit la somme suivante à écrire en chiffres, soixante-neuf milliards cinquante millions trois cens soixante, je la marquerois en cette sorte, 69050000360 : dans cet exemple j'ai mis trois zeros à la tranche des mille, parce qu'il n'en est point parlé dans la somme. Il est facile de voir par ce qu'on a dit jusqu'ici, pourquoi j'ai écrit chacun des autres chiffres, comme ils sont marqués.

10. Entre les nombres, il y en a qu'on peut appeller *abstraits* & d'autres *concrets*, on en distingue aussi d'*incomplexes* & de *complexes*, d'*entiers* & de *fractionaires* ou *rompus*.

11. Les nombres abstraits ou purs sont ceux qui expriment des unités ou des parties d'unités sans les appliquer à aucunes grandeurs particulieres. Les nombres concrets sont ceux qui désignent des grandeurs particulieres; comme quand on dit 100 livres. On les appelle *géométriques* quand les grandeurs désignées sont quelque espece d'étendue, comme 50 toises.

13.

11 *B*. Les nombres incomplexes ſont ceux qui ne contiennent qu'une eſpece de quantités, comme des livres : tel eſt le nombre 5236 livres.

12. Les nombres complexes ſont ceux qui contiennent pluſieurs eſpeces de quantités, comme des livres, des ſols & des deniers : par exemple, 542 livres 15 ſols 8 deniers, que l'on marque de cette maniere 542[#]. 15[ſ]. 8[d].

13. Un nombre entier eſt celui qui contient l'unité pluſieurs fois exactement, comme 5, 9, 67, &c.

14. Un nombre fractionnaire ou une fraction, eſt celui qui contient une ou pluſieurs parties égales, dans leſquelles on conçoit que l'unité eſt diviſée. Par exemple, ſi on conçoit l'unité diviſée en douze parties égales, dont on en prenne 5, ces cinq douziémes feront une fraction que l'on écrit en cette ſorte $\frac{5}{12}$: il faut donc deux nombres pour former une fraction, dont l'un exprime combien l'on prend de parties égales, on l'appelle le *Numérateur*, & l'autre marque en combien de parties le tout eſt diviſé, on l'appelle *Dénominateur ;* le premier s'écrit au-deſſus d'une ligne, & l'autre au-deſſous, comme on le voit dans l'exemple propoſé : de même la fraction trois quatriémes s'écrit en cette ſorte $\frac{3}{4}$, ainſi des autres.

15. Quoique l'on ait dit, qu'il falloit deux nombres pour exprimer une fraction, on ne prétend pas en exclure l'unité qui peut être ou numérateur ou dénominateur, comme dans les fractions $\frac{1}{5}$ & $\frac{3}{1}$: ainſi, quoique l'unité ne ſoit point, à proprement parler, un nombre ; cependant il arrivera pluſieurs fois, qu'en parlant des nombres en général, on y comprendra l'unité.

15 *B*. Il y a des fractions qu'on appelle décimales, qui ſont d'un grand uſage dans les Mathématiques, à cauſe de la facilité qu'on a de les calculer. On ne les marque pas en plaçant deux nombres l'un au-deſſous de l'autre comme les fractions ordinaires, mais en mettant un point entre les chiffres qui déſignent les entiers & ceux qui déſignent des parties décimales : tel eſt le nombre 425.28[11] dont les trois chiffres qui ſont avant le point expriment des entiers comme les nombres ordinaires, & les deux qui ſont après le point marquent des parties décimales ; le premier après le point exprime des dixiémes, le ſecond des centiémes ; s'il y en avoit un troiſiéme, il marqueroit des milliémes, le quatriéme déſigneroit des dix milliémes, le cinquiéme des cent milliémes, ainſi de ſuite ; de ſorte que la valeur de ces chiffres placés après le point diminue en proportion décuple en allant de gauche à droite, de même que celle des

chiffres qui précédent le point. Ce nombre 425.28II signifie donc 425 unités plus 2 dixiémes plus 8 centiémes : mais on joint ordinairement toutes les parties décimales ensemble : ainsi 28II signifie 28 centiémes ; c'est la même chose que 2 dixiémes, plus 8 centiémes. Les chiffres romains qu'on met après les chiffres ordinaires des parties décimales sont pour marquer plus expressément combien il y a de rangs de ces parties. Le nombre 5.43086V signifie 5 unités plus 43086 cent milliémes. S'il n'y a pas d'entiers on met un zéro avant le point, comme dans le nombre suivant 0.8435IV, qui signifie 8435 dix milliémes.

Tout le monde sçait qu'il y a quatre opérations générales dans l'Arithmétique ; sçavoir, l'*Addition*, la *Soustraction*, la *Multiplication*, & la *Division*. Ces quatre opérations sont le fondement de toutes les autres ; c'est pourquoi nous les expliquerons avec étendue.

DE L'ADDITION.

16. L'Addition est une opération par laquelle ayant plusieurs nombres, on en cherche la somme : par exemple, si ayant les deux nombres 12 & 18, on en cherche la somme, qui est 30, cela s'appelle ajouter ensemble 12 & 18. Il ne suffiroit pas dans l'arithmétique de marquer la somme en mettant 12 + 18 comme on fait en algébre : mais il faut que cette somme soit exprimée par un seul nombre incomplexe ou complexe, selon l'espece des nombres qu'on ajoute. On voit par la définition de l'addition, qu'elle consiste à trouver un tout dont on connoît les parties. Dans l'exemple proposé, les deux parties connues sont 12 & 18, & le tout qu'on cherche est 30.

17. Afin de faire cette opération, il faut disposer tout les nombres les uns sous les autres, ensorte que les unités répondent aux unités, les dixaines aux dixaines, les centaines aux centaines, les mille aux mille, ainsi du reste : ensuite on doit tirer une ligne au-dessous des nombres ; après quoi on observe la regle suivante.

18. On commence par la colomne des unités dont on prend la somme ; il peut arriver deux cas : ou bien cette somme peut s'exprimer par un seul chiffre, comme 8 ; & alors il faut écrire 8 au-dessous des unités : ou la somme des unités ne peut être exprimée que par deux chiffres ; dans ce cas il faut écrire sous la colomne des unités, le dernier des deux chiffres, c'est-à-dire, celui qui est à la droite : par exemple, s'il y a 25 unités, on met 5

ſous la colomne des unités, & l'on retient 2 qui marque des dixaines pour l'ajouter aux dixaines qui ſont dans la colomne voiſine en allant vers la gauche. On opere de la même maniere ſur la colomne des dixaines, ſur celle des centaines, &c.

19. Remarquez que quand dans quelques-unes des colomnes, par exemple, celle des dixaines, il ne ſe trouve aucun chiffre poſitif, pour lors on met un zero au-deſſous, ſi on n'a rien retenu de la colomne des unités : mais ſi on avoit retenu quelque choſe, par exemple 3, il faudroit écrire 3 ſous la colomne des dixaines.

Exemple premier.

Soient propoſés à ajouter les nombres 3560252, 4630023, 6758200, 600433.

Après les avoit diſpoſés les uns ſous les autres, les unités ſous les unités, les dixaines ſous les dixaines, les centaines ſous les centaines, &c. comme on le voit ci-deſſous, il faut opérer en premier lieu ſur les unités que l'on peut ajouter en commençant indifféremment par le haut ou par le bas de la colomne : mais il eſt bon de choiſir une des deux manieres pour la ſuivre toujours : je commencerai par le haut de chaque colomne.

3560252
4630023
6758200
600433
15548908

Je dis donc : 2 & 3 font 5, 5 & 3 font 8 ; je poſe 8 ſous la colomne des unités : je paſſe enſuite à la colomne des dixaine, en diſant : 5 & 2 font 7, 7 & 3 font 10 : cette ſomme des dixaines ne pouvant s'exprimer que par deux chiffres, j'écris le dernier, qui eſt 0, ſous la colomne des dixaines, & je retiens 1, qui eſt le premier chiffre de la ſomme 10, pour la colomne des centaines, à laquelle je paſſe en commençant par 1 que j'ai retenu ; je dis donc, 1 & 2 font 3, 3 & 2 font 5, 5 & 4 font 9, que j'écris ſous la colomne des centaines : enſuite je paſſe à celle des mille, dans laquelle il n'y a que 8 qui ſoit poſitif, je mets donc 8 ſous cette colomne ; puis je viens à celle des dixaines de mille, & je dis : 6 & 3 font 9, 9 & 5 font 14 ; je poſe le dernier chifre 4 ſous cette colomne, & je retiens 1 pour la colomne des centaines de mille, ſur laquelle j'opere de la même maniere, en diſant : 1 & 5 font 6, 6 & 6 font 12, 12 & 7 font 19, 19 & 6 font 25 ; j'écris 5 ſous cette colomne, & je retiens 2 pour celle des millions ; je dis donc 2 & 3 font 5, 5 & 4 font 9, 9 & 6 font 15 ; je poſe 5 au-deſſous, & j'avance 1, qui reſte.

EXEMPLE II.

Soient encore proposés les quatre nombres suivans 3504802, 605900, 106300, 9402 dont il faut trouver la somme.

3504802
605900
106300
9402
4226404

Les ayant disposés, comme on le voit, je commence par ajouter les chiffres de la colomne des unités : de-là je passe aux dixaines, puis aux centaines, ainsi de suite, comme il a été prescrit; remarquant que je dois poser zero sous la colomne des dixaines (19), parce qu'elle ne contient aucun chiffre positif, & que d'ailleurs je n'ai rien retenu de la colomne des unités : de même passant de la colomne des mille, de laquelle j'ai retenu 2, à celle des dixaines de mille, je n'ai trouvé aucun chiffre positif; ainsi je pose sous cette colomne le 2 que j'avois retenu (19).

AVERTISSEMENT. Lorsqu'un nombre est renfermé entre deux parentheses, c'est une citation, c'est-à-dire, qu'il signifie que la proposition qui le précede ou qui le renferme est prouvée par l'article que le nombre désigne. Ainsi après avoir dit dans l'explication du second exemple, qu'il falloit poser un zero sous la colomne des dixaines, on a mis (19) pour faire connoître que la proposition dépend de l'article 19. On a fait la même chose après avoir dit qu'il falloit écrire 2 sous la colomne des dixaines de mille.

20. On observe la même regle dans l'addition des nombres complexes que dans celle des incomplexes, & on commence l'opération par les plus petites especes, en allant de suite aux plus grandes : sur quoi il faut remarquer qu'en passant d'une espece à une plus grande, comme des deniers aux sols, il faut voir combien de fois celle à laquelle on passe est contenue dans la somme des plus petites, n'écrivant que le reste, s'il y en a, sous la moindre espece, & retenant le nombre de fois que la grande espece est contenue dans la somme des plus petites, pour ajouter ce nombre à la plus grande : par exemple, si on passe des deniers aux sols, & qu'il y ait 38 deniers, comme cette somme de 38 deniers contient 3 sols & 2 deniers de plus, on écrira 2 sous les deniers, & on retiendra 3 pour les ajouter aux sols.

De même, quand on passe des dixaines de sols aux livres, il faut aussi réduire ces dixaines en livres : or on sçait qu'une livre vaut deux dixaines de sols ; c'est pourquoi il faut, si le nombre des dixaines est pair, en prendre la moitié, qui marquera les livres qui y sont contenues : par exemple, s'il y avoit 8 dixaines de sols, il faudroit prendre 4, qui est la moitié de 8, & ce 4 marque qu'il y a quatre livres dans huit dixaines de sols ; il n'y auroit donc rien à mettre sous les dixaines de sols ; mais on retiendroit 4 pour l'ajouter à la colomne des unités de livres. Si le nombre des dixaines de sols est impair, il en faut ôter une, que l'on écrira sous les dixaines, & prendre la moitié du reste : cette moitié marquant des livres, on l'ajoutera à la colomne des unités de livres : par exemple, s'il y avoit 5 dixaines de sols, il en faudroit ôter une, & l'écrire sous les dixaines de sols ; ensuite prendre 2, qui est la moitié du reste 4, & l'ajouter aux livres.

EXEMPLE PREMIER.

Si on me propose d'ajouter les nombres complexes 35602 livres 15 sols 8 deniers, 64923 livres 6 s. 11 den. 7043 l. 18 s. 9 den. & 58 livres 12 s. 10 den. je les dispose de la maniere suivante, les unités sous les unités, les dixaines sous les dixaines, &c. observant de plus de placer les deniers d'un nombre sous les deniers des autres nombres : il faut placer de même les sols sous les sous, & les livres sous les livres, comme on le voit.

livres	sols	deniers
35602#	15ß	8d
64923	6	11
7043	18	9
58	12	10
107628#	14ß	2d

Je commence par les deniers, en disant : 8 & 11 font 19, & 9 font 28, 28 & 10 font 38 : cette somme contient 3 sols 2 deniers, c'est pourquoi je pose 2 sous les deniers, & je retiens trois pour l'ajouter aux sols : s'il y avoit eu seulement 36 deniers, qui font 3 sols sans reste, il auroit fallu retenir 3 pour l'ajouter aux sols, & on n'auroit pu mettre qu'un zero sous les deniers. Je viens ensuite aux sols, & je dis : 3 que j'ai retenu & 5 font 8, 8 & 6 font 14, 14 & 8 font 22, 22 & 2 font 24 ; je pose le dernier chiffre 4 sous la colomne des unités de sols, & je retiens 2, que j'ajoute aux dixaines de sols, en disant : 2 & 1 font 3, 3 & un font 4, 4 & un font 5 : ce nombre étant impair, j'en ôte 1, que je pose sous la colomne des dixaines de sols, il reste 4 dont je prens la moitié, qui est 2, que j'ajouterai avec les livres.

Je passe donc aux livres, & je dis 2 & 2 que j'ai retenu font 4, 4 & 3 font 7, 7 & 3 font 10, 10 & 8 font 18 ; je pose 8, & je retiens 1, que j'ajoute à la colomne voisine, opérant selon ce que nous avons dit dans le premier exemple de l'addition des nombres incomplexes.

EXEMPLE II.

Voici un autre exemple de l'addition des nombres complexes, où il s'agit d'ajouter des toises, des pieds & des pouces. On sçait que la toise contient six pieds, & le pied douze pouces.

542 toises	4 pieds	10 pouces
927	5	8
85	3	2
1556	1	8

EXEMPLE III.

Dans l'exemple suivant, il s'agit d'ajouter des degrés, des minutes & des secondes. Le degré vaut 60 minutes, & la minute contient 60 secondes: ainsi il y a des minutes & des secondes de degrés, comme des minutes & des secondes de temps. Les heures & les minutes de temps sont divisées comme les degrès & les minutes de degrès : car une heure se divise en 60 minutes, & une minute de temps en 60 secondes. On observera pour faire cet exemple, qu'il faut 6 dixaines de secondes pour une minute, & qu'il faut de même 6 dixaines de minutes pour un degré. C'est pourquoi comme il y a 10 dixaines de secondes, on en a mis 4 au-dessous de la colomne, & on a retenu une minute pour les six autres dixaines. De même, des 9 dixaines de minutes qu'on a trouvées, on en a posé 3 au-dessous de la colomne, & on a retenu un degré pour les 6 autres.

45d.	36m.	43s.
58	47	52
9	6	13
113d.	30m.	48s.

REMARQUES.

I.

21. On peut remarquer que dans l'addition des nombres complexes qui contiennent des sols & des deniers, on opere en même tems sur les unités & sur les dixaines de deniers, comme dans le premier exemple : au lieu que l'opération se fait par parties sur les sols ; ensorte qu'on ajoute les unités avant que de passer aux dixaines : cette différence vient de ce qu'il faut exactement un certain nombre de dixaines de sols pour faire une ou plusieurs livres. Au contraire, pour réduire les deniers en sols, on est obligé d'ajouter des deniers aux dixaines : par exemple, pour un sol il faut une dixaine de deniers & deux de plus, c'est-à-dire, 12

deniers : pour 2 ſols il faut 2 dixaines & quatre deniers de plus, c'eſt-à-dire, 24 deniers, &c. Par la même raiſon dans le ſecond exemple, il faut ajouter en même-tems les unités & les dixaines de pouces pour voir combien la ſomme contient de pieds.

II.

22. Quand on a beaucoup de nombres à ajouter, il faut pour une plus grande facilité faire pluſieurs additions, enſuite ajouter toutes les ſommes qu'on aura trouvées par ces additions, pour en faire la ſomme totale : par exemple, ſi on avoit 28 nombres à ajouter, on pourroit prendre les dix premiers pour en faire une addition, puis les dix ſuivans pour en faire une ſeconde, & enfin les huit derniers pour une troiſiéme ; & après ces trois additions, il faudroit ajouter enſemble les trois ſommes qu'on auroit trouvées, ce qui donneroit la ſomme totale des vint-huit nombres.

DE LA PREUVE DE L'ADDITION.

23. Si après l'addition on veut ſçavoir ſi on ne s'eſt pas trompé dans l'opération, il faut ôter de la ſomme totale qu'on a trouvée, tous les nombres qui ont été ajoutés, & s'il ne reſte rien, c'eſt une marque que l'addition eſt bien faite, parce qu'un tout eſt égal à toutes ſes parties priſes enſemble. Ainſi après avoir ôté de la ſomme totale, tous les nombres ajoutés, s'il reſtoit quelque choſe, ou ſi on ne pouvoit pas ôter tous les nombres de cette ſomme, l'addition ſeroit mal faite, auquel cas il faudroit la recommencer.

24. Cette maniere de s'aſſurer ſi on a bien operé, s'appelle *Preuve de l'addition*, qui ſe pratique en cette ſorte : on commence par la premiere colomne, c'eſt-à-dire, celle qui eſt la plus à gauche, dont la ſomme doit être ôtée du chiffre ou des chiffres de la ſomme totale qui répondent à cette colomne, & on écrit le reſte au-deſſous, s'il y en a, pour le joindre par la penſée avec le caractere ſuivant de la ſomme totale : on paſſe enſuite à la ſeconde colomne dont la ſomme doit être auſſi ſouſtraite du reſte qu'on vient d'écrire joint au caractere de la ſomme totale, qui répond à la ſeconde colomne ; & s'il n'y a point eu de reſte, on ne doit ſouſtraire que de ce caractere : il faut toujours écrire le reſte au-deſſous, s'il y en a, pour le joindre par la penſée au chiffre ſuivant de la ſomme totale : on pourſuit en obſervant la même méthode, & à la fin de la preuve, il ne doit rien reſter. Cela s'entendra par un exemple.

8504
7609
3405
19518
1010

Pour faire la preuve de cette addition, j'opere en allant de haut en bas, en diſant : 8 & 7 ſont 15, 15 & 3 ſont 18, que j'ôte des chiffres correſpondans dans la ſomme totale, c'eſt-à-dire, de 19, il reſte 1, que j'écris ſous la premiere colomne : je le joins par la penſée à 5, qui eſt le chiffre ſuivant de la ſomme totale, ce qui fait 15, dont il faut ſouſtraire la ſeconde colomne ; je dis donc : 5 & 6 ſont 11, 11 & 4 ſont 15, que j'ôte de 15, reſte 0, que j'écris au-deſſous de 5 ; je paſſe enſuite à la troiſiéme colomne, qui ne contient que des zéros, leſquels étant ôtés de 1, qui répond à cette colomne, il reſte 1, qu'il faut joindre par la penſée à 8, ce qui fait 18, dont il faut ôter la quatriéme colomne ; ainſi je dis : 4 & 9 ſont 13, 13 & 5 ſont 18, que j'ôte de 18, il ne reſte rien ; ce qui fait voir que l'addition eſt bien faite.

On ſe ſert de la même méthode pour la preuve de l'addition des nombres complexes, en remarquant néanmoins que quand on paſſe des plus grandes eſpeces aux moindres, on réduit ce qui reſte de la ſomme des plus grandes aux moindres qui ſuivent, par exemple, les livres en dixaines de ſols, & les ſols en deniers. Nous allons appliquer cette méthode à une addition de nombres complexes.

#	ſ	d
370	18	9
493	14	11
6	9	7
871	3	3
112	22	0

Pour faire la preuve de cette addition, je commence par la premiere colomne, & je dis : 3 & 4 ſont 7, que j'ôte de 8, il reſte 1, que j'écris au-deſſous du 8 ; je le joins par la penſée à 7, ce qui fait 17 : enſuite je dis 7 & 9 ſont 16, que j'ôte de 17, reſte 1, que je poſe ſous 7 ; je le conçois joint à 1 qui ſuit, ce qui fait 11, d'où j'ôte 9, qui ſont à la colomne correſpondante, il reſte 2, c'eſt-à-dire, 2 livres qu'il faut réduire en 4 dixaines de ſols ; il faut donc concevoir 4 ſous la colomne des dixaines de ſols, & ſouſtraire ces dixaines de 4 ; il reſtera 2, que j'écris ſous cette colomne : ce 2 étant joint par la penſée avec le 3 qui ſuit, j'aurai 23, dont je dois ôter la colomne des unités de ſols ; je dis donc : 8 & 4 ſont 12, 12 & 9 ſont 21, qui étant ôtés de 23, il reſte 2, qu'il faut mettre ſous 3. Ce 2 marque 2 ſols, qui valent 24 deniers, leſquels il faut ajouter avec les trois autres qui ſont ſous la colomne des deniers, cela fera 27, dont il faut ôter les deniers des trois nombres ; il y en a 27, qui ôtés de 27, il ne reſte rien : ce qui eſt une marque que l'addition eſt bien faite.

Voici

Voici encore une addition complexe, dont on a fait la preuve, comme dans l'exemple précédent, en obſervant que quand on a paſſé des livres aux dixaines de ſols, comme il y avoit 2 livres de reſte, on les a réduit en 4 dixaines, auxquelles on a ajouté celle qui ſe trouvoit ſous la colomne des dixaines de ſols; ce qui a fait 5 qu'il a fallu concevoir à la place de 1 qui eſt ſous cette colomne: on a enſuite ôté du 5 les 3 dixaines de la colomne, & on a écrit le reſte 2 ſous 1 pour le joindre par la penſée au 2 qui eſt ſous la colomne des unités de ſols. De même lorſqu'on a paſſé des ſols aux deniers, il a fallu réduire un ſol qui reſtoit en 12 deniers, que l'on a ajoutés à 11, qui ſont ſous les deniers, & de la ſomme 23 on a ſouſtrait les deniers qui ſont au-deſſus: ce qui étant fait, il n'eſt rien reſté: ainſi l'addition eſt bien faite.

269 lt	16 ſ	11 d
790	18	3
84	17	9
1145	12	11
2 1 2	2 1	0

25. Il ne nous reſte plus qu'à donner la démonſtration de l'addition. On entend par démonſtration d'une opération, la raiſon ſur laquelle eſt fondée la regle preſcrite pour cette opération; c'eſt pourquoi il y a beaucoup de différence entre la démonſtration & la preuve d'une opération, puiſque par la démonſtration, on fait voir que la regle preſcrite pour l'addition, par exemple, eſt infaillible; au lieu que la preuve ne ſert qu'à faire connoître qu'on a obſervé cette regle dans les exemples particuliers.

Démonstration de l'Addition.

26. On cherche par l'addition une ſomme totale qui contienne pluſieurs nombres propoſés. Or en ſuivant la regle preſcrite pour l'addition, on trouve la ſomme totale qui contient tous les nombres propoſés, puiſqu'on prend la ſomme des unités, celle des dixaines, celle des centaines, celle des mille, & ainſi des autres parties des nombres; par conſéquent ſi on ſuit la regle preſcrite pour l'addition, on trouve néceſſairement la ſomme totale de tous les nombres qu'il falloit ajouter.

Quand à ce que la regle preſcrit, d'ajouter les dixaines à la colomne qui précede vers la gauche, lorſque la ſomme qui réſulte d'une colomne ne peut s'exprimer que par deux chiffres; cela eſt fondé ſur l'article 4, dans lequel on a remarqué que la valeur des chiffres augmente en proportion décuple, en allant de droite a gauche.

DE LA SOUSTRACTION.

27. La ſouſtraction eſt une opération par laquelle on ôte un moindre nombre d'un plus grand: par exemple, ſi on ôte 9 de 12, c'eſt une

soustraction. Le nombre qui résulte de la soustraction est appellé *reste* ou *différence* : dans notre exemple 3 est le reste ou la différence des nombres 12 & 9. Il est visible par la définition de la soustraction, que cette opération consiste à chercher une partie d'un tout dont on connoît déja l'autre partie aussi-bien que le tout, qui ne contient que ces deux parties. Dans l'exemple proposé le tout est 12, la partie connue est 9, & le reste 3 est l'autre partie qu'on cherchoit.

Voici un axiome dont nous avons besoin pour la soustraction.

28. Lorsqu'on ajoute le même nombre à deux autres, la différence de ces deux nombres est toujours la même avant & après l'addition : si par exemple on ajoute 6 à 12 & à 9, la différence des sommes 18 & 15 est la même que celle des nombres 12 & 9.

29. Pour faire la soustraction, il faut écrire le nombre que l'on veut soustraire au-dessous de l'autre ; ensorte que les unités de l'un répondent aux unités de l'autre, les dixaines aux dixaines, les centaines aux centaines &c. ensuite tirer une ligne au-dessous des deux nombres, après quoi on doit observer la regle suivante : on commence par ôter les unités du nombre à soustraire, des unités de l'autre : il peut arriver trois cas ; le premier, que le chiffre inférieur qui marque les unités soit plus petit qne le supérieur ; pour lors on écrit le reste au-dessous dans le même rang : le second cas, est lorsque les deux chiffres sont égaux : dans ce second cas on met un zero au-dessous, parce que le caractere inférieur étant ôté de l'autre, il ne reste rien.

Le troisiéme cas enfin, est quand le caractere inférieur est plus grand que le supérieur ; alors il faut ajouter une dixaine au chiffre supérieur ; ensuite de la somme composée de cette dixaine & de ce chiffre, ôter celui qui est au-dessous, & écrire le reste sous la ligne dans le même rang : par exemple, si on vouloit soustraire 28 de 43, il faudroit après les avoir disposés en cette maniere $\frac{43}{28}$, ajouter d'abord 10 à 3 ; ensuite retrancher 8 de la somme 13 composée de 10 & de 3 ; enfin écrire le reste 5 au-dessous de 8.

Comme dans ce troisiéme cas on a ajouté une dixaine au nombre dont on veut soustraire, on doit ajouter tout autant au nombre que l'on doit soustraire (28), c'est pourquoi il faut supposer que dans ce dernier nombre le chiffre du rang précédent est augmenté d'une unité ; laquelle est égale à la dixaine ajoutée au chiffre plus reculé d'un rang vers la droite dans le nombre supérieur (4) : dans l'exemple proposé, 2 est le chiffre qui précede le 8 d'un rang vers la gauche dans le nombre à soustraire 28 ; il faut par conséquent ajouter 1 à 2. On opere de la même maniere sur les autres chiffres selon les trois différens cas.

EXEMPLE I.

Soit le nombre 5243 dont il faut ôter 4328 : après les avoir disposés comme nous l'avons dit ; en sorte que les unités répondent aux unités, les dixaines aux dixaines, &c.

Je dis : 8 de 3, cela ne se peut : j'ajoute une dixaine à 3 (29), en disant : 10 & 3 font 13 : 8 de 13 reste 5 que j'écris sous 8 ; ensuite il faut dire, je retiens 1 : après cela j'ajoute cet 1 à 2 qui précede 8 dans le nombre inférieur ; ce qui fait 3 ; je dis donc : 3 de 4, reste 1 que j'écris au-dessous de 2 : j'opere de la même maniere sur les centaines, en disant : 3 de 2, cela ne se peut ; ainsi j'ajoute une dixaine à 2 (29), & je dis 10 & 2 font 12 : 3 de 12, reste 9 que je pose sous 3, & je retiens 1 qu'il faut ajouter au 4 précedent du nombre inférieur ; je dirai donc, 1 & 4 font 5, 5 de 5 reste 0, qu'il est inutile d'écrire au-dessous, parce qu'il n'y a plus de chiffre à mettre avant lui.

5243	
4328	III. Cas.
915	

III. Cas.

EXEMPLE II.

Soit encore cet autre exemple de soustraction à faire selon la même méthode.

Je dis : 7 de 4, cela ne se peut ; j'ajoute donc une dixaine à 4 (29), en disant : 10 & 4 font 14, 7 de 14, reste 7 que j'écris au-dessous, & je retiens 1 : je dis ensuite, 1 que j'ai retenu & 6 font 7 ; 7 de 0, cela ne se peut ; c'est pourquoi j'ajoute une dixaine au zero, en disant : 10 & 0 font 10 : 7 de 10, reste 3 que je pose sous 6, & je retiens 1 : j'ajoute cet 1 au 0 précédent du nombre inférieur, la somme est 1 qui ne peut être ôtée de 0 qui est au-dessus ; il faut donc ajouter une dixaine à ce 0, en disant : 10 & 0 font 10 : 1 de 10, reste 9 que j'écris sous 0, & je retiens 1, j'ajoute cet 1 à 5, la somme est 6 qui ne peut être ôtée du 0 qui est au-dessus ; c'est pourquoi je dois ajouter une dixaine & dire : 10 & 0 font 10 : 6 de 10, reste 4, & je retiens 1 qu'il faut ajouter à 2, la somme est 3 que j'ôte de 5, il reste 2 que je mets au-dessous : enfin j'écris les trois chiffres 607 du nombre supérieur tels qu'ils sont, parce qu'il n'y a point de chiffres correspondans dans le nombre à soustraire.

60750004	
25067	III. Cas.
60724937	

Si les deux nombres proposés étoient complexes, ou au moins un des deux, il faudroit observer la même méthode, en commençant par les plus petites especes, & allant de suite aux plus grandes, comme on le verra dans les exemples suivans.

EXEMPLE I.

Soit le nombre 5308# 15ſ 9d dont il faut ſouſtraire 407# 18ſ 6d. Après les avoir diſpoſés de maniere que les livres répondent aux livres, les ſols aux ſols, & les deniers aux deniers en cette ſorte :

5308#	15ſ	9d
407	18	6
4900#	17ſ	3d

Je commence par les deniers en diſant : 6 de 9, reſte 3 que j'écris ſous 6 : enſuite je paſſe aux ſols, & je dis : 18 de 15, cela ne ſe peut ; il faut ajouter une livre réduite en ſols, (ce qui ſe fait toujours quand on eſt obligé d'ajouter quelque choſe aux ſols) : 20 & 15 font 35, dont j'ôte 18, il reſte 17 que j'écris ſous 18 : après cela je paſſe aux livres, & me ſouvenant que j'ai ajouté une livre au nombre ſupérieur, j'ajoute auſſi une livre au 7 qui marque les unités de livres du nombre inférieur ; ainſi je dis 1 & 7 font 8, que j'ôte du 8 qui eſt deſſus, il reſte 0 que j'écris ſous 7 ; puis je continue en diſant : 0 de 0 reſte 0 que j'écris au-deſſous : enſuite je dis, 4 de 3, cela ne ſe peut, j'ajoute 10 à 3, la ſomme eſt 13, de laquelle ôtant 4, il reſte 9 que je poſe ſous 4, & je retiens 1 que je ne puis ajouter à aucun chiffre, n'y en ayant point avant 4 ; c'eſt pourquoi j'ôte ſeulement 1 de 5, il reſte 4 que j'écris au-deſſous de 5, & la ſouſtraction eſt achevée.

EXEMPLE II.

Soit encore le nombre 725#, dont il faut ôter celui-ci 23# 16ſ 11d.

725#	0ſ	0d
23	16	11
701#	3ſ	1d

Le premier ne contenant ni ſols ni deniers, il en faut ajouter par la penſée, afin de pouvoir ôter le ſecond ; je ſuppoſe donc qu'il y a un ſol réduit en 12 deniers (on n'ajoute jamais moins aux deniers) ; & je dis, 11 de 12, reſte 1 que j'écris au-deſſous : après quoi je paſſe aux ſols, me ſouvenant que j'ai ajouté 1 ſol ou 12 deniers au nombre ſupérieur, & qu'il faut par conſéquent ajouter auſſi un ſol au nombre inférieur ; je dis donc : 1 & 16 font 17 : laquelle ſomme ne pouvant être ôtée de 0 qui eſt au-deſſus, il faut concevoir une livre réduite en ſols, comme dans l'exemple précédent ; d'où ôtant 17, il reſte 3 que je mets au-deſſous de 6 : je paſſe enſuite aux livres ; mais ayant ajouté une livre au nombre dont on veut ſouſtraire, j'en ajoute auſſi une au nombre à ſouſtraire ; je dis donc : 1 & 3 font 4, qui étant ôté de 5, il reſte 1, que je poſe au-deſſous : puis j'ôte 2 de 2, il reſte 0 que j'écris dans ce rang : enfin je poſe le 7 avant ce 0, n'y ayant rien qui doive en être ôté.

EXEMPLE III.

Voici un exemple de soustraction dont les nombres contiennent des toises, des pieds & des pouces. Nous donnons cet exemple tout fait, sans nous arrêter à l'expliquer au long : cela seroit inutile après ce que nous avons dit dans les exemples précédens.

toises	pieds	pouces
820 toises	4 pieds	9 pouces
30	5	4
789	5	5

REMARQUES.

I.

30. Dans les exemples de soustraction complexe où il y a au moins dix sols dans un des nombres, on pourroit faire la soustraction par parties sur les sols, en ôtant d'abord les unités des unités, & ensuite les dixaines des dixaines ; mais l'opération est plus courte & plus facile en la faisant comme nous l'avons faite.

II.

31. Si on avoit plusieurs nombres à soustraire de plusieurs autres, on pourroit 1°. ajouter tous les nombres desquels on voudroit soustraire, en une somme totale. 2°. Ajouter aussi tous les nombres à soustraire pour en avoir la somme totale. 3°. Enfin ôter la seconde de ces deux sommes de la premiere.

31 *B*. Il y a une autre méthode fort commune de faire la soustraction, elle n'est différente de celle que nous avons expliquée que dans le troisiéme cas, c'est-à-dire, lorsque le chiffre inférieur est plus grand que le supérieur : pour lors on emprunte une unité du chiffre précédent dans le nombre supérieur, laquelle étant transportée au chiffre suivant vaut une dixaine : ainsi pour soustraire 4328 de 5243, on emprunteroit une unité du 4 dans 5243, laquelle étant transportée sur le 3 suivant, vaudroit 10, & par conséquent il faudroit concevoir 13 au lieu de 3 : mais aussi il n'y auroit plus que 3 au lieu du 4. Nous ne nous arrêtons pas à expliquer plus au long cette méthode, parce qu'elle n'est pas plus facile à pratiquer que celle que nous avons donnée, & que d'ailleurs les commençans pourroient confondre ces deux méthodes dans l'opération ; ce qui causeroit des fautes de calcul.

DE LA PREUVE DE LA SOUSTRACTION.

32. La preuve de la soustraction se fait par l'addition ; c'est-à-dire, qu'il faut ajouter le nombre à soustraire avec le reste, & la somme des deux sera égale au nombre dont on a soustrait, si la soustraction

est bien faite. La raison en est que le nombre à soustraire & le reste sont les deux parties qui composent le nombre total dont on veut soustraire ; par conséquent en ajoutant ces deux parties ensemble, il en résultera une somme égale au tout, c'est-à-dire, au nombre dont on vouloit soustraire.

5308#	15ſ	9d
407	18	6
4900#	17ſ	3d

Nous allons donner la preuve du premier exemple sur les nombres complexes : on opérera en allant de bas en haut en disant : 3 & 6 font 9, pose 9 : 7 & 8 font 15, pose 5 : & je retiens 1 : 1 & 1 font 2, 2 & 1 font 3, dont je retranche 1 que je pose, & je retiens 1 qui est la moitié du reste 2 : je dis donc, 1 & 7 font 8, pose 8. Je continue de la même maniere sans écrire la somme, parce qu'elle est écrite en haut.

Démonstration de la Soustraction.

33. On se propose dans la soustraction de trouver le reste du nombre dont on veut soustraire, après en avoir ôté le nombre à soustraire. Or en suivant la regle qu'on a donnée, on trouvera ce reste ; puisque selon cette regle on prend le reste des unités, celui des dixaines, celui des centaines, celui des mille, &c. Donc on trouvera le reste du nombre dont il faut soustraire, lequel reste exprime l'excès de ce nombre sur l'autre que l'on vouloit soustraire.

Dans cette démonstration on n'entre pas dans les raisons de la pratique du troisiéme cas fondée sur l'axiome de l'article 28, parce que ce que nous avons dit en expliquant ce troisiéme cas, suffit pour en faire sentir la raison.

DE LA MULTIPLICATION.

34. Multiplier un nombre par un autre, c'est prendre le premier autant de fois qu'il est marqué par le second : par exemple, multiplier 5 par 3 ; c'est prendre 5 autant de fois qu'il est marqué par 3, c'est-à-dire, trois fois : ce qui fait 15 ; il y a donc trois nombres à distinguer dans la multiplication ; sçavoir, le *multiplicande*, le *multiplicateur* & le *produit*. Le multiplicande ou le multiplié est le nombre qu'on multiplie : dans l'exemple proposé, 5 est le multiplié. Le multiplicateur est celui par lequel on multiplie, comme 3 dans le même exemple. Le produit est le nombre qui résulte de la multiplication ; ainsi 15 est le produit de 5 par 3. Le multiplicande & le multiplicateur s'appellent aussi *facteurs*.

35. On peut définir la multiplication, une opération par laquelle on trouve un nombre, qu'on nomme produit, qui contient autant de fois le multiplié, que le multiplicateur contient l'unité : par exemple,

ſi on multiplie 9 par 8, on trouvera pour produit un nombre, ſçavoir 72, qui contient 9 huit fois, de même que 8 contient huit fois 1. Cela eſt évident par l'expreſſion même dont on ſe ſert dans la multiplication, puiſque pour multiplier 9 par 8, on dit huit fois 9 ; car delà il ſuit que le produit doit contenir 9 huit fois, c'eſt-à-dire, autant de fois que 8 contient l'unité. Au lieu de dire que le produit contient le multiplié autant de fois que le multiplicateur contient l'unité, on dit ordinairement que le produit eſt au multiplié, comme le multiplicateur eſt à l'unité : c'eſt ce qui fait une *proportion* comme nous le verrons dans le ſecond Livre.

36. Il ſuit de la notion de la multiplication, que quand le multiplicateur eſt plus grand que l'unité, pour lors le produit eſt plus grand que le multiplicande autant de fois qu'il eſt marqué par le multiplicateur : par exemple, en multipliant 9 par 8, on trouve le produit 72, qui eſt huit fois plus grand que le multiplicande.

36 *B.* Il y a deux ſortes de multiplications, la *ſimple* & la *compoſée.* La multiplication ſimple eſt celle dont le multiplicateur eſt exprimé par un ſeul chiffre : telle eſt la multiplication de 264 par 5. La multiplication compoſée eſt celle dont le multiplicateur a pluſieurs caracteres : comme ſi on multiplie 85304 par 54.

36 *C.* On ſuppoſe ordinairement comme une choſe qui n'a pas beſoin de démonſtration que le produit de deux nombres, comme 5 & 4, eſt toujours le même, ſoit qu'on multiplie 5 par 4, ou 4 par 5. On peut s'en convaincre en cette maniere : concevons pluſieurs points diſpoſés en rangs paralleles qui forment pluſieurs colomnes : qu'il y ait, par exemple, quatre rangs paralleles tels que *ei* qui compoſent cinq colomnes comme *ef* ; il paroîtra que le produit de 5 par 4 eſt égal à celui de 4 par 5 : car multiplier 5 par 4, c'eſt prendre 4 fois la rangée *ei* qui contient 5 points, ou prendre 4 rangées telles que *ei* ; & multiplier 4 par 5 c'eſt prendre 5 fois la colomne *ef*. Or le produit eſt le même dans l'un & dans l'autre cas : c'eſt le nombre de points contenus dans l'eſpace *efmi*, puiſque cet eſpace contient préciſément 4 rangées égales à *ei*, ou cinq colomnes égales à *ef*, ni plus ni moins.

```
e. . . . .i
 . . . . .
 . . . . .
f. . . . .m
```

Nous ſuppoſons que l'on ſçait les produits des neuf chiffres poſitifs 1, 2, 3, 4, 5, 6, 7, 8, 9 multipliés les uns par les autres : c'eſt une choſe néceſſaire avant que de paſſer plus loin. Nous allons donner une Table qui contient tous ces produits : les commençans ne doivent pas ſe ſervir de cette Table pour y chercher les produits, lorſqu'ils veulent faire une multiplication : elle doit ſervir plutôt à apprendre l'ordre de ces produits qu'il faut chercher soi-même, & les repasser plusieurs fois dans son esprit, afin de les retenir exactement.

TABLE POUR LA MULTIPLICATION.

1 fois	1 c'est	1	2 fois	1 font	2	3 fois	1 font	3
1	2	2	2	2	4	3	2	6
1	3	3	2	3	6	3	3	9
1	4	4	2	4	8	3	4	12
1	5	5	2	5	10	3	5	15
1	6	6	2	6	12	3	6	18
1	7	7	2	7	14	3	7	21
1	8	8	2	8	16	3	8	24
1	9	9	2	9	18	3	9	27
4	1	4	5	1	5	6	1	6
4	2	8	5	2	10	6	2	12
4	3	12	5	3	15	6	3	18
4	4	16	5	4	20	6	4	24
4	5	20	5	5	25	6	5	30
4	6	24	5	6	30	6	6	36
4	7	28	5	7	35	6	7	42
4	8	32	5	8	40	6	8	48
4	9	36	5	9	45	6	9	54
7	1	7	8	1	8	9	1	9
7	2	14	8	2	16	9	2	18
7	3	21	8	3	24	9	3	27
7	4	28	8	4	32	9	4	36
7	5	35	8	5	40	9	5	45
7	6	42	8	6	48	9	6	54
7	7	49	8	7	56	9	7	63
7	8	56	8	8	64	9	8	72
7	9	63	8	9	72	9	9	81

DE LA MULTIPLICATION SIMPLE.

Quand on veut multiplier un nombre par un multiplicateur qui ne contient qu'un seul chiffre, il faut écrire le multiplicande, & mettre

le

le multiplicateur au-dessous au rang des unités, puis tirer une ligne sous le multiplicateur : ensuite on observera la regle suivante.

37. On commence cette opération par la droite, comme les deux précédentes ; c'est-à-dire, qu'on multiplie d'abord le chiffre qui est au rang des unités du multiplicande, par le multiplicateur ; & si le produit de ce chiffre peut s'exprimer par un seul caractere, on l'écrit sous le rang des unités : mais si ce produit ne peut être marqué que par deux chiffres, on met le dernier sous le rang des unités, & on retient le premier pour l'ajouter au produit des dixaines, sur lesquelles on opere de la même maniere, comme aussi sur les centaines, sur les mille, &c.

38. Remarquez que s'il y avoit un zero dans quelqu'un des rangs du multiplicande, il faudroit mettre au produit, dans le rang qui répondroit au zero, le chiffre qu'on auroit retenu de la multiplication précédente, si on avoit retenu quelque chose : mais si on n'avoit rien retenu, on ne pourroit écrire que zero à ce rang.

Exemple I.

Soit le nombre 6723 à multiplier par 4. Après avoir disposé ces deux nombres comme nous avons dit, & avoir tiré une ligne ; je dis : quatre fois 3 font 12 ; je pose 2 sous 4, (ce 2 est le dernier des deux chiffres du produit 12), & je retiens 1 pour l'ajouter au produit des dixaines. Je multiplie ensuite 2 par 4, le produit est 8, auquel ajoutant 1 que j'ai retenu, la somme est 9 que j'écris sous 2 ; après cela je passe au rang des centaines, en disant : 4 fois 7 font 28, j'écris le dernier chiffre 8 de ce produit sous 7, & je retiens le premier qui est 2 pour l'ajouter au produit des mille : enfin je dis : 4 fois 6 font 24, & 2 que j'ai retenu font 26, je pose 6 sous le 6, & j'avance 2, c'est-à-dire, que je l'écris avant le 6 : le produit total est 26892.

$$\begin{array}{r} 6723 \\ 4 \\ \hline 26892 \end{array}$$

Exemple II.

Soit le nombre 50207 à multiplier par 3. Après avoir écrit le multiplicateur 3 sous le multiplicande, je multiplie 7 par 3, en disant : 3 fois 7 font 21, je pose 1 sous 7, & je retiens 2. Ensuite je dis 3 fois 0 c'est 0 ; mais ayant retenu 2, je l'écris sous 0 (38) : puis je viens au 2 qui exprime des centaines, & je le multiplie par 3, le produit est 6 que je mets au-dessous ; puis je multiplie le 0 qui est au rang des mille par 3, le produit est 0 que je mets au même

$$\begin{array}{r} 50207 \\ 3 \\ \hline 150621 \end{array}$$

rang dans le produit (38); parce que je n'ai rien retenu de la multiplication du chiffre précédent. Enfin je multiplie 5 par 3, le produit est 15, je pose 5 & je mets 1 au-devant. Le produit total est donc 150621.

DE LA MULTIPLICATION COMPOSÉE.

39. Lorsque le multiplicateur a plusieurs caracteres, on multiplie d'abord tout le multiplicande par le chiffre qui est au rang des unités du multiplicateur, selon la regle de la multiplication simple. 2°. On multiplie de même le multiplicande entier par le chiffre qui est au rang des dixaines du multiplicateur, observant de mettre le dernier caractere de ce second produit au rang des dixaines. 3°. S'il y a plus de deux chiffres au multiplicateur, on multiplie encore tout le multiplicande par le chiffre qui est au rang des centaines du multiplicateur, mettant le dernier chiffre de ce troisiéme produit au rang des centaines. On continue de multiplier tout le multiplicande par chacun des chiffres du multiplicateur, & de mettre le dernier chiffre de chaque produit au rang du chiffre, par lequel on multiplie. Ces multiplications particulieres étant faites, on ajoute tous les produits qui en viennent, & la somme résultante est le produit total.

Nous entendons toujours par le dernier chiffre, celui qui est le plus à droite.

EXEMPLE I.

Soit le nombre 523407 à multiplier par 546. Pour faire cette multiplication, 1°. je multiplie tout le multiplicande par 6 qui est au rang des unités, & je mets le produit qui en vient sous la ligne; en sorte que le dernier chiffre réponde au rang des unités du multiplicateur: 2°. Je multiplie aussi le multiplicande par 4 qui est au rang des dixaines, écrivant le dernier chiffre de ce produit au rang des dixaines: 3°. Je multiplie encore le multiplicande par 5, & j'écris le dernier chiffre du produit qui en vient au rang des centaines. Enfin je fais l'addition de tous les produits particuliers, & la somme 285780222 est le produit total.

```
   523407
      546
---------
  3140442
 2093628
2617035
---------
285780222
```

Exemple II.

S'il y avoit un ou plusieurs zeros au multiplicateur, il faudroit de même multiplier les chiffres du multiplicande par les zeros, aussi bien que par les chiffres positifs du multiplicateur, comme on peut voir en cet exemple.

```
    52043
     7005
 --------
   260215
   00000
  00000
 364301
 --------
364561215
```

Remarques.

I.

40. Lorsqu'il y a des zeros au multiplicateur, comme dans cet exemple, les produits particuliers du multiplicande par ces zeros du multiplicateur, ne contiennent que des zeros; ce qui n'augmente pas le produit total, quand on vient à faire l'addition des produits particuliers : c'est pourquoi on n'écrit ces zeros que pour garder le rang des chiffres des produits particuliers suivans; ainsi on pourroit n'écrire qu'un zero pour chacun des produits qui viennent quand on multiplie par zero, & mettre à côté, vers la gauche, le produit positif qui suit : on pourroit donc arranger les produits particuliers de la multiplication de l'exemple précédent, en cette façon.

```
    52043
     7005
 --------
   260215
 36430100
 --------
364561215
```

II.

41. Quoiqu'il soit indifférent de prendre l'un ou l'autre des deux nombres pour multiplicateur (36C); cependant on choisit ordinairement le plus petit, parce que y ayant pour lors moins de produits particuliers, la multiplication est plus commode.

DE LA PREUVE DE LA MULTIPLICATION.

42. La preuve de la multiplication se fait par l'opération opposée, je veux dire la division; en sorte qu'on divise le produit par le multiplicateur, & si le quotient est égal au multiplicande, c'est une marque que la multiplication est bien faite : sinon il y a quelque erreur de calcul. En parlant de la preuve de la division, on verra pourquoi on se sert de la division pour prouver la multiplication.

43. Mais comme la division est plus difficile à faire que la multiplication, il paroît qu'il seroit plus à propos de refaire la multiplication

d'une autre maniere, en prenant pour multiplicateur le nombre qui étoit multiplicande, à la place duquel on substitueroit celui qui étoit multiplicateur : pour lors il faudroit que le produit qui viendroit, en s'y prenant de cette maniere, fût égal à celui qu'on auroit eu d'abord (36C) : voici un exemple.

1305	426
426	1305
7830	2130
2610	12780
5220	426
555930	555930

43B. On peut aussi faire la preuve de la multiplication en doublant le multiplicande ou le multiplicateur, & prenant la moitié de celui des deux qu'on n'auroit pas doublé : on doit trouver le même produit qu'on auroit eu d'abord. Dans cet exemple, on doublera le multiplicande 1305, & on prendra la moitié de 426. Le double de 1305 est 2610, & la moitié de 426 est 213 : (on verra dans la suite (94), une méthode aisée de prendre la moitié d'un nombre) ; on multipliera donc 2610 par 213, le produit sera 555930 qui est le même qu'on avoit trouvé en multipliant 1305 par 426. On pourroit encore doubler 426 & prendre la moitié de 1305 : le double de 426 est 852, & la moitié de 1305 est $652\frac{1}{2}$. Dans ce cas il faudroit multiplier 852 par 652, & par $\frac{1}{2}$ à cause de la fraction $\frac{1}{2}$: c'est-à-dire, qu'il faudroit multiplier 852 par 652, & prendre encore la moitié de 852 : cette moitié est toute trouvée, puisque c'est le nombre que l'on a doublé.

852
$652\frac{1}{2}$
1704
4260
5112
426 moitié de 852
555930

44. Remarquez que la preuve d'une opération se peut toujours faire par l'opération contraire. Nous avons déja vû que la preuve de l'addition se fait par la soustraction, & que celle de la soustraction se faisoit par l'addition : nous venons de dire que la preuve de la multiplication se pouvoit faire par la division : nous verrons dans la suite que la division se prouve par la multiplication.

DÉMONSTRATION DE LA MULTIPLICATION.

45. La regle prescrit de multiplier tous les chiffres du multiplicande par le multiplicateur, & par conséquent en suivant cette regle, on trouvera le produit des unités, des dixaines, des centaines, des mille, &c. ainsi on aura le produit du multiplicande entier par le multiplicateur. Ce qu'il falloit démontrer.

On verra dans la suite (56), pourquoi dans la multiplication composée, il faut écrire le dernier chiffre de chaque produit particulier au rang du chiffre par lequel on multiplie.

46. Il est facile de voir que la multiplication se rapporte à l'addition : en effet la multiplication n'est qu'une espece d'addition, dont les nombres à ajouter sont égaux ; par exemple, multiplier 4850 par 225, c'est la même chose que si on écrivoit 4850 autant de fois qu'il est marqué par 225, en sorte que tous ces nombres égaux fussent les uns sous les autres, & qu'ensuite on fît l'addition, ce qui seroit fort long ; c'est pourquoi on a inventé la multiplication qui est une maniere abregée de faire cette sorte d'addition de nombres égaux.

La raison de cela, c'est que multiplier 4850 par 225, c'est prendre 4850 deux cens vingt-cinq fois ; & par conséquent c'est la même chose que si on avoit deux cens vingt-cinq nombres égaux chacun à 4850 desquels on chercheroit la somme par l'addition.

47. Voici plusieurs exemples qui feront juger en quelle occasion on peut se servir de la multiplication.

Le muid de vin contient 288 pintes, si on vend la pinte 8 sols, combien retirera-t-on de la vente du muid ? Il faut multiplier 8 par 288 ; ou pour plus grande facilité, 288 par 8, on trouvera 2304^{ls}.

Si un Cavalier coute au Roi 7 sols par jour, combien coute-t-il dans une année ? On voit qu'il faut mettre autant de fois 7 sols qu'il y a de jours dans l'année, c'est-à-dire 365 fois : il faut donc multiplier 7 par 365, ou plutôt 365 par 7, on trouvera 2555^{ls}.

La grande lieue de France, c'est-à-dire, celle qui est la vingtiéme partie d'un degré d'un grand cercle de la terre, contient 2852 toises, & la toise est de 6 pieds : combien la lieue contient-elle de pieds ? Il faut multiplier 2852 par 6, on trouvera 17112 pieds.

Il paroît par cet exemple, que la multiplication sert à réduire les grandes especes en petites. Il faut pour cela multiplier le nombre des grandes especes par un autre nombre qui exprime combien de fois la petite espece est contenue dans la grande : ainsi si on veut réduire

54 pieds en pouces, on multipliera 54 par 12, parce qu'il y a 12 pouces dans un pied. Pareillement pour ſçavoir combien un nombre de louis d'or vaut de livres, il faut multiplier ce nombre par 24 : pour connoître combien il y a de ſols dans une ſomme de livres, il faut multiplier cette ſomme par 20 : & ſi on veut réduire un nombre de ſols en deniers, on multipliera ce nombre par 12. De même pour réduire les heures en minutes, il faut multiplier le nombre des heures par 60. Dans les deux exemples ſuivans, il s'agit encore de réduire les grandes eſpeces en plus petites.

Il y a 24 heures en un jour, combien y en a-t-il dans une année? il faut multiplier 365 par 24, on trouvera 8760 heures.

On eſtime que le Soleil eſt éloigné de la terre d'environ 22000 demi-diametres du globe de la terre, dont chacun contient au moins 1432 lieues, on demande combien il y a de lieues de la terre au Soleil : il faut multiplier 1432 par 22000, on trouvera 31504000 lieues.

Il entre par an dans une ville 32684 pieces de vin, & on paye pour chacune 23 livres d'entrée : combien cet impôt produit-il par année? il faut multiplier 32684 par 23; on trouvera 751732 livres.

On veut faire acheter 5460 chevaux pour l'armée, chaque cheval coutera l'un portant l'autre 386 liv. à quelle ſomme montera le tout? Il faut multiplier 5460 par 386, on trouvera 2107560 liv.

48. Lorſque le multiplicande & le multiplicateur ſont égaux, le produit ſe nomme *quarré* : par exemple, ſi on multiplie 532 par 532, le produit 283024 s'appelle quarré de 532; le quarré d'un nombre eſt donc le produit de ce nombre multiplié par lui-même : le quarré de 2 eſt 4, le quarré de 3 eſt 9, celui de 4 eſt 16, celui de 5 eſt 25, &c. Le nombre que l'on a multiplié pour avoir un quarré eſt appellé *racine quarrée* : dans les exemples ci-deſſus, la racine quarrée de 283024 eſt 532, celle de 4 eſt 2, celle de 9 eſt 3, celle de 16 eſt 4, celle de 25 eſt 5, &c.

Maniere abrégée de faire la multiplication en certains cas.

Il y a certains cas où l'on peut abréger la pratique de la multiplication.

49. 1°. Quand le multiplicateur eſt l'unité ſuivie d'un ou de pluſieurs zeros, on peut abréger l'opération en écrivant au produit le multiplicande, & en mettant à la fin autant de zeros qu'il y en a au multiplicateur, comme dans cet exemple.

$$\begin{array}{r} 5032 \\ 100 \\ \hline 503200 \end{array}$$

50. 2°. Quoiqu'il y ait au multiplicateur des chiffres différens de l'unité suivis d'un ou de plusieurs zeros, on peut toujours abréger l'opération en multipliant le multiplicande par les chiffres positifs du multiplicateur, & mettant les zeros à la fin de la somme totale des produits particuliers : en voici des exemples.

```
  7203             2045
    40             3600
------          -------
288120            12270
                  6135
                -------
                7362000
```

51. 3°. Enfin s'il y avoit des chiffres positifs suivis de zeros tant à la fin du multiplicateur que du multiplicande, il faudroit faire la multiplication comme s'il n'y avoit point de zeros à la fin de l'un, ni de l'autre, & ajouter au produit total la somme des zeros qui se trouveroient après tous les chiffres positifs du multiplicande & du multiplicateur : voici un exemple.

```
   5302000
      6400
----------
    21208
   31812
----------
339328000000
```

S'il n'y avoit des zeros qu'à la fin du multiplicande, on voit bien qu'on pourroit encore abréger l'opération de la même maniere, en mettant les zeros du multiplicande à la fin du produit total. Exemple.

```
  5302000
       64
---------
   21208
  31812
---------
339328000
```

52. Remarquez qu'il ne s'agit ici uniquement que des zeros qui sont après tous les chiffres positifs du multiplicande & du multiplicateur ; c'est pourquoi le zero, qui dans l'avant dernier exemple est entre le 3 & le 2 du multiplié, ne doit pas être mis à la fin du produit total : mais on doit opérer sur lui selon les regles ordinaires.

53. Afin d'entendre les raisons de toutes ces manieres abrégées de faire la multiplication, il faut sçavoir qu'en mettant un zero à la fin d'un nombre, on le rend dix fois plus grand ; si on en met deux, on le rend cent fois plus grand, si on en met trois, on le rend mille fois plus grand, &c. Par exemple, en écrivant un zero à la fin de 5032, il vient 50320 qui vaut dix fois plus que le premier : car dans ce nombre 50320, le 2 vaut des dixaines, le 3 des centaines, le 5 des dixaines de mille ; au lieu que dans le premier nombre 5032, le 2 ne vaut que des unités, le 3 que des dixaines, le 5 que des mille ; il est donc évident que chaque chiffre du second nombre vaut dix fois

plus que dans le premier. Si on mettoit deux zeros à la fin de 5032, chaque chiffre vaudroit cent fois plus, ſi on en mettoit trois, il vaudroit mille fois plus, &c.

54. De-là il ſuit ſelon le premier cas, que pour multiplier 5032 par 100, il n'y a qu'à écrire à la fin du multiplicande les deux zeros du multiplicateur : car le produit de 5032 par 100 eſt un nombre cent fois plus grand que 5032 (36). Or en écrivant deux zeros à la fin du multiplicande 5032, on rend ce nombre cent fois plus grand.

55. C'eſt par le même principe qu'on rend raiſon du ſecond cas: car quand on a multiplié 2045 par 36, le produit 73620 s'eſt trouvé cent fois plus petit que le véritable, parce que ce n'étoit pas par 36 qu'il falloit multiplier, mais par 3600 qui eſt cent fois plus grand que 36 ; il falloit donc rendre le produit 73620 cent fois plus grand ; & par conſéquent il a fallu y ajouter à la fin les deux zeros du multiplicateur.

56. Il ſuit de-là que dans la multiplication compoſée, il faut écrire le dernier chiffre de chaque produit particulier, au rang du chiffre par lequel on multiplie : par exemple, ſi le multiplicateur eſt 546, il faut mettre le dernier chiffre du troiſiéme produit particulier au rang des centaines : car le multiplicateur qui a formé ce troiſiéme produit eſt le chiffre 5 qui ſignifie 500 ; par conſéquent après avoir multiplié par 5, il faut ajouter deux zeros au produit. Or, en écrivant le dernier chiffre au rang des centaines, on fait la même choſe que ſi on ajoutoit deux zeros au produit.

57. Le troiſiéme cas ſe démontre auſſi comme les deux premiers. Suppoſez, par exemple, qu'on veuille multiplier 340 par 400 : ſi on multiplioit les chiffres poſitifs du multiplicande par celui du multiplicateur, & qu'au produit 136, on ajoutât ſeulement les deux zeros du multiplicateur, le nombre 13600 ne ſeroit le produit que de 34 par 400. Or ce n'étoit pas ſeulement 34 qu'il falloit multiplier, c'étoit 340 qui eſt dix fois plus grand ; par conſéquent le produit 13600 eſt dix fois trop petit ; il faut donc le rendre dix fois plus grand ; & par conſéquent mettre à la fin le zero qui eſt au dernier rang du multiplicande.

Corollaire I.

58. Il ſuit du troiſiéme cas que quand on multiplie un chiffre par un autre, il y a après le produit autant de rangs, qu'il y en a tant après le chiffre multiplié, qu'après celui du multiplicateur ; par exemple, ſi on multiplie 50000 par 300, il faut qu'il y ait, après le produit des chiffres poſitifs, autant de zeros qu'il y en a tant

après

après 5 qu'après 3, c'est-à-dire six; ainsi le vrai produit de 50000 par 300 est 15000000.

Cela n'est pas seulement vrai lorsque les chiffres sont suivis de zero, comme dans l'exemple proposé; mais aussi quand ils sont suivis d'autres chiffres: supposez qu'on ait à multiplier 57902 par 364, il se trouvera dans le produit total six rangs après le produit partiel du 5 premier chiffre du multiplicande par le 3 du multiplicateur, puisque dans le multiplié le 5 signifie réellement 50000, & que dans le multiplicateur le 3 exprime aussi 300. Par la même raison le produit partiel du troisiéme chiffre 9 par le second 6, sera aussi suivi de trois rangs dans le produit total, parce qu'il y en a deux dans le multiplié après 9, & un dans le multiplicateur après 6.

COROLLAIRE II.

59. Si on multiplioit le nombre 57902 par lui-même, le quarré particulier de chaque chiffre auroit après lui, dans le quarré total, le double de rangs qu'il y en a après ce chiffre dans le nombre : par exemple, le quarré particulier de 5 auroit le double de quatre; c'est-à-dire, huit rangs après lui dans le quarré total du nombre 57902, parce que 5 a quatre rangs après lui dans ce nombre. De même le quarré particulier de 7 auroit le double de 3, c'est-à-dire, six rangs après lui dans le quarré total du même nombre 57902, parce qu'il y a trois rangs après le 7 dans ce nombre; ainsi des autres. C'est une suite évidente du précédent Corollaire; car le même nombre étant multiplicande & multiplicateur, il y a autant de rangs après le chiffre qu'on multiplie, qu'après celui qui sert de multiplicateur, puisque c'est le même chiffre du même nombre; ainsi dans l'exemple proposé, y ayant quatre rangs après le 5 consideré comme multiplicande, il y en a aussi quatre après ce même 5 consideré comme multiplicateur; par conséquent il doit y avoir huit rangs dans le quarré total après le produit de 5 par 5, c'est-à-dire, le quarré particulier de 5. C'est la même raison pour le 7 & les autres chiffres suivans.

COROLLAIRE III.

60. Le produit de deux nombres contient souvent autant de chiffres qu'il y en a tant au multiplicande qu'au multiplicateur, il en contient quelquefois un de moins; mais il ne peut jamais en contenir plus. Ainsi le produit qui vient de la multiplication de deux nombres dont l'un à trois chiffres, & l'autre deux, peut être composé de cinq chiffres, ou seulement de quatre, mais il ne peut en avoir six.

Par exemple, le produit de 999 par 99 à cinq chiffres : mais quoique le multiplicande & le multiplicateur contiennent les plus grands chiffres qu'il soit possible, le produit ne peut avoir six chiffres : car le produit de 999 par 99 est moindre que celui de 999 par 100. Or le produit de 999 par 100 est 99900 qui ne contient que cinq chiffres ; par conséquent le produit de deux nombres dont l'un est composé de trois chiffres & l'autre de deux ne peut en contenir plus de cinq. Il est pareillement certain que le produit de deux nombres dont l'un à trois chiffres, & l'autre deux, peut n'en contenir que quatre : tels sont les produits de 999 par 10, & de 345 par 26.

Nous n'avons parlé jusqu'à présent que de la multiplication des nombres incomplexes ; nous ne traiterons de celle des nombres complexes qu'après la division, parce que nous nous servirons de la division pour trouver le produit de ces sortes de nombres.

DE LA DIVISION.

61. Diviser un nombre par un autre, c'est chercher combien de fois le second est contenu dans le premier : par exemple, diviser 18 par 6, c'est chercher combien de fois 6 est contenu dans 18. Pour faire cette opération, on dit : en 18 combien de fois 6, on trouve qu'il y est contenu trois fois ; ainsi 3 exprime combien de fois 6 est contenu dans 18. Il y a donc trois choses à distinguer dans la division, sçavoir, le *dividende*, le *diviseur*, & le *quotient*. Le dividende est le nombre à diviser : le diviseur est celui par lequel on divise ; & le quotient est le nombre qui marque combien de fois le diviseur est contenu dans le dividende : dans l'exemple proposé, 18 est le dividende, 6 est le diviseur, & 3 est le quotient.

61 *B*. On peut donc définir la division, une opération par laquelle on trouve un nombre, qu'on appelle quotient, qui marque combien de fois le diviseur est contenu dans le dividende, ou combien le dividende contient le diviseur : si on divise 30 par 5, on trouve pour quotient 6, qui marque combien de fois le dividende 30 contient le diviseur 5, c'est-à-dire, six fois.

62. Il suit de cette définition, que dans la division le dividende contient autant de fois le diviseur que le quotient contient l'unité : dans l'exemple qu'on vient de proposer, le dividende 30 contient le diviseur autant de fois que le quotient 6 contient l'unité : car le quotient qui marque toujours combien de fois le dividende contient le diviseur étant ici 6, le dividende 30 contient 6 fois le diviseur 5 ; de même que le quotient 6 contient six fois 1. Au lieu de dire que le

dividende contient autant de fois le diviſeur que le quotient contient l'unité, on dit communement que le dividende eſt au diviſeur comme le quotient eſt à l'unité.

62 *B.* De ce que le quotient déſigne combien de fois le diviſeur eſt contenu dans le dividende, il s'enſuit qu'en prenant le diviſeur autant de fois qu'il eſt marqué par le quotient, on doit avoir une ſomme égale au dividende. Or prendre le diviſeur autant de fois qu'il eſt marqué par le quotient, c'eſt multiplier le diviſeur par le quotient. Ainſi le produit du diviſeur par le quotient, ou ce qui revient au même, le produit du quotient par le diviſeur eſt égal au dividende.

62 *C.* Puiſqu'en multipliant le quotient par le diviſeur le produit eſt égal au dividende, ce nombre contient donc le quotient autant de fois qu'il eſt marqué par le diviſeur. Ainſi on peut encore définir la diviſion en diſant que c'eſt une opération par laquelle on trouve un nombre, c'eſt le quotient, qui eſt contenu dans le dividende autant de fois qu'il eſt marqué par le diviſeur. Par exemple, en diviſant 30 par 5 on trouve le quotient 6 lequel eſt contenu autant de fois dans 30 qu'il eſt marqué par 5; c'eſt-à-dire, qu'on trouve la cinquiéme partie de 30. Or trouver la cinquiéme partie de 30, c'eſt la même choſe que de partager 30 en cinq parties égales : par conſéquent on peut dire auſſi que la diviſion eſt une opération par laquelle on partage le dividende en autant de parties égales qu'il eſt marqué par le diviſeur, par exemple, en cinq parties égales ſi le diviſeur eſt 5.

62 *D.* En reprenant toutes ces notions on peut donc dire 1°. que la diviſion eſt une opération par laquelle on trouve un nombre, c'eſt le quotient, qui marque combien de fois le diviſeur eſt contenu dans le dividende, 2°. ou par laquelle on trouve un nombre qui eſt contenu dans le dividende autant de fois qu'il eſt marqué par le diviſeur, 3°. ou bien que c'eſt une opération par laquelle on trouve une certaine partie du dividende déſignée par le diviſeur, par exemple, la cinquiéme ſi le diviſeur eſt 5, 4°. ou enfin une opération par laquelle on partage le dividende en autant de parties égales qu'il eſt marqué par le diviſeur. De ces quatre notions dont nous venons de faire voir la liaiſon, les deux premieres regardent également les entiers & les fractions : mais les deux dernieres, ou au moins la quatriéme, ſuppoſent que le diviſeur eſt un nombre entier.

62 *E.* Il paroît par ce que nous avons dit, que de même que le quotient marque combien de fois le diviſeur eſt contenu dans le dividende, réciproquement le diviſeur déſigne combien de fois le quotient eſt contenu dans le dividende.

63. On diſtingue deux ſortes de diviſions, la *ſimple* & la *compoſée.*

La division simple est celle dont le diviseur ne contient qu'un seul chiffre. La division composée est celle dont le diviseur en contient plusieurs. Nous parlerons d'abord de la simple, & ensuite de la composée.

Nous supposons qu'on sçait diviser tout nombre qui est plus petit que 90 par les neuf chiffres positifs, 1, 2, 3, 4, &c. Pour cela il n'y a qu'à sçavoir la Table de la multiplication : car si on connoît, par exemple, que 8 fois 6 font 48, on connoîtra par conséquent que 6 est contenu huit fois dans 48. Il faut donc bien sçavoir cette Table pour faire la division ; c'est pourquoi ceux qui ne la sçavent pas exactement par mémoire, doivent l'apprendre avant de commencer cette opération qui est la plus difficile des quatre.

DE LA DIVISION SIMPLE.

Pour faire la division, on écrit le diviseur à côté du dividende vers la droite, & on tire une ligne au-dessous de l'un & de l'autre, laquelle on coupe par un crochet que l'on met entre le dividende & le diviseur pour les séparer, comme on voit à la page suivante : & lorsqu'on fait la division, on place les chiffres du quotient sous le diviseur à mesure qu'on les trouve. On pourroit disposer autrement le diviseur & le quotient à l'égard du dividende ; mais il est bon de s'accoutumer à les disposer toujours de la même maniere : celle que nous venons d'indiquer paroît la plus commode. Après ces préparations on observe les regles suivantes.

64. 1°. On prend le premier chiffre du dividende, c'est-à-dire, le plus à gauche, (car c'est de ce côté qu'on commence la division ; au lieu que les trois premieres opérations se font en commençant vers la droite ;) on prend, dis-je, le premier chiffre du dividende, & on considere combien de fois le diviseur y est contenu, pour écrire ensuite au quotient le caractere qui exprime combien de fois le diviseur est contenn dans le premier chiffre du dividende. Si le premier chiffre du nombre à diviser étoit plus petit que le diviseur, on prendroit les deux premiers, & on écriroit de même au quotient le caractere qui marqueroit combien de fois le diviseur est contenu dans ces deux premiers chiffres du dividende. Cette premiere opération s'appelle proprement la division.

65. 2°. On multiplie le diviseur par le chiffre qu'on vient d'écrire au quotient, pour en avoir le produit.

66. 3°. Enfin quand on a trouvé ce produit, on le soustrait du premier, ou des deux premiers chiffres du dividende, si on a operé sur deux.

67. Après avoir fait la soustraction, on abbaisse le chiffre suivant du nombre à diviser à côté du reste, s'il y en a, & on opere sur ce reste augmenté du chiffre abbaissé comme on a operé sur le premier ou les deux premiers chiffres du nombre à diviser, y appliquant les trois regles que nous venons de prescrire : on continue toujours de la même maniere jusqu'à ce qu'on ait operé sur tous les chiffres du dividende, après quoi la division est achevée. Cette précaution d'abbaisser le chiffre suivant du dividende à côté du reste n'est pas nécessaire : nous n'en parlons presque ici que pour s'accoutumer à le faire dans la division composée.

68. Remarquez que si le diviseur n'étoit point contenu dans le chiffre sur lequel on opere, il faudroit mettre zero au quotient; auquel cas la multiplication & la soustraction marquées par la seconde & la troisiéme regle deviendroient inutiles.

Tout cela s'éclaircira par des exemples.

EXEMPLE I.

Soit le nombre 9408 à diviser par 4 : après avoir placé le dividende & le diviseur, & tiré des lignes, comme nous l'avons marqué; je dis : en 9 combien de fois 4? 2 fois; je mets donc 2 au quotient : ensuite, selon la seconde regle, je multiplie le diviseur 4 par 2, ce qui donne 8 : enfin je soustrais, par la troisiéme regle, ce produit 8 de 9, il reste 1 que j'écris sous 9 : voilà donc déja les trois regles qui ont été observées sur le premier caractere du nombre à diviser.

```
9408 { 4
14   { 2352
 20
  08
   0
```

J'abbaisse ensuite le 4 à côté du reste 1, & j'opere sur ces deux chiffres, comme j'ai fait sur le premier; je dis donc : en 14 combien de fois 4? 3 fois; je mets 3 au quotient à la suite du 2 : après quoi je multiplie 4 par 3, le produit est 12 que je soustrais de 14, le reste est 2 que j'écris sous le 4 du dividende.

J'abbaisse encore le chiffre suivant du dividende qui est zero que je mets à côté du second reste 2, ce qui fera 20 : auquel nombre j'applique les trois regles; je dis donc : en 20 combien de fois 4? 5 fois; je pose 5 au quotient, & je multiplie 4 par 5; le produit est 20 que je soustrais de 20, il ne reste rien.

Enfin j'abbaisse 8 sur lequel je fais les mêmes opérations, en disant : en 8 combien de fois 4? 2 fois : je pose 2 au quotient, & je multiplie 4 par 2, le produit est 8 que je soustrais du 8 abbaissé, il ne reste rien. Tous les chiffres du nombre à diviser ayant été abbaissés, la division est faite, & le quotient est 2352.

69. Les chiffres du dividende dans lesquels on cherche à chaque fois combien le diviseur est contenu, s'appellent *membres* de la division ou du dividende; on peut les nommer aussi *dividendes partiels;* ainsi dans l'exemple proposé 9 est le premier membre ou le premier dividende partiel, 14 est le second, 20 le troisiéme, & 8 le quatriéme.

REMARQUES.

I.

70. On doit prendre pour premier membre de la division, un nombre qui soit au moins aussi grand que le diviseur; c'est pourquoi si en prenant autant de chiffres dans le dividende qu'il y en a dans le diviseur (c'est-à-dire, le premier lorsque la division est simple, & les premiers quand elle est composée), cela ne fait point une somme égale au diviseur, il faut prendre un chiffre de plus pour premier membre: on en verra plusieurs exemples dans la suite.

Pour avoir le second membre, il faut abbaisser le chiffre qui suit celui ou ceux qui ont servi de premier membre, pour le mettre à la suite du reste de la premiere soustraction; & ce reste, s'il y en a, suivi du chiffre abbaissé, sera le second membre de la division. Dans l'exemple précédent après la premiere soustraction on a descendu le 4 du dividende à côté du reste 1: ce qui a donné 14 pour le second membre. On fait de même pour avoir chacun des autres membres, c'est-à-dire, qu'on abbaisse le chiffre qui suit ceux qui ont déja servi, on l'abbaisse, dis-je, à côté du reste de la soustraction précédente, & ce reste, s'il y en a, augmenté du chiffre abbaissé, donnera le membre cherché.

S'il ne restoit rien après la soustraction faite sur un des membres, alors le seul chiffre abbaissé seroit le membre suivant; c'est ce qui est arrivé dans l'exemple précédent, dont le 8 seul a été le quatriéme membre, parce qu'il n'est rien resté après la soustraction du troisiéme.

II.

71. A mesure qu'on descend quelque chiffre, il est à propos de l'effacer par un petit trait oblique dans le nombre à diviser, afin de ne point confondre ceux qui ont été abbaissés avec les suivans, comme il pourroit arriver, surtout quand il y a plusieurs chiffres de suite du dividende qui sont égaux. En faisant la division des exemples suivans, nous ne rappellerons pas cette remarque, lorsqu'il faudra en faire l'application, de peur de trop allonger le discours.

III.

72. La preuve de cette opération se fait en multipliant le diviseur par le quotient ou le quotient par le diviseur, car le produit doit être

égal au dividende. Or le quotient n'est pas toujours un nombre entier quoique le dividende & le diviseur soient tels, c'est-à-dire, des nombres entiers. Souvent il y a un reste après la soustraction que l'on fait sur le dernier membre, comme dans l'exemple suivant, où l'on trouvera le reste 5 : pour lors le quotient est le nombre entier que l'on a trouvé, plus une fraction dont le numérateur est le reste, & le dénominateur est le diviseur : ainsi dans l'exemple suivant le quotient est 50340 plus la fraction $\frac{5}{6}$. On a cependant coutume de dire que le quotient est le nombre entier qu'on trouve, & qu'il y a un reste. Pour éviter l'équivoque on peut dire que le nombre entier trouvé est le quotient partiel, & que le nombre entier joint à la fraction est le quotient total. Lorsqu'il y a un reste, il faut, pour faire la preuve, multiplier le diviseur par le quotient partiel, & ajouter le reste au produit ; la somme est égale au dividende, quand la division est bien faite, parce que cette somme est la même chose que le produit du diviseur par le quotient total, comme on le comprendra aisément lorsqu'on sçaura le calcul des fractions.

IV.

73. On ne peut jamais mettre plus de 9 au quotient, pour chacun des membres de la division. On donnera dans la suite la raison de cette derniere remarque.

La définition de l'article 69 & les quatre remarques ont lieu dans la division composée, comme dans la division simple.

Afin de faire mieux entendre l'application des regles de la division, nous distinguerons les differens membres, & nous appliquerons les trois regles à chacun de ces membres en particulier.

Exemple II.

Soit le nombre 302045 à diviser par 6.

Premier Membre de la Division.

Voyant que le premier chiffre 3 du dividende est plus petit que le diviseur 6, je prends 30 pour premier membre selon la premiere remarque (70) ; & je dis : en 30 combien de fois 6 ? 5 fois ; je pose donc 5 au quotient ; & je multiplie 6 par 5, le produit est 30, qui étant ôté du premier membre, il ne reste rien.

Second Membre.

J'abbaisse le 2 du dividende qui sera seul le second membre de la division, après quoi je dis : en 2 combien de fois 6 ? mais le diviseur n'étant pas contenu dans le dividende partiel qui est 2, j'écris 0 au quotient (68): la multiplication du diviſeur par o, & la ſouſtraction étant inutiles, il reſtera 2.

Troiſiéme Membre.

Je tranſporte le chiffre ſuivant du dividende, qui eſt o, à côté du reſte 2 ; ce qui donnera 20 pour le troiſiéme membre ; je dis enſuite : en 20 combien de fois 6 ? 3 fois ; je poſe 3 au quotient, & je multiplie 6 par 3 : le produit 18 étant ôté de 20, il reſte 2 qu'il faut écrire ſous o.

Quatriéme Membre.

Je deſcends le 4 du dividende à côté du reſte 2 : ce qui fait 24 pour le quatriéme membre ; je dis donc : en 24 combien de fois 6 ? 4 fois ; je poſe 4 au quotient, & ayant multiplié 6 par 4, je ſouſtrais le produit 24 de ce quatriéme membre, il ne reſte rien.

```
302045 { 6
  20   { 50340
   24
    (5
```

Cinquiéme Membre.

Enfin j'abbaiſſe le 5 du dividende qui fera ſeul le cinquiéme membre, n'y ayant point eu de reſte du précédent ; je dis donc : en 5 combien de fois 6 ? le diviſeur n'étant pas contenu dans ce membre, je mets zero au quotient (68) ; mais la multiplication & la ſouſtraction étant pour lors inutiles, il reſte 5 du dividende qu'il faut ſéparer par un petit arc, & la diviſion eſt achevée.

EXEMPLE III.

Soit le nombre 3780269 à diviſer par 7. Nous ne mettons ce troiſiéme exemple qu'à cauſe des deux zeros qu'il faut écrire de ſuite au quotient ; c'eſt pourquoi nous n'expliquerons que ce qui regarde ces deux zeros ; car on verra aſſez comment doit ſe pratiquer le reſte de la diviſion, après ce qui a été dit dans les exemples précédens.

Dans cet exemple, après avoir mis le premier zero au quotient, on deſcend le 2 à la droite du zero du dividende, lequel zero avoit été abbaiſſé auparavant, & on cherche combien de fois le diviſeur 7 eſt contenu dans le 2 qui eſt le quatriéme membre : mais comme le diviſeur n'eſt point contenu dans ce membre, on met un ſecond zero au quotient ; enſuite on abbaiſſe le 6 du dividende à côté du 2 ; ce qui donne 26 pour le cinquiéme membre ; on cherche donc combien de fois le diviſeur

```
3780269 { 7
 28     { 540038
  0026
     59
     (3
```

diviſeur eſt contenu dans 26 ; & comme il y eſt contenu 3 fois, on écrit 3 au quotient, & on fait tout le reſte comme dans les exemples précédens.

Nous n'avons pas écrit le produit du diviſeur par chacun des chiffres du quotient pour en faire la ſouſtraction : ainſi dans le ſecond exemple après avoir mis au quotient le premier chiffre 5, on a multiplié le diviſeur 6 par 5 : ce qui a donné le produit 30 que l'on a ſouſtrait du premier membre 30, ſans l'avoir écrit au-deſſous de ce membre, comme on auroit pû faire : mais dans la diviſion compoſée nous écrirons toujours ces produits ſous les membres dont ils doivent être ſouſtraits, afin que l'on ſoit moins expoſé à faire des fautes de calcul dans la ſouſtraction : ce qui arriveroit plus facilement que dans la diviſion ſimple où les produits ſont fort petits, n'étant jamais compoſés de plus de deux chiffres.

Avant de paſſer à la diviſion compoſée, il eſt à propos de refaire pluſieurs fois les exemples que l'on vient de donner, & ſurtout le ſecond & le troiſiéme qui contiennent des zeros au quotient ; on doit auſſi ſe donner des exemples : & afin de voir ſi on ne ſe trompe point dans l'application des regles, on pourra multiplier un nombre, tel qu'on voudra, par un ſeul caractere, & prenant le produit qui en viendra pour dividende, & le multiplicateur pour diviſeur, il doit venir au quotient le même nombre qui a ſervi de multiplicande ; ainſi il ſera facile de voir ſi on ſe trompe en faiſant la diviſion. On peut faire la même choſe pour la diviſion compoſée, pourvû que le multiplicateur contienne pluſieurs chiffres.

DE LA DIVISION COMPOSÉE.

Nous avons dit que lorſqu'il y a pluſieurs chiffres au diviſeur, pour lors la diviſion étoit appellée compoſée.

74. On trouve les différens membres de cette diviſion de la maniere qui a été expliquée (70), & on applique ſur chacun les trois regles de la diviſion ſimple, c'eſt-à-dire, qu'il faut 1°. chercher combien de fois le diviſeur eſt contenu dans chaque membre de la diviſion, & écrire au quotient le caractere qui marque combien de fois le diviſeur entier eſt contenu dans le membre ſur lequel on opere ; 2°. multiplier tout le diviſeur par le caractere qu'on vient d'écrire au quotient ; 3°. ôter le produit de cette multiplication du dividende partiel. Nous allons faire des remarques & donner des exemples de la diviſion compoſée, qui feront concevoir comment ſe fait l'application de ces regles.

Remarques.

I.

75. Lorſqu'on veut faire une diviſion compoſée, il ne faut pas chercher combien de fois le diviſeur entier eſt contenu dans le membre de la diviſion ſur lequel on opere ; cela demanderoit une trop grande étendue d'eſprit : par exemple, ſi on veut diviſer 27605 par 84, il ne faut pas chercher combien de fois le diviſeur entier 84 eſt contenu dans 276 qui eſt le premier membre : mais concevant que le diviſeur eſt ſous le dividende partiel (ſans l'y écrire effectivement), en ſorte que le dernier chiffre du diviſeur réponde au dernier chiffre de ce dividende partiel en cette maniere $\frac{276}{84}$; il faut voir combien de fois le premier chiffre du diviſeur eſt contenu dans celui ou ceux auſquels il répond : dans cet exemple, 8 répond à 27, parce que n'y ayant aucun chiffre du diviſeur avant 8, il eſt cenſé répondre non-ſeulement à 7 qui eſt préciſément au-deſſus, mais auſſi à 2 qui joint au 7 fait 27 ; on doit donc chercher combien de fois 8 eſt contenu dans 27, en diſant : en 27 combien de fois 8 ?

II.

76. Après avoir trouvé combien de fois le premier chiffre du diviſeur eſt contenu dans le chiffre ou les chiffres auſquels il répond, il ne faut pas mettre d'abord au quotient le caractere qui exprime combien de fois le premier chiffre du diviſeur eſt contenu dans celui ou ceux auſquels il répond ; il faut auparavant faire l'épreuve. Or cette épreuve conſiſte à multiplier le diviſeur entier par le caractere qu'on vouloit mettre au quotient ; & ſi le produit de cette multiplication n'eſt pas plus grand que le dividende partiel, le chiffre éprouvé eſt bon, & doit être mis au quotient : dans l'exemple propoſé, après avoir trouvé que 8 eſt contenu 3 fois dans les chiffres correſpondans 27 ; il faut faire l'épreuve ; c'eſt-à-dire, multiplier le diviſeur entier 84 par 3, & le produit 252 n'étant pas plus grand que le premier membre 276, on doit mettre 3 au quotient : mais ſi le produit du diviſeur par le chiffre éprouvé 3, avoit été plus grand que le dividende partiel, il auroit fallu éprouver 2 moindre que 3 d'une unité ; & ſi en multipliant le diviſeur par 2, le produit eût encore été plus grand que le dividende partiel, il auroit fallu mettre au quotient 1 moindre que 2 d'une unité. En un mot, il faut diminuer toujours d'une unité le chiffre éprouvé, juſqu'à ce que le produit du diviſeur par le chiffre éprouvé ne ſoit pas plus grand que le membre ſur lequel on opere, afin que ce produit puiſſe en être ôté.

On doit écrire à part toutes les multiplications que l'on fait pour les épreuves ; par ce moyen les épreuves qu'on a faites pour les premiers chiffres du quotient pourront ſervir pour les ſuivans.

III.

77. S'il arrivoit qu'en multipliant le diviſeur par 1, le produit ne pût être ôté du dividende partiel, ou ſi le diviſeur étoit plus grand que le dividende partiel (ce qui revient au même), ce ſeroit une marque qu'on ne pourroit mettre que zero au quotient pour ce membre, auquel cas on négligeroit la multiplication & la ſouſtraction, parce qu'elles ſeroient inutiles, comme on l'a déja remarqué pour la diviſion ſimple.

Ces trois remarques ſont pour tous les membres de la diviſion compoſée, excepté le premier ſur lequel la troiſiéme remarque n'a point d'application.

EXEMPLE I.

Soit le nombre 27605 à diviſer par 84.

Premier Membre.

Les deux premiers chiffres du dividende faiſant un nombre moindre que le diviſeur, je prends les trois premiers, ſçavoir 276 pour le premier membre, ſous lequel concevant le diviſeur, comme il a été dit dans la premiere remarque ſur la diviſion compoſée (75), je cherche combien de fois 8 eſt contenu dans les chiffres correſpondans 27 ; & voyant qu'il y eſt contenu 3 fois, je multiplie le diviſeur entier 84 par 3, le produit eſt 252, lequel étant moindre que le premier membre 276, je mets 3 au quotient. Voilà déja l'application de la premiere regle faite ſur le premier membre.

Après avoir mis 3 au quotient, je devrois multiplier, ſelon la ſeconde regle, le diviſeur 84 par le chiffre 3 que j'ai mis au quotient ; mais comme j'ai déja trouvé le produit en faiſant l'épreuve, j'écris ſimplement ce produit ſous le premier membre ; en ſorte que le dernier chiffre du produit ſoit ſous le dernier chiffre du premier membre en cette maniere $\substack{276\\252}$.

Enfin j'applique la troiſiéme regle en ôtant, ſelon la méthode ordinaire de la ſouſtraction, le produit 252 du dividende partiel 276 ; cette ſouſtraction étant faite, le reſte ſera 24, & l'opération ſera achevée ſur le premier membre. On cherche enſuite le ſecond ſur lequel on opere de la même maniere, auſſi-bien que ſur les ſuivans, comme on le verra dans la ſuite.

Second Membre.

Le reste du premier membre est 24, à côté duquel j'abbaisse le chiffre suivant du dividende qui est 0 : ce qui donne 240 pour le second membre, sous lequel concevant le diviseur 84 disposé comme il faut (75), je cherche combien de fois 8 est contenu dans 24, qui est le nombre auquel il répond : comme je vois qu'il y est contenu 3 fois, j'éprouve le 3 en multipliant le diviseur par 3, le produit 252 est plus grand que 240 : ainsi le 3 n'est pas bon. Je dois donc le diminuer d'une unité, il restera 2 qu'il faut aussi éprouver en multipliant le diviseur par 2. Or en faisant cette multiplication, je trouve le produit 168 qui est moindre que 240 ; par conséquent je dois mettre 2 au quotient à côté du 3 : ensuite la multiplication du diviseur par ce 2 étant toute faite, j'écris le produit 168 sous 240, les unités sous les unités, les dixaines sous les dixaines, &c. comme il faut toujours l'observer ; & faisant ensuite la soustraction, je trouve le reste 72.

```
27605 { 84
252   { 328
 240
 168
  725
  672
  (53
```

Troisiéme Membre.

J'abbaisse le chiffre suivant du dividende, sçavoir 5, vis-à-vis du reste 72 ; ainsi le troisiéme & dernier membre est 725, sous lequel concevant le diviseur placé comme il faut (75), je vois que le 8 répond à 72 ; je cherche donc combien de fois 8 est contenu dans 72, & voyant qu'il y est 9 fois, j'éprouve le 9, c'est-à-dire, que je multiplie le diviseur par 9 ; mais le produit 756 étant plus grand que 725, le 9 n'est pas bon ; j'éprouve donc le 8 moindre d'une unité que 9 : or le produit du diviseur par 8 est 672 moindre que 725 ; je pose donc 8 au quotient, & j'écris ce produit 672 sous 725 pour faire la soustraction, laquelle étant achevée, le reste est 53 que je sépare par un petit arc, afin de le distinguer des autres chiffres ; ce qui étant fait, la division est entierement finie, parce qu'il n'y a plus de chiffre à abbaisser dans le dividende.

EXEMPLE II.

Soit le nombre 4797865 à diviser par 369.

Premier Membre.

Le diviseur n'étant pas plus grand que les trois premiers chiffres du dividende, sçavoir 479, ce nombre est le premier membre de la diviſion, ſous lequel concevant le diviſeur en cette maniere $\frac{479}{369}$, le 3 du diviſeur répondra au 4 du dividende partiel; je dis donc, en 4 combien de fois 3? une fois, j'écris 1 au quotient, parce que je vois que le produit du diviſeur par 1 étant égal au diviſeur même, n'eſt pas plus grand que 479: enſuite je mets le produit du diviſeur par 1, c'eſt-à-dire, 369 ſous le premier membre 479, les unités ſous les unités, &c. après quoi je fais la ſouſtraction qui me donne pour reſte 110.

```
4797865 { 369
369       { 13002
1107
1107
00865
  738
 (127
```

Second Membre.

Au reſte 110 je joins le chiffre ſuivant du dividende; ſçavoir 7, en l'abbaiſſant à côté de 110, ce qui fait 1107 pour ſecond membre, ſous lequel concevant le diviſeur placé comme il faut (75), le premier chiffre 3 du diviſeur répondra ſous 11; je dis donc en 11 combien de fois 3? il y eſt 3 fois; c'eſt pourquoi j'éprouve le 3, en multipliant le diviſeur par 3: le produit eſt 1107, lequel n'étant pas plus grand que le dividende partiel; je poſe 3 au quotient, & j'écris le produit 1107 ſous le dividende partiel, pour faire la ſouſtraction, laquelle étant achevée, il ne reſte rien.

Troiſiéme Membre.

J'abbaiſſe le 8 qui eſt ſous le troiſiéme membre, parce qu'il n'eſt rien reſté du ſecond. Ce troiſiéme membre étant plus petit que le diviſeur, je dois mettre 0 au quotient; ainſi la multiplication & la ſouſtraction ſont inutiles, & par conſéquent le reſte du troiſiéme dividende partiel eſt 8.

Quatriéme Membre.

Je deſcends le chiffre ſuivant du dividende, ſçavoir 6, vis-à-vis du reſte 8: ce qui donne 86 pour le quatriéme membre; lequel étant encore plus petit que le diviſeur, je mets un ſecond 0 au quotient, & le reſte de ce membre eſt 86.

Cinquiéme Membre.

Enfin ayant abbaiſſé le dernier chiffre du dividende qui eſt 5 à côté du reſte 86, il vient 865 pour cinquiéme & dernier membre, ſous lequel concevant le diviſeur placé comme il faut, le 3 du diviſeur répondra au 8; je dis donc, en 8 combien de fois 3? 2 fois; ainſi je multiplie le diviſeur par 2, le produit eſt 738 qui étant moindre que 865, je poſe 2 au quotient, & j'écris le produit 738 ſous 865 pour faire la ſouſtraction, après laquelle il reſte 127 que je ſépare par un petit arc, & la diviſion eſt achevée.

Voici encore deux exemples de la division composée, que nous donnons sans nous arrêter à les expliquer comme nous avons fait les précédens.

EXEMPLE III.

Division		Preuve de cette Division.
2569472	2953	2953
23624	870	435
20707		14765
20671		8859
(362 reste		11812
		1284555
		1284555
		362 reste
		2569472

EXEMPLE IV.

Division		Preuve de cette Division.
28125074880	3906	3906
27342	7200480	3600240
7830		156240
7812		7812
0018748		2343600
15624		11718
31248		14062537440
31248		14062537440
000		28125074880

77 B. Pour faire la preuve de ces deux derniers exemples, nous avons multiplié le diviseur par la moitié du quotient, & nous avons doublé le produit auquel nous avons ajouté le reste de la division. Il est évident que le double du produit est égal au produit du diviseur par le quotient ; & par conséquent la somme du reste & du double du produit par la moitié du quotient, doit être égale au dividende. Cette preuve de la division renferme une preuve de la multiplication qui consiste à multiplier un des facteurs, soit le multiplicande, soit le multiplicateur par la moitié de l'autre : car le produit doit être égal à la moitié du produit des deux facteurs : par conséquent en doublant le produit d'un des facteurs par la moitié de l'autre, on aura le produit des deux facteurs entiers.

REMARQUES.

I.

78. Si on appercevoit qu'après avoir fait la soustraction, le reste fût plus grand ou égal au diviseur, ce seroit une marque que le chiffre

qu'on vient de mettre au quotient ou quelqu'un des précédens seroit trop petit, puisque le diviseur seroit contenu dans le membre dont on viendroit de faire la soustraction, au moins une fois de plus qu'il ne seroit marqué par ce chiffre qu'on viendroit d'écrire au quotient : ainsi après la soustraction faite sur le second membre du premier exemple de la division composée, si le reste avoit été plus grand ou égal au diviseur 84, alors le 2 qu'on a mis au quotient pour ce membre auroit été trop petit.

II.

79. Chaque membre de la division fournissant un chiffre au quotient, il est visible qu'il doit y avoir autant de chiffres au quotient, qu'il y a de membres dans la division. Or il est facile de voir tout d'un coup, combien il y aura de membres dans la division, puisqu'il y en a autant & un de plus qu'il reste de chiffres dans le dividende après le premier membre : dans l'exemple cité à la remarque précédente, il étoit aisé de voir qu'il n'y auroit que trois membres en divisant 27605 par 84, & par conséquent qu'il n'y auroit que trois chiffres au quotient ; parce qu'il ne restoit que deux caracteres au dividende après le premier membre 276. On ne parle pas ici des chiffres qui composent la fraction du quotient total.

III.

80. On ne peut jamais mettre plus de 9 au quotient pour un des membres du dividende. Nous allons le démontrer à l'égard du premier membre, & nous ferons voir ensuite que l'on peut appliquer la même démonstration aux suivans.

Ou bien il y a autant de chiffres au premier membre qu'il y en a au diviseur, ou il y en a un de plus. Or dans l'un & l'autre cas on ne peut mettre plus de 9 au quotient; supposons d'abord qu'il y a autant de chiffres dans le premier membre qu'il y en a au diviseur; par exemple, trois à chacun; en sorte que les trois du premier membre soient les plus glus grands qu'il soit possible, & que les trois du diviseur soient au contraire les plus petits que l'on puisse, afin que le diviseur soit contenu plus de fois dans le premier membre : que ce premier membre soit donc 999 & le diviseur 100 : il est certain que 100 n'est point contenu dix fois dans 999 ; car afin que 100 fût contenu dix fois dans 999, il faudroit que ce nombre 999 fût dix fois plus grand que 100 ; ce qui n'est pas, puisque pour rendre un nombre dix fois plus grand qu'il n'est, il n'y a qu'à mettre un 0 après ce nombre. Or en mettant un 0 après 100, il vient 1000 qui est plus grand que 999 ; donc 999 n'est pas dix fois plus grand que 100; & par conséquent 100 n'est pas contenu dix fois dans 999 ; on ne peut donc mettre plus de 9 au quotient, en divisant 999 par 100.

De même s'il y avoit un chiffre de moins dans le diviſeur que dans le dividende partiel ; par exemple, ſi le diviſeur étoit 625, & le premier membre 6249 (ce premier membre eſt le plus grand qu'il ſoit poſſible par rapport au diviſeur, puiſque ſi on l'augmentoit d'une unité, la ſomme qui en réſulteroit, ſçavoir 6250, ne pourroit plus être priſe pour premier membre, mais ſeulement 625 égal au diviſeur) ; dans ce cas le diviſeur ne ſeroit pas contenu dix fois dans le dividende partiel, puiſqu'en rendant ce diviſeur dix fois plus grand, c'eſt-à-dire, en le multipliant par 10, le produit 6250 eſt plus grand que le premier membre 6249 ; on ne peut donc, même dans ce cas, mettre plus de 9 au quotient.

Ce que l'on vient de dire pour le premier membre de la diviſion doit s'entendre également de tous les autres, parce que le reſte qui ſe trouve après chaque ſouſtraction, étant toujours plus petit que le diviſeur, il eſt impoſſible que ce reſte augmenté du chiffre qu'on abbaiſſe, contienne dix fois le diviſeur.

Ces trois remarques conviennent à la diviſion ſimple, comme à la diviſion compoſée.

81. Quand une diviſion compoſée doit donner un grand nombre de chiffres, par exemple, ſept, huit ou même davantage, il eſt bon de commencer par chercher les produits du diviſeur par les neuf premiers chiffres 1, 2, 3, 4, &c. alors il n'y a point d'épreuve à tenter, & la diviſion ſe réduit à faire ſeulement des ſouſtractions. Soit, par exemple, le nombre 5438627049601084 à diviſer par 842065 : on cherchera les différens produits que nous venons de dire en commençant par les plus petits, & les écrivant par ordre les uns ſous les autres avec les multiplicateurs à côté, en cette ſorte : or pour trouver aiſément ces produits, il n'y a qu'à ajouter le premier à celui qui précede immédiatement celui qu'on cherche : ainſi pour avoir le cinquiéme, on ajoutera le premier au quatriéme, & de même pour avoir le ſixiéme, il faut ajouter le premier au cinquiéme : ainſi des autres. Et pour s'aſſurer qu'on ne s'eſt pas trompé, il ſera bon de multiplier le premier par 9, le produit doit être le même que le neuviéme qu'on aura trouvé par l'addition.

842065	par	1
1684130	par	2
2526195	par	3
3368260	par	4
4210325	par	5
5052390	par	6
5894455	par	7
6736520	par	8
7578585	par	9

82. Entre pluſieurs manieres de faire la diviſion compoſée, nous avons choiſi celle que nous avons expliquée, parce qu'elle eſt plus facile à entendre, & que d'ailleurs elle paroît moins ſujette aux fautes

de

de calcul que les autres : ce qui est d'une grande conséquence. Au reste, lorsque le quotient ne doit être composé qu'environ de 3 ou 4 caracteres, il seroit plus court pour ceux qui ont quelque habitude dans le calcul de ne faire l'épreuve que par la pensée, & de commencer la multiplication du diviseur vers la gauche, en faisant la soustraction en même temps sans rien écrire : la soustraction se fait de la même maniere que pour la preuve de l'addition. On va appliquer cette méthode sur un exemple.

Si je veux diviser 843067 par 2965, je dis, en 8 combien de fois 2 ? il y est 4 fois, j'éprouve donc 4 en commençant à multiplier le diviseur vers la gauche, & en faisant en même tems la soustraction de la maniere suivante : 4 fois 2 font 8 ; j'ôte ce produit 8 du premier chiffre du dividende auquel répond le 2 du diviseur, & il ne reste rien ; je multiplie ensuite le 9 du diviseur par 4 : mais le produit ne pouvant être ôté du 4 du dividende, il est visible que ce chiffre éprouvé, sçavoir 4, n'est pas bon ; j'éprouve donc le 3 de la même maniere, & je dis, 3 fois 2 font 6, j'ôte 6 de 8, il reste 2, qu'il faut joindre par la pensée avec le 4 suivant du premier membre, ce qui fait 24 : ensuite je dis, 3 fois 9 font 27 que je ne puis ôter de 24, ainsi le chiffre 3 n'est pas encore bon. J'éprouve donc le 2 en disant, 2 fois 2 font 4 que j'ôte de 8, il reste 4 qu'il faut joindre par la pensée avec le 4 suivant, & la somme est 44. Après cela je multiplie 9 par 2, & j'ôte le produit 18 de 44, & voyant qu'il reste plus de 9, je suis assuré que 2 est bon, c'est pourquoi je fais la multiplication du diviseur par 2 à l'ordinaire, en commençant à la droite, & en écrivant le produit : après quoi je fais la soustraction & j'écris le reste, comme il a été pratiqué dans la méthode dont on s'est servi ci-dessus.

843067	2965
5930	284
25006	
23720	
12867	
11860	
1007	

La soustraction étant faite, & le chiffre suivant du dividende étant abbaissé, le second membre est 25006 sur lequel je fais l'épreuve comme sur le premier : je dis donc, en 25 combien de fois 2 ? on ne peut mettre que 9 ; ainsi j'éprouve 9 en disant, 9 fois 2 font 18 que j'ôte de 25, il reste 7 ; je joins par la pensée le reste 7 au zero suivant du second membre ; ce qui fait 70, après quoi je multiplie le 9 du diviseur par le 9 éprouvé : mais le produit ne pouvant être ôté de 70 ; je conclus que le 9 n'est pas bon. J'éprouve donc le 8 en disant, 8 fois 2 font 16, que j'ôte de 25, il reste 9 ; ainsi je suis assuré que le chiffre éprouvé est bon ; c'est pourquoi je multiplie le diviseur entier par 8,

& j'écris le produit; je fais ensuite la soustraction en écrivant aussi le reste. On fera l'épreuve de la même maniere sur le troisiéme membre de la division.

83. Après avoir fini l'épreuve pour chaque chiffre du quotient, on pourroit faire la soustraction à mesure qu'on multiplie chaque chiffre du diviseur sans écrire le produit. Nous allons le pratiquer par rapport au premier chiffre du quotient qui est 2: 2 fois 5 font 10, 10 de 0 ne peut; ainsi je dis, 10 de 10 reste 0 que j'écris, & je retiens 1. Puis je dis, 2 fois 6 font 12, & 1 que j'ai retenu c'est 13; 13 de 3 ne peut; 13 de 13 reste 0 que j'écris au-dessous de 3, & je retiens 1. Je dis ensuite, 2 fois 9 font 18 & 1 que j'ai retenu font 19, 19 de 4 ne peut, 19 de 24 reste 5 que j'écris, & je retiens 2: enfin je dis, 2 fois 2 font 4, & 2 que j'ai retenu font 6, 6 de 8 reste 2 que j'écris. On fait de même pour les autres chiffres du quotient: mais en pratiquant ainsi la multiplication & la soustraction, on risque plus de se tromper qu'en écrivant le produit pour faire ensuite la soustraction.

DÉMONSTRATION DE LA DIVISION.

84. Diviser un nombre par un autre, c'est en chercher un troisiéme, qu'on nomme quotient, qui exprime combien de fois le diviseur est contenu dans le dividende. Or en suivant les regles de la division, on trouve pour quotient un nombre qui exprime combien de fois le diviseur est contenu dans le dividende: car pour voir combien de fois un nombre est contenu dans un autre; il n'y a qu'à sçavoir combien de fois le premier peut être ôté du second. Or en suivant les regles de la division, on trouve pour quotient un nombre qui exprime combien de fois le diviseur peut être soustrait du dividende, puisqu'à chaque chiffre qu'on écrit au quotient, on doit multiplier le diviseur par ce chiffre, pour en soustraire le produit du dividende: par exemple, si on divise 100 par 4, il se trouvera à la fin de l'opération, qu'on aura multiplié 4 par 25, & qu'on aura soustrait le produit, c'est-à-dire, 25 fois 4, de 100; & par conséquent le diviseur est retranché du dividende autant de fois qu'il y a d'unités dans le quotient: d'ailleurs le diviseur est retranché du dividende autant de fois qu'il y est contenu; puisque selon les regles de la division, le reste, s'il y en a, est toujours moindre que le diviseur; donc le quotient exprime combien de fois le diviseur peut être ôté du dividende; ainsi il marque combien de fois le diviseur est contenu dans le dividende. Ce qu'il falloit démontrer.

85. Les commençans pourroient être embarrassés pour comprendre comment dans la pratique de la division, le diviseur est ôté du

dividende autant de fois qu'il eſt marqué par le quotient: ſuppoſé, par exemple, que le dividende ſoit 4578 & le diviſeur 6, le quotient ſera 763. Or il ne paroît pas d'abord qu'en ſuivant les regles de la diviſion, le diviſeur 6 ait été ôté du dividende 763 fois, parce que pour le premier membre de la diviſion, on n'a multiplié le diviſeur 6 que par 7, après quoi on a ôté le produit 42, c'eſt-à-dire, 7 fois 6, du dividende: pour le ſecond membre on n'a ſouſtrait le diviſeur 6 que 6 fois du dividende, ou ce qui eſt la même choſe, le produit du diviſeur par le ſecond chiffre 6 du quotient; enfin pour le troiſiéme membre on a encore ôté le diviſeur 3 fois du dividende: on a donc ôté le diviſeur du dividende ſeulement 16 fois; ſçavoir, 7 fois pour le premier membre, 6 fois pour le ſecond, 3 fois pour le troiſiéme; ce qui fait en tout 16 & non pas 763.

Pour faire évanouir cette difficulté, il faut conſiderer de quelle maniere ſe fait la ſouſtraction dans la diviſion. Quand pour le premier membre on a ôté du dividende le produit de 6 par 7, c'eſt-à-dire 42, on a fait comme ſi on avoit voulu ſouſtraire 4200 produit de 6 par 700, puiſque pour ſouſtraire 4200 de 4578, il faudroit diſpoſer ces deux nombres; en ſorte que 42 répondit à 45, & pour lors on trouveroit pour reſte 378 qui eſt le même nombre qui eſt reſté du dividende entier après la premiere ſouſtraction; ainſi par cette ſouſtraction on a ôté 700 fois le diviſeur 6 du dividende: de même par la ſeconde ſouſtraction de la diviſion on a ôté du dividende le produit du diviſeur 6 par 60 qui eſt 360: enfin par la troiſiéme ſouſtraction on a ôté du dividende qui reſtoit, 3 fois le diviſeur, c'eſt-à-dire, le produit de 6 par 3; il eſt donc certain que le diviſeur a été ôté du dividende, en faiſant la diviſion, 1°. 700 fois, 2°. 60 fois, 3°. 3 fois; ce qui fait en tout 763 fois.

86. Il eſt facile de voir à préſent qu'on peut ſe ſervir de la diviſion pour preuve de la multiplication: car le produit contenant le multiplicande autant de fois qu'il eſt marqué par le multiplicateur, il eſt évident que ſi on diviſe le produit par le multiplicande, le quotient ſera le multiplicateur: & réciproquement ſi on diviſe le produit par le multiplicateur, le quotient ſera le multiplicande.

87. C'eſt par la diviſion qu'on réduit une ſomme de petites eſpeces à de plus grandes: ce qui ſe fait en diviſant la ſomme des petites eſpeces par le nombre qui exprime combien la grande eſpece contient de fois la petite: par exemple, pour réduire une ſomme de deniers en ſols, il faut diviſer le nombre des deniers par 12, parce qu'un ſol vaut 12 deniers, & le quotient ſera le nombre des ſols contenus dans la ſomme des deniers.

La raiſon de cette pratique eſt que le nombre de ſols que vaut la ſomme des deniers, eſt 12 fois plus petit que le nombre des deniers, puiſqu'il faut 12 deniers pour faire un ſol; il ne s'agit donc pour réduire les deniers en ſols, que de trouver un nombre qui ne ſoit que la douziéme partie de celui des deniers. Or en diviſant le nombre des deniers par 12, on trouve pour quotient un nombre qui n'eſt que la douziéme partie de celui des deniers (62*D*). Donc ce quotient marquera le nombre des ſols contenus dans la ſomme des deniers.

Nous allons donner pluſieurs exemples de réduction des petites eſpeces aux plus grandes.

Combien 546 deniers valent-ils de ſols? il faut diviſer 546 par 12, le quotient 45 & le reſte 6, font voir que 546^{d} valent 45^{ſ} 6^{d}.

Combien 720 pieds en longueur valent-ils de toiſes? il faut diviſer 720 par le diviſeur 6 qui marque combien de fois le pied eſt contenu dans la toiſe, le quotient 120 fait connoître que 720 pieds contiennent 120 toiſes.

Combien 50 onces d'argent valent-elles de marcs? Il faut diviſer 50 par 8, qui marquent combien il y a d'onces au marc; le quotient 6 & le reſte 2 font connoître qu'il y a 6 marcs 2 onces dans 50 onces.

88. Pareillement on ſe ſert de la diviſion pour connoître à combien revient une petite meſure d'une marchandiſe qu'on a achetée en gros: on trouve par exemple, le prix d'une pinte de vin à tant le muid. Il faut diviſer la ſomme que le muid a coutée par le nombre de pintes qu'il contient. Ainſi en ſuppoſant que le muid contient 280 pintes, il faut diviſer la ſomme que le muid a coutée par 280, le quotient ſera le prix de la pinte. Si le muid a couté 105 livres, on trouvera que la pinte revient à 7 ſols 6 deniers, il faut réduire les livres en ſols quand le nombre des livres eſt moindre que le diviſeur: & quand il reſte des ſols, il faut auſſi les réduire en deniers; afin de diviſer ces deniers par le même diviſeur.

89. Si on eſt embarraſſé laquelle des deux opérations, la multiplication ou la diviſion, on doit employer pour trouver ce qu'on cherche, on peut ſuivre la regle ſuivante: il faut ſe ſervir de la diviſion quand le nombre qu'on cherche doit être moindre que celui qu'on a. Il faut ſe ſervir de la multiplication lorſque le nombre cherché doit être plus grand que celui qu'on a. Je ſuppoſe que le diviſeur ou le multiplicateur eſt plus grand que l'unité.

Maniére abrégée de faire la Diviſion en certains cas.

Il y a des occaſions où l'on peut faire la diviſion plus facilement qu'à l'ordinaire: il eſt bon de ne pas ignorer quand cela ſe peut faire.

90. 1°. Lorſque le diviſeur eſt compoſé de l'unité ſuivie de pluſieurs zeros, s'il y a autant ou plus de zeros à la fin du dividende que dans le diviſeur, pour lors, afin d'avoir le quotient, il n'y a qu'à retrancher autant de zeros de la fin du dividende qu'il y en a dans le diviſeur, & le reſte eſt le quotient de la diviſion : par exemple, pour diviſer 2475000 par 1000, comme il y a trois zeros dans le diviſeur, il faut retrancher les trois zeros qui ſont à la fin du dividende, le reſte 2475 eſt le quotient de la diviſion.

Autre exemple : le nombre 624000 étant diviſé par 100, le quotient eſt 6240.

Voici la raiſon de cet abrégé appliquée au premier exemple. Diviſer un nombre par 1000, c'eſt chercher la milliéme partie de ce nombre, ou bien, ce qui eſt la même choſe, c'eſt en chercher un qui ſoit mille fois plus petit (62*D*). Or en retranchant trois zeros qui ſont à la fin du dividende, on le rend mille fois plus petit, comme il paroît par ce qui a été dit ſur la maniere abrégée de faire la multiplication (53) ; par conſéquent ce qui reſte du dividende, après en avoir retranché les trois zeros qui ſont à la fin, eſt le quotient de la diviſion.

91. Le diviſeur étant toujours compoſé de l'unité ſuivie de pluſieurs zeros, ſi le dividende avoit des chiffres poſitifs à la fin, on pourroit auſſi retrancher autant de caracteres de la fin du dividende, qu'il y auroit de zeros dans le diviſeur, & le quotient ſeroit encore le reſte du dividende, joint à une fraction dont le numérateur ſeroit les chiffres qu'on auroit retranchés du dividende, & le dénominateur, le diviſeur. Exemple, ſi on diviſe 2475894 par 1000, le quotient ſera $2475\frac{894}{1000}$: c'eſt une ſuite néceſſaire de ce que l'on vient de dire : car 2475894 eſt égal à 2475000 plus 894. Or le quotient de 2475000 par 1000 eſt 2475, & celui de 894 par le même diviſeur eſt la fraction $\frac{894}{1000}$.

92. 2°. Lorſqu'on veut diviſer un nombre par 2, il faut prendre la moitié de chaque caractere de ce nombre : ce qui eſt plutôt fait que d'obſerver les regles ordinaires de la diviſion.

Soit, par exemple, le nombre 65207 à diviſer par 2. Au lieu de ſuivre la regle générale, je dis : le moitié de 6 eſt 3 que j'écris au-deſſous de 6 ; après je dis : la moitié de 4 c'eſt 2 que je poſe ſous 5 ; j'ai dit exprès la moitié de 4, quoiqu'il y ait 5, parce que 5 étant un nombre impair, don par conſéquent on ne peut prendre la moitié, il a fallu rejetter une unité au rang ſuivant où elle vaudra 10 (4) ; c'eſt pourquoi je dirai au troiſiéme rang : 10 & 2 qui ſe trouvoient déja à ce rang font 12, dont la moitié eſt 6 que je poſe ſous 2 ; enſuite je dis : la moitié de 0 c'eſt 0 que j'écris au-deſſous. Enfin la moitié de 6 (je prens 6 au

$$\begin{array}{r} 65207 \\ 32603+\frac{1}{2}. \end{array}$$

lieu de 7 qui eſt impair) c'eſt 3 que j'écris encore ſous 7, & comme il reſte 1 à diviſer par 2, il y aura une fraction dont 1 ſera le numérateur & 2 le dénominateur.

Voici encore deux autres exemples que nous donnons ſans les expliquer comme le précédent.

14050416	130407020
7025208	65203510

93. On peut ſe ſervir de la même méthode lorſqu'il s'agit de diviſer un nombre par 3, par 4, par 5, &c; mais ſi on veut diviſer par 3, au lieu de prendre la moitié de chaque chiffre du nombre, il en faut prendre le tiers, comme on le voit dans l'exemple ſuivant, où il s'agit de diviſer 98104 par 3.

Je dis donc: le tiers de 9 eſt 3 que j'écris ſous 9: enſuite je prends le tiers de 6 au lieu de 8, c'eſt 2 que j'écris ſous 8. On remarquera que je n'ai pris que le tiers de 6, parce que je ne pouvois prendre le tiers de 8 non plus que de 7, c'eſt pourquoi j'ai rejetté deux unités du 8 au troiſiéme rang où elles vaudront 20; je dis donc: 20 & 1 qui ſe trouve à ce rang font 21, dont le tiers eſt 7 que je poſe ſous 1: après cela je dis: le tiers de 0 c'eſt 0 que j'écris au-deſſous: enfin le tiers de 3, au lieu de 4, c'eſt 1 que je mets ſous 4; mais y ayant une unité de reſte, il y aura une fraction dont 1 ſera le numérateur & 3 le dénominateur. Le quotient de 98104 diviſé par 3 eſt donc $32701 + \frac{1}{3}$.

98104
$32701 + \frac{1}{3}$.

Voici deux autres nombres dont on a pris le tiers ou qu'on a diviſé par 3 par la même méthode.

250805	150402600
$83601 + \frac{2}{3}$.	50134200

On opere d'une façon ſemblable quand on ſe ſert de cette méthode pour diviſer par 4, 5, 6, &c. mais elle devient plus difficile à meſure que le diviſeur augmente.

Il eſt clair que cette pratique eſt une eſpece de diviſion: car prendre le tiers de 25, par exemple, c'eſt la même choſe que de diviſer ou de partager 25 par 3.

Il eſt inutile de s'arrêter pour démontrer cette méthode, étant aſſez évident qu'en prenant la moitié de chaque chiffre d'un nombre, on a la moitié de ce nombre: c'eſt la même raiſon quand il s'agit du tiers.

94. On tire delà une maniere fort courte de réduire les ſols en livres: elle conſiſte à retrancher le dernier caractere du nombre qui marque les ſols; & à prendre enſuite la moitié du reſte ſuivant la méthode qu'on vient d'enſeigner.

Soit, par exemple, 617409ſ à réduire en livres, il faut retrancher le dernier chiffre 9 qui marque les unités de ſols, & prendre la moitié du reſte : cette moitié eſt 30870; ainſi 617409ſ valent 30870# 9ſ, on ajoute 9ſ à cauſe du 9 qu'on a retranché.

61740 | 9ſ
30870# 9ſ

Second exemple, dans lequel l'avant-dernier chiffre 7 étant impair, il reſte une unité qu'il faut joindre avec le chiffre retranché, en la mettant avant ce chiffre; parce que c'eſt une dixaine de ſols.

41047 | 8ſ
20523# 18ſ

Voici encore deux ſommes de ſols à réduire en livres.

460134 | 0ſ	61405 | 0ſ
230067#	30702# 10ſ

La raiſon de cette maniere d'opérer vient de ce que le nombre de livres contenu dans une ſomme de ſols, eſt 20 fois plus petit que le nombre de ſols; ainſi il ne s'agit que de prendre la vingtiéme partie du nombre de ſols. Or ſi le dernier caractere eſt un zero, en le retranchant, le reſte eſt la dixiéme partie de ce nombre; par conſéquent en prenant la moitié de ce reſte, on aura la vingtiéme partie du nombre de ſols; donc cette moitié exprime le nombre de livres que renferme la ſomme des ſols.

Si au lieu de ſuppoſer que le dernier caractere du nombre des ſols eſt un zero, il ſe trouve que c'eſt un chiffre poſitif, tel que 9, comme dans le premier exemple; il eſt viſible que le nombre eſt plus grand de 9 ſols, que s'il y avoit un zero à la place du 9; par conſéquent outre les livres marquées par la moitié du reſte, il contient encore 9 ſols de plus.

95. Nous ajouterons ici une pratique fort commode pour prendre la dixiéme partie d'une ſomme de livres. Il faut retrancher, c'eſt-à-dire, effacer le dernier chiffre du nombre qui exprime la ſomme, & doubler le chiffre retranché : pour lors le nombre qui reſte après le retranchement marquera des livres, & le double du chiffre retranché exprimera des ſols. Or le nombre des livres qui reſte joint aux ſols eſt préciſément le dixiéme de la ſomme des livres. Exemples. Le dixiéme de 504723# eſt 50472# 6ſ. Le dixiéme de 4978# eſt 497# 16ſ. Le dixiéme de 4970# eſt 497#, il n'y a point de ſols, parce que le double de zero n'eſt rien.

Il eſt aiſé d'appercevoir que pour avoir le dixiéme de 4970#, il faut ſeulement effacer le zero qui eſt à la fin: car en effaçant le zero, le nombre reſtant 497 eſt le quotient de 4970 diviſé par 10 (93): or le quotient de 4970 divisé par 10 est précisément la dixiéme partie de 4970 (62*D*). Donc 497# est le dixiéme de 4970#, ainsi quand le dernier chiffre d'un nombre est un zero, ce qui reste après avoir effacé le zero est le dixiéme du nombre proposé.

Cela posé, je dis que le dixiéme de 4978# est 497# 16ß plus grand de 16ß que celui de 4970#. La raison en est que 4978# est plus grand que 4970# seulement de 8#. Or le dixiéme de 8# est 16ß, puisque le dixiéme de chaque livre est 2ß, par conséquent lorsque le dernier chiffre d'un nombre qui marque des livres est positif, il faut prendre deux sols pour chaque livre marquée par ce dernier chiffre, c'est-à-dire, qu'il faut doubler ce chiffre, & il désignera les sols qui joints au nombre des livres restant, font le dixiéme de la somme proposée.

Si on veut sçavoir ce qui reste de la somme dont on a pris le dixiéme, il faut ôter ce dixiéme de la somme proposée, & le reste sera ce que l'on cherche : ainsi par rapport au premier exemple, il faut ôter 50472# 6ß de 504723#, le reste sera 454250# 14ß.

Avant de passer à la multiplication & à la division des nombres complexes, il est à propos de faire la multiplication & la division par 12 en opérant de la même maniere que dans la multiplication & la division simples, ce qui abbrége ces opérations, qui sont fort fréquentes dans la pratique, à cause que le sol contient 12 deniers, & que le pied se divise en 12 pouces, & le pouce en 12 lignes. Or pour opérer de cette maniere, il faut sçavoir les produits de 12 par les neuf premiers chiffres 1, 2, 3, 4, 5, 6, 7, 8, 9. Voici ces produits, au-dessus desquels nous avons placé les multiplicateurs.

1,	2,	3,	4,	5,	6,	7,	8,	9.
12,	24,	36,	48,	60,	72,	84,	96,	108.

96. Cela posé, si je veux multiplier 534 par 12, je dirai, 12 fois 4 font 48, je pose 8 & je retiens 4 : je dis ensuite, 12 fois 3 font 36, & 4 que j'ai retenu font 40, je pose 0 & je retiens 4 : enfin je dis, 12 fois 5 font 60, & 4 que j'ai retenu font 64, je pose 4 & j'avance 6. Le produit est donc 6408.

```
 534
  12
----
6408
```

Pareillement, pour diviser 8562 par 12, je dis, en 85 combien de fois 12 ? 7 fois, je mets donc 7 au quotient, ensuite je multiplie 12 par 7, ce qui donne 84, & je retranche le produit 84 de 85, il reste 1 que j'écris sous 5, j'abbaisse ensuite 6 à côté du reste 1 pour avoir le second membre 16, sur lequel j'opére de la même maniere ; je dis donc, en 16 combien de fois

```
8562 { 12
  16 { 713
  42
  (6
```

fois 12? 1 fois, je pose donc 1 au quotient & je multiplie 12 par 1, le produit est 12 que j'ôte de 16, le reste est 4 que j'écris sous 6., & j'abbaisse le 2 à côté du reste 4: le troisiéme membre est donc 42, qui étant divisé par 12 donne 3 & il reste 6.

DE LA MULTIPLICATION DES NOMBRES COMPLEXES.

Nous avons remis à traiter de la multiplication des nombres complexes après la division, parce que pour faire cette multiplication, il faut se servir de la division, comme on le verra dans la suite.

Les nombres complexes sont ceux qui contiennent des quantités de différentes espéces: tel est le nombre suivant, 40 livres 15 sols 6 deniers, & celui-ci 26 toises 4 pieds 10 pouces. Nous allons donner la méthode de multiplier ces nombres l'un par l'autre après la remarque suivante.

97. Lorsqu'on cherche le prix d'une marchandise par la multiplication, on doit toujours regarder comme le multiplicande, celui des deux nombres qui contient des quantités semblables à celles du produit: par exemple, si on cherche le prix de 12 aunes de drap à 15$^{\#}$ l'aune, & qu'on multiplie les deux nombres 12 & 15 l'un par l'autre, on doit regarder 15$^{\#}$ comme le multiplicande; parce que le produit qu'on cherche exprimera des livres: & l'autre nombre, 12 aunes, est le multiplicateur; car lorsqu'on cherche le prix de 12 aunes à 15$^{\#}$ chacune, il est évident qu'il faut prendre douze fois 15$^{\#}$, c'est-à-dire, multiplier 15$^{\#}$ par 12, & par conséquent les 15$^{\#}$ sont le multiplicande, & le nombre 12 est le multiplicateur. Souvent on s'énonce, comme si le nombre qui marque le prix étoit le multiplicateur : mais on doit toujours le concevoir comme étant le multiplié.

Pour ce qui est du multiplicateur, il faut toujours le concevoir comme un nombre pur, c'est-à-dire, qui ne signifie que des unités ou des parties d'unités sans appliquer l'idée d'unités à des grandeurs particulieres, comme des aunes, des toises, des livres, des sols, &c. ainsi dans l'exemple précédent il faut multiplier 15$^{\#}$ par 12, en considérant le multiplicateur 12 comme un pur nombre contenant simplement douze unités : car si on considéroit 12 comme signifiant des aunes, la multiplication seroit inintelligible, parce qu'il est ridicule de multiplier des livres par des aunes. Cette remarque touchant le multiplicande & le multiplicateur, doit s'entendre des nombres complexes & des incomplexes.

98. Pour multiplier un nombre complexe par un autre, il faut 1°. réduire chacun des deux nombres à la plus petite eſpéce qu'il contient : 2°. multiplier l'un par l'autre les deux nombres réduits : 3°. diviſer le produit de cette multiplication par le nombre qui exprime combien de fois la plus grande eſpéce du multiplicateur contient la plus petite ; & le quotient ſera le produit cherché. Mais ce produit ſera ſeulement exprimé en la plus petite eſpéce du multiplicande, c'eſt-à-dire, en deniers, ſi le multiplicande a été réduit en deniers. On pourra, ſi l'on veut, réduire ce produit en ſols, & enſuite en livres, par le moyen de la diviſion. Tout cela s'entendra par des exemples.

EXEMPLE I.

On demande combien valent 4 toiſes 5 pieds 8 pouces à 3 livres 2 ſols 4 deniers la toiſe. Pour trouver cette valeur, il faut multiplier 3# 2ſ 4ᵭ par 4 toiſes 5 pieds 8 pouces : & afin de faire cette multiplication, 1°. je réduis 3# 2ſ 4ᵭ à la plus petite eſpéce, c'eſt-à-dire, à des deniers, la ſomme eſt 748. Je réduis pareillement 4 toiſes 5 pieds 8 pouces à la plus petite eſpece, qui ſont les pouces ; la ſomme eſt 356. 2°. Je multiplie ces deux ſommes 748 & 356 l'une par l'autre : le produit eſt 266288. 3°. Je diviſe ce produit par 72, qui marque combien de fois la toiſe contient le pouce ; & je trouve 3698 au quotient, & le reſte 32 à diviſer par 72 ; ainſi la valeur de 4 toiſes 5 pieds 8 pouces eſt 3698 deniers & la fraction $\frac{32}{72}$ que l'on peut négliger, parce qu'elle ne vaut pas un denier.

Si on veut réduire 3698 deniers en ſols, il faut diviſer cette ſomme par 12, parce que 12ᵭ ſont un ſol, & on trouvera 308ſ & 2ᵭ de reſte. Enfin il faut encore diviſer 308 par 20, afin d'avoir la ſomme des livres contenues dans 308ſ, ce qui ſe fera aiſément par la méthode expliquée dans l'article 94, on trouvera 15# 8ſ. Par conſéquent 4 toiſes 5 pieds 8 pouces à 3# 2ſ 4ᵭ la toiſe, valent 15# 8ſ 2ᵭ, & la fraction $\frac{32}{72}$ qui marque ſeulement quelques parties du denier.

Si le multiplicande ne contient que des livres & des ſols, & qu'on ne l'ait réduit qu'en ſols, & non pas en deniers, il eſt à propos pour la pratique du troiſiéme article de la méthode, de réduire le reſte de la diviſion en la plus petite eſpece, ſçavoir en deniers, afin de diviſer enſuite ce reſte par le diviſeur.

EXEMPLE II.

Combien doivent rapporter 10# 3ſ 4ᵭ en ſuppoſant qu'une livre rapporte 3# 2ſ 6ᵭ, il faut multiplier cette derniere ſomme par le premier nombre : ainſi 1°. je réduis 3# 2ſ 6d, en 750d, & pareillement je réduis le multiplicateur 10# 3ſ 4d, en 2440d. 2°. Je multiplie 750 par 2440, le produit eſt 1830000 ; 3°. Je diviſe ce produit par le nombre 240 qui exprime combien de fois la grande eſpéce du multiplicateur contient la plus petite, c'eſt-à-dire, combien il y a de deniers dans une livre ; le quotient eſt 7625 : c'eſt le produit cherché exprimé en deniers.

En réduiſant 7625d en livres, on trouvera 31# 15ſ 5d, c'eſt ce que rapporteront 10# 3ſ 4d, ſi chaque livre produit 3# 2ſ 6d.

EXEMPLE III.

Combien valent 5 marcs 7 onces & 6 gros à 48# 16ſ 10d le marc. Pour trouver la ſomme qu'on cherche, il faut ſçavoir que le marc contient 8 onces, & l'once 8 gros. Cela poſé, 1°. je réduis 48# 16ſ 10d, en 11722d, & je réduis pareillement 5 marcs 7 onces 6 gros en 382 gros. 2°. Je multiplie 11722 par 382, le produit eſt 4477804. 3°. Je diviſe ce produit par 64 (ce nombre 64 marque combien le marc contient de gros), & je trouve pour quotient 69965d & le reſte 44.

En réduiſant cette ſomme de deniers, on trouve 291# 10ſ 5d qui eſt le prix de 5 marcs 7 onces & 6 gros à 48# 16ſ 10d le marc. On néglige le reſte 44 qui fait la fraction $\frac{44}{64}$ qui ne vaut pas un denier.

Les deux premiers articles de la méthode propoſée pour la multiplication des nombres complexes, n'ont pas beſoin de preuve. Voici la démonſtration du troiſiéme appliquée au premier exemple.

99. Si chaque pouce valoit 748d, il eſt évident que 4 toiſes 5 pieds 8 pouces, ou 356 pouces vaudroient 266288d, puiſque ce nombre eſt le produit de 748 par 356. Mais par la ſuppoſition 748d ſont le prix de la toiſe & non pas du pouce : ainſi puiſque la toiſe vaut 72 pouces, le prix d'un pouce n'eſt que la ſoixante-douziéme partie de 748d ; par conſéquent le prix de 356 pouces n'eſt auſſi que la ſoixante-douziéme partie de 266288d. Donc afin d'avoir le prix de 356 pouces en deniers il faut diviſer 266288d par 72.

S'il s'agiſſoit de multiplier des meſures en longueurs l'une par l'autre, comme des toiſes, des pieds, des pouces, le troiſiéme article de la méthode n'auroit point de lieu : mais il viendroit au produit des ſurfaces au lieu des longueurs, comme on le verra dans le ſecond Livre de la Géométrie.

100. Lorſque la premiere & plus grande eſpéce eſt exprimée par un grand nombre, pour lors la multiplication devient fort longue,

à cauſe que cette plus grande eſpéce étant réduite à la plus petite, produit un très-grand nombre. Si on cherchoit, par exemple, la valeur de 5746 toiſes 5 pieds 8 pouces à $3^{\#}$ $2^{\text{ſ}}$ 4^{d} la toiſe, il eſt évident que cette opération ſeroit longue, parce que les 5746 toiſes produiroient un très-grand nombre de pouces : dans ce cas on peut abréger de la maniere ſuivante la méthode que nous venons de propoſer.

Il faut chercher à part la valeur de 5746 toiſes ſans faire aucune réduction. Pour cet effet, on multipliera ſucceſſivement $3^{\#}$ $2^{\text{ſ}}$ 4^{d} par 5746 : ce qui donnera $17238^{\#}$ $11492^{\text{ſ}}$ 22984^{d}. Voilà déja le prix de 5746 toiſes à $3^{\#}$ $2^{\text{ſ}}$ 4^{d}. Il reſte encore à chercher la valeur de 5 pieds 8 pouces, que l'on trouvera en ſuivant la méthode de l'article 98. Cette valeur eſt 706^{d}, & la fraction $\frac{32}{72}$ qui ne vaut pas un denier. Or ſi on ajoute 706 à 22984^{d} qu'on a déja trouvés, on aura pour le prix entier de 5746 toiſes 5 pieds 8 pouces, $17238^{\#}$ $11492^{\text{ſ}}$ 23690^{d}. On pourra réduire les deniers en ſols, comme nous avons dit, & réduire enſuite en livres les $11492^{\text{ſ}}$, avec les 1974 autres ſols 2^{d} qui viennent de la réduction des 23690^{d}, ce qui donnera $673^{\#}$ $6^{\text{ſ}}$ 2^{d} que l'on ajoutera à $17238^{\#}$, & la ſomme ſera $17911^{\#}$ $6^{\text{ſ}}$ 2^{d}, c'eſt le prix de 5746 toiſes 5 pieds 8 pouces à $3^{\#}$ $2^{\text{ſ}}$ 4^{d} la toiſe, en y ajoutant la fraction $\frac{32}{72}$, qui exprime quelques parties du denier.

101. La multiplication eſt plus facile lorſqu'un des deux nombres à multiplier eſt incomplexe : ſuppoſons, par exemple, qu'on veuille ſçavoir le prix de 35 toiſes à $4^{\#}$ $2^{\text{ſ}}$ 6^{d} la toiſe : il faut multiplier ſucceſſivement $4^{\#}$ $2^{\text{ſ}}$ 6^{d} par 35, le produit eſt $140^{\#}$ $70^{\text{ſ}}$ 210^{d}. On pourra enſuite réduire les deniers & les ſols en livres, comme dans l'article précédent, & on aura $144^{\#}$ $7^{\text{ſ}}$ 6^{d}, qui eſt le prix cherché. On peut auſſi dans le cas de cet article employer la méthode des parties aliquotes, de laquelle nous allons parler.

Autre méthode de faire la Multiplication des nombres complexes.

Lorſqu'un des deux nombres à multiplier eſt complexe, ou que tous les deux le ſont, on peut encore ſe ſervir de la méthode des parties aliquotes : on entend par parties aliquotes celles qui ſont contenues ſans reſte dans leur tout. Tel eſt le pied par rapport à la toiſe & le pouce à l'égard du pied. Nous allons expoſer les principes de cette méthode, & enſuite nous en ferons l'application ſur quelques exemples.

102. Si on veut multiplier 2 ſols par un nombre, comme par 456, il faut retrancher le dernier caractere de ce nombre, & doubler le

caractere retranché, le reste exprimera des livres; & le double du dernier caractere marquera des sols : ainsi 456 toises à 2 sols la toise valent 45$^{\#}$ 12^{s}. Pareillement 35 toises à 2 sols chacune valent 3$^{\#}$ 10^{s}. De même 450 toises à 2 sols chacune, valent 45$^{\#}$.

Pour entendre la raison de cette pratique, il faut considerer que si on multiplioit une livre par 456, le produit seroit 456$^{\#}$. Or 2 sols ne sont que la dixiéme partie d'une livre; par conséquent le produit de 2 sols par 456 ne doit être que la dixiéme partie de 456$^{\#}$. Or pour avoir le dixiéme de 456$^{\#}$ il faut retrancher le dernier chiffre 6, & le doubler, comme on l'a fait voir (95); ainsi la valeur de 456 toises à 2 sols chacune est 45$^{\#}$ 12^{s}.

103. Si on vouloit multiplier un nombre de sols différent de 2, par exemple, 8 sols, il faudroit chercher d'abord le produit de 2 sols & multiplier ensuite ce produit par 4, parce que 8 sols valent 4 fois 2^{s}. Ainsi pour avoir le prix de 456 toises à 8 sols chacune, il faut chercher le produit de 2 sols par 456, c'est 45$^{\#}$ 12^{s}, & multiplier ensuite 45$^{\#}$ 12^{s} par 4, le produit 182$^{\#}$ 8^{s} sera le prix de 456 toises à 8 sols la toise. Si on vouloit multiplier 9 sols, il faudroit faire comme pour 8 sols, & ajouter de plus la moitié du produit de 2 sols. Pareillement pour 12^{s}, il faut multiplier le produit de 2 sols par 6, & pour 13^{s}, il faut faire comme pour 12, & ajouter la moitié du produit de 2^{s} : ainsi des autres nombres de sols jusqu'à 20.

104. Lorsqu'on veut multiplier des deniers, il faut encore chercher le produit de 2 sols, & prendre ensuite une partie de ce produit proportionnée au nombre des deniers; par exemple, si on veut multiplier 6 deniers par 456, il faut chercher le produit de 2 sols par 456, c'est 45$^{\#}$ 12^{s}, & prendre ensuite le quart de ce produit, parce que 6^{d} sont le quart de 2^{s} ou de 24^{d}. Ainsi le produit de 456 toises à 6^{d} la toise est 11$^{\#}$ 8^{s}.

Au lieu de prendre une partie du produit de 2 sols proportionnée au nombre de deniers, il est plus facile de prendre une partie du produit d'un sol, qui est la moitié du produit de 2^{s}. Voici une table pour faire voir quelle partie du produit d'un sol il faut prendre pour tous les nombres de deniers jusqu'à 12.

Pour 3^{d}, prenez la quatriéme partie du produit d'un sol.
Pour 4^{d}, prenez le tiers.
Pour 6^{d}, prenez la moitié.
Pour 8^{d}, cherchez le tiers, & multipliez-le par 2.
Pour 1^{d}, cherchez le prix pour 4, & prenez-en le quart.
Pour 2^{d}, cherchez le prix pour 4, & prenez-en la moitié.
Pour 5^{d}, prenez pour 4, & ensuite pour 1.

Pour 7^{d}, prenez pour 4, & enſuite pour 3.

Pour 9^{d}, prenez pour 6, & enſuite pour 3.

Pour 10^{d}, prenez pour 6, & enſuite pour 4.

Pour 11^{d}, prenez pour 8, & enſuite pour 3.

La méthode abrégée de faire la diviſion des articles 92 & 93, eſt fort commode pour prendre ces différentes parties du produit d'un ſol.

104 *B*. Afin qu'on ne ſoit point embarraſſé par les fractions qui ſe préſentent ſouvent dans la pratique de cette méthode, nous ferons les quatre obſervations ſuivantes. 1°. Quand le numérateur d'une fraction eſt égal à ſon dénominateur, la fraction vaut 1 : ainſi $\frac{2}{2} = 1$, $\frac{15}{15} = 1$, $\frac{100}{100} = 1$, (on voit par ces exemples, que le ſigne = veut dire égale : $\frac{2}{2} = 1$, ſignifie que la fraction $\frac{2}{2}$ égale 1). Si le numérateur eſt moindre que le dénominateur, la fraction eſt moindre que l'unité ; & enfin quand le numérateur eſt plus grand que le dénominateur, la valeur de la fraction eſt plus grande que l'unité.

2°. Une fraction ne change pas de valeur quand on multiplie ou qu'on diviſe les 2 termes par le même nombre : ainſi $\frac{1}{4} = \frac{4}{16}$ & $\frac{1}{8} = \frac{2}{16}$. Dans le premier exemple on a multiplié 1 & 4 par 4, & dans le ſecond on a multiplié 1 & 8 par 2. De même $\frac{11}{16} = \frac{44}{64}$, parce qu'en multipliant les deux termes de la premiere fraction par 4, on trouvera ceux de la ſeconde.

3°. Afin d'ajouter enſemble deux ou pluſieurs fractions qui ont même dénominateur, il faut ajouter les numérateurs, & laiſſer le dénominateur commun : ainſi la ſomme des fractions $\frac{4}{16}$, $\frac{4}{16}$, $\frac{2}{16}$, $\frac{1}{16}$ eſt $\frac{11}{16}$: de même la ſomme de $\frac{1}{2}$ & $\frac{1}{2}$ eſt $\frac{2}{2}$.

4°. On peut diviſer une fraction en deux manieres, ou en diviſant le numérateur, le dénominateur demeurant le même, ou en multipliant le dénominateur, ſans toucher au numérateur. Par exemple, on prendra la moitié de la fraction $\frac{6}{8}$, c'eſt-à-dire, qu'on la diviſera par 2, ou bien en mettant $\frac{3}{8}$, ou en écrivant $\frac{6}{16}$: dans le premier cas on a diviſé le numérateur 6 par 2, & dans le ſecond, on a multiplié le dénominateur 8 par 2. Nous démontrerons dans la ſuite ces propriétés des fractions.

105. Cela poſé, on demande le prix de 35 toiſes 4 pieds 8 pouces à 4^{tt} 2^{ſ} 6^{d} la toiſe. Il eſt évident qu'il eſt néceſſaire de multiplier le multiplicande entier par chaque partie du multiplicateur : on commence par la plus grande eſpéce du multiplicateur : ainſi 1°. il faut multiplier 4^{tt} 2^{ſ} 6^{d} par 35 toiſes, le produit de 4^{tt} par 35 eſt 140^{tt} : celui de 2^{ſ} par 35 eſt 3^{tt} 10^{ſ} : enfin celui de 6^{d} par 35 eſt 17^{ſ} 6^{d} ou le quart de 3^{tt} 10^{ſ}. 2°. Enſuite on multipliera tout le multiplicande par 4 pieds : pour cet effet on fera attention que ſi on multi-

plioit par 1 toise le produit seroit le multiplicande même, c'est-à-dire, $4^{\#}$ $2^{ß}$ 6^{d}. Mais au lieu d'une toise, il n'y a que 4 pieds, ou 3 pouces plus 1 pouce. On multipliera d'abord par 3 pieds, qui sont la moitié d'une toise: ainsi on prendra la moitié de $4^{\#}$ $2^{ß}$ 6^{d} qui est le produit par 1 toise; on aura $2^{\#}$ $1^{ß}$ 3^{d} qu'il faut écrire au-dessous des produits précédens: ensuite on prendra le tiers de $2^{\#}$ $1^{ß}$ 3^{d}, ce sera le produit par 1 pied, parce que 1 pied est le tiers de 3 pieds: on écrira ce dernier produit qui est $13^{ß}$ 9^{d} au-dessous du précédent. 3°. Enfin on multipliera le multiplicande entier par 8 pouces qui sont les deux tiers d'un pied: ainsi on prendra le tiers de $13^{ß}$ 9^{d} qui est $4^{ß}$ 7^{d} que l'on écrira deux fois au-dessous des autres produits. On fera l'addition de tous ces produits particuliers, & on trouvera la somme totale $147^{\#}$ $11^{ß}$ 8^{d}.

$4^{\#}$	$2^{ß}$	6^{d}	
35 t.	4 p.	8 pouces.	
$140^{\#}$			par 35 toises.
3	$10^{ß}$		
	17	6^{d}	
2	1	3	par 3 pieds.
	13	9	par 1 pied.
	4	7	par 4 pouces.
	4	7	par 4 pouces.
$147^{\#}$	$11^{ß}$	8^{d}.	Somme.

Voici un autre exemple par la même méthode. On demande quel est le prix de 43 aunes $\frac{2}{3}$ de drap à $14^{\#}$ $15^{ß}$ 9^{d} l'aune.

1°. Il faut multiplier $14^{\#}$ $15^{ß}$ 9^{d} par 43. Le produit de $14^{\#}$ par 43 est $602^{\#}$, afin d'avoir celui de $15^{ß}$ par 43, je cherche d'abord le produit de $2^{ß}$ par 43, c'est $4^{\#}$ $6^{ß}$, & je multiplie ce produit par 7, je trouve $30^{\#}$ $2^{ß}$, j'ajoute encore le produit d'un sol, parce que $15^{ß}$ valent 7 fois $2^{ß}$, & $1^{ß}$ de plus; ce produit par un sol est la moitié de $4^{\#}$ $6^{ß}$. Pour avoir le produit de 9^{d}, je prends d'abord pour 6, c'est $1^{\#}$ $1^{ß}$ 6^{d}, & ensuite pour 3^{d}, c'est $10^{ß}$ 9^{d}. 2°. Pour multiplier par $\frac{2}{3}$, il faut prendre le tiers du multiplicande, & l'écrire deux fois. Or le tiers de $14^{\#}$ $15^{ß}$ 9^{d}, est $4^{\#}$ $18^{ß}$ 7^{d}. J'écris donc deux fois ce tiers, & j'ajoute ensuite tous ces produits, la somme est $645^{\#}$ $14^{ß}$ 5^{d}.

$14^{\#}$	$15^{ß}$	9^{d}
43	aunes $\frac{2}{3}$	
$602^{\#}$		
30	$2^{ß}$	
2	3	
1	1	6^{d}
	10	9
4	18	7
4	18	7
$645^{\#}$	$14^{ß}$	5^{d}

On auroit pu trouver le produit de $15^{ß}$ en prenant d'abord celui de $10^{ß}$, c'est la moitié du multiplicateur considéré comme exprimant des livres, & enſuite le produit de 5ſ, c'eſt la moitié du premier produit : les voici tous les deux, 21# 10ſ, 10# 15ſ. Ce que nous diſons ici paroîtra par l'article 109.

105 *B.* La principale choſe à remarquer dans cette méthode de faire la multiplication, c'eſt que lorſqu'on paſſe d'une eſpéce du multiplicateur à l'eſpéce ſuivante qui eſt plus petite, par exemple des toiſes aux pieds, on obſerve le prix d'une toiſe, & on prend une partie de ce prix proportionnée au nombre des pieds ; s'il y a 2 ou 3 pieds on prend le tiers ou la moitié du prix de la toiſe : de même quand on paſſe des pieds aux pouces on cherche le prix d'un pied, & on en prend une partie proportionnée au nombre des pouces. S'il n'y avoit que des toiſes & des pouces au multiplicateur, il faudroit chercher le prix d'un pied pour trouver celui des pouces.

105 *C.* Lorſque l'eſpéce du multiplicateur qui a pour prix le multiplicande entier eſt exprimée par un ſeul chiffre, comme 4 toiſes, il eſt plus court de multiplier ce prix, comme nous allons faire, en commençant par ſa moindre eſpece qui ſont des deniers dans les exemples ſuivans. Mais ſi cette plus grande eſpéce du multiplicateur eſt exprimée par pluſieurs chiffres, il vaut mieux commencer la multiplication par la gauche, c'eſt-à-dire, par cette plus grande eſpéce.

Nous allons reprendre les trois exemples qui ont été faits ſelon la premiere méthode, & nous y appliquerons la ſeconde, en donnant ſeulement les avertiſſemens néceſſaires.

On demande le prix de 4 toiſes 5 pieds 8 pouces, à 3# 2ſ 4d la toiſe.

On a partagé 5 pieds en 3 plus 2, & on a multiplié d'abord par 3 pieds en prenant la moitié du multiplicande, parce qu'il eſt le prix de la toiſe, dont 3 pieds ſont la moitié. Pareillement on a pris le tiers du multiplicande pour 2 pieds, à cauſe que ce ſont le tiers de la toiſe. Enfin on a pris le tiers du produit par 2 pieds pour avoir le prix de 8 pou. parce que 8 pou. ſont le tiers de 2 pieds.

	3#	2ſ	4d
4 t.	5 p.	8 pouces.	
12#	9ſ	4d	par 4 toiſes.
1	11	2	par 3 pieds.
1	0	9 $\frac{1}{3}$	par 2 pieds.
	6	11 $\frac{1}{9}$	par 8 pou.
15#	8ſ	2d $\frac{4}{9}$.	Somme tot.

On obſervera que $\frac{1}{3} = \frac{3}{9}$, parce qu'en multipliant les deux termes de la premiere fraction par 3, on aura la ſeconde. C'eſt pourquoi la ſomme des deux fractions $\frac{1}{3}$, $\frac{1}{9}$ eſt $\frac{4}{9}$. Pareillement ſi on multiplie les deux termes de la fraction $\frac{4}{9}$ par 9, on aura celle-ci $\frac{32}{72}$ que l'on a trouvée par la premiere méthode au lieu de $\frac{4}{9}$.

On

On cherche ce que rapporteront 10# 3ß 4ᵭ, en ſuppoſant que chaque livre produit 3# 2ß 6ᵭ : ici on a pris le dixiéme du multiplicande pour les 2ß, parce que 2ß ſont le dixiéme d'une livre : & on a pris le quart du prix de 2ß pour avoir celui de 6ᵭ.

10#	3ß	4ᵭ	
3	2	6	
30#	10ß		par 3 livres.
1		4ᵭ	par 2 ſols.
	5	1	par 6 deniers.
31#	15ß	5ᵭ.	Somme totale.

Il s'agit de trouver le prix de 5 m. 7 onc. 6 gr. d'argent à 48# 16ß 10ᵭ le marc.

En faiſant l'addition on a mis $\frac{11}{16}$ pour la ſomme des fractions $\frac{1}{4}$, $\frac{1}{4}$, $\frac{1}{8}$, $\frac{1}{16}$, parce que les trois premieres ſe réduiſent à $\frac{4}{16}$, $\frac{4}{16}$, $\frac{2}{16}$. Or les 4 numérateurs 4, 4, 2, 1, font 11. Pour ce qui eſt des deux autres fractions $\frac{1}{2}$ & $\frac{1}{2}$, elles valent 1 étant ajoutées enſemble.

48#	16ß	10ᵭ	
5 mar. 7 onc. 6 grains.			
244#	4ß	2ᵭ	par 5 marcs.
24	8	5	par 4 onces.
12	4	2 $\frac{1}{2}$	par 2 onces.
6	2	1 $\frac{1}{4}$	par 1 once.
3	1	$\frac{1}{2}$ $\frac{1}{8}$	par 4 grains.
1	10	6 $\frac{1}{4}$ $\frac{1}{16}$	par 2 grains.
291#	10ß	5ᵭ $\frac{11}{16}$.	Somme tot.

105 *D.* Pour s'aſſurer qu'on n'a point fait de fautes dans l'opération, il eſt à propos de la recommencer par la même méthode, ou bien de la refaire par celle des deux méthodes que l'on n'avoit point employée. On peut auſſi prendre la moitié du multiplicateur & doubler le multiplicande, ou bien prendre la moitié du multiplicande & doubler le multiplicateur, le produit ſera le même que ſi l'on n'avoit changé ni l'un ni l'autre de ces deux nombres. On pourroit auſſi diviſer le produit par le multiplicateur, & ſi après avoir multiplié le quotient, comme nous le dirons dans le troiſiéme article de la méthode, pour la diviſion on retrouvoit le multiplicande, ce ſeroit une marque qu'on auroit bienfait la multiplication.

106. Il y a quelques cas où l'on peut abréger la multiplication : par exemple, ſi on veut multiplier 5 ſols, il faut prendre le quart du multiplicateur, & on aura le produit en livres, parce que 5ß ſont le quart d'une livre. Si on veut multiplier 10ß, il faut prendre la moitié du multiplicateur. Pareillement s'il faut multiplier 3ß 4ᵭ, il n'y a qu'à prendre la ſixiéme partie du multiplicateur, parce que 3ß 4ᵭ ſont la ſixiéme partie d'une livre. Enfin s'il faut multiplier 6ß 8ᵭ, on prendra

le tiers du multiplicateur. Lorſqu'on a un peu d'habitude dans le calcul, il n'eſt pas difficile de trouver ſoi-même des abrégés dans certains cas.

DE LA DIVISION DES NOMBRES COMPLEXES.

Quand on aura bien compris la multiplication des nombres complexes, il ſera facile d'entendre la diviſion de ces nombres ; c'eſt pourquoi nous en parlerons en peu de mots, après avoir obſervé que comme dans la multiplication le multiplicateur eſt conſideré comme un nombre pur (97), pareillement dans la diviſion on doit conſiderer tantôt le diviſeur, tantôt le quotient comme un nombre pur, c'eſt-à-dire, qui ne contient que des unités que l'on conçoit, ſans les appliquer aux grandeurs particulieres, comme ſont les toiſes, les pieds, les mars, les onces, &c.

7 marcs 2 onces d'argent ayant couté 346# 18ſ 6d : on demande à combien revient le marc. L'état de la queſtion fait voir que c'eſt en diviſant 346# 18ſ 6d que l'on trouvera le prix de chaque marc. Voici la méthode pour faire cette diviſion.

107. 1°. Il faut réduire le diviſeur à la plus petite eſpéce qu'il contient. 2°. Faire la diviſion en commençant par les plus grandes eſpéces du dividende, & allant de ſuite aux plus petites. 3°. Multiplier le quotient entier par le nombre qui marque combien de fois la plus grande eſpéce du diviſeur contient la plus petite.

108. Remarquez que s'il y a un reſte après la diviſion de la plus grande eſpéce, par exemple, des livres, il faut réduire ce reſte en ſols, & ajouter les ſols qui viennent de cette réduction à ceux qui ſe trouvoient déja dans le dividende, pour diviſer enſuite cette ſomme par le diviſeur par lequel on a diviſé les livres. Pareillement s'il y a un reſte après avoir fait la diviſion des ſols, il faut réduire ce reſte en deniers, pour les ajouter aux deniers qui étoient dans le dividende. Or pour réduire les livres en ſols, il faut multiplier le nombre des livres par 20, parce que la livre vaut 20 ſols ; & de même pour réduire les ſols en deniers, il faut multiplier le nombre de ſols par 12.

Pour faire l'application de cette méthode à l'exemple propoſé. 1°. Je réduis tout le diviſeur 7 marcs 2 onces, en 58 onces. 2°. Je diviſe 346# 18ſ 6d par 58, en commençant par les livres, & je trouve au quotient 5#, & le reſte 56, que je réduis ſols en le multipliant par 20 ; le produit eſt 1120, auquel il faut ajouter les 18 ſols du dividende, il vient 1138, que je diviſe par 58, & je trouve au quotient 19ſ, & le reſte 36 que je réduis en 432d, auxquels ajoutant les 6d du dividende, la ſomme eſt 438 : je diviſe encore cette ſomme par 58, & je trouve au quotient 7^{d} & la fraction $\frac{32}{58}$ que l'on peut négliger. Ainſi le quotient entier eſt 5$^{\#}$ 19^{ß} 7^{d} ſans compter la petite fraction $\frac{32}{58}$, qui n'exprime que des parties de deniers. 3°. Je multiplie ce quotient entier par 8, parce que le marc contient 8 onces, le produit eſt 47$^{\#}$ 16^{ß} 8^{d}, c'eſt le prix d'un marc, en ſuppoſant que 7 marcs 2 onces ont couté 346$^{\#}$ 18^{ß} 6^{d}.

On n'a point eu d'égard à la fraction $\frac{32}{58}$; mais ſi on n'avoit rien voulu négliger, il auroit fallu multiplier le numérateur 32 par 8, comme on le verra dans la ſuite en parlant de la multiplication des fractions.

Si le diviſeur avoit contenu des gros, il auroit fallu multiplier le quotient par 64, parce que le marc contient 64 gros.

Voici un autre exemple : 35 aunes trois quarts d'étoffe coutent 642$^{\#}$ 12^{ß} 8^{d}, à combien revient l'aune ? Il faut 1°. réduire les 35 aunes $\frac{3}{4}$ en quarts qui ſont ici la plus petite eſpéce du diviſeur. Les 35 aunes font 140 quarts, auxquels ils faut ajouter les trois de la fraction, la ſomme ſera 143, par laquelle on diviſera le dividende : on trouvera d'abord 4$^{\#}$, & le reſte 70$^{\#}$ qu'il faut réduire en ſols, il y en a 1400 auxquels on ajoutera les 12 qui ſont au dividende, & on diviſera la ſomme 1412 par 143, le quotient ſera 9 ſols & le reſte 125 ſols qui vaut 1500^{d}, il faut y ajouter les 8^{d} du dividende, & diviſer encore la ſomme par 143, le quotient ſera 10^{d} & le reſte 78^{d}. Ainſi le quotient total ſera 4$^{\#}$ 9^{ß} 10^{d}, plus la fraction $\frac{78}{143}$ d'un denier. On multipliera ce quotient par 4, & le produit 17$^{\#}$ 19^{ß} 4^{d} ſera le prix de l'aune. J'ai négligé de multiplier la fraction $\frac{78}{143}$, dont le produit par 4 ne vaut preſque que 2 deniers.

109. Il n'y a point de difficulté par rapport au premier & au ſecond article de la méthode. Voici la raiſon du troiſiéme appliquée au premier exemple. Il eſt clair que le quotient que l'on trouve après avoir diviſé 346$^{\#}$ 18^{ß} 6^{d} par 58, exprime la valeur d'un once, parce que le diviſeur 58 marque des onces : par conſéquent afin d'avoir la valeur du marc, il faut multiplier le quotient par le nombre qui exprime combien il y a d'onces dans le marc, c'eſt-à-dire, par 8 ; & le produit ſera la valeur du marc.

109 *B*. On peut éviter la peine d'opérer ſur les fractions, il ſuffit pour cela de multiplier d'abord le dividende par le nombre qui marque combien de fois la plus grande eſpéce du diviſeur contient la plus petite, au lieu de multiplier le quotient par ce nombre. Ainſi dans notre exemple on multipliera le dividende 346$^{\#}$ 18^{ß} 6^{d} par 8, le produit ſera 2775$^{\#}$ 8^{ß}, enſuite on diviſera ce produit par 58, on

trouvera d'abord pour quotient $47^{\#}$, & le reſte $49^{\#}$ que l'on réduira en ſols : la réduction donnera $980^{\text{ſ}}$ auxquels il faut ajouter les $8^{\text{ſ}}$, & on diviſera la ſomme 988 toujours par 58, on trouvera encore $17^{\text{ſ}}$, & le reſte $2^{\text{ſ}}$ que l'on pourra réduire en 24^{d}, on aura donc pour quotient total $47^{\#}$ $17^{\text{ſ}}$ & $\frac{24}{58}$ d'un denier : c'eſt le prix du marc. Ainſi cette ſeconde méthode conſiſte 1°. à multiplier le dividende par le nombre qui exprime combien de fois la plus grande eſpéce du diviſeur contient la plus petite ; 2°. à réduire le diviſeur à ſa plus petite eſpéce ; 3°. à diviſer le produit du dividende par le diviſeur réduit.

Il eſt évident qu'en commençant à multiplier le dividende par 8, on trouvera au quotient la même quantité que ſi on multiplie le quotient par 8 ſans avoir multiplié le dividende.

109 *C*. Pour faire la preuve on pourroit multiplier le quotient $47^{\#}$ $17^{\text{ſ}}$ & la fraction $\frac{24}{58}$ d'un denier par 7 marcs 2 onces, on trouveroit la ſomme $346^{\#}$ $18^{\text{ſ}}$ 6^{d}. Si on néglige la fraction $\frac{24}{58}$ d'un denier, on trouvera le produit $346^{\#}$ $18^{\text{ſ}}$ 3^{d} qui eſt moindre que le dividende ſeulement de 3^{d}.

110. Lorſque le diviſeur eſt un nombre incomplexe, pour lors le premier & le troiſiéme article de la premiere méthode n'ont point de lieu. Voici un exemple : 26 muids de vin ayant couté $1467^{\#}$ $12^{\text{ſ}}$ 8^{d}, on demande à combien revient le muid. Il faut diviſer par 26 les livres, enſuite les ſols, & enfin les deniers du dividende comme dans l'exemple précédent, & on trouvera $56^{\#}$ $8^{\text{ſ}}$ 11^{d}, plus 10^{d} à diviſer par 26 : c'eſt le prix d'un muid.

110 *B*. Dans les trois exemples qu'on a rapportés, c'eſt le diviſeur qui doit être conſideré comme un pur nombre, parce qu'il marque ſeulement en combien de parties égales il faut partager le dividende : mais il y a des queſtions dans leſquelles c'eſt le quotient qu'on doit regarder comme un pur nombre, parce qu'il ne fait qu'exprimer combien de fois le diviſeur eſt contenu dans le dividende. Cela arrive lorſque le dividende & le diviſeur expriment des quantités de même genre : ſi, par exemple, on propoſe à diviſer $67^{\#}$ $18^{\text{ſ}}$ 6^{d} par $5^{\#}$ $4^{\text{ſ}}$ 6^{d}, il eſt évident que l'on ne cherche autre choſe qu'un nombre qui marque combien de fois le diviſeur eſt contenu dans le dividende. Mais alors il faut réduire le dividende à la plus petite eſpéce du diviſeur avant de faire la diviſion ; ainſi dans cet exemple le dividende ſera 16302, le diviſeur 1254, & on trouvera le quotient 13. Dans ce cas le troiſiéme article de la premiere méthode n'a point d'application, non plus que le premier de la ſeconde. Il en feroit de même ſi on vouloit diviſer 85 marcs 4 onces par 7 onces 5 gros : on réduiroit d'abord le dividende & le diviſeur à la plus petite eſpece, ſçavoir en gros ;

on auroit 5472 & 61 : ensuite on diviseroit 5472 par 61, le quotient seroit 89, plus la fraction $\frac{43}{61}$. Pareillement si on vouloit diviser 354 toises 2 pieds par 42 toises 8 pouces, on réduiroit ces deux nombres en pouces; la réduction donneroit 25512 & 3032 : ensuite divisant le premier par le second, le quotient seroit 8 plus la fraction $\frac{1256}{3032}$.

111. Il paroît par ces exemples, que quand il ne s'agit que de trouver combien de fois le diviseur est contenu dans le dividende, il ne faut multiplier ni le dividende ni le quotient, & qu'il est nécessaire de réduire le dividende & le diviseur à la même espéce, qui est la plus petite qui se trouve soit au dividende soit au diviseur, sans cela le quotient ne marqueroit pas combien de fois le diviseur est contenu dans le dividende.

ALGEBRE.

112. 'ALGEBRE est une partie des Mathématiques qui traite de la grandeur en général, exprimée par quelques signes ou caracteres dont la signification ne soit pas déterminée par la nature des signes. Ces sortes de caracteres n'ayant point par eux-mêmes de signification déterminée, peuvent être appliqués à toutes sortes de grandeurs; & par conséquent les démonstrations que l'on fait dans l'Algebre avec ces signes sont générales : ce qui est un des grands avantages de cette Science.

113. On pourroit se servir pour exprimer les grandeurs en général de plusieurs sortes de signes, pourvû qu'ils soient tels qu'on vient de les désigner : mais on est convenu de préferer les lettres de l'alphabet aux autres signes, parce qu'on les connoît déja, & qu'on est accoutumé à les écrire. On ne pourroit pas employer dans l'Algebre les chiffres de l'Arithmétique au lieu des lettres, parce que la signification des chiffres est déterminée par rapport au nombre, quoiqu'elle ne le soit pas quant à l'espéce des grandeurs qu'ils désignent, comme nous le dirons bien-tôt.

114. Un autre avantage de l'Algebre, c'est qu'on opere également sur les quantités inconnues comme sur celles qui sont connues. On emploie ordinairement les premieres lettres de l'alphabet a, b, c, &c. pour désigner les grandeurs connues ; & les dernieres r, s, t, u, x, y, z, pour exprimer les inconnues. Les quantités inconnues sont celles que l'on cherche : par exemple, si on demande quel est le nombre qui divisé par 9 donne 25 au quotient, la quantité inconnue est ce nombre qu'on cherche ; ainsi dans cet exemple on peut marquer 9 par a, 25 par b, & le nombre cherché par x. Ce nombre est 225.

115. Ceux qui commencent à étudier l'Algebre sont souvent fort embarrassés sur la signification des caracteres, a, b, c, d, &c, qui ne

présentent aucun objet déterminé à l'esprit ; ils sont même tentés de croire que tout le calcul algébrique est un vain amusement qui ne peut avoir aucune application aux objets de nos connoissances. Mais de ce que ces caracteres ne signifient rien par eux-mêmes, on en doit plûtôt conclure qu'on les peut employer pour exprimer toutes sortes de grandeurs, & que par conséquent le calcul algébrique peut être appliqué aux grandeurs de toutes especes, étendues, nombres, mouvemens, vitesses, &c. d'ailleurs personne n'est embarrassé sur la signification des caracteres arithmétiques 1, 2, 3, 4, 5, 6, &c. qui cependant ne présentent aucun objet déterminé à l'esprit non plus que les lettres de l'alphabet : par exemple, le chiffre 4 ne signifie ni quatre toises, ni quatre pieds, ni quatre hommes, ni quatre écus, &c. On ne doit donc pas non plus se mettre en peine de chercher la signification des lettres a, b, c, d, &c. il suffit de sçavoir qu'on peut les employer à marquer toutes sortes de grandeurs.

116. On fait sur les lettres dans l'Algebre les mêmes opérations que l'on fait sur les nombres dans l'Arithmétique : il y en a quatre principales, l'addition, la soustraction, la multiplication, & la division. Avant de traiter de ces opérations, il est nécessaire d'expliquer les signes & les termes dont on se sert dans l'Algebre.

117. Ce signe $+$ signifie plus, & cet autre $-$ signifie moins : le premier est la marque de l'addition ; ainsi $a+b$ signifie que la grandeur b est ajoûtée avec a ; le second est la marque de la soustraction ; ainsi $a-b$ signifie que la quantité b est ôtée de a.

118. Ce signe $=$ signifie égal, & marque qu'il y a égalité entre les quantités qui le précédent & celles qui le suivent ; ainsi $a=b$ signifie que a est égal à b. Pareillement $a-b=c+d$ marque que $a-b$ est égal à $c+d$.

119. Voici encore deux signes $>$ & $<$ dont le premier signifie plus grand, & l'autre plus petit ; ainsi $a>b$ marque que la quantité a est plus grande que b ; & $a<b$ signifie que a est moindre que b. Afin de ne pas confondre ces deux signes, il faut remarquer que la quantité que l'on met du côté de l'ouverture est toujours la plus grande, & que celle qui est du côté de la pointe est la plus petite : cela paroît par les exemples qu'on vient de donner.

120. Les lettres de l'alphabet sur lesquelles on opere, sont appellées *quantités algébriques.*

121. Une quantité algébrique est nommée *simple, incomplexe* ou *monome*, lorsqu'elle est seule, ensore qu'elle ne contient pas plusieurs parties séparées par les signes $+$, $-$; ainsi $+a$, $+5ab$, & $-4aa$ sont trois quantités incomplexes.

122. Une quantité algébrique eſt appellée *compoſée, complexe* ou *polynome* quand elle contient plufieurs parties ſéparées par les ſignes $+$, $-$: ainſi $a-b$, $c-d+f$ ſont des quantités complexes.

123. Dans les quantités complexes les parties ſéparées par les ſignes $+$ & $-$ ſont appellées *termes;* ainſi dans la quantité $ab-cd-bd$, il y a trois termes; ſçavoir, ab, cd & bd.

124. Les quantités complexes qui n'ont que deux termes, ſont appellées *binomes*; celle qui en ont trois, *trinomes*, &c. ainſi $a+b$ eſt un binome, & $ab+cd-bd$ eſt un trinome.

125. Les quantités incomplexes qui ſont précédées du ſigne $+$ ſont appellées *poſitives*; & celles qui ſont précédées du ſigne $-$ ſont appellées *négatives.* Les termes des quantités complexes ſont auſſi appellés *poſitifs* ou *négatifs* ſelon qu'ils ſont précédés du ſigne $+$ ou $-$.

125 *B.* Lorſque dans une quantité complexe, il y a plufieurs termes négatifs de ſuite, celui ou ceux qui ſont après le premier de ces termes négatifs ne diminuent pas la valeur de ce premier: par exemple, ſi on a la quantité $+12-5-3$, cela ne marque pas qu'il faut ſeulement retrancher $5-3$, c'eſt-à-dire, 2 de 12 : mais cela ſignifie au contraire qu'il faut ôter de 12 les deux nombres 5 & 3; ainſi $+12-5-3$ ne vaut que 4. Il faut dire la même choſe des quantités algébriques quand elles contiennent plufieurs termes négatifs de ſuite: c'eſt pourquoi il n'importe en quelle maniere les termes ſoient arrangés; ainſi $a+b-c-d$ eſt la même choſe que $a-c+b-d$.

126. Remarquez que les quantités incomplexes qui ne ſont précédées d'aucun ſigne, ſont ſuppoſées avoir le ſigne $+$, & ſont par conſéquent poſitives. Il en eſt de même du premier terme des quantités complexes: ainſi ab eſt la même choſe que $+ab$. Pareillement $ab+cd-bd$ eſt la même choſe que $+ab+cd-bd$.

127. Il faut bien remarquer que les quantités négatives ſont des grandeurs oppoſées aux quantités poſitives: par exemple, ſi le mouvement vers l'Orient eſt pris pour poſitif, le mouvement vers l'Occident ſera négatif. Pareillement le bien que l'on poſſede peut être regardé comme une grandeur poſitive, & ce que l'on doit comme une quantité négative. De cette notion des quantités poſitives & négatives, il s'enſuit que les unes & les autres ſont également réelles, & que par conſéquent les négatives ne ſont pas la négation ou l'abſence des poſitives; mais que ce ſont certaines grandeurs oppoſées à celles que l'on regarde comme poſitives; ainſi dans le premier exemple qu'on vient de propoſer la quantité négative par rapport au mouvement vers l'Orient, n'eſt pas de n'avoir point de mouvement vers l'Orient, mais c'eſt d'avoir un mouvement vers l'Occident; & dans le ſecond exemple, la quantité négative

négative par rapport au bien que l'on possède, ce sont les dettes que l'on a, & non pas de n'avoir point de bien.

128. Lorsque l'on compare 2 quantités égales en mettant le signe $=$ entre deux, cela s'appelle *équation* ou *égalité* : par exemple, $a+b=c$ est une équation. Les deux quantités que l'on compare sont appellées *membres* de l'équation : la quantité qui est à la gauche du signe d'égalité est le *premier membre*; & celle qui est à la droite est le *second*; ainsi dans l'équation $a+b=c$ le premier membre est $a+b$, & le second est c.

129. Les nombres qui précédent les lettres, sont appellés *coefficiens* : ainsi 3 est le coefficient de $3ab$. Lorsqu'une quantité incomplexe ou un terme d'une quantité complexe, n'a pas de coefficient marqué, il faut concevoir que l'unité est son coefficient; par exemple, dans la quantité $5ab+cd$, l'unité est le coefficient du dernier terme cd.

130. Les quantités incomplexes sont appellées *semblables* lorsqu'elles contiennent les mêmes lettres écrites autant de fois dans chacune des quantités; ainsi $+3a$ & $+2a$ sont des quantités semblables. Pareillement $+4aab$ & $-5aab$ sont aussi des quantités semblables. Il paroît par cette notion & par ces exemples, qu'afin que deux quantités soient semblables, il n'est pas nécessaire qu'elles aient les mêmes signes, ni les mêmes coefficiens; mais il faut qu'elles contiennent les mêmes lettres, & que ces lettres soient écrites autant de fois dans une quantité que dans l'autre; c'est pourquoi aab & ab ne sont pas semblables, parce que la lettre a est écrite deux fois dans la premiere quantité, & une fois seulement dans la seconde. Tout cela doit aussi s'entendre des termes des quantités complexes.

131. Lorsqu'il y a plusieurs termes semblables dans une quantité complexe, on les réunit en un seul terme : c'est ce qu'on appelle réduire les quantités semblables à leurs plus simples expressions. Or cette réduction se fait en deux manieres, ou en ajoutant les coefficiens, ou en ôtant l'un de l'autre. Lorsque les termes semblables ont les mêmes signes, afin de faire la réduction, il faut ajouter les coefficiens, & écrire la somme avec le signe des termes qu'on réduit : ainsi dans la quantité $3abb+4abb+2ab$, les deux premiers termes étant semblables & ayant le même signe $+$, pour en faire la réduction, j'ajoute les coefficiens 3 & 4, & j'écris la somme 7 avec le signe $+$ qui est celui des termes semblables; ainsi la quantité réduite est $+7abb+2ab$ ou $7abb+2ab$. De même pour faire la réduction des trois derniers termes de la quantité $5bb-3bd-4bd-bd$, j'ajoute les trois coefficiens, 3, 4 & 1, & j'écris la somme qui est 8 avec le signe $-$ en cette maniere, $5bb-8bd$. (On a pris l'unité pour coefficient du dernier terme $-bd$, parce qu'il n'y en a point qui soit marqué (129).

Mais si les termes semblables ont des signes différens, pour lors il faut ôter le plus petit coefficient du plus grand, & écrire le reste avec le signe du plus grand coefficient : par exemple, afin de faire la réduction de la quantité $-3ab + 5ab + 7aa$ dont les deux premiers termes sont semblables, il faut ôter 3 de 5, & écrire 2 avec le signe + qui est celui du plus grand coefficient 5 ; ainsi la quantité réduite est $+2ab + 7aa$ ou $2ab + 7aa$. Pareillement afin de faire la réduction de la quantité $3cx - 7xx + 5xx$, dont les deux derniers termes sont semblables, il faut ôter 5 de 7, & écrire le reste 2 avec le signe − en cette maniere, $3cx - 2xx$.

131*B*. Lorsque les termes semblables ont des signes différens & les mêmes coefficients, ces termes se détruisent entierement. Ainsi la quantité $3cx - 5xx + 5xx$ se réduit à $3cx$, parce que les deux autres termes se détruisent.

DE L'ADDITION.

132. L'Addition est un opération par laquelle on cherche la somme de plusieurs quantités : par exemple, si ayant les trois nombres 6, 9 & 10, je les joins ensemble pour en avoir la somme qui est 25 ; cela s'appelle faire l'addition de ces trois nombres.

133. Afin d'ajouter les quantités algébriques, il n'y a qu'à les écrire telles qu'elles sont, sans rien changer aux signes qui les précédent : par exemple, si on veut ajouter b ou $+b$ avec a, on écrit $a+b$: mais si on vouloit ajouter $-b$ avec a, il faudroit mettre $a-b$. Pour ajouter $c-d$ avec $a+b$, on écrira $a+b+c-d$. Pour ajouter $-3aab + 2ad$ avec $5aab - 7ad + 3cd$, on écrira $5aab - 7ad + 3cd - 3aab + 2ad$.

134. Lorsqu'après l'addition il y a des quantités semblables dans la somme, il faut faire la réduction ; ainsi dans le dernier exemple qu'on vient de proposer, la somme qu'on a trouvée se réduit à $2aab - 5ad + 3cd$. Souvent dans la pratique on fait la réduction en même tems que l'addition.

135. Cette opération porte sa démonstration avec elle, étant évident que la somme de a & de b est $a+b$; & que celle de a & de $-b$ est $a-b$: ainsi des autres exemples.

DE LA SOUSTRACTION.

136. La soustraction est une opération par laquelle on ôte une grandeur d'une autre. Ainsi, si on ôte 4 de 7, c'est une soustraction. La grandeur qui résulte après la soustraction est appellée *reste* ou *différence*. Dans l'exemple proposé 3 est le reste ou la différence.

137. Pour ôter une quantité algébrique d'une autre, il faut changer les ſignes de la quantité à ſouſtraire, & laiſſer ceux de la quantité dont on veut ſouſtraire. Exemples : pour ôter b ou $+b$ de a, il faut écrire $a-b$: mais pour ôter $-b$ de a, il faut écrire $a+b$. Pour ſouſtraire $c-d$ de $a+b$, on écrira $a+b-c+d$. Pour ſouſtraire $-3aab+2ad$ de $5aab-7ad+3cd$, on écrira $5aab-7ad+3cd+3aab-2ad$.

138. Lorſqu'après la ſouſtraction il y a des quantités ſemblables dans le reſte, il faut faire la réduction ; ainſi dans le dernier exemple qu'on vient de propoſer, le reſte qu'on a trouvé ſe réduit à $8aab-9ad+3cd$. Souvent dans la pratique on fait la réduction en même tems que la ſouſtraction.

On entend facilement pourquoi dans la quantité à ſouſtraire on change le ſigne de plus en moins : par exemple, ſi on veut ôter b de a, il eſt évident que le reſte ſera $a-b$. Mais on ne voit pas d'abord pourquoi on change le ſigne de moins en plus : par exemple, ſi on veut ôter $-b$ de a, & qu'on écrive $a+b$ ſelon la regle preſcrite, il ſemble que l'on aura fait le contraire de ce qu'on ſe propoſoit ; parce que $a+b$ eſt plûtôt une ſomme qu'un reſte.

139. Pour faire comprendre la raiſon de la regle dans le cas où il y a des ſignes de moins dans la quantité à ſouſtraire, nous allons prendre un exemple en nombre. Suppoſons donc qu'il s'agiſſe de ſouſtraire $7-3$ de 12 : je dis qu'il faut écrire $12-7+3$: car ſi on écrit $12-7$, il eſt évident qu'on a trop ôté de 12, parce qu'on ne veut pas ôter 7 de 12, mais ſeulement $7-3$ qui eſt moindre que 7 ; par conſéquent il faut ajouter 3 qu'on a ôté de trop en mettant $12-7$, c'eſt-à-dire, qu'il faut écrire $12-7+3=8$. On prouvera de même qu'en ôtant $b-c$ de a le reſte eſt $a-b+c$.

Que s'il s'agit d'ôter une quantité négative toute ſeule ; il eſt encore évident qu'il faut changer le ſigne de moins en plus : par exemple, ſi on veut ſouſtraire $-c$ de a, il faut écrire $a+c$. Car ôter une quantité négative, c'eſt en ajouter une poſitive ; comme ſi un homme devant cent écus, on lui ôte, c'eſt-à-dire, qu'on lui remette cette dette qui eſt une quantité négative, c'eſt la même choſe que ſi on lui donnoit cent écus : par conſéquent afin de faire la ſouſtraction, il faut changer les ſignes de la quantité à ſouſtraire, en mettant moins à la place de plus, & plus à la place de moins.

D'ailleurs on vient de faire voir que pour ſouſtraire $b-c$ de a, il faut écrire $a-b+c$. Cela poſé, il faut mettre $a+c$ pour retrancher $-c$ de a : car en ajoutant la même grandeur b aux deux autres a & $-c$, le reſte des deux ſommes $a+b$ & $b-c$ doit être le même que celui des deux premieres quantités a & $-c$ (28). Or en ôtant $b-c$ de $a+b$, le reſte eſt $a+b-b+c$ ou $a+c$: donc ſi on retranche $-c$ de a le reſte ſera auſſi $a+c$.

DE LA MULTIPLICATION.

140. Multiplier une grandeur par une autre, c'eſt prendre la premiere autant de fois qu'il eſt marqué par la ſeconde : par exemple, multiplier 5 par 3, c'eſt prendre 5 autant de fois qu'il eſt marqué par 3, c'eſt-à-dire, trois fois : ce qui fait 15. Il y a trois choſes à diſtinguer dans la multiplication ; ſçavoir, le *multiplicande*, le *multiplicateur*, & le *produit*.

Le multiplicande ou le multiplié, c'eſt la grandeur qu'on multiplie. Le multiplicateur eſt celle par laquelle on multiplie, & le produit eſt la quantité qui réſulte de la multiplication : dans l'exemple propoſé 5 eſt le multiplicande ou le multiplié, 3 eſt le multiplicateur, & 15 eſt le produit.

Cette notion de la multiplication convient aux quantités littérales ou algébriques auſſi bien qu'aux nombres ; enſorte que multiplier a par b, c'eſt prendre la grandeur a autant de fois qu'il eſt marqué par b.

141. On peut donc définir la multiplication, une opération par laquelle on cherche une grandeur qu'on nomme produit qui contienne autant de fois le multiplié, que le multiplicateur contient l'unité : par exemple, ſi on multiplie 6 par 4, on trouvera pour produit un nombre, ſçavoir 24, qui contient 6 quatre fois, de même que 4 contient 1 quatre fois. Cela eſt évident par l'expreſſion même dont on ſe ſert dans la multiplication des nombres, puiſque pour multiplier 6 par 4, on dit quatre fois 6 ; le produit doit donc contenir 6 quatre fois, c'eſt-à-dire, autant de fois que 4 contient l'unité. Cette définition convient également aux quantités litterales.

Nous venons de dire que le produit contient le multiplicande autant de fois que le multiplicateur contient l'unité. Voilà ce qu'on appelle une proportion, nous en allons donner quelques notions, nous reſervant d'en traiter plus au long dans le ſecond Livre.

141 *B*. Quatre grandeurs ſont proportionnelles lorſque la premiere contient la ſeconde de la même maniere ou autant de fois que la troiſiéme contient la quatriéme : ainſi les nombres 8, 4, 6, 3, ſont proportionnels, parce que 8 contient 4 autant de fois que 6 contient 3. C'eſt pourquoi on dit que ces quatre nombres font une proportion, ou ſont en proportion. Pour énoncer une proportion on dit ordinairement que la premiere des quatre grandeurs eſt à la ſeconde comme la troiſiéme eſt à la quatriéme : dans notre exemple on dit que 8 eſt à 4 comme 6 eſt à 3. Les quatre grandeurs qui compoſent une pro-

portion ſont appellées *termes*. Le premier & le quatriéme termes ſont nommés *extrêmes*, le ſecond & le troiſiéme ſont appellés *moyens*. Dans l'exemple cité 8 & 3 ſont les extrêmes, 4 & 6 ſont les moyens.

141 C. Il ſe peut faire qu'il n'y ait que trois termes dans une proportion, cela arrive lorſque le premier contient le ſecond autant de fois que le ſecond contient le troiſiéme ; comme dans cette proportion 12 eſt à 6 comme 6 eſt à 3, & dans cette autre 36 eſt à 24 comme 24 eſt à 16. Alors le ſecond des trois termes eſt appellé *moyen proportionnel*.

141 D. Il y a deux raiſons dans une proportion, la premiere entre le premier & le ſecond terme, & la ſeconde entre le troiſiéme & le quatriéme. Une raiſon eſt la maniere dont une grandeur en contient une autre : la raiſon de 8 à 4 eſt la maniere dont 8 contient 4, cette maniere eſt exprimée par 2, parce que 8 contient 2 fois 4. Le premier terme d'une raiſon eſt appellé *antécédent*, & l'autre *conſéquent* : ainſi dans la raiſon de 8 à 4, 8 eſt l'antécédent, & 4 eſt le conſéquent.

141 E. Deux raiſons ſont donc égales lorſque les antécédents contiennent leurs conſéquents de la même maniere : ainſi les raiſons de 8 à 4 & de 6 à 3 ſont égales, parce que les antécédents 8 & 6 contiennent également leurs conſéquents 4 & 3. Les deux raiſons d'une proportion ſont toujours égales, & c'eſt en quoi conſiſte la proportion qui n'eſt autre choſe que l'égalité de deux raiſons.

141 F. Quoique nous diſions qu'une raiſon eſt la maniere dont l'antécédent contient le conſéquent, cependant il n'eſt pas néceſſaire que le conſéquent ſoit contenu exactement, c'eſt-à-dire, ſans reſte dans l'antécédent : par exemple, dans la raiſon de 15 à 4 le conſéquent n'eſt pas contenu ſans reſte dans l'antécédent. Il ſe peut même faire que le conſéquent ſoit plus grand que l'antécédent, & alors l'antécédent ne contient le conſéquent qu'en partie, comme dans la raiſon de 15 à 20, ou dans celle de 15 à 17.

141 G. Si on multiplie les deux termes d'une raiſon par un même multiplicateur, la raiſon qui eſt entre les produits eſt égale à celle qui eſt entre les deux termes qu'on a multipliés ; par exemple, ſi on multiplie 8 & 4 par 5, la raiſon des produits 40 & 20 eſt égale à celle de 8 à 4. Cela eſt évident, car en multipliant 8 & 4 par 5, les deux produits 8×5 & 4×5, ſont chacun 5 fois plus grands que les multiplicandes 8 & 4, & par conſéquent 8×5 contient autant de fois 4×5 que 8 contient 4. Ainſi la raiſon de 8×5 à 4×5 eſt égale à celle de 8 à 4. Ce caractere $\times$ eſt le ſigne de la multiplication, comme nous le dirons (article 142).

141*H*. Si on divise les deux termes d'une raison par un même diviseur, la raison des quotients sera pareillement égale à celle des deux termes avant la division : par exemple, si on divise 40 & 20 par 5 la raison des quotients 8 & 4 est la même que celle de 40 à 20 ; car en divisant 40 & 20 par 5 les quotients 8 & 4 sont chacun 5 fois plus petits que les nombres qu'on a divisés ; & par conséquent 8 doit contenir 4 autant de fois que 40 contient 20. Ces notions suffisent presententement. Nous allons reprendre ce qui regarde la multiplication.

142. Le produit de deux grandeurs algébriques se marque en mettant l'une à côté de l'autre ; ainsi ab désigne le produit de a par b : aa signifie pareillement le produit de a par a. Pour marquer la multiplication, on se sert aussi du signe $\times$ en le mettant entre les deux grandeurs qu'on multiplie : par exemple, $a \times b$ exprime le produit de a par b : $a \times a$ marque aussi le produit de a par a. Ce signe $\times$ veut donc dire *multiplié par* : ainsi $a \times b$ signifie a multiplié par b. Il est plus ordinaire de placer une lettre à côté de l'autre sans mettre aucun signe entre deux, comme nous l'avons dit d'abord.

143. Le multiplicande & le multiplicateur sont souvent appellés les *racines* du produit, on les appelle aussi *facteurs* : par exemple, a & b sont les racines ou facteurs du produit ab ; & lorsque les deux racines d'un produit sont égales, on les appelle *racines quarrées*. Ainsi a est la racine quarrée du produit aa. Dans la suite nous parlerons plus au long des racines.

144. On distingue deux sortes de multiplications algébriques, celle des quantités incomplexes & celle des quantités complexes. Nous en traiterons séparément. Mais avant d'expliquer les regles de l'une & l'autre multiplication, il est nécessaire de démontrer que quand on multiplie plusieurs grandeurs, comme a, b, c, les unes par les autres, le produit est toujours le même, quelque ordre qu'on observe dans la multiplication ; c'est-à-dire, que les produits abc, acb, bac, bca, cab, cba, sont égaux : & de même tous les produits qu'on peut former de quatre grandeurs sont égaux. Pareillement tous les produits qu'on peut faire de cinq grandeurs sont égaux : ainsi de suite.

145. Remarquez que deux grandeurs, a & b peuvent recevoir deux arrangemens différens, ab, ba. Trois grandeurs, a, b, c, peuvent recevoir 3 fois 2 ou 6 arrangemens : car chacune des trois étant mise dans le premier rang, les deux autres peuvent recevoir deux arrangemens : ce qui fait 3 fois 2 ou 6 arrangemens que voici, abc, acb ; bac, bca ; cab, cba. Quatre grandeurs, a, b, c, d, peuvent recevoir 4 fois 6 ou 24 arrangemens : car chacune étant mise au premier rang, les trois autres peu-

vent recevoir ſix arrangemens : ce qui fait 4 fois 6 ou 24 que voici : *abcd*, *abdc*, *acbd*, *acdb*, *adbc*, *adcb* ; *bacd*, *badc*, *bcad*, *bcda*, *bdac*, *bdca* ; *cabd*, *cadb*, *cbad*, *cbda*, *cdab*, *cdba* ; *dabc*, *dacb*, *dbac*, *dbca*, *dcab*, *dcba*. De même cinq grandeurs peuvent recevoir 5 fois 24 ou 120 arrangemens, ſix en peuvent recevoir 6 fois 120 ou 720 ; ainſi de ſuite.

146. Dans le Lemme ſuivant nous ſuppoſerons quelque choſe que nous allons établir ici, 1°. que le produit de deux grandeurs eſt le même, de quelque maniere que ces deux grandeurs ſoient multipliées ; par exemple, que le produit des nombres 5 & 4 eſt toujours le même, ſoit qu'on multiplie 5 par 4, ou 4 par 5. 2°. Que le produit de trois grandeurs eſt toujours le même, pourvû que l'on conſerve le même ordre dans la ſuite de ces grandeurs ; enſorte que le produit *abc*, par exemple, eſt le même, ſoit qu'il déſigne celui de *a* par *bc*, ou celui de *ab* par *c* ; pareillement que le produit de quatre grandeurs eſt toujours le même quand on conſerve le même ordre de ces grandeurs, c'eſt-à-dire, que le produit *abcd*, par exemple, eſt le même, ſoit qu'il déſigne le produit $a \times bcd$, ou bien $ab \times cd$, ou bien $abc \times d$. Il en eſt de même des produits qui ſont compoſés d'un plus grand nombre de racines.

Afin de prouver les deux choſes énoncées dans la page précédente, nous ſuppoſerons $a=5$, $b=4$, $c=3$, $d=2$.

146*B*. Je dis donc 1°. que le produit de 5 par 4 ou de *a* par *b* eſt égal à celui de 4 par 5 ou de *b* par *a*. Concevons quatre rangées paralléles de cinq points chacune, telles que *ei* ; elles compoſeront cinq colomnes comme *ef* de quatre points chacune. Ces points étant conçus diſpoſés en cette maniere, on pourra raiſonner ainſi : multiplier 5 par 4, c'eſt prendre 4 fois la rangée *ei* qui contient 5 points ou prendre 4 rangées égales à *ei*, & multiplier 4 par 5, c'eſt prendre 5 fois la colomne *ef*, ou prendre 5 colomnes égales à *ef*. Or le produit eſt le même dans l'un & dans l'autre cas, c'eſt le nombre de points contenus dans l'eſpace *efmi*, puiſque cet eſpace contient préciſément 4 rangées égales à *ei*, ou 5 colomnes égales à *ef* ni plus ni moins. Ainſi le produit de *a* par *b* eſt égal à celui de *b* par *a*.

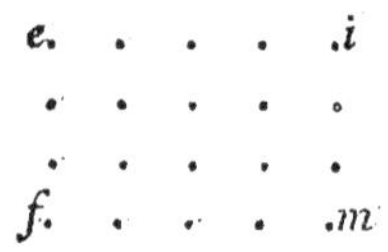

e. . . . .*i*
. . . . .
. . . . .
f. . . . .*m*

146*C*. Je dis en ſecond lieu que $a \times bc = ab \times c$: car ſi d'une part le multiplicande *a* eſt 4 fois moindre que le multiplicande *ab*, auſſi le multiplicateur *bc* eſt 4 fois plus grand que le multiplicateur *c*. De même les trois produits de *abcd*, ſçavoir, $a \times bcd$, $ab \times cd$, $abc \times d$, qui ſe forment ſans changer l'ordre des lettres ſont égaux : car 1°. $a \times bcd = ab \times cd$, puiſque ſi le multiplicande a eſt 4 fois plus petit que le multiplicande ab, auſſi le multiplicateur bcd eſt 4 fois plus grand que le multiplicateur cd. 2°. $ab \times cd = abc \times d$ par la même raiſon. Il eſt donc évident que tous les produits qu'on peut faire de quatre grandeurs ſont égaux entr'eux ſi on ne change point la ſuite des grandeurs.

On peut donc prendre indifféremment abc ou pour $a \times bc$ ou pour $ab \times c$. De même $abcd$ peut être pris indifféremment pour $a \times bcd$, ou pour $ab \times cd$, ou pour $abc \times d$. Cela ſuppoſé on prouvera aiſément le Lemme ſuivant.

LEMME.

147. *Les produits qui naiſſent de la multiplication des mêmes grandeurs ſont égaux en quelque ordre qu'on multiplie ces grandeurs.*

DÉMONSTRATION.

1°. Tous les produits des trois grandeurs a, b, c, ſont égaux : car ſi entre les ſix produits qui peuvent venir de la multiplication des trois grandeurs a, b, c, on prend les deux abc & acb où la lettre a eſt la premiere, il eſt facile de faire voir qu'ils ſont égaux, puiſque les deux produits bc & cb étant égaux, comme on l'a prouvé, il s'enſuit qu'en multipliant a par bc & par cb, les deux nouveaux produits $a \times bc$ & $a \times cb$ ou abc & acb ſont auſſi égaux. Par la même raiſon les deux produits bac & bca dans leſquels la lettre b eſt la premiere, ſont encore égaux. Enfin les deux autres produits cab & cba qui commencent par c ſont pareillement égaux entr'eux. Il ne s'agit donc plus que de faire voir qu'un des produits égaux abc & acb dont la lettre a occupe le premier rang, eſt égal à un des produits dont chacune des deux autres lettres b & c tient la premiere place : or, cela eſt manifeſte par l'article 146*B*, pourvû que l'on conſidere bc comme une ſeule quantité, de même que le produit cb : car alors on aura les deux égalités $a \times bc = bc \times a$, & $a \times cb = cb \times a$, qui ſont les mêmes que les ſuivantes $abc = bca$, $acb = cba$: par conſéquent les ſix produits qu'on peut former des trois grandeurs a, b, c, ſont égaux.

2°. Les 24 produits qu'on peut former des quatre grandeurs a, b, c, d, ſont égaux. Car entre ces 24 produits, il eſt clair que les ſix ou la lettre a eſt la premiere ſont égaux entr'eux, puiſque les ſix produits des trois grandeurs b, c, d, étant égaux, il faut que les ſix produits ſuivans $a \times bcd$, $a \times bdc$, $a \times cbd$, $a \times cdb$, $a \times dbc$, $a \times dcb$, ſoient auſſi égaux entr'eux. Par la même raiſon les ſix produits où chacune des trois autres lettres b, c, d, occupe la premiere place ſont égaux entr'eux. Il reſte donc à démontrer qu'il y a un produit dans les ſix dont a occupe

cupe la premiere place, égal à un des six produits qui commencent par chacune des trois autres lettres b, c, d: ce qui se prouve de la même maniere que dans la premiere partie; il suffit d'exposer les égalités suivantes, $a \times bcd = bcd \times a$; $a \times cbd = cbd \times a$; $a \times dbc = dbc \times a$.

148. Quoique l'on puisse donner quel rang on veut aux différentes lettres d'un produit, cependant il est bon de les écrire toujours suivant le rang qu'elles ont dans l'alphabet: par exemple, dans un produit composé des trois lettres a, b, c; il faut toujours écrire abc, & non pas bac, ou cab, &c. la pratique de cette remarque fait éviter des fautes de calcul.

DE LA MULTIPLICATION DES QUANTITÉS INCOMPLEXES.

Il y a trois regles à observer dans la multiplication de l'algebre: la premiere regarde les signes de plus & de moins qui précédent les quantités qu'il faut multiplier l'une par l'autre: la seconde est pour les coefficiens: & la troisiéme pour les lettres qui désignent les grandeurs.

149. I. Regle. Lorsque le multiplicande & le multiplicateur ont le signe $+$, on doit mette $+$ au produit. Lorsque l'un a le signe $+$, & l'autre le signe $-$, il faut mettre $-$ au produit. Enfin lorsque le multiplicande & le multiplicateur ont tous les deux le signe $-$, il faut mettre $+$ au produit. Voici des exemples pour ces trois cas. Premier cas. $+a$ multiplié par $+b$ donne $+ab$. Second cas. $+a$ multiplié par $-b$ donne $-ab$, & de même $-a$ multiplié par $+b$ donne $-ab$. Troisiéme cas. Enfin $-a$ multiplié par $-b$ donne $+ab$. Nous nous servirons dans la suite du signe de la multiplication, afin d'abréger l'expression; ainsi au lieu d'écrire $-a$ multiplié par $-b$ donne $+ab$, nous mettrons $-a \times -b$ donne $+ab$, ou bien $-a \times -b = +ab$. Pareillement, au lieu d'écrire $+a$ multiplié par $-b$ donne $-ab$, nous mettrons $+a \times -b$ donne $-ab$, ou bien $+a \times -b = -ab$.

149 *B*. On peut réduire les trois cas de cette regle à deux seulement, en disant que quand le multiplicande & le multiplicateur ont des signes semblables, soit qu'ils aient tous les deux $+$ ou tous les deux $-$, on doit mettre $+$ au produit: mais au contraire, lorsque ces signes sont différens, c'est-à-dire, que l'un est $+$ & l'autre est $-$, il faut mettre $-$ au produit.

150. II. Regle. On multiplie les coefficiens comme tous les autres nombres: mais il faut se souvenir que quand une quantité littérale n'a pas de coefficient marqué, on suppose que l'unité est le coefficient de cette quantité. Voici des exemples. $+3a \times +2b$ donne $+6ab$. $-4a \times +b = -4ab$. $+5a \times +4c = 20ac$.

151. III. REGLE. Pour marquer que deux quantités littérales ou algébriques sont multipliées l'une par l'autre, on écrit ces lettres à côté l'une de l'autre, ou bien on met le signe × entre deux, comme nous l'avons déja dit : ainsi le produit de a par b est ab, celui de ab par c est abc, celui de aa par ac est $aaac$.

152. Lorsqu'une lettre est écrite plusieurs fois dans un même terme, alors on peut ne l'écrire qu'une fois en mettant à la droite de cette lettre un chiffre qui marque combien de fois elle doit être écrite : par exemple, a^2 signifie la même chose que aa ; pareillement $a^3c = aaac$; $a^3b^2 = aaabb$. Ce chiffre que l'on met à la droite d'une lettre pour marquer combien de fois elle doit être écrite dans un terme, est appellé *exposant* : ainsi dans les termes a^2, b^5, c^4, les chiffres 2, 5 & 4 sont les exposans. Il paroît par ces exemples que les exposans doivent être un peu plus élevés que les lettres. Quand on veut avoir un exposant général on l'exprime par une lettre : ainsi a^n désigne la puissance n de la grandeur a, & b^p la puissance p de la quantité b.

REMARQUES.

I.

153. Quand une lettre n'est écrite qu'une fois, & qu'elle n'a pas d'exposant marqué, pour lors il faut concevoir que l'unité est son exposant : par exemple, $a = a^1$; $ab^3 = a^1b^3$; $ac = a^1c^1$.

II.

154. Il y a une grande différence entre le coefficient & l'exposant d'une lettre : $3a$, par exemple, est fort différent de a^3. Pour s'en convaincre, il n'y a qu'à supposer que a signifie 4, alors $3a$ exprimera 3 fois 4, c'est-à-dire 12, au lieu que a^3 ou aaa sera égal à 64 : car aa ou 4×4 est égal à 16 ; par conséquent si on multiplie encore aa ou 16 par $a = 4$, le produit aaa sera 64.

III.

155. Lorsque dans le multiplicande & le multiplicateur, il y a une même lettre avec des exposans égaux ou inégaux, pour lors on écrit une seule fois cette lettre au produit avec la somme des exposans. Exemple, $a^2 \times a^3 = a^5$; $a \times a^3 = a^4$; $a^3b^4 \times a^5b^2 = a^8b^6$; $4a^2 \times 5ab^3 = 20a^3b^3$. Voici la raison de cette remarque : $a^2 = aa$ & $a^3 = aaa$. Or $aa \times aaa = aaaaa$ ou a^5 ; donc $a^2 \times a^3 = a^5$. Cette raison peut s'appliquer à tous les autres exemples. On voit encore par-là, qu'il faut mettre de la différence entre les coefficiens & les exposans, puisque l'on multiplie toujours les coefficiens ; au lieu que l'on ne fait qu'ajouter les exposans de la même lettre qui se trouve au multiplicande & au multiplicateur.

La troiſiéme regle qui eſt celle des lettres ne doit pas être démontrée; d'autant que l'une & l'autre maniere marquée dans cette troiſiéme regle pour déſigner un produit, eſt entierement arbitraire.

La ſeconde regle n'a pas non plus beſoin de démonſtration : car les coefficiens étant des nombres, il eſt évident qu'il faut les multiplier comme on fait les nombres : par exemple, ſi on veut multiplier $3a$ par $2b$, il eſt clair que l'on doit prendre deux fois 3, & qu'ainſi il faut mettre 6 au produit. Il n'y a donc que la premiere regle qui eſt celle des ſignes qui demande une démonſtration particuliere. Lorſqu'on veut énoncer cette regle, on s'exprime en cette maniere : plus par plus donne plus, plus par moins ou moins par plus donne moins : enfin moins par moins donne plus : mais pour marquer ces trois cas par écrit, il ſuffit de mettre, pour le premier cas $+ \times +$ donne $+$; pour le ſecond $+ \times -$ ou $- \times +$ donne $-$; enfin pour le troiſiéme $- \times -$ donne $+$.

156. Afin d'entendre la démonſtration que nous allons donner pour la premiere regle, il faut ſçavoir que quand le multiplicateur a le ſigne $+$, la multiplication ſe fait toujours par addition, c'eſt-à-dire, que l'on ajoute ou que l'on prend le multiplicande autant de fois qu'i eſt marqué par le multiplicateur : par exemple, ſi le multiplicande eſt a & le multiplicateur $+b$, en multipliant a par $+b$, on prend a autant de fois qu'il eſt marqué par b. D'où il ſuit au contraire que quand le multiplicateur a le ſigne $-$, la multiplication ſe fait par voie de ſouſtraction, c'eſt-à-dire, qu'on ôte le multiplicande autant de fois qu'il eſt marqué par le multiplicateur ; ainſi pour multiplier a par $-b$, il faut ôter a autant de fois qu'il eſt marqué par b.

156*B*. Quand on dit qu'on ajoute ou qu'on ôte le multiplicande, il ne faut pas entendre qu'on l'ajoute au multiplicateur ou qu'on l'en retranche. Car dans l'algebre l'addition ſe fait en mettant la quantité qu'on veut ajouter telle qu'elle eſt, ſoit poſitive, ſoit négative : & la ſouſtraction ſe fait en mettant une quantité égale, mais oppoſée à celle qu'on veut retrancher, ce qui, comme on voit, ne ſuppoſe pas qu'on ajoute le multiplicande au multiplicateur ; ou qu'on retranche l'un de l'autre. Cela poſé, nous allons donner la démonſtration des trois cas.

DÉMONSTRATION.

157. I. CAS. $+ \times +$ donne $+$: car pour lors le multiplicateur a le ſigne $+$; & par conſéquent la multiplication ſe fait par addition. Mais d'ailleurs le multiplicande ayant auſſi le ſigne $+$, c'eſt une quantité poſitive ; ainſi en multipliant plus par plus, on ajoute ou l'on prend une ou pluſieurs fois une quantité poſitive, ſçavoir, le

multiplicande; donc le produit eſt une ſomme de grandeurs poſitives; par conſéquent elle doit être précédée du ſigne +; donc + × + donne +.

II. Cas. + × − ou − × + donne −. En premier lieu + × − donne −: car puiſque le multiplicateur a le ſigne −, la multiplication ſe fait par voie de ſouſtraction; c'eſt-à-dire, qu'on ôte le multiplicande autant de fois qu'il eſt marqué par le multiplicateur; par conſéquent on doit changer le ſigne du multiplicande (137). Or le multiplicande a le ſigne +; donc le produit doit avoir le ſigne −. En ſecond lieu − × + donne −. Car pour lors le multiplicateur ayant le ſigne +, & le multiplicande le ſigne −; on ajoute, c'eſt-à-dire, qu'on prend pluſieurs fois une quantité négative, ſçavoir, le multiplicande; donc le produit eſt une ſomme de quantités négatives; & par conſéquent il doit avoir le ſigne −.

III. Cas. Enfin − × − donne +: car dans ce cas, le multiplicateur ayant le ſigne −, le multiplicande eſt ſouſtrait autant de fois qu'il eſt marqué par le multiplicateur; par conſéquent il faut changer le ſigne du multiplicande (137). Or le multiplicande a le ſigne −; donc le produit doit avoir le ſigne +.

157*B*. Pour entendre mieux la démonſtration de ce troiſiéme cas, il faut faire attention à la ſignification de ces termes, *multiplier moins par moins*, auſquels les commençans n'attachent ſouvent aucune idée diſtincte. Je dis donc que ces mots *multiplier moins par moins* ſignifient la même choſe que ſouſtraire une ou pluſieurs quantités négatives. En premier lieu il eſt clair par l'article 156 que multiplier par moins veut dire ſouſtraire: car pour lors le multiplicateur, que le mot *par* déſigne toujours, a le ſigne moins. Or quand le multiplicateur a le ſigne moins, la multiplication ſe fait par ſouſtraction. En ſecond lieu, quand on dit *multiplier moins*, cela marque que le multiplicande eſt une quantité négative, puiſqu'il eſt alors précédé du ſigne −. Il paroît donc que multiplier moins par moins ne veut dire autre choſe que ſouſtraire une ou pluſieurs quantités négatives. Or il eſt évident que pour ſouſtraire des quantités négatives il faut changer le ſigne de moins en celui de plus. Par conſéquent le réſultat ou le produit de la multiplication de moins par moins doit être précédé du ſigne +.

157*C*. D'ailleurs le premier cas de cette démonſtration ne ſouffre aucune difficulté: car ſi on a, par exemple, 5 grandeurs poſitives, & qu'on les multiplie par + 3, c'eſt-à-dire, qu'on les prenne autant de fois qu'il eſt marqué par le multiplicateur 3, il eſt évident que le produit ſera une ſomme de grandeurs poſitives; & par conſéquent ce produit doit être précédé du ſigne +. Il ne peut donc y avoir de difficulté que dans les deux derniers cas, & ſurtout dans le troiſiéme. Or il eſt facile de faire voir que ces deux derniers cas ſuivent du premier. Je dis d'abord que ſi $+a \times +b$ donne $+ab$, il faut que $+a \times -b$ donne $-ab$. Car le produit de $+a$ par $-b$, doit avoir un ſigne opposé à celui de $+a$ par $+b$. Or le produit de $+a$ par $+b$ donne le ſigne +; donc le produit de $+a$ par $-b$ doit avoir le ſigne —. La même raiſon fait auſſi voir que le produit de $-a$ par $+b$ doit avoir le ſigne —.

Ce ſecond cas étant prouvé, on démontre ainſi le troiſiéme, en ſe ſervant du même raiſonnement. Le produit de $-a$ par $-b$, doit avoir un ſigne différent de celui de $+a$ par $-b$. Or on vient de faire voir que ce dernier produit doit avoir le ſigne —; donc le premier doit être précédé du ſigne +.

157 *D*. Voici encore une autre preuve du troiſiéme cas: il faut prouver que ſi on multiplie $a-b$ par $c-d$ le produit de $-b$ par $-d$ ſera $+bd$. Conſiderez que c eſt plus grand que $c-d$ de la quantité d; & par conſéquent le produit de $a-b$ par c ſurpaſſe auſſi celui de $a-b$ par c, ſçavoir du produit de $a-b$ par d. Donc pour avoir le véritable produit de $a-b$ par $c-d$, il faudra retrancher le produit de $a-b$ par d de celui de $a-b$ par c. Or le produit de $a-b$ par c eſt $ac-bc$, & celui de $a-b$ par d eſt $ad-bd$. Il faut donc retrancher le produit $ad-bd$ du premier: par conſéquent il faut changer les ſignes de ce ſecond produit en le joignant au premier. On aura donc $ac-bc-ad+bd$. Ainſi $-b \times -d$ donne $+bd$. Pour rendre ce raiſonnement plus ſenſible on peut l'appliquer à des nombres comme $7-3$ & $5-2$, on trouvera que -3×-2 donne $+6$.

Il nous reſte à parler en peu de mots de la multiplication des quantités complexes, qui ne ſouffre aucune difficulté après ce que nous avons dit ſur la multiplication des quantités incomplexes.

DE LA MULTIPLICATION DES QUANTITÉS COMPLEXES.

158. Lorſque l'on veut multiplier deux quantités complexes l'une par l'autre; il faut multiplier le multiplicande entier par chacun des termes du multiplicateur, en obſervant les trois regles preſcrites pour la multiplication des quantités incomplexes; & après qu'on a achevé ces multiplications, il faut ajouter tous les produits particuliers; la ſomme ſera le produit total des deux quantités complexes.

EXEMPLE I.

Si on veut multiplier $a - 3b$ par $2c - d$, il faut écrire ces deux quantités, en forte que le multiplicateur foit fous le multiplicande, & tirer une ligne au-deffous du multiplicateur. Après cela il faut multiplier le multiplicande $a - 3b$, 1°. par $2c$; le produit fera $2ac - 6bc$. 2°. par $-d$; le produit fera $-ad + 3bd$: enfin il faut ajouter ces deux produits particuliers; la fomme $2ac - 6bc - ad + 3bd$ fera le produit total.

$$\begin{array}{r} a - 3b \qquad\qquad\qquad \\ 2c - d \qquad\qquad\qquad \\ \hline 2ac - 6bc \qquad\qquad\quad \\ -ad + 3bd \\ \hline 2ac - 6bc - ad + 3bd \end{array}$$

EXEMPLE II.

$a + b$	multiplicande.
$a - b$	multiplicateur.
$a^2 + ab$	premier produit particulier.
$- ab - bb$	fecond produit particulier.
$a^2 - bb$	produit total.

Dans cet exemple les deux termes $+ab$ & $-ab$ ont difparus en faifant la réduction.

DE LA DIVISION.

159. Divifer une grandeur par une autre, c'eft chercher combien de fois la feconde eft contenue dans la premiere : par exemple, divifer ab par a, c'eft chercher combien de fois a eft contenu dans ab. Il y a trois chofes à diftinguer dans la divifion, le *dividende*, le *divifeur* & le *quotient*. Le dividende eft la grandeur à divifer. Le divifeur eft la grandeur par laquelle on divife, & le quotient eft celle qui marque combien de fois le divifeur eft contenu dans le dividende : dans l'exemple propofé, ab eft le dividende, a eft le divifeur, & on verra dans la fuite que b eft le quotient.

160. On peut donc définir la divifion une opération par laquelle on cherche une grandeur qu'on appelle quotient, qui marque combien de fois le dividende contient le divifeur. Si on divife 18 par 6, on trouvera pour quotient 3 qui marque combien de fois le dividende 18 contient le divifeur 6.

161. Il fuit de cette définition que le dividende contient autant de fois le divifeur, que le quotient contient l'unité. Dans l'exemple qu'on vient de propofer, le dividende 18 contient le divifeur 6 autant

de fois que le quotient 3 contient l'unité. Pareillement ab contient autant de fois a, que le quotient b contient l'unité : ainſi dans toute diviſion on a la proportion, le dividende eſt au diviſeur comme le quotient eſt à l'unité.

162. Pour marquer que l'on veut diviſer une grandeur par une autre, on écrit le diviſeur au-deſſous du dividende, & on tire une petite ligne entre deux : par exemple, ſi on veut indiquer la diviſion de ab par a, on écrit $\frac{ab}{a}$; & ſi on veut énoncer cette quantité $\frac{ab}{a}$, on dit ab diviſé par a. Que ſi la diviſion peut ſe faire, on met le ſigne d'égalité à la ſuite de la petite ligne qui ſépare le dividende du diviſeur, & on écrit le quotient après ce ſigne d'égalité. Ainſi b étant le quotient de ab diviſé par a, on écrit $\frac{ab}{a} = b$. Pareillement on écrit $\frac{18}{6} = 3$ pour marquer que 3 eſt le quotient de 18 diviſé par 6.

162*B*. Si on multiplie le dividende & le diviſeur par le même multiplicateur le quotient des produits ſera le même que celui des deux nombres ou quantités avant la multiplication. Si, par exemple, on a multiplié par 100, le produit du dividende ſera 100 fois plus grand que ce dividende : & pareillement le produit du diviſeur ſera 100 fois plus grand que le diviſeur. Ainſi ce dernier produit ſera contenu autant de fois dans le premier que le diviſeur eſt contenu dans le dividende, & par conſéquent ſi on fait la diviſion du premier produit par le ſecond & du dividende par le diviſeur le quotient ſera le même de part & d'autre.

162*C*. On prouvera de même que ſi on diviſe les deux quantités a & b par une même grandeur, & qu'en faiſant ces diviſions on trouve les deux quantités e & f, le quotient de e par f ſera le même que celui de a par b.

163. Remarquez que la multiplication & la diviſion ſont des opérations oppoſées, en ſorte que l'une remet les choſes au même état où elles étoient avant l'autre : par exemple, ſi on diviſe 18 par 6, on trouvera 3 au quotient : & ſi après cela on vient à multiplier 6 par 3, le produit ſera 18 qui eſt le nombre qu'on a diviſé par 6. En général on peut dire, que ſi on multiplie le quotient par le diviſeur, ou le diviſeur par le quotient, le produit eſt égal au dividende ; car ſelon la notion de la diviſion, le quotient marque combien de fois le diviſeur eſt contenu dans le dividende ; par conſéquent en prenant le diviſeur autant de fois qu'il eſt marqué par le quotient, l'on doit avoir une grandeur égale au dividende, ou plûtôt on doit avoir le dividende même. Or prendre le diviſeur autant de fois qu'il eſt marqué par le quotient, c'eſt multiplier le diviſeur par le quotient. Donc ſi on

multiplie le diviseur par le quotient, le produit est le dividende même. Cette remarque servira à entendre ce que nous dirons dans la suite.

Il y a deux sortes de divisions algébriques, sçavoir, celle des quantités incomplexes, & celle des quantités complexes.

DE LA DIVISION DES QUANTITÉS INCOMPLEXES.

Nous avons dit qu'il y a trois regles à observer dans la multiplication des quantités incomplexes; il y en a de même trois dans la division qui répondent à celles de la multiplication. La premiere regarde les signes de plus & de moins du dividende & du diviseur : la seconde est pour les coefficiens; & la troisiéme pour les lettres.

164. I. Regle. Lorsque le dividende & le diviseur ont tous les deux le signe +, on doit mettre + au quotient. Si un des deux a le signe — & l'autre +, on mettra — au quotient. Enfin lorsque le dividende & le diviseur ont tous les deux le signe —, on doit mettre + au quotient. On peut réduire les trois cas de cette regle à deux seulement, en disant que quand les signes du diviseur & du dividende sont semblables, il faut mettre + au quotient, & quand ils sont différens, il faut mettre —.

165. II. Regle. On divise les coefficiens comme tous les autres nombres; mais il faut se souvenir que quand une grandeur n'a pas de coefficient marqué, on suppose toujours qu'elle a l'unité pour coefficient. Voici des exemples de cette seconde regle : si on veut diviser $12ab$ par $3a$, il faudra écrire 4 pour coefficient du quotient; parce que 3 est contenu quatre fois dans 12. Pareillement $5ab$ divisé par a, donne 5 pour coefficient du quotient, parce que 1 qui est le coefficient du diviseur est contenu 5 fois dans 5.

166. III. Regle. Cette troisiéme regle qui est celle des lettres, consiste à effacer les lettres communes au dividende & au diviseur, après quoi ce qui reste au dividende est le quotient de la division, pourvû que le diviseur soit entierement effacé : par exemple, le quotient de ab divisé par a est b, parce qu'après avoir effacé a qui est une lettre commune au dividende & au diviseur, il reste b dans le dividende. Pareillement a^5b^2 ou $aaaaabb$ divisé par a^3b ou $aaab$ donne au quotient aab, parce qu'après avoir effacé a^3b dans le dividende, il reste aab. Voici différens exemples où les trois regles sont appliquées.

I.

I. $\frac{+12a^2x}{+12a} = ax$ II. $\frac{+20ab^2}{-4ab} = -5b^2$

III. $\frac{-30adx}{+6ax} = -5d$ IV. $\frac{-28a^4b^5}{-7a^4b^3} = 4b^2$

V. $\frac{+14ab}{+3b} = \frac{12ab}{3b} + \frac{2ab}{3b} - 4a + \frac{2ab}{3b}$

On verra dans les remarques ſuivantes, que $\frac{2ab}{3b}$ eſt égal à $\frac{2a}{3}$, qui eſt la même choſe que $\frac{2}{3}a$. Ainſi le quotient du cinquiéme exemple eſt $4a + \frac{2}{3}a$.

Remarques.

I.

167. Si le dividende & le diviſeur étoient une même quantité, le quotient ſeroit l'unité. Exemples $\frac{a}{a} = 1$. $\frac{a^3b}{a^3b} = 1$. $\frac{-5a^2b^4}{+5a^2b^4} = -1$. La raiſon de cette remarque eſt que le quotient exprime combien de fois le diviſeur eſt contenu dans le dividende. Or toute grandeur eſt contenue une fois dans elle-même ; & par conſéquent l'unité eſt le quotient d'une quantité diviſée par elle-même.

II.

168. S'il reſte encore quelque choſe au diviſeur après avoir effacé les lettres communes au diviſeur & au dividende, alors la diviſion ne peut ſe faire exactement : par exemple, on ne peut faire la diviſion de a^2b par ac, ni celle de a^3b^4 par a^4b ; parce qu'après avoir effacé les lettres communes au diviſeur & au dividende, il reſte c au diviſeur du premier exemple, & a au diviſeur du ſecond. Dans ce cas on ſe contente d'indiquer la diviſion en cette maniere, $\frac{a^2b}{ac}$ & $\frac{a^3b^4}{a^4b}$, ou bien on peut diviſer le dividende & le diviſeur par les lettres communes (162C.), ce qui ſe fait en effaçant ces lettres, & on aura $\frac{ab}{c}$ & $\frac{b^3}{a}$. Pareillement ſi le dividende & le diviſeur n'avoient aucune lettre commune, on indiqueroit la diviſion de la même maniere : ainſi pour marquer la diviſion de a par b, on écrit $\frac{a}{b}$ qui eſt une fraction qui doit

être regardée comme le quotient de a divisé par b; il en eſt de même des autres diviſions indiquées.

III.

168*B*. Si après avoir effacé toutes les lettres communes au dividende & au diviſeur, il ne reſte rien au dividende, il faut mettre 1 pour dividende. Exemples : $\frac{ac}{abc} = \frac{1}{b}$: $\frac{aa}{aaa}$ ou $\frac{a^2}{a^3} = \frac{1}{a}$: $\frac{4c}{4ccc} = \frac{1}{cc}$. On en verra clairement la raiſon quand nous parlerons des raiſons & des fractions. Mais on peut auſſi s'en convaincre préſentement : car ſi on multiplie le dividende & le diviſeur par une même quantité, le quotient des produits eſt le même que celui des grandeurs avant la multiplication (162*B*) : par conſéquent les deux diviſions indiquées $\frac{aa}{aaa}$ & $\frac{1}{a}$ ſont égales, puiſque ſi on multiplie les deux termes 1 & a de la derniere par aa, on aura les deux produits aa & aaa.

168*C*. Il paroît par les articles précédens qu'il peut arriver quatre cas en effaçant les lettres communes au dividende & au diviſeur. Car ces lettres étant effacées, ou bien 1°. il ne reſte rien ni au dividende ni au diviſeur, alors le quotient eſt l'unité (167). 2°. Ou il reſte quelque choſe au dividende & rien au diviſeur, & le quotient eſt ce qui reſte au dividende (166). 3°. Ou il ne reſte rien au dividende, mais il y a un reſte du diviſeur, pour lors on prend pour quotient une fraction qui ait l'unité pour numérateur, & pour dénominateur le reſte du diviſeur (168*B*.). 4°. Enfin s'il reſte quelque choſe tant au dividende qu'au diviſeur, on pourra prendre pour quotient une fraction dont le numérateur & le dénominateur ſoient les reſtes du dividende & du diviſeur (168).

IV.

169. Quand il ſe trouve une même lettre dans le dividende & dans le diviſeur, alors pour faire la diviſion on ôte l'expoſant du diviſeur de l'expoſant du divid. Exemples : $\frac{a^5}{a^2} = a^{5-2} = a^3$. $\frac{a^3}{a} = a^{3-1} = a^2$. $\frac{c^m}{c^n} = c^{m-n}$. Cette remarque qui ſuit évidemment de la troiſiéme regle, répond à une autre remarque que nous avons faite ſur la multiplication en pareil cas (155), & dans laquelle nous avons dit qu'il falloit ajouter les expoſans de la lettre commune au multiplicande & au multiplicateur.

V.

169*B*. Si le dividende & le diviſeur n'ont qu'une même lettre, & que leurs expoſans ſoient égaux, le quotient aura zero pour expoſant, & ſera égal à l'unité. par exemple, a^3 diviſé par a^3 donne a^{3-3} ou a^0.

Or $a^0=1$: car quand le diviſeur eſt égal au dividende le quotient eſt 1 (167). Or ici le diviſeur eſt égal au dividende : par conſéquent le quotient eſt 1. D'ailleurs nous venons de voir que le quotient de a^3 diviſé par a^3 eſt auſſi a^0. Ainſi $a^0=1$. Pareillement $b^0=1$. On peut donc dire en général qu'une quantité algébrique qui a zero pour expoſant eſt égale à l'unité.

VI.

169*C*. Si on ſuppoſe encore que le dividende & le diviſeur n'ont qu'une même lettre, & que l'expoſant du diviſeur ſoit plus grand que celui du dividende, le quotient aura un expoſant négatif qui ſera la différence des deux expoſans. Exemples: $\frac{a^2}{a^3}=a^{2-3}=a^{-1}$: $\frac{c^2}{c^5}=c^{2-5}=c^{-3}$. C'eſt une ſuite de l'article 169.

169*D*. Il paroît par cette derniere remarque & par la troiſiéme, que $a^{-1}=\frac{1}{a}$ parce que l'une & l'autre quantité eſt égale à $\frac{a^2}{a}$. Pareillement $c^{-3}=\frac{1}{c^3}$, puiſque chacune eſt égale à $\frac{c^2}{c^5}$

169*E*. On peut voir par là ce que ſignifie une quantité dont l'expoſant eſt négatif, puiſque c'eſt la même choſe que la fraction qui a pour numérateur l'unité & pour dénominateur la même quantité avec le même expoſant rendu poſitif. Si donc $c=4$, c^{-3} ou $\frac{1}{c^3}=\frac{1}{64}$. D'où il ſuit que c^{-3} eſt moindre que l'unité autant de fois que l'unité elle-même eſt moindre que c^3, ou ce qui revient au même, c^3 contient autant de fois l'unité que l'unité contient c^{-3} : ainſi l'unité eſt moyenne proportionnelle entre c^3 & c^{-3}.

170. La premiere regle (164) qui eſt celle des ſignes, eſt fondée ſur ce que le produit du diviſeur par le quotient, doit être le même que le dividende. Or afin que ce produit ne differe pas du dividende, il eſt néceſſaire d'obſerver la regle que nous avons propoſée : car, par exemple, ſi le dividende ayant le ſigne +, & le diviſeur le ſigne −, on mettoit + au quotient, il eſt évident qu'en multipliant le diviſeur qu'on ſuppoſe avoir le ſigne − par le quotient qui auroit le ſigne +, le produit devroit avoir −, parce que − × + donne −; par conſéquent le ſigne du produit ſeroit différent de celui du dividende : ce qui eſt impoſſible.

171. La ſeconde regle qui eſt celle des coefficiens ne renferme aucune difficulté particuliere : car les coefficiens étant des nombres, il

eſt clair qu'on doit opérer ſur eux comme on fait dans la diviſion des autres nombres.

172. La troiſiéme regle eſt encore une ſuite de la remarque que nous avons faite en diſant que le produit du diviſeur par le quotient, ou du quotient par le diviſeur, eſt la même grandeur que le dividende : car la multiplication du quotient par le diviſeur ſe fait en écrivant le diviſeur à côté du quotient ; & par conſéquent, afin que le produit de cette multiplication ne differe pas du dividende, il faut qu'en faiſant la diviſion on ait effacé dans le dividende les lettres qui ſont auſſi dans le diviſeur. En un mot, dans la diviſion on efface du dividende les lettres qui ſe trouvent dans le diviſeur ; & le reſte eſt le quotient : au contraire dans la multiplication du quotient par le diviſeur, on remet dans le quotient les lettres du diviſeur qui avoient été effacées ; ainſi le produit de cette multiplication eſt la même grandeur que le dividende : par exemple, ſi on diviſe abc par bc, on efface bc du dividende abc, & il reſte a pour quotient : & dans la multiplication du quotient a par le diviſeur bc, on remet bc avec a ; & par conſéquent le produit eſt la même grandeur que le dividende.

DE LA DIVISION DES QUANTITÉS COMPLEXES.

173. Si le dividende eſt complexe & le diviſeur incomplexe, voici les opérations qu'il faut faire afin de pratiquer la diviſion.

1°. Diviſer le premier terme du dividende par le diviſeur, en obſervant les trois regles preſcrites pour la diviſion des quantités incomplexes ; & enſuite écrire le quotient à part.

2°. Multiplier le diviſeur par le terme qu'on vient d'écrire au quotient.

3°. Souſtraire le produit qui eſt venu de la multiplication, le ſouſtraire, dis-je, du dividende : ce qui ſe fait en changeant le ſigne du produit.

4°. Enfin faire la réduction des termes ſemblables qui ſe préſentent après la ſouſtraction.

Ces quatre opérations doivent être appliquées ſur les autres termes du dividende ſucceſſivement. De ces quatre opérations les trois premieres ont lieu dans la diviſion des nombres, il n'y a que la quatriéme qui ſoit particuliere à la diviſion algébrique.

EXEMPLE.

Soit la quantité $4a^5b^4 - 6a^3b^2 + 2a^2b^3$ à diviſer par $2a^2b$.

Ayant écrit le diviſeur à la droite du dividende & tiré une ligne au-deſſous de l'un & de l'autre ; ayant auſſi tiré une ſeconde ligne qui ſépare le dividende du diviſeur comme on le voit :

$$\begin{array}{ccc|l} 4a^5b^4 - & 6a^3b^2 + & 2a^2b^3 & 2a^2b \quad \text{diviſeur.} \\ 0 & 0 & 0 & \\ \hline -4a^5b^4 + & 6a^3b^2 - & 2a^2b^3 & 2a^3b^3 - 3ab + b^2 \quad \text{quotient.} \\ 0 & 0 & 0 & \end{array}$$

1°. Je diviſe le premier terme $4a^5b^4$ du dividende par le diviſeur $2a^2b$, le quotient eſt $2a^3b^3$; j'écris donc le quotient $2a^3b^3$ ſous le diviſeur, comme il paroît dans cet exemple. 2°. Je multiplie le diviſeur $2a^2b$ par le quotient $2a^3b^3$, le produit eſt $+4a^5b^4$. 3°. Je ſouſtrais ce produit du dividende en écrivant $-4a^5b^4$, ſous le terme ſemblable $4a^5b^4$. 4°. Enfin je fais la réduction, en effaçant les deux termes $4a^5b^4 - 4a^5b^4$ qui ſe détruiſent. Au lieu d'effacer les termes, on a mis au-deſſous un zero pour la commodité de l'impreſſion.

Je fais enſuite les quatre mêmes opérations ſur le ſecond terme $- 6a^3b^2$ du dividende, & après ſur le troiſiéme $+ 2a^2b^3$. La diviſion étant achevée, on trouvera que le quotient entier ſera $2a\ b^3 - 3ab + b^2$.

174. Lorſque le diviſeur eſt une quantité complexe auſſi bien que le dividende, on fait les quatre mêmes opérations ſur le premier membre du dividende ; & ſi après la réduction il y a encore des termes qui ne ſoient pas effacés dans le dividende, on fait auſſi les quatre opérations ſur les termes du dividende qui n'ont pas été effacés dans la réduction, & ſur ceux du produit du diviſeur qui n'ont pas non plus été effacés : on continue de même juſqu'à ce qu'il ne reſte plus rien dans le dividende, ſi cela eſt poſſible.

175. Il faut remarquer qu'en faiſant la premiere des quatre opérations qui eſt la diviſion, on ne ſe ſert que du premier terme du diviſeur : mais dans la ſeconde opération, on multiplie tous les termes du diviſeur par celui qu'on a écrit au quotient en faiſant la premiere opération ; & tous les termes du produit doivent être ſouſtraits du dividende. On entendra cela par les exemples.

175*B*. Afin de faire plus facilement la diviſion, il faut ordonner le dividende & le diviſeur par rapport à une même lettre qui ſe trouve avec des degrès ou des dimenſions différentes dans les termes de ces deux grandeurs ou au moins du dividende, (on peut appeller cette lettre *dominante* : c'eſt-à-dire, qu'il faut diſpoſer ces termes en reglant leur place eu égard au degré où la lettre dominante eſt élevée, enſorte que ceux qui contiennent de plus hautes puiſſances de cette lettre précédent les autres. Cela paroît par le premier exemple ſuivant, dans lequel le dividende & le diviſeur ont été ordonnés par rapport à la lettre a. Si on vouloit les ordonner par rapport à b, il faudroit mettre $-b^3 + 3ab^2 - 3a^2b + a^3$ & $b^2 - 2ab + a^2$.

Exemple I.

Soit la quantité $a^3 - 3a^2b + 3ab^2 - b^3$ à diviſer par $a^2 - 2ab + b$. Après avoir diſpoſé ces deux quantités comme dans l'exemple précédent.

$$
\begin{array}{l|l}
a^3 - 3a^2b + 3ab^2 - b^3 & a^2 - 2ab + b^2 \quad \text{diviſeur.} \\
\;0 \qquad 0 \qquad 0 \qquad 0 & \\
\hline
-a^3 + 2a^2b - ab^2 & a - b \quad \text{quotient.} \\
\;0 \qquad 0 \qquad 0 & \\
\qquad - a^2b + 2ab^2 & \\
\qquad\quad 0 \qquad 0 & \\
\qquad + a^2b - 2ab^2 + b^3 & \\
\qquad\quad 0 \qquad 0 \qquad 0 &
\end{array}
$$

Je diviſe d'abord le premier terme a^3 du dividende par le premier terme a^2 du diviſeur, & j'écris a au quotient. 2°. Je multiplie le diviſeur entier par le quotient a. 3°. Je ſouſtrais du dividende le produit $a^3 - 2a^2b + ab^2$: ce qui ſe fait en changeant les ſignes & en écrivant $-a^3 + 2a^2b - ab^2$ ſous les termes ſemblables du dividende. 4°. Je fais la réduction, après laquelle je trouve que le reſte du dividende eſt $-a^2b + 2ab^2 - b^3$.

Il faut faire ſur ce reſte les quatre mêmes opérations. Je diviſe donc 1°. le premier terme $-a^2b$ par le premier terme a^2 du diviſeur, & j'écris le quotient $-b$ à la ſuite du terme a que j'ai déja trouvé. 2°. Je multiplie le diviſeur entier par $-b$. 3°. Je ſouſtrais le produit en changeant les ſignes, & en écrivant $+a^2b - 2ab^2 + b^3$ ſous les termes ſemblables. 4°. Je fais la réduction, après laquelle il ne reſte plus rien ; & par conſéquent la diviſion eſt achevée, & le quotient eſt $a - b$.

EXEMPLE II.

$$\begin{array}{cccc|l} 12a^2 - 8ab & - 15ac & + 10bc & & 3a - 2b \quad \text{diviseur.} \\ 0 \quad 0 & 0 & 0 & & \\ \hline -12a^2 + 8ab & + 15ac & - 10bc & & 4a - 5c \quad \text{quotient.} \\ 0 \quad 0 & 0 & 0 & & \end{array}$$

En pratiquant la méthode dont on s'est servi dans l'exemple précédent, on trouvera que le quotient est $4a - 5c$.

EXEMPLE III.

$$\begin{array}{l|l} x^4 \quad * \quad * \quad * \quad - d^4 & x - d \quad \text{diviseur.} \\ \hline -x^4 + x^3 d & x^3 + x^2 d + x d^2 + d^3 \quad \text{quotient.} \\ \quad 0 - x^3 d + x^2 d^2 & \\ \quad\quad 0 - x^2 d^2 + x d^3 & \\ \quad\quad\quad 0 - x d^3 & \\ \quad\quad\quad\quad 0 + d^4 & \\ \quad\quad\quad\quad\quad 0 & \end{array}$$

175C. Les produits que l'on trouve en multipliant le diviseur par les termes du quotient, lorsqu'on fait cette division, contiennent les différentes puissances de x & de d qui manquent dans le dividende: & si après la division on multiplie le quotient entier par le diviseur, on trouvera ces termes qui manquent au dividende; mais chacun avec des signes contraires: c'est pourquoi ils doivent disparoître. Voici cette multiplication. On a mis des étoiles pour marquer la place des termes qui manquent dans le produit total, comme on a fait à l'égard du dividende.

$$\begin{array}{l} x^3 + x^2 d + x d^2 + d^3 \quad \text{multiplicande.} \\ \quad\quad x - d \quad\quad \text{multiplicateur.} \\ \hline x^4 + x^3 d + x^2 d^2 + x d^3 \\ \quad - x^3 d - x^2 d^2 - x d^3 - d^4 \\ \hline x^4 \quad * \quad * \quad * \quad - d^4 \end{array}$$

EXEMPLE IV.

$$\begin{array}{l} 6bcx^2 - 8bdx^2 - 12c^2x^2 + 16cdx^2 + 10bf^2x - 20cf^2x + 18cm^2x - 24dm^2x + 30f^2m^2. \\ -6bcx^2 + 8bdx^2 + 12c^2x^2 - 16cdx^2 - 10bf^2x + 20cf^2x - 18cm^2x + 24dm^2x - 30f^2m^2. \\ 0 \quad 0 \quad 0 \quad 0 \quad 0 \quad 0 \quad 0 \quad 0 \quad 0 \end{array}$$

$$\begin{array}{l} 3cx - 4dx + 5f^2 \quad \text{diviseur.} \\ \hline 2bx - 4cx + 6m^2 \quad \text{quotient.} \end{array}$$

On a ajouté cet exemple pour faire voir que l'on peut faire la division de la même maniere, quoique le dividende contienne plusieurs quantités où la lettre qui domine soit élevée à la même puissance, & que cela se trouve aussi dans le diviseur.

175D. Après avoir fait les exemples précédens une ou plusieurs fois, il est bon d'en faire quelques autres que l'on choisira de la maniere suivante : il faut prendre deux quantités algébriques complexes que l'on multipliera l'une par l'autre : & si on divise le produit de cette multiplication par une des grandeurs que l'on a multipliées, on doit trouver l'autre au quotient.

176. Lorsque l'on veut voir si on ne s'est pas trompé en faisant la division, on multiplie le diviseur entier par le quotient entier : & si le produit de cette multiplication est égal au dividende, c'est une marque qu'on a trouvé le véritable quotient : mais si le produit est différent du dividende, la division n'a pas été bien faite. Cela a été prouvé ailleurs (163).

177. Nous remarquerons qu'il arrive souvent qu'on ne peut faire une division sans reste : par exemple, si on vouloit diviser $ab + ac - b^2 - bc + bd$ par $a - b$, la division ne pourroit se faire exactement, c'est-à-dire, sans reste. Dans ce cas on se contente d'écrire le diviseur au-dessous du dividende en cette maniere, $\frac{ab + ac - b^2 - bc + bd}{a - b}$; ou bien on fait la division en partie, & on écrit ensuite le diviseur au-dessous du reste du dividende : ainsi dans l'exemple proposé, on trouve d'abord pour quotient $b + c$, & il reste $+ bd$, au-dessous duquel il faut écrire le diviseur. Le quotient entier de cette division est donc $b + c + \frac{bd}{a-b}$.

178. Lorsqu'il y a quelques lettres dans le premier terme du diviseur qui n'est pas dans le dividende, ou qu'une lettre est élevée à un plus haut degré dans ce premier terme que dans le dividende, la division ne peut se faire sans fraction.

DES PUISSANCES ET DES RACINES DES QUANTITÉS.

179. La *puissance* d'une grandeur est le produit de cette grandeur multipliée par l'unité ou par elle-même une fois, deux fois, trois fois, &c. De-là viennent la premiere, la seconde, la troisiéme, & la quatriéme puissance, &c. On se sert aussi du terme *degré* pour signifier la même chose que puissance.

180. La *premiere puissance* d'une grandeur est le produit de cette grandeur multipliée par l'unité ; d'où il suit que la premiere puissance

ſance d'une quantité eſt la quantité elle-même ; parce que le produit d'une grandeur par l'unité n'eſt pas différent de la grandeur même ; ainſi la premiere puiſſance de 3 eſt 3 ; celle de a eſt a ; celle de ab eſt ab.

180*B*. La *ſeconde puiſſance* qu'on appelle plus ordinairement *quarré*, eſt le produit d'une grandeur par elle-même : par exemple, 9 eſt le quarré de 3, parce que 9 eſt le produit de 3 par 3, 16 eſt le quarré de 4, parce que 16 eſt le produit de 4 par 4. aa ou a^2 eſt le quarré de a, parce que a^2 eſt le produit de a par a.

181. La *troiſiéme puiſſance* qu'on appelle plus ordinairement *cube*, eſt le produit de la ſeconde puiſſance multipliée par la premiere. La quatriéme puiſſance eſt le produit de la troiſiéme multipliée par la premiere. La cinquiéme puiſſance eſt le produit de la quatriéme multipliée par la premiere, ainſi de ſuite. Voici des exemples. La troiſiéme puiſſance ou le cube de 3 eſt 27, produit de la ſeconde puiſſance 9 par la premiere 3. La quatriéme puiſſance de 3 eſt 81, produit de 27 par 3. La cinquiéme puiſſance de 3 eſt 243, produit de 81 par 3. De même la troiſiéme puiſſance ou le cube de 4 eſt 64, produit de la ſeconde puiſſance 16 par la premiere 4. La quatriéme puiſſance de 4 eſt 256, produit de 64 par 4. La cinquiéme puiſſance de 4 eſt 1024, produit de 256 par 4. Pareillement la troiſiéme puiſſance de a eſt a^3, produit de la ſeconde puiſſance a^2 par la premiere a. La quatriéme puiſſance de a eſt a^4, produit de a^3 par a. La cinquiéme puiſſance de a eſt a^5, produit de a^4 par a, &c. La puiſſance n de a eſt a^n, &c.

181*B*. La quatriéme puiſſance eſt appellée *quarré-quarré*, parce que c'eſt le produit du quarré multiplié par le quarré : par exemple, la quatriéme puiſſance de a eſt $a^2 \times a^2 = a^4$. De même on appelle la cinquiéme puiſſance *quarré-cube*, parce que c'eſt le produit du quarré par le cube : a^5, par exemple, eſt le produit de a^2 par a^3. Par une raiſon ſemblable la ſixiéme puiſſance eſt dite *cube-cube*.

182. Remarquez qu'aucune des puiſſances de 1 ne differe de la premiere. Ainſi le quarré de 1 eſt 1 ; le cube de 1 eſt 1 ; la quatriéme puiſſance eſt 1, ainſi de ſuite. Cela vient de ce qu'en multipliant 1 par 1, le produit eſt toujours 1.

183. La grandeur qu'il faut multiplier par l'unité ou par elle-même, afin d'avoir ſes différentes puiſſances eſt appellée *racine* de ces puiſſances ; par exemple, 3 eſt la racine de 9, de 27 & de 81, 4 eſt la racine de 16 & de 64. a eſt celle de a^2, de a^3, de a^4, de a^5, &c.

184. Une racine prend différens noms ſelon les puiſſances dont elle eſt la racine. La racine de la premiere puiſſance eſt appellée racine premiere. Celle de la ſeconde eſt appellée racine ſeconde, & plus

souvent racine quarrée. Celle de la troisiéme puissance, racine troisiéme, & plus souvent racine cubique. Celle de la quatriéme puissance est appellée racine quatriéme; ainsi de suite. Exemples, 3 est la racine premiere de 3, la racine seconde ou quarrée de 9, la racine troisiéme ou cubique de 27, la racine quatriéme de 81. Pareillement a est la racine premiere de a; la racine quarrée de a^2, la racine cubique de a^3, la racine quatriéme de a^4, la cinquiéme de a^5, &c.

185. Remarquez que la premiere puissance & la racine premiere d'une grandeur sont la même chose; parce que l'une & l'autre sont la grandeur elle-même: par exemple, la premiere puissance de a est a, & la racine premiere de a est aussi a. La premiere puissance de 4 est 4, & la racine premiere de 4 est aussi 4.

186. Remarquez encore que lorsqu'il s'agit d'un quarré & qu'on parle de sa racine, il faut toujours entendre la racine quarrée. De même quand il s'agit d'un cube, si on parle de sa racine, on doit entendre la racine cubique. Il en est de même des autres puissances.

187. Pour marquer la racine d'une grandeur, on met le signe $\sqrt{}$ avant cette grandeur, & on écrit au-dessus du signe le chiffre qui marque la racine que l'on veut désigner: par exemple, $\sqrt[3]{a}$ marque la racine troisiéme de a. $\sqrt[2]{ab}$ marque la racine seconde ou quarrée de ab. Il faut prendre garde que quand le signe radical se trouve sans chiffre écrit au-dessus, il exprime toujours la racine quarrée; ainsi $\sqrt{ab}$ marque la racine quarrée de ab aussi-bien que $\sqrt[2]{ab}$.

On se sert aussi du même signe pour désigner la racine des quantités complexes: par exemple, $\sqrt[2]{a^2+2ab+b^2}$ exprime la racine seconde de la quantité $a^2+2ab+b^2$. La ligne tirée au-dessus de la quantité, marque que l'on veut désigner la racine de la quantité entiere qui se trouve sous cette ligne.

188. Quand on parle de la racine quelconque, troisiéme, quatriéme, cinquiéme d'une grandeur, il faut toujours concevoir que cette grandeur est une puissance semblable: par exemple, si on parle de la racine troisiéme de a, il faut concevoir que a est la troisiéme puissance de la racine dont on parle. S'il s'agit de la racine quarrée de ab, il faut regarder ab comme un quarré.

189. Pour élever une grandeur à une puissance, il faut multiplier cette grandeur par elle-même autant de fois moins une qu'il y a d'unités dans l'exposant de la puissance. Ainsi afin d'élever une grandeur à la quatriéme puissance, il faut multiplier la grandeur par elle-même quatre fois moins une, c'est-à-dire, trois fois, parce que 4 est l'exposant de la quatriéme puissance. Pareillement si on veut élever une

grandeur à la fixiéme puiffance, il faut la multiplier par elle-même fix fois moins une, c'eft-à-dire, 5 fois. Exemples. Pour élever 5 à la quatriéme puiffance, je multiplie d'abord 5 par lui-même, c'eft-à-dire, par 5 ; cette premiere multiplication donne 25 qui eft la feconde puiffance de 5 ; je multiplie enfuite 25 par 5 ; cette feconde multiplication donne 125 qui eft la troifiéme puiffance de 5 ; enfin je multiplie 125 par 5 ; cette troifiéme multiplication donne 625 qui eft la quatriéme puiffance de 5. Pour élever ab à la troifiéme puiffance, je multiplie d'abord ab par ab ; cette premiere multiplication donne a^2b^2, qui eft la feconde puiffance de ab, après quoi je multiplie a^2b^2 par ab : cette feconde multiplication donne a^3b^3 ; ce dernier produit eft la troifiéme puiffance de ab.

Cette regle pour élever une grandeur à une puiffance quelconque, eft fondée fur les définitions qu'on a données des différentes puiffances: car fuivant ces définitions, il paroît d'abord que pour avoir la feconde puiffance, il ne faut faire qu'une multiplication, puifque la feconde puiffance eft le produit d'une grandeur multipliée par elle-même. 2°. Quand on a la feconde puiffance, il ne faut plus faire qu'une multiplication, afin d'avoir la troifiéme ; parce que la troifiéme puiffance eft le produit de la feconde par la premiere ; par conféquent il ne faut faire en tout que deux multiplications pour avoir la troifiéme puiffance. On prouvera de même, que pour la quatriéme puiffance, il ne faut que trois multiplications ; parce que la troifiéme puiffance étant une fois trouvée, il ne faut plus qu'une multiplication, afin d'avoir la quatriéme, & ainfi de fuite.

190. La regle qu'on vient de donner eft commune aux quantités incomplexes, & à celles qui font complexes. Mais en voici une plus abrégée pour trouver les différentes puiffances d'une quantité incomplexe ; il faut multiplier l'expofant de chacune des lettres par l'expofant de la puiffance à laquelle on veut élever la quantité. Si je veux, par exemple, élever ab^2c^4 à la troifiéme puiffance, je multiplie les expofans des lettres a, b, c, qui font 1, 2, 4, par 3, qui eft l'expofant de la troifiéme puiffance, & je trouve $a^3b^6c^{12}$ qui eft la troifiéme puiffance de ab^2c^4. Pareillement j'aurai la cinquiéme puiffance de a^2b^3, fi je multiplie les expofans 2 & 3 par 5. Ainfi cette cinquiéme puiffance eft $a^{10}b^{15}$.

Cette regle abrégée eft une fuite de la premiere : car pour élever la quantité a^2b^3 à la cinquiéme puiffance, il faut felon la premiere regle, article 189, multiplier a^2b^3 quatre fois par elle-même ; c'eft-à-dire, qu'il faut multiplier a^2 quatre fois par a^2, & de même multiplier b^3 quatre fois par b^3. Or pour multiplier a^2 par a^2, il faut ajouter l'exposant du multiplicateur à celui du multiplicande (155) autant de fois qu'on réiterera la multiplication. Par conséquent si on multiplie a^2 quatre fois par a^2, il faudra ajouter quatre fois l'exposant 2 du multiplicateur à celui du multiplicande. Or si on ajoute quatre fois 2 à 2 qui est l'exposant du multiplicande, on aura 5 fois 2. C'est donc comme si on avoit multiplié 2 par 5 : il faut raisonner de même par rapport à b^3, par conséquent cette seconde regle est une suite de la premiere.

Si la quantité algébrique est précédée d'un coefficient, il faut aussi élever ce coefficient à la puissance proposée : ainsi la cinquiéme puissance de $2a^2b^3$ est $32a^{10}b^{15}$.

190*B*. Remarquez que toutes les puissances d'une quantité incomplexe positive sont aussi positives : mais quand une quantité incomplexe est négative, toutes les puissances paires sont positives, & toutes les puissances impaires négatives. Ainsi la seconde puissance de $-a$ est positive, parce que c'est le produit de $-a$ par $-a$: mais la troisiéme puissance est négative, à cause qu'elle est le produit de $+a^2$ par $-a$. Pareillement la quatriéme puissance est positive, puisque c'est le produit de la troisiéme par la premiere, c'est-à-dire, de $-a^3$ par $-a$: & la cinquiéme est négative, parce que c'est le produit de $+a^4$ par $-a$.

190*C*. Il suit de-là que les puissances paires d'une quantité incomplexe qui sont précédées du signe $-$ n'ont point de racines réelles : par exemple, $-a^2$ ne peut avoir pour racine ni $+a$ ni $-a$, puisque le quarré de l'une & de l'autre donne également $+a^2$: c'est pourquoi $-a^2$ ne peut avoir qu'une racine qu'on appelle *imaginaire* : on l'exprime en cette maniere $\sqrt{-a^2}$.

191. Il y a aussi une regle fort abrégée pour élever un binome, c'est-à-dire, une quantité complexe de deux termes à une puissance quelconque. Cette regle ou méthode renferme deux parties, dont l'une regarde les lettres, & l'autre les coefficiens qui doivent précéder les lettres dans la puissance. La premiere partie contient plusieurs articles : il faut 1°. élever la premiere lettre du binome, à la puissance proposée : ce sera le premier terme de la puissance. 2°. Elever cette premiere lettre à une puissance moindre d'un degré, & la multiplier ensuite par la premiere puissance de la seconde lettre : le produit sera le second terme de la puissance cherchée. 3°. On aura les autres termes en diminuant toujours d'un degré la puissance de la premiere lettre, & en augmentant d'un degré celle de la seconde lettre, jusqu'à ce que l'on soit arrivé à un terme où cette seconde lettre soit seule & élevée à la même puissance que la premiere dans le premier terme,

Selon cette premiere partie la cinquiéme puiſſance de $a+b$ eſt $a^5+a^4b+a^3b^2+a^2b^3+ab^4+b^5$. Le premier terme eſt a^5, c'eſt-à dire, la cinquiéme puiſſance d'a, parce qu'il s'agit d'élever $a+b$ à la cinquiéme puiſſance. a^4b produit de a^4 par b eſt le ſecond terme, dans lequel a eſt élevé à une puiſſance moindre d'un degré que dans le premier terme. Dans le troiſiéme terme qui eſt a^3b^2, a eſt élevé à une puiſſance moindre d'un degré que dans le ſecond, & b au contraire eſt augmenté d'un degré : ainſi de ſuite pour les autres termes. Enfin le dernier terme b^5 eſt une puiſſance de b qui eſt la même que celle de a dans le premier terme.

Si une des quantités du binome eſt négative, tous les termes de la puiſſance ont alternativement $+$ & $-$. Ainſi la cinquiéme puiſſance de $a-b$, ſans y comprendre les coefficients, eſt $a^5-a^4b+a^3b^2-a^2b^3+ab^4-b^5$.

191 *B*. La ſeconde partie de la regle, ſçavoir celle qui regarde les coefficients, ſe pratique en cette ſorte : on n'écrit point de coefficient devant le premier terme; mais on donne au ſecond un coefficient égal à l'expoſant du premier. Dans notre exemple, je mets 5 pour coefficient du ſecond terme, parce que l'expoſant du premier eſt 5. Le ſecond terme avec ſon coefficient eſt donc $5a^4b$. Le coefficient du troiſiéme terme ſe trouve ainſi ; il faut recourir au terme qui précede le troiſiéme, c'eſt-à-dire, au ſecond : on multiplie le coefficient de ce ſecond terme par l'expoſant de la premiere lettre a dans ce terme. On multiplie donc 5 par 4, & on diviſe le produit 20 par le nombre 2, qui marque le rang que le même terme occupe dans la puiſſance : le quotient de la diviſion eſt le coefficient du troiſiéme terme. Ainſi 10 eſt le coefficient du troiſiéme terme a^3b^2. Pour avoir le coefficient du quatriéme terme a^2b^3, il faut recourir au troiſiéme terme $10a^3b^2$ qui précede le quatriéme. On multiplie donc le coefficient 10 du troiſiéme terme par l'expoſant 3 de la premiere lettre a dans ce troiſiéme terme, & on diviſe le produit 30 par le nombre 3 qui déſigne le rang qu'occupe le même troiſiéme terme dans la puiſſance. Or le quotient de 30 diviſé par 3 eſt 10 : d'où je conclus que le coefficient du quatriéme terme eſt 10. On revient de même au quatriéme terme pour trouver le coefficient du cinquiéme. En général pour trouver le coefficient d'un terme d'une puiſſance d'un binome, il faut recourir au terme précédent : on multiplie le coefficient de ce terme précédent par l'expoſant de ſa premiere lettre, & on diviſe enſuite le produit par le nombre qui déſigne le rang du même terme dans la puiſſance : le quotient de cette diviſion eſt le coefficient cherché. Suivant la premiere & la

seconde partie de cette regle, la cinquiéme puissance de $a+b$ avec ses coefficients est $a^5 + 5a^4b + 10a^3b^2 + 10a^2b^3 + 5ab^4 + b^5$.

192. Les deux termes extrêmes qui sont le premier & le dernier, n'ont point de coefficients marqués, parce qu'ils n'en n'ont pas d'autres que l'unité. Entre les termes moyens ceux qui sont également éloignés des extrêmes ont des coefficients égaux : ainsi dans l'exemple proposé les termes a^3b^2 & a^2b^3 étant également éloignés des extrêmes, ils ont chacun 10 pour coefficient; de même les deux termes a^4b & ab^4 ont chacun 5 pour coefficient, parce qu'ils sont aussi également éloignés des extrêmes.

193. Il suit de-là que quand on a trouvé les coefficients de la moitié des termes d'une puissance d'un binome, il est inutile de chercher par la regle précédente ceux des termes suivans, parce qu'ils ont des coefficients égaux à ceux des premiers termes. Ainsi dans notre exemple il suffit d'avoir les coefficients des trois premiers termes $a^5 + 5a^4b + 10a^3b^2$ pour trouver tout d'un coup les coefficients des termes suivans. Quand le nombre des termes est impair, on est obligé de chercher par la regle précédente les coefficients des premiers termes jusqu'à celui du milieu inclusivement, lequel n'a point de pareil qui ait le même coefficient. Ainsi pour avoir la sixiéme puissance de $a+b$, il faut chercher par la regle précédente non-seulement les coefficients des trois premiers termes, mais aussi celui du quatriéme a^3b^3 qui occupe le rang du milieu. Cette sixiéme puissance est $a^6 + 6a^5b + 15a^4b^2 + 20a^3b^3 + 15a^2b^4 + 6ab^5 + b^6$.

193 *B*. Si une des deux lettres du binome a un coefficient différent de l'unité, par exemple 3, il faut multiplier le coefficient de chaque terme de la puissance par le même degré de 3 que celui auquel cette lettre est élevée dans le terme. Ainsi pour élever $a + 3b$ à la quatriéme puissance, il faut y élever d'abord $a+b$, & multiplier ensuite le coefficient de chaque terme où b se trouve par la puissance de 3 à laquelle b est élevé dans ce terme. Voici donc cette quatriéme puissance de $a + 3b$, $a^4 + 3 \times 4a^3b + 9 \times 6a^2b^2 + 27 \times 4ab^3 + 81b^4$. Si a avoit aussi un coefficient tel que 2, il faudroit encore multiplier les coefficients des termes qui contiennent a par les puissances de 2 auxquelles a est élevé. La quatriéme puissance de $2a + 3b$ est donc $16a^4 + 8 \times 3 \times 4a^3b + 4 \times 9 \times 6a^2b^2 + 2 \times 27 \times 4ab^3 + 81b^4$. Les multiplications des coefficients étant faites on aura $16a + 96a^3b + 216a^2b^2 + 216ab^3 + 81b^4$.

La raison de la premiere partie de la regle pour la formation des puissances d'un binome, n'est pas difficile à appercevoir quand on se donne la peine d'élever soi-même un binome à quelque puissance par la regle de l'article 189. Il y a plus de difficulté pour la démonstration de la seconde partie : nous ne nous arrêterons pas à l'exposer, parce qu'elle suppose plusieurs remarques qui nous meneroient trop loin. Ceux qui sont curieux de la voir, pourront la lire dans les Leçons de Mathématiques de M. de Molieres, Problême III. de la huitiéme Leçon.

194. Il faut bien prendre garde quels sont les produits qui entrent dans la composition du quarré d'une quantité complexe : nous allons en faire l'énumération : le quarré d'une quantité complexe renferme donc 1°. Celui du premier terme. 2°. Le quarré des deux premiers termes contient de plus le double du premier multiplié par le second, avec le quarré du second. 3°. Le quarré des trois premiers termes contient de plus les produits suivans : sçavoir, le double des deux premiers termes multiplié par le troisiéme avec le quarré du troisiéme. 4°. Le quarré des quatre premiers termes contient encore de plus le double des trois premiers termes multiplié par le quatriéme, avec le quarré du quatriéme. 5°. Le quarré des cinq premiers termes contient encore de plus le double des quatre premiers termes multiplié par le cinquiéme avec le quarré du cinquiéme, ainsi de suite : soit, par exemple, la quantité complexe $c+d+f+g+h$; on trouvera que le quarré de cette quantité est $c^2+2cd+d^2$; $+2cf+2df+ff$; $+2cg+2dg+2fg+g^2$; $+2ch+2dh+2fh+2gh+h^2$. Or ce quarré renferme tous les produits que nous venons de marquer : car c^2 est celui qui est indiqué dans le premier article; $+2cd+dd$, sont les produits marqués dans le second article ; $2cf+2df+f^2$ sont ceux qui sont énoncés dans le troisiéme article ; $2cg+2dg+2fg+g^2$, sont marqués dans le quatriéme : enfin les autres produits qui restent, sont énoncés dans le cinquiéme article.

195. Les quarrés de toutes les quantités complexes peuvent être représentés par $a^2+2ab+b^2$ qui est le quarré de $a+b$. S'il s'agit, par exemple, du quarré de $c+d$, il pourra être représenté par $a^2+2ab+b^2$, pourvû que l'on conçoive que a est égal à c, & que b est égal à d. Le même quarré pourra réprésenter celui de $c+d+f$ si on conçoit a égal à $c+d$, & b égal à f. Par la même raison le quarré de $a+b$ représentera celui de $c+d+f+g$, si on suppose a égal à $c+d+f$, & b égal à g. En général le quarré de $a+b$ représentera celui de toutes sortes de quantités complexes, pourvu que l'on suppose a égal à tous les termes de cette quantité, excepté le dernier, & b égal à ce dernier terme. Ainsi $a^2+2ab+b^2$ est une *formule*, c'est-à-dire, une expression générale qui peut désigner tous les quarrés pos-

ſibles des grandeurs complexes, même ceux des nombres : car les nombres marqués par pluſieurs chiffres peuvent être conſidérés comme des quantités complexes : par exemple, 5463 eſt égal à 5000 + 400 + 60 + 3, & par conſéquent c'eſt une quantité complexe de quatre termes.

196. L'opération par laquelle on éleve une quantité à quelque puiſſance, eſt appellée *formation des puiſſances* : après en avoir donné la regle, nous allons parler d'une autre opération oppoſée, qu'on appelle *réſolution des puiſſances* & plus ſouvent *extraction des racines* : elle conſiſte à chercher la racine d'une quantité propoſée : par exemple, ſi ayant le nombre 100, j'en tire la racine quarrée qui eſt 10, cela s'appelle extraire la racine de 100. On peut faire l'extraction de la racine ſeconde, troiſiéme, quatriéme, cinquiéme, &c. tant ſur les nombres que ſur les quantités littérales. Nous allons commencer par l'extraction de la racine quarrée des nombres.

DE L'EXTRACTION DE LA RACINE QUARRÉE DES NOMBRES.

197. Afin de tirer la racine quarrée d'un nombre, il faut d'abord partager ce nombre en tranches, en commençant vers la droite ; en ſorte que chaque tranche contienne deux chiffres, excepté la premiere à gauche qui peut n'en contenir qu'un ſeul : ce partage en tranches ſe fait, en écrivant une virgule entre deux : par exemple, ſi on vouloit extraire la racine quarrée de ce nombre 54123786, il faudroit tirer une virgule entre 8 & 7, une autre entre 3 & 2, & une troiſiéme entre 1 & 4 en cette maniere 54,12,37,86. Il paroît aſſez que ſi le nombre des chiffres eſt impair, la premiere tranche à la gauche ne contiendra qu'un ſeul caractere : ainſi ſi le nombre propoſé étoit 4123786, la premiere tranche à la gauche ne contiendroit que 4, la ſeconde 12, la troiſiéme 37, la quatriéme 86.

Pour tirer la racine quarrée, nous nous ſervirons de la formule $a^2 + 2ab + b^2$ qui eſt le quarré de $a + b$; & afin que l'on entende comment elle peut ſervir pour faire l'extraction de la racine quarrée, nous mettrons ici les remarques ſuivantes.

I.

198. La lettre a de la formule déſigne pour chaque tranche qui ſuit la premiere le chiffre ou les chiffres de la racine que l'on a déja trouvés, & la lettre b repréſente celui que l'on cherche. Ainſi quand on opére

opère ſur la ſeconde tranche, a déſigne le premier chiffre de la racine, lequel vient de la premiere tranche, & b repréſente le ſecond que l'on cherche. Si on opere ſur la troiſiéme tranche, a marque les deux premiers chiffres de la racine que l'on a déja trouvés, & b exprime le troiſiéme. Si on opere ſur la quatriéme tranche, a repréſente les trois premiers chiffres de la racine déja trouvés, & b déſigne le quatriéme que l'on cherche, ainſi de ſuite.

II.

199. Comme l'extraction de la racine ſe fait par la diviſion, il y a un nombre qui doit ſervir de diviſeur : mais il n'eſt pas le même pour toutes les tranches. Il eſt toujours deſigné par $2a$, qui eſt la premiere partie de $2ab$ ſecond terme de la formule. Or $2a$ ſignifie le double des chiffres qu'on a déja trouvés à la racine.

III.

200. Le premier terme a^2 de la formule ne ſert que pour la premiere tranche, & marque qu'il faut ſouſtraire de cette tranche le quarré du premier chiffre de la racine. Les deux autres $2ab + b^2$ ſervent pour chacune des autres tranches, & font connoître qu'il faut ſouſtraire de chacune deux produits qui ſont pour la ſeconde tranche le double du premier chiffre de la racine multiplié par le ſecond ; plus le quarré de ce ſecond chiffre : pour la troiſiéme tranche, ces deux produits ſont le double des deux premiers chiffres de la racine multiplié par le troiſiéme, plus le quarré de ce troiſiéme. Pour la quatriéme tranche, les deux produits ſont le double des trois premiers termes de la racine multiplié par le quatriéme, plus le quarré de ce quatriéme. Ainſi de ſuite comme il eſt marqué dans l'article 194. Revenons préſentement à la pratique.

Après avoir partagé le nombre en tranches de deux chiffres chacune, on peut tirer une ligne au-deſſous & la couper par un crochet comme dans la diviſion. Ces préparations étant faites, on doit opérer ſur la premiere tranche.

201. Il faut 1°. chercher le plus grand quarré contenu dans la premiere tranche à gauche : il ne peut être plus grand que celui de 9, parce que le quarré de 10 contient trois chiffres. 2°. Prendre la racine de ce quarré, & l'écrire à la droite du nombre propoſé. 3°. Souſtraire de la premiere tranche le plus grand quarré qui y eſt contenu, & écrire le reſte au-deſſous. Le quarré qu'il faut ôter de la premiere tranche eſt déſigné par a^2 de la formule.

EXEMPLE I.

20,92,54	45
492	8 = 2a
.	
425	
67	

Soit, par exemple, le nombre 209254 dont on cherche la racine quarrée. Après l'avoir partagé en tranches, 1°. Je cherche quel est le plus grand quarré contenu dans 20, qui est la premiere tranche à gauche : c'est 16. 2°. J'en prends la racine 4, & je l'écris à la droite du nombre proposé. 3°. Je soustrais le quarré 16 de la premiere tranche, & j'écris le reste 4 au-dessous. Ces trois opérations étant faites, il faut appliquer les regles suivantes sur la seconde tranche.

202. 1°. Abbaisser cette seconde tranche à côté du reste de la premiere, & mettre un point sous le premier chiffre de la tranche abbaissée, pour marquer que ce chiffre, joint avec le reste de la premiere tranche, est le dividende : dans l'exemple proposé, j'abbaisse la seconde tranche 92 à côté du 4 qui est le reste de la premiere, & je mets un point sous le premier chiffre 9, pour marquer que 49 est le dividende.

203. 2°. Prendre pour diviseur le double de ce qui a déja été trouvé à la racine, & l'écrire sous cette racine. Dans notre exemple, ayant déja trouvé 4 à la racine, 8 sera le diviseur; je l'écris donc sous 4. Ce diviseur 8 qui est le double de 4, est désigné par $2a$, parce que a représente le chiffre 4 que l'on a mis à la racine.

204. 3°. Diviser le dividende par le diviseur, en observant que quoique le chiffre éprouvé soit bon selon la division, il ne doit pas être mis pour cela à la racine, à moins qu'il ne soit bon aussi selon l'épreuve propre à l'extraction de la racine quarrée. Or cette épreuve consiste à ajouter ensemble les produits marqués par $2ab+b^2$, c'est-à-dire, le produit du diviseur par le chiffre éprouvé & le quarré de ce chiffre éprouvé : & si la somme qui vient de cette addition peut être ôtée de la seconde tranche jointe au reste de la premiere, c'est une marque que le chiffre éprouvé est bon ; auquel cas il faudra l'écrire à côté de celui qu'on a déja trouvé à la racine : mais si la somme qui est venue de l'addition ne peut être soustraite de la seconde tranche jointe au reste de la premiere ; alors il faudra diminuer le chiffre éprouvé d'une unité, & recommencer l'épreuve avec le nouveau chiffre ; & si la somme est encore trop grande, on diminuera encore le chiffre éprouvé d'une unité, jusqu'à ce qu'on puisse faire la soustraction.

205. Il faut remarquer que quand on veut ajouter le quarré du chiffre éprouvé avec le produit du diviseur par le chiffre éprouvé, le quarré

doit être plus avancé d'un rang vers la droite que le produit du diviseur. Cela vient de ce que dans le quarré total d'un nombre, le quarré de chaque chiffre a un rang de moins après lui, que le double des caracteres précédens multiplié par ce chiffre, comme nous le remarquerons ensuite, article 219.

Dans notre exemple, je divise 49 par 8, & je trouve que 6 est bon selon la division, parce qu'en multipliant 8 par 6, le produit 48 peut être ôté du dividende 49 : je fais ensuite l'épreuve pour la racine quarrée, c'est-à-dire, que j'ajoute 36 quarré du chiffre éprouvé avec 48, en observant ce qui est dit dans la remarque, & je trouve la somme 516, laquelle ne peut être ôtée de 492 ; & par conséquent le 6 n'est pas bon. Ainsi j'éprouve le 5 en multipliant le diviseur 8 par 5, & ajoutant le quarré de 5 au produit ; la somme est 425, laquelle peut être ôtée de 492 ; ainsi le 5 est bon ; c'est pourquoi je l'écris à la racine à côté du 4.

206. 4°. Après avoir écrit à la racine le chiffre éprouvé qui a été trouvé bon, il faut faire la soustraction dont on a parlé dans la troisiéme regle, c'est-à-dire, que la somme du produit du diviseur par le chiffre éprouvé, & du quarré du chiffre éprouvé, doit être ôtée de la seconde tranche jointe au reste de la premiere. Dans notre exemple, je soustrais 425 de 492, & j'écris le reste 67 au-dessous.

207. On opere de la même maniere sur la troisiéme tranche que sur la seconde. Ainsi ayant abbaissé la troisiéme tranche à côté du reste de la derniere soustraction, 1°. On met un point sous le premier chiffre de la troisiéme tranche pour marquer que ce premier chiffre, joint avec le reste de la soustraction, est le dividende. 2°. On prend pour diviseur le double des deux chiffres qui sont déja à la racine, & on l'écrit au-dessous du premier diviseur. 3°. On fait la division en employant d'abord l'épreuve de la division, & ensuite celle de l'extraction de la racine quarrée. 4°. Après avoir trouvé le chiffre qu'on doit mettre à la racine, il faut faire la soustraction. On opere encore de la même maniere sur chacune des tranches suivantes.

20,92,54	457
492	$8 = 2a$
·	$90 = 2a$
425	
6754	
·	
6349	
405	

Dans l'exemple proposé, j'abbaisse la troisiéme tranche à côté de 67, reste de la soustraction précédente, il vient 6754 : après cela, 1°. je mets un point sous 5, pour marquer que 675 est le dividende. 2°. Je prends pour diviseur le double de ce qui est déja à la racine, c'est-à-dire, le double de 45, & j'écris le second diviseur 90 sous le premier. 3°. Je divise le dividende 675 par 90, & je trouve que le 7 est bon selon la division, parce que 630 produit du diviseur 90 par 7 est moindre que 675 : ensuite pour voir s'il est bon selon l'épreuve de l'extraction de la racine, j'ajoute le quarré du 7 au produit 630 de la maniere qui a été expliquée (205), & je trouve la somme 6349 qui est moindre que 6754 ; ainsi le 7 est bon, je le mets donc à la racine. 4°. Enfin je retranche 6349 de 6754, il reste 405. Comme il n'y a plus de tranches à abbaisser, l'opération est finie.

208. On distingue différens membres dans l'extraction de la racine comme dans la division ; le premier membre est la premiere tranche ; le second membre est la seconde tranche jointe au reste de la premiere soustraction ; le troisiéme membre est la troisiéme tranche jointe au reste de la seconde soustraction, ainsi de suite. Dans notre exemple, 20 est le premier membre, 492 est le second, 6754 est le troisiéme.

S'il n'y avoit point de reste après une soustraction, alors la tranche suivante seroit seule le membre sur lequel il faudroit opérer : cela paroîtra dans le troisiéme exemple, où la seconde tranche seule est le second membre.

209. Remarquez qu'en cherchant les chiffres de la racine, on peut également se tromper, ou en prenant un chiffre trop grand, ou en prenant un chiffre trop petit. On évite la premiere erreur, en s'assûrant que la somme du produit du diviseur, par le chiffre éprouvé & du quarré de ce chiffre, peut être retranchée du membre sur lequel on opere : mais pour éviter la seconde erreur, il ne suffit pas que la soustraction, dont on vient de parler, se puisse faire : ainsi, si on avoit mis 4 ou 3 à la racine à la place du 5, pour le second membre de l'exemple précédent, on auroit fait une faute, quoiqu'on ait pu faire alors la soustraction marquée dans l'article 206.

209*B*. Afin donc que l'on soit assuré que le chiffre éprouvé n'est pas trop petit, il faut éprouver d'abord le chiffre que l'on a trouvé bon par l'épreuve de la division ; & si ce chiffre est trop grand, il faut le diminuer d'une unité, & recommencer l'épreuve propre à l'extraction de la racine ; que si ce dernier chiffre n'est point encore bon, il faut le diminuer d'une unité, & poursuivre la même pratique, jusqu'à ce que la soustraction marquée par l'article 206 puisse se faire, en observant de ne diminuer à chaque fois le chiffre éprouvé, que d'une unité seulement, lorsqu'on veut faire une nouvelle épreuve.

210. Remarquez encore que si le diviseur étoit plus grand que le dividende, ou bien si aucun chiffre positif ne se trouvoit bon en

faisant l'épreuve de l'extraction de la racine ; pour lors il faudroit mettre zero à la racine, auquel cas il n'y auroit plus rien à faire sur le membre sur lequel on opere : c'est pourquoi il faudroit abbaisser la tranche suivante, pour avoir un nouveau membre sur lequel on opéreroit à l'ordinaire.

EXEMPLE II.

Soit le nombre 31406857, dont il faut extraire la racine quarrée.

Je le partage d'abord en tranches, en commençant vers la droite, ensuite après avoir tiré une ligne au-dessous, & une à la droite, j'opere sur la premiere tranche de la maniere suivante.

Premier Membre.

1°. Je cherche le plus grand quarré contenu dans 31 qui est la premiere tranche : c'est 25. 2°. Je prends la racine de ce quarré, & je l'écris à la droite du nombre proposé. 3°. Je soustrais le quarré 25 de la premiere tranche, & il reste 6 ; ensuite je passe au second membre.

Second Membre.

Ayant abbaissé la seconde tranche à côté du reste 6, je trouve 640 pour second membre, sur lequel j'applique les quatre regles prescrites.

```
31, 40, 68, 57 { 5604
  640          { 10 = 2a
   ..          { 112 = 2a
  636          { 1120 = 2a
   4 68 57
    ..
   4 48 16
     20 41
```

1°. Je mets un point sous le 4, pour marquer que le dividende est 64. 2°. Je prends pour diviseur le double du chiffre 5 qui est à la racine. 3°. Je divise 64 par le diviseur 10, & je trouve que le 6 est bon selon l'épreuve de la division & celle de l'extraction de la racine quarrée. Je fais cette derniere épreuve en multipliant le diviseur 10 par 6, & en ajoutant au produit 60 le quarré de 6, comme il est marqué dans l'article 205 : je trouve que la somme est 636, laquelle peut être ôtée du membre 640 ; je mets donc 6 à la racine. 4°. Enfin je retranche 636 de 640, & le reste est 4. Après cela je passe au troisiéme membre.

Troisiéme Membre.

Ayant abbaissé la troisiéme tranche 68 à côté du reste 4, je trouve 468 pour le troisiéme membre sur lequel j'opere ainsi : 1°. Je mets un point ſous le premier chiffre 6 de la troiſiéme tranche, pour marquer que 46 eſt le dividende. 2°. Je prends 112 pour diviſeur, c'eſt le double du nombre 56 que l'on a déja trouvé à la racine, & j'écris ce ſecond diviſeur au-deſſous du premier. 3°. Je diviſe 46 par 112; mais comme le diviſeur eſt plus grand que le dividende, je mets 0 à la racine; ainſi il n'y a plus rien à faire ſur ce membre; c'eſt pourquoi je paſſe au ſuivant.

Quatriéme Membre.

Ayant abbaiſſé la quatriéme tranche 57 à côté du reſte 468, je trouve 46857 pour quatriéme membre, ſur lequel j'applique les quatre regles. 1°. Je mets un point ſous le premier chiffre 5 de la tranche abbaiſſée, pour marquer que le dividende eſt 4685. 2°. Je prends pour diviſeur 1120, c'eſt le double du nombre 560 qui eſt déja à la racine, & j'écris ce troiſiéme diviſeur ſous le ſecond. 3°. Je diviſe 4685 par 1120, le quotient eſt 4; & ayant multiplié le diviſeur 1120 par 4, je trouve le produit 4480 moindre que le dividende; ainſi le 4 eſt bon ſelon la diviſion: je fais enſuite l'épreuve de l'extraction, en ajoutant le quarré de 4 au produit 4480, & je trouve que la ſomme 44816 eſt moindre que le quatriéme membre; c'eſt pourquoi j'écris le 4 à la racine. 4°. Je ſouſtrais la ſomme 44816 de 46857, le reſte eſt 2041, & l'opération eſt achevée.

EXEMPLE III.

9,04,85,76	3008
04 85 76	$6 = 2a$
. . .	$60 = 2a$
4 80 64	$600 = 2a$
512	

Soit encore le nombre 9048576 dont on veut tirer la racine quarrée. Il faut d'abord le partager en 4 tranches, en commençant vers la droite: la premiere ne contiendra qu'un ſeul caractere, ſçavoir 9. On operera enſuite ſur ce nombre, comme on a fait ſur les autres, & on trouvera 1°. que le premier chiffre de la racine eſt 3, 2°. que le ſecond chiffre de la racine eſt 0, parce que le diviſeur 6 eſt plus grand que le dividende du ſecond membre: ce ſecond membre eſt la ſeconde tranche 04, & le dividende eſt 0. 3°. Que le troiſiéme chiffre de la racine eſt encore 0, parce que le diviſeur 60 eſt plus grand que le dividende du troiſiéme membre: ce troiſiéme membre eſt 485, & le dividende eſt 48. 4°. Que le quatriéme chiffre de la racine eſt 8, à cauſe qu'en opérant à l'ordinaire ſur le dernier membre 48576 & ſur le dividende 4857, on trouve que le 8 eſt bon.

210B. On peut abreger un peu cette méthode en ſupprimant l'addition du quarré du chiffre éprouvé avec le produit du diviſeur par le chiffre éprouvé. Pour cela il faut écrire ce chiffre à la suite du diviseur, & multiplier par le même chiffre le diviseur ainsi augmenté, le produit sera égal à la somme qu'on auroit trouvée par l'addition prescrite dans l'article 204. Nous allons faire l'application de cet abregé au second exemple : le diviseur pour le second membre est 10, & le chiffre éprouvé est 6 : j'écris donc 6 à la suite de 10 ; ce qui donne 106 : ensuite je multiplie 106 par 6 ; & je trouve le produit 636 qui peut être ôté du second membre 640 ; d'où je conclus que le 6 est bon. Quant au troisiéme membre le diviseur 112 est plus grand que le dividende 46 ; ainsi il faut mettre un zero à la racine ; & il n'y a ni multiplication ni soustraction à faire. Enfin pour le quatriéme membre le diviseur est 1120, & le chiffre éprouvé est 4 que j'écris à la suite du diviseur ; ensuite je multiplie par 4 le diviseur augmenté 11204, le produit est 44816 qui peut être retranché du quatriéme membre 46857 : ainsi le 4 est bon. Il est visible que le produit qu'on trouve par là est nécessairement égal à la somme prescrite dans l'article 204 : ainsi cet abregé ne change rien au fond de la méthode.

211. Pour faire la preuve de l'extraction de la racine quarrée, il faut chercher le quarré du nombre qu'on a trouvé à la racine, & y ajouter le reste de la derniere soustraction. Ainsi dans le premier exemple, il faut élever 457 au quarré, c'est-à-dire, qu'il faut multiplier 457 par lui-même, & ensuite ajouter le reste 405 au quarré 208849 : & comme la somme est égale au nombre proposé 209254 ; c'est une marque que l'opération a été bien faite ; mais si la somme n'avoit point été égale au nombre proposé, ç'auroit été une marque qu'on auroit fait quelque faute de calcul dans l'extraction de la racine. Lorsqu'il n'y a point de reste après la derniere soustraction, il faut, afin que l'opération soit bonne, que le quarré du nombre qu'on a trouvé à la racine soit égal au nombre proposé.

La raison de cette pratique est évidente ; car puisqu'on cherche la racine, il faut, si l'on a bien operé, que le quarré du nombre qu'on a trouvé à la racine soit égal au nombre proposé, lorsqu'il n'y a point de reste après l'opération ; mais s'il y a un reste, il est clair que ce reste ajouté au quarré de la racine, doit faire une somme égale au nombre proposé.

211 *B*. La formule $a^2 + 2ab + b^2$ peut servir à faire connoître ce qu'il faudroit ajouter à un quarré afin d'avoir un autre quarré qui seroit celui d'un nombre qui surpasse d'une unité la racine du premier quarré. Par exemple, la formule désigne ce qu'il faut ajouter à 208849 quarré de 457 afin d'avoir celui de $458 = 457 + 1$. Il faut supposer

que $a = 457$ & $b = 1$: ainsi dans la formule $a^2 + 2ab + b^2$, qui représente le quarré de $457 + 1$, le premier terme a^2 tout seul désigne le quarré de 457, & les deux autres termes $2ab + b^2$ font connoître le reste du quarré de 458. Or b étant égal à 1 ces deux termes se réduisent à $2a \times 1 + 1 \times 1$, ou plus simplement, $2a + 1$: c'est-à-dire, qu'il faut ajouter au quarré de 457 le double de 457 & 1 de plus, afin d'avoir le quarré de 458. Ainsi en général si on ajoute au quarré d'un nombre le double de ce nombre & une unité de plus, la somme sera le quarré d'un autre nombre plus grand que le premier d'une unité. On voit par-là que le reste de la soustraction faite sur chaque membre doit être moindre que le double de ce que l'on a déja trouvé à la racine, que ce double, dis-je, augmenté d'une unité. Ainsi le reste 67 de la soustraction faite sur le second membre du premier exemple est moindre que 91 qui est le double de 45 augmenté d'une unité.

211 *C*. Les deux derniers termes de la formule $a^2 + 2ab + b^2$ font aussi connoître que si le nombre qui reste après l'extraction de la racine quarrée surpasse la racine trouvée, on pourra augmenter cette racine de $\frac{1}{2}$ ou de la moitié d'une unité ; & la somme sera encore moindre que la véritable racine : par exemple, si on tiroit la racine quarrée de 209307 on trouveroit 457 & le reste 458, lequel étant plus grand que la racine approché 457, c'est une marque qu'on y peut ajouter $\frac{1}{2}$ & que la somme $457 + \frac{1}{2}$ est encore plus petite que la véritable racine de 209307. Car afin que la formule représente le quarré de $457 + \frac{1}{2}$ il faut que $a = 457$ & $b = \frac{1}{2}$; & par conséquent les deux termes $2ab + b^2$ seront $2a \times \frac{1}{2}$ & $\frac{1}{2} \times \frac{1}{2}$. Or $2a \times \frac{1}{2}$ est la moitié de $2a$, laquelle est égale à 457, & $\frac{1}{2} \times \frac{1}{2}$, ou la moitié de la moitié, est un quart de l'unité. Par conséquent afin d'avoir le quarré de $457 + \frac{1}{2}$ il suffit d'ajouter $457\frac{1}{4}$ au quarré de 457 : ainsi puisque 209307 contient 458 de plus que le quarré de 457, il est clair que $457\frac{1}{2}$ est un peu moindre que la racine exacte de 209307. Si le reste étoit égal ou presque égal à la racine trouvée 457 on pourroit aussi ajouter $\frac{1}{2}$: mais la somme $457\frac{1}{2}$ seroit un peu plus grande que la vraie racine. On prouveroit de même que si le reste étoit les deux tiers de la racine trouvée on pourroit ajouter $\frac{1}{3}$, & que si c'étoit la moitié on pourroit ajouter $\frac{1}{4}$, &c.

Afin qu'on entende les raisons sur lesquelles la méthode de l'extraction de la racine quarrée est fondée, nous allons encore faire quelques remarques sur la composition du quarré d'un nombre.

REMARQUES.

I.

212. Le quarré d'une quantité complexe cont[illegible] quarré du premier terme; plus le double du premier term[illegible] par le second avec le quarré du second; plus le doub[illegible]ux premiers termes multiplié par le troisiéme avec le qua[illegible]siéme; plus le double des trois premiers termes multipli[illegible] quatriéme, avec le quarré du quatriéme; ainsi de suite si [illegible]é complexe a plus de quatre termes (194).

II.

213. Tout nombre au-[illegible]us de dix, peut être consideré comme une quantité complexe composée d'autant de termes, qu'il y a de caracteres dans le nombre; par exemple, 7654 est une quantité complexe de quatre termes, puisque ce nombre est égal à 7000+600+50+4. Par conséquent le quarré d'un nombre plus grand que 10, contient les produits énoncés dans la remarque précédente. Il y en a sept dans le quarré de 7654; sçavoir le quarré de 7 (on dit ici 7 & non pas 7000, parce que l'on ne prend que les chiffres positifs;) plus le double de 7 multiplié par 6, avec le quarré de 6; plus le double de 76 multiplié par 5, avec le quarré de 5; plus le double de 765 multiplié par 4, avec le quarré de 4.

III.

214. Si on fait attention aux deux premiers Corollaires que nous avons déduits (58 & 59), après avoir parlé de la multiplication des nombres qui contiennent des zeros à la fin, on verra que si on multiplie un nombre, par exemple, 7654, par lui-même, il y aura six rangs dans le quarré total après le quarré de 7, cinq rangs après le double de 7 multiplié par 6, quatre rangs après le quarré de 6, trois rangs après le double de 76 multiplié par 5, deux rangs après le quarré de 5, un rang après le double de 765 multiplié par 4: enfin le quarré de 4 finira au dernier rang.

Voici tous les produits placés dans les rangs qui leur conviennent: on a mis autant de points à la suite de chaque produit, qu'il y a de rangs après ce produit.

```
49......
 84.....
  36....
  760...
    25..
   6120.
      16
--------
58583716 quarré de 7654.
```

215. Il eſt encore clair par les deux mêmes Corollaires (58 & 59) que le quarré d'un nombre doit avoir autant de tranches, que ce nombre contient de caracteres, ni plus ni moins, par exemple, le quarré de 7654 contient quatre tranches, car le quarré de 7 doit avoir après lui le double des rangs qui ſe trouvent après ce chiffre dans le nombre 7654, & par conſéquent le quarré de 7 doit avoir trois tranches de deux rangs après lui: mais d'ailleurs le quarré de 7 fait encore une tranche; ainſi le quarré de 7654 doit avoir quatre tranches. Cela peut encore ſe prouver de la maniere ſuivante: 1°. Un nombre de quatre caracteres ne peut avoir moins de quatre tranches à ſon quarré: car le plus petit nombre de quatre caracteres eſt 1000. Or le quarré de 1000 eſt compoſé de quatre tranches, puiſque pour multiplier 1000 par 1000, il faut ajouter les trois zeros du multiplicateur au multiplié. 2°. Un nombre de quatre caracteres ne peut avoir plus de quatre tranches à ſon quarré: car 9999 eſt le plus grand nombre de quatre caracteres. Or le quarré de 9999 ne peut avoir que quatre tranches: car 100000000, qui eſt le quarré de 10000, eſt le plus petit de tous les nombres de cinq tranches, & par conſéquent le quarré de 9999 qui eſt moindre que celui de 10000 ne peut avoir que quatre tranches. Donc un nombre de quatre caracteres ne peut avoir plus de quatre tranches à ſon quarré; d'ailleurs on vient de faire voir qu'il n'en peut avoir moins de quatre; ainſi un nombre de quatre chiffres doit avoir préciſément quatre tranches à ſon quarré. On prouvera de la même maniere que le quarré de tout autre nombre a autant de tranches que le nombre a de chiffres.

En parlant de la racine quarrée nous ſuppoſons toujours que chaque tranche contient deux chiffres, excepté la premiere à gauche qui peut n'en contenir qu'un ſeul.

216. Il ſuit de la troiſiéme remarque, que dans le quarré total de 7654, les différens produits doivent ſe trouver dans les rangs que nous allons marquer; 1°. le quarré de 7, dans le dernier rang de la premiere tranche; 2°. le double de 7 multiplié par 6, au premier rang de la ſeconde tranche; 3°. le quarré de 6, au ſecond rang de la même tranche; 4°. le double de 76 multiplié par 5, au premier rang de la troiſiéme tranche; 5°. le quarré de 5, au ſecond rang de la même tranche; 6°. le double de 765 multiplié par 4, au premier rang de la quatriéme tranche; 7°. Enfin le quarré de 4, au ſecond rang de la même tranche.

217. Lorſqu'on dit que chacun de ces produits ſe trouve au premier ou au ſecond rang de quelqu'une des tranches, cela doit toujours s'entendre du dernier chiffre de ces produits, comme il paroît

par la maniere dont les produits du quarré de 7654 ont été placés après la troisiéme remarque : par exemple, le premier produit 49 n'est pas tout entier au second rang de la premiere tranche, il n'y a que le dernier chiffre 9. Pareillement il n'y a que le dernier chiffre 4 du second produit 84 qui réponde au premier rang de la seconde tranche : & même quand on dit que les derniers chiffres de ces produits se trouvent à certains rangs où y répondent ; on n'entend pas que ces chiffres y sont en leur propre forme : par exemple, il n'y a point de 9 au second rang de la premiere tranche dans le quarré de 7654. De même il n'y a point de 4 au premier rang de la seconde tranche. Cela vient de ce qu'il se trouve d'autres chiffres qui répondent aux mêmes rangs, & que dans l'addition des produits, de laquelle résulte le quarré, il faut ajouter ensemble les chiffres d'un même rang. Cela paroît par l'exemple de l'article 214.

218. Il suit encore de la troisiéme remarque, que dans le nombre 58583716 qui est le quarré de 7654, il y a un rang de moins après le quarré de 6, qu'après le double de 7 multiplié par 6 ; qu'il y a aussi un rang de moins après le quarré de 5, qu'après le double de 76 multiplié par 5, & qu'enfin il n'y a plus de rang après le quarré de 4, au lieu qu'il y a encore un rang après le double de 765 multiplié par 4 : en sorte qu'il y a toujours un rang de moins après le quarré d'un chiffre, qu'après le double des caracteres précédens multiplié par ce chiffre. Tout ce qu'on vient de dire convient généralement aux nombres qui surpassent dix.

Dans la démonstration suivante, nous supposerons qu'il n'y a plus de reste après la derniere soustraction, & nous appellerons le nombre dont on tire la racine, le *nombre proposé*, & celui qu'on trouve à la racine sera nommé le *nombre trouvé*. Il s'agit donc de prouver, que le nombre trouvé en suivant les regles prescrites, est la racine du nombre proposé, ou, ce qui est la même chose, que ce nombre proposé est le quarré de celui qu'on a trouvé.

DÉMONSTRATION DE L'EXTRACTION des Racines quarrées.

219. Afin que le nombre proposé soit le quarré de celui qu'on a trouvé, il suffit que le premier contienne tous les produits qui composent le quarré du second. Or le nombre proposé contient tous les produits qui forment le quarré du nombre trouvé : car ces produits sont (212) le quarré du premier chiffre, plus le double du premier

chiffre multiplié par le ſecond avec le quarré du ſecond, &c. Or en ſuivant les regles de la méthode, on eſt aſſuré que le nombre propoſé contient tous ces produits; puiſque ſelon cette méthode, on retranche d'abord du premier membre le quarré du premier chiffre du nombre trouvé: 2°. On retranche du ſecond membre le diviſeur, c'eſt-à-dire, le double du premier chiffre multiplié par le ſecond avec le quarré du ſecond. 3°. On retranche du troiſiéme membre le diviſeur, c'eſt-à-dire, le double des deux premiers chiffres multiplié par le troiſiéme avec le quarré du troiſiéme, &c. donc le nombre propoſé contient tous les produits qui compoſent le quarré du nombre trouvé; ainſi le premier eſt le quarré du ſecond.

220. S'il y avoit un reſte après la derniere ſouſtraction, ce ſeroit une marque que le nombre propoſé ne ſeroit pas un quarré parfait; ainſi le nombre trouvé ne ſeroit pas la racine exacte du nombre propoſé : mais ce ſeroit la racine du plus grand quarré contenu dans ce nombre; ainſi dans le premier exemple le nombre trouvé, ſçavoir, 457, n'eſt pas la racine exacte du nombre propoſé 209254: mais 457 eſt la racine de 208849, qui eſt le plus grand quarré contenu dans 209254; car ſi on prend 458 plus grand ſeulement d'une unité que 457, on trouvera que le quarré de la racine 458 eſt plus grand que le nombre 209254. C'eſt une ſuite de la méthode de l'extraction, puiſque ſi le quarré de 458 étoit contenu dans 209254, on auroit pû mettre 8 à la place de 7, quand on a operé ſur le dernier membre.

221. Il reſte encore à faire voir pourquoi à chaque membre on prend pour dividende le premier chiffre de la tranche abbaiſſée avec le reſte de la ſouſtraction, & pour diviſeur, le double de ce qu'on a déja trouvé à la racine: ainſi au ſecond membre du nombre 5858 3716 on doit prendre 95 pour dividende, & pour diviſeur le double de 7. Afin d'entendre la raiſon de ces deux régles, il faut obſerver que ſi on diviſe un produit par une de ſes racines, le quotient ſera l'autre racine: par exemple, ſi on diviſe ab par a, le quotient ſera b. Cela poſé, puiſque le double de 7 multiplié par 6, ſe trouve au premier rang de la troiſiéme tranche abbaiſſée (216), il s'enſuit que pour trouver 6, il faut diviſer ce produit par le double de 7.

Il eſt vrai que le dividende du ſecond membre n'eſt pas ſeulement le double de 7 multiplié par 6, c'eſt-à-dire, 84, car en faiſant l'opération on trouve que ce dividende eſt 95. Mais cela vient de ce que les premiers chiffres des produits ſuivans ſont mêlés avec 84 comme il paroît par l'article 214.

221 B. Il eſt facile de voir préſentement pourquoi on partage en

tranches de deux chiffres chacune le nombre dont on veut extraire la racine quarrée. Cela paroît par les remarques qui précédent la démonstration, puisque selon les deux premieres (212 & 213) le quarré d'un nombre contient deux produits pour chaque chiffre de ce nombre, sçavoir le double du produit des chiffres précédens par le chiffre dont il s'agit, plus le quarré de ce chiffre, & que d'ailleurs suivant la troisiéme remarque ces deux produits doivent occuper deux rangs qui se suivent.

222. Lorsqu'un nombre entier n'est pas un quarré parfait, c'est-à-dire, qu'il n'y a point de nombre entier qui multiplié par lui-même donne un produit égal au nombre entier dont on cherche la racine, il n'est pas possible d'en extraire la racine exacte : mais on peut en approcher de plus en plus à l'infini par des parties décimales. La méthode d'approcher ainsi de la véritable racine s'appelle *approximation des racines.* Elle n'est pas différente de celle que nous venons d'expliquer, comme nous allons voir en l'appliquant au premier exemple.

222*B*. Il faut mettre un point après la racine trouvée 457 pour faire la séparation des parties décimales d'avec les entiers, & écrire deux zeros à la suite du reste 405 : ensuite on opérera sur 40500, selon les regles de l'extraction des racines : le dividende sera 4050, le diviseur 914, & on trouvera 4 avec le reste 3924, auquel on joindra encore deux zeros : on aura le nouveau membre 392400 dont le dividende sera 39240, & le diviseur 9148 : on trouvera encore 4 pour la racine & le reste 26464 sur lequel on opérera comme sur les précédens, en commençant par y ajouter deux zeros ; on trouvera 2. On peut continuer de la même maniere tant qu'on voudra : la racine trouvée approchera de plus en plus de la racine exacte, mais elle sera toujours moindre. Dans notre exemple quand on aura trouvé la racine 457.442^{III}, il ne s'en faudra pas la milliéme partie d'une unité que l'on ait la véritable racine, parce que le troisiéme chiffre des parties décimales ne désigne que des milliémes.

222*C*. On pourra faire la preuve de l'opération à l'ordinaire en multipliant 457.442^{III} par lui-même. Mais le point qui dans le produit sépare les entiers d'avec les décimales doit être placé de maniere qu'il y ait six chiffres après ce point à cause qu'il y en a trois dans la racine. Ce produit sera donc $209253.183364^{\text{VI}}$ auquel si on ajoute le reste 816636, on aura $209254.000000^{\text{VI}}$ qui est la même chose que le nombre entier 209254.

222*D*. Souvent on indique la racine d'un nombre, en se servant du signe radical : par exemple : si on a besoin de la racine quarrée de 50, lequel nombre eſt un quarré imparfait, on la marque en cette maniere, $\sqrt[2]{50}$, ou ſimplement $\sqrt{50}$. Pareillement les racines quarrées de 18 & de 15 ſe marquent ainſi, $\sqrt{18}$ & $\sqrt{15}$.

223. Si un quarré imparfait eſt le produit d'un quarré parfait, par un autre nombre, pour lors on exprime quelquefois la racine du quarré imparfait d'une autre maniere; par exemple, 50 eſt un quarré imparfait; mais c'eſt le produit de 25 par 2. Or 25 eſt un quarré parfait. Cela poſé, puiſque 50 eſt égal à 25 multiplié par 2, il faut que la racine de 50 ſoit égale à la racine de 25 multiplié par la racine de 2. Or la racine de 25 eſt 5, & la racine de 2 eſt $\sqrt{2}$; par conſéquent la racine de 50 eſt égale à 5 multiplié par $\sqrt{2}$; ce qui ſe marque en cette maniere, $\sqrt{50} = 5 \times \sqrt{2}$, ou plutôt $\sqrt{50} = 5\sqrt{2}$. Pareillement 18 étant égal au produit de 9 par 2, il s'enſuit que la racine de 18 eſt égale à la racine de 9 multipliée par la racine de 2 : mais 9 eſt un quarré parfait dont 3 eſt la racine; par conſéquent la racine de 18 peut être marquée en cette maniere, $3\sqrt{2}$. Il n'en eſt pas de même de la racine de 15, parce que 15 n'eſt pas le produit d'un quarré parfait multiplié par un autre nombre : ſi on veut donc ſe ſervir du ſigne radical pour exprimer la racine de 15, on ne peut la marquer qu'en cette maniere, $\sqrt{15}$ ou $\sqrt[2]{15}$.

223 B. Les racines des puiſſances imparfaites ſont appellées *incommenſurables*, c'eſt-à-dire, qu'elles n'ont point de meſure commune avec l'unité ni avec les nombres entiers ou fractionnaires, quoiqu'elles puiſſent être commenſurables entr'elles : car, par exemple, $5\sqrt{2}$ & $3\sqrt{2}$ qui ſont les racines des quarrés imparfaits 50 & 18 ſont commenſurables entr'elles, comme nous le ferons voir dans une remarque du ſecond Livre à la fin des proportions & des progreſſions géométriques.

DE L'EXTRACTION DES AUTRES RACINES en nombres, & principalement de la Racine cubique.

Quand on aura bien entendu la méthode de l'extraction de la racine quarrée, il ne ſera pas difficile de concevoir celle de l'extraction des autres racines. Il ſuffira d'expliquer ici en peu de mots l'extraction de la racine cubique.

224. On partage le nombre dont on veut extraire la racine cubique en tranches de trois chiffres chacune, excepté la premiere à gauche qui peut n'en contenir que deux ou même un ſeul : ce partage ſe fait en allant de droite à gauche, comme dans l'extraction de la raci-

ne quarrée. Ainsi pour extraire la racine cubique de ce nombre 16387485, je le divise en tranches en cette sorte : 16,387,485.

225. Nous nous servirons de la formule $a^3 + 3a^2b + 3ab^2 + b^3$ qui est le cube de $a+b$, sur laquelle il faut faire les mêmes remarques que nous avons faite sur la formule pour l'extraction de la racine quarrée.

Ainsi 1°. la lettre a représente le chiffre où les chiffres de la racine qui ont déja été trouvés, & b désigne celui qu'on cherche pour la tranche sur laquelle on opére. 2°. Le diviseur est toujours représenté par $3a^2$ qui est la premiere partie du second terme $3a^2b$. Or $3a^2$ désigne le triple du quarré du chiffre ou des chiffres qu'on a déja trouvés à la racine. 3°. Le premier terme a^3 de la formule ne sert que pour la premiere tranche, & marque qu'il en faut ôter le cube du premier chiffre de la racine : les trois termes suivans de la formule, sçavoir $3a^2b + 3ab^2 + b^3$ sont pour toutes les autres tranches, & font connoître qu'il faut soustraire de chacune trois produits qui sont pour la seconde tranche le triple du quarré du premier chiffre de la racine multiplié par le second, plus le triple de ce premier chiffre multiplié par le quarré du second, plus le cube du second : & pour la troisiéme tranche ces produits sont le triple du quarré des deux premiers chiffres de la racine multiplié par le troisiéme, plus le triple de ces deux premiers chiffres multiplié par le quarré du troisiéme, plus le cube du troisiéme, ainsi de suite. Cela supposé, voici les trois regles qu'on doit appliquer sur la premiere tranche.

226. Il faut 1°. chercher le plus grand cube contenu dans la premiere tranche : il ne peut être plus grand que celui de 9, parce que le cube de 10 contient quatre chiffres. 2°. prendre la racine de ce cube, & l'écrire à la droite du nombre proposé. 3°. soustraire de la premiere tranche le cube dont on a pris la racine, & écrire le reste au-dessous de cette tranche.

Comme on n'apperçoit pas d'abord quels sont les cubes des neuf premiers nombres, nous les allons marquer ici avec leurs racines au-dessus.

1	2	3	4	5	6	7	8	9
1.	8.	27.	64.	125.	216.	343.	512.	729.

EXEMPLE.

Il s'agit de tirer la racine cubique du nombre 16387485. Après l'avoir divisé en tranches de trois chiffres ou trois rangs chacune, je cherche 1°. le plus grand cube contenu dans 16, qui est la premiere tranche : c'est 8. 2°. j'en prends la racine cubique qui est 2, & je l'écris à la droite du nombre proposé. 3°. je soustrais le cube 8 de la premiere tranche, & j'écris le reste 8 au-dessous de 6.

227. Pour la seconde tranche il faut 1°. l'abbaisser à côté du reste de la premiere, & mettre un point sous le premier chiffre de cette seconde tranche, pour marquer que ce chiffre joint avec le reste de la premiere est le dividende. Dans cet exemple j'abbaisse la seconde tranche 387 à côté du 8 qui est le reste de la premiere, & je mets un point sous 3 pour marquer que le dividende de la seconde tranche est 83.

16,387,485	254
8387	$12 = 3a^2$
·	$1875 = 3a^2$
7625	
762485	
·	
762064	
421	

228. 2°. Prendre pour diviseur le triple du quarré de ce qui est à la racine. Ce diviseur est désigné par $3a^2$ de la formule. Dans notre exemple ce qui est à la racine est 2 : ainsi le quarré est 4, & le triple du quarré est 12 : par conséquent 12 est le diviseur pour la seconde tranche.

229. 3°. Diviser le dividende par le diviseur en observant, comme pour la racine quarrée, que quoique le chiffre éprouvé soit bon selon la division, il ne doit pas être mis à la racine, à moins qu'il ne soit bon aussi selon l'épreuve propre à l'extraction de la racine cubique. Or cette épreuve consiste à ajouter ensemble les produits désignés par les trois derniers termes de la formule, qui sont $3a^2b + 3ab^2 + b^3$, lesquels représentent pour la seconde tranche le triple du quarré du premier chiffre de la racine multiplié par le second que l'on cherche, plus le triple de ce premier chiffre multiplié par le quarré du second, plus le cube du second ; & si la somme qui vient de cette addition peut être ôtée du second membre, c'est-à-dire, de la seconde tranche jointe au reste de la premiere, c'est une marque que le chiffre éprouvé est bon : auquel cas il faudra l'écrire à côté de celui qu'on a déja trouvé à la racine. Mais si la somme qui est venue de l'addition ne peut être ôtée du second membre, alors il faudra diminuer le chiffre éprouvé d'une unité, & recommencer l'épreuve avec le nouveau chiffre. Il faudra continuer la même opération jusqu'à ce que la somme puisse être ôtée du second membre.

230. Quand on veut faire l'addition des trois produits il faut les placer de façon que le troisiéme représenté par b^3 soit plus avancé d'un rang vers la droite que le second désigné par $3ab^2$, & il faut pareillement que ce second produit soit plus avancé d'un rang vers la droite que le premier qui est indiqué par $3a^2b$: c'est une remarque pareille

à

à celle que nous avons faite pour la racine quarrée, article 205.

Dans notre exemple je divise 83 par 12, & je trouve que selon l'épreuve de la division le 6 seroit bon : mais il ne l'est pas pour l'extraction de la racine cubique, puisque les trois produits 72, 216, 216 représentés par $3a^2b + 3ab^2 + b^3$ étant ajoutés ensemble, en observant la remarque de l'article 230, font la somme 9576, qui est plus grande que le second membre 8387. Mais en éprouvant le 5 je le trouve bon, parce que les trois produits 60, 150, 125 ajoutés ensemble font la somme 7625 qui peut être ôtée de 8387 : j'écris donc 5 à la racine.

231. 4°. Enfin après avoir écrit à la racine le chiffre éprouvé qu'on a trouvé bon, il faut faire la soustraction dont on vient de parler dans la troisiéme regle, c'est-à-dire, qu'il faut ôter du second membre la somme des trois produits. Pour appliquer cette quatrieme regle à notre exemple, je soustrais 7625 de 8387, & j'écris le reste 762 au-dessous.

232. On opére de la même maniere sur la troisiéme tranche que sur la seconde. Ainsi après avoir abbaissé la troisiéme tranche à côté du reste de la seconde, 1°. on met un point sous le premier chiffre de la troisiéme tranche pour marquer que ce premier chiffre joint avec le reste de la soustraction est le dividende. 2°. On prend pour diviseur le triple du quarré des deux premiers chiffres qui sont déja à la racine, & on l'écrit au-dessous du premier diviseur. 3°. On fait la division en employant d'abord l'épreuve de la division, & ensuite celle de l'extraction de la racine cubique. 4°. Après avoir trouvé le chiffre qu'on doit mettre à la racine, il faut faire la soustraction. On opére encore de même sur chacune des tranches suivantes.

Ainsi pour achever l'exemple proposé, ayant descendu la troisiéme tranche 485 à côté du reste 762, je mets 1°. un point sous 4, premier chiffre de cette tranche, pour signifier que 7624 est le dividende. 2°. Je prends pour diviseur le triple du quarré de 25. Or le quaré de 25 est 625, & le triple de 625 est le nombre 1875, qui est par conséquent le diviseur pour le troisiéme membre 762485. 3°. Je divise 7624 par 1875, & je trouve que 4 est bon, parce que le nombre 762064, somme des trois produits 7500, 1200, 64 représentés par les termes $3a^2b + 3ab^2 + b^3$ peut être retranché du troisiéme membre. 4°. Enfin je soustrais effectivement la somme 762064 du troisiéme membre 762485 ; il reste 421, & l'opération est finie. Ainsi la racine cubique du plus grand cube contenu en 16387485 est 254.

233. Pour m'assurer si j'ai bien opéré je cherche le quarré de 254, & je le multiplie ensuite par la racine 254, la multiplication donne le produit 16387064 qui est le cube de 254. Après cela j'ajoute le

reste 421 à ce cube, il vient la somme 16387485 qui est précisément le nombre proposé, d'où je conclus que l'extraction est bien faite.

233B. Les trois derniers termes de la formule $a^3 + 3a^2b + 3ab^2 + b^3$ montrent ce qu'il faut ajouter à 16387064 cube de 254 afin d'avoir le cube de 254 + 1 ou de 255. Ces trois derniers termes deviennent $3a^2 + 3a + 1$, parce qu'en supposant que cette formule représente le cube de 254 + 1, il faut que a soit égal à 254 & b égal à 1.

La démonstration de la méthode pour extraire la racine cubique est fondée sur les mêmes raisonnemens que celle de la racine quarrée : c'est pourquoi nous croyons devoir renvoyer à cette démonstration de la racine quarrée & aux principes ou remarques dont elle dépend.

233C. On peut faire l'approximation de la racine cubique en mettant trois zeros à la suite du dernier reste : cela s'entendra aisément après ce que nous avons dit au sujet de la racine quarrée. Il suffira d'apporter un exemple ; soit le nombre 66529 dont il faut tirer la racine cubique par approximation : on trouvera d'abord 40, & le reste 2529 auquel il faut joindre trois zeros, & opérer sur 2529000 selon les regles de l'extraction de la racine cubique. En continuant l'opération jusqu'au second rang des décimales, on trouvera 40. 52^II, avec le reste 411392. Si on veut faire

66529	40. 52^II
64	48
2529000	4800
. .	492075
2430125	
98875000	
.	
98463608	
411392	

la preuve il faut chercher le cube de 40.52^II, c'est 66528.588608^VI auquel il faut ajouter le reste 411392, ou plûtôt 0.411392^VI, la somme sera 66529.000000^VI, qui est la même chose que le nombre entier proposé 66529.

234. Il seroit inutile d'expliquer l'extraction des autres racines, parce qu'elle s'entend assez après ce que l'on a dit touchant les racines quarrées & cubiques, pourveu que l'on ait devant les yeux les formules nécessaires qui ne sont autre chose que les différentes puissances du binome $a + b$: par exemple, si on veut tirer la racine quatriéme il faut prendre la quatriéme puissance de ce binome, laquelle est $a^4 + 4a^3b + 6a^2b^2 + 4ab^3 + b^4$ qui montre que le diviseur est représenté par $4a^3$ premiere partie du second terme, & qui fait voir aussi que les produits qu'il faut ajouter pour faire l'épreuve de l'extraction de cette racine, sont représentés par les quatre derniers termes de la formule, sçavoir $4a^3b + 6a^2b^2 + 4ab^3 + b^4$. On fait le même usage des formules qu'on emploie pour les autres racines, en sorte que le di-

viſeur eſt toujours déſigné par la premiere partie du ſecond terme de la formule, & que tous les termes, excepté le premier, repréſentent les produits qu'on doit ajouter pour faire l'épreuve de l'extraction de la racine cherchée.

Il nous reſte à parler de l'extraction des racines des quantités littérales : on verra facilement la maniere dont on doit la pratiquer pour toutes ſortes de racines, lorſqu'on entendra ce que nous allons dire ſur l'extraction de la racine quarrée.

DE L'EXTRACTION DES RACINES des quantités littérales.

234*B*. Lorſque la quantité littérale eſt incomplexe on en tire la racine en diviſant l'expoſant de chaque letre par le nombre qui déſigne la racine. Ainſi la racine quarrée ou ſeconde de a^4b^6 eſt a^2b^3. De même la racine 3e. ou cubique de $a^3c^4d^6$ eſt $ac^{\frac{4}{3}}d^2$. La racine ſeconde de a ou a^1 eſt $a^{\frac{1}{2}}$: la racine 3e. de a^1 eſt $a^{\frac{1}{3}}$: la racine n de b eſt $b^{\frac{1}{n}}$: la racine n de b^m eſt $b^{\frac{m}{n}}$.

La raiſon de cette méthode ſuit néceſſairement de celle de la formation des puiſſances d'une quantité incomplexe (190) : car puiſque pour élever une grandeur à une puiſſance, il faut multiplier l'expoſant de la grandeur par l'expoſant de la puiſſance à laquelle on veut élever la quantité, il s'enſuit que pour faire l'extraction des racines, qui eſt une opération oppoſée à la formation des puiſſances, on doit diviſer l'expoſant de la quantité par le nombre qui déſigne la racine.

234*C*. On peut auſſi indiquer de la même maniere la racine d'une quantité complexe, en tirant une ligne ſur cette quantité, & mettant à la droite de cette ligne une fraction dont le numérateur ſoit l'unité, & le dénominataur le nombre qui déſigne la racine, la racine ſeconde indiquée de $a - b^2 + c$ eſt $\overline{a - b^2 + c}^{\frac{1}{2}}$: la racine troiſiéme de la même quantité eſt $\overline{a - b^2 + c}^{\frac{1}{3}}$: la racine quarrée de $a^2 + b^2$ eſt $\overline{a^2 + b^2}^{\frac{1}{2}}$: la racine n de $a - b$ eſt $\overline{a - b}^{\frac{1}{n}}$. Si la quantité complexe eſt déja élevée à une puiſſance marquée par un expoſant placé à la fin d'une ligne, il faut diviſer cet expoſant par le nombre qui déſigne la racine. Ainſi la racine troiſiéme de $\overline{a - b}^4$ eſt $\overline{a - b}^{\frac{4}{3}}$: la racine n de $\overline{c^2 - d^3}^m$ eſt $\overline{c^2 - d^3}^{\frac{m}{n}}$.

234*D*. Le diviſeur eſt l'expoſant qu'il faudroit donner au ſigne radical ſi on ſe ſervoit de ce ſigne pour marquer la racine : ainſi

$a^{\frac{1}{2}} = \sqrt[2]{a} : a^{\frac{1}{3}} = \sqrt[3]{a} : a^{\frac{m}{n}} = \sqrt[n]{a^m}$. Pareillement $\overline{a^2 + b^2}^{\frac{1}{2}} = \sqrt[2]{a^2 + b^2}$; $\overline{a - b}^{\frac{1}{n}} = \sqrt[n]{a - b}$.

Nous n'expliquerons ici que l'extraction de la racine quarrée des quantités complexes, parce que l'on entendra aisément celle des autres racines par le moyen des formules propres pour chaque racine, après ce que nous allons dire de l'extraction de la racine quarrée.

235. La méthode pour extraire la racine quarrée des quantités littérales, est la même que celle qu'on a employée pour les nombres ; excepté premierement, qu'il n'y a point de rang à garder dans les différens produits qu'on veut soustraire, & qu'il ne faut pas diviser la quantité littérale en tranches comme on fait les nombres : & en second lieu, qu'après chaque soustraction il faut faire la réduction des quantités semblables. Il suffira de donner un exemple pour faire entendre l'application de la méthode sur les quantités algébriques.

Soit la quantité $9c^4 - 12c^2dx + 24c^2fy + 4d^2x^2 - 16dfxy + 16f^2y^2$, laquelle est ordonnée par rapport à la lettre c. Il faut extraire la racine quarrée de cette quantité.

$$\begin{array}{cccccc|l}
9c^4 & -12c^2dx & +24c^2fy & +4d^2x^2 & -16dfxy & +16f^2y^2 & 3c^2 - 2dx + 4fy \\
0 & 0 & 0 & 0 & 0 & 0 & 6c^2 = 2a \\
\hline
-9c^4 & +12c^2dx & -24c^2fy & -4d^2x^2 & +16dfxy & -16f^2y^2 & 6c^2 - 4dx = 2a \\
0 & 0 & 0 & 0 & 0 & 0 &
\end{array}$$

Après avoir tiré une ligne au-dessous & une autre à droite de la quantité proposée, j'opere sur le premier terme $9c^4$, qui est le premier membre : ainsi je prends la racine quarrée de $9c^4$, c'est $3c^2$, & j'écris cette racine à droite de la quantité proposée : ensuite j'éleve $3c^2$ au quarré, il vient $+9c^4$, qu'il faut soustraire en l'écrivant au-dessous du premier terme avec le signe opposé : enfin je fais la réduction, & j'écris un o sous les quantités qui se détruisent.

235 B. J'opere ensuite comme sur le second membre d'un nombre dont on tire la racine ; ainsi je prends pour dividende le second terme $-12c^2dx$, & pour diviseur le double de ce que j'ai trouvé à la racine, ce diviseur est donc $6c^2$; c'est pourquoi je divise $-12c^2dx$ par $6c^2$; le quotient est $-2dx$ que je pose à la suite de $3c^2$. Après cela je multiplie le diviseur $6c^2$ par $-2dx$, & j'ajoute le quarré de $-2dx$, la somme sera $-12c^2dx + 4d^2x^2$, laquelle doit être ôtée de la quantité proposée ; je fais donc la soustraction en écrivant la somme avec des signes contraires ; ensuite je fais la réduction, & il ne reste plus dans la quantité proposée que ces trois termes $+24c^2fy - 16dfxy$

$+ 16f^2y^2$, sur lesquels j'opere de la même maniere que sur les deux termes précédens ; je prends donc $24c^2fy$ pour dividende, & pour diviseur $6c^2 - 4dx$, c'est le double de ce qui est à la racine : je divise ensuite $24c^2fy$ par $6c^2$ premier terme du diviseur, & j'écris le quotient $+ 4fy$ à la racine : après cela je multiplie le diviseur entier par $4fy$, le produit est $24c^2fy - 16dfxy$, auquel j'ajoute $16f^2y^2$ quarré du terme que je viens de mettre à la racine, la somme est $24c^2fy - 16dfxy + 16f^2y^2$ que j'écris sous les trois derniers termes de la quantité proposée, avec des signes contraires à ceux de cette somme : enfin je fais la réduction, & il ne reste rien ; c'est pourquoi l'opération est achevée. La racine de la quantité proposée est donc $3c^2 - 2dx + 4fy$.

235 C. Pour s'assurer si on a bien operé, on fait la preuve de la même maniere que pour les nombres, c'est-à-dire, qu'on multiplie la racine trouvée par elle-même ; & si le produit est égal à la quantité proposée, c'est une marque que l'on a bien operé, en supposant qu'il n'y a point eu de reste : mais s'il y en a eu, il faut l'ajouter au produit ; & la somme de ce reste & du produit doit être égale à la quantité proposée.

236. Remarquez qu'il n'y a point d'épreuve à faire dans l'extraction de la racine des quantités littérales, non plus que dans la division de ces quantités.

237. Remarquez encore que le terme qui sert de premier membre, doit être un quarré parfait ; de sorte que si le premier terme de la quantité n'est pas un quarré, il en faut choisir un autre qui soit un quarré, sur lequel on commencera l'opération : par exemple, si le premier terme de la quantité proposée avoit été $- 12c^2dx$, il auroit fallu prendre un autre terme pour commencer l'opération.

Il resteroit à parler du calcul des incommensurables & de celui des exposans, mais ce que nous avons à en dire s'entendra mieux après les proportions & les fractions, c'est pourquoi nous remettons à en traiter sur la fin du second Livre.

Fin du premier Livre.

LIVRE SECOND

CONTENANT

UN TRAITÉ DES RAISONS, des Proportions & des Fractions.

IL n'y a point de partie dans les Mathématiques qui soit si utile & si nécessaire, que celle qui traite des Proportions : on les emploie souvent dans les démonstrations, & elles sont le fondement de la plûpart des opérations que l'on fait, telles que sont les regles de trois, de compagnie, d'alliage, de fausses positions, &c. C'est par le moyen des Proportions, que l'on découvre la solution d'une infinité de questions & de Problêmes que l'on ne pourroit résoudre sans leur secours: c'est pourquoi ceux qui ont dessein de faire quelques progrès dans la Science des Mathématiques, doivent s'appliquer d'une maniere particuliere à cette partie qui est la clef des autres.

DES RAISONS.

ART. 1. Une *raison*, comme on prend ici ce terme, est le rapport ou la comparaison de deux grandeurs, soit nombres, étendues, vitesses, tems, &c. Or on peut comparer deux grandeurs en deux manieres différentes, ou en considerant de combien l'une surpasse l'autre, ou en examinant comment l'une contient l'autre. La premiere maniere de comparer deux grandeurs, est appellée *Raison arithmétique*, & la seconde, *Raison géométrique.*

2. La raison arithmétique est donc une comparaison de deux grandeurs, dans laquelle on considere de combien l'une surpasse ou est surpassée par l'autre: par exemple, si je considere que 6 surpasse 2 de 4;

cette comparaiſon des nombres 6 & 2, eſt une raiſon arithmétique.

3. La raiſon géométrique eſt une comparaiſon de deux grandeurs, dans laquelle on conſidere la maniere dont l'une contient l'autre, ou ce qui revient au même, la raiſon géométrique eſt la maniere dont une grandeur en contient une autre : par exemple ſi je conſidere que 6 contient 2 trois fois, cette comparaiſon eſt une raiſon ou rapport géométrique.

4. Remarquez qu'une grandeur en peut contenir une autre ou en entier ou en partie : par exemple, 6 contient 2 entierement trois fois : mais 5 ne contient 20 qu'en partie ; c'eſt-à-dire, que 5 contient ſeulement une partie de 20, ſçavoir le quart : de même 12 contient en partie 18, parce qu'il en renferme les deux tiers.

5. Il y a deux termes dans toute raiſon, ſoit arithmétique, ſoit géométrique, l'*antécédent* & le *conſéquent* ; l'antécédent eſt celui qui eſt comparé à l'autre ; le conſéquent eſt celui auquel l'antécédent eſt comparé. L'antécédent eſt toujours le premier terme de la raiſon, & le conſéquent eſt le ſecond : dans l'exemple propoſé 6 eſt l'antécédent, & 2 eſt le conſéquent.

6. C'eſt par la ſouſtraction que l'on découvre de combien une grandeur ſurpaſſe l'autre ; c'eſt pourquoi on connoît la valeur d'une raiſon arithmétique, en ôtant le conſéquent de l'antécédent, ou l'antécédent du conſéquent : par exemple, on connoît la valeur de la raiſon arithmétique de 6 à 2, en ôtant 2 de 6 : mais on verra dans la ſuite que la valeur de la raiſon géométrique ſe connoît en diviſant toujours l'antécédent par le conſéquent.

Quand on parle de raiſon ſans déterminer l'arithmétique ou la géométrique, il faut toujours entendre la géométrique ; c'eſt la même choſe quand on ſe ſert du terme de rapport.

6B. Pluſieurs Auteurs définiſſent la raiſon géométrique en diſant que c'eſt la maniere dont une grandeur, c'eſt l'antécédent, en contient une autre, ſçavoir le conſéquent, ou y eſt contenue : ils ajoutent ces termes *ou y eſt contenue* pour exprimer le cas dans lequel l'antécédent eſt plus petit que le conſéquent : mais cette définition n'eſt pas exacte. Car ſi dans ce cas la raiſon étoit la maniere dont l'antécédent eſt contenu dans ſon conſéquent, plus il y ſeroit contenu, plus la raiſon ſeroit grande, puiſqu'alors cette maniere ſeroit plus grande. Or cela n'eſt pas vrai : car, comme il paroîtra par le troiſiéme Théorême, la raiſon de 6 à 12 eſt plus grande que celle de 4 à 12, quoique l'antécédent de cette derniere ſoit contenu plus de fois dans ſon conſéquent que celui de la premiere ne l'eſt dans le ſien.

7. On diſtingue deux ſortes de rapports géométriques, l'un d'*éga-*

lité, & l'autre *d'inégalité*. Le rapport d'égalité eſt celui dont l'antécédent & le conſéquent ſont égaux ; tel eſt le rapport d'une ligne de trois pieds à une autre ligne de trois pieds ; & en général la raiſon de b à b. Le rapport d'inégalité eſt celui dont l'antécédent eſt plus grand ou plus petit que le conſéquent : telle eſt la raiſon de 8 à 6. Le rapport eſt nommé de *plus grande inégalité*, lorſque l'antécédent eſt plus grand que ſon conſéquent ; & de *moindre inégalité* quand l'antécédent eſt plus petit que le conſéquent.

On peut comparer une raiſon avec une autre, pour voir ſi elle eſt égale, ou plus grande ou plus petite. Nous allons donner quelques définitions, & enſuite nous expoſerons pluſieurs principes qui ſerviront beaucoup pour cette comparaiſon, & pour l'intelligence de ce que nous dirons dans la ſuite.

Il faut diſtinguer deux ſortes de parties d'un tout ; ſçavoir, les parties *aliquotes* & les parties *aliquantes*.

8. Les parties aliquotes ſont celles qui répétées un certain nombre de fois, meſurent leur tout exactement, c'eſt-à-dire, ſans reſte : par exemple, 3 eſt partie aliquote de 12, parce qu'étant répétée quatre fois, il meſure exactement 12, ou, ce qui eſt la même choſe, il eſt contenu quatre fois exactement dans 12 : de même 6 eſt partie aliquote de 30, parce qu'il eſt contenu cinq fois ſans reſte dans 30.

9. Les parties aliquotes ſont appellées *ſous-multiples*, & le tout eſt appellé *multiple* par rapport aux parties aliquotes : ainſi 6 eſt ſou-multiple de 30, & 30 eſt multiple de 6. Pareillement 3 eſt ſou-multiple de 12, & 12 eſt multiple de 3. En général quand une grandeur en contient exactement une autre, la premiere eſt multiple, & la ſeconde ſou-multiple.

10. Les parties aliquantes ſont celles qui ne ſont pas contenues exactement dans leur tout ; par exemple, 5 eſt partie aliquante de 12, parce qu'il y eſt contenu deux fois avec un reſte qui eſt 2. 8 eſt auſſi partie aliquante de 30, parce qu'il y eſt contenu trois fois avec un reſte qui eſt 6.

11. Lorſque l'on compare les parties ſoit aliquotes ſoit aliquantes d'un tout avec celles d'un autre tout, il y en a que l'on appelle *ſemblables* ou *pareilles*. Les parties ſemblables ou pareilles, ſont celles qui ſont contenues chacune de la même maniere dans leur tout : ainſi 5 & 7 ſont des parties ſemblables de 15 & de 21, parce que 5 eſt contenu trois fois dans 15, comme 7 eſt contenu trois fois dans 21. De même 4 & 6 ſont des parties ſemblables de 10 & de 15, parce que 4 eſt autant contenu dans 10 que 6 dans 15 ; ſçavoir, deux fois & demi. 3 & 6 ſont auſſi des parties ſemblables de 14 & de 28, parce que

que 3 est autant contenu dans 14 que 6 dans 28, sçavoir, quatre fois & deux tiers.

PRINCIPE I.

12. Si deux raisons sont égales chacune à une troisiéme, elles sont égales entr'elles. De même si de plusieurs raisons, la premiere est égale à la seconde, la seconde à la troisiéme, la troisiéme à la quatriéme, & ainsi de suite, il est évident que la premiere est égale à la derniere.

PRINCIPE II.

13. Deux grandeurs égales ont un même rapport ou une même raison à une troisiéme grandeur. Si *a* & *b* sont égaux, ils ont même rapport à *c*; en sorte que si *a* contient deux fois *c*, *b* le contiendra aussi deux fois, ou sera le double de *c*; si *a* est la moitié de *c*, *b* en sera aussi la moitié.

PRINCIPE III.

14. Lorsque deux grandeurs ont un même rapport à une troisiéme, les deux premieres sont égales entre elles : si *a* & *b* ont un même rapport avec *c*; par exemple, si *a* & *b* contiennent chacun *c* deux fois, trois fois, quatre fois, &c. ou, ce qui est la même chose, si *a* & *b* sont chacun le double, le triple, le quadruple de *c*, ces deux grandeurs sont égales. De même si *a* & *b* sont chacun la moitié, le tiers, le quart de *c*, *a* & *b* sont des grandeurs égales. Ce troisiéme principe est la proposition inverse ou réciproque du second.

PRINCIPE IV.

15. Une raison devient d'autant plus grande que son antécédent augmente, le conséquent demeurant le même : ainsi la raison de 8 à 2 est plus grande que celle de 6 à 2. De même la raison de 12 à 15 est plus grande que celle de 9 à 15. C'est la même chose si les quantités sont exprimées en lettres : par exemple, en supposant *a* plus grand que *b*, la raison de *a* à *c* est plus grande que celle de *b* à *c*. cela suit évidemment de la notion de la raison qui n'est autre chose que la maniere dont l'antécédent contient le conséquent. Or il est clair que plus l'antécédent sera grand, le conséquent restant le même, plus il contiendra le conséquent; soit qu'il le contienne entierement, comme dans le rapport de 8 à 2 comparé à celui de 6 à 2; soit qu'il le contienne seulement en partie, comme dans le rapport de 12 à 15 comparé à celui de 9 à 15, auquel cas l'antécédent con-

tient une plus grande partie du conséquent, quoiqu'il ne le contienne pas entierement.

15*B*. On peut dire même que la raison devient plus grande à proportion que l'antécédent augmente, en sorte que si l'antécédent devient deux fois, trois fois, &c. plus grand qu'il n'étoit, le conséquent étant toujours le même, la raison devient aussi deux fois, trois fois, &c. plus grande qu'elle n'étoit avant l'augmentation de l'antécédent. Ainsi quand deux raisons ont le même conséquent, si l'antécédent de la premiere est deux fois, trois fois, &c. plus grand que celui de la seconde, la premiere est deux fois, trois fois plus grande que la seconde. On dit en général que quand deux raisons ont un même conséquent, elles sont entr'elles comme les antécédens. Les raisons de b à d & de c à d sont entr'elles comme b est à c.

15*C*. Il suit de-là que pour multiplier une raison par une grandeur, il suffit de multiplier l'antécédent de la raison par cette grandeur : ainsi la raison de bn à d est le produit de celle de b à d par n. Si n signifie 2, 3, &c. la premiere raison est deux fois, trois fois plus grande que la seconde.

Principe V.

16. Plus le conséquent d'une raison est grand, l'antécédent demeurant le même, plus la raison est petite : par exemple, la raison de 3 à 9 est plus petite que celle de 3 à 6 ; & de même la raison de 16 à 8 est plus petite que celle de 16 à 4. Pour donner un exemple en lettres, supposons que b est plus grand que c ; pour lors la raison de a à b est moindre que celle de a à c. C'est encore une suite de la notion de raison : car l'antécédent étant toujours le même, il contiendra moins un conséquent plus grand qu'un plus petit.

16*B*. La raison devient plus petite à proportion de l'augmentation du conséquent. Si on prend le conséquent deux fois, trois fois, &c. plus grand qu'il n'étoit, l'antécédent demeurant le même, la raison devient deux fois, trois fois, &c. plus petite qu'elle n'étoit auparavant, ou ce qui revient au même, elle étoit d'abord deux fois, trois fois plus grande qu'elle ne devient ensuite : c'est pourquoi quand deux raisons ont le même antécédent, elles sont entr'elles comme les conséquens pris dans un ordre renversé, c'est-à-dire, que les raisons de b à c & de b à d sont entr'elles comme d est à c, & non pas comme c est à d.

16*C*. Il suit de-là qu'on peut diviser une raison par une grandeur en multipliant le conséquent de la raison par cette grandeur : ainsi la raison de b à dn est le quotient de celle de b à d divisée par n. Si n signifie 2, 3, &c. la raison de b à dn est deux fois, trois fois plus petite que celle de b à d.

PRINCIPE VI.

17. Le rapport de deux grandeurs eſt égal au rapport qui eſt entre leurs moitiés, ou leurs tiers, ou leurs quarts, ou leurs cinquiémes, &c. par exemple, le rapport qui eſt entre 60 & 20, eſt égal à celui de leurs moitiés 30 & 10, à celui de leurs quarts 15 & 5, à celui de leurs cinquiémes 12 & 4, &c. Ce principe eſt évident, puiſque ſi une des grandeurs contient trois fois l'autre, comme dans l'exemple propoſé, on conçoit que la moitié de la premiere contiendra trois fois la moitié de la ſeconde, que le quart de la premiere, contiendra trois fois le quart de la ſeconde, & le cinquiéme de la premiere, trois fois le cinquiéme de la ſeconde : en général le rapport qui eſt entre les tous, eſt égal à celui qui eſt entre les parties ſemblables, par exemple, deux tiers, deux quarts, deux huitiémes, deux quinziémes, &c.

PRINCIPE VII.

18. Quand on multiplie deux grandeurs, comme 8 & 4, par une troiſiéme telle que 5, les produits 40 & 20 ont entr'eux une raiſon égale à celle des deux premieres grandeurs avant la multiplication. C'eſt une ſuite évidente du ſixiéme principe : car il eſt clair que les grandeurs 8 & 4 ſont chacune des parties ſemblables, ſçavoir, les cinquiémes des produits, puiſqu'elles ont été multipliées par 5 ; & par conſéquent la raiſon qui eſt entre les produits eſt égale à celle qui eſt entre leurs parties ſemblables. Pour énoncer ce principe on dit ordinairement, les produits ſont entr'eux comme les racines lorſqu'elles ont été multipliées par la même quantité : dans l'exemple propoſé, 8 & 4 ſont les racines. En général, ſi on multiplie a & b par d, les produits ad & bd ſont entr'eux comme les racines a & b.

On peut appercevoir la vérité de ce ſeptiéme principe indépendamment du ſixiéme : car les deux produits 40 & 20 contenant l'un & l'autre 5 parties, il eſt évident que ſi chacune des parties du premier produit contient deux fois une partie du ſecond, il eſt néceſſaire que le premier produit contienne auſſi deux fois le ſecond ; ainſi les produits ont entre eux une raiſon égale à celle des racines, lorſqu'elles ont été multipliées par une même grandeur. On peut appliquer le même raiſonnement au huitiéme principe.

PRINCIPE VIII.

19. Lorſqu'on diviſe deux grandeurs par une troiſiéme, les quotiens ont entr'eux une raiſon égale à celle des grandeurs avant la diviſion : par exemple, ſi on diviſe 40 & 20 par 5, les quotiens 8 & 4

ont un même rapport que 40 & 20. En général *ad* & *bd* étant divisés l'un & l'autre par *d*, les quotiens *a* & *b* ont un rapport égal à celui de *ad* à *bd*. C'eſt auſſi une ſuite du ſixiéme principe, puiſque les quotiens de deux grandeurs diviſées par une troiſiéme, ſont des parties ſemblables de ces grandeurs : ſi, par exemple, le diviſeur eſt 3, les quotiens ſont des tiers; ſi le diviſeur eſt 4, les quotiens ſont des quarts; ſi le diviſeur eſt 5, les quotiens ſont des cinquiémes, &c.

20. Une raiſon comme celle de 60 à 20 peut être marquée en cette maniere $\frac{60}{20}$, en mettant le conſéquent ſous l'antécédent, & ſéparant l'un de l'autre par une petite ligne. Quand deux raiſons ſont égales, on les marque ſouvent l'une & l'autre comme nous venons de dire, & on met le ſigne d'égalité entre deux; par exemple, on exprime l'égalité des raiſons de 60 à 20 & de 30 à 10 en cette maniere $\frac{60}{20} = \frac{30}{10}$. De même $\frac{a}{b} = \frac{c}{d}$ ſignifie que la raiſon de *a* à *b* eſt égale à celle de *c* à *d*.

Tout cela poſé, je dis que deux raiſons ſont égales.

21. 1°. Lorſque chacun des antécédens contient ſon conſéquent exactement ou ſans reſte & le même nombre de fois : par exemple, la raiſon de 12 à 4 eſt égale à celle de 15 à 5, parce que l'antécédent 12 de la premiere raiſon contient ſon conſéquent 4 trois fois, comme l'antécédent 15 contient ſon conſéquent 5 auſſi trois fois ſans reſte. De même $\frac{30}{6} = \frac{10}{2}$, parce que les deux antécédens 30 & 10 contiennent chacun cinq fois leur conſéquent.

22. 2°. Deux raiſons ſont encore égales, quand les antécédens contiennent également & ſans reſte les parties aliquotes pareilles des conſéquens : par exemple, la raiſon de 12 à 21 eſt égale à celle de 8 à 14, parce que les deux antécédens 12 & 8 contiennent autant de fois chacun les aliquotes pareilles de leur conſéquent : car ces aliquotes pareilles ſont 3 & 2. Or 3 eſt contenu quatre fois dans 12, & 2 eſt auſſi contenu quatre fois dans l'autre antécédent 8. De même $\frac{15}{6} = \frac{40}{16}$, parce que les aliquotes pareilles des conſéquens; ſçavoir, 3 & 8 ſont contenues chacune cinq fois dans leur antécédent; ſçavoir, 3 dans 15, & 8 dans 40. Enfin $\frac{5}{15} = \frac{7}{21}$, parce que les aliquotes pareilles des conſéquens, ſçavoir 5 & 7, ſont contenues chacune une fois exactement dans leur antécédent.

Il eſt évident qu'il y a égalité de raiſons dans l'un & l'autre cas : car une raiſon eſt la maniere dont l'antécédent contient ſon conſéquent; donc deux raiſons ſont égales lorſque chaque antécédent contient ſon conſéquent de la même maniere. Or dans le premier cas les antécédens contiennent leur conſéquent de la même maniere, puiſqu'ils le contiennent le même nombre de fois. De même dans le ſecond cas les deux antécédens contiennent chacun leur conſéquent de la même maniere, puiſqu'ils renferment autant de fois & ſans reſte les aliquotes pareilles des conſéquens; ainſi dans le ſecond cas les raiſons ſont égales comme dans le premier.

Nous avons dit dans le premier cas que deux raiſons ſont égales, lorſque les antécédens contiennent chacun leur conſéquent exactement & le même nombre de fois: nous venons de dire dans le ſecond que deux raiſons ſont auſſi égales, quoique les antécédens ne contiennent pas exactement leur conſéquent, pourvû que ces antécédens contiennent exactement & le même nombre de fois les aliquotes pareilles de leur conſéquent. Il peut arriver que deux raiſons ſoient égales, quoique ni les conſéquens entiers, ni les aliquotes pareilles de ces conſéquens ne ſoient pas contenus exactement ou ſans reſte dans les antécédens : c'eſt ce que nous allons voir dans le troiſiéme cas.

23. 3°. Enfin deux raiſons ſont égales, lorſque les antécédens ne contenant pas exactement les conſéquens ni leurs aliquotes pareilles, ils contiennent cependant ces aliquotes le même nombre de fois avec des reſtes qui ont entr'eux une raiſon égale à celle des aliquotes pareilles : par exemple, $\frac{81}{120} = \frac{27}{40}$, parce que les antécédens 81 & 27 contiennent chacun deux fois 30 & 10 qui ſont les aliquotes pareilles des conſéquens, & d'ailleurs les reſtes des antécédens, ſçavoir 21 & 7 ont entr'eux une raiſon égale à celle des aliquotes pareilles 30 & 10.

A la place de 30 & de 10, on pourroit prendre d'autres aliquotes pareilles plus petites, comme 15 & 5 qui ſont contenues cinq fois chacune dans leur antécédent avec les reſtes 6 & 2, dont la raiſon eſt égale à celle des aliquotes pareilles 15 & 5.

Si au lieu de prendre les aliquotes pareilles 30 & 10, ou 15 & 5, comme nous avons fait, on choiſiſſoit 3 pour aliquote du premier conſéquent 120, & 1 pour aliquote pareille de l'autre conſéquent 40, ces deux aliquotes 3 & 1 ſeroient contenues chacune vingt-ſept fois ſans reſte dans leur antécédent : ce qui reviendroit au ſecond cas.

24. Mais on démontre en Géométrie qu'il y a des grandeurs; ſçavoir, des lignes, des ſurfaces, &c. qui ſont telles qu'aucune aliquote de l'une ne peut être aliquote de l'autre; en ſorte que ſi l'une eſt antécédent & l'autre conſéquent d'une raiſon, il ſera impoſſible de trouver une aliquote du conſéquent, ſi petite qu'elle ſoit, qui puiſſe être contenue ſans reſte dans l'antécédent : ces ſortes de grandeurs s'appellent *incommenſurables*; c'eſt-à-dire, qu'elles n'ont point de meſure commune, & la raiſon qui ſe trouve entr'elles eſt nommée *ſourde*, ou *rapport incommenſurable* : on dit auſſi que ces grandeurs ne ſont pas entr'elles comme nombre à nombre, parce qu'il n'y a point de nom-

bres qui n'aient au moins l'unité pour mesure commune, si ce sont des nombres entiers; & si ces nombres sont des fractions, ils auront toujours une mesure commune; sçavoir, quelque partie de l'unité.

Nous ne nous arrêterons pas à démontrer l'égalité des raisons dans ce troisiéme cas, parce que cela n'est pas nécessaire pour la suite.

25. Une raison géométrique n'étant que la maniere dont l'antécédent contient son conséquent, il est clair qu'on peut connoître la valeur d'une raison en divisant l'antécédent par le conséquent, puisque c'est en divisant une grandeur par une autre que l'on connoît combien la premiere contient la seconde, ou ce qui est la même chose, combien la seconde est contenue dans la premiere : par exemple, pour sçavoir combien 30 contient 5, il faut diviser 30 par 5, & le quotient 6 marque que 30 contient 5 six fois; ainsi la valeur de la raison $\frac{30}{5}$ est le quotient 6 : ce que l'on marque en cette maniere, $\frac{30}{5}=6$. On peut donc dire en général que la valeur d'une raison est le quotient de l'antécédent divisé par le conséquent. Ce quotient est appellé *exposant*, parce qu'il expose ou fait connoître la valeur de la raison. L'exposant marque donc combien de fois l'antécédent contient le conséquent.

26. Il suit de-là que la raison de 30 à 5 est fort différente de celle de 5 à 30. Car on vient de dire que la valeur de la raison de 30 à 5 est exprimée par 6 : au lieu que la valeur de la raison de 5 à 30 est la fraction $\frac{1}{6}$ qui marque le quotient de 5 divisé par 30, puisque 5 ne contient que la sixiéme partie de 30. Ainsi cette raison de 5 à 30 est 36 fois plus petite que celle de 30 à 5, parce que le quotient $\frac{1}{6}$ est seulement la trente-sixiéme partie de l'autre quotient 6.

27. Il suit aussi que deux raisons sont égales, lorsque les exposans ou les quotiens des antécédens divisés par les conséquens sont égaux : & réciproquement, les exposans ou les quotiens sont égaux lorsque les raisons sont égales.

28. Il arrive fort souvent qu'on ne peut faire exactement la division de l'antécédent par le conséquent, soit parce que ce conséquent est plus grand que l'antécédent, soit parce qu'il n'y est pas contenu sans reste : pour lors le quotient ou exposant peut être marqué par quelque lettre que l'on suppose représenter la valeur de la raison : par exemple, la valeur de la raison $\frac{5}{7}$ ne peut être exprimée par un nombre entier qui soit le quotient de l'antécédent divisé par le conséquent. De même la raison $\frac{20}{9}$ ne peut être exprimée par un nombre entier, parce que 9 n'est pas contenu sans reste dans 20 : cependant on peut supposer dans l'un & l'autre exemple que la raison est exprimée par une lettre qui désigne le quotient; ainsi on peut supposer que $\frac{5}{7}=e$, & que $\frac{20}{9}=f$. En gènéral la raison $\frac{a}{b}=e$, en supposant que

la lettre e représente le quotient de a divisé par b.

28*B*. Nous avons prouvé (Liv. I, Art. 62*B*), que le produit du quotient multiplié par le diviseur est égal au dividende : ainsi e étant supposé le quotient de a divisé par b, le produit be est égal à l'antécédent a qui est le dividende ; par conséquent si $\frac{a}{b} = e$, on peut en conclure que $a = be$. De même si $\frac{c}{d} = f$, il s'ensuit que $c = df$.

DES PROPORTIONS.

29. Deux raisons égales forment une *proportion* qui n'est autre chose que l'égalité de deux raisons, ou la comparaison de deux raisons égales : & comme il y a deux sortes de raisons, il y a aussi deux sortes de proportions, la *géométrique* & l'*arithmetique*.

30. La proportion géométrique est une comparaison de deux raisons géométriques égales : par exemple, la raison géométrique de 15 à 5 étant égale à celle de 21 à 7, ces deux raisons forment une proportion géométrique que l'on marque souvent comme nous avons dit, $\frac{15}{5} = \frac{21}{7}$, & plus ordinairement, en mettant quatre points entre les deux raisons, & un point entre l'antécédent & le conséquent de chacune en cette maniere, $15 . 5 :: 21 . 7$. En général s'il y a proportion entre les quatre grandeurs a, b, c, d, on l'a marque ainsi, $a . b :: c . d$, ou bien, $\frac{a}{b} = \frac{c}{d}$. Lorsqu'il s'agit d'énoncer une proportion comme la premiere qu'on a apportée pour exemple, on dit : la raison de 15 à 5 est égale à celle de 21 à 7, ou bien, 15 est à 5 comme 21 à 7. On dit encore : 15 & 5 sont entr'eux comme 21 & 7, & quelquefois, 15, 5, 21 & 7 sont proportionnels.

31. La proportion arithmétique est une comparaison de deux raisons arithmétiques égales : par exemple, les raisons arithmétiques de 5 à 3 & de 8 à 6 étant égales, elles forment une proportion arithmétique qui se marque en cette maniere, $5 . 3 : 8 . 6$, en mettant seulement deux points au lieu de quatre entre les deux raisons.

32. Pour connoître si deux raisons arithmétiques, telles que celles de 5 à 3 & de 8 à 6 sont égales, il faut se souvenir que la raison arithmétique n'est que la maniere dont une grandeur surpasse l'autre, ou autrement l'excès de l'une sur l'autre ; d'où il suit, que les raisons arithmétiques sont égales, quand les antécédens surpassent également les conséquens, ou lorsque les conséquens surpassent également les antécédens : dans l'exemple proposé, les deux antécédens 5 & 8 surpassant également leurs conséquens 3 & 6, sçavoir de 2, les deux raisons arithmétiques de 5 à 3, & de 8 à 6 sont égales.

Voici un exemple de la proportion arithmétique en lettres : si a

ſurpaſſe autant *b* que *c* ſurpaſſe *d*, on aura la proportion arithmétique *a* . *b* : *c* . *d*. On énonce la proportion arithmétique comme la géométrique.

33. Il n'y a point de grandeurs, ſoit nombres, étendues, mouvemens, vîteſſes, &c. entre leſquelles il n'y ait une raiſon géométrique & une raiſon arithmétique : par exemple, entre 12 & 3 il y a une raiſon géométrique que l'on exprimeroit par 4, parce que l'antécédent 12 contient 4 fois le conſéquent 3 ; il y a auſſi entre les mêmes nombres 12 & 3 une raiſon arithmétique que l'on marqueroit par 9, parce que l'antécédent ſurpaſſe le conſéquent de 9 : ce qui fait voir qu'il y a bien de la différence entre la raiſon géométrique & l'arithmétique; c'eſt pourquoi quatre grandeurs peuvent être en proportion géométrique, quoiqu'elles ne ſoient pas en proportion arithmétique : par exemple, il y a une proportion géométrique entre ces quatre nombres, 12, 3, 20, 5 : mais il n'y a point de proportion arithmétique, parce que 12 ne ſurpaſſe pas autant 3, que 20 ſurpaſſe 5 ; il faudroit mettre 11 à la place de 5, & on auroit, 12 . 3 : 20 . 11 : c'eſt une proportion arithmétique, parce que 12 ſurpaſſe autant 3, que 20 ſurpaſſe 11.

34. Dans une proportion, ſoit géométrique, ſoit arithmétique, il y a quatre termes; ſçavoir, l'antécédent & le conſéquent de la premiere & de la ſeconde raiſon : par exemple, dans la proportion, *a* . *b* :: *c* . *d*, *a* & *b* ſont l'antécédent & le conſéquent de la premiere raiſon ; *c* & *d* ſont l'antécédent & le conſéquent de la ſeconde raiſon.

35. Le premier & le dernier terme s'appellent les *extrêmes*, le ſecond & le troiſiéme les *moyens* : dans notre exemple, *a* & *d* ſont les extrêmes, *b* & *c* ſont les moyens.

36. Quelquefois le même terme eſt conſéquent de la premiere raiſon, & antécédent de la ſeconde ; on l'appelle *moyen proportionnel* : comme dans cette proportion géométrique, 5 . 10 :: 10 . 20 ; ou bien dans cette proportion arithmétique, 5 . 10 : 10 . 15 ; dans l'une & l'autre 10 eſt moyen proportionnel, & la proportion eſt appellée *continue* : on la marque ſouvent en cette ſorte, ÷÷ 5 . 10 . 20, pour la proportion géométrique, & de cette maniere, ÷ 5 . 10 . 15, pour la proportion arithmétique.

37. Lorſqu'il y a plus de trois termes dans l'une ou l'autre proportion continue, on la nomme *progreſſion* : voici une progreſſion géométrique, ÷÷ 5 . 10 . 20 . 40 . 80 . 160, &c. & voici une progreſſion arithmétique, ÷ 5 . 10 . 15 . 20 . 25 . 30, &c. Une progreſſion eſt donc une ſuite de raiſons égales, dont chacun des termes, excepté le premier & le dernier, eſt conſéquent d'une raiſon & antécédent de la ſuivante :

vante : nous disons excepté le premier & le dernier termes : car il est clair que le premier n'est qu'antécédent de la premiere raison, & que le dernier n'est que conséquent de la derniere. Pour énoncer la premiere progression, on dit : 5 est à 10 comme 10 est à 20, comme 20 est à 40, comme 40 est à 80, comme 80 est à 160, &c. La seconde progression, qui est l'Arithmétique, s'énonce de la même maniere, en exprimant les termes 5, 10, 15, 20, 25, 30, &c. à la place de ceux de la progression géométrique.

38. Il paroît par ce qui a été dit, que si les deux premiers termes d'une proportion géométrique sont égaux, les deux derniers sont aussi égaux entr'eux. Pareillement si les antécédens sont égaux, les conséquens sont aussi égaux entr'eux : & réciproquement si les conséquens sont égaux, il faut que les antécédens le soient aussi : par exemple, si dans la proportion $a . b :: c . d$, les deux termes a & b sont égaux, les deux autres c & d sont aussi égaux entr'eux ; mais il n'est pas nécessaire qu'ils soient égaux aux deux premiers. Pareillement si les antécédens a & c sont égaux, les conséquens b & d sont encore égaux, & si les conséquens sont égaux, les antécédens le sont aussi. Tout cela est une suite de la notion de la proportion géométrique : car afin que deux raisons soient égales, il faut que chaque antécédent contienne son conséquent de la même maniere. Or cela posé, tout ce que l'on vient de dire est vrai.

39. De ce que chaque antécédent d'une proportion géométrique doit contenir son conséquent de la même maniere, il suit encore que si un des antécédens est plus grand que son conséquent, l'autre antécédent doit aussi être plus grand que son conséquent. Et si un des antécédens est moindre que son conséquent, l'autre sera pareillement moindre que le sien. Ces deux derniers articles peuvent aussi s'appliquer à la proportion arithmétique.

39*B*. Puisque l'antécédent d'une raison est toujours consideré comme contenant le conséquent, soit en tout, soit en partie (3 & 4), il s'ensuit qu'on peut exprimer les termes d'une raison par am & a ou par bm & b, &c. auquel cas la lettre m marquera combien de fois l'antécédent contiendra le conséquent, ou ce qui revient au même, cette lettre désignera le quotient de l'antécédent divisé par le conséquent. De même une proportion géométrique sera exprimée en général en cette maniere, $am . a :: bm . b$, ou bien, $an . a :: bn . b$, & encore, $cm . c :: dm . d$, &c. on verra dans la suite que cette expression donne une extrême facilité de démontrer les propriétés des proportions géométriques. Souvent même elle fait appercevoir ces propriétés sans démonstration.

39C. Lorſque l'antécédent contient ſon conſéquent ſans reſte, le quotient *m* ou *n* eſt un nombre entier : mais ſi l'antécédent contient ſon conſéquent avec un reſte, ou qu'il le contienne ſeulement en partie, la lettre qui déſigne le quotient eſt un nombre entier avec une fraction, ou ſeulement une fraction. Si l'antécédent *am* contient 4 fois le conſéquent *a*, *m* ſera égale à 4 : s'il le contient 4 fois & demi, *m* ſera $4\frac{1}{2}$: s'il en contient les deux tiers, *m* ſera $\frac{2}{3}$.

Nous avons averti que quand on parloit de raiſon ſans ſpécifier la géométrique ou l'arithmétique, il falloit entendre la géométrique : on doit de même entendre la proportion géométrique quand on parle de proportion, à moins qu'on ne ſpécifie l'arithmétique. Nous allons traiter de la proportion géométrique, & enſuite nous dirons quelque choſe de la proportion arithmétique.

La propriété fondamentale de la proportion géométrique, eſt l'égalité du produit des extrêmes à celui des moyens. Il n'y a point de propoſition dans toutes les Mathématiques d'un uſage auſſi étendu ; nous allons en faire le Théorême ſuivant.

Théorême I. et fondamental.

40. *Dans toute proportion géométrique, le produit des extrêmes eſt égal au produit des moyens.*

Soit la proportion 8 . 4 :: 6 . 3, dont les deux extrêmes ſont 8 & 3, & les deux moyens 4 & 6 ; il faut prouver que le produit de 8 par 3 eſt égal au produit de 4 par 6.

Démonstration.

Si on multiplie 8 & 4 par 3, le produit de 4 par 3 ſera la moitié du produit de 8 par 3, puiſque 4 eſt la moitié de 8 : mais ſi au lieu de multiplier 4 par 3 on le multiplioit par un nombre double de 3, le produit qui en viendroit ſeroit double du produit de 4 par 3, & par conſéquent égal au produit de 8 par 3. Or le ſecond moyen 6 eſt néceſſairement le double de 3, parce que le premier antécédent 8 étant le double de ſon conſéquent 4, il faut auſſi que le ſecond antécédent 6 ſoit le double de ſon conſéquent 3 ; autrement il n'y auroit pas de proportion : donc le produit de 4 par 6 eſt égal au produit de 8 par 3, c'eſt-à-dire, que le produit des moyens eſt égal au produit des extrêmes. Ce qu'il falloit démontrer.

Il eſt évident que la même démonſtration peut s'appliquer à toute autre proportion, en changeant ſeulement les termes de *moitié* & de *double*, lorſque cela eſt néceſſaire ; ſi, par exemple, il s'agiſſoit d'une proportion, dont les antécédens fuſſent trois fois plus grands que leurs conſéquens, comme dans celle-ci, 15 . 5 : : 12 . 4., il faudroit mettre dans la démonſtration *tiers* à la place de *moitié*, & *triple* à la place de *double* : ainſi des autres proportions.

Ce raiſonnement fait entendre la raiſon pourquoi le produit des extrêmes eſt égal au produit des moyens : on appelle ces ſortes de démonſtrations *métaphyſiques* : nous allons donner une autre démonſtration par lettres.

AUTRE DÉMONSTRATION.

Soit la proportion $a . b :: c . d$, ou bien $\frac{a}{b} = \frac{c}{d}$, laquelle peut repréſenter toutes les autres, à cauſe des lettres qui peuvent déſigner toutes les grandeurs poſſibles. Il faut démontrer que ad produit des extrêmes, eſt égal à bc produit des moyens.

Si on multiplie les deux termes de la premiere raiſon qui ſont a & b par d conſéquent de la ſeconde, les produits ad & bd qui viendront de cette multiplication, auront entr'eux une raiſon égale à celle des racines a & b (18) ; ainſi on aura la proportion $\frac{ad}{bd} = \frac{a}{b}$: de même ſi on multiplie les deux termes c & d de la ſeconde raiſon par b conſéquent de la premiere, les produits bc & bd ſeront encore entr'eux comme les racines c & d, ou, ce qui eſt la même choſe, les racines c & d auront entr'elles une raiſon égale à celle des produits bc & bd ; on aura donc cette ſeconde proportion $\frac{c}{d} = \frac{bc}{bd}$.

Voici donc les deux proportions que donnent les deux multiplications précédentes.

$\frac{ad}{bd} = \frac{a}{b}$ premiere proportion.

$\frac{c}{d} = \frac{bc}{bd}$ ſeconde proportion.

Ces deux proportions contiennent quatre raiſons, qui ſont, $\frac{ad}{bd}$, $\frac{a}{b}$, $\frac{c}{d}$, $\frac{bc}{bd}$. La premiere de ces raiſons eſt égale à la ſeconde par la premiere proportion ; la ſeconde eſt égale à la troiſiéme par l'hypothéſe ; & la troiſiéme eſt égale à la quatriéme par la ſeconde proportion ; d'où il ſuit que la premiere $\frac{ad}{bd}$ & la quatriéme $\frac{bc}{bd}$ ſont égales (12). Or ces deux raiſons égales ont le même conſéquent : ainſi les deux antécédens ad & bc ſont égaux (14), puiſqu'ils ont un même rapport à une troiſiéme grandeur ; ſçavoir, au conſéquent bd ; donc $ad = bc$, c'eſt-à-dire, que le produit des extrêmes eſt égal à celui des moyens. Ce qu'il falloit démontrer.

SECONDE DÉMONSTRATION PAR LETTRES. Que l'expoſant de la raiſon de a à b ſoit e, on aura $\frac{a}{b} = e$, & par conſéquent $a = be$ (28) :

d'ailleurs la raison de c à d est égale par l'hypothese à celle de a à b ; ainsi on aura pareillement $\frac{c}{d} = e$ & $c = de$. On peut donc mettre be & de à la place de a & de c dans les produits ad & bc ; ce qui donnera bed & bde, au lieu de ad & de bc. Or il est évident que $bed = bde$. Ainsi $ad = bc$. Ce qu'il falloit démontrer.

Si on exprime la proportion en cette maniere, $am . a :: bm . b$, il n'y aura pas besoin de démonstration, puisque amb ou abm, est le produit soit des extrêmes, soit des moyens.

COROLLAIRE.

41. Dans une proportion continue, le produit des extrêmes est égal au quarré de la moyenne proportionnelle. Soit la proportion continue, $a . b :: b . c$; je dis que $ac = bb$ ou $bb = ac$. C'est une suite évidente du précédent Théorême; car, puisque le quarré de la moyenne proportionnelle est le produit des moyens, il doit par conséquent être égal au produit des extrêmes.

Nous venons de faire voir que quand quatre grandeurs sont proportionnelles, le produit des extrêmes est égal au produit des moyens ; on peut aussi démontrer la proposition inverse ou reciproque, c'est ce que nous allons faire dans le Théorême suivant.

THÉORÊME II.

42. *Lorsque le produit des extrêmes est égal au produit des moyens, les quatre grandeurs sont proportionnelles.*

Soient les quatre nombres 8,4,6,3 dont le produit des extrêmes, 8×3, soit égal au produit des moyens, 4×6 : il faut prouver que 8.4::6.3.

DÉMONSTRATION.

Le premier multiplicande 8 étant double du second multiplicande 4, il faut que le multiplicateur de 4 soit double du multiplicateur de 8 ; autrement les produits ne seroient pas égaux : ce qui est contre l'hypothese ; par conséquent le premier multiplicande est au second, comme le second multiplicateur est au premier, ou, ce qui est la même chose, 8 . 4 : : 6 , 3. Ce qu'il falloit démontrer.

On démontrera la même chose toutes les fois que deux produits seront égaux : car pour lors si le premier multiplicande est le triple du second, le second multiplicateur sera le triple du premier ; si le premier multiplicande est cent fois plus grand que le second, le second multiplicateur sera cent fois plus grand que le premier, &c. On entend ici par second multiplicateur, celui par lequel on multiplie le second multiplicande.

Autre Démonstration.

Soient les quatre grandeurs a, b, c, d, dont le produit des extrêmes qui eſt ad ſoit égal à bc produit des moyens ; il faut prouver qu'il s'enſuit que $\frac{a}{b} = \frac{c}{d}$.

En multipliant les deux premieres grandeurs a & b par la quatriéme d, les produits ad & bd qui viennent de la multiplication, ſont en même raiſon que les racines a & b (18), ou, ce qui eſt la même choſe, les racines a & b ont entr'elles une raiſon égale à celle des produits ad & bd : ce qui donne la proportion $\frac{a}{b} = \frac{ad}{bd}$. De même en multipliant les deux grandeurs c & d par b, les produits bc & bd ſont encore en même raiſon que les racines c & d. On a donc cette ſeconde proportion $\frac{bc}{bd} = \frac{c}{d}$.

Voici donc les deux proportions que donnent les multiplications précédentes.

$\frac{a}{b} = \frac{ad}{bd}$ premiere proportion.

$\frac{bc}{bd} = \frac{c}{d}$ ſeconde proportion.

Ces deux proportions contiennent quatre raiſons, qui ſont, $\frac{a}{b}, \frac{ad}{bd}, \frac{bc}{bd}, \frac{c}{d}$. La premiere de ces raiſons eſt égale à la ſeconde par la premiere proportion ; la ſeconde eſt égale à la troiſiéme, parce que les deux antécédens ad & bc étant égaux par l'hypotheſe, ils ont même rapport à une troiſiéme grandeur telle que bd (13) : enfin la troiſiéme raiſon $\frac{bc}{bd}$ eſt égale à la quatriéme $\frac{c}{d}$ par la ſeconde proportion ; d'où il ſuit que de la premiere raiſon $\frac{a}{b}$ eſt égale à la quatriéme $\frac{c}{d}$ (12), c'eſt-à-dire, que $a.b::c.d$. Ce qu'il falloit démontrer.

Seconde Démonstration par Lettres. Soit $\frac{a}{b} = e$, & $\frac{c}{d} = f$: il faut prouver que $e = f$, en ſuppoſant $ad = bc$. Puiſque $\frac{a}{b} = e$ & que $\frac{c}{d} = f$, on aura $a = be$ & $c = df$ (28) : donc on pourra ſubſtituer be & df à la place de a & de c dans les produits ad & bc, & on trouvera bed ou bde & bdf : ainſi $bde = bdf$. Donc en diviſant ces deux quantités par la même grandeur bd les quotiens ſont égaux. Or ces deux quotiens ſont e & f (Liv. I, Art. 166) : donc $e = f$. Ce qu'il falloit démontrer.

Corollaire I.

42B. Si on a trois grandeurs, comme a, b, c qui ſoient telles que le produit ac des extrêmes ſoit égal au quarré bb de la ſeconde b, cette ſeconde ſera moyenne proportionnelle entre a & c, en ſorte qu'on aura, $a . b :: b . c$: c'eſt une ſuite évidente du Théorême, puiſque le le produit des extrêmes eſt ſuppoſé égal à celui des moyens.

42C. Il paroît par ce Corollaire que ſi on veut avoir une moyenne proportionnelle entre deux grandeurs, il n'y a qu'à tirer la racine quarrée du produit de ces deux grandeurs : car ce produit étant égal au quarré de la racine qu'on trouve, cette racine eſt moyenne proportionnelle entre les deux grandeurs. Si par exemple, on a les deux nombres 84 & 362 entre leſquels on veuille trouver un moyen proportionnel, il faudra multiplier 362 par 84, & tirer la racine quarrée du produit 30408 ; on trouvera que c'eſt un peu plus de 174. Cette racine eſt donc le moyen proportionnel cherché. Si on ne veut que déſigner la racine, ou qu'on ne puiſſe la tirer, on ſe ſert du ſigne radical : ainſi $\sqrt{ac}$ eſt moyen proportionnel entre a & c.

Corollaire II.

43. Toutes les fois que le produit de deux grandeurs eſt égal au produit de deux autres, on peut toujours faire une proportion des quatre grandeurs qui compoſent ces deux produits, en prenant pour extrêmes les deux racines d'un produit, & pour moyens les deux racines de l'autre produit : par exemple, ſi $ad = bc$ on en peut faire la proportion, $a . b :: c . d$, en prenant pour extrêmes les racines a & d du premier produit, & pour moyens les racines b & c du ſecond. Il eſt clair par le ſecond Théorême que cette proportion $a . b :: c . d$ eſt vraie, puiſque l'on ſuppoſe que le produit des extrêmes eſt égal au produit des moyens. De même ſi $abc = dfg$, on en peut tirer la proportion, $a . d :: fg . bc$. Dans ce dernier exemple, quoique chacun des produits égaux abc & dfg ſoit compoſé de trois racines, on le regarde comme n'en ayant que deux ; ſçavoir, a & bc pour le premier produit, & d & fg pour le ſecond, conſiderant bc comme une ſeule racine dans abc, & fg comme une ſeule racine dans dfg. De cette même égalité $abc = dfg$ on auroit pû tirer cette autre proportion, $ab . df :: g . c$. En un mot deux produits étant égaux, on peut toujours conclure que les deux racines qui compoſent le premier, peuvent être les extrêmes d'une proportion dont les deux racines qui compoſent l'autre produit, ſoient les moyens, telles que ſoient les deux racines qui compoſent l'un & l'autre produit.

43B. On n'apperçoit pas aiſément qu'elles ſont les racines de certains produits quand on n'a pas quelque habitude dans le calcul. En voici quelques exemples : ſoient les trois égalités, 1°. $ac - bc = df + d$, 2°. $aa - bb = 1$, 3°. $aa - 1 = d$. La premiere donne $a - b . f + 1 :: d . c$: on déduit de la ſeconde, $a + b . 1 :: 1 . a - b$, & de la troiſiéme,

$a+1.d::1.a-1$, parce que en multipliant dans chacune de ces proportions les extrêmes l'un par l'autre, & les moyens pareillement, on trouvera les trois égalités précédentes.

Nous ajouterons ici un troisiéme Théorême plus général que les deux premiers, & qui les renferme l'un & l'autre.

Théoréme III.

44. *Si on compare deux raisons entre elles, la premiere est à la seconde comme le produit des extrêmes est à celui des moyens.*

Soient les deux raisons $\frac{a}{b}$ & $\frac{c}{d}$ le produit des extrêmes est ad & celui des moyens est bc. Il faut donc prouver que $\frac{a}{b} . \frac{c}{d} :: ad . bc$, c'est-à-dire, que la raison $\frac{a}{b}$ est à celle-ci $\frac{c}{d}$ comme ad est à bc.

Démonstration.

Si ces deux raisons avoient les conséquens égaux b & d, elles seroient entre elles comme les antécèdens a & c : car alors si le premier antécédent étoit, par exemple, trois fois plus grand que l'autre, il est clair que la premiere raison seroit trois fois plus grande que la seconde (16B). Or dans cette hypothese des conséquens égaux les antécédens a & c seroient entre eux comme les produits des extrêmes & des moyens ad & bc (18) : ainsi les deux raisons seroient aussi comme ces produits. Présentement si on suppose que d augmente & qu'il devient double de b, la seconde raison ne sera que la moitié de ce qu'elle étoit; mais aussi le produit des moyens bc ne sera que la moitié de ce qu'il étoit par rapport à ad. Ainsi dans cette seconde hypothese les raisons sont encore comme les produits des extrêmes & des moyens. On feroit un raisonnement semblable dans toute autre diversité des conséquens.

Autre Démonstration.

Soit $\frac{a}{b}=e$, & $\frac{c}{d}=f$: ainsi $a=be$ & $c=df$: par conséquent on peut mettre be & df à la place de a & de c dans les produits ad & bc, & on aura bed ou bde & bdf au lieu de ad & de bc. Or il est évident que $e.f::bde.bdf$ (18) puisque bde & bdf sont les produits des exposans e & f multipliés par la même grandeur bd : donc $e.f::ad.bc$, ou bien $\frac{a}{b}.\frac{c}{d}::ad.bc$. Ce qu'il falloit démontrer.

Si les deux raisons sont exprimées par $\frac{am}{a}$ & $\frac{bn}{b}$, on appercevra facilement que $\frac{am}{a}.\frac{bn}{b}::abm.abn$, puisque $\frac{am}{a}=m$ & $\frac{bn}{b}=n$ (Liv.I, Art. 166), & que d'ailleurs abm, abn sont entre eux comme m est à n (18).

On ne doit pas être surpris que dans ce Théorême on regarde les raiſons, telles que $\frac{a}{b}$ & $\frac{c}{d}$, comme des termes d'une proportion, car les raiſons étant égales aux quotiens des antécédens diviſés par les conſéquens (25), elles ſont conſidérées comme des véritables grandeurs.

45. Il eſt clair par cette troiſiéme propoſition, que quand deux raiſons ſont égales, le produit des extrêmes eſt égal à celui des moyens, (c'eſt le premier Théorême); & lorſque la premiere raiſon eſt plus grande ou plus petite que la ſeconde, le produit des extrêmes eſt auſſi plus grand ou plus petit que celui des moyens. Reciproquement quand les deux produits ſont égaux, les deux raiſons ſont égales (c'eſt le ſecond Théorême); & lorſque le produit des extrêmes eſt plus grand ou plus petit que celui des moyens, la premiere raiſon eſt plus grande ou plus petite que la ſeconde.

46. On peut donc voir aiſément par là ſi une raiſon eſt égale à une autre : car ſi en multipliant l'antécédent de la premiere par le conſéquent de la ſeconde, & le conſéquent de la premiere par l'antécédent de la ſeconde, ces deux produits ſont égaux, c'eſt une marque qu'il y a proportion, c'eſt-à-dire, que les deux raiſons ſont égales. Ainſi la raiſon de 15 à 12 eſt égale à celle de 10 à 8, parce que le produit de 15 par 8 qui ſont les extrêmes eſt égal à celui des moyens 12 & 10.

47. Mais ſi le premier produit qui eſt celui des extrêmes eſt plus grand que celui des moyens, pour lors la premiere raiſon eſt plus grande que la ſeconde : par exemple, la raiſon de 16 à 12 eſt plus grande que celle de 10 à 8, parce que le produit de 16 par 8 ſurpaſſe celui de 12 par 10.

48. Au contraire ſi le produit des extrêmes eſt moindre que celui des moyens, la premiere raiſon eſt plus petite que la ſeconde. Ainſi la raiſon de 14 à 12 eſt plus petite que celle de 10 à 8, parce que le produit de 14 par 8 eſt moindre que celui de 12 par 10.

48*B*. Il paroît par ce qu'on vient de dire que quoique l'antécédent d'une raiſon ſoit moindre que ſon conſéquent, on ne doit pas définir la raiſon en diſant que c'eſt la maniere dont l'antécédent eſt contenu dans le conſéquent : car en ſuppoſant cette définition, la raiſon de 4 à 12, par exemple, ſeroit plus grande que celle de 6 à 12, puiſque la maniere dont 4 eſt contenu dans 12 eſt plus grande que celle dont 6 y eſt contenu : cependant la premiere de ces raiſons eſt plus petite que la ſeconde, parce que le produit des extrêmes eſt moindre que celui des moyens.

49. Les deux racines d'un produit ſont dites *réciproques* aux deux racines d'un autre produit égal. En général deux grandeurs ſont dites reciproques aux deux autres, lorſque les deux premieres ſont les extrêmes

mes d'une proportion dont les deux autres sont les moyens : par exemple, *a* & *d* sont reciproques à *b* & à *c*, si *a* . *b* : : *c* . *d*.

50. On se sert du terme *réciproquement* dans une signification différente : on dit que deux grandeurs sont entre elles réciproquement comme deux autres, ou qu'elles sont réciproquement proportionnelles à deux autres, lorsque, pour en faire une proportion, il faut renverser l'ordre des deux dernieres ou des premieres : ainsi quand on divise un nombre par deux diviseurs, les quotiens sont entr'eux non pas comme les diviseurs ; ce qui voudroit dire que le premier diviseur est au second, comme le premier quotient est au second : mais ces quotiens sont entr'eux réciproquement comme les diviseurs, c'est-à-dire, que le diviseur de la premiere division est au diviseur de la seconde, comme le quotient de la seconde division est au quotient de la premiere : par exemple, si on divise 40 par 10, & ensuite par 5, le premier quotient sera 4, & le second 8. Or 10 . 5 : : 8 . 4. La raison qui est entre les diviseurs est donc égale à celle qui est entre les quotiens pris dans un ordre renversé ; c'est-à-dire, que si le diviseur de la premiere division est l'antécédent d'une raison, il faut que le quotient de la seconde division soit l'antécédent de l'autre raison ; c'est ce que l'on veut exprimer quand on dit que les quotiens sont entr'eux réciproquement comme les diviseurs, ou que les diviseurs sont entr'eux réciproquement comme les quotiens.

51. A la place du terme *réciproquement*, on se sert quelquefois de ceux-ci, *en raison réciproque*, qui ont le même sens ; ainsi dans notre exemple on peut dire que les quotiens sont en raison réciproque des diviseurs. On dit aussi quelquefois *en raison inverse*, & encore *en raison indirecte* ; ce qui signifie précisement la même chose qu'*en raison réciproque*.

52. Remarquez que dans l'exemple proposé les deux termes qui viennent de la premiere division, c'est-à-dire, le diviseur & le quotient sont les extrêmes de la proportion, & les deux termes de la seconde sont les moyens ; c'est pourquoi on peut dire que le diviseur & le quotient de la premiere division, sont réciproques au diviseur & au quotient de la seconde ; mais on ne doit pas dire que le diviseur & le quotient d'une division, sont entr'eux réciproquement comme le diviseur & le quotient de l'autre division : ce qui signifieroit que le premier diviseur est au premier quotient, comme le second quotient est au second diviseur.

On peut appliquer ces notions & ces remarques aux masses & aux vitesses de deux corps qui ont des mouvemens égaux : car dans ce cas d'égalité de mouvemens, les masses sont entr'elles réciproquement comme les vitesses, ou ce qui revient au même, les masses sont réciproquement proportionnelles aux vitesses ; & la masse & la vitesse d'un corps sont réciproques à la masse & à la vitesse d'un autre corps.

DIFFÉRENS CHANGEMENS QU'ON PEUT FAIRE dans les termes d'une proportion.

Afin de faire voir l'utilité des deux premiers Théorêmes, nous nous en servirons pour démontrer les propositions suivantes : nous allons commencer à les employer pour prouver que l'on peut faire plusieurs changemens dans l'ordre des termes d'une proportion, quoique ces termes demeurent toujours en proportion.

53. 1°. En mettant le premier conséquent à la place du second antécédent, & le second antécédent à la place du premier conséquent ; ou, ce qui est la même chose, en faisant changer de place aux deux moyens : ce changement s'appelle *alternando*, ou bien *permutando* : par exemple, dans la proportion $8 . 4 :: 6 . 3$ on peut mettre 4 & 6 à la place l'un de l'autre en cette maniere, $8 . 6 :: 4 . 3$. De même en lettres, si $a . b :: c . d$, on pourra conclure *alternando*, $a . c :: b . d$; car afin que cette derniere proportion soit vraie, il suffit que ad produit des extrêmes soit égal à bc produit des moyens. Or il est évident que $ad = bc$: car on suppose que $a . b :: c . d$; donc par le premier Théorême $ad = bc$.

54. On peut de même faire changer de place aux extrêmes, c'est-à-dire, les mettre à la place l'un de l'autre : par exemple, si $a . b :: c . d$, il suit que $d . b :: c . a$. Ce changement peut aussi être appellé *alternando*. La démonstration est la même que la précédente.

55. 2°. On ne détruit pas la proportion en mettant dans l'une & l'autre raison l'antécédent à la place du conséquent, & le conséquent à la place de l'antécédent : ce changement est appellé *invertendo* : par exemple, si $8 . 4 :: 6 . 3$, on pourra conclure que $4 . 8 :: 3 . 6$. En général si $a . b :: c . d$, je dis que $b . a :: d . c$, car afin que $b . a :: d . c$, il suffit que bc produit des extrêmes soit égal à ad produit des moyens. Or puisque l'on suppose que $a . b :: c . d$, il est nécessaire (40) que $ad = bc$ ou que $bc = ad$.

56. Il est visible que si $a . b :: c . d$, on peut sans détruire la proportion, mettre la raison de c à d la premiere ; & on aura $c . d :: a . b$, & *invertendo*, $d . c :: b . a$. Or les termes de cette derniere proportion sont dans un ordre renversé par rapport à la premiere, $a . b :: c . d$. On peut donc toujours prendre les termes d'une proportion dans un ordre renversé sans la détruire, c'est-à-dire, que si $a . b :: c . d$, on pourra en conclure que $d . c :: b . a$. Ce changement peut être aussi appellé *invertendo*.

57. Il paroît par ces deux cas, que l'on ne détruit pas une proportion, pourveu que les extrêmes demeurent toujours les mêmes aussibien que les moyens, ou pourveu que les deux termes qui étoient les extrêmes deviennent moyens, & les deux moyens deviennent extrêmes : mais on détruiroit la proportion si un des extrêmes seulement devenoit moyen : par exemple, ayant la proportion $a \,.\, b :: c \,.\, d$, on ne peut pas conclure que $a \,.\, b :: d \,.\, c$, ou que $b \,.\, a :: c \,.\, d$.

Nous allons aussi exposer quatre cas dans lesquels on ne détruit pas la proportion, quoique l'on augmente ou que l'on diminue d'une certaine maniere les deux antécédens, ou les deux conséquens de la proportion.

58. 1°. La proportion n'est pas détruite lorsqu'on multiplie les deux antécédens, ou les deux conséquens par une même grandeur: par exemple, si $a \,.\, b :: c \,.\, d$, il suit que $2a \,.\, b :: 2c \,.\, d$, & que $a \,.\, 2b :: c \,.\, 2d$. Afin de donner une démonstration générale, nous nous servirons de la lettre n pour marquer le multiplicateur ; il faut donc prouver que si $a \,.\, b :: c \,.\, d$, il s'ensuit que $na \,.\, b :: nc \,.\, d$. Afin que $na \,.\, b :: nc \,.\, d$, il suffit que nad produit des extrêmes soit égal à ncb ou nbc produit des moyens. Or ces deux produits sont égaux : car puisque par l'hypothese $a \,.\, b :: c \,.\, d$, il faut que ad soit égal à bc ; & par conséquent en multipliant l'un & l'autre par n, les produits nad & nbc seront encore égaux. On prouve de la même maniere que $a \,.\, nb :: c \,.\, nd$. On voit par là qu'on peut doubler, tripler, &c. les deux antécédens, ou les deux conséquens d'une proportion sans la détruire.

59. On peut aussi multiplier l'antécédent & le conséquent de la premiere ou de la seconde raison par une même grandeur : par exemple, si on a la proportion $a \,.\, b :: c \,.\, d$, on peut conclure $na \,.\, nb : c \,.\, d$ ou bien $a \,.\, b :: nc \,.\, nd$. La démonstration est la même que dans l'article précédent. D'ailleurs ce changement est une suite manifeste du septiéme principe (18) dans lequel nous avons fait voir que quand on multiplie deux grandeurs par une troisiéme, les produits ont entre eux une raison égale à celle des deux premieres grandeurs avant la multiplication. Le même principe peut s'appliquer au cas de l'article précédent, en supposant qu'on a fait le changement *alternando* avant la multiplication. On pourroit nommer ces deux changemens *par multiplication*.

59 *B*. 2°. Si on divise les deux antécédens ou les deux conséquens par une même grandeur au lieu de les multiplier, il y aura encore proportion : ainsi en supposant $a \,.\, b :: c \,.\, d$, on aura aussi $\frac{a}{n} \,.\, b :: \frac{c}{n} \,.\, d$, ou bien $a \,.\, \frac{b}{n} :: c \,.\, \frac{d}{n}$: on aura encore $\frac{a}{n} \,.\, \frac{b}{n} :: c \,.\, d$, ou bien $a \,.\, b :: \frac{c}{n} \,.\, \frac{d}{n}$. Cela se prouve par le huitiéme principe. On peut appeller ce changement *par division*.

60. 3°. La proportion reste encore lorsque l'on ajoute les conséquens aux antécédens, & qu'on compare les sommes aux conséquens : On appelle ce changement *componendo* ou *addendo* : par exemple, si $8 . 4 :: 6 . 3$, on pourra conclure que $8 + 4 . 4 :: 6 + 3 . 3$, ou bien, $12 . 4 :: 9 . 3$. En général, si $a . b :: c . d$, je dis que $a + b . b :: c + d . d$: car afin que $a + b . b :: c + d . d$, il suffit que $ad + bd$ produit des extrêmes, soit égal à $bc + bd$ produit des moyens. Or $ad + bd$ est égal à $bc + bd$: car puisque l'on suppose que $a . b :: c . d$, il faut que ad soit égal à bc (40), & par conséquent $ad + bd = bc + bd$.

61. On peut de même ajouter l'antécédent de chaque raison au conséquent, & comparer l'antécédent à la somme : par exemple, si $a . b :: c . d$, je puis en conclure que $a . b + a :: c . d + c$. On peut aussi appeller ce changement *componendo* ou *addendo*, il se prouve de la même maniere.

62 & 65. 4°. On ne détruit pas la proportion quand on ote les conséquens des antécédens, ou les antécédens des conséquens, & que l'on compare les différences aux conséquens : on appelle ce changement *dividendo* ou *substrahendo* : par exemple, si $12 . 4 :: 9 . 3$, on pourra conclure que $12 - 4 . 4 :: 9 - 3 . 3$, ou bien, $8 . 4 :: 6 . 3$. En général si $a . b :: c . d$, je dis que $a - b . b :: c - d . d$ & que $b - a . b :: d - c . d$: car afin que cette proportion $a - b . b :: c - d . d$ soit vraie, il suffit que $ad - bd$ produit des extrêmes soit égal à $bc - bd$ qui est le produit des moyens. Or $ad - bd = bc - bd$; car puisque l'on suppose que $a . b :: c . d$, il faut que $ad = bc$, & par conséquent $ad - bd = bc - bd$. On prouvera de même que cette proportion $b - a . b :: d - c . d$ est vraie.

63 & 64. On peut pareillement comparer l'antécédent à la différence de l'antécédent & du conséquent : par exemple, si $a . b :: c . d$, je dis que $a . a - b :: c . c - d$, & que $a . b - a :: c . d - c$, ce changement peut encore être appellé *dividendo* ou *substrahendo*, & se démontre de la même maniere. Le changement qu'on appelle *convertendo* est renfermé dans celui que nous venons d'appeller *dividendo*.

66. Il ne sera pas inutile de voir tous ces changemens réunis, afin de les retenir & d'en remarquer la différence.

On suppose que $a . b :: c . d$.

Donc *alternando*, $a . c :: b . d$, ou bien, $d . b :: c . a$.

invertendo, $b . a :: d . c$, ou bien, $d . c :: b . a$.

par multiplication $\begin{cases} an . b :: cn . d, \text{ ou bien, } a . bn :: c . dn. \\ an . bn :: c . d, \text{ ou bien, } a . b :: cn . dn. \end{cases}$

Au lieu de multiplier on peut diviser :

par division $\begin{cases} \frac{a}{n} . b :: \frac{c}{n} . d, \text{ ou bien, } a . \frac{b}{n} :: c . \frac{d}{n}. \\ \frac{a}{n} . \frac{b}{n} :: c . d, \text{ ou bien, } a . b :: \frac{c}{n} . \frac{d}{n}. \end{cases}$

componendo, $a + b . b :: c + d . d$, ou bien, $a . b + a :: c . d + c$.

dividendo, $a - b$ ou $b - a \,.\, b :: c - d$ ou $d - c \,.\, d$, ou bien, $a \,.\, a - b$ ou $b - a :: c \,.\, c - d$ ou $d - c$.

Voici encore deux autres manieres de prouver une proportion par quelques autres : nous les ajoutons ici, parce que les Géométres s'en servent souvent pour faire leurs démonstrations.

67. Si plusieurs grandeurs comme a, b, c, d, sont proportionnelles à autant d'autres e, f, g, h, en prenant les dernieres dans le même ordre que les premieres, en sorte $a \,.\, b :: e \,.\, f$, que $b \,.\, c :: f \,.\, g$, & que $c \,.\, d :: g \,.\, h$; je dis que la premiere & la derniere d'une part sont proportionnelles à la premiere & à la derniere de l'autre part ; c'est-à-dire, que $a \,.\, d :: e \,.\, h$: car dans ces trois proportions le produit des extrêmes est égal à celui des moyens : on a donc les trois égalités, $af = be$, $bg = cf$, $ch = dg$; & en multipliant les unes par les autres, on aura encore $af \times bg \times ch = be \times cf \times dg$, ou bien, $abcfgh = bcdefg$: d'où l'on tirera la proportion (43), $abc \,.\, bcd :: efg \,.\, fgh$: & en divisant les termes de la premiere raison par bc, & ceux de la seconde par fg, on aura $a \,.\, d :: e \,.\, h$. Cette maniere de tirer une proportion de plusieurs autres s'appelle *ex proportione ordinatâ, par proportion ordonnée*.

68. Si plusieurs grandeurs comme a, b, c, d, sont proportionnelles à autant d'autres e, f, g, h, prises deux à deux dans un ordre rétrogade, en sorte que $a \,.\, b :: g \,.\, h$, que $b \,.\, c :: f \,.\, g$; & que $c \,.\, d :: e \,.\, f$, je dis que les extrêmes d'une part sont encore proportionnels aux extrêmes de l'autre part ; c'est-à-dire, que $a \,.\, d :: e \,.\, h$. Cette proportion se démontre comme la précédente : car les trois proportions donnent $ah = bg$, $bg = cf$, $cf = de$: ainsi en multipliant ces trois égalités on aura $ah \times bg \times cf = bg \times cf \times de$, ou bien, $abcfgh = bcdefg$: d'où l'on tirera la proportion, $abc \,.\, bcd :: efg \,.\, fgh$: donc $a \,.\, d :: e \,.\, h$. Cette maniere de conclure s'appelle *ex proportione turbatâ, par proportion troublée*.

DE LA REGLE DE TROIS.

70. Cette regle est aussi appellée *regle d'or*, à cause de son grand usage, & encore *regle de proportion*, parce qu'il y a proportion entre les termes qu'elle renferme : enfin on l'appelle *regle de trois*, à cause qu'elle contient trois termes connus qui en font trouver un quatriéme qu'on cherche ; elle est d'une si grande utilité dans les Sciences & dans l'usage de la vie civile, que nous ne pouvons pas nous dispenser de l'expliquer ici.

71. Cette regle consiste à trouver un quatriéme terme qui soit proportionnel à trois autres qui sont connus : par exemple, supposé qu'on propose cette question : si quinze ouvriers ont fait vingt toises d'ouvrage, combien quarante-cinq ouvriers en feront-ils dans le même

tems ? Elle ſe résout par la regle de trois, parce qu'il s'agit de trouver un quatriéme terme proportionnel à trois autres connus qui ſont les quinze ouvriers, vingt toiſes & quarante-cinq ouvriers. Le quatriéme terme que l'on cherche eſt le nombre de toiſes que les quarante-cinq ouvriers feront.

72. Afin de trouver ce quatriéme terme, on doit d'abord arranger ces quatre termes en proportion, en mettant x à la place du quatriéme terme cherché, en cette maniere, $15^{ou}. 20^{t} :: 45^{ou}. x^{t}$, ou *alternando*, $15^{ou}. 45^{ou} :: 20^{t}. x^{t}$: cette derniere diſpoſition eſt plus naturelle, parce que l'on y compare les termes homogenes l'un avec l'autre ; c'eſt-à-dire, dans cet exemple, les ouvriers avec les ouvriers, & les toiſes avec toiſes ; il eſt donc à propos de garder cette diſpoſition dans laquelle les deux termes homogenes connus ſont les deux premiers termes de la proportion.

Après avoir arrangé les termes, il faut obſerver les deux regles ſuivantes.

1°. Multiplier les deux moyens de cette proportion l'un par l'autre : le produit ſera 900.

2°. Diviſer ce produit par le premier terme 15 ; & le quotient 60 ſera le quatriéme terme cherché.

Voici encore un autre exemple, 300 perſonnes ont dépenſé 1042. livres ; on demande combien 60 perſonnes dépenſeront à proportion dans le même-tems ? Ayant arrangé les quatre termes en proportion de la maniere ſuivante, $300^{p}. 60^{p} :: 1042 . x$; je multiplie les deux moyens 60 & 1042 l'un par l'autre ; le produit eſt 62520 : je diviſe enſuite ce produit par le premier terme 300, & je trouve au quotient 208, & le reſte 120 que je mets en fraction ; ainſi le quatriéme terme cherché eſt $208 + \frac{120}{300}$.

73. Dans ces deux exemples les deux derniers termes homogenes ſont entr'eux comme les deux premiers ; c'eſt-à-dire, que dans le premier exemple, les 15 ouvriers ſont à 45 ouvriers, comme le nombre de toiſes faites par les 15 ouvriers eſt au nombre des toiſes faites par les 45 ouvriers : & de même dans le ſecond exemple, 300 perſonnes ſont à 60, comme le nombre de livres dépenſées par 300 perſonnes, eſt au nombre de livres dépenſées par 60.

74. Mais il y a des queſtions où les deux derniers termes homogenes ſont entr'eux réciproquement comme les deux premiers ; ſoit par exemple, la queſtion ſuivante : 40 hommes ont fait un ouvrage en 25 jours ; on demande en combien de tems 50 hommes feront le même ouvrage. Les deux termes homogenes connus de cette queſtion ſont 40 & 50, dont le premier eſt moindre que le ſecond ; par conſé-

quent afin que les deux derniers termes homogenes 25 & x fussent entr'eux comme les deux premiers, il faudroit que le nombre 25 qui répond à 40, fût aussi moindre que x qui répond à 50 : ce qui n'est pas vrai, parce que 40 hommes doivent employer plus de tems à faire un ouvrage que 50 hommes ; c'est pourquoi les deux nombres de jours 25 & x ne sont pas entr'eux directement comme 40 & 50 : mais ces deux nombres 25 & x sont entr'eux réciproquement comme 40 & 50 ; c'est-à-dire (50), que 40 hommes sont à 50, comme le nombre x de jours employés par les 50 hommes, est au nombre de jours employés par les 40. Il faut donc arranger les termes de cette proportion de la maniere suivante, $40^h. 50^h :: x^j. 25$.

75. Les regles de trois dans lesquelles les deux derniers termes homogenes sont entr'eux comme les deux premiers, sont appellées *directes* ; & celles où les deux derniers termes homogenes sont entr'eux réciproquement comme les deux premiers, sont appellées *indirectes*.

75*B*. Il est facile de connoître si la regle de trois est directe ou si elle est indirecte. Quand les termes correspondans vont du plus au plus, elle est directe : mais si les termes vont du plus au moins, elle est indirecte : dans l'exemple de l'Art. 71. les termes vont du plus au plus, puisque plus il y a d'ouvriers, plus il y a de toises faites ; ainsi la regle est directe. Mais l'exemple de l'Art. 74. appartient à la regle de trois indirecte, puisque plus il y aura d'hommes, moins il faudra de jours pour achever un ouvrage. On voit bien que par termes *correspondans* nous entendons ceux dont l'un répond à l'autre, quoiqu'ils soient de differente espéce : ainsi dans l'exemple de l'Art. 71. les ouvriers & les toises sont les termes correspondans, & dans celui de l'Art. 74. ce sont les hommes & les jours : c'est pourquoi si on disoit, 100 ouvriers ont fait 20 toises, combien en feront 80 ouvriers, la regle ne seroit pas indirecte, quoiqu'il y ait 100 ouvriers d'une part, & seulement 80 de l'autre, parce que 100 ouvriers & 80 ouvriers ne sont pas des termes correspondans : ce sont les ouvriers & les toises.

76. Afin de résoudre les regles indirectes, il faut après avoir disposé les termes en proportion, comme on vient de le faire dans le dernier exemple, multiplier les deux extrêmes l'un par l'autre, & diviser ensuite le produit par le moyen connu : dans l'exemple proposé, il faut multiplier 40 par 25 & diviser le produit 1000 par 50, le quotient 20 est le terme cherché.

Voici encore un autre exemple de la regle de trois indirecte : 150 personnes ont dépensé une somme d'argent en 60 jours, on demande en combien de tems 100 personnes dépenseront la même somme. Dans cet exemple, les deux termes homogenes connus sont 150 & 100, dont le premier est plus grand que le second. Ainsi afin que les deux autres termes homogenes fussent entr'eux comme les deux premiers, il faudroit que 60 qui répond à 150, fût plus grand que le terme cherché x qui répond à 100. Or il est clair que le terme 60 n'est pas plus grand que x, puisque 150 personnes doivent dépenser une certaine somme en moins de tems que 100 personnes; par conséquent les deux nombres de jours 60 & x ne sont pas entr'eux directement comme 150 & 100 : mais ces deux nombres 60 & x sont entr'eux réciproquement comme 150 & 100, en sorte que 150 personnes sont à 100, comme le nombre x de jours est à 60; par conséquent il faut arranger les termes en cette maniere, $150^p. 100^p :: x^i. 60^i$. On trouvera la solution de cette regle, en multipliant les deux extrêmes 150 & 60 l'un par l'autre, & divisant le produit 9000 par 100 qui est le moyen connu.

76*B*. Lorsque la regle de trois est indirecte, on peut faire en sorte que le terme inconnu soit le quatriéme de la proportion : il ne faut que mettre les deux premiers termes homogenes connus à la place l'un de l'autre. Ainsi dans le dernier exemple il faudroit disposer les termes en cette maniere, $100^p. 150^p :: 60^i. x^i$. Il ne s'ensuit cependant pas de-là qu'il n'y a point de distinction à faire entre la regle de trois directe & la regle indirecte, puisque quand elle est indirecte, les deux premiers termes homogenes doivent être disposés autrement que quand elle est directe.

76*C*. La preuve de la regle de trois directe peut se faire en multipliant les deux extrêmes & divisant le produit par un des moyens : car si le quotient qu'on trouve est l'autre moyen, c'est une marque que l'opération a été bien faite. Ainsi pour faire la preuve du premier exemple proposé, il faut multiplier 15 par 60, & diviser le produit 900 par 20 qui est un des moyens, & on trouvera le quotient 45 qui est l'autre moyen. Quand la regle de trois est indirecte il faut multiplier les deux moyens, & diviser le produit par un extrême. En un mot si le terme trouvé est un extrême, on multipliera les deux extrêmes; & si ce terme est un moyen on multipliera les deux moyens; de sorte que le terme trouvé doit toujours servir à la multiplication. Lorsque le terme trouvé contient une fraction, il faut pour faire cette preuve exactement employer le calcul des fractions dont nous parlerons dans la suite.

76*D*. Nous supposons que les termes ont été bien arrangés : car s'ils ne l'avoient pas été de la maniere convenable, cette preuve ne le feroit pas connoître. Au reste on peut voir facilement sans preuve si les termes ont été mal disposés : je suppose que dans l'exemple de l'Art. 74 on ait ainsi arrangé les termes, $40^h. 50^h :: 25^i. x^i$. en multipliant les deux termes 50 & 25 l'un par l'autre, & divisant le produit 1250 par le le premier terme 40, on trouvera au quotient 31 qui eſt plus grand que 25; & cependant le terme cherché doit être plus petit que 25, puiſque 50 hommes doivent faire un ouvrage en moins de tems que 40 : d'où l'on conclura que les termes ont été mal arrangés.

77. Il ſuit de ce qu'on a dit ſur les regles de trois directes & indirectes, qu'après avoir arrangé les termes en proportion, il faut multiplier les deux moyens l'un par l'autre, quand les deux moyens ſont connus, & diviſer le produit par l'extrême connu. Au contraire, lorſque les deux extrêmes ſont connus, il faut les multiplier l'un par l'autre, & diviſer le produit par le moyen connu; & le quotient dans l'un & l'autre cas ſera le terme cherché proportionnel aux trois autres : c'eſt ce que l'on va prouver dans la démonſtration ſuivante, dans laquelle on ſuppoſera d'abord que les deux moyens & le premier extrême ſont connus.

DÉMONSTRATION DE LA REGLE DE TROIS.

78. Soient les trois premiers termes a, b, c; en ſorte que l'on ait la proportion $a . b :: c . x$. Il s'agit de démontrer que la grandeur x eſt égale au produit des moyens b & c, diviſé par le premier terme a; c'eſt-à-dire, que $x = \frac{bc}{a}$. Je le démontre ainſi : puiſque $a . b :: c . x$; donc par le premier Théorême $ax = bc$; par conſéquent ſi on diviſe chacun de ces produits égaux ax & bc par la même grandeur, les quotiens ſeront encore égaux; je diviſe donc ces deux produits par a; on aura $\frac{ax}{a} = \frac{bc}{a}$: or $\frac{ax}{a} = x$ (Liv. I, Art. 166) donc $x = \frac{bc}{a}$.

Si les deux extrêmes & un moyen étoient connus, comme dans la regle de trois indirecte, on auroit la proportion $a . b :: x . c$, d'où l'on concluroit que $ac = bx$, & que par conſéquent $\frac{ac}{b} = \frac{bx}{b}$. Or $\frac{bx}{b} = x$. Donc $\frac{ac}{b} = x$ ou $x = \frac{ac}{b}$ c'eſt-à-dire, que dans ce cas le terme cherché eſt égal au produit des extrêmes diviſé par le moyen connu.

COROLLAIRE.

79. Il ſuit de-là que toutes les fois que l'on a une fraction, dont le numérateur eſt le produit de deux grandeurs, on peut toujours faire une proportion dont le premier terme ſoit le dénominateur de la fraction, les deux moyens ſoient les grandeurs qui ſont les deux racines du produit qui ſert de numérateur à la fraction; enfin le quatriéme terme ſoit la fraction même : par exemple, on peut faire de la fraction $\frac{bc}{a}$ la proportion ſuivante, $a . b :: c . \frac{bc}{a}$.

Cette proportion eſt vraie, puiſque nous venons de démontrer que le quatriéme terme proportionnel aux trois autres, a, b, c, eſt égal au produit des moyens b & c, diviſé par le premier terme a : ce Corollaire eſt d'uſage dans pluſieurs occaſions.

80. On peut donner une autre démonſtration fort ſimple de la regle de trois, qui ne ſuppoſe pas la connoiſſance du premier Théorême : nous en allons faire l'application au premier exemple rapporté ci-deſſus pour la regle de trois directe : 15 ouvriers ayant fait 20 toiſes pendant un certain tems, on demande combien en feront 45 ouvriers dans le même-tems : pour le trouver je conſidere que ſi un ſeul ouvrier avoit fait 20 toiſes, 45 ouvriers en feroient 45 fois 20 dans le même-tems : il faudroit donc multiplier 20 par 45, & le produit 900 exprimeroit le nombre des toiſes que feroient 45 ouvriers. Mais ce n'eſt pas un ouvrier ſeul qui a fait les 20 toiſes : il n'en a fait que la quinziéme partie, puiſqu'il y avoit 15 ouvriers qui ont tous travaillé également à ces 20 toiſes. Par conſéquent les 45 ouvriers ne feront pareillement que la quinziéme partie de 900 toiſes : il faut donc chercher la quinziéme partie de 900. Or pour trouver la quinziéme partie de 900 il faut diviſer ce nombre par 15. D'ailleurs 900 eſt le produit des moyens 45 & 20 ; ainſi pour trouver le quatriéme terme cherché il faut multiplier les moyens l'un par l'autre, & diviſer enſuite le produit par le premier terme.

81. La regle de trois indirecte peut ſe prouver par un raiſonnement à peu près ſemblable. 10 perſonnes ont conſommé une certaine quantité de vivres en 60 jours ; on veut ſçavoir en combien de jours 12 perſonnes feront la même conſommation. Ces quatre termes font la proportion ſuivante, $10 . 12 :: x . 60$. Or pour trouver le troiſiéme terme x que l'on cherche, il faut, ſuivant la méthode expliquée ci-deſſus, multiplier les deux extrêmes 10 & 60 l'un par l'autre, & diviſer le produit 600 par le moyen connu 12 : Ce qui donnera le quotient 50 qui eſt le troiſiéme terme cherché. Voici la raiſon de cette méthode : ſi un ſeul homme avoit conſommé la proviſion de vivres en 60 jours, 12 hommes feroient la même conſommation pendant la douziéme partie de 60 jours. Or pour avoir la douziéme partie de 60 jours il faut diviſer 60 par 12 ; mais comme par la ſuppoſition ce ſont 10 perſonnes qui ont épuiſé la proviſion en 60 jours, c'eſt la même choſe que ſi un ſeul homme l'avoit conſommée en 10 fois 60 jours : il ne faut donc pas ſeulement prendre la douziéme partie de 60, mais plûtôt celle de 10 fois 60 ; c'eſt-à-dire, qu'il faut multiplier 60 par 10, & diviſer le produit par 12.

REMARQUE.

81*B*. Quand les deux moyens sont connus, au lieu de multiplier ces deux moyens l'un par l'autre, & de diviser ensuite le produit par l'extrême connu, on pourroit diviser un des moyens par l'extrême connu, & multiplier ensuite le quotient de la division par l'autre moyen. Ainsi dans l'exemple de l'Art. 71. on pourroit diviser le moyen 45 par 15, & multiplier le quotient 3 par l'autre moyen 20, le produit 60 seroit le quatriéme terme. De même dans l'exemple de l'Art. 72 on pourroit diviser le moyen 1042 par 300 & multiplier le quotient total $3+\frac{142}{300}$ par 60; on trouveroit au produit $180+\frac{8520}{300}$. Or cette fraction $\frac{8520}{300}$ est égale à $28+\frac{120}{300}$, comme il paroîtra en divisant le numérateur par le dénominateur.

En suivant cette méthode on trouvera la même quantité que par la premiere, comme il est facile de le prouver par le premier exemple: car en multipliant d'abord 45 par 20, & divisant ensuite le produit par 15, on a un quotient 20 fois plus grand que si on avoit divisé seulement 45 par 15 sans multiplication. Or pareillement en divisant d'abord 45 par 15, & multipliant ensuite le quotient par 20, on a un nombre 20 fois plus grand que si on n'avoit point fait de multiplication. Lorsque les deux extrêmes sont connus, on peut de même diviser un de ces extrêmes par le moyen connu, & multiplier ensuite le quotient par l'autre extrême.

82. Les regles de trois dont nous avons parlé jusqu'à présent, sont appellées *simples*, parce qu'elles ne renferment que quatre termes: il y en a qu'on appelle *composées*; ce sont celles dans lesquelles il y a plus de quatre termes, comme dans la question suivante: 20 hommes ont fait 12 toises en 8 jours: on demande combien 30 hommes feront de toises en 24 jours. On peut résoudre ces sortes de regles en les réduisant en plusieurs regles de trois simples, comme nous allons l'expliquer.

82*B*. Il faut d'abord remarquer que les termes de la question qu'on propose sont toujours en nombre pair, par exemple, 6, 8, &c. & qu'il y en a autant dans un membre que dans l'autre, sçavoir trois dans chacun, si la question en renferme 6, & 4 si elle en contient 8. Cela posé,

82*C*. 1°. On supposera qu'un des termes du second membre de la question est égal au terme homogene du premier membre: & par ce moyen on pourra regarder ces deux termes comme évanouis, ou comme ne se trouvant plus dans la question. On supposera dans notre exemple que le nombre des jours du second membre est réduit à 8, & par-là il n'y aura plus que quatre termes dans la question, qui sont

20 hommes, 12 toises, 30 hommes & le nombre de toises que feront ces 30 hommes en huit jours. On trouvera 18 pour quatriéme terme.

2°. Après cela on dira : Si 30 hommes font 18 toises en 8 jours, combien ces 30 hommes en feront-ils en 24 jours? Le nombre d'hommes est le même dans les deux membres : ainsi les 30 hommes disparoissent de part & d'autre ; & il ne restera plus que quatre termes, sçavoir 8 jours, 18 toises, 24 jours & le nombre x de toises que l'on fera en 24 jours. Ainsi cette question ne renferme qu'une regle de trois simple qui étant resolue fera trouver 54 toises : c'est l'ouvrage que feront 30 hommes en 24 jours.

82*D*. On auroit pû faire évanouïr les hommes dans la premiere regle de trois, en supposant qu'il y en a le même nombre dans les deux membres, sçavoir 20 : on auroit donc dit d'abord : si 12 toises se font en 8 jours, combien s'en fera-t'il en 24 jours ; on trouvera 36. Après cela on diroit : Si 20 hommes ont fait 36 toises en 24 jours, combien 30 hommes en feront-ils dans le même-tems. Les 24 jours s'évanoüissent, parce que ce terme se trouve dans les deux membres. Il ne restera donc que quatre termes dont le quatriéme sera 54.

82*E*. En général on fait autant de regles de trois simples moins une qu'il y a de termes dans chaque membre : s'il y a trois termes il faut faire deux regles de trois : s'il y a quatre termes il en faut faire trois, &c. mais on doit observer qu'il n'y ait jamais plus de quatre termes dans chaque regle de trois simple : ainsi s'il y a huit termes dans la question, il en faut faire disparoître quatre, deux à chaque membre, en supposant que deux termes du second sont égaux aux deux termes homogenes du premier. Nous verrons après avoir expliqué les raisons composées, qu'on peut résoudre les regles de trois composées en les réduisant à une seule regle de trois simple par le moyen des raisons composées.

DE LA REGLE DE COMPAGNIE ou de Société.

82*F*. La regle de compagnie est celle par laquelle il faut partager une somme en plusieurs parties proportionnelles à des grandeurs données. Supposons, par exemple, que trois Marchands aient fait une société pour entreprendre un commerce : que le premier ait mis 10000 liv. le second 14000, le troisiéme 16000 ; & qu'ils aient gagné 8000#, il s'agit de partager ces 8000# à proportion de ce que chacun a mis.

82*G*. Il faut assembler les trois mises, & faire autant de regles de trois qu'il y a d'associés ; en sorte que les deux premiers termes de chacune soient la somme des mises & le gain total, le troisiéme soit la mise de chaque associé, le quatriéme sera le gain qui reviendra à celui dont la mise est le troisiéme terme de la proportion. Dans notre exemple la somme des trois mises est 40000, le gain total est 8000# : ainsi il faudra faire les trois proportions suivantes :

La résolution de ces trois regles fera connoître qu'il faudra

$$\left\{\begin{array}{l} 40000^{\#} . 8000^{\#} :: 10000^{\#} . x = 2000^{\#} \\ 40000 . 8000 :: 14000 . y = 2800 \\ 40000 . 8000 :: 16000 . z = 3200 \end{array}\right.$$

donner 2000# au premier Associé, 2800# au second, 3200# au troisiéme. On s'assurera si on a bien opéré en ajoutant les trois gains particuliers ensemble, car si la somme est égale au gain total, c'est une marque que les opérations ont été bien faites.

82*H*. Les regles de compagnie sont appellées simples lorsque la mise de chaque particulier fait seule le troisiéme terme, comme dans l'exemple qu'on vient de rapporter : mais elles sont composées quand outre la considération des mises il faut encore avoir égard au tems. Supposons, par exemple, que le premier ait mis son argent pour 10 mois, le second pour 15 mois, & le troisiéme pour 20 : il faut multiplier chaque mise par le tems qui lui est propre, 10000 par 10, 14000 par 15, & 16000 par 20 ; on aura les trois produits 100000, 210000, 320000 : il faut les ajouter ensemble ; la somme 630000 sera le premier terme de la proportion, le second sera le gain total, le troisiéme, sera le produit de la mise de chacun par le tems. Ainsi

$$\left\{\begin{array}{l} 630000^{\#} . 8000^{\#} :: 100000 . x = 1269\frac{53}{63} \\ 630000 . 8000 :: 210000 . y = 2666\frac{42}{63} \\ 630000 . 8000 :: 320000 . z = 4063\frac{31}{63} \end{array}\right.$$

les trois proportions seront celles-ci : la somme des trois termes trouvés est égal au gain total 8000# : ainsi les opérations sont bien faites.

DE LA REGLE D'ALLIAGE.

82*I*. La regle d'alliage consiste à mêler plusieurs choses de qualités différentes ou de différens prix afin d'avoir un mêlange d'un prix moyen : par exemple, si on a du vin à 7 sols la pinte & du vin à 12 sols, & qu'on veuille avoir un mélange à 10 sols, on se sert de la regle d'alliage pour sçavoir en quelle maniere il faut faire le mélange.

82*K*. On désignera le prix du vin à 7 s. par a, celui du vin à 12 s. par b, & enfin le prix moyen par m, & on fera les égalités suivantes $a + 3 = m$, $b - 2 = m$ qui signifient $7 + 3 = 10$ & $12 - 2 = 10$: ensuite on multiplie la premiere de ces deux égalités par le nombre 2 qui est dans la seconde : on multiplie aussi la seconde par 3 qui est dans la premiere, les produits sont $2a + 6 = 2m$ & $3b - 6 = 3m$. Il faut ajouter ces produits ensemble, la somme sera $2a + 3b + 6 - 6 = 2m + 3m$ qui se réduit à $2a + 3b = 5m$. Or cette égalité fait connoître que si on mêle deux pintes de vin à 7 sols avec trois pintes à 12 s. on aura cinq pintes à 10 sols : ce qui est évident, puisque le prix de deux pintes de vin à 7 s. & celui de trois pintes à 12 s. font 50 s. qui est le prix de cinq pintes à 10 sols.

82L. Présentement si on veut avoir une certaine quantité de mélange, par exemple, 300 pintes, on trouvera aisément combien il faudra mettre de l'une & de l'autre espéce de vin. Il faut faire deux regles de trois dont les deux premiers termes soient 5 & 300, le troisiéme terme de l'une soit 2, & le troisiéme terme de l'autre 3 ; le quatriéme de la premiere sera le nombre de pintes à 7 sols, & le quatriéme de la seconde sera le nombre des pintes à 12 sols : voici les deux proportions.

$$5 . 300 :: 2 . x = 120$$
$$5 . 300 :: 3 . y = 180$$

Il faudra donc mêler 120 pintes à 7 s. avec 180 à 12 sols ; on aura 300 pintes à 10 sols : cela est évident, puisque le prix de 120 pintes à 7 s. & de 180 à 12 s. est égal à celui de 300 pintes à 10 s. c'est 3000 s. ou 150#. Si on ne vouloit pas avoir de preuve, la premiere regle de trois suffiroit, puisqu'il est clair que si pour avoir 300 pintes de vin à 10 s. il en faut mettre 120 à 7 s. il en faut mettre à 12 autant qu'il est nécessaire pour aller de 120 jusqu'à 300.

Nous avons dit que le quatriéme terme de la premiere regle de trois dont un des moyens est 2 sera le nombre des pintes à 7 sols. La raison se tire de l'égalité précédente $2a + 3b = 5m$. Car pour énoncer cette regle de trois il faut dire : Si un mélange de 5 pintes contient 2 pintes à 7 sols, combien un mélange de 300 pintes doit-il contenir de ces pintes à 7 sols. Par la même raison le quatriéme terme de la seconde regle sera des pintes à 12 sols, parce que le moyen 3 marque le nombre de ces pintes que doit contenir le mélange de 5 pintes.

Nous proposerons encore dans le troisiéme Livre, un Problême qui appartient à la regle d'alliage : c'est celui où il s'agit de trouver les quantités de deux espéces de métaux qui composent un corps dont on connoît le poids. Nous y parlerons aussi de la regle de *fausse position* dont on peut se servir dans plusieurs occasions.

THÉORÉME IV.

83. *Dans une suite de raisons égales la somme des antécédens est à la somme des conséquens, comme un seul antécédent est à son conséquent.*

Soient les raisons égales $\frac{6}{3} = \frac{8}{4} = \frac{10}{5} = \frac{14}{7} = \frac{16}{8}$, &c. la somme des antécédens $6 + 8 + 10 + 14 + 16 = 54$ est à la somme des conséquens

$3+4+5+7+8=27$, comme l'antécédent 6 eſt à ſon conſéquent 3, ou comme 8 eſt à 4, &c.

DÉMONSTRATION.

On peut concevoir l'antécédent total 54 partagé dans les mêmes parties qui étoient ſéparées avant l'addition ; ſçavoir, 6, 8, 10, 14, 16; de même on peut concevoir le conſéquent total 27 partagé dans les mêmes parties qui étoient auſſi ſéparées avant l'addition ; ſçavoir, 3, 4, 5, 7, 8. Or par l'hypotheſe les antécédens particuliers qui ſont les parties de l'antécédent total, contiennent chacun autant de fois, c'eſt-à-dire, deux fois, leurs conſéquens qui ſont les parties du conſéquent total ; ainſi l'antécédent total ou la ſomme des antécédens contient deux fois la ſomme des conſéquens, comme un des antécédens contient deux fois ſon conſéquent ; donc la ſomme des antécédens eſt à la ſomme des conſéquens, comme un antécédent eſt à ſon conſéquent.

On peut démontrer par le même raiſonnement que ſi chacun des antécédens particuliers contient trois fois ſon conſéquent, la ſomme des antécédens contiendra trois fois la ſomme des conſéquens. Ainſi des autres cas.

AUTRE DÉMONSTRATION.

Suppoſons que les raiſons égales ſoient $\frac{a}{b}=\frac{c}{d}=\frac{g}{h}=\frac{m}{n}$, il faut prouver que $a+c+g+m \,.\, b+d+h+n :: a \,.\, b$. Cette proportion eſt vraie ſi le produit des extrêmes eſt égal au produit des moyens. Or $ab+bc+bg+bm$ produit des extrêmes, eſt égal à $ab+ad+ah+an$ produit des moyens : ce que je prouve en faiſant voir que chacune des parties du premier produit eſt égale à chaque partie du ſecond. 1°. La partie ab du premier produit eſt la même que la partie ab du ſecond ; & par conſéquent ces deux parties ſont égales. 2°. Les deux raiſons $\frac{a}{b}$ & $\frac{c}{d}$ ſont ſuppoſées égales ; donc elles forment une proportion ; ainſi bc produit des moyens, eſt égal à ad produit des extrêmes. 3°. Les deux raiſons $\frac{a}{b}$ & $\frac{g}{h}$ ſont ſuppoſées égales, donc elles forment une proportion ; ainſi bg produit des moyens, eſt égal à ah produit des extrêmes. Enfin les deux raiſons $\frac{a}{b}$ & $\frac{m}{n}$ ſont auſſi ſuppoſées égales ; ainſi les deux parties bm & an ſont encore égales ; par conſéquent le produit total $ab+bc+bg+bm$ eſt égal au produit total $ab+ad+ah+an$; d'où ſuit la proportion $a+c+g+m \,.\, b+d+h+n :: a \,.\, b$. Ce qu'il falloit démontrer.

Si on exprime les raiſons égales par $\frac{am}{a}$, $\frac{bm}{b}$, $\frac{cm}{c}$, $\frac{dm}{d}$, il eſt clair que $am+bm+cm+dm$ eſt à $a+b+c+d$ comme am eſt à a, puiſque m eſt le quotient de l'un & de l'autre antécédent divisé par son conséquent.

COROLLAIRE.

84. Dans toute progression géométrique la somme des antécédens est à la somme des conséquens, comme un seul antécédent est à son conséquent.

C'est une conséquence évidente du précédent Théorême, puisqu'une progression géométrique n'est qu'une suite de raisons égales, dont chaque terme est conséquent d'une raison & antécédent de la suivante, excepté le premier & le dernier, comme on l'a dit : par exemple, dans cette progression $\div\!\!\div$ 3 . 6 . 12 . 24 . 48, &c. la somme des antécédens $3+6+12+24=45$, est à la somme des conséquens $6+12+24+48=90$, comme 3 est à 6. De même en lettres la progression $\div\!\!\div$ $a . b . c . d . g . h$, &c. donne la proportion suivante : $\frac{a+b+c+d+g}{b+c+d+g+h}=\frac{a}{b}$

84*B*. La somme des antécédens d'une progression sont tous les tertermes, excepté le dernier, & la somme des conséquens sont tous les termes, excepté le premier. Si donc le premier terme est a, le second b & le dernier x, & que la somme de tous les termes de la progression soit désignée par s, la somme des antécédens sera $s-x$, & la somme des conséquens sera $s-a$: ainsi la proportion du Corollaire sera $s-x . s-a :: a . b$.

THÉORÉME V.

85. *Si on multiplie les termes de deux raisons l'un par l'autre ; l'antécédent par l'antécédent, & le conséquent par le conséquent, la raison qui se trouvera entre le produit des antécédens & celui des conséquens, sera le produit des deux raisons.*

DÉMONSTRATION.

Soient les deux raisons $\frac{15}{3}$ & $\frac{8}{4}$ qui ont pour exposans 5 & 2 : je dis que si on multiplie les antécédens l'un par l'autre, & les conséquens de même, la raison des produits 120 & 12 est aussi le produit des deux premieres raisons, ou ce qui revient au même, l'exposant de la raison de 120 à 12 est le produit des exposans 5 & 2 : car en multipliant les deux termes de la raison $\frac{15}{3}$ par 4, le produit de 15 par 4 contiendra 5 fois le produit de 3 par 4, parce que 15 contient 5 fois 3 : mais si on multiplie 15 par 8 double de 4, le produit de 15 par 8 contiendra

dra 2 fois 5 ou 10 fois le produit de 3 par 4, c'est-à-dire, que l'exposant de 15×8 à 3×4 est le produit de 5 par 2 qui sont les exposans des raisons $\frac{15}{3}$ & $\frac{8}{4}$. Ce qu'il falloit démontrer.

AUTRE DÉMONSTRATION.

Il faut prouver que $\frac{ac}{bd}$ est le produit des raisons $\frac{a}{b}$, $\frac{c}{d}$. Soit $\frac{a}{b} = e$ & $\frac{c}{d} = f$; donc $a = be$; & $c = df$ (28*B*); par conséquent en multipliant les deux grandeurs égales a & be l'une par c & l'autre par df qui sont deux autres quantités égales, les produits ac & $bedf$ ou $bdef$ seront encore égaux; on aura donc $ac = bdef$, & en divisant l'un & l'autre produit par bd, on aura $\frac{ac}{bd} = \frac{bdef}{bd}$: mais $\frac{bdef}{bd} = ef$ (Liv. I, Art. 166); donc $\frac{ac}{bd} = ef$. Or ef est le produit des valeurs ou des exposans des raisons $\frac{a}{b}$ & $\frac{c}{d}$; par conséquent $\frac{ac}{bd}$ est le produit des raisons $\frac{a}{b}$ & $\frac{c}{d}$. Ce qu'il falloit démontrer.

Si on exprime les deux raisons par $\frac{am}{a}$ & $\frac{bn}{b}$ dont les valeurs sont m & n, il est évident que le produit $\frac{abmn}{ab} = mn$ (Liv. I, Art. 166) est le produit de ces deux raisons.

COROLLAIRE I.

86. S'il y avoit plus de deux raisons, on prouveroit de la même maniere qu'en multipliant tous les antécédens les uns par les autres & les conséquens aussi, la raison qu'il y auroit entre le produit des antécédens & celui des conséquens seroit le produit des raisons : par exemple, soient les trois raisons $\frac{a}{b}$, $\frac{c}{d}$, $\frac{g}{h}$: je dis que la raison $\frac{acg}{bdh}$ est le produit des trois premieres : car on vient de faire voir que la raison $\frac{ac}{bd}$ est le produit des deux $\frac{a}{b}$ & $\frac{c}{d}$. Donc pareillement $\frac{acg}{bdh}$ est aussi le produit des deux raisons $\frac{ac}{bd}$ & $\frac{g}{h}$.

COROLLAIRE II.

86*B*. Si on multiplie les deux termes d'une raison $\frac{a}{b}$ par ceux d'une autre raison $\frac{c}{d}$, on aura la proportion $\frac{ac}{bd} \cdot \frac{a}{b} :: c \cdot d$; c'est-à-dire, que la raison des produits sera à celle des multiplicandes comme c est à d. Car dans toute multiplication le produit est au multiplicande comme le multiplicateur est à l'unité (69) ainsi on aura $\frac{ac}{bd} \cdot \frac{a}{b} :: \frac{c}{d} \cdot 1$. Or en multipliant les deux termes de la derniere raison par d, les produits seront $\frac{cd}{d}$ & d, & on aura aussi (18) $\frac{c}{d} \cdot 1 :: \frac{cd}{d} \cdot d$ mais $\frac{cd}{d} = c$ (art. 166), par conséquent $\frac{c}{d} \cdot 1 :: c \cdot d$. On peut donc mettre cette derniere raison à la place de l'autre dans la proportion précédente, & on trouvera $\frac{ac}{bd} \cdot \frac{a}{b} :: c \cdot d$. En prenant les termes de la raison $\frac{c}{d}$ pour multiplicandes, on prouveroit de même que $\frac{ac}{bd} \cdot \frac{c}{d} :: a \cdot b$.

COROLLAIRE III.

86C. Si on divise les deux termes d'une raison $\frac{a}{b}$ par ceux d'une autre raison $\frac{c}{d}$, & que le quotient de a par c soit e, & le quotient de b par d soit f, on aura la proportion $\frac{a}{b} \cdot \frac{e}{f} :: c \cdot d$; c'est-à-dire, que la raison des dividendes sera à celle des quotiens comme c est à d : car puisque e est le quotient de a divisé par c, on aura $ce = a$ (28B), & puisque f est le quotient de b divisé par d, on aura aussi $df = b$. Par conséquent $\frac{ce}{df} = \frac{a}{b}$. Il s'agit donc de prouver que $\frac{ce}{df} \cdot \frac{e}{f} :: c \cdot d$. Or cela est manifeste par l'article précédent, puisque ce & df sont les produits de e & de f par c & d.

87. On peut remarquer que quand les antécédens des raisons qu'on multiplie sont plus petits que les conséquens, le produit qui vient de la multiplication est plus petit que les raisons qu'on a multipliées : par exemple, si on multiplie les raisons $\frac{2}{6}$ & $\frac{5}{10}$, le produit $\frac{10}{60}$ est une raison plus petite que $\frac{2}{6}$, puisque l'antécédent 10 du produit n'est que la sixiéme partie de son conséquent 60, au lieu que l'antécédent 2 est le tiers de son conséquent 6. On pourra voir la raison de cette remarque dans le Traité des Fractions.

THÉORÉME VI.

88. *Si on multiplie les termes d'une proportion par ceux d'une autre proportion pris dans le même ordre ; c'est-à-dire, le premier de l'une par le premier de l'autre, le second par le second, le troisiéme par le troisiéme, le quatriéme par le quatriéme ; les produits seront encore en proportion.*

DÉMONSTRATION.

Si on a les deux proportions, $5 \cdot 10 :: 8 \cdot 16$ & $2 \cdot 3 :: 4 \cdot 6$, je dis que les produits 5×2, 10×3, 8×4, 16×6 qui viennent en multipliant les termes de la premiere par ceux de la seconde sont encore en proportion. Car les deux raisons de la premiere proporion sont des quantités égales. Pareillement les deux raisons de la seconde proportion sont aussi des quantités égales : donc si on multiplie les deux raiſons de la premiere proportion par celles de la ſeconde, les raiſons qui en réſulteront ſeront encore égales. Or en multipliant les termes de la premiere proportion par ceux de la ſeconde, on multiplie les deux raiſons de cette premiere proportion par celles de la ſeconde (85 : par conſéquent les deux nouvelles raiſons qui viendront ſeront égales ; c'eſt-à-dire, que les produits des termes d'une proportion par ceux de l'autre ſeront encore en proportion. Ce qu'il falloit démontrer.

Autre Démonstration.

Soient les deux proportions, $a \,.\, b :: c \,.\, d$ & $e \,.\, f :: g \,.\, h$, ſi on multiplie les termes de la premiere par ceux de la ſeconde, les produits ae, bf, cg, dh, ſont encore en proportion ; en ſorte que $ae \,.\, bf :: eg \,.\, dh$. Pour le faire voir, il n'y a qu'à démontrer (42) que le produit des extrêmes $aedh$ ou $adeh$ eſt égal au produit des moyens $bfeg$ ou $bcfg$; il s'agit donc de prouver que $adeh = bcfg$.

Par l'hypotheſe $a \,.\, b :: c \,.\, d$; donc $ad = bc$: de même à cauſe de l'autre proportion, $e \,.\, f :: g \,.\, h$, on a encore l'égalité $eh = fg$; par conſéquent les deux grandeurs égales ad & bc étant multipliées l'une par eh & l'autre par fg, les deux produits $adeh$ & $bcfg$ ſeront encore égaux. Ce qu'il falloit démontrer.

Si on exprime les deux proportions en cette maniere, $am \,.\, a :: bm \,.\, b$, & $cn \,.\, c :: dn \,.\, d$, il eſt évident que les produits $acmn \,.\, ac :: bdmn \,.\, bd$ ſont en proportion, puiſque mn exprime le quotient de l'un & de l'autre antécédent diviſé par ſon conſéquent.

On peut démontrer par la même méthode que ſi on multiplie les termes de pluſieurs proportions, par exemple de trois, les uns par les autres pris dans le même ordre, les produits ſeront encore proportionnels.

Corollaire.

89. Si on a la proportion $a \,.\, b :: c \,.\, d$, les quarrés de ces grandeurs ſont encore en proportion ; c'eſt-à-dire, que $a^2 \,.\, b^2 :: c^2 \,.\, d^2$. C'eſt une ſuite évidente de ce Théorême ; puiſque les termes de cette ſeconde proportion ſont les produits des termes de la premiere, multipliés par ceux de la même proportion. De même ſi on multiplie les termes de la proportion $a^2 \,.\, b^2 :: c^2 \,.\, a^2$ par ceux de la premiere $a \,.\, b :: c \,.\, d$, on aura cette autre proportion $a^3 \,.\, b^3 :: c^3 \,.\, d^3$: & ſi on multiplioit encore les termes de cette derniere par ceux de la premiere, on auroit $a^4 \,.\, b^4 :: c^4 \,.\, d^4$, & ainſi de ſuite ; en ſorte que l'on peut dire en général que ſi quatre grandeurs ſont proportionnelles, les puiſſances ſem-

blables de ces grandeurs ſont auſſi proportionnelles ; c'eſt-à-dire, que ſi $a.b::c.d$, on aura auſſi la proportion $a^m . b^m :: c^m . d^m$: a^m ſignifie que a eſt élevé à une puiſſance marquée par la lettre m qui peut repréſenter 2, 3, 4, 5, & tous les nombres poſſibles : il en eſt de même de b^m, c^m & d^m.

90. La propoſition réciproque de ce corollaire eſt encore vraie ; c'eſt-à-dire, que ſi les puiſſances ſemblables de quatre grandeurs ſont proportionnelles, les grandeurs elles-mêmes qui ſont les racines ſemblables de ces puiſſances, ſont auſſi proportionnelles : par exemple, ſi $a^3 . b^3 :: c^3 . d^3$, on aura auſſi la proportion $a.b::c.d$: car ayant la proportion, $a^3 . b^3 :: c^3 . d^3$, on en conclut l'égalité $a^3d^3 = b^3c^3$. Or ces deux produits a^3d^3 & b^3c^3 étant égaux, leurs racines ſemblables ad & bc ſont égales ; par conſéquent $a.b::c.d$ (42).

91. Remarquez que dans le Corollaire précédent nous n'avons pas dit que deux puiſſances ſemblables ſont proportionnelles à leurs racines ; ce qui ſeroit faux : par exemple, il n'eſt pas vrai que $a^2 . b^2 :: a.b$. Cela paroît évidemment dans les nombres : car ſi on prend 36 & 4, qui ſont les quarrés de 6 & de 2, il eſt clair que 36 n'eſt pas à 4 comme 6 eſt à 2.

91*B*. Si au lieu de multiplier, on diviſe les termes d'une proportion par ceux d'une autre, les quotiens ſeront auſſi en proportion ; ainſi les proportions étant ainſi exprimées $am . a :: bm . b$, & $cn . c :: dn . d$, on aura auſſi $\frac{am}{cm} . \frac{a}{c} :: \frac{bm}{dn} . \frac{b}{a}$, puiſque chaque antécédent eſt le produit de ſon conſéquent par $\frac{m}{n}$: par exemple, $\frac{am}{cn}$ eſt le produit de $\frac{a}{c}$ par $\frac{m}{n}$ (85).

DES RAISONS COMPOSÉES.

92. Une *raiſon compoſée* eſt le produit de deux ou de pluſieurs raiſons : par exemple, $\frac{ac}{bd}$ eſt la raiſon compoſée des raiſons $\frac{a}{b}$ & $\frac{c}{a}$: de même $\frac{acg}{dh}$ eſt un rapport compoſé des trois raiſons $\frac{a}{b}$, $\frac{c}{a}$, $\frac{g}{h}$.

93. Les rapports de la multiplication deſquels réſulte la raiſon compoſée, s'appellent *raiſons compoſantes* ou *ſimples* : ainſi dans le premier exemple qu'on vient d'apporter $\frac{a}{b}$ & $\frac{c}{d}$ ſont des raiſons compoſantes de $\frac{ac}{bd}$; & de même dans le ſecond exemple, $\frac{a}{b}$, $\frac{c}{d}$, $\frac{g}{h}$ ſont les raiſons compoſantes de $\frac{acg}{bdh}$.

94, 96 & 98. Lorſqu'il n'y a que deux raiſons-compoſantes & qu'elles ſont égales, la raiſon compoſée eſt appellée *doublée* : par exemple, ſi $\frac{a}{b} = \frac{c}{d}$ la raiſon compoſée $\frac{ac}{bd}$ eſt doublée. En nombres, les raiſons $\frac{12}{3}$ & $\frac{8}{2}$ étant égales ; la raiſon compoſée $\frac{96}{6}$ eſt doublée. Ainſi une raiſon doublée eſt le produit de deux raiſons égales ; & s'il n'y a qu'une raiſon ſimple, la raiſon qui en eſt doublée eſt le produit de cette raiſon ſimple multipliée une fois par elle-même. Or pour multiplier une raiſon par elle-même, il faut multiplier l'antécédent par l'antécédent, & le conſéquent par le conſéquent : par exemple, le produit de la raiſon $\frac{6}{2}$ multipliée par elle-même eſt $\frac{36}{4}$. Il paroît par-là que pour avoir la raiſon doublée d'une autre raiſon, il faut prendre le quarré de l'antécédent & celui du conſéquent, la raiſon de ces quarrés eſt doublée de la premiere raiſon. On peut donc dire en général que la raiſon des quarrés eſt doublée de celle des racines : dans notre exemple les quarrés ſont 36 & 4, & les racines 6 & 2.

95, 97 & 99. Lorſqu'il y a trois raiſons compoſantes, & qu'elles ſont égales, la raiſon compoſée eſt appellée *triplée* : par exemple, ſi $\frac{a}{b}=\frac{c}{d}=\frac{g}{h}$, la raiſon compoſée $\frac{acg}{bdh}$ eſt triplée : de même la raiſon $\frac{30}{240}$ eſt triplée de trois raiſons égales $\frac{2}{4}$, $\frac{3}{6}$, $\frac{5}{10}$. Une raiſon triplée eſt donc le produit de trois raiſons égales : & s'il n'y a qu'une raiſon ſimple, la raiſon qui en eſt triplée eſt le produit de cette raiſon ſimple multipliée deux fois par elle-même : ce qui ſe fait en prenant le cube de l'antécédent & celui du conſéquent : ainſi la raiſon triplée de $\frac{4}{3}$ eſt $\frac{64}{27}$: de même celle de $\frac{a}{b}$ eſt $\frac{aaa}{bbb}$. D'où il paroît que les cubes, comme 64 & 27, ſont en raiſon triplée des racines 4 & 3.

100. Il paroît par ce que l'on vient de dire qu'une raiſon doublée eſt le quarré de la raiſon ſimple, & qu'une raiſon triplée eſt le cube de la raiſon ſimple. Par exemple, $\frac{36}{4}$ eſt le quarré de $\frac{6}{2}$ & $\frac{64}{27}$ eſt le cube de $\frac{4}{3}$.

102. Il y a beaucoup de différence entre une raiſon double & une raiſon doublée, & entre une raiſon triple & une raiſon triplée : une raiſon eſt appellée *double*, lorſque l'antécédent eſt double du conſéquent : ainſi le rapport de 10 à 5 eſt une raiſon double. La raiſon eſt appellée *triple*, lorſque l'antécédent eſt triple du conſéquent : ainſi le rapport de 15 à 5 eſt une raiſon triple ; au contraire la raiſon eſt appellée *ſou-double*, quand l'antécédent eſt la moitié du conſéquent ; & *ſou-triple*, quand l'antécédent eſt le tiers du conſéquent.

On tire de ces notions de la raiſon doublée & triplée une propoſition de grand uſage dans les Mathématiques ; nous allons en faire le Théorême ſuivant.

THÉORÊME VII.

103. *La raiſon qui eſt entre deux quarrés eſt doublée de celle qui eſt entre les racines : la raiſon qui eſt entre les cubes eſt triplée de celle des racines.*

Souvent on énonce ce Théorême autrement, en diſant que *les quarrés ſont en raiſon doublée des racines, & que les cubes ſont en raiſon triplée des racines.* Les deux parties de ce Théorême ſont contenues dans les notions qu'on vient de donner des raisons doublées & triplées ; ainsi il suffira de les expliquer en peu de mots, en apportant des exemples de l'une & de l'autre partie.

Démonstration.

I. Partie. 64 est le quarré de 8, & 9 est quarré de 3. Or la raison de ces deux quarrés qui est $\frac{64}{9}$ est doublée de celle des racines 8 & 3, puisque pour avoir la raison doublée de $\frac{8}{3}$, il suffit de prendre le quarré de l'antécédent & celui du conséquent. Pareillement 1 est le quarré de 1, & 25 est le quarré de 5 : or la raison $\frac{1}{25}$ est doublée de $\frac{1}{5}$ qui est le rapport des racines. En lettres, la raison $\frac{aa}{bb}$ est doublée de $\frac{a}{b}$ qui est le rapport des racines a & b.

II. Partie. 8 est le cube de 2, & 64 est le cube de 4. Or la raison de ces deux cubes qui est $\frac{8}{64}$ est triplée de $\frac{2}{4}$ qui est le rapport des racines 2 & 4. De même la raison $\frac{1}{125}$ est triplée de $\frac{1}{5}$ qui est la raison des racines. En lettres, aaa est le cube de a, & bbb est le cube de b : or la raison de ces cubes, qui est $\frac{aaa}{bbb}$ est triplée de $\frac{a}{b}$ qui est celle des racines. Ce qu'il falloit démontrer.

Corollaire.

104. Quand deux raisons sont égales le produit des antécédens est à celui des conséquens, comme le quarré d'un des deux antécédens est à celui de son conséquent : si $a . b :: c . d$ on aura $ac . bd :: aa . bb$: car la raison de ac à bd est doublée des raisons égales de a à b & de c à d, ou simplement de l'une des deux : pareillement la raison des quarrés aa & bb est doublée de celle des racines a & b : ainsi les deux raisons de ac à bd & de aa à bb sont égales.

Ce que nous avons dit sur les raisons doublées & triplées étant assez difficile, & en même-tems d'une grande conséquence, sur-tout pour la Géométrie, il ne sera pas inutile d'y ajouter encore quelque chose pour mieux entendre la nature de ces raisons.

105. En supposant les deux raisons $\frac{a}{b}$ & $\frac{c}{d}$ égales, si $\frac{a}{b} = e$ on aura aussi $\frac{c}{d} = e$: par conséquent le rapport doublé $\frac{ac}{bd}$ qui est le produit des deux raisons $\frac{a}{b}$ & $\frac{c}{d}$: est égal à ee produit des deux exposans ; ainsi si e signifie 4, l'exposant du rapport doublé $\frac{ac}{bd}$ sera 16 ; c'est-à-dire, que ac contiendra 16 fois, ou sera 16 fois plus grand que bd. On voit donc que lorsqu'un nombre marque la raison de deux grandeurs, le quarré de ce nombre exprime le rapport doublé de cette raison : c'est pourquoi 3 étant l'exposant de la raison $\frac{6}{2}$, 9 quarré de 3 exprime le rapport des deux nombres 36 & 4 qui sont en raison doublée de 6 à 2.

106. Il suit de-là que les quarrés étant entr'eux en raison doublée des racines, si une des racines contient 5 fois l'autre, le quarré de la premiere contiendra 25 fois, ou sera 25 fois plus grand que le quarré de la seconde, si une des racines étoit 8 fois plus grande que l'autre, le quarré de la premiere seroit 64 fois (64 est le quarré de 8) plus grand que le quarré de la seconde, &c.

107. Il faut raisonner de même à proportion touchant la raison triplée, ainsi en supposant les trois raisons $\frac{a}{b}$, $\frac{c}{d}$, $\frac{g}{h}$ égales, si $\frac{a}{b} = e$, on aura aussi $\frac{c}{d} = e$ & $\frac{g}{h} = e$; & par conséquent le rapport triplé $\frac{acg}{bdh}$ qui est le produit de ces trois raisons, est égal à eee ou e^3 produit de leurs exposans; c'est-à-dire que e étant l'exposant d'une raison composante, le cube de e qui est e^3 est l'exposant de la raison triplée; si on suppose donc que $e = 4$, l'exposant de la raison triplée sera 64, ou, ce qui est la même chose, l'antécédent de cette raison contiendra 64 fois, ou sera 64 fois plus grand que son conséquent; & en général si un nombre exprime combien l'antécédent d'une raison contient son conséquent, le cube de ce nombre marque combien l'antécédent de la raison triplée contient son conséquent; d'où il faut conclure que les cubes étant en raison triplée de leurs racines; si une des racines est, par exemple, 5 fois plus grande que l'autre, le cube de la premiere est 125 fois (125 est le cube de 5) plus grand que le cube de la seconde.

108. On voit bien que si la valeur d'une raison étoit exprimée par une fraction, le rapport doublé seroit égal au quarré de cette fraction, & le rapport triplé seroit égal au cube de la fraction : soit, par exemple, la raison $\frac{8}{12}$ qui est égale à la fraction $\frac{2}{3}$ puisque 8 contient les deux tiers de 12, le rapport $\frac{64}{144}$ qui est doublé de la raison $\frac{8}{12}$, est égal à $\frac{4}{9}$ quarré de la fraction $\frac{2}{3}$, & le rapport $\frac{512}{1728}$ qui est triplé de $\frac{8}{12}$ est égal à $\frac{8}{27}$ cube de $\frac{2}{3}$.

109. Nous avons supposé que $\frac{4}{9}$ est le quarré de la fraction $\frac{2}{3}$, & que $\frac{8}{27}$ en est le cube, parce que pour avoir le quarré d'une fraction, il faut prendre le quarré du numérateur & celui du dénominateur; & pour en avoir le cube, il faut élever le numérateur & le dénominateur chacun à son cube, comme nous le prouverons dans le Traité des Fractions.

110. REMARQUE I. Si une raison est le produit de deux autres raisons égales exprimées en différens termes, on dit indifféremment que ce produit est la raison doublée des deux raisons simples, ou d'une de ces raisons : ainsi la raison $\frac{90}{10}$ étant le produit des deux $\frac{6}{2}$ & $\frac{15}{5}$, on dit que cette raison $\frac{90}{10}$ est doublée de ces deux, on dit aussi qu'elle est doublée de l'une des deux, soit l'une, soit l'autre.

111. REMARQUE II. Quand on a deux raiſons telles que $\frac{a}{b}$, $\frac{c}{d}$, & que pour les multiplier on en renverſe une, comme ſi on prend $\frac{d}{c}$ au lieu de $\frac{c}{d}$, alors le produit $\frac{ad}{bc}$ eſt la raiſon compoſée de la raiſon directe de *a* à *b* & de la raiſon inverſe de *c* à *d*. De même 10 & 12 ſont en raiſon compoſée de la raiſon directe de 2 à 3 & de la raiſon inverſe de 4 à 5.

112. Les raiſons compoſantes des raiſons doublées ſont appellées *ſou-doublées*, & celles des raiſons triplées ſont appellées *ſou-triplées* : ainſi ſi $\frac{ac}{bd}$ eſt une raiſon doublée ; les deux raiſons compoſantes égales $\frac{a}{b}$, $\frac{c}{d}$ ſont chacune ſou-doublées de $\frac{ac}{bd}$: le rapport $\frac{a}{b}$ eſt auſſi ſou-doublé de $\frac{aa}{bb}$. De même les trois raiſons égales $\frac{a}{b}$, $\frac{c}{d}$, $\frac{g}{h}$ ſont chacune ſou-triplées $\frac{acg}{bdh}$, & la raiſon $\frac{a}{b}$ eſt auſſi ſou-triplée de $\frac{aaa}{bbb}$. Au lieu de s'énoncer comme on a fait en rapportant les exemples ci-deſſus ; on dit ordinairement que *a* & *b* ſont en raiſon ſou-doublée de *ac* à *bd*, ou de *aa* à *bb* & qu'ils ſont en raiſon ſou-triplée de *acg* à *bdh* ou de *aaa* à *bbb*.

112*B*. Ce que nous avons dit ſur les raiſons compoſées peut ſervir à réſoudre les regles de trois compoſées en les réduiſant à une ſeule regle de trois ſimple. Voici l'exemple que nous avons déja réſolu par une autre méthode. 20 hommes ont fait 12 toiſes en 8 jours ; on demande combien 30 hommes en feront en 24 jours. On voit par l'état de la queſtion, que pour déterminer le nombre cherché de toiſes, il faut avoir égard aux hommes & aux jours, & que 12 toiſes & le nombre de toiſes cherché ſont en raiſon compoſée tant des hommes que des jours : le rapport ou la raiſon des hommes que l'on ſuppoſe de part & d'autre eſt de 20 à 30, & celle des jours eſt de 8 à 24. Or la raiſon compoſée de ces deux eſt de 20×8 à 30×24 ; c'eſt-à-dire de 160 à 720 : on fera donc la proportion, $160 . 720 :: 12 . x$, dont le quatriéme terme eſt 54.

112*C*. Dans cet exemple les racines du premier produit ſont priſes du premier membre, & celles du ſecond ſe trouvent toutes les deux dans le ſecond, parce que les deux nombres de toiſes ſont en raiſon compoſée de la raiſon directe des hommes & de la raiſon directe des jours, puiſque plus il y aura d'hommes, plus ils feront de toiſes, & que pareillement plus il y aura de jours, plus auſſi il y aura de toiſes faites. Mais il y a des queſtions où le rapport des deux derniers termes eſt compoſé d'une raiſon directe & d'une raiſon inverſe. Soit par exemple la queſtion ſuivante, 20 hommes ont fait 12 toiſes en 8 jours ; en combien de jours 30 hommes feront-ils 54 toiſes. Le rapport de 8 jours & du nombre *x* de jours qu'on cherche eſt compoſé de la raiſon inverſe des hommes & de la directe des toiſes, parce qu'il y aura d'autant moins de jours qu'il y a plus d'hommes, & qu'il y aura d'autant plus de jours qu'il y a plus de toiſes d'ouvrage à faire. La raiſon inverſe des hommes eſt de 30 à 20 & la directe des toiſes eſt de 12 à 54 : ainſi la raiſon

son composée sera de 30×12 à 20×54 ou de 360 à 1080 : on dira donc, $360 . 1080 :: 8 . x$. on trouvera le quatriéme terme égal à 24.

112*D*. Il se peut faire que les deux raisons composantes soient toutes deux inverses, comme dans l'exemple suivant : 40 hommes ont fait un ouvrage en 25 jours en travaillant 12 heures par jour ; on demande en combien de jours 50 hommes feront le même ouvrage en travaillant 15 heures par jour. La raison de 25 jours & du nombre x de jours qu'on cherche est composée des raisons inverses des ouvriers & des heures, parce que plus il y aura d'ouvriers, moins ils emploieront de jours ; & pareillement plus il y aura d'heures de travail moins il faudra de jours. Voici donc comment il faut disposer les termes de la regle de trois en cette question, $50 \times 15 . 40 \times 12 :: 25^{j} . x^{j}$. on trouvera 16 pour quatriéme terme.

S'il y avoit quatre termes à chaque membre de la question, la raison des deux derniers termes seroit composée de trois raisons. S'il y avoit cinq termes, cette raison seroit composée de quatre raisons, &c.

DES PROGRESSIONS GÉOMÉTRIQUES.

Nous avons donné la définition de la progression géométrique (37).

112*E*. On peut exprimer la progression géométrique de cette maniere générale, $\div\!\div$, $a . ae . ae^2 . ae^3 . ae^4 . ae^5$, &c. car il est évident que chaque antécédent contient son conséquent de la même maniere, laquelle est marquée par la fraction $\frac{1}{e}$, puisque si on divise un terme par le suivant, comme ae^2 par ae^3 le quotient est $\frac{1}{e}$ (Liv. I, Art. 168*B*). Ce n'est donc pas e qui est l'exposant de la progression, mais la fraction $\frac{1}{e}$. Lorsque la progression va en augmentant, e signifie un nombre entier seul ou un nombre entier avec une fraction : si elle va en diminuant, e ne signifie qu'une fraction.

112*F*. On peut continuer cette progression vers la gauche en mettant des fractions qui aient toutes a pour numérateurs, & pour dénominateurs les différentes puissances de la lettre e, en cette maniere : $\div\!\div \frac{a}{e^4} . \frac{a}{e^3} . \frac{a}{e} . \frac{a}{e} . a . ae . ae^2 . ae^3 . ae^4$, &c. Il est facile de voir que chaque fraction contient la suivante de la même maniere, puisqu'elle est le produit de la suivante par $\frac{1}{e}$: par exemple, $\frac{a}{e^4}$ est le produit de $\frac{a}{e^3}$ par $\frac{1}{e}$ (85).

112*G*. Si $a = 1$ la progression deviendra $\div \frac{1}{e^4} . \frac{1}{e^3} . \frac{1}{e^2} . \frac{1}{e} . 1 . e^1$ $. e^2 . e^3 . e^4$, &c. qui est la même que celle-ci $e^{-4} . e^{-3} . e^{-2} . e^{-1} . e^0 . e^1$ $. e^2 . e^3 . e^4$, &c. par les Articles 169*B* & 169*D* du premier Livre.

112*H*. Il paroît que dans cette progression dont l'unité ou e^0 est entre les exposans positifs & les exposans négatifs, les deux progressions, la géométrique & l'arithmétique sont réunies: les termes de la géométrique sont les différentes puissances de la grandeur e (e^{-4}, e^{-3}, &c. sont aussi appellées puissance de e), & ceux de l'arithmétique sont les exposans tant positifs que négatifs.

112*I*. Les termes qui suivent e^0 ou l'unité ne sont que les puissances de e prises de suite : ainsi puisque e peut signifier toutes sortes de grandeurs, il s'ensuit que les puissances successives d'une grandeur forment une progression : telle est la progression suivante $\div a . a^2 . a^3 . a^4$ $. a^5$, &c. Il paroît encore d'ailleurs que ces puissances forment une progression, puisque chaque terme est le produit du précédent multiplié par a : a^4, par exemple, est le produit de a^3 par a. En général plusieurs termes sont en progression lorsque chacun d'eux contient le précédent de la même maniere : car alors chaque terme contient aussi également le suivant.

THÉORÉME I.

113. *Dans toute progression géométrique le quarré du premier terme est au quarré du second, comme le premier est au troisiéme : & le cube du premier terme est au cube du second, comme le premier est au quatriéme.*

Soit la progression géométrique $\div 2 . 6 . 18 . 54$, &c. 2 est le premier terme, & son quarré est 4 ; 6 est le second terme, & son quarré est 36, je dis qu'on a la proportion $4 . 36 :: 2 . 18$: & pour les cubes, 8 étant le cube du premier terme 2, & 216 celui du second terme 6 ; on a encore la proportion $8 . 216 :: 2 . 54$. En général si on a la progression $\div a . b . c . d . f . g$, &c. on aura $aa . bb :: a . c$: on aura aussi $a^3 . b^3 :: a . d$.

DÉMONSTRATION.

I. PARTIE. A cause de la progression $\div a . b . c . d . f . g$, &c. la raison de a à b est égale à celle de b à c : ainsi le produit de ces deux raisons est égal à $\frac{aa}{bb}$ qui est le produit de la premiere multipliée par elle-même, c'est-à-dire, que $\frac{ab}{bc} = \frac{aa}{bb}$. Or $\frac{ab}{bc} = \frac{a}{c}$ (19), puisque a & c sont les quotiens des quantités ab & bc divisées pat la même grandeur b.

Donc $\frac{a}{c} = \frac{aa}{bb}$, ou $\frac{aa}{bb} = \frac{a}{c}$, ou bien, $aa.bb :: a.c.$ Ce qu'il falloit démontrer.

II. Partie. $a^3 . b^3 :: a . d$: car à cause de la progression $\div\div$ $a.b.c.d.f.g$, les trois raisons de a à b, de b à c, de c à d sont égales; ainsi leur produit est égal à celui de la premiere, multipliée deux fois par elle-même, c'est-à-dire, que $\frac{abc}{bcd} = \frac{aaa}{bbb}$. Or $\frac{abc}{bcd} = \frac{a}{d}$, puisque les quantités a & d sont les quotiens de abc & bcd divisés par la même grandeur bc. Donc $\frac{aaa}{bbb} = \frac{a}{d}$, ou bien $a^3 . b^3 :: a . d.$ Ce qu'il falloit démontrer.

Corollaire.

114. Il suit de ce Théorême que la raison qui est entre le premier & le troisiéme terme d'une progression géométrique est doublée de celle qui est entre le premier & le second : ainsi dans l'exemple proposé du Théorême précédent, la raison $\frac{a}{c}$ est doublée de $\frac{a}{b}$; en voici la démonstration : $\frac{a}{c} = \frac{aa}{bb}$, c'est-à-dire, que la raison du premier au troisiéme terme est égale à celle du quarré du premier terme au quarré du second, comme on vient de le démontrer dans la premiere partie de ce Théorême. Or la seconde de ces raisons, qui est $\frac{aa}{bb}$ est doublée de $\frac{a}{b}$, parce que la raison qui est entre les quarrés est doublée de celle qui est entre les racines; donc la raison $\frac{a}{c}$ égale à $\frac{aa}{bb}$ est aussi doublée de $\frac{a}{b}$.

Au lieu de dire que la raison du premier terme au troisiéme est doublée de celle du premier au second, on s'exprime souvent autrement, en disant que le premier & le troisiéme terme d'une progression sont entr'eux en raison doublée du premier au second.

115. De même la raison du premier au quatriéme terme est triplée de celle du premier au second : car par la seconde partie du Théorême précédent, $\frac{a}{d} = \frac{a^3}{b^3}$. Or la raison $\frac{a^3}{b^3}$ est triplée de $\frac{a}{b}$, parce que les cubes sont en raison triplée des racines (103) : donc le rapport $\frac{a}{d}$ égal à $\frac{a^3}{b^3}$ est aussi triplée de $\frac{a}{b}$; c'est-à-dire, que la raison du premier au quatriéme terme est triplée de celle du premier au second, ou bien le premier & le quatriéme terme sont entr'eux en raison triplée du premier au second.

Démonstration Métaphysique du Corollaire & du Théorême.

115 *B*. On peut démontrer les deux parties du Corollaire & du

Théorême par une raison métaphysique. Pour cet effet je prends la progression ∺ $a . b . c . d . e$, &c. Si le premier terme contient 4 fois le second, & le second 4 fois le troisiéme, il est évident que le premier contiendra 4 fois 4, ou 16 fois le troisiéme : & de même le troisiéme terme contenant 4 fois le quatriéme, le premier contiendra 16 fois 4, c'est-à-dire, 64 fois le quatriéme : ainsi la raison du premier terme au troisiéme sera doublée de celle du premier au second, & la raison du premier au quatriéme sera triplée de celle du premier au second : & par conséquent le quarré du premier terme sera au quarré du second comme le premier est au troisiéme, & le cube du premier terme est au cube du second comme le premier est au quatriéme.

116. Ce Théorême peut s'exprimer d'une maniere générale en disant : *Dans une progression géométrique la puissance* m *d'un terme quelconque est à la puissance semblable du terme suivant, comme le premier de ces deux termes est à celui dont le rang est marqué par le nombre entier* m *en comptant depuis ce premier non compris.* Par exemple, le cube ou la troisiéme puissance du premier terme d'une progression est au cube du second comme le premier est au troisiéme après le premier (ce troisiéme terme après le premier est le quatriéme de la progression). De même la quatriéme puissance du sixiéme est à la quatriéme puissance du septiéme comme le sixiéme est au dixiéme de la progression qui est le quatriéme après le sixiéme non compris. Ainsi dans la progression, ∺ $a . ae . ae^2 . ae^3 . ae^4 . ae^5 . ae^6 . ae^7 . ae^8 . ae^9$, on a la proportion $a^4e^{20} . a^4e^{24} :: ae^5 . ae^9$, c'est-à-dire, la quatriéme puissance du sixiéme terme ae^5 est à la quatriéme puissance du septiéme ae^6, comme le sixiéme terme est au dixiéme : cela est évident; car l'une & l'autre raison de cette proportion se réduit à celle de 1 à e^4, en divisant les termes de la premiere par a^4e^{20} & ceux de la seconde par ae^5.

Théoréme II.

116B. *Un terme quelconque d'une progression géométrique est égal au produit du premier par le quotient du conséquent divisé par l'antécédent, par ce quotient, dis-je, élevé à la puissance marquée par le nombre de termes qui précédent* : ce nombre est le même que celui des termes de la progression depuis le premier non compris jusqu'à celui dont il s'agit inclusivement.

Démonstration.

Soit la progression générale ∺ $a . ae . ae^2 . ae^3 . ae^4$, &c. il est évident que le cinquiéme terme ae^4 est le produit du premier par le quotient e élevé à la quatriéme puiſſance. Cela vient de ce que le quotient e ne commençant à ſe trouver qu'au ſecond terme ; la puiſſance de ce quotient au cinquiéme terme ne peut être que la quatriéme : en général le degré du quotient e dans un terme que j'appelle T eſt toujours marqué par le nombre des termes depuis le premier non compris juſqu'à T incluſivement.

116C. Si on déſigne un terme par T & le nombre des termes après le premier juſqu'à T compris par n, on aura la formule $T = ae^n$ qui exprime le Théorême, & qui ſervira à faire trouver le terme en queſtion, en ſuppoſant qu'on connoît le premier terme de la progreſſion & le quotient du conſéquent diviſé par l'antécédent. Si, par exemple, on cherche le cinquiéme terme d'une progreſſion dont le premier terme eſt 3 & le quotient 2, il faudra prendre la quatriéme puiſſance de 2 qui eſt 16, & multiplier 3 par 16, le produit 48 ſera le cinquiéme terme cherché.

Théoréme III.

116D. *Dans toute progreſſion géométrique le produit des extrêmes eſt égal à celui de deux termes également éloignés des extrêmes ; & ſi le nombre des termes de la progreſſion eſt impair, ces produits ſont égaux chacun au quarré du terme moyen.*

Démonstration.

Soit la progreſſion, $\div a . ae . ae^2 . ae^3 . ae^4 . ae^5 . ae^6$, &c. le produit de a par ae^6 eſt égal à celui de ae par ae^5, & chacun des deux eſt égal au quarré du terme moyen ae^3. Le premier produit eſt égal au ſecond, parce que ſi d'une part il manque un e au premier terme qui ſe trouve au ſecond, auſſi il y a un e de plus au dernier terme qu'à l'avant dernier. Il en eſt de même des autres cas.

Probléme I.

116E. *Trouver la ſomme* s *de tous les termes d'une progreſſion, dont on connoît le premier terme* a, *le quotient* e *du conſéquent diviſé par l'antécédent, & le nombre des termes, ſçavoir* n + 1.

Voici la formule $s = \frac{ae^{n+1} - a}{e - 1}$, c'eſt-à-dire, qu'il faut multiplier le premier terme a par le quotient élevé à la puiſſance $n + 1$, enſuite ôter le premier terme a du produit, enfin diviſer le reſte par $e - 1$, le quotient ſera la ſomme des termes. En voici la preuve.

Dans toute progreſſion la ſomme des antécédens eſt à la ſomme des conſéquens, comme le premier antécédent eſt à ſon conſéquent. Or la ſomme des antécédens ſont tous les termes, excepté le dernier qui eſt ae^n (116B) : cette ſomme eſt donc $s - ae^n$, & la ſomme des conſéquens ſons tous les termes, excepté le premier, c'eſt-à-dire, $s - a$. Voici la proportion, $s - ae^n . s - a :: a . ae$. Donc $sae - aaee^n = as - aa$; en diviſant tout par a, & mettant e^{n+1} à la place de ee^n qui lui eſt égal, on aura $se - ae^{n+1} = s - a$: enſuite ajoutant ae^{n+1} à chaque membre, & retranchant s de chacun, on aura après la réduction $se - s = ae^{n+1} - a$; & diviſant chaque membre par $e - 1$, on trouvera la formule $s = \frac{ae^{n+1} - a}{e - 1}$.

Problême II.

116F. *Etant donnés deux termes conſécutifs d'une progreſſion géométrique, trouver tous les autres termes, en allant tant vers la droite que vers la gauche.*

Soient les deux termes donnés a & b : pour trouver le troiſiéme terme vers la droite, je multiplie le moyen proportionnel b par lui-même ; enſuite je diviſe le quarré bb par le premier terme, le quotient $\frac{bb}{a}$ eſt le troiſiéme terme (72). Or $\frac{bb}{a}$ eſt le produit de la raiſon $\frac{b}{a}$ par le ſecond terme b, ou de b par la raiſon $\frac{b}{a}$ (15C) : d'où il paroît que pour avoir un terme il n'y a qu'à multiplier le précédent par le rapport $\frac{b}{a}$. Le quatriéme terme ſera donc $\frac{b^3}{a^2}$ le cinquiéme $\frac{b^4}{a^3}$; ainſi de ſuite. Pour avoir les termes qui ſont vers la gauche de a, il faut multiplier a par $\frac{a}{b}$, puis multiplier le produit $\frac{aa}{b}$ par $\frac{a}{b}$, & de même multiplier le nouveau produit $\frac{a^3}{b^2}$ par $\frac{a}{b}$; ainſi de ſuite, on aura la progreſſion $\because \frac{a^4}{b^3} . \frac{a^3}{b^2} . \frac{a^2}{b} . a . b . \frac{b^2}{a} . \frac{b^3}{a^2} . \frac{b^4}{a^3}$, &c. dont chaque antécédent contient également ſon conſéquent, puiſque chaque terme eſt toujours le produit du ſuivant par $\frac{a}{b}$. Par exemple, $\frac{b^2}{a}$ eſt le produit du ſuivant $\frac{b^3}{a^2}$ par $\frac{a}{b}$; car $\frac{b^3}{a^2} \times \frac{a}{b} = \frac{ab^3}{a^2 b} = \frac{b^2}{a}$. Quand $a = 1$, la progreſſion devient $\div\!\div \frac{1}{b^3} . \frac{1}{b^2} . \frac{1}{b} . 1 . b . b^2 . b^3 . b^4$, &c.

PROBLÉME III.

116G. *Etant donné un terme d'une progreſſion avec le rapport qui y regne, trouver tous les autres termes en allant tant vers la droite que vers la gauche.*

Soit le premier terme a & le rapport de ce terme au ſuivant, ſoit $\frac{r}{s}$. Si on appelle le terme ſuivant x, on aura $r . s :: a . x$. ainſi $\frac{as}{r}$ ſera le ſecond terme de la progreſſion. Or $\frac{as}{r}$ eſt le produit du rapport inverſe $\frac{s}{r}$ par a ou de a par $\frac{s}{r}$. Donc pour avoir le troiſiéme il faudra auſſi multiplier le ſecond terme $\frac{as}{r}$ par $\frac{s}{r}$. De même le quatriême ſera le produit du troiſiéme $\frac{ass}{rr}$ par $\frac{s}{r}$: ainſi de ſuite.

Mais pour continuer la progreſſion vers la gauche, il faudra multiplier par $\frac{r}{s}$: c'eſt pourquoi $\frac{ar}{s}$ précedera a, $\frac{arr}{ss}$ précedera $\frac{ar}{s}$, &c. on aura donc la progreſſion, $\div\!\div \frac{ar^4}{s^4} . \frac{ar^3}{s^3} . \frac{ar^2}{s^2} . \frac{ar}{s} . a . \frac{as}{r} . \frac{ass}{rr} . \frac{asss}{rrr}$, &c. dans laquelle chaque terme eſt le produit du ſuivant par $\frac{r}{s}$.

116H. Quand le premier terme a eſt l'unité, le rapport $\frac{r}{s}$ (en le ſuppoſant réduit aux plus petits termes) a l'unité pour numérateur; ainſi $r = 1$: c'eſt pourquoi la progreſſion devient $\div\!\div \frac{1}{s^4} . \frac{1}{s^3} . \frac{1}{s^2} . \frac{1}{s} . a . s . s^2 . s^3 . s^4$, &c.

PROBLÉME IV.

116I. *Inſerer un ou pluſieurs moyens proportionnels entre deux termes donnés.*

1°. Il s'agit d'inſerer un ſeul moyen proportionnel entre les deux termes donnés a & b. J'appelle x ce moyen proportionnel : on aura donc $\div\!\div a . x . b$; par conſéquent $ab = xx$ ou $xx = ab$: d'où l'on tirera $x = \sqrt{ab}$. C'eſt ce que nous avons déja vû (42C).

2°. Si on veut inſerer deux moyens proportionnels x & y entre a & b, on aura la progreſſion, $\div\!\div a . x . y . b$: donc $a^3 . x^3 :: a . b$, (113) : ainſi $a^3 b = ax^3$, & en diviſant chaque membre par a, on aura $a^2 b = x^3$, ou $x^3 = a^2 b$: par conſéquent en tirant la racine cubique de part & d'autre, on aura $x = \sqrt[3]{a^2 b}$. Connoiſſant x on trouvera facilement y : car par l'hypotheſe $\div\!\div a . x$ ou $\sqrt[3]{a^2 b} . y$, & élevant chacun de ces termes au cube, on aura $\div a^3 . a^2b . y^3$: ainsi en prenant le quarré du moyen proportionnel a^2b, & le divisant par le premier terme a^3 le quotient sera, $\frac{a^4b^2}{a^3}$ ou $ab^2 = y^3$ (72). Donc $y = \sqrt[3]{ab^2}$.

116K. En général il faut élever a & x chacun à une puissance d'un degré plus grand d'une unité que le nombre des moyens proportionnels cherchés : si on veut avoir quatre moyens proportionnels, il faut élever a & x chacun à la cinquiéme puissance & faire la proportion, $a^5 . x^5 :: a . b . x$ désigne toujours le premier des moyens proportionnels. Si le nombre des moyens proportionnels est marqué par n, on aura la proportion, $a^{n+1} . x^{n+1} :: a . b$.

Il nous reste à parler d'une proprieté de la raison géométrique qui regarde les incommensurables : pour cela nous allons donner les définitions suivantes.

117. Les *exposans* d'une raison sont les plus petits termes qui ont entr'eux un rapport égal à la raison dont ils sont les exposans : par exemple, les exposans de la raison de 3 à 6 sont 1 & 2, parce que 1 & 2 sont les plus petits nombres qui aient entr'eux la même raison que 3 & 6. Les exposans de la raison $\frac{4}{10}$ sont 2 & 5, parce que 2 & 5 sont les plus petits nombres qui aient entr'eux le même rapport que 4 & 10. En lettres, la raison $\frac{ad}{bd}$ a pour exposans a & b, parce que le rapport $\frac{a}{b}$ est égal à $\frac{ad}{bd}$ (18), & d'ailleurs a & b sont les plus petits termes auxquels on puisse réduire la raison $\frac{ad}{bd}$.

Quand on dit l'exposant d'une raison, cela signifie le quotient de l'antécédent divisé par le conséquent (25) : mais lorsqu'on parle des exposans d'une raison, on entend ce qu'on vient d'expliquer.

118. La raison qui est entre les exposans est appellée *moindre rapport*; ainsi la raison $\frac{1}{2}$ est le moindre rapport de $\frac{3}{6}$; de même $\frac{2}{5}$ est le moindre rapport de $\frac{4}{10}$. Enfin $\frac{a}{b}$ est le moindre rapport de $\frac{ad}{bd}$. On pourroit dire aussi que $\frac{1}{2}$ est la raison $\frac{3}{6}$ réduite à ses plus petits termes; ainsi des autres exemples.

119. La raison $\frac{5}{7}$ n'a point d'autres exposans que 5 & 7, puisqu'ils sont les plus petits nombres qui aient entr'eux une raison égale à $\frac{5}{7}$; ainsi $\frac{5}{7}$ est un moindre rapport. Il y a donc des raisons qui peuvent se réduire à de plus petits termes, tels que $\frac{3}{6}$ & $\frac{4}{10}$, & d'autres qui ne peuvent être réduites à de plus petits termes, comme $\frac{5}{7}$.

120. Il y a une regle pour distinguer les unes des autres, la voici: lorsqu'on peut diviser l'antécédent & le conséquent d'une raison par un diviseur commun différent de l'unité, cette raison peut être réduite à de plus petits termes : par exemple, la raison $\frac{12}{8}$ peut être réduite à de plus

plus petits termes, parce que 12 & 8 peuvent être divisés l'un & l'autre par 4 : cette division étant faite, on trouve les quotiens 3 & 2 qui sont en même raison que 12 & 8 (19).

121. Mais si les deux termes d'une raison n'ont point d'autre diviseur commun que l'unité, pour lors la raison ne peut se réduire à de plus petits termes : par exemple, la raison $\frac{8}{9}$ ne peut être réduite, parce que 8 & 9 n'ont d'autre diviseur commun que l'unité.

122. Les nombres qui n'ont point d'autre diviseur commun que l'unité, sont appellés *premiers entr'eux* : ainsi 8 & 9 sont premiers entr'eux.

123. Il suit de-là que les exposans d'une raison sont premiers entr'eux ; & réciproquement, les nombres premiers entr'eux sont des exposans, puisque n'ayant point de diviseur commun autre que l'unité, la raison de ces nombres ne peut être reduite à de plus petits termes : par exemple 8 & 9 étant premiers entr'eux sont nécessairement les exposans de toute raison égale à celle de 8 à 9.

124. Nous avons dit qu'il y avoit des raisons de nombre à nombre, & des raisons qui ne sont pas de nombre à nombre qu'on appelle *sourdes* ou *rapports incommensurables*. La raison de nombre à nombre est celle qui peut s'exprimer par des nombres : telle est la raison d'une ligne d'un pied à une ligne de trois pieds, qui peut être exprimée par $\frac{1}{3}$. La raison sourde est celle qu'on ne peut exprimer par des nombres. On démontre en Géométrie que la raison qui est entre la diagonale & le côté d'un quarré est sourde ; en sorte qu'il n'y a point de nombres tels qu'ils soient, qui aient entr'eux le même rapport que ces deux lignes. La démonstration de cette proposition touchant la diagonale & le côté du quarré, suppose plusieurs autres propositions que nous allons exposer en peu de mots.

125. Deux raisons égales ont les mêmes exposans : par exemple, les deux raisons $\frac{10}{15}$ & $\frac{6}{9}$ étant égales, si 2 & 3 sont les exposans de $\frac{10}{15}$, ils le sont aussi de $\frac{6}{9}$: car si $\frac{6}{9}$ avoit pour exposant de plus petits nombres que 2 & 3, la raison de ces moindres nombres seroit égale à celle de $\frac{6}{9}$ dont ils seroient les exposans ; & par conséquent la raison de ces exposans seroit aussi égale à celle de $\frac{10}{15}$; donc 2 & 3 ne seroient pas les exposans de $\frac{10}{15}$: ce qui est contre la supposition.

126. Toute raison doublée de raisons de nombre à nombre a pour exposans de nombres quarrés : soit, par exemple, la raison $\frac{12}{48}$ qui est doublée des raisons égales $\frac{3}{6}$ & $\frac{4}{8}$; je dis que cette raison doublée a nécessairement pour exposans des nombres quarrés : car les deux raisons simples $\frac{3}{6}$ & $\frac{4}{8}$ dont le rapport $\frac{12}{48}$ est doublé, sont égales par l'hypothése ; donc elles ont les mêmes exposans : ainsi 1 & 2 étant

les exposans de $\frac{3}{6}$, ils sont aussi les exposans de $\frac{4}{8}$. Cela posé, les deux raisons $\frac{3}{6}$ & $\frac{4}{8}$ sont égales à ces deux $\frac{1}{2}$ & $\frac{1}{2}$; par conséquent le produit des deux premieres qui est $\frac{12}{48}$ est égal au produit des deux dernieres, qui est $\frac{1}{4}$: d'ailleurs il est clair que 1 & 4 sont premiers entr'eux ; par conséquent 1 & 4 sont les exposans de la raison doublée $\frac{12}{48}$. Or ces deux nombres 1 & 4 sont des quarrés, puisque le premier est le produit des deux antécédens égaux 1 & 1, & le second est le produit des deux conséquens égaux 2 & 2 ; donc la raison doublée $\frac{12}{48}$ a pour exposans des nombres quarrés.

Afin de démontrer cette proposition sur les raisons doublée d'une maniere générale, il faudroit prouver que lorsque deux nombres sont premiers entr'eux, leurs quarrés sont aussi premiers entr'eux, par exemple, que 1 & 2 étant premiers entr'eux, il s'ensuit que les quarrés 1 & 4 le sont aussi : mais comme cela demande une suite de plusieurs démonstrations, nous n'avons pas cru devoir les déduire ici de peur de trop allonger ce Traité.

Corollaire I.

127. Il suit de-là qu'une raison doublée qui n'a pas pour exposans des nombres quarrés, n'est pas raison doublée de raisons de nombre à nombre ; c'est-à-dire, que les raisons dont elle est doublée ne sont pas de nombre à nombre : car la raison doublée auroit pour exposans des nombres quarrés, si les raisons dont elle est doublée étoient de nombre à nombre, comme on vient de le faire voir.

128. Il faut donc bien prendre garde que la raison doublée qui n'a pas pour exposans des nombres quarrés, peut être de nombre à nombre : mais celles dont elle est doublée ne peuvent être de nombre à nombre : supposez que la raison $\frac{ac}{bd}$ soit une raison doublée qui n'ait pas pour exposans des nombres quarrés, les raisons composantes $\frac{a}{b}$ & $\frac{c}{d}$ ne sont pas de nombre à nombre ; mais la raison $\frac{ac}{bd}$ peut être de nombre à nombre : par exemple, ac peut être à bd, comme 1 est à 2 : ces deux nombres 1 & 2 ne sont pas tous les deux quarrés ; il n'y a que 1 qui le soit.

Nous allons placer ici une remarque sur les racines incommensurables, que nous n'avons pas placé dans le traité de l'extraction des racines, parce qu'elle s'entendra plus facilement ici.

Remarque.

129. Quoique les racines des nombres qui ne sont pas des puissances parfaites, soient incommensurables par rapport à l'unité & aux nombres entiers ou fractionnaires formés de l'unité, elles peuvent être commensurables entr'elles : par exemple, $5\sqrt{2}$ & $3\sqrt{2}$ qui sont les racines quarrées de 50 & de 18 (Liv. I, Art. 223), sont commensu-

rables entre elles ; c'est-à-dire, qu'elles sont comme nombre à nombre : car les deux racines $5\sqrt{2}$ & $3\sqrt{2}$ sont les produits des nombres 5 & 3 multipliés par la même grandeur $\sqrt{2}$; donc la premiere est à la seconde comme 5 à 3 (18) : elles sont donc comme nombre à nombre, ou, ce qui revient au même, elles sont commensurables entre elles.

Après avoir parlé assez au long des proportions & des progressions géométriques, nous allons exposer ce qu'il y a de plus nécessaire sur les proportions & les progressions arithmétiques.

DES PROPORTIONS ET DES PROGRESSIONS *Arithmétiques.*

Nous avons donné les définitions de la proportion & de la progression arithmétique (31 & 37).

129*B*. On peut exprimer la proportion arithmétique d'une maniere générale en cette sorte, $a . a+d : b . b+d$ en supposant que le conséquent surpasse l'antécédent de la quantité d. Mais si c'est l'antécédent qui surpasse le conséquent de la même quantité d, on marquera la proportion en cette maniere, $a . a-d : b . b-d$. On exprime quelquefois l'un & l'autre cas ensemble en mettant $a . a \pm d : b . b \pm d$.

129*C*. On peut aussi exprimer la progression arithmétique généralement en cette sorte, $\div a . a+d . a+2d . a+3d . a+4d . a+5d$, &c. lorsqu'elle est croissante & de cette maniere, $\div a . a-d . a-2d . a-3d . a-4d$, &c. quand elle est décroissante d est la différence d'un terme à l'autre suivant : on dit que c'est la différence qui regne dans la progression. Ces deux progressions peuvent être réunies ensemble, en prenant les termes de la seconde dans un ordre rétrograde en cette maniere, $\div a-5d . a-4d . a-3d . a-2d . a-d . a . a+d . a+2d . a+3d . a+4d$, &c.

129*D*. Si $a=0$, & $d=1$, cette progression se réduira à celle-ci, $\div -5 . -4 . -3 . -2 . -1 . 0 . 1 . 2 . 3 . 4$, il paroît donc que zero peut être le terme d'une progression arithmétique. Il est toujours le premier terme d'une progression croissante quand le second terme est égal à la différence qui regne dans la progression, comme dans cet exemple, $\div 0 . d . 2d . 3d . 4d . 5d$, &c. zero peut aussi être un terme d'une proportion arithmétique, comme dans cet exemple, $0 . 4 : 8 . 12$, parce que 4 surpasse zero de la même maniere que 12 surpasse 8 : mais zero ne peut être un des termes d'une proportion ou d'une progression géométrique dont les autres termes sont des quantités finies & déterminées.

129*E*. Puisque toute pregression arithmétique peut s'exprimer en cette maniere, $\div a . a+d . a+2d . a+3d$, &c. quand elle est croissante, ou en cette autre maniere, $\div a . a-d . a-2d . a-3d$, &c. quand elle est décroissante, il s'ensuit qne chaque terme d'une progression arithmétique est le premier terme plus ou moins la différence multipliée par le nombre des termes après le premier jusqu'au terme proposé inclusivement : ainsi le troisiéme terme après le premier de la progression ci-dessus est $a + 3d$ ou $a - 3d$. Le nombre des termes après le premier jusqu'au terme proposé inclusivement, est le même que celui des termes qui précédent le terme proposé.

129*F*. La différence du premier terme à un autre de la progression est la différence du premier au second multipliée par le nombre de termes après le premier jusqu'à celui dont il s'agit inclusivement. Soit a le premier terme de la progression, & d la différence du premier au second, la différence du premier au huitiéme de la progression, qui est le septiéme après le premier, est $7d$: car ce septiéme terme après le premier est $a + 7d$ (129*E*). Or la différence entre a & $a + 7d$, est $7d$. Si la progression est décroissante la différence est $-7d$.

Théoréme I. et fondamental.

130. *Dans une proportion arithmétique la somme des extrêmes est égale à la somme des moyens.*

Soit la proportion arithmétique $5 . 8 : 9 . 12$: je dis que la somme des extrêmes $5 + 12$ est égale à la somme des moyens $8 + 9$.

Démonstration.

Considerez que si le premier extrême 5 est surpassé de 3 par le premier moyen 8, aussi le second extrême 12 surpasse nécessairement le second moyen 9 de la même quantité 3 ; autrement il n'y auroit pas de proportion arithmétique ; donc le défaut du premier extrême est compensé par l'excès du second ; c'est pourquoi la somme des extrêmes $5 + 12$ doit être égale à la somme des moyens $8 + 9$.

Il est évident que le même raisonnement peut être appliqué à tout autre exemple de proportion arithmétique dont les conséquens surpasseroient également les antécédens. Ce seroit aussi la même chose, si les antécédens surpassoient également les conséquens ; car pour lors l'excès du premier extrême compenseroit le défaut de l'autre.

Autre Démonstration.

Si $a . b : e . f$: je dis que $a + f = b + e$: car soit supposé b plus grand que l'antécédent a de la quantité d ; il faudra que f soit aussi plus grand que son antécédent e de la quantité d ; autrement il n'y auroit pas de proportion arithmétique entre les quatre grandeurs a, b, e, f. Cela étant, b est égal à $a + d$; puisque b contient a, & de plus d qui est la différence ou l'excès de b sur a : par la même raison $f=e+d$; ainsi dans la proportion $a . b : e . f$, on peut mettre $a+d$ à la place de b, & $e+d$ à la place de f, ce qui donnera $a . a+d : e . e+d$. Or il est évident que dans cette proportion la somme des extrêmes $a+e+d$, est égale à la somme des moyens $a+d+e$; puisque ce sont les mêmes grandeurs qui composent la somme des extrêmes & celle des moyens ; donc, &c.

Si les antécédens avoient été plus grands que les conséquens, en sorte que b eût été égal à $a-d$, & f égale à $e-d$ on auroit démontré la même chose en substituant $a-d$ à la place de b, & $e-d$ à celle de f.

En exprimant la proportion comme on l'a dit Art. 129*B* il n'y a pas besoin de démonstration.

COROLLAIRE.

131. Dans une proportion continue arithmétique, la somme des extrêmes est égale au double du moyen proportionnel : par exemple, si on a la proportion continue arithmétique $\div$ 5 . 8 . 11, la somme des extrêmes 5 + 11 ou 16 égale 8 + 8 ou 16 double du moyen proportionnel 8. C'est une suite manifeste du Théorême ; parce que le double du moyen proportionnel est la somme des moyens, laquelle par conséquent doit être égale à la somme des extrêmes.

131*B*. Après ce que l'on vient de dire, il n'est pas difficile d'appercevoir comment on trouve un terme d'une proportion arithmétique dont les trois autres sont connus. Je suppose qu'on connoisse les trois premiers termes a, b, e & qu'on cherche le quatriéme que j'appelle x : par l'hypothese $a . b : e . x$; on aura donc l'égalité $a+x=b+e$; & par conséquent en retranchant a de part & d'autre, il restera $x=b+e-a$; c'est-à-dire, que pour avoir le quatriéme terme cherché, il faut ajouter les deux moyens ensemble, & retrancher de la somme le premier terme. On fera voir de même que si on a les deux extrêmes avec un moyen, on aura l'autre moyen en ajoutant ensemble les deux extrêmes, & retranchant le moyen connu de la somme des extrêmes. Si on a les extrêmes a & f avec le moyen b, l'autre moyen sera $x=a+f-b$.

131*C*. Si la proportion est continue, pour trouver le troisiéme terme on doublera le moyen proportionnel, & on retranchera le premier terme : le premier terme soit a, le second b, le troisiéme sera $x=2b-a$: si les deux extrêmes sont connus, & qu'on cherche le moyen proportionnel, il faut ajouter les deux extrêmes & prendre la moitié de la somme. Soient les deux extrêmes connus a & e, le moyen proportionnel x sera $\frac{a+e}{2}$ car par l'hypothese $a . x : x . e$; donc $2x=a+e$, & en divisant chaque membre par 2, on aura $x=\frac{a+e}{2}$.

132. La proposition inverse du Théorême fondamental est encore vraie ; c'est-à-dire, que si la somme des extrêmes est égale à celle des

moyens, les quatre grandeurs sont en proportion arithmétique. Par exemple, si $a+f=b+e$, il faut que $a.b:e.f$: car la somme $a+f$ étant égale à cette autre $b+e$, il est clair que si b surpasse a de la quantité d, il faudra que f surpasse e de la même quantité ; autrement $a+f$ ne seroit pas égal à $b+e$. Ainsi on aura la proportion $a.b:e.f$; puisque chacun des conséquens b & f surpasse son antécédent de la même quantité.

133. Il suit de-là qu'on peut faire les changemens appellés *alternando & invertendo* dans une proportion arithmétique sans la détruire.

Théoréme II.

133B. *Dans une progression arithmétique la somme de deux termes également éloigné des deux extrêmes est égale à la somme de ces extrêmes.*

Démonstration.

Dans la progression arithmétique $\div a.b.c.d.e.f.g$, les termes c & e sont également éloignés des extrêmes a & g ; je dis donc que $c+e=a+g$: car les termes c & e de la progression étant également éloignés des extrêmes, la difference de a à c est égale à celle de e à g ; c'est-à-dire, qu'on a la proportion arithmétique $a.c:e.g$: ainsi $c+e=a+g$. Ce qu'il falloit démontrer.

Corollaire I.

133C. Si le nombre des termes de la progression arithmétique est impair, le double du terme qui est au milieu est égal à la somme des deux extrêmes, ou de deux termes également éloignés des extrêmes. Dans notre exemple $2d=a+g$ ou $c+e$: car à cause de la progression on a, $c.d:d.e$: par conséquent $2d=c+e$.

Corollaire II.

133D. Si on multiplie la somme du premier & du dernier terme d'une progression par la moitié du nombre des termes qu'elle contient, le produit sera égal à la somme de tous ces termes. Si, par exemple, le nombre des termes est 12, il faut multiplier la somme du premier & du dernier terme par 6 ; mais si le nombre des termes étoit 13 il faudroit multiplier cette somme par $6\frac{1}{2}$ à cause du terme moyen.

Probléme I.

133E. *Trouver la somme des termes d'une progression arithmétique dont on connoît le premier terme, la différence du premier au second & le nombre des termes.*

On cherchera d'abord le dernier terme par l'Article (129E) : ensuite on l'ajoutera au premier, & on multipliera la somme par la moitié du nombre des termes de la progression, le produit sera la somme des termes (133D).

PROBLÉME II.

133F. *Les deux premiers termes d'une progression arithmétique étant donnés, trouver les termes suivans.*

Soient les deux premiers termes a & b, on trouvera le troisiéme en ôtant le premier du double du second (131C) on aura le quatriéme en ôtant le second du double du troisiéme : de même on aura le cinquiéme en ôtant le troisiéme du double du quatriéme, ainsi de suite ; la progression sera donc $\div a . b . 2b - a . 3b - 2a . 4b - 3a . 5b - 4a$, &c. On voit que la différence qui regne dans la progression est $b - a$.

Si le premier terme a de la progression est zero, la progression devient $\div 0 . 1b . 2b . 3b . 4b$, &c.

On peut aussi trouver les termes de la progression qui suivent les deux premiers en ajoutant au terme qui précéde celui qu'on cherche, la différence du premier au second quand la progression est croissante, c'est-à-dire, que dans ce cas pour avoir un terme, par exemple le troisiéme, il faut ajouter la différence au second, la somme sera le troisiéme : de même le quatriéme est la somme du troisiéme & de la différence. Si la progression va en diminuant il faut ôter la différence du terme précédent, le reste sera le terme suivant. Soit d la différence des deux premiers termes a & b, on aura dans le premier cas $\div a . a + d . a + 2d . a + 3d . a + 4d$, &c. & dans le second cas, $\div a . a - d . a - 2d . a - 3d$, &c.

PROBLÉME III.

133G. *Le premier terme d'une progression arithmétique étant donné avec un autre dont le rang soit déterminé, par exemple le sixiéme, trouver les termes moyens ou interposés.*

Il ne s'agit que de trouver le second terme, puisque les deux premiers étant connus on trouvera facilement les autres par le Problême précédent. Soit donc le premier terme a, le sixiéme m, & supposons que la progression est croissante : ce sixiéme terme qui est le cinquiéme après le premier est la somme de a & de la différence d'un terme à l'autre suivant, multipliée par 5 (129E) : si donc du terme connu m on ôte le premier terme a, & qu'on divise le reste $- a$ par 5, le quotient sera la différence : si on ajoute cette différence au premier terme, la somme sera le second terme. Or quand on aura le second terme, on trouvera facilement les ſuivans par le Problême II, Article 133 *F.* Le premier étant ſuppoſé 10, le ſixiéme 30, le ſecond ſera 14.

Si le premier terme $a = 0$, on diviſera ſimplement le terme *m* par 5, le quotient ſera le ſecond terme, parce que quand le premier terme eſt zero, le ſecond terme eſt la différence de la progreſſion.

Quand la progreſſion eſt décroiſſante le terme *m* eſt le premier terme *a* moins la différence multipliée par 5, (je ſuppoſe qu'il y a 5 termes après *a* juſqu'à *m* incluſivement). Si donc on ôte *m* de *a*, le reſte $a - m$ ſera la différence multipliée par 5 : par conſéquent ſi on diviſe ce reſte $a - m$ par 5, le quotient ſera la différence, laquelle étant ôtée du premier terme *a*, le reſte ſera le ſecond terme. Si le premier terme eſt 30 & le ſixiéme 10, le ſecond ſera 14.

PROBLÉME IV.

133 *H. Trouver tant de moyens proportionnels arithmétiques qu'on voudra entre deux termes donnés* a & m.

La pratique de ce Problême paroît clairement après ce que nous venons de dire dans le précédent. Il ſuffit de diviſer $m - a$ ou $a - m$ par le nombre des termes après *a* juſqu'à *m* incluſivement : ſi donc on veut avoir quatre moyens proportionnels entre *a* & *m*, on diviſera $m - a$ ou $a - m$ par 5 ſelon que la proportion ſera croiſſante ou décroiſſante.

DES FRACTIONS.

134. Lorſqu'on conçoit qu'un tout eſt diviſé en parties aliquotes ou égales, & qu'on prend un certain nombre de ces parties, cela s'appelle *fraction* : on peut donc dire qu'une fraction n'eſt autre choſe qu'une ou pluſieurs parties aliquotes d'un tout. La fraction s'exprime par deux nombres, dont l'un marque en combien de parties égales le tout eſt diviſé, & on l'appelle *dénominateur*, & l'autre montre combien on prend de ces parties, & on le nomme *numérateur* : on écrit le dénominateur au-deſſous du numérateur en les ſéparant par une petite ligne, en cette ſorte, $\frac{3}{5}$: on énonce cette fraction en diſant, trois cinquiémes ; 3 eſt le numérateur, parce qu'il déſigne combien on prend de parties, c'eſt-à-dire, de cinquiémes, & 5 eſt le dénominateur, parce qu'il marque que le tout eſt diviſé en cinq parties égales.

135. Si la fraction eſt exprimée par des lettres, comme $\frac{a}{b}$, elle marque que le tout eſt partagé en un nombre de parties qui eſt indéterminé & déſigné par le dénominateur *b*, & qu'on prend auſſi un nombre indéterminé de ces parties qui eſt marqué par le numérateur *a*.

136. Le numerateur d'une fraction peut être égal, ou plus petit ou plus grand que son dénominateur : lorsque le numerateur est égal au dénominateur, la fraction est égale au tout que l'on regarde comme l'unité : par exemple, $\frac{4}{4} = 1$. La raison en est qu'un tout est égal à toutes ses parties prises ensemble ; ainsi quatre quatriémes marqués par la fraction $\frac{4}{4}$ valent le tout : si le numerateur est plus petit que le dénominateur, la fraction vaut moins que l'unité : telle est la fraction $\frac{3}{4}$. Enfin quand le numerateur est plus grand que le dénominateur, la fraction est plus grande que l'unité, comme $\frac{5}{4}$. On peut ajouter que quand le numerateur est le quart, le tiers, la moitié, les trois quarts, &c. du dénominateur, la fraction est le quart, le tiers, la moitié, les trois quarts, &c. de l'unité. En général, la fraction est par rapport à l'unité ce que le numérateur est par rapport au dénominateur. Par exemple, la fraction $\frac{4}{7}$ est à 1 comme 4 est à 7 : car $1 = \frac{7}{7}$: or $\frac{4}{7}$ est à $\frac{7}{7}$ comme 4 à 7. Appellons chaque septiéme a, cette proportion se reduira à celle-ci, $4a . 7a :: 4 . 7$ qui est évidente par elle-même.

136*B*. Quoique nous disions qu'une fraction peut être égale à l'unité, ou même plus grande, cependant a parler à la rigueur, la fraction proprement dite est toujours moindre que l'unité, parce que la fraction est une ou plusieurs parties égales d'un tout consideré comme l'unité.

137. Si on a deux fractions dont les numerateurs soient moindres que leurs dénominateurs & qu'ils en différent également, celle qui est exprimée par de plus grands nombres est la plus grande. Ainsi de ces deux fractions $\frac{14}{15}$ & $\frac{9}{10}$ dont les numerateurs différent de leurs dénominateurs seulement par l'unité, la premiere est plus grande que la seconde. Car la premiere est plus petite que le tout seulement d'un quinziéme, puisque la fraction $\frac{15}{15}$ est égale au tout : au lieu que la seconde est moindre que le tout d'un dixiéme. Or il est évident qu'un quinziéme est plus petit qu'un dixiéme. Donc la premiere differe moins du tout que la seconde. Ainsi elle est plus grande que cette seconde.

137*B*. Mais si les numerateurs sont plus grands que les dénominateurs, & qu'ils en différent également, la fraction exprimée par de plus grands nombres est la plus petite. La fraction $\frac{13}{12}$ est moindre que cette autre $\frac{7}{6}$, parce que la premiere ne surpasse l'unité que d'un douziéme, au lieu que la seconde surpasse l'unité d'un sixiéme.

138. Puisqu'une fraction est égale à 1 quand le numerateur & le dénominateur sont égaux ; il suit qu'elle est égale à 2, si le numerateur est double du dénominateur ; qu'elle vaut 3, si le numerateur est triple du dénominateur ; qu'elle vaut 4, s'il est quadruple, &c. par exemple, la fraction $\frac{4}{4}$ étant égale à 1 ; on a aussi $\frac{8}{4} = 2$, $\frac{12}{4} = 3$, $\frac{16}{4} = 4$, $\frac{20}{4} = 5$

&c. c'est-à-dire, que si quatre quatriémes valent 1, huit quatriémes valent 2, douze quatriémes valent 3, &c. ce qui est évident, puisque huit quatriémes sont le double de 4 quatriémes; & que douze quatriémes en sont le triple, &c. En général la valeur d'une fraction dépend du nombre de fois que le numerateur contient le dénominateur; en sorte qu'une fraction est toujours égale au quotient du numerateur divisé par le dénominateur : par exemple la fraction $\frac{20}{4}$ est égale à 5, parce que le quotient de 20 divisé par 4 est 5. Or nous avons vû que la valeur d'une raison étoit aussi égale au quotient de l'antécédent divisé par le conséquent (25); ainsi pour me servir du même exemple, la raison de 20 à 4 est égale à 5; c'est pourquoi la fraction $\frac{20}{4}$ est la même chose que la raison de 20 à 4 : & en général une fraction est la même chose que le rapport ou la raison du numerateur au dénominateur : c'est une seconde notion que l'on peut donner de la fraction.

On voit par ce que nous venons de dire, que le numerateur d'une fraction peut aussi être appellé *antécédent* & *dividende*, & que le dénominateur peut de même être appellé *conséquent* & *diviseur*.

139. Lorsque le numerateur est moindre que le dénominateur, quoique l'on ne puisse faire alors la division du premier par le second, la fraction est cependant une division indiquée : ainsi la fraction $\frac{3}{5}$ marque que 3 est divisé par 5, c'est-à-dire, que l'on prend seulement la cinquiéme partie de 3; je dis la cinquiéme partie, parce que le dénominateur est 5; de-là il suit que cette expression *trois cinquiémes*, & celle-ci *la cinquiéme partie de trois* signifient la même chose, puisque la fraction $\frac{3}{5}$ peut être énoncée de l'une & de l'autre maniere. Il en est de même des autres fractions : celle-ci, par exemple $\frac{12}{4}$, peut être énoncée en disant, douze quatriémes, ou la quatriéme partie de douze; la premiere expression est la plus ordinaire, & répond directement à la premiere notion qu'on a donnée des fractions.

140. Pour mieux concevoir que trois cinquiémes & la cinquiéme partie de trois, sont la même chose; appliquons ces deux expressions à un exemple particulier : je dis donc que trois cinquiémes d'un écu, & la cinquiéme partie de trois écus sont la même valeur. Car si la premiere expression marque trois cinquiémes, quoique la seconde exprime seulement un cinquiéme; aussi en recompense cette seconde expression signifie que l'on prend la cinquiéme partie de trois écus : au lieu que la premiere marque que l'on ne prend que trois cinquiémes d'un seul écu; ce qui, comme on voit, revient à la même chose. D'ailleurs chacune de ces expressions signifie une quantité triple du cinquiéme d'un écu, & par conséquent elles désignent des quantités égales.

141. Il paroît par là que la quantité $\frac{3}{5}a$ ou $\frac{3}{5}\times a$ est égale à $\frac{a}{5}$, puisque la

premiere eſt trois cinquiémes de la grandeur a, & la ſeconde eſt la cinquiéme partie de trois a. De même $\frac{1}{5}a = \frac{1a}{5}$ ou $\frac{a}{5}$, & $\frac{1}{d} \times a = \frac{a}{d}$. Cette expreſſion $\frac{1}{d} \times a$ ſignifie la fraction $\frac{1}{d}$ multipliée par a ou a multiplié par $\frac{1}{d}$, & celle-ci $\frac{a}{d}$ ſignifie a diviſé par d : c'eſt donc la même choſe de multiplier a par $\frac{1}{d}$ ou de diviſer a par d.

142. Il ſuit de ce qu'on a dit juſqu'ici, qu'une fraction eſt d'autant plus grande que le numerateur eſt grand par rapport au dénominateur : par exemple la fraction $\frac{12}{4}$ eſt plus grande que $\frac{8}{4}$: au contraire une fraction eſt d'autant plus petite que le dénominateur eſt grand par rapport au numerateur : par exemple, $\frac{5}{6}$ eſt moindre que $\frac{5}{3}$.

143. Il faut obſerver qu'une fraction peut changer de termes ſans changer de valeur. Exemples. $\frac{5}{10} = \frac{3}{6}$, parce qu'il y a même raiſon de 5 à 10 que de 3 à 6. De même $\frac{4}{12} = \frac{1}{3}$. En un mot, quand le rapport qui eſt entre les deux termes d'une fraction eſt égal au rapport qui eſt entre les deux termes d'une autre fraction, les valeurs de ces deux fractions ſont égales.

On fait ſur les fractions les mêmes opérations que ſur les entiers, & on en fait auſſi de particulieres dont les principales conſiſtent à les réduire à de plus petits termes, à les réduire au même dénominateur, à réduire les entiers en fractions, & les fractions en entiers; enfin à évaluer les fractions. Nous allons donner la méthode de faire toutes ces opérations tant communes que particulieres, en commençant par celles-ci : & quoique les regles que nous donnerons conviennent également aux fractions numeriques & aux fractions algébriques, c'eſt-à-dire, qui ſont exprimées par lettres ; cependant nous parlerons preſque toujours des fractions en nombres que nous nous propoſons principalement ; & nous donnerons ſeulement des exemples des fractions en lettres, pour faire voir que la regle peut y être appliquée.

Réduire les Fractions à de moindres termes.

144. Pour réduire une fraction à de moindres termes, il faut diviſer le numerateur & le dénominateur par le même diviſeur, & les deux quotiens feront une fraction de même valeur que la propoſée, quoique les termes en ſoient plus petits. Exemple. La fraction $\frac{12}{15}$ peut ſe réduire à de plus petits termes, en diviſant le numerateur & le dénominateur par 3, on aura $\frac{4}{5} = \frac{12}{15}$: de même ſi on diviſe par 5 les termes de la fraction $\frac{5}{20}$, il viendra $\frac{1}{4} = \frac{5}{20}$.

Pour réduire la fraction algébrique $\frac{ad}{bd}$ à de moindres termes, il faut diviſer le numerateur & le dénominateur par le diviſeur commun d, & on aura $\frac{a}{b} = \frac{ad}{bd}$.

Il y a bien de la différence entre diviſer les termes d'une fraction, & diviſer la fraction même : nous expliquerons dans la ſuite la méthode de diviſer une fraction.

145. La maniere la plus facile de réduire les fractions numeriques à de plus petits termes, eſt de prendre la moitié du numerateur & celle du dénominateur. Exemple. $\frac{40}{60} = \frac{20}{30} = \frac{10}{15}$. Autre exemple. $\frac{64}{80} = \frac{32}{40} = \frac{16}{20} = \frac{8}{10} = \frac{4}{5}$. En prenant la moitié du numerateur & celle du dénominateur, on fait la même choſe que ſi on diviſoit l'un & l'autre par 2.

Il eſt clair qu'on ne peut ſe ſervir de cette méthode que quand les deux termes de la fraction ſont chacun des nombres pairs. C'eſt pour cela que dans le premier exemple on eſt reſté à la fraction $\frac{10}{15}$; quoiqu'on puiſſe encore la réduire à de moindres termes, en faiſant la diviſion par 5 ; ce qui donnera $\frac{2}{3} = \frac{10}{15}$.

La méthode de réduire une fraction à de moindres termes en diviſant le numerateur & le dénominateur par un diviſeur commun, eſt fondée ſur le huitiéme Principe (19) touchant les raiſons, dans lequel on a fait voir que ſi on diviſe deux grandeurs par une troiſiéme, la raiſon des quotiens eſt égale à celle des grandeurs avant la diviſion : ce principe doit s'appliquer aux fractions, puiſque ce ſont de véritables raiſons.

D'ailleurs en diviſant les deux termes d'une fraction par le même diviſeur, on diminue le nombre des parties à proportion qu'on en augmente la grandeur : par exemple, en diviſant les deux termes de la fraction $\frac{12}{15}$ par 3, les parties déſignées par le dénominateur de la nouvelle fraction $\frac{4}{5}$ ſont trois fois plus grandes qu'elles n'étoient ; mais auſſi il y en a trois fois moins, ſçavoir 4 au lieu de 12. Ainſi les deux fractions $\frac{12}{5}$ & $\frac{4}{5}$ ſont de même valeur.

REMARQUES.

I.

146. Plus le diviſeur eſt grand, plus les termes auxquels la fraction eſt réduite ſont petits : par exemple, ſi on diviſe les deux termes de la fraction $\frac{24}{30}$ par 6, on aura la fraction $\frac{4}{5}$ dont les termes ſont plus petits, que ſi on avoit diviſé le numerateur & le dénominateur de la même fraction $\frac{24}{30}$ par 2 : ce qui auroit donné $\frac{12}{15}$. Cela vient de ce que plus le diviſeur eſt grand, plus le quotient eſt petit, quand c'eſt le même nombre qu'on diviſe par un grand & un petit diviſeur.

II.

147. Quand un des termes eſt l'unité, il eſt impoſſible de réduire la fraction à de plus petits termes : par exemple, $\frac{1}{5}$ ne peut ſe réduire à de moindres termes. De même quand le numerateur n'eſt ſurpaſſé que d'une unité par le dénominateur, on ne peut auſſi réduire la fraction à de moindres termes : par exemple, la fraction $\frac{14}{15}$ ne peut être réduite.

Nous avons dit dans la premiere remarque qui précéde que plus le diviſeur eſt grand, plus les termes auxquels la fraction eſt réduite ſont petits : d'où l'on peut conclure que ſi on diviſoit le numerateur & le dénominateur par le plus grand diviſeur commun, pour lors la fraction ſeroit réduite aux plus petits termes poſſibles. Or il y a une méthode pour trouver le plus grand diviſeur commun de deux nombres, que nous allons expoſer dans le Problême ſuivant.

PROBLÉME.

147B. *Trouver le plus grand diviſeur commun de deux nombres.*

Il faut diviſer le plus grand nombre par le plus petit : & ſi la diviſion ſe fait exactement, c'eſt-à-dire ſans reſte, le plus petit nombre eſt le plus grand diviſeur commun, comme on le verra dans le deuxiéme exemple. Mais s'il y a un reſte, il faut diviſer le nombre qui a ſervi de diviſeur par ce reſte ; & ſi la diviſion ſe fait exactement, le reſte par lequel on a diviſé eſt le plus grand diviſeur commun. Que s'il y a un reſte après la ſeconde diviſion, il faut diviſer le nombre qui vient de ſervir de diviſeur par le reſte de la ſeconde diviſion : & ſi la troiſiéme diviſion ſe fait exactement, le ſecond reſte par lequel on a diviſé eſt le plus grand diviſeur commun : mais s'il y a encore un reſte après la troiſiéme diviſion, il faut continuer d'operer de la même maniere : en ſorte que le nombre qui a ſervi de diviſeur ſoit diviſé enſuite par le dernier reſte, & ainſi de ſuite juſqu'à ce qu'on ait trouvé un diviſeur exact : ce ſera le plus grand diviſeur commun des deux nombres propoſés. Si en faiſant toutes les diviſions que nous avons marquées, il ne ſe trouvoit point d'autre diviſeur exact que l'unité, elle ſeroit le plus grand diviſeur commun.

Dans toutes les diviſions preſcrites pour cette opération, on ne fait point d'attention aux quotiens, mais ſeulement au diviſeur & au reſte de chaque diviſion, afin que l'un ſerve de dividende, & l'autre, c'eſt-à-dire le reſte, ſerve de diviſeur dans la diviſion ſuivante, comme on vient de le dire.

Soient les nombres 5120 & 504 dont il s'agit de trouver le plus grand diviſeur commun. Il faut d'abord diviſer 5120 par le moindre nombre 504 : on trouve au quotient 10, & il reste 80, on ne fait point d'usage du quotient : mais on divise 504 qui étoit le diviseur par le reste 80. Cette seconde division étant faite, on trouve au quotient 6 avec le reste 24. On fait encore la division du dernier diviseur 80 par le reste 24, en négligeant toujours le quotient : & après cette troisiéme division, il y a encore un reste, sçavoir 8, par lequel on divise enfin 24 qui étoit le diviseur dans la troisiéme division. Or la quatriéme division ne laissant point de reste ; c'est une marque que 8 est le plus grand diviseur commun de 5120 & de 504.

Si on propose de trouver le plus grand diviseur commun de 46 & de 1242, il faut diviser le plus grand nombre 1242 par 46, & comme cette division se fait exactement, on est assuré que le plus grand diviseur commun de 46 & de 1242 est le nombre 46. Cela est évident, car le plus grand diviseur commun de 46 & de 1242 doit être diviseur de 46. Or 46 est diviseur de 46, parce que toute quantité est contenue une fois dans elle-même : & d'ailleurs il n'y a point de nombre plus grand que 46 qui puisse diviser ce nombre 46 ; donc puisque 46 divise aussi 1242 exactement, il s'ensuit qu'il est le plus grand diviseur commun de 46 & de 1242.

Enfin si on cherche le plus grand diviseur commun de 81 & de 343, on verra que c'est l'unité ; parce qu'en faisant les différentes divisions prescrites par la méthode, on ne trouvera aucun diviseur exact avant l'unité.

Avant de démontrer la méthode proposée pour trouver le plus grand diviseur commun, il est nécessaire de donner les axiomes suivans sur lesquels la démonstration est fondée.

PREMIER AXIOME.

147C. Tout diviseur exact d'une grandeur est aussi diviseur exact des multiples de cette grandeur : par exemple 3 étant diviseur exact de 12, il est aussi diviseur exact de 5 fois 12 ou de 60 multiple de 12. En général, si d est diviseur exact de b, il est aussi diviseur exact de ab multiple de b (on suppose que a signifie un nombre entier) : c'est-à-dire que si d est contenu exactement dans b, il est aussi contenu exactement dans chaque multiple de b : si par exemple d est contenu trois fois sans reste dans b, il est évident qu'il sera contenu exactement cinq fois davantage dans $5b$.

SECOND AXIOME.

147D. Un diviseur exact de chacune des parties d'un tout est aussi diviseur exact du tout : par exemple 6 étant diviseur de 18 & de 12, il est aussi diviseur de 30 dont 18 & 12 sont les deux parties. De même en lettres, si $a = b + c$ & que d soit diviseur de b & de c, il est aussi diviseur de a : car il est évident que si d est contenu exactement dans b & dans c, il est aussi contenu exactement dans le tout a dont b & c sont les deux parties.

TROISIÉME AXIOME.

147*E*. Un diviseur exact d'une grandeur & d'une de ses parties est aussi diviseur exact de l'autre partie, qui avec la premiere égale le tout : par exemple 4 étant diviseur de 20 & de 12 partie de 20, est aussi diviseur exact de 8 autre partie de 20. En général si $a = b + c$, & que d soit diviseur du tout a & de sa partie b, il est aussi diviseur de c autre partie de a. C'est comme si l'on disoit, que si d est contenu exactement dans le tout a & dans la partie b, il est aussi contenu exactement dans l'autre partie c.

Cela posé, que la plus grande des deux quantités dont on cherche le plus grand diviseur commun soit nommée a & l'autre b, & le quotient de a divisé par b soit représenté par m, & le reste par c : on sçait que le reste de la division ajouté au produit du diviseur par le quotient est égal au dividende ; par conséquent $a = bm + c$. Suivant la méthode proposée b doit être le dividende & c le diviseur de la seconde division dont le quotient sera appellé n & le reste d ; on aura donc encore comme dans la premiere division $b = cn + d$. Comme nous supposons que la seconde division n'a pu être faite exactement non plus que la premiere, il en faut faire une troisiéme en prenant c pour dividende & d pour diviseur, lequel nous supposerons diviser exactement c, & donner au quotient f ; ainsi $c = df$.

Nous avons donc les trois égalités ou équations.

$$a = bm + c$$
$$b = cn + d.$$
$$c = df.$$

Il s'agit de faire voir 1°. Que d premier diviseur exact qu'on a trouvé, est diviseur exact des quantités proposées a & b. 2°. Que d est le plus grand diviseur commun de a & de b. C'est ce que nous allons démontrer.

DÉMONSTRATION.

147*F*. PREMIERE PARTIE. d est diviseur de c par l'hypothèse ; donc il est diviseur de cn multiple de c (147*C*). D'ailleurs il est diviseur de lui-même, parce que toute grandeur est contenue une fois dans elle-même ; donc d étant diviseur de cn & de d, il est diviseur de b égal à $cn + d$ (147*D*) : d étant diviseur de b, il est aussi diviseur de bm

multiple de b : mais il eſt encore diviſeur de c par l'hypothèſe ; donc il eſt diviſeur de a égal à $bm+c$: ainſi d eſt diviſeur de a & de b. Ce qu'il falloit démontrer en premier lieu.

147G. SECONDE PARTIE. Le plus grand diviſeur commun de a & de b eſt diviſeur de bm multiple de b (147C) ; donc étant diviſeur de a & de bm partie de a, il eſt auſſi diviſeur de c autre partie de la grandeur a égale à $bm+c$ (147E). Le plus grand diviſeur commun de a & de b eſt donc diviſeur de c ; par conſéquent il eſt diviſeur de cn multiple de c : d'où il ſuit qu'il eſt auſſi diviſeur de d, parce qu'étant diviſeur du tout b égal à $cn+d$ & de ſa partie cn, il faut qu'il ſoit auſſi diviſeur de l'autre partie d. Voilà donc le plus grand diviſeur commun de a & de b qui eſt diviſeur de d ; donc d eſt lui-même ce plus grand diviſeur commun ; autrement d auroit un diviſeur plus grand que d lui-même, ce qui eſt impoſſible.

On a ſuppoſé dans cette démonſtration qu'il ne falloit faire que trois diviſions pour trouver un diviſeur exact : mais il eſt facile d'appercevoir que s'il y avoit plus de trois diviſions à faire, le même raiſonnement feroit voir que le premier diviſeur exact que l'on trouveroit ſeroit le plus grand diviſeur commun des deux nombres propoſés.

147H. Nous avons obſervé que pour réduire une fraction aux plus petits termes, il faut diviſer le numerateur & le dénominateur par le plus grand diviſeur commun ; ainſi la fraction $\frac{5120}{504}$ ſera réduite aux plus petits termes en diviſant les deux nombres 5120 & 504 par 8 qui eſt leur plus grand diviſeur commun ; ce qui donnera pour quotiens 640 & 63, deſquels il faut faire la fraction $\frac{640}{63}$ qui eſt égale à $\frac{5120}{504}$ & qui eſt réduite aux plus petits termes. De même la fraction $\frac{46}{1242}$ ſe réduit à $\frac{1}{27}$, parce qu'en diviſant 46 & 1242 par leur plus grand diviſeur commun qui eſt 46, on trouve pour quotiens 1 & 27. Enfin la fraction $\frac{81}{343}$ ne peut être réduite à de plus petits termes ; puiſqu'en diviſant le numerateur & le dénominateur par l'unité qui eſt leur plus grand diviſeur commun, les quotiens ne ſont pas différens des dividendes.

On peut voir à préſent pourquoi les fractions dont on a parlé dans la ſeconde remarque précédente ne peuvent être réduites à de plus petits termes : car il eſt viſible qu'elles n'ont pas d'autre diviſeur commun que l'unité.

Réduire les Fractions au même dénominateur.

148. Pour réduire deux fractions, comme $\frac{5}{6}$ & $\frac{2}{3}$ au même dénominateur ſans en changer la valeur, il faut multiplier les deux termes de la premiere par 3 dénominateur de la ſeconde, il vient $\frac{15}{18}$; & multiplier pareillement les deux termes de la ſeconde par 6 dénominateur de la premiere :

premiere : ce qui donne auſſi $\frac{12}{18}$; les deux fractions réduites ſont donc $\frac{15}{18}$ & $\frac{12}{18}$ qui ſont de même valeur que les deux premieres $\frac{5}{6}$ & $\frac{2}{3}$, & qui ont néceſſairement le même dénominateur 18.

Il y a deux choſes à démontrer ſur cette regle, la premiere eſt qu'en ſuivant la méthode preſcrite, les deux fractions réduites ſont de même valeur que les propoſées; & la ſeconde, que les deux fractions réduites ont un même dénominateur : c'eſt ce que nous allons faire voir.

1°. Les deux fractions réduites ſont de même valeur que les deux premieres : car ſi on multiplie deux grandeurs par une troiſiéme, la raiſon des produits eſt égale à celle des racines (18). Or en ſuivant la méthode preſcrite, les deux termes de la premiere fraction ſont multipliés par un même nombre, ſçavoir par le dénominateur de la ſeconde : & de même les deux termes de la ſeconde ſont multipliés par le dénominateur de la premiere ; ainſi les deux nouvelles fractions ſont égales aux deux premieres.

On peut dire auſſi que ſi les deux nouvelles fractions contiennent un plus grand nombre de parties que les premieres, auſſi ces parties ſont plus petites à proportion que celle des premieres : par conſéquent les deux fractions d'une part ſont égales aux deux autres.

2°. Les deux fractions réduites ont le même dénominateur, puiſqu'en ſuivant la méthode, le dénominateur de la premiere fraction réduite, eſt le produit de 6 par 3, & le dénominateur de la ſeconde eſt le produit de 3 par 6, leſquels produits ſont néceſſairement égaux.

149. S'il y avoit trois fractions à réduire au même dénominateur, il faudroit multiplier le numérateur & le dénominateur de chacune par le produit des dénominateurs des deux autres. Soient les trois fractions $\frac{5}{6}$, $\frac{2}{3}$, $\frac{4}{5}$, à réduire au même dénominateur : on trouvera, en ſuivant la regle, les trois réduites $\frac{75}{90}$, $\frac{60}{90}$, $\frac{72}{90}$.

On ſuit la même méthode pour les fractions littérales : exemple. Les fractions $\frac{a}{b}$, $\frac{c}{d}$ ſe réduiſent à celles-ci $\frac{ad}{bd}$, $\frac{bc}{bd}$.

150. En réduiſant deux fractions au même dénominateur, on peut voir qu'elle eſt la plus grande; on peut même connoître quel eſt le rapport exact de l'une & de l'autre : car elles ſont entre elles comme les numerateurs des fractions réduites. Si on a, par exemple, les deux fractions $\frac{4}{5}$ & $\frac{3}{7}$ dont on cherche le rapport, il faut les réduire au même dénominateur, & on aura les deux nouvelles fractions $\frac{28}{35}$ & $\frac{15}{35}$ qui ſont égales aux premieres. Or ces deux dernieres fractions ſont entre elles comme les numerateurs 28 & 15 : car les deux fractions ſont les quotiens des numerateurs diviſés par le dénominateur (139) : & d'ailleurs le dénominateur, qui eſt le diviſeur, étant ici le même, les quotiens

font entre eux comme les dividendes, c'eſt-à-dire, comme les numerateurs (19).

Les fractions n'étant que des raiſons, on peut auſſi dire conformément au troiſiéme théorême, article 57, que quand on compare deux fractions, la premiere eſt à la ſeconde comme le produit du numerateur de la premiere par le dénominateur de la ſeconde, eſt au produit du numerateur de la ſeconde par le dénominateur de la premiere. Cela revient au même que ce que nous venons de dire.

151. Mais lorſque deux fractions ont un même numerateur, elles ſont entre elles réciproquement comme les dénominateurs : par exemple $\frac{4}{5}$ eſt à $\frac{4}{7}$ comme 7 eſt à 5. Pour le démontrer d'une maniere générale je prends les deux fractions $\frac{a}{b}$ & $\frac{a}{c}$, & je prouve ainſi que $\frac{a}{b} . \frac{a}{c} :: c . b$: ſi on réduit les deux fractions au même dénominateur, on aura $\frac{ac}{bc}$ & $\frac{ab}{bc}$, qui ſont par conſéquent entre elles comme les numerateurs ac & ab. Or la raiſon de ces deux numerateurs eſt égale à celle de c à b, puiſque ac & ab ſont les produits des grandeurs c & b multipliées par la même quantité a : par conſéquent les deux fractions $\frac{ac}{bc}$ & $\frac{ab}{bc}$, ou leurs équivalentes $\frac{a}{b}$ & $\frac{a}{c}$ ſont entre elles comme c & b ; c'eſt-à-dire, que ces deux dernieres fractions ſont réciproquement comme leurs dénominateurs.

151*B*. Il ſuit de-là que quand on a deux quantités comme x, y, ſi on fait deux fractions qui ayent pour dénominateurs ces deux quantités, & l'unité ou quelque autre nombre pour numerateur, ces deux fractions ſont entre elles réciproquement ou en raiſon inverſe des quantités : par exemple, $x . y :: \frac{1}{y} . \frac{1}{x}$; c'eſt-à-dire, x eſt à y comme $\frac{1}{y}$ eſt $\frac{1}{x}$, & non pas comme $\frac{1}{x}$ eſt à $\frac{1}{y}$, ce qui ſeroit en raiſon directe de x & de y.

Réduire un nombre entier en Fraction.

152. Pour réduire un nombre entier en fraction de même valeur que l'entier, il faut écrire l'unité au-deſſous du nombre pour ſervir de dénominateur : par exemple, 5 eſt égal à $\frac{5}{1}$; car une fraction eſt égale au quotient du numerateur diviſé par le dénominateur : or le quotient de 5 diviſé par 1 eſt égal à 5, puiſque 1 eſt contenu cinq fois dans 5.

153. Si on vouloit avoir un autre dénominateur que l'unité, il faudroit multiplier le nombre propoſé par le dénominateur ; & le produit ſeroit le numerateur de la fraction cherchée : par exemple, pour réduire 5 en une fraction qui ait 3 pour dénominateur, je multiplie 5 par 3 ; & le produit 15 eſt le numerateur de la fraction $\frac{15}{3}$ qui eſt égale à 5, puiſque le numerateur qui eſt le produit de 5 par 3, ou, ce qui eſt la même choſe, de 3 par 5, contient 5 fois le dénominateur 3.

C'eſt la même choſe pour les quantités algébriques : par exemple, $a = \frac{a}{1}$: & ſi on veut avoir un autre dénominateur que l'unité, comme b, on trouvera $a = \frac{ab}{b}$.

Réduire une Fraction en entier.

154. Pour réduire une fraction en entier (ce qui ne ſe peut que quand le numerateur eſt égal ou plus grand que le dénominateur), il faut diviſer le numerateur par le dénominateur, & le quotient exprimera la valeur de la fraction : par exemple, ſi on veut réduire en entier la fraction $\frac{15}{3}$, on diviſe 15 par 3, & le quotient 5 marque la valeur de la fraction propoſée.

155. Si la diviſion ne pouvoit ſe faire exactement, comme dans la fraction $\frac{17}{3}$, la valeur de cette fraction ſeroit l'entier 5 que l'on trouveroit au quotient, plus le reſte du numerateur, c'eſt-à-dire, 2 à qui il faudroit toujours donner le même dénominateur 3 ; ainſi $\frac{17}{3} = 5 + \frac{2}{3}$. Cela s'entend facilement après ce que nous avons dit ſur-tout en parlant de la réduction des entiers en fractions.

On fait de même pour les fractions littérales : par exemple, $\frac{ab}{b} = a$. De même $\frac{abd}{ad} = b$. Mais il eſt facile de voir que cette réduction n'a lieu que quand les lettres du dénominateur ſont toutes communes au numerateur ; ainſi la fraction $\frac{ad}{b}$ ne peut ſe réduire en entier.

Evaluer une Fraction.

156. Evaluer une fraction, c'eſt la réduire en parties connues d'un tout : ſi on a, par exemple, la fraction $\frac{2}{3}$ d'un pied, & qu'on la réduiſe en pouces, c'eſt évaluer la fraction $\frac{2}{3}$ d'un pied.

157. Pour faire cette évaluation, il faut diviſer le nombre qui marque combien le tout contient de parties, par le dénominateur de la fraction ; & après cela multiplier le quotient par le numerateur : ainſi dans l'exemple propoſé, le pied contenant 12 pouces, je diviſe 12 par le dénominateur 3 ; & je multiplie enſuite le quotienr 4 par le numerateur 2 ; le produit 8 fait voir que $\frac{2}{3}$ d'un pied vaut 8 pouces.

Voici la démonſtration de cette méthode appliquée à notre exemple : puiſque le pied contient 12 pouces, il s'enſuit que $\frac{2}{3}$ d'un pied vaut les deux tiers de 12 pouces ; & par conſéquent pour évaluer cette fraction, il faut prendre les deux tiers de 12 pouces. Or pour prendre les deux tiers de 12, il n'y a qu'à en prendre d'abord le tiers, & le multiplier enſuite par 2 ; c'eſt-à-dire, qu'il faut diviſer 12 par 3, & multiplier le quotient par 2.

158. Au lieu de diviſer 12 par 3, & de multiplier enſuite le quotient par 2, on pourroit commencer par la multiplication, & faire

ensuite la division, en gardant toujours le même diviseur & le même multiplicateur; c'est-à-dire, qu'on pourroit d'abord multiplier 12 par 2, & diviser ensuite le produit par 3; & on trouveroit la même valeur de la fraction : car en divisant 12 par 3, & multipliant ensuite le quotient par 2, il est visible que le résultat de l'opération est double du quotient de 12 divisé par 3. Or pareillement en multipliant d'abord 12 par 2, & divisant ensuite le produit par 3, on trouve un quotient double de celui de 12 divisé par 3, puisque le produit que l'on divise est double de 12. Donc le résultat de l'opération est le même dans les deux cas. On peut toujours faire le même raisonnement sur tout autre exemple. Donc il est indifférent de commencer par la multiplication ou par la division.

159. Il suit de-là que pour évaluer une fraction, on peut d'abord multiplier le nombre qui marque combien le tout contient de parties par le numerateur de la fraction, & ensuite diviser le produit par le dénominateur de la fraction : par exemple, supposé qu'un écu vaille 60 sols, & que je veuille évaluer la fraction $\frac{4}{5}$ d'un écu; je multiplie d'abord 60 par le numerateur 4, parce que l'écu vaut 60 sols : après cela je divise le produit 240 par le dénominateur 5, & je trouve au quotient 48 : ce qui marque que la fraction $\frac{4}{5}$ d'un écu vaut 48 sols.

160. Remarquez qu'il arrive assez souvent qu'on ne peut faire la division sans reste, comme dans l'exemple suivant : soit la fraction $\frac{8}{9}$ d'une toise qu'on propose d'évaluer en pieds. Suivant la seconde méthode, il faut multiplier 6 par le numerateur 8, parce que la toise contient six pieds, & diviser ensuite le produit 48 par le dénominateur 9 : on trouvera au quotient 5, & la fraction $\frac{3}{9}$; par conséquent $\frac{8}{9}$ de toise vaut 5 pieds & $\frac{3}{9}$ d'un pied.

Cette derniere fraction $\frac{3}{9}$ de pied peut encore être évaluée en pouces par la même méthode; c'est-à-dire, qu'il faut multiplier 12 par le numerateur 3, parce que le pied contient 12 pouces, & diviser le produit 36 par 9, le quotient sera 4; ainsi la fraction $\frac{3}{9}$ de pied vaut 4 pouces; par conséquent la premiere fraction $\frac{8}{9}$ de toise vaut 5 pieds 4 pouces.

Voici encore un autre exemple : supposant l'écu de 60 sols, on demande combien vaut la fraction $\frac{4}{7}$ d'un écu. Je réduis d'abord en sols la fraction proposée en multipliant 60 par 4; & divisant ensuite le produit 240 par 7 : ce qui me donne pour quotient 34 sols & $\frac{2}{7}$ d'un sol; je réduis pareillement en deniers la fraction $\frac{2}{7}$ d'un sol, & je trouve qu'après avoir multiplié 12 par 2, & divisé le produit 24 par 7, le quotient est 3 plus $\frac{3}{7}$; ainsi la fraction $\frac{2}{7}$ d'un sol vaut 3 deniers & $\frac{3}{7}$ d'un denier; par conséquent la fraction $\frac{4}{7}$ d'un écu, vaut 34 sols 3 deniers

& $\frac{3}{7}$ d'un denier : on peut négliger $\frac{3}{7}$ d'un denier.

Nous parlerons encore d'une opération propre aux fractions ; mais ce ne sera qu'après avoir expliqué la multiplication.

Nous allons parler présentement des opérations communes aux fractions & aux entiers : ces opérations sont l'addition, la soustraction, la multiplication, la division, la formation des puissances & l'extraction des racines.

De l'Addition des Fractions.

161. Pour ajouter deux ou plusieurs fractions, il faut d'abord les réduire au même dénominateur, si elles en ont de différens ; & ensuite ajouter ensemble les numerateurs, en laissant le dénominateur commun, & on a la somme des fractions. Exemple. Je veux ajouter les deux fractions $\frac{2}{5}$ & $\frac{3}{4}$: pour cela je les réduis d'abord au même dénominateur ; ce qui donne $\frac{8}{20}$ & $\frac{15}{20}$; après quoi j'ajoute les numerateurs sans rien changer au dénominateur, & la somme est $\frac{23}{20}$; c'est-à-dire, vingt-trois vingtiémes.

La raison de cette pratique est évidente ; car l'on voit aisément que huit vingtiémes & quinze vingtiémes font vingt-trois vingtiémes ; il suffit donc, quand les fractions ont même dénominateur, d'ajouter les numerateurs, en laissant le dénominateur commun.

On opére de même sur les fractions algébriques : soient, par exemple, les deux fractions $\frac{a}{b}$ & $\frac{c}{d}$, qu'il faut ajouter ; je les réduis au même dénominateur : ce qui produit $\frac{ad}{bd}$ & $\frac{bc}{bd}$; après quoi j'ajoute seulement les numerateurs en laissant le dénominateur commun, la somme est $\frac{ad+bc}{bd}$.

162. Si on propose un entier & une fraction à ajouter avec un entier & une fraction, il faut ajouter l'entier avec l'entier, & la fraction avec la fraction : par exemple, pour ajouter $12 + \frac{2}{5}$ avec $15 + \frac{4}{7}$, je prends la somme des entiers qui est 27 ; ensuite j'ajoute les fractions, après les avoir réduites au même dénominateur ; ainsi la somme des entiers & des fractions est $27 + \frac{34}{35}$.

De la Soustraction des Fractions.

163. Pour soustraire une fraction d'une autre, il faut les réduire au même dénominateur, quand elles en ont qui sont différens, & ôter ensuite le numerateur de celle qu'on veut soustraire du numerateur de l'autre, en laissant le dénominateur commun. Exemple. Pour soustraire $\frac{2}{5}$ de $\frac{3}{5}$, j'ôte le numerateur 2 de 3, & je laisse le même dénominateur 5 ; il reste $\frac{1}{5}$. Si ces fractions n'avoient pas eu le même dénominateur, il auroit fallu les y réduire avant que de faire la soustraction.

La raiſon de cette opération s'entend aſſez, c'eſt la même que celle de l'addition.

Quand les fractions ſont littérales, on opére de la même maniere. Exemple. De la fraction $\frac{a}{b}$ on veut ſouſtraire celle-ci $\frac{c}{d}$: il faut réduire l'une & l'autre à celles-ci $\frac{ad}{bd}$ & $\frac{bc}{bd}$, qui ſont égales aux premieres & qui ont même dénominateur ; & ôter enſuite le numerateur de la ſeconde des réduites, du numerateur de la premiere; on aura $\frac{ad-bc}{bd}$ qui eſt le reſte ou la différence des deux fractions.

164. Si on propoſe un entier & une fraction à ſouſtraire d'un entier & d'une fraction, il faut ôter l'entier de l'entier, & la fraction de la fraction : par exemple, pour ſouſtraire $9+\frac{2}{5}$ de $12+\frac{3}{4}$, j'ôte 9 de 12, & après avoir réduit les deux fractions $\frac{2}{5}$ & $\frac{3}{4}$ au même dénominateur, j'ôte encore la premiere de la ſeconde, & je trouve que le reſte des entiers & des fractions eſt $3+\frac{7}{20}$. Si la fraction du nombre à ſouſtraire avoit été plus grande que celle de l'autre nombre, il auroit fallu commencer par réduire une unité de 12 en une fraction qui auroit eu le même dénominateur que $\frac{3}{4}$, & l'ajouter avec $\frac{3}{4}$; enſuite opérer comme on vient de le dire.

De la Multiplication des Fractions.

On peut multiplier une fraction par un nombre entier ou par une autre fraction. Nous allons donner la méthode pour l'un & l'autre cas.

165. 1°. Pour multiplier une fraction par un entier, il faut multiplier ſeulement le numerateur de la fraction par l'entier, & laiſſer le même dénominateur. Exemple. Je veux multiplier $\frac{3}{5}$ par 4 : pour cela je multiplie le numerateur 3 par 4; & gardant le même dénominateur, j'aurai la fraction $\frac{12}{5}$ qui eſt le produit de $\frac{3}{5}$ par 4.

La raiſon eſt que quand on veut multiplier $\frac{3}{5}$ par 4, on cherche une fraction quatre fois plus grande que $\frac{3}{5}$ (Liv. I, Art. 36). Or en multipliant ſeulement le numerateur par 4, la fraction qui vient de cette multiplication eſt quatre fois plus grande que $\frac{3}{5}$: car une fraction eſt d'autant plus grande que ſon numerateur eſt plus grand par rapport au dénominateur (142). Or en multipliant le numerateur 3 par 4, le produit 12 eſt quatre fois plus grand que 3 ; par conſéquent la fraction $\frac{12}{5}$ eſt quatre fois plus grande que $\frac{3}{5}$; donc $\frac{12}{5}$ eſt le véritable produit de $\frac{3}{5}$ par 4. Ce qu'il falloit démontrer.

165 *B*. Il ſuit de-là que ſi on multiplie une fraction par ſon dénominateur, le produit ſera égal au numerateur de la fraction qu'on a multipliée : par exemple, ſi on multiplie la fraction $\frac{3}{5}$ par 5 le produit ſera égal à 3 : car comme on vient de le prouver le produit de $\frac{3}{5}$ par 5 ſe trouve en multipliant le numerateur 3 par 5, ou ce qui revient au

même, en multipliant 5 par 3 ; donc le nouveau numerateur 5 × 3 contient trois fois le dénominateur 5, & par conséquent la nouvelle fraction $\frac{15}{5}$ est égale à 3 (138).

166. 2°. Pour multiplier deux fractions l'une par l'autre, il faut non-seulement multiplier les deux numerateurs, mais aussi les deux dénominateurs l'un par l'autre. Exemple. On veut multiplier les deux fractions $\frac{3}{5}$ & $\frac{4}{6}$ l'une par l'autre, il faut multiplier 3 par 4, & 5 par 6 ; & on aura $\frac{12}{30}$ produit des fractions proposées.

Afin de concevoir la raison de cette régle, il faut faire attention que pour multiplier $\frac{3}{5}$ par 4, on doit multiplier seulement le numerateur 3 par 4, & on aura la fraction $\frac{12}{5}$ qui est le véritable produit, comme nous venons de le démontrer. Or le produit de $\frac{3}{5}$ par $\frac{4}{6}$ doit être six fois plus petit que $\frac{12}{5}$, puisque le multiplicateur $\frac{4}{6}$; c'est-à-dire, 4 divisé par 6, est six fois plus petit que le multiplicateur 4 ; il faut donc rendre la fraction $\frac{12}{5}$ six fois plus petite. Or pour rendre une fraction plus petite, il n'y a qu'à augmenter le dénominateur en laissant le même numerateur (142) ; par conséquent pour rendre la fraction $\frac{12}{5}$ six fois plus petite, il n'y a qu'à rendre son dénominateur six fois plus grand ; c'est-à-dire, le multiplier par 6 ; donc pour multiplier une fraction par une autre, il faut non-seulement multiplier le numerateur par le numerateur ; mais aussi le dénominateur par le dénominateur.

On auroit pû prouver aussi cette méthode par l'art. 141 : car les fractions n'étant que des raisons, on doit multiplier deux fractions de la même maniere que deux raisons. Or pour avoir le produit de deux raisons, il faut multiplier l'antécédent de l'une par l'antécédent de l'autre, & le conséquent par le conséquent. On doit donc aussi quand il s'agit de la multiplication de deux fractions, multiplier le numerateur par le numerateur, & le dénominateur par le dénominateur.

On observe la même méthode pour la multiplication des fractions litterales. 1°. Le produit de $\frac{a}{b}$ par c est $\frac{ac}{b}$. 2°. Le produit de $\frac{a}{b}$ par $\frac{c}{d}$ est $\frac{ac}{bd}$.

167. Si on vouloit multiplier un entier & une fraiodn par un entier & une fraction, il faudroit réduire le multiplicande à une seule fraction, & le multiplicateur aussi à une autre fraction ; & ensuite multiplier ces deux nouvelles fractions l'une par l'autre : par exemple, pour multiplier $8 + \frac{3}{4}$ par $7 + \frac{2}{5}$, il faut réduire premierement le multiplicande $8 + \frac{3}{4}$ en une fraction : pour cela je réduis d'abord 8 à une fraction qui ait un même dénominateur que $\frac{3}{4}$: & je trouve $\frac{32}{4} = 8$: ensuite j'ajoute $\frac{3}{4}$ avec $\frac{32}{4}$; la somme $\frac{35}{4}$ est le multiplicande total. En second lieu je réduis de la même maniere le multiplicateur à la seule fraction $\frac{37}{5}$. Enfin je multiplie $\frac{35}{4}$ par $\frac{37}{5}$ le produit est $\frac{1295}{20}$ que l'on peut réduire en entier.

167*B*. Il eſt viſible qu'on pourroit auſſi multiplier tout le multiplicande tant par l'entier que par la fraction du multiplicateur. Il faudroit donc dans notre exemple multiplier $8 + \frac{3}{4}$ par 7 & par $\frac{2}{5}$; ce qui donneroit $56 \frac{21}{4}$ & $\frac{16}{5} + \frac{6}{20}$, dont les deux premieres fractions ſe réduiſent à $5 + \frac{1}{4}$ & $3 + \frac{1}{5}$: les entiers étant ajoutés enſemble on trouvera $64 + \frac{1}{4} + \frac{1}{5} + \frac{6}{20}$, ou $64 + \frac{5}{20} + \frac{4}{20} + \frac{6}{20}$, ou enfin $64 + \frac{15}{20}$ en ajoutant les trois fractions enſemble.

Nous n'avons pas parlé de la multiplication des entiers par des fractions, parce qu'il eſt évident que ce cas ſe rapporte au premier dans lequel il s'agit de la multiplication des fractions par des entiers : par exemple on doit avoir le même produit, ſoit qu'on multiplie 4 par $\frac{3}{5}$ ou bien $\frac{3}{5}$ par 4.

Remarques.

I.

168. Nous avons vu que pour ajouter & ſouſtraire les fractions, il falloit les réduire au même dénominateur : mais cette préparation n'eſt pas néceſſaire pour la multiplication, non plus que pour la diviſion des fractions.

II.

169. Dans la multiplication des fractions quand le multiplicateur eſt plus petit que l'unité, le produit eſt auſſi moindre que le multiplicande : par exemple, $\frac{1}{3}$ multiplié par $\frac{2}{4}$ donne au produit la fraiction $\frac{2}{12}$ qui eſt moindre que $\frac{1}{3}$: car la fraction $\frac{2}{12}$ ne vaut pas $\frac{1}{3}$; c'eſt-à-dire, un tiers ; il faudroit qu'il y eût $\frac{4}{12}$ & non pas $\frac{2}{12}$.

La raiſon pourquoi le produit eſt alors plus petit que le multiplicande, c'eſt que plus le multiplicateur eſt petit, plus auſſi le produit eſt petit. Or ſi on multiplie par l'unité, le produit eſt égal au multiplicande ; donc ſi on multiplie par un multiplicateur plus petit que l'unité, le produit doit être moindre que le multiplicande.

Cela ſe peut auſſi prouver par la proportion qui ſe trouve dans toute multiplication : voici cette proportion, le produit eſt au multiplicande, comme le multiplicateur eſt à l'unité (Liv. I, Art. 141) ; par conſéquent ſi le multiplicateur eſt plus petit que l'unité, il faut que le produit ſoit moindre que le multiplicande.

On peut ajouter que multiplier par une fraction moindre que l'unité, c'eſt prendre ſeulement quelque partie du multiplié : par exemple, multiplier par $\frac{1}{2}$, c'eſt prendre la moitié du multiplié ; par conſéquent le produit doit être moindre que le multiplié.

170. Les fractions dont nous avons parlé juſqu'à préſent ſont des fractions

fractions simples. Il y en a d'autres qu'on appelle fractions composées, ou autrement fractions de fractions, & que l'on réduit à des fractions simples par la multiplication. Voici, par exemple, une fraction de fraction $\frac{3}{5}$ de $\frac{4}{6}$; c'est-à-dire, trois cinquiémes de quatre sixiémes: pour entendre ce qu'elle exprime il faut l'appliquer à un cas particulier en cherchant : par exemple, ce que valent trois cinquiémes de quatre sixiémes d'un écu de trois livres. Premierement quatre sixiémes d'un écu de trois livres sont 40 sols. En second lieu trois cinquiémes de 40 sols sont 24 sols. Ainsi trois cinquiémes de quatre sixiémes d'un écu valent 24 sols. Il s'agit donc de réduire $\frac{3}{5}$ de $\frac{4}{6}$ à une fraction simple : or pour cela il faut multiplier $\frac{4}{6}$ par $\frac{3}{5}$, & le produit $\frac{12}{30}$ est la fraction simple qui exprime la valeur de la fraction de fraction $\frac{3}{5}$ de $\frac{4}{6}$. Cela est évident dans le cas particulier dont dont nous venons de parler : car puisque le trentiéme d'un écu de trois livres est deux sols, il s'ensuit que douze trentiémes de l'écu sont 24 sols : c'est la valeur que nous avions déja trouvée.

Afin d'appercevoir la raison générale & métaphysique de cette opération, prenons $\frac{1}{5}$ au lieu de $\frac{3}{5}$. Je dis donc que $\frac{1}{5}$ de $\frac{4}{6}$ est égal à $\frac{4}{30}$ qui est le produit de $\frac{4}{6}$ par $\frac{1}{5}$: car $\frac{1}{5}$ de $\frac{4}{6}$; c'est-à-dire, un cinquiéme de $\frac{4}{6}$ n'est autre chose que la cinquiéme partie de la fraction $\frac{4}{6}$. Or la cinquiéme partie de $\frac{4}{6}$ est le produit $\frac{1}{5}\times\frac{4}{6}$ ou $\frac{4}{30}$, puisqu'en multipliant le dénominateur 6 par 5, la fraction $\frac{4}{6}$ devient 5 fois moindre qu'elle n'est (142) : donc $\frac{1}{5}$ de $\frac{4}{6}$ est $\frac{4}{30}$. Cela posé, il est clair que $\frac{3}{5}$ de $\frac{4}{6}$ est trois fois plus grand que $\frac{4}{30}$; il faut donc multiplier cette derniere fraction par 3; c'est-à-dire, qu'il faut encore multiplier le numerateur de $\frac{4}{30}$ par 3, & on aura le produit $\frac{12}{30}$ égal à $\frac{3}{5}$ de $\frac{4}{6}$. Par conséquent pour réduire $\frac{3}{5}$ de $\frac{4}{6}$ à une seule fraction, il faut multiplier $\frac{4}{6}$ par $\frac{3}{5}$. En un mot pour avoir une fraction égale à $\frac{3}{5}$ de $\frac{4}{6}$, il faut prendre trois cinquiémes de $\frac{4}{6}$. Or prendre trois cinquiémes de $\frac{4}{6}$, c'est multiplier la fraction $\frac{4}{6}$ par $\frac{3}{5}$.

171. S'il y avoit plus de deux fractions, il faudroit aussi les multiplier les unes par les autres, afin de les réduire à une seule fraction. Par exemple, $\frac{3}{5}$ de $\frac{4}{6}$ de $\frac{7}{8}$ se réduit au produit $\frac{3\times4\times7}{5\times6\times8}=\frac{84}{240}$. C'est la même chose pour les fractions littérales.

De la Division des Fractions.

On peut diviser une fraction par un entier, ou bien une fraction par une autre fraction, ou enfin un entier par une fraction. Nous allons donner la méthode pour ces trois cas.

172. 1°. Pour diviser une fraction par un entier, il faut multiplier le dénominateur de la fraction par l'entier qui est le diviseur, en laissant le même numerateur : par exemple, pour diviser $\frac{2}{3}$ par 4, il faut mul-

tiplier le dénominateur 3 par 4, & le quotient sera $\frac{2}{12}$.

Afin de concevoir la raison de cette pratique, il faut faire attention que quand on veut diviser $\frac{2}{3}$ par 4, on en cherche une autre qui n'en soit que la quatriéme partie, ou, ce qui est la même chose, qui soit quatre fois plus petite (Liv. I, Art. 62*D*). Or pour rendre une fraction plus petite, il n'y a qu'à augmenter son dénominateur (142); ainsi pour faire la fraction $\frac{2}{3}$ quatre fois plus petite, il n'y a qu'à rendre son dénominateur quatre fois plus grand; c'est-à-dire, le multiplier par 4, & laisser le même numerateur. Ce qu'il falloit démontrer.

173. Si on peut diviser exactement le numerateur de la fraction par l'entier, il vaut mieux faire cette division du numerateur, en laissant le même dénominateur : par exemple, le quotient de la fraction $\frac{6}{7}$ divisée par 3, est $\frac{2}{7}$. La raison de cette pratique est évidente, puisqu'en divisant le numerateur par 3, il vient une nouvelle fraction dont le numerateur n'est que le tiers de celui de la premiere; & par conséquent cette nouvelle fraction n'est aussi que le tiers de la premiere.

174. 2°. Pour diviser une fraction par une autre, il faut multiplier le numerateur de la fraction qui est le dividende par le dénominateur de celle qui sert de diviseur, le produit sera le numerateur du quotient; ensuite il faut multiplier le dénominateur du dividende par le numerateur du diviseur, & le produit sera le dénominateur du quotient : par exemple, si on veut diviser $\frac{2}{3}$ par $\frac{4}{5}$, il faudra multiplier 2 numerateur du dividende par 5 dénominateur du diviseur, & le produit 10 sera le numerateur du quotient : après cela il faudra encore multiplier le dénominateur 3 du dividende par le numerateur 4 du diviseur, on aura le produit 12 pour le dénominateur du quotient qui sera $\frac{10}{12}$.

Voici la démonstration de cette méthode : si on divise une grandeur par plusieurs diviseurs, un quotient est d'autant plus grand que le diviseur est petit. Or on a fait voir dans le premier cas que le quotient de $\frac{2}{3}$ divisé par 4 est $\frac{2}{12}$; ainsi le quotient de $\frac{2}{3}$ divisé par $\frac{4}{5}$ doit être cinq fois plus grand que $\frac{2}{12}$, puisque $\frac{4}{5}$ n'est que la cinquiéme partie de 4 : mais pour rendre la fraction $\frac{2}{12}$ cinq fois plus grande, il n'y a qu'à multiplier le numerateur par 5 : ce qui donnera $\frac{10}{12}$; ainsi cette fraction est le quotient $\frac{2}{3}$ divisé par $\frac{4}{5}$: donc pour diviser une fraction par une autre, il faut multiplier le numerateur du dividende par le dénominateur du diviseur, & le dénominateur du dividende par le numerateur du diviseur.

On peut diviser de la même maniere deux fractions littérales l'une par l'autre. Exemple. Le quotient de $\frac{a}{b}$ par $\frac{c}{d}$ est $\frac{ad}{bc}$.

174*B*. Dans la pratique il est plus simple de prendre l'inverse de la fraction qui doit servir de diviseur, après quoi on multiplie le dividende par cette inverse, & on trouve au produit le quotient qu'on cherche. Ainsi pour diviser $\frac{a}{b}$ par $\frac{c}{d}$ je prends l'inverse de cette derniere fraction, c'est $\frac{d}{c}$, ensuite je multiplie $\frac{a}{b}$ par $\frac{d}{c}$, & le produit $\frac{ad}{bc}$ est le quotient cherché.

175. Quand deux fractions ont le même dénominateur, pour lors afin de diviser une de ces fractions par l'autre, il suffit de diviser le numerateur du dividende par le numerateur du diviseur : ainsi le quotient de $\frac{2}{5}$ par $\frac{3}{5}$ est $\frac{2}{3}$. Pour le démontrer d'une maniere générale, prenons deux fractions littérales qui aient le même dénominateur, telles que $\frac{a}{b}$ & $\frac{c}{b}$: il faut prouver que le quotient de la premiere divisée par la seconde est $\frac{a}{c}$. Selon la regle générale de l'Article précédent 174 le quotient de $\frac{a}{b}$ par $\frac{c}{b}$ est $\frac{ab}{bc}$. Or (18) $\frac{ab}{bc} = \frac{a}{c}$.

176. On peut déduire de là une regle générale pour diviser deux fractions l'une par l'autre. Voici cette regle : il faut réduire les deux fractions au même dénominateur, & ensuite diviser le numerateur du dividende par le numerateur du diviseur : par exemple, pour diviser $\frac{2}{3}$ par $\frac{4}{5}$, je réduis d'abord ces deux fractions au même dénominateur, & je trouve $\frac{10}{15}$ & $\frac{12}{15}$: ensuite je divise 10 par 12 : ce qui donne $\frac{10}{12}$: ainsi le quotient de $\frac{2}{3}$ par $\frac{4}{5}$ est $\frac{10}{12}$. Ce quotient est le même que celui qu'on a trouvé par la premiere méthode de ce second cas.

177. 3°. Pour diviser un nombre entier par une fraction, il faut réduire l'entier à une fraction qui ait l'unité pour dénominateur, & après cela opérer comme nous avons dit qu'on devoit faire pour diviser une fraction par une autre. Exemple. Si on veut diviser 6 par $\frac{3}{4}$, il faut réduire 6 à la fraction $\frac{6}{1}$ qui est égale à 6, & ensuite diviser cette fraction $\frac{6}{1}$ par $\frac{3}{4}$; le quotient sera $\frac{24}{3} = 8$.

Ce troisiéme cas se réduisant au second, n'a pas besoin d'autre démonstration que de celle que nous avons donnée pour le second.

On a déja vû que la méthode du second cas peut être appliquée aux fractions littérales : il reste à donner des exemples pour le premier & le troisiéme cas. Le quotient de $\frac{a}{b}$ par c est $\frac{a}{bc}$. Le quotient de $a = \frac{a}{1}$ par $\frac{c}{d}$ est $\frac{ad}{c}$.

178. Si on vouloit diviser un entier & une fraction par un entier & une fraction, il faudroit réduire le dividende à une seule fraction, & le diviseur pareillement à une seule fraction ; & ensuite diviser la premiere de ces nouvelles fractions par l'autre : soit, par exemple, $3 + \frac{1}{2}$ à diviser par $4 + \frac{2}{3}$: je réduis le dividende à la fraction $\frac{7}{2}$, & le diviseur à cette autre $\frac{14}{3}$: après cela je divise $\frac{7}{2}$ par $\frac{14}{3}$, & je trouve au quotient $\frac{21}{28}$.

178 *B*. Lorsque les nombres entiers du dividende & du diviseur sont exprimés par plusieurs chiffres, il est plus simple de réduire le dividende

& le diviſeur en nombres entiers qui aient entr'eux le même rapport que ce dividende & ce diviſeur. Pour cet effet il faut réduire d'abord les deux fractions au même dénominateur, après quoi on multiplie le dividende & le diviſeur par le dénominateur commun : enſuite on fait la diviſion, & le quotient eſt le même qu'il auroit été ſans ces préparations, parce que le dividende & le diviſeur ayant été multipliés par un même multiplicateur que je ſuppoſe par exemple être 12, le ſecond ſera contenu dans le premier autant de fois qu'il y étoit avant la multiplication, puiſque l'un & l'autre eſt 12 fois plus grand qu'il n'étoit. Soient, par exemple, les deux nombres $548\frac{1}{4}$ & $34\frac{2}{3}$ à diviſer l'un par l'autre : je les multiplie par 12 qui eſt le dénominateur commun des fractions réduites, ce qui me donne les deux nombres 6579 & 416; je diviſe enſuite le premier par le ſecond, & je trouve $15\frac{339}{416}$: c'eſt le quotient des deux nombres $548\frac{1}{4}$ & $34\frac{2}{3}$.

Le produit du dividende $548\frac{3}{12}$ par 12 eſt 6579 : car en multipliant d'abord le nombre entier 548 par 12 le produit eſt 6576; & d'ailleurs en multipliant auſſi par 12 la fraction réduite $\frac{3}{12}$ on trouve 3, parce que quand on multiplie une fraction par ſon dénominateur le produit eſt toujours égal au numerateur (165*B*). On trouvera de même que le produit du diviſeur $34\frac{8}{12}$ par 12 eſt 416.

178*C*. S'il n'y avoit que le dividende ou le diviſeur qui eût une fraction, il faudroit multiplier l'un & l'autre par le dénominateur de cette fraction.

179. Remarquez que ſi la fraction qui ſert de diviſeur eſt plus petite que l'unité, le quotient ſera plus grand que le dividende : comme ſi on diviſe $\frac{3}{6}$ par $\frac{2}{4}$, le quotient $\frac{12}{12} = 1$ eſt plus grand que le dividende $\frac{3}{6}$.

La raiſon de cette remarque eſt que le quotient eſt d'autant plus grand que le diviſeur eſt petit. Or quand le diviſeur eſt l'unité, le quotient eſt égal au dividende; par conſéquent ſi le diviſeur eſt plus petit que l'unité, le quotient doit être plus grand que le dividende.

D'ailleurs on a dit (Liv. I, Art. 161), que dans toute diviſion le dividende eſt au diviſeur, comme le quotient eſt à l'unité : & *alternando*, le dividende eſt au quotient, comme le diviſeur eſt à l'unité; par conſéquent ſi le diviſeur eſt plus petit que l'unité, le dividende eſt auſſi plus petit que le quotient.

On peut encore ajouter que diviſer par une fraction moindre que l'unité, c'eſt chercher combien de fois cette fraction eſt contenue dans le dividende, par exemple, combien de fois $\frac{1}{2}$ eſt contenu dans 100. Or il eſt évident que $\frac{1}{2}$ eſt contenu plus de cent fois dans 100.

De la formation des puissances des Fractions.

Nous ne dirons qu'un mot de cette opération, parce qu'elle est très-facile à entendre, après tout ce que nous avons dit jusqu'ici.

180. Pour avoir le quarré d'une fraction, il faut élever le numerateur & le dénominateur, chacun à son quarré. Exemple. Le quarré de $\frac{2}{3}$ est $\frac{4}{9}$. De même le quarré $\frac{1}{2}$ est $\frac{1}{4}$.

Pour avoir le cube d'une fraction, il faut élever le numerateur & le dénominateur, chacun à son cube. Exemple. Le cube de $\frac{2}{5}$ est $\frac{8}{125}$.

En général pour avoir une puissance d'une fraction, il faut élever le numerateur & le dénominateur à la même puissance que celle à laquelle on veut élever la fraction.

La raison de cette opération est bien claire : car pour élever la fraction $\frac{2}{3}$ à son quarré, il faut multiplier $\frac{2}{3}$ par $\frac{2}{3}$. Or en multipliant $\frac{2}{3}$ par $\frac{2}{3}$, on aura au produit une fraction, sçavoir $\frac{4}{9}$ dont le numerateur est le quarré de 2, & le dénominateur le quarré de 3 ; par conséquent pour élever une fraction à son quarré, il faut prendre le quarré du numerateur & celui du dénominateur. C'est la même raison pour les autres puissances.

On opére de même sur les fractions littérales. Exemples. Le quarré de $\frac{a}{b}$ est $\frac{aa}{bb}$. Le quarré de $\frac{a+d}{c}$ est $\frac{aa+2ad+dd}{cc}$. Le cube de $\frac{a}{b}$ est $\frac{a^3}{b^3}$.

Il paroît que le quarré ou quelque autre puissance supérieure d'une fraction proprement dite est moindre que la fraction : le quarré de $\frac{1}{2}$ n'est que la moitié de $\frac{1}{2}$, le quarré de la fraction $\frac{1}{3}$ n'en est que le tiers, le quarré de $\frac{1}{4}$ n'en est que le quart, &c. c'est une suite de ce que nous avons remarqué sur la multiplication des fractions lorsque le multiplicateur est moindre que l'unité, Art. 169.

De l'Extraction des Racines des Fractions.

181. Pour extraire la racine quarrée d'une fraction, il faut tirer celle du numerateur & celle du dénominateur. Exemples. La racine quarrée de $\frac{4}{9}$ est $\frac{2}{3}$. La racine quarrée de $\frac{25}{36}$ est $\frac{5}{6}$.

En général pour extraire la racine quelconque d'une fraction, il faut tirer la racine semblable du numerateur & du dénominateur de la fraction. Exemple. La racine quatriéme de $\frac{16}{81}$ est $\frac{2}{3}$.

La raison de cette opération se déduit de la formation des puissances des fractions : car si pour élever une fraction à son quarré, il faut élever le numerateur & le dénominateur chacun à son quarré, il suit que pour tirer la racine quarrée d'une fraction, il faut tirer celle du numerateur & celle du dénominateur, puisque la formation des puissances & l'extraction des racines sont des opérations contraires. On peut appliquer le même raisonnement aux autres racines, troisiémes, quatriémes &c.

Il faut opérer de la même maniere pour l'extraction des racines des fractions littérales. Exemples. La racine quarrée de $\frac{aa}{bb}$ est $\frac{a}{b}$. La racine cubique de $\frac{a^3}{b^3}$ est $\frac{a}{b}$.

182. Si le numerateur & le dénominateur ne sont pas l'un & l'autre des puissances parfaites de la racine que l'on cherche, on ne peut trouver exactement cette racine : par exemple, on ne peut pas tirer exactement la racine quarrée de $\frac{4}{5}$, parce que le dénominateur n'est pas un quarré parfait. Mais alors on peut approcher aussi près que l'on veut de la véritable racine. Pour cet effet il faut 1°. multiplier les deux termes de la fraction par le dénominateur, afin que la nouvelle fraction qui viendra ait un quarré pour dénominateur. Dans l'exemple proposé je multiplie les deux termes de la fraction $\frac{4}{5}$ par 5, ce qui donne la nouvelle fraction $\frac{20}{25}$ dont le dénominateur est un quarré. 2°. Il faut écrire à la suite des deux termes de la nouvelle fraction une ou plusieurs tranches de deux zeros chacune. On peut mettre autant de tranches que l'on veut : plus il y en aura, plus on approchera de la véritable racine : mais on doit en mettre le même nombre au numerateur & au dénominateur. 3°. On tirera ensuite la racine quarrée du numerateur & celle du dénominateur : (celle-ci sera exacte, mais la premiere ne le sera pas.) La fraction formée de ces deux racines sera la racine quarrée approchée de la fraction proposée.

Dans notre exemple après avoir réduit la fraction $\frac{4}{5}$ à celle-ci $\frac{20}{25}$, j'écris ensuite deux tranches de deux zeros à la fin de chacun des termes $\frac{20}{25}$, il vient $\frac{200000}{250000}$. Enfin je tire les racines quarrées des deux termes 200000, & 250000, & j'en forme la fraction $\frac{447}{500}$ qui est un peu moindre que la racine véritable de $\frac{4}{5}$, mais qui n'en differe pas de la 500me partie de l'unité : en voici la démonstration. La fraction $\frac{4}{5}$ est égale à $\frac{20}{25}$, parce que l'on a multiplié les deux termes de la premiere fraction par 5. Par la même raison $\frac{20}{25}$ est égale à $\frac{200000}{250000}$, puisqu'en ajoutant quatre zeros à chacun des termes de la fraction $\frac{20}{25}$ on a multiplié les deux termes de cette fraction par 10000 (Liv. I, Art. 49). Par conséquent la fraction proposée $\frac{4}{5}$ est égale à celle-ci $\frac{200000}{250000}$. Elles ont donc une même racine. Or la fraction $\frac{447}{500}$ eſt un peu moindre que la racine de $\frac{200000}{250000}$; mais elle n'en differe pas de la 500me partie d'une unité: car ſi on mettoit 448 pour numerateur au lieu de 447, la fraction $\frac{448}{500}$ ſeroit trop grande, puiſque 448 eſt plus grand que la racine de 200000.

Les tranches que l'on écrit à la fin des termes de la fraction dont le dénominateur eſt un quarré, doivent être de deux zeros, afin que le dénominateur augmenté de ces zeros ſoit toujours un nombre quarré; ce qui arrivera néceſſairement : car le dénominateur étoit un quarré avant qu'on le multipliât par l'unité ſuivie d'une ou de pluſieurs tranches de deux zeros. D'ailleurs il eſt évident que l'unité ſuivie d'une ou de pluſieurs tranches de deux zeros eſt un quarré. Or un quarré multiplié par un quarré donne un produit qui eſt auſſi un quarré : car ſoient les deux quarrés aa & bb qui peuvent repréſenter tous les quarrés. Or le produit de ces deux quarrés; qui eſt $aabb$, eſt auſſi un quarré, ſçavoir, celui de ab, puiſqu'en multipliant ab par ab le produit eſt $abab$ ou $aabb$.

183. Si on veut tirer la racine cubique approchée de $\frac{4}{5}$ il faut multiplier les deux termes par le quarré du dénominateur; c'eſt-à-dire, par 25, afin que la nouvelle fraction $\frac{100}{125}$ ait un cube pour dénominateur : enſuite on écrira à la fin des deux termes 100 & 125 une ou pluſieurs tranches de trois zeros chacune. Enfin on tirera la racine cubique de chaque terme. On fait de même à proportion pour approcher de la racine quatriéme, cinquiéme, ainſi des autres.

DES FRACTIONS DÉCIMALES.

184. Il y a des fractions qu'on nomme *décimales* qui ſont fort en uſage dans les Mathématiques : ce ſont celles dont le dénominateur eſt l'unité ſuivie d'un ou de pluſieurs zeros : telles ſont les fractions $\frac{4}{10}$, $\frac{56}{100}$, $\frac{345}{1000}$, &c.

185. On a trouvé le ſecret de rendre le calcul de ces ſortes de fractions auſſi aiſé que celui des nombres entiers : & c'eſt ce qui a rendu l'uſage de ces fractions ſi fréquent dans les Mathématiques. Or voici comment on eſt parvenu à rendre le calcul des fractions décimales aiſé & ſemblable à celui des entiers. On ſupprime le dénominateur, & pour marquer les zeros de ce dénominateur, on met un point ou une virgule au numerateur, en ſorte qu'il y ait autant de chiffres après ce point qu'il y a de zeros au dénominateur. Ainſi les fractions $\frac{4}{10}$, $\frac{56}{100}$, $\frac{345}{1000}$ ſe marquent en cette maniere, .4, .56, .345.

186. Pour exprimer encore plus préciſement les fractions décimales, on écrit à la droite des chiffres du numerateur d'autres chiffres en caracteres différens qui déſignent le nombre de zeros du dénominateur. De plus lorſque la fraction eſt moindre qu'un entier; c'eſt-à-dire,

qu'une unité, on met avant le point un zero qui tient la place des entiers. Les fractions précédentes doivent donc être marquées en cette maniere, 0.4^I, 0.56^II, 0.345^III.

187. S'il y a moins de chiffres au numerateur que de zeros au dénominateur, non-seulement on met un zero avant le point pour marquer la place des entiers, mais on en met aussi immédiatement après le point autant qu'il en faut pour qu'il y ait autant de chiffres après ce point qu'il y a de zeros au dénominateur. Ainsi la fraction $\frac{34}{100000}$ doit être écrite en cette maniere, 0.00034^V, parce que le dénominateur contenant cinq zeros, il doit y avoir cinq chiffres après le point : de même $\frac{4}{1000}$ se réduit à 0.004^III.

188. Lorsqu'il y a plus de chiffres au numerateur que de zeros au dénominateur, on n'écrit point de zero avant le point qu'on met au numerateur, parce que pour lors les entiers sont marqués par les chiffres qui sont avant le point. Ainsi la fraction $\frac{425}{100}$ s'exprime en cette maniere, 4.25^II. Pareillement $\frac{534562}{10000}$ s'écrit en cette façon, 53.4562^IV. Dans ce cas les chiffres qui sont à la suite du point signifient des parties d'unités, & ceux qui précédent ce point expriment des unités, des dixaines, des centaines, &c. Dans le premier exemple 4.25 le 4 signifie quatre unités : pareillement dans le second exemple le 3 exprime des unités, & le 5 qui est avant le 3 marque des dixaines. S'il y avoit encore un chiffre avant le 5 il exprimeroit des centaines : ainsi de suite.

189. Ce qu'on a dit jusqu'ici fait voir que quand il n'y a qu'un chiffre après le point, pour lors le nombre exprime des dixiémes ; lorsqu'il y a deux chiffres après le point, le nombre signifie des centiémes ; quand il y en a trois, il exprime des milliémes ; s'il y en a quatre, il signifie des dix milliémes, &c. Mais dans ces sortes de fractions la valeur des chiffres diminue en proportion décuple, de même que dans les entiers : ainsi quoiqu'il y ait plusieurs chiffres après le point, si on prend chaque chiffre en particulier, le premier après le point signifie des dixiémes, le second des centiémes, le troisiéme des milliémes, le quatriéme des dix milliémes, &c. Dans cet exemple, 53.4562^IV, le 4 signifie quatre dixiémes, le 5 cinq centiémes, le 6 six milliémes, le 2 deux dix milliémes. Cela est évident, car puisque le chiffre 3 exprime des unités, il est nécessaire que le 4 qui est après le 3 marque des dixiémes ; autrement la valeur des chiffres ne diminueroit pas en proportion décuple, en allant vers la droite. Par la même raison le 4 exprimant des dixiémes, il faut que le 5 signifie des centiémes. Pareillement puisque le 5 exprime des centiémes, le 6 marquera des milliémes, & enfin le 2 des dix milliémes.

190. Si on déplace le point qui se trouve dans un nombre décimal, on

on change la valeur de ce nombre ; en ſorte que ſi on avance ce point d'un rang vers la droite, il vaut dix fois plus ; ſi on l'avance de deux rangs, il vaut cent fois plus ; ſi on l'avance de trois rangs, il vaut mille fois plus, &c. par exemple, ſi on a le nombre décimal 423.567^{III} & qu'on avance le point d'un rang vers la droite en cette ſorte, 4235.67^{II}, il vaut dix fois plus qu'il ne valoit : car ce dernier nombre ſignifie des centiémes, au lieu que le précédent ne vaut que des milliémes. Si on avance le point de deux rangs vers la droite en cette maniere, 42356.7^{I}, il vaudra cent fois plus qu'il ne valoit d'abord : car ce nouveau nombre vaut des dixiémes, & le premier ne vaut que des milliémes : enfin ſi on avance le point de trois rangs, on aura le nombre 423567 (il eſt inutile d'écrire le point dans ce cas, parce qu'il ſeroit à la fin du nombre) qui déſigne des unités, & qui par conſéquent eſt mille fois plus grand que le premier 423.567^{III} qui ne ſignifie que des milliémes. Au contraire lorſqu'on recule le point vers la gauche on diminue la valeur du nombre : ſi on le recule d'un rang, le nombre vaut dix fois moins ; ſi on le recule de deux rangs, le nombre vaut cent fois moins ; ſi on le recule de trois rangs le nombre vaut mille fois moins, ainſi de ſuite. Le nombre 42.3567^{IV} vaut dix fois moins que le premier 423.567^{III} : cet autre 4.23567^{V} vaut cent fois moins que le premier : le ſuivant 0.423567^{VI} vaut mille fois moins : celui-ci 0.0423567^{VII} vaut dix mille fois moins.

191. Il faut remarquer qu'on peut écrire des zeros à la fin d'un nombre entier ſans augmenter ſa valeur, pourvû qu'on mette un point entre les zeros qu'on écrit & les chiffres précédens : par exemple, ſi on a le nombre 34 on peut y ajouter trois zeros en cette maniere, 34.000^{III} ſans en changer la valeur : car avant l'addition des zeros le nombre ſignifioit trente-quatre, & après l'addition des zeros le nombre exprime trente-quatre mille milliémes. Or trente-quatre unités valent autant que trente-quatre mille milliémes, (on ſous-entend d'*unités*) puiſqu'une unité vaut mille milliémes d'unités.

192. On peut de même ajouter des zeros à un nombre décimal ſans en augmenter la valeur : par exemple, ſi on a le nombre 35.924^{III} on peut y ajouter tant de zeros qu'on voudra ſans changer ſa valeur : ainſi $35.924^{III} = 35.924000^{VI}$. La raiſon eſt que ſi d'une part on augmente le nombre des parties par l'addition des zeros, auſſi d'un autre côté on diminue la grandeur de chaque partie dans la même proportion : ainſi dans l'exemple propoſé le nombre des parties eſt mille fois plus grand après l'addition des trois zeros : mais auſſi chaque partie eſt mille fois plus petite qu'auparavant.

193. Il eſt évident après tout ce que nous avons dit qu'on énonce

un nombre décimal de la même maniere qu'un nombre entier, à l'exception qu'après avoir exprimé le nombre des parties décimales on ajoute le nom de ces parties que le nombre signifie. Ainsi on énonce le nombre entier 35924000, en disant, trente-cinq millions neuf cens vingt-quatre mille : & pour énoncer le nombre décimal 35.924000^{VI} on dit trente-cinq millions neuf cens vingt-quatre mille millionémes. On peut aussi séparer le nombre décimal en deux parties, en mettant les entiers d'une part, & les parties décimales d'une autre: ainsi le nombre décimal 35.924000^{IV} peut aussi être exprimé en disant, trente-cinq, on sous-entend *unités*, plus neuf cens vingt-quatre mille millioniémes.

194. Il suit de ce qu'on a dit sur la fin de l'Article 189 qu'on pourroit aussi séparer les parties décimales les unes des autres, en disant que le nombre précédent contient trente-cinq unités, plus 9 dixiémes, plus 2 centiémes, plus 4 milliémes : en effet toutes ces parties prises ensemble valent 924000 millioniémes : car 9 dixiémes valent 900000 millioniémes; 2 centiémes valent 20000 millioniémes; & enfin 4 milliémes valent 4000 millioniémes.

On fait sur les fractions décimales les mêmes opérations que sur les nombres entiers, & de la même maniere : il suffira de dire un mot de chaque opération.

Addition des Fractions décimales.

195. Pour ajouter des fractions décimales on les met les unes sous les autres, de sorte que les parties décimales d'un nombre répondent aux parties décimales de même espéce d'un autre nombre, c'est-à-dire, les dixiémes sous les dixiémes, les centiémes sous les centiémes, les milliémes sous les milliémes, &c. & après cette préparation on prend la somme de ces fractions de la même maniere que si c'étoient des nombres entiers: pour ce qui est du point qui sépare les entiers d'avec les parties décimales, il faut que celui que l'on met dans la somme réponde directement à ceux qui sont dans les nombres qu'on ajoute, afin qu'il y ait dans la somme autant de rangs de parties décimales qu'il y en a dans celui des nombres qu'on ajoute qui contient le plus de ces rangs. Voyez l'exemple.

$$\begin{array}{r} 5.17^{II} \\ 632.154^{III} \\ 45.2763^{IV} \\ \hline 682.9003^{IV} \text{ somme} \end{array}$$

Soustraction des Fractions décimales.

196. Pour soustraire un nombre décimal d'un autre, il faut mettre celui qu'on veut soustraire sous l'autre, de sorte que les parties décimales de l'un répondent à celles de l'autre qui sont de même espéce.

Le point qui sépare les entiers des parties décimales doit être placé dans le reste sous les points qui sont dans les deux nombres. Si le nombre dont on veut soustraire contient moins de rangs de parties décimales que le nombre à soustraire, il faut ajouter des zeros à la fin du premier nombre jusqu'à ce qu'il contienne autant de rangs de parties décimales que le second. Ainsi pour ôter 4.356207^{VI} du nombre 536.29^{II}, il faut mettre quatre zeros à la fin du nombre 536.29^{II} & les disposer comme on les voit ici : on trouvera le reste 531.933793^{VI}.

$$\begin{array}{r} 536.290000^{VI} \\ 4.356207 \\ \hline 531.933793^{VI} \text{ reste} \end{array}$$

197. Si le nombre dont on veut soustraire des parties décimales est entier, il faut le réduire en parties décimales, en mettant un point après les chiffres du nombre entier, & ajoutant à la suite autant de zeros qu'il y a de rangs de parties décimales dans le nombre qu'on veut soustraire. Ainsi pour ôter 5.6432^{IV} du nombre entier 27 il faut mettre un point après le 7, & ajouter quatre zeros, on trouvera le reste 21.3568^{IV}.

$$\begin{array}{r} 27.0000^{IV} \\ 5.6432 \\ \hline 21.3568^{IV} \text{ reste} \end{array}$$

Les zeros que l'on ajoute soit au nombre entier, soit au nombre décimal, n'en augmentent pas la valeur (191 & 192) : ils ne font que le réduire en parties plus petites. Au reste cette opération ne contient aucune difficulté dont il soit nécessaire d'apporter la raison, non plus que la précédente.

Multiplication des Fractions décimales.

198. Pour multiplier deux nombres l'un par l'autre, dont l'un ou tous les deux renferment des parties décimales, il faut faire comme si les deux étoient des nombres entiers : & le produit contiendra autant de rangs de parties décimales qu'il y en a tant dans le multiplicande que dans le multiplicateur. C'est pourquoi dans l'exemple suivant il faut qu'il y ait trois chiffres après le point qu'on met au produit, parce qu'il y a trois rangs de parties décimales dans le multiplicande & dans le multiplicateur pris ensemble.

$$\begin{array}{r} 4.35^{II} \\ 6.7^{I} \\ \hline 3045 \\ 2610 \\ \hline 29.145^{III} \text{ produit} \end{array}$$

199. Quand il y a plus de rangs de parties décimales dans le multiplicande & dans le multiplicateur pris ensemble, qu'il n'y a de chiffres dans le produit, il faut mettre avant le produit autant de zeros

qu'il eſt néceſſaire, afin qu'il y ait après le point autant de rangs de parties décimales qu'il y en a dans le multiplicande & dans le multiplicateur. Dans l'exemple ſuivant il faut mettre quatre zeros au produit après le point, parce qu'il y a ſept rangs de parties décimales dans le multiplicande & dans le multiplicateur, 4 dans l'un & 3 dans l'autre : au lieu qu'il n'y a que trois chiffres dans le produit.

$$\begin{array}{r} 0.0054^{IV} \\ 0.012^{III} \\ \hline 108 \\ 54 \\ 0.0000648^{VII} \\ \hline \end{array}$$

Pour prouver qu'il doit y avoir autant de rangs de parties décimales dans le produit qu'il y en a tant dans le multiplicande que dans le multiplicateur, nous nous ſervirons du premier exemple. Si le multiplicande & le multiplicateur avoient été l'un & l'autre des nombres entiers, le produit auroit été le nombre entier 29145. Mais le multiplicande 4.35^{II} eſt cent fois moindre que le nombre entier 435 (190). Donc le produit de 4.35^{II} par 67 doit être cent fois plus petit que 29145 ; ainſi ce produit eſt 291.45^{II}. Par la même raiſon le produit de 4.35^{II} par 6.7^{I} doit être dix fois moindre que celui de 4.35^{II} par 67, parce que 6.7^{I} eſt dix fois plus petit que 67. Or le produit de 4.35^{II} par 67 eſt 291.45^{II}. Donc celui de 4.35^{II} par 6.7^{I} doit être 29.145^{III}. Il eſt donc clair que le produit d'un nombre décimal par un autre doit avoir le nombre des rangs des parties décimales du multiplicande, plus le nombre des rangs de celle du multiplicateur.

Diviſion des Fractions décimales.

200. Pour diviſer un nombre décimal par un autre, il faut opérer comme dans la diviſion des nombres entiers, il y aura dans le quotient autant de rangs de parties décimales qu'il y en a de plus au dividende qu'au diviſeur : ainſi s'il y a trois rangs de parties décimales dans le dividende & deux au diviſeur, il doit y avoir un rang de parties décimales au quotient, comme on le voit dans cet exemple.

$$\begin{array}{l|l} 2435.952^{III} & 4.56^{I} \\ \hline 2280 & (534.2^{I} \\ \hline \;\;1559 & \\ \;\;1368 & \\ \hline \;\;\;1915 & \\ \;\;\;1824 & \\ \hline \;\;\;\;\;912 & \\ \;\;\;\;\;912 & \\ \hline \;\;\;\;\;000 & \end{array}$$

201. Il ſuit de-là que ſi le diviſeur a autant de rangs de parties décimales que le dividende, le quotient ſera un nombre entier : & ſi le diviſeur eſt un nombre entier, le quotient contient autant de rangs de parties décimales qu'il y en a au dividende.

202. Il eſt aiſé de voir que ſi le dividende eſt un nombre entier, ou

qu'il ait moins de rangs de parties décimales que le diviſeur, il faut mettre à la fin du dividende autant de zeros qu'il eſt néceſſaire pour qu'il y ait dans le dividende au moins autant de rangs de parties décimales qu'il y en a dans le diviſeur. Si le dividende eſt un entier, il faut avoir ſoin de mettre un point avant les zeros qu'on écrit à la fin du dividende. Nous avons averti (191 & 192) que ces zeros n'augmentent pas la valeur du nombre.

La ſeule choſe qu'il faut prouver par rapport à la méthode de la diviſion des fractions décimales, c'eſt que le nombre de rangs des parties décimales du quotient doit être égal au ſurplus des rangs des parties décimales du dividende ſur ceux du diviſeur. Nous allons appliquer la démonſtration à notre exemple. 1°. Si le dividende & le diviſeur étoient des nombres entiers, le quotient ſeroit le nombre entier 5342. 2°. Mais ſi le dividende étoit 2435.952^{III}, comme on le ſuppoſe dans l'exemple, & que le diviſeur ſeul fût un nombre entier, le quotient devroit être mille fois plus petit qu'il n'étoit dans la premiere hypothèſe, c'eſt-à-dire, mille fois moindre que 5342; par conſéquent le quotient dans cette ſeconde hypothèſe ſeroit 5.342^{III}. 3°. A préſent ſi on ſuppoſe que le diviſeur eſt 4.56^{II}, & non pas 456, comme on l'avoit ſuppoſé dans les deux premieres hypothèſes, & que le dividende ſoit le même qu'il étoit dans le ſecond cas, le quotient doit être cent fois plus grand que dans ce ſecond cas; parce que le diviſeur eſt ici cent fois plus petit qu'il n'étoit alors. Donc le quotient dans la préſente hypothèſe qui eſt celle de l'exemple propoſé eſt 534.2^{I}. Ainſi ce quotient doit avoir deux rangs de parties décimales de moins qu'il n'avoit dans le ſecond cas. Or dans le ſecond cas il avoit autant de rangs de parties décimales que le dividende. Il paroît donc que le nombre des rangs des parties décimales du quotient eſt égal à ce qui en reſte dans le dividende après en avoir ôté autant qu'il y a de rangs de parties décimales dans le diviſeur.

Formation des puiſſances des Fractions décimales.

203. Pour élever un nombre décimal à une puiſſance il faut multiplier ce nombre par lui-même une ou pluſieurs fois ſelon l'expoſant de la puiſſance; c'eſt-à-dire, une fois pour le quarré, deux fois pour le cube, trois fois pour la quatriéme puiſſance; ainſi de ſuite. Cette opération ne contient aucune difficulté particuliere: c'eſt pourquoi nous paſſons à la ſuivante qui eſt l'extraction de la racine des nombres qui contiennent des parties décimales.

Extraction des racines des Fractions décimales

204. Pour tirer la racine quarrée d'un nombre décimal il faut parta-

ger les rangs des parties décimales en tranches de deux chiffres : mais ce partage ſe fait en allant de gauche à droite, & non pas de droite à gauche comme dans les nombres entiers. S'il ne reſte qu'un chiffre pour la derniere tranche on ajoute un zero à la ſuite du nombre afin que toutes les tranches ſoient composées de deux chiffres. Ainſi pour extraire la racine quarrée du nombre 0.75348^{V}, il faut ajouter un zero après le 8, & le partager en cette maniere, 0.75, 34, 80^{VI}. Si le nombre contient des entiers avec des parties décimales il faut d'abord partager les entiers à l'ordinaire en allant de droite à gauche, & enſuite partager les rangs des parties décimales en commençant vers la gauche après le point qui ſépare les entiers des parties décimales : par exemple pour tirer la racine quarrée du nombre 235.436^{III}, on fait le partage en tranches en cette façon, 2,35.43,60^{IV}. Après le partage on opére ſur le nombre décimal comme ſi c'étoit un nombre entier, il faut avoir ſoin de placer dans la racine le point qui ſépare les entiers, quand il y en a, des parties décimales. En ſuivant ces obſervations on trouvera que la racine quarrée de 0.75348^{V} eſt 0.868^{III}, & que celle de 235.436^{III} eſt 15.34^{II} : dans le premier exemple il reſte 56 & dans le ſecond 1204. La racine quarrée de 0.00001369^{VIII} eſt 0.0037^{IV}, parce que le nombre 0.00001369^{VIII} ayant deux tranches de zeros après le point de ſéparation, il faut que ſa racine ait auſſi deux rangs de zeros après ce point.

Afin de prouver qu'il eſt néceſſaire de commencer à faire le partage des rangs des parties décimales en allant de gauche à droite, il ſuffit d'apporter un exemple : ſoit donc le nombre décimal 0.529^{III} dont il faut tirer la racine, ſi on partageoit le nombre en cette maniere, 0.5,29^{III} comme ſi c'étoit un nombre entier, on trouveroit 0.23^{II} pour racine. Or le quarré de cette racine eſt 0.0529^{IV}, & non pas 0.529^{III}, parce que le produit doit avoir autant de rangs des parties décimales qu'il y en a tant au multiplicande qu'au multiplicateur. Ainſi pour extraire la racine quarrée de 0.529^{III} il faut le partager en tranches de cette façon, 0.52,90^{IV}, & on trouvera la racine 0,72^{II} avec le reſte 106.

Quand il s'agit de la racine cubique on obſerve la même choſe : mais il faut pour lors que chaque tranche ſoit composée de trois rangs, excepté la premiere des entiers, s'il y en a, laquelle peut avoir moins de trois rangs. Il faut juger de même à proportion des autres racines.

Après tout ce que nous avons dit on entendra aiſément l'uſage qu'on fait des fractions décimales pour approcher auſſi près que l'on veut des racines exactes des nombres qui ſont des puiſſances imparfaites, quoique l'on ne puiſſe jamais parvenir à ces racines exactes.

L'opération par laquelle on approche de la racine d'une puissance imparfaite s'appelle *approximation des racines*. Quoique nous ayons déja expliqué cette opération après avoir parlé de l'extraction des racines, nous allons en répéter quelque chose ici.

Approximation des Racines.

205. Pour approcher de la racine quarrée d'un nombre entier qui est un quarré imparfait, il faut après avoir divisé le nombre en tranches de deux chiffres à l'ordinaire, mettre un point à la fin, & ajouter ensuite autant de fois deux zeros que l'on veut avoir de rangs de parties décimales dans la racine : ainsi si on veut avoir trois rangs de parties décimales dans la racine, il faut mettre six zeros à la fin du nombre: si on veut avoir quatre rangs de parties décimales à la racine, il faut ajouter huit zeros au nombre, ainsi de suite; on partagera aussi ces zeros en tranches qui contiennent chacune deux zeros. Après ces préparations on appliquera sur chaque membre les régles de l'extraction de la racine quarrée, comme si le nombre étoit entier : mais il faut avoir soin de mettre un point à la racine après les entiers, c'est-à-dire, avant que d'y écrire le chiffre qui viendra de la premiere tranche de zeros. Tout cela paroîtra dans l'exemple suivant, dans lequel on a ajouté six zeros au nombre entier 64352, pour avoir trois rangs de parties décimales dans la racine.

6,43,52;00,00,00^{VI}	253.676^{III}
243	
225	4
1852	50
1509	506
34300	5072
30396	50734
390400	
355089	
3531100	
3044076	
487024	

206. La racine qu'on trouve est toujours moindre que la racine exacte : mais elle approche d'autant plus de cette racine exacte & véritable qu'il y a plus de rangs de parties décimales dans la racine trouvée : quand il n'y a qu'un rang de parties décimales dans cette racine trouvée, elle ne différe pas de la racine exacte d'un dixiéme de l'unité : lorsqu'il y a deux rangs de parties décimales à la racine, elle ne différe pas de la racine exacte d'un centiéme de l'unité : s'il

y a trois de ces rangs à la racine, elle ne differe pas de la véritable racine de la milliéme partie de l'unité, ainsi de suite. Dans notre exemple, comme il y a trois rangs de parties décimales à la racine trouvée, il s'ensuit qu'elle ne différe pas de la véritable racine de la milliéme partie de l'unité : cela est évident; car il paroît par les régles même de l'extraction des racines qu'on ne peut augmenter le dernier chiffre 6 d'une unité, c'est-à-dire, qu'on ne peut mettre 7 au lieu de 6. Or une unité de ce dernier chiffre n'est que la milliéme partie d'une unité, puisque ce chiffre est au troisiéme rang des parties décimales.

207. S'il s'agissoit de l'approximation de la racine troisiéme, il faudroit ajouter à la fin du nombre proposé des tranches de trois zeros chacune : s'il falloit approcher de la racine quatriéme, les tranches des zeros ajoutés devroient être de quatre zeros, ainsi de suite. Cela paroît par ce que nous avons dit sur l'approximation de la racine quarrée.

Les zeros que l'on ajoute au nombre proposé, afin d'approcher davantage de sa véritable racine ne changent pas la valeur de ce nombre (191 : ils ne font que le partager en parties décimales.

Comme le calcul des fractions décimales est plus facile que celui des autres fractions, on réduit souvent ces dernieres aux premieres ; & après les opérations on réduit les fractions décimales en nombres qui marquent des mesures connues d'un tout; c'est-à-dire, qu'on cherche combien ces fractions contiennent de ces mesures : par exemple si la fraction désigne des parties décimales de la toise, on cherche un nombre équivalent qui exprime des pieds, des pouces, des lignes, des points qui sont des parties connues de la toise. Il faut donc encore expliquer ces deux méthodes avant de finir ce second livre, l'une qui consiste à réduire les fractions ordinaires aux fractions décimales, l'autre qui enseigne à réduire les fractions décimales à des nombres qui désignent des parties connues d'un tout.

Réduction des Fractions ordinaires aux Fractions décimales.

208. 1°. Pour réduire une fraction, comme $\frac{6}{7}$ en fraction décimale, on réduit d'abord le numerateur en parties décimales : ce qui se fait en écrivant un ou plusieurs zeros à la suite de ce numerateur, pourvû qu'on mette un point avant ces zeros. Ensuite on divise le numerateur ainsi réduit par le dénominateur de la fraction proposée : le quotient est un nombre décimal égal à cette fraction. Ainsi pour réduire la fraction $\frac{6}{7}$ en un nombre décimal qui exprime des cent-milliémes, je réduis d'abord le numerateur en parties décimales qui soient des cent-milliémes,

cent-milliémes, en cette maniere, 6.00000^{V} : après cela je divise ce nombre décimal par 7, & je trouve le quotient 0.85714^{V} plus la fraction $\frac{2}{7}$ ce qui fait connoître que la fraction proposée $\frac{6}{7}$ est égale à 0.85712^{V} sans compter la fraction $\frac{2}{7}$ qui est restée après la division.

La raison de cette opération paroîtra clairement, si on fait attention qu'on ne change pas la valeur du numerateur en le réduisant en parties décimales, & que d'ailleurs en divisant le numerateur ainsi réduit par le dénominateur, on ne fait que pratiquer ce qui est indiqué par la fraction $\frac{6}{7}$, puisque cette fraction signifie 6 divisé par 7.

209. Le 2 qui est resté après la division ne marque que 2 parties qui soient des cent-milliémes de l'unité, puisque le nombre décimal 6.00000^{V} n'exprime que des cent-milliémes parties de l'unité : & par conséquent la fraction $\frac{2}{7}$ ne signifie que le septiéme de 2 parties qui sont des cent-milliémes de l'unité : ce qui est si peu de chose dans la pratique, qu'on peut négliger cette fraction sans erreur sensible. Au reste on peut rendre l'erreur si petite que l'on veut en réduisant le numerateur en un plus grand nombre de parties décimales : pour cela il n'y a qu'à mettre un plus grand nombre de zeros après ce numerateur.

210. Il est encore bon de remarquer pour la pratique que quand le numerateur de la fraction qui reste après la division est plus grand que la moitié de son dénominateur, alors il faut pour rendre l'erreur plus petite, augmenter d'une unité le dernier chiffre du nombre décimal : si donc la fraction restante avoit été $\frac{4}{7}$, on auroit dû prendre 0.85715^{V} au lieu de 0.85714^{V}. Si le numerateur est égal à la moitié du dénominateur il faut augmenter le nombre décimal d'un rang en écrivant un 5 après le dernier chiffre, parce que ce 5 vaut la moitié d'une unité du chiffre précédent, c'est-à-dire, du dernier. Enfin si le numerateur est moindre que la moitié du dénominateur, on n'ajoute rien au nombre décimal : dans le second cas le nombre décimal est absolument exact ; dans les deux autres il approche de la fraction proposée, mais sa valeur en différe un peu.

Réduction des fractions décimales à des mesures connues & ordinaires.

211. 2°. Pour réduire une fraction décimale en mesures ordinaires, par exemple pour réduire des parties décimales de toise en pieds, en pouces, en lignes & en points, on multiplie la fraction décimale par le nombre qui marque combien de fois la mesure à laquelle on veut réduire la fraction est contenue dans le tout : la multiplication étant faite, les chiffres qui se trouvent dans le produit avant le point de séparation qui distingue les entiers d'avec les parties décimales, marquent combien la fraction contient de ces mesures. Soit, par exem-

ple, la fraction décimale 0.3562^{IV} que je suppose exprimer des parties d'une toise : si je veux la réduire en pieds je la multiplierai par 6, parce que ce nombre 6 marque combien de fois le pied est contenu dans la toise : le produit 2.1372^{IV} montrera que la fraction précédente contient deux pieds & de plus 1372 dix milliémes de pied. Si on veut réduire 0.1372^{IV} de pied en pouces, il faut multiplier ce nombre par 12, parce que le pied contient douze pouces : on trouvera le produit 1.6464^{IV} qui fait voir que 0.1372^{IV} de pied valent un pouce, plus 6464 dix milliémes de pouces. Si on veut encore réduire ces parties décimales de pouces en lignes, il faut aussi multiplier ce dernier nombre par 12, parce qu'il y a 12 lignes dans un pouce : le produit 7.7568^{IV} fera voir que 6464 dix milliémes de pouces font 7 lignes, plus 7568 dix milliémes de lignes. On peut négliger cette derniere fraction qui ne vaut pas une ligne : mais afin que l'erreur soit plus petite, il faut prendre 8 lignes au lieu de 7 ; car le premier chiffre 7 de cette fraction étant plus grand que 5, il vaut plus de la moitié d'un entier, puisqu'il ne faut que dix unités du rang où se trouve le 7 pour faire un entier.

Il est évident que le premier produit 2.1372^{IV} est de même valeur que la fraction précédente 0.3562^{IV} ; car si d'un côté le nombre est six fois plus grand qu'il n'étoit avant la multiplication, aussi d'un autre côté il signifie des parties de pied qui sont six fois plus petites que celles des toises marquées par la fraction 0.3562^{IV}. On prouvera de même à proportion que le second produit 1.6464^{IV} qui signifie des parties décimales de pouces, a une valeur égale à celle du nombre 0.1372^{IV} qui exprime des parties décimales de pieds. On appliquera le même raisonnement au troisiéme produit.

Multiplication & division des nombres complexes par les Fractions décimales.

212. On se sert de ces deux dernieres méthodes pour faire la multiplication & la division des nombres complexes : nous allons en faire l'application en peu de mots au troisiéme exemple de multiplication qui est à la page 59 du premier livre. On demande combien valent 5 marcs 7 onces 6 gros d'argent à 48 livres 16 sols 10 deniers le marc. Il faut d'abord réduire les deux nombres complexes en fractions décimales. Pour cela je considére qu'un sol est une vingtiéme partie de la livre & qu'un denier en est la 240e partie : ainsi le multiplicande est 48 livres $\frac{16}{20}$ plus $\frac{10}{240}$ d'une livre. Or les deux fractions $\frac{16}{20}$ & $\frac{10}{240}$ étant réduites en parties décimales qui soient des milliémes de livre, donnent les deux nombres 0.800^{III} & 0.41^{III} $\frac{160}{240}$. Mais au lieu de 0.041 $\frac{160}{240}$ je prends 0.042^{III}, parce que le numerateur de la fraction $\frac{160}{240}$ est plus de

la moitié de ſon dénominateur. Les deux fractions $\frac{16}{20}$ & $\frac{10}{240}$ ſont donc à peu près égales aux nombres 0.800^{III} & 0.042^{III} qui étant ajoutés enſemble & avec les 48 liv. font 48.842^{III} de livres. Pour ce qui eſt du multiplicateur 5 marcs, 7 onces, 6 gros, il équivaut à 5 marcs $\frac{7}{8}$ plus $\frac{6}{64}$ de marc, parce que l'once eſt la 8me partie du marc, & que le gros en eſt la ſoixante-quatriéme partie. Or les deux fractions $\frac{7}{8}$ & $\frac{6}{64}$ étant réduites en parties décimales qui ſoient des cent-milliémes, donnent les deux nombres 0.87500^{V} & 0.09375^{V}, qui étant ajoutés enſemble & avec les 5 marcs entiers font 5.96875^{V}. Il s'agit donc de multiplier 48.842^{III} par 5.96875^{V}. Or le produit de ces deux nombres eſt 291.52568750^{VIII}. Ainſi 5 marcs, 7 onces, 6 gros valent 291 livres plus le nombre décimal 0.52568750^{VIII} d'une livre, lequel étant multiplié par 20 pour avoir les ſols qui y ſont contenus, donnent le produit 10.51375000^{VIII} qui vaut dix ſols, plus la fraction 0.51375000^{VIII} de ſol, laquelle étant auſſi multipliée par 12 pour avoir le nombre des deniers qu'elle renferme, donne le troiſiéme produit 6.16500000^{VIII} qui ſignifie 6 deniers plus le nombre décimal 0.16500000^{VIII} qui ne vaut pas un denier. Ainſi le prix des 5 marcs, 7 onces, 6 gros eſt à peu près 291 liv. 10 ſ. 6 d. plus quelques parties d'un denier : ce prix eſt trop grand environ d'un denier, parce que l'on a pris 0.042^{III} à la place de 0.041^{III} plus $\frac{160}{240}$.

Après ce que nous venons de dire on entendra aſſez comment il faut faire la diviſion des nombres complexes en employant les fractions décimales : c'eſt pourquoi il n'eſt pas néceſſaire d'en faire l'application à un exemple.

Nous avons remis le calcul des radicaux & celui des expoſans après les fractions ; c'eſt pourquoi nous en allons parler en commeçant par celui des radicaux.

DU CALCUL DES RADICAUX.

213. On appelle Radicaux les quantités affectées du ſigne radical : telles ſont $a\sqrt{b}$ ou $a\times\sqrt{b}$, $\sqrt{aa}$, $\sqrt{a-b}$, $\sqrt{64}$, $3\sqrt{5}$, &c. Quoiqu'on nomme auſſi ces quantités incommenſurables ou irrationnelles, il y a néanmoins de la différence entre les radicaux & les quantités incommenſurables, parce que des quantités peuvent être déſignées par le ſignal radical ſans être incommenſurables, comme il paroît par ces exemples, $\sqrt{aa}$, $\sqrt{64}$ qui ſont la même choſe que a & 8. D'ailleurs les incommenſurables peuvent être déſignés par des expoſans fractionnaires, comme nous le dirons enſuite : auquel cas ces incommenſurables ne ſont pas appellés radicaux. Nous avons déja dit que quand le ſigne radical eſt ſeul ſans expoſant, il faut ſous-entendre l'expoſant 2 : ainſi $\sqrt{aa}$ & $\sqrt{64}$ ſignifient la même choſe que $\sqrt[2]{aa}$ & $\sqrt[2]{64}$.

Nous avons aussi averti que quand il y a une ligne tirée sur plusieurs quantités, c'est une marque qu'il faut regarder ces quantités comme n'en faisant qu'une seule : ainsi $\sqrt{a+b}$ signifie la racine de $a+b$, & non pas seulement de a. De même $\overline{b+c}\sqrt{a}$ ou $\overline{b+c}\times\sqrt{a}$ marque que les quantités b & c sont l'une & l'autre multipliées par $\sqrt{a}$: mais $b+c\sqrt{a}$ marque qu'il n'y a que c qui soit multiplié par $\sqrt{a}$.

On fait sur les radicaux les mêmes opérations que sur les entiers, & on en fait d'autres qui leur sont particulieres. Nous exposerons les unes & les autres en peu de mots, en commençant par celles-ci qui consistent en quelques réductions.

214. 1°. Quand il y a dans un radical quelque quantité différente de l'unité avant le signe radical, on peut la faire passer après, ou comme on dit, sous ce signe sans changer la valeur du tout. Pour cet effet on élevera cette quantité qui précéde le signe à la puissance désignée par l'exposant du signe, & on multipliera ensuite cette puissance par la quantité radicale, c'est-à-dire, celle qui est sous le signe : ainsi $a\sqrt{b}$ ou $a\times\sqrt{b}=\sqrt{a^2b}$. $ac\sqrt[3]{b}=\sqrt[3]{a^3c^3b}$. $5\sqrt{3}=\sqrt{25\times 3}$ ou $\sqrt{75}$. Quand il n'y a pas de quantité avant le signe radical, il faut toujours y supposer l'unité. $\sqrt{75}=1\sqrt{75}$.

215. 2°. Reciproquement on peut quelquefois faire passer avant le signe une partie de ce qui est sous ce signe : il faut pour cela que ce qui est sous le signe soit le produit d'une quantité par une puissance désignée par l'exposant du signe radical : ainsi $\sqrt{a^2b}=a\sqrt{b}$, parce que a^2b est le produit de b par le quarré d'a. De même $\sqrt[3]{a^3c^3b}=ac\sqrt[3]{b}$. $\sqrt{a^2c-a^2d}=a\sqrt{c-d}$. $\sqrt{75}$ ou $\sqrt{25\times 3}=5\sqrt{3}$. On réduit par là les radicaux à une expression plus simple.

216. 3°. On peut multiplier ou diviser l'exposant du signe radical sans changer la valeur de la quantité. Il faut pour cela élever ce qui est sous le signe à la puissance marquée par le multiplicateur, ou en tirer la racine que désigne le diviseur de l'exposant : par exemple, $\sqrt[2]{a}=\sqrt[6]{a^3}$, parce que l'exposant 2 a été multiplié par 3 & que la quantité a a été élevée à la troisiéme puissance. Pareillement $a\sqrt[3]{c^2}=a\sqrt[12]{c^8}$ la raison de cette opération est fondée sur ce qu'en multipliant l'exposant du signe radical on diminue autant la quantité qui est sous le signe, qu'on l'augmente en l'élevant à la puissance marquée par le multiplicateur. Par la raison opposée, $\sqrt[15]{c^6}=a\sqrt[5]{c^2}$, parce qu'on a tiré la racine troisiéme de c^6, & qu'on a aussi divisé l'exposant 15 par 3.

217. 4°. On se sert de l'opération précédente pour réduire deux

radicaux au même expoſant. Il faut multiplier les expoſans l'un par l'autre, & élever chacune des quantités radicales à la puiſſance par laquelle on a multiplié l'expoſant de ſon ſigne. Soient les deux radicaux $a\sqrt[2]{c}$ & $b\sqrt[3]{d}$ qu'il faut réduire au même expoſant : je multiplie 2 par 3, & le produit 6 ſera l'expoſant commun. Enſuite j'éleve c à la troiſiéme puiſſance & d à la ſeconde, parce que l'expoſant du premier radical a été multiplié par 3, & que l'expoſant du ſecond a été multiplié par 2 : j'ai les deux radicaux $a\sqrt[6]{c^3}$ & $b\sqrt[6]{d^2}$ qui ſont de même valeur que les deux premiers. En général, $a\sqrt[n]{c}$ & $b\sqrt[p]{d}$ ſont équivalens à $a\sqrt[np]{c^p}$ & $b\sqrt[np]{d^n}$.

Nous allons préſentement expoſer les opérations communes aux entiers & aux radicaux : ce ſont l'addition, la ſouſtraction, la multiplication, la diviſion, la formation des puiſſances & l'extraction des racines.

218. 1°. On ajoute les radicaux en les joignant enſemble avec les mêmes ſignes + ou − qui les précédent : ainſi la ſomme de $a\sqrt{c}$ & de $b\sqrt{d}$ eſt $a\sqrt{c}+b\sqrt{d}$. Celle de $5\sqrt{6}$ & de $3\sqrt{4}$ eſt $5\sqrt{6}+3\sqrt{4}$.

219. Quand les quantités radicales ſont les mêmes auſſi bien que les expoſans des ſignes, on a la ſomme des radicaux en ajoutant ſeulement les quantités qui ſont avant les ſignes : par exemple, la ſomme de $4\sqrt{5}$ & de $3\sqrt{5}$ eſt $7\sqrt{5}$: celle de $a\sqrt{c}$ & de $b\sqrt{c}$ eſt $\overline{a+b}\sqrt{c}$: celle de $a\sqrt{c}$ & de $\sqrt{c}$ ou $1\sqrt{c}$ eſt $\overline{a+1}\sqrt{c}$: celle de $\sqrt{5}$ ou $1\sqrt{5}$ & de $3\sqrt{5}$ eſt $4\sqrt{5}$.

220. 2°. Pour ſouſtraire un radical d'un autre on change le ſigne + ou − de celui qu'on veut retrancher : ainſi pour ôter $b\sqrt{d}$ de $a\sqrt{c}$ j'écris $a\sqrt{c}-b\sqrt{d}$. De même $8\sqrt{5}-6\sqrt{4}$ exprime le reſte ou l'excès de $8\sqrt{5}$ ſur $6\sqrt{4}$.

221. Il faut faire ici la même remarque que pour l'addition (219). Ainſi le reſte ou l'excès de $8\sqrt{5}$ ſur $6\sqrt{5}$ eſt $2\sqrt{5}$: de même le reſte de $a\sqrt{c}$ ſur $b\sqrt{c}$ eſt $\overline{a-b}\sqrt{c}$.

222. 3°. On peut multiplier un radical par un entier & par une fraction, ou par un autre radical : ſi le multiplicateur eſt un entier ou une fraction, il faut multiplier ſeulement la quantité qui précéde le ſigne par le multiplicateur : le produit de $a\sqrt{d}$ par b eſt $ab\sqrt{d}$: & celui du même radical par $\frac{b}{c}$ eſt $\frac{ab}{c}\sqrt{d}$. Pareillement le produit de $\sqrt{d}=1\sqrt{d}$ par b ou par $\frac{b}{c}$ eſt $b\sqrt{d}$ ou $\frac{b}{c}\sqrt{d}$. C'eſt la même choſe en nombre.

Si le multiplicateur eſt auſſi un radical, on multiplie la quantité qui précéde le ſigne par celle qui précéde auſſi le ſigne, & celle qui eſt

eſt ſous un ſigne par celle qui eſt ſous l'autre ſigne. Le produit de $a\sqrt{c}$ par $b\sqrt{d}$ eſt $ab\sqrt{cd}$. Le produit de $a\sqrt{c}$ par $\sqrt{d}$ eſt $a\sqrt{cd}$: celui de $4\sqrt{5}$ par $2\sqrt{3}$ eſt $8\sqrt{15}$: celui de $\frac{a}{b}\sqrt{\frac{e}{f}}$ par $\frac{c}{a}\sqrt{\frac{g}{h}}$ eſt $\frac{ac}{bd}\sqrt{\frac{eg}{fh}}$.

223. 4°. On peut diviſer un radical par un entier & par une fraction ou par un autre radical. Si le diviſeur eſt un entier ou une fraction, on diviſera ſeulement ce qui précéde le ſigne. Ainſi le quotient de $a\sqrt{b}$ par c eſt $\frac{a}{c}\sqrt{b}$: celui de $\sqrt{b}$ ou $1\sqrt{b}$ par c eſt $\frac{1}{c}\sqrt{b}$. Quand le diviſeur eſt un radical on diviſe les deux quantités du dividende par celles du diviſeur, la premiere par la premiere, la ſeconde par la ſeconde. Le quotient de $a\sqrt{c}$ par $b\sqrt{d}$ eſt $\frac{a}{b}\sqrt{\frac{c}{d}}$: celui de $a\sqrt{c}$ par $\sqrt{d}$ eſt $a\sqrt{\frac{c}{d}}$: celui de $\sqrt{c}$ par $b\sqrt{d}$ eſt $\frac{1}{b}\sqrt{\frac{c}{a}}$. De même le quotient de $ab\sqrt{cd}$ par $b\sqrt{d}$ eſt $a\sqrt{c}$: celui de $a\sqrt{cc-dd}$ par $a\sqrt{c-d}$ eſt $\sqrt{c+d}$. Le quotient de l'entier a par $c\sqrt{d}$ eſt $\frac{a}{c}\sqrt{d}$.

224. 5°. Afin d'élever un radical à une puiſſance il faut élever à cette puiſſance les deux quantités du radical, tant celle qui précede le ſigne que celle qui le ſuit. Le cube de $a\sqrt{b}$ eſt $a^3\sqrt{b^3}$; le cube de $c\sqrt[3]{d}$ eſt $c^3\sqrt[3]{d^3} = c^3 d$, parce que $\sqrt[3]{d^3} = d$. Le quarré de $a\sqrt{b}$ eſt $a\sqrt{b^2} = a^2 b$, puiſque $\sqrt{b^2} = b$.

225. 6°. Pour tirer la racine d'un radical on tirera, s'il eſt poſſible, la racine ſemblable des deux quantités qui ſont avant & après le ſigne : la racine quarrée de $a^2\sqrt{c^6}$ eſt $a\sqrt{c^3}$. Il y a une autre méthode : elle conſiſte à faire paſſer ſous le ſigne la quantité qui le précéde & qui y eſt unie, & à multiplier l'expoſant du ſigne par l'expoſant de la racine : ainſi la racine troiſiéme ou cubique de $a\sqrt[2]{b}$ eſt $\sqrt[6]{a^2 b}$. La racine quarrée de $ab\sqrt[4]{c}$ eſt $\sqrt[8]{a^2 b^2 c}$. La racine cinquiéme de $\sqrt[2]{a}$ eſt $\sqrt[10]{a}$.

Ces opérations n'ont pas beſoin de démonſtration après ce que nous avons dit juſqu'ici.

DU CALCUL DES PUISSANCES.

Afin d'entendre ce calcul il faut ſe reſſouvenir de quelques articles du premier Livre ſur la multiplication & la diviſion des quantités algébriques. Nous allons les rappeller en peu de mots.

226. On multiplie deux puiſſances d'une quantité l'une par l'autre en ajoutant les expoſans de ces puiſſances : $a^3 \times a^2 = a^{3+2} = a^5$ (Liv. I, Art. 155). Si ce ſont les puiſſances de deux quantités différentes, on les multiplie en plaçant ces deux puiſſances à côté l'une de l'autre avec leurs expoſans. $a^5 \times b^4 = a^5 b^4$.

227. On diviſe une puiſſance d'une grandeur par une autre puiſ-

ſance de la même grandeur en ôtant l'expoſant de la ſeconde de l'expoſant de la premiere. $\frac{a^5}{a^3} = a^{5-3} = a^2$ (Liv. I, Art. 169). Si les expoſans ſont égaux il reſte zero pour expoſant après la ſouſtraction. $\frac{a^3}{a^3} = a^{3-3} = a^0$ (Liv. I, Art. 199*B*). D'où il ſuit que $a^0 = 1$, parce que $\frac{a^3}{a^3}$ ou $\frac{a}{a} = 1$. Si l'expoſant du dividende eſt moindre que celui du diviſeur, l'expoſant du quotient ſera négatif. $\frac{a^3}{a^5} = a^{3-5} = a^{-2}$

(Liv. I, Art. 169*C*). Il ſuit de-là que $a^{-2} = \frac{1}{a^2}$ parce que $\frac{a^3}{a^5} = \frac{1}{a^2}$ (Liv. I, Art. 169*D*). En général toutes les fois que l'expoſant d'une grandeur entiere eſt négatif, on peut le rendre poſitif en prenant cette grandeur pour dénominateur d'une fraction qui a l'unité pour numerateur. $a^{-n} = \frac{1}{a^n}$. $a^{-\frac{m}{n}} = \frac{1}{a^{\frac{m}{n}}}$.

228. Remarquez que a^2 & a^{-2} ſont des quantités oppoſées, c'eſt-à-dire, que ſi la premiere eſt, par exemple, 100 fois plus grande que l'unité; l'autre ſera 100 fois plus petite : ainſi l'unité eſt moyenne proportionnelle entre a^2 & a^{-2}: c'eſt la même choſe de a^3 & a^{-3}, de a^4 & a^{-4}, &c. Suppoſons que $a = 10$, a^2 ſera égal à 100 & a^{-2} ou $\frac{1}{a^2}$ ſera $\frac{1}{100}$.

229. On éleve une quantité à une puiſſance en multipliant l'expoſant de cette quantité par l'expoſant de la puiſſance. Les troiſiémes puiſſances de a ou a^1 & de a^2 ſont a^3 & a^6.

230. On tire la racine d'une puiſſance en diviſant l'expoſant de la puiſſance par l'expoſant de la racine. La racine troiſiéme de a^6 eſt $a^{\frac{6}{3}} = a^2$. La racine ſeconde de a^5 eſt $a^{\frac{5}{2}}$. La racine de n de a eſt $a^{\frac{m}{n}}$ (Liv. I, Art. 234*B*). La racine de n de a^1 s'exprime auſſi en cette maniere $\sqrt[n]{a}$: de même $a^{\frac{5}{2}} = \sqrt[2]{a^5}$. En général on peut ſe ſervir du ſigne radical pour déſigner une puiſſance dont l'expoſant eſt une fraction, en prenant pour expoſant du ſigne radical le dénominateur de

la fraction, & laissant le seul numerateur pour exposant de la puissance. $b^{\frac{3}{2}} = \sqrt[2]{b^3}$. $b^{\frac{1}{3}} = \sqrt[3]{b^1}$, ou $\sqrt[3]{b}$. $b^{-\frac{m}{n}}$ ou $\frac{1}{b^{\frac{m}{n}}} = \frac{1}{\sqrt[n]{b^m}}$.

231. Il paroît par ce que nous venons de dire que les racines d'une grandeur peuvent être regardées comme des puissances dont les exposans sont fractionnaires; par exemple, la racine seconde de a est $a^{\frac{1}{2}}$, la troisiéme est $a^{\frac{1}{3}}$, la quatriéme est $a^{\frac{1}{4}}$, &c. On peut donc opérer sur les racines de la même maniere que sur les puissances. Ainsi, par exemple, comme on multiplie a^2 par a^3 en ajoutant les exposans; de même aussi on multiplie $a^{\frac{1}{2}}$ par $a^{\frac{1}{3}}$ en prenant la somme des exposans: le produit est donc $a^{\frac{1}{2}+\frac{1}{3}} = a^{\frac{5}{6}}$

232. On peut aussi regarder les quantités qui ont des exposans négatifs comme de véritables puissances de fractions. Supposons que $a = 10$, a^{-3} ou $\frac{1}{a^3} = \frac{1}{1000}$ sera la troisiéme puissance de la fraction $\frac{1}{10}$. Il suit de-là qu'on peut aussi opérer sur ces quantités comme sur les puissances ordinaires.

Après tout ce que nous venons de dire on verra aisément comment on fait les calculs sur les puissances : c'est pourquoi il suffira presque d'en apporter des exemples.

233. On ajoutera les puissances ensemble & on retranchera l'une de l'autre selon les regles ordinaires. La somme de $3a^m$ & de $4a^n$ est $7a^n$: celle de a^3 & de a^2 est $a^3 + a^2$: celle de a^3 & de a^{-3} est $a^3 + a^{-3}$; celle de a^5 & de $-b^3$ est $a^5 - b^3$. La différence de $5a^4$ & de $2a^4$ est $3a^4$: celle de a^m & de a^n est $a^m - a^n$: celle de a^m & de a^{-n} est $a^m - a^{-n}$: celle de a^m & de $-b^n$ est $a^m + b^n$. Dans tous ces exemples de soustraction on a ôté la seconde grandeur de la premiere.

234. On multiplie les puissances d'une même grandeur en ajoutant les exposans des puissances. $a^5 \times a^2 = a^7$. $a^5 \times a^{-2} = a^{5-2}$ ou a^3. $a^{\frac{m}{n}} \times a^p = a^{\frac{m}{n}+p}$. $a^{\frac{m}{n}} \times a^{\frac{r}{s}} = a^{\frac{m}{n}+\frac{r}{s}} = a^{\frac{ms+mr}{ns}}$. S'il s'agit des puissances des grandeurs différentes on les met à côté l'une de l'autre sans ajouter les exposans. $a^3 \times b^2 = a^3 b^2$. $a^m \times b^{-n} = a^m b^{-n}$. Or $b^{-n} = \frac{1}{b^n}$. donc $a^m b^{-n} = a^m \times \frac{1}{b^n} = \frac{1a^m}{b^n}$ (165) ou $\frac{a^m}{b^n}$; ainsi $a^m b^{-n} = \frac{a^m}{b^n}$. Ce qu'il faut remarquer.

235. On divisera une puissance d'une grandeur par une autre puissance de la même grandeur en retranchant l'exposant du diviseur de l'exposant du dividende. Le quotient de a^5 par a^2 est a^{5-2}. Le quotient de $a^{\frac{4}{5}}$ par $a^{\frac{2}{3}}$ est $a^{\frac{4}{5}-\frac{2}{3}} = a^{\frac{2}{15}}$. Le quotient de $a^{\frac{m}{n}}$ par $a^{\frac{r}{s}}$ est $a^{\frac{m}{n}-\frac{r}{s}} = a^{\frac{ms-nr}{ns}}$. Si ce sont des puissances de différentes grandeurs, le quotient est une fraction. Le quotient de a^3 par b^2 est $\frac{a^3}{b^2}$: celui de a^m par b^{-n} est $\frac{a^m}{b^{-n}}$. Or $b^{-n} = \frac{1}{b^n}$: d'ailleurs le quotient de a^m par $\frac{1}{b^n}$ est $\frac{a^m b^n}{1}$ (177) ou $a^m b^n$. Donc $\frac{a^m}{b^{-n}} = a^m b^n$. Ce qu'il faut remarquer.

236. Il paroît par cette remarque & par celle de l'Article 234, qu'on peut toujours rendre positif un exposant négatif, en faisant passer la puissance du numerateur au dénominateur ou du dénominateur au numerateur b^{-n} ou $\frac{b^{-n}}{1} = \frac{1}{b^n}$. $ab^{-n} = \frac{a}{b^n}$. $\frac{a}{b^{-n}} = ab^n$.

237. Il paroît aussi qu'on peut réduire une fraction en entier en mettant le dénominateur au numerateur, pourvû qu'on change le signe du dénominateur. $\frac{a}{b^2} = ab^{-2}$; & $\frac{a}{b^{-2}} = ab^2$.

238. Pour élever une puissance à une autre puissance on multipliera l'exposant de la premiere par celui de la seconde. Les puissances $\frac{3}{2}$ & $-\frac{3}{2}$ de a^4 sont $a^{\frac{12}{2}}$ & $a^{-\frac{12}{2}}$ ou a^6 & a^{-6}. Les puissances $\frac{r}{s}$ & $-\frac{r}{s}$ de $a^{\frac{m}{n}}$ sont $a^{\frac{mr}{ns}}$ & $a^{-\frac{mr}{ns}} = \frac{1}{a^{\frac{mr}{ns}}}$. Les puissances r & $-r$ de a^{-n} sont a^{-nr} & a^{nr}.

239. Afin de tirer une racine d'une puissance, on divisera l'exposant de la puissance par l'exposant de la racine. Les racines $\frac{2}{3}$ & $-\frac{2}{3}$ de a^4 sont $a^{\frac{12}{2}}$ & $a^{-\frac{12}{2}}$ ou a^6 & a^{-6}. Les racines de $\frac{s}{r}$ & $-\frac{s}{r}$ de $a^{\frac{m}{n}}$ sont $a^{\frac{mr}{ns}}$ & $a^{-\frac{mr}{ns}} = \frac{1}{a^{\frac{mr}{ns}}}$. Les racines $\frac{1}{r}$ & $-\frac{1}{r}$ de a^{-n} sont $a^{-\frac{nr}{1}}$ ou a^{-nr}, & $a^{\frac{nr}{1}}$ ou a^{nr}.

240. On voit par les exemples des deux Articles précédens, que c'est la même chose d'élever une puissance à une autre dont l'exposant soit $\frac{3}{2}$ ou $-\frac{3}{2}$, $\frac{r}{s}$ ou $-\frac{r}{s}$, r ou $-r$ que de tirer la racine $\frac{2}{3}$ ou $-\frac{2}{3}$, $\frac{s}{r}$ ou $-\frac{s}{r}$, $\frac{1}{r}$ ou $-\frac{1}{r}$.

Fin du second Livre.

LIVRE TROISIÉME

DES EQUATIONS.

L y a deux méthodes générales pour enſeigner & pour découvrir la vérité dans les Sciences ; l'une eſt appellée *ſynthèſe*, & l'autre eſt nommée *analyſe*. Pour bien entendre la maniere dont l'une & l'autre méthode procéde, il faut diſtinguer deux cas ou deux occaſions dans leſquelles on en fait uſage ; l'une eſt lorſqu'on veut démontrer la vérité d'une propoſition, & l'autre quand on veut trouver la ſolution de quelque problême.

Dans la premiere occaſion la méthode de ſyntheſe conſiſte à expoſer d'abord les principes généraux pour en déduire la propoſition à démontrer : au lieu que dans ce premier cas l'analyſe ſuppoſe que la propoſition dont il s'agit eſt vraie, & enſuite elle conduit de cette ſuppoſition juſqu'à quelque principe connu, en faiſant voir que la propoſition qu'elle a ſuppoſée vraie, a une liaiſon néceſſaire avec ſe principe. Ainſi la ſyntheſe commence par les principes généraux pour deſcendre à la propoſition à démontrer : au contraire l'analyſe commence par la propoſition à démontrer pour remonter aux principes généraux.

Dans le ſecond cas, c'eſt-à-dire, lorſqu'il s'agit de réſoudre quelque problême, la ſyntheſe ſe ſert auſſi des principes & des propoſitions connues pour parvenir à la connoiſſance de ce que l'on cherche. Pour ce qui eſt de l'analyſe, elle ſuppoſe encore ce que l'on cherche comme dans le premier cas ; mais alors elle ne remonte pas de cette ſuppoſition à quelque principe connu. Voici comme elle procéde dans ce ſecond cas.

Lorſque l'on veut trouver la ſolution de quelque problême par l'analyſe, on examine la queſtion propoſée avec toute l'attention poſſible : on la ſuppoſe réſolue ; & par le moyen des différentes opérations dont nous parlerons dans la ſuite, on déduit ſucceſſivement de cette ſuppoſition pluſieurs conſéquences, juſqu'à ce que l'on ſoit arrivé à la connoiſſance de ce que l'on cherche. Mais ſi en ſuppoſant la queſtion réſolue, cela conduit à quelque contradiction, c'eſt une marque que ce que l'on a ſuppoſé eſt impoſſible.

Voici un exemple qui fera concevoir comment l'analyſe ſuppoſe le problême réſolu. Il s'agit de trouver un nombre qui ſoit tel qu'étant multiplié par 7, le produit ſoit égal à 84. Il faut appeller x le nombre cherché, & dire enſuite : puiſque ce nombre étant multiplié par 7, le produit eſt égal à 84 ; donc $7x = 84$. Il eſt clair qu'en faiſant cette égalité de $7x$ avec 84, on raiſonne ſur le nombre cherché, comme ſi on le connoiſſoit. C'eſt ainſi que l'analyſe ſuppoſe la queſtion réſolue : après quoi elle déduit de cette ſuppoſition la ſolution du problême, comme on l'expliquera dans la ſuite.

On ſe ſert ordinairement de la ſyntheſe, lorſqu'on veut enſeigner aux autres les vérités que l'on connoît ſoi-même : c'eſt pour cela que la ſyntheſe eſt appellée *méthode de doctrine*. Mais lorſqu'on veut découvrir la ſolution d'un problême, on ſe ſert preſque toujours de l'analyſe que l'on appelle à cauſe de cela, *méthode d'invention*. On réunit auſſi quelquefois ces deux méthodes pour trouver plus facilement ce que l'on cherche.

La méthode analytique eſt ſi utile dans les Mathématiques, que l'on découvre par ſon moyen avec une extrême facilité la ſolution de quantité de problêmes que l'on n'auroit oſé eſpérer de réſoudre ſans le ſecours de cet art merveilleux. Or c'eſt par les équations que l'on fait l'application de l'analyſe aux problêmes dont on cherche la ſolution.

Art. I. Lorſqu'une ou pluſieurs quantités ſont égales à une ou pluſieurs autres quantités, cela s'appelle *équation* : par exemple, $10=7+3$ eſt une équation, parce que 10 eſt une quantité égale à $7+3$. De même $9+5=20-6$ eſt encore une équation, parce que $9+5$ font 14 auſſi-bien que $20-6$. En lettres, ſi on ſuppoſe que $ax-2b$ égale $4cy+d$, on aura l'équation $ax-2b=4cy+d$.

2. Ce qui ſe trouve à la gauche du ſigne d'égalité eſt nommé *premier membre* de l'équation, & ce qui eſt à la droite eſt appellé *ſecond membre* : ainſi dans le premier exemple, 10 eſt le premier membre, & $7+3$ eſt le ſecond : de même dans le ſecond exemple, $9+5$ eſt le premier membre, & $20-6$ eſt le ſecond.

3. Les grandeurs ſéparées les unes des autres par les ſignes + ou — dans chaque membre ſont appellées *termes* : ainſi dans le troiſiéme exemple qui eſt $ax-2b=4cy+d$, la quantité ax eſt un terme, &

l'autre grandeur $-2b$ eſt un autre terme : pareillement $4cy$ & d ſont les termes du ſecond membre de la même équation. S'il n'y a qu'une quantité dans un membre on l'appelle auſſi terme, comme dans l'équation $3ab = c + d$.

4. Dans tout problême il y a des grandeurs inconnues, puiſque ſi tout étoit connu, on ne feroit point de queſtion : mais il faut auſſi qu'il y ait des rapports connus, ſoit entre les grandeurs inconnues comparées avec les connues, ſoit entre les grandeurs inconnues comparées entr'elles, pour conduire à la connoiſſance des inconnues, à laquelle il ſeroit impoſſible de parvenir, s'il n'y avoit quelque choſe de connu : par exemple, ſi on demande quel eſt le nombre qui multiplié par 4 donne un produit qui ſoit égal à 60, on ne peut trouver ce nombre qu'à cauſe du rapport qu'il a avec 60 : ce rapport conſiſte en ce que le nombre étant multiplié par 4, le produit eſt égal à 60. Il eſt facile de voir que le nombre cherché eſt 15.

5. Dans les équations on ſe ſert ordinairement des premieres lettres de l'alphabet, a, b, c, d, &c. pour déſigner les grandeurs connues ; & pour déſigner les inconnues, on ſe ſert des dernieres lettres r, s, t, u, x, y, z: il arrive cependant aſſez ſouvent qu'on emploie les lettres initiales des noms, pour marquer les grandeurs, ſoit connues, ſoit inconnues, que ces noms ſignifient : ainſi le mouvement ſe marque par m, la viteſſe par v, le tems par t, &c.

6. Les équations ſont de différens degrés ; ſçavoir, du premier, du ſecond, du troiſiéme, du quatriéme, du cinquiéme, &c. ſelon que l'inconnue eſt élevée à la premiere puiſſance, à la ſeconde, à la troiſiéme, à la quatriéme, à la cinquiéme, &c. ainſi une équation eſt du premier degré, lorſque l'inconnue eſt élevée à la premiere puiſſance : telles ſont les équations $x + b = c$ & $ax + b = c$. Une équation eſt du ſecond degré, lorſque l'inconnue eſt élevée à la ſeconde puiſſance : telles ſont les équations $xx = c$ & $xx + ax = c$. Une équation eſt du troiſiéme degré, lorſque l'inconnue eſt élevée à la troiſiéme puiſſance : telle eſt l'équation $x^3 + ax^2 + bx = caf$. Il en eſt de même des autres équations qui ſont d'un degré plus élevé. Les équations du premier degré ſont appellées *ſimples* : on nomme les autres *compoſées*.

7. Remarquez que le degré d'une équation ſe prend du terme où l'inconnue eſt élevée à la plus haute puiſſance. Ainſi, quoique dans l'équation qu'on a apportée pour exemple du troiſiéme degré, il y ait un terme où l'inconnue ne ſoit élevée qu'à la ſeconde puiſſance, & un autre où elle eſt élevée à la premiere ; cela n'empêche pas que l'équation ne ſoit du troiſiéme degré, parce qu'il y a un terme où l'inconnue eſt élevée à la troiſiéme puiſſance.

8. En parlant des différens degrés des équations, nous avons ſuppoſé qu'il n'y avoit qu'une eſpéce d'inconnue dans une équation ; mais s'il y a différentes inconnues, pour lors le degré de l'équation dépend du terme qui a le plus de racines inconnues : par exemple, l'équation $x^2y^3 + ay^4 = bc$ eſt du cinquiéme degré, parce que le premier terme x^2y^3 contient cinq racines inconnues ; ſçavoir, x, x & y, y, y : mais l'équation $x^3 + axy = c - d$ n'eſt que du troiſiéme degré, parce que le terme x^3 qui contient le plus de racines inconnues, n'eſt que la troiſiéme puiſſance de x.

Notre deſſein dans cet Ouvrage eſt de donner la méthode de réſoudre ſeulement les équations du premier & du ſecond degré.

Différentes opérations qui ſervent à réſoudre les Équations.

Pour réſoudre une équation, il faut ſe ſervir de différentes opérations dont il eſt néceſſaire de parler. Or ces opérations doivent ſe faire de maniere que le premier membre reſte toujours égal au ſecond. Il y en a pluſieurs : ſçavoir, l'addition, la ſouſtraction, la multiplication, la diviſion, la ſubſtitution, l'extraction des racines, &c.

9. On ſe ſert de l'addition lorſque l'on veut faire paſſer une quantité négative d'un membre dans un autre : par exemple, ſi dans l'équation $ax - 2b = 4cy + d$, on veut faire paſſer $- 2b$ dans le ſecond membre, il faut d'abord ajouter $+ 2b$ dans chacun des membres ; ce qui donnera $ax - 2b + 2b = 4cy + d + 2b$. Or dans le premier membre les deux quantités $- 2b$ & $+ 2b$ ſe détruiſent ; donc l'équation précédente ſe réduit à celle-ci $ax = 4cy + d + 2b$.

10. De-là il ſuit que pour faire paſſer une quantité négative d'un membre dans un autre, il n'y a qu'à l'effacer dans le membre où elle eſt, & l'écrire dans l'autre membre avec le ſigne $+$: par exemple, ſi on a l'équation $9 + 5 = 20 - 6$, & qu'on veuille faire paſſer la grandeur $- 6$ dans le premier membre, il faut écrire $9 + 5 + 6 = 20$.

Il eſt évident que par cette opération on ne détruit pas l'égalité qui étoit entre les deux membres, puiſque l'on ajoute la même grandeur à chacun de ces membres.

11. On ſe ſert de la ſouſtraction lorſqu'on veut faire paſſer une quantité poſitive d'un membre dans un autre : par exemple, ſi on a l'équation $3y + b = d$, & qu'on veuille faire paſſer $+ b$ dans le ſecond membre, il faut ſouſtraire b de chaque membre ; on aura $3y + b - b = d - b$. Or $+ b$ & $- b$ ſe détruiſent dans le premier membre ; donc l'équation précédente ſe réduit à celle-ci $3y = d - b$.

12. On peut conclure de-là que pour faire paſſer une quantité poſitive d'un membre dans l'autre, il n'y a qu'à ne la point mettre dans le

membre où elle étoit, & l'écrire dans l'autre avec le signe —; ce qui ne détruit point l'égalité des deux membres, puisque l'on ne fait par-là que soustraire la même grandeur de chacun des membres.

13. On voit donc que l'on peut faire passer toutes sortes de quantités d'un membre de l'équation dans l'autre, sans détruire l'égalité des deux membres; il suffit pour cela de ne point écrire cette quantité dans le membre où elle se trouvoit, & de la mettre dans l'autre membre avec un signe opposé à celui qu'elle avoit.

14. La multiplication est d'usage dans les équations, lorsqu'il y a quelque fraction que l'on veut ôter. Pour cet effet, il faut multiplier tous les termes de l'équation par le dénominateur de la fraction que l'on veut ôter : soit l'équation $\frac{x}{a}+b=z-d$ dont on veut faire évanouir la fraction $\frac{x}{a}$: il faut multiplier tous les termes de l'équation par le dénominateur a; & on aura l'équation suivante $\frac{ax}{a}+ab=az-ad$: mais $\frac{ax}{a}$ est égal à x (Liv. I, Art. 166) : ainsi la derniere équation se réduit à celle-ci $x+ab=az-ad$.

15. Il paroît par cet exemple qu'après avoir ôté la fraction de cette équation, le numerateur x est resté à la place de la fraction $\frac{x}{a}$. On peut donc dire en général que pour faire évanouir une fraction, il n'y a qu'à multiplier tous les termes de l'équation par le dénominateur de cette fraction, & laisser le numerateur à la place de la fraction sans le multiplier.

16. S'il y a plusieurs fractions dans l'équation, il faut d'abord faire évanouir une des fractions en multipliant tous les termes de l'équation par le dénominateur de la fraction que l'on veut faire évanouir la premiere; ensuite multiplier cette équation, dont on a ôté la premiere fraction, par le dénominateur de la fraction que l'on veut faire évanouir la seconde, & ainsi de suite. Soit l'équation $\frac{x}{a}+b=\frac{z}{c}-d$ dont il faut ôter les deux fractions : je commence par multiplier tous les termes par a : ce qui donne la nouvelle équation $x+ab=\frac{az}{c}-ad$, que je multiplie ensuite par c, & il vient cette autre équation $cx+acb=az-acd$, dans laquelle il n'y a plus de fraction.

Il est clair qu'on ne détruit point l'équation ou l'égalité par toutes ces multiplications, puisque l'on ne fait que multiplier les deux membres, qui sont des quantités égales, par une même grandeur.

17. On se sert de la division pour dégager l'inconnue qui est multipliée par une quantité connue : cela se fait en divisant tous les termes de l'équation par la quantité connue qui multiplie l'inconnue : par exemple, soit l'équation $ax+b=cd$ dont la quantité inconnue x est multipliée par a : afin de dégager cette quantité inconnue, & de la laisser seule pour un des termes de l'équation, il faut diviser tous les

termes par a : ce qui donnera $\frac{ax}{a}+\frac{b}{a}=\frac{cd}{a}$. Or $\frac{ax}{a}$ eſt égal à x ; par conſéquent l'équation précédente deviendra $x+\frac{b}{a}=\frac{cd}{a}$ où l'inconnue ſeule x eſt un des termes de l'équation.

18. Il paroît donc que pour dégager l'inconnue d'une quantité connue qui la multiplie, il n'y a qu'à laiſſer l'inconnue toute ſeule pour un des termes de l'équation, & diviſer tous les autres termes par la quantité qui multiplie l'inconnue. En voici encore des exemples : ſoit l'équation $3x-b=c+d$: afin de dégager l'inconnue x, il faut diviſer tous les termes de l'équation par le coefficient 3 qui multiplie l'inconnue, & on aura $x-\frac{b}{3}=\frac{c}{3}+\frac{d}{3}$.

Le ſecond membre de cette équation qui eſt $\frac{c}{3}+\frac{d}{3}$ eſt la même choſe que $\frac{c+d}{3}$, parce que les deux fractions $\frac{c}{3}$ & $\frac{d}{3}$ ayant le même dénominateur, on peut les réduire en une ſeule qui ait le dénominateur commun, & dont le numerateur ſoit la ſomme des numerateurs des deux fractions (Liv. 2. art. 161) : ainſi l'équation $x-\frac{b}{3}=\frac{c}{3}+\frac{d}{3}$ eſt la même que celle-ci, $x-\frac{b}{3}=\frac{c+d}{3}$. Enfin pour dégager l'inconnue x de l'équation $ax-cx=b+d$, j'obſerve que l'inconnue x eſt multipliée par $a-c$ dans cette équation, puiſque $ax-cx$ eſt le produit de x par $a-c$, ou de $a-c$ par x ; c'eſt pourquoi en diviſant l'équation propoſée par $a-c$ elle ſe réduit à $x=\frac{b+d}{a-c}$.

Il eſt aiſé de voir que la diviſion dont on ſe ſert pour dégager l'inconnue, ne détruit point l'égalité, non plus que la multiplication, puiſque l'on diviſe deux quantités égales ; ſçavoir, les deux membres de l'équation par le même diviſeur.

18B. On emploie la formation des puiſſances pour faire évanouir ou diſparoître les ſignes radicaux. Si on a l'équation $\sqrt{x}=a$ on fera évanouir le ſigne radical en élevant chaque membre à ſon quarré, & alors on aura $\sqrt{xx}=aa$ or $\sqrt{xx}=x$; ainſi $x=aa$. Si on avoit l'équation $\sqrt[3]{x}=b$, il faudroit élever chaque membre à la troiſiéme puiſſance à cauſe que l'expoſant du ſigne radical eſt 3, & on auroit $x=bbb$. Il paroîtra aiſément qu'on ne détruit pas l'égalité par cette opération non plus que par la ſuivante.

19. On ſe ſert de l'extraction des racines lorſque l'inconnue eſt élevée au quarré, au cube ou à quelque autre puiſſance ; auquel cas on tire la racine qui répond à la puiſſance de l'inconnue ; c'eſt-à-dire, que ſi l'inconnue eſt élevée au quarré dans l'équation, il faut tirer la racine quarrée ; ſi elle eſt élevée au cube, il faut tirer la racine cubique ; ſi elle eſt élevée à la quatriéme puiſſance, il faut extraire la racine quatriéme, &c. Par exemple, ſi on a l'équation $xx=aa$ dont l'inconnue x eſt élevée au quarré, il faut tirer la racine quarrée de chaque membre de l'équation, & on aura $x=a$. De même pour réſoudre l'équa-

tion $x^3 = a + c$, il faut tirer la racine cubique de chaque membre; ce qui donnera $x = \sqrt[3]{a+c}$.

Il eſt évident qu'on ne détruit point l'égalité par cette opération : car l'on ne fait que tirer les racines ſemblables des deux membres qui ſont des quantités égales. Or les racines ſemblables, c'eſt-à-dire, ou quarrées, ou cubiques, &c. de quantités égales, ſont égales.

20. Une des principales opérations néceſſaires pour réſoudre les équations, eſt la ſubſtitution qui conſiſte à mettre la valeur d'une inconnue à la place de cette inconnue. Si on a, par exemple, les deux équations $x + y = a$ & $x - y = d$, & qu'on veuille ſubſtituer dans la premiere équation la valeur de x à la place de cette inconnue, il faut prendre la valeur de x dans la ſeconde équation; ce qui ſe fait en laiſſant x ſeule dans le premier membre, & la ſeconde équation ſera $x = d + y$; ainſi $d + y$ eſt la valeur de x : on ſubſtituera enſuite $d + y$ à la place de x dans la premiere équation; & on aura $d + y + y = a$ au lieu de $x + y = a$.

Si on avoit voulu ſubſtituer la valeur de y dans la ſeconde des deux équations propoſées, il auroit fallu prendre cette valeur dans la premiere équation, en laiſſant y ſeule dans le premier membre; ce qui auroit donné $y = a - x$; après quoi on auroit mis $a - x$ à la place de y dans la ſeconde équation : mais comme y eſt par ſouſtraction dans cette ſeconde équation à cauſe du ſigne $-$, il auroit été néceſſaire de ſouſtraire $a - x$: or la ſouſtraction ſe fait en changeant les ſignes; ainſi il auroit fallu mettre $- a + x$ à la place de y : & la ſeconde équation ſeroit devenue $x - a + x = d$.

Soient auſſi les deux équations $x + m = y + b$ & $ax = c - d + y$: ſi l'on veut ſubſtituer dans la ſeconde équation la valeur de x à la place de cette inconnue, il faut prendre cette valeur dans la premiere équation qui devient $x = y + b - m$, & mettre enſuite $y + b - m$ à la place de x dans la ſeconde équation : mais comme x eſt multipliée par a dans cette ſeconde équation, il faut pareillement multiplier $y + b - m$ par a, & on aura le produit $ay + ab - am$ égal à ax; ainſi après la ſubſtitution, la ſeconde équation ſera $ay + ab - am = c - d + y$.

On appliquera ces différentes opérations pour pratiquer les trois régles ſuivantes, qui feront trouver la ſolution des problêmes du premier degré.

I. REGLE. 21. La premiere conſiſte à réduire le problême en équations. Afin de mettre cette regle en pratique, il faut faire une grande attention aux conditions du problême qui donnent lieu de former les équations, en exprimant les rapports des grandeurs connues avec les inconnues,

inconnues, ou même ceux qui sont entre les quantités inconnues comparées ensemble.

Nous allons appliquer cette regle à un exemple, avant de proposer les deux autres, afin de la faire mieux concevoir : nous ferons pareillement l'application de la seconde regle, avant de proposer la troisiéme.

PROBLÉME I.

22. *Pierre & Jean ont chacun un certain nombre d'écus qu'il s'git de trouver : on suppose que si Pierre donnoit cinq de ses écus à Jean, ils en auroient autant l'un que l'autre : mais si Jean en donnoit cinq des siens à Pierre, pour lors Pierre en auroit le triple de ce qui en resteroit à Jean. Combien Pierre & Jean avoient-ils d'écus chacun ?*

Pour mettre ce problême en équations, j'appelle x le nombre des écus de Pierre, & y le nombre des écus de Jean : cela posé, je raisonne ainsi : le nombre des écus de Pierre étant x, lorsqu'il en aura donné cinq à Jean, le reste des écus de Pierre sera $x-5$, & le nombre des écus de Jean sera $y+5$. Or par la premiere condition du problême, Pierre & Jean auront autant d'écus l'un que l'autre, après que le premier en aura donné cinq des siens au second; par conséquent $x-5=y+5$: voilà une équation qui exprime la premiere condition du problême.

Il faut faire une autre équation qui soit tirée de la seconde partie du problême. On suppose dans cette seconde partie que Jean donne cinq de ses écus à Pierre ; ainsi le nombre des écus de Jean sera $y-5$, & celui de Pierre sera $x+5$. Or par la seconde condition du problême, Jean ayant donné cinq écus à Pierre, pour lors Pierre en a trois fois plus que Jean ; par conséquent $x+5$ est trois fois plus grand que $y-5$; donc afin que $y-5$ devienne égal à $x+5$, il faut le multiplier par 3. Or le produit de $y-5$ par 3 est $3y-15$; donc $3y-15=x+5$. Ainsi les deux équations qui expriment les conditions du problême sont $x-5=y+5$ & $3y-15=x+5$.

23. Il ne faut pas d'autres équations pour résoudre le problême proposé ; parce que n'y ayant que deux choses inconnues, sçavoir, le nombre des écus de Pierre & celui des écus de Jean, on n'a besoin que de deux équations pour résoudre ce problême. En général il faut faire autant d'équations qu'il y a d'inconnues : il y a cependant des problêmes dont les conditions ne donnent pas autant d'équations qu'il y a d'inconnues ; & pour lors ces problêmes sont indéterminés ; c'est-à-dire, qu'ils ont plusieurs solutions & même une infinité : nous en donnerons un exemple dans la suite. Ces premieres équations qui expri-

ment les conditions du problême, peuvent être appellées *primitives*. Venons à préfent à la feconde regle.

On conçoit bien que tandis que les inconnues feront mêlées enfemble dans chacune des équations, on ne pourra fçavoir la valeur précife de chacune des inconnues ; c'eft pourquoi il faut faire enforte de parvenir à une équation qui ne contienne qu'une efpéce d'inconnue. C'eft ce que prefcrit la regle fuivante, qui eft la feconde.

II. Regle. 24. Cette feconde regle confifte donc à trouver une nouvelle équation par le moyen des premieres, qui ne contienne qu'une efpéce d'inconnue. Or cela fe fait en fubftituant la valeur d'une ou de plufieurs inconnues à la place de ces inconnues. Il faut donc prendre la valeur d'une inconnue dans une équation, comme nous l'avons dit (20), & fubftituer cette valeur dans les autres équations de la maniere dont cette inconnue s'y trouve ; c'eft-à-dire, que fi l'inconnue fe trouve par addition, la valeur doit y être fubftituée par addition ; fi l'inconnue eft retranchée, fa valeur doit être auffi retranchée ; fi l'inconnue eft multipliée par quelque grandeur, fa valeur doit être multipliée par la même grandeur, &c. ainfi que l'on a vû dans l'article 20.

Nous allons faire l'application de cette feconde regle à l'exemple du premier problême.

Les deux équations trouvées font $x-5=y+5$ & $3y-15=x+5$; pour en faire une qui ne contienne qu'une efpéce d'inconnue, on laiffe une des inconnues, fçavoir x, toute feule dans un des membres de la premiere équation, afin d'en avoir la valeur. Or pour laiffer x feule dans un membre, il faut faire paffer -5 dans l'autre membre ; & au lieu de l'équation $x-5=y+5$, on aura $x=y+5+5$, ou bien, $x=y+10$; ainfi la valeur de x eft $y+10$ qu'il faut fubftituer à la place de x dans la feconde équation $3y-15=x+5$. En faifant cette fubftitution, on trouvera $3y-15=y+10+5$, ou bien, $3y-15=y+15$.

Nous voilà donc parvenus à une équation qui ne contient qu'une efpéce d'inconnue ; fçavoir, la grandeur y qui marque le nombre des écus de Jean. Il faut chercher préfentement par le moyen de cette équation, quelle eft la valeur toute connue de cette grandeur : c'eft ce que nous trouverons par la troifiéme regle.

III. Regle. 25. Cette troifiéme regle confifte à laiffer la quantité inconnue toute feule dans un des membres, en faifant paffer toutes les grandeurs connues dans l'autre membre. Il eft évident que la quantité inconnue deviendra connue par ce moyen, puifqu'elle fera égale à des quantités connues.

Pour appliquer cette regle à notre exemple, il faut reprendre l'équation que la feconde regle a fait trouver ; la voici $3y-15=y+15$;

je fais d'abord paſſer -15 du premier membre dans le ſecond ; & j'aurai $3y = y + 15 + 15$, ou $3y = y + 30$: & faiſant auſſi paſſer y du ſecond membre dans le premier, il vient $3y - y = 30$, ou $2y = 30$. Enfin y étant multiplié par 2 dans le premier membre de cette derniere équation, je diviſe tous les termes par 2, afin de laiſſer y ſeule dans le premier membre : cette diviſion étant faite, la derniere équation ſe réduit à $y = 15$; c'eſt-à-dire, que Jean avoit 15 écus.

Pour ſçavoir combien en avoit Pierre, il faut ſubſtituer 15 à la place de y dans quelques-unes des équations où ſe trouvent les deux inconnues x & y. Je mets donc 15 à la place de y dans la premiere équation qui eſt $x - 5 = y + 5$: ce qui donne l'équation ſuivante, $x - 5 = 15 + 5$ ou $x - 5 = 20$: & faiſant paſſer -5 dans le ſecond membre, afin que x reſte ſeule dans le premier, il vient $x = 20 + 5$, ou $x = 25$; c'eſt-à-dire, que Pierre avoit 25 écus.

Ces deux nombres 25 & 15 rempliſſent les conditions du problême propoſé : car ſi Pierre avoit donné cinq de ſes écus à Jean, ils en auroient eu autant l'un que l'autre, ſçavoir 20 : ainſi ces deux nombres ſatisfont déja à la premiere partie du problême. D'ailleurs ſi Jean avoit donné cinq de ſes écus à Pierre qui en avoit 25, Jean n'en auroit plus eu que 10, & Pierre en auroit eu 30, & par conſéquent Pierre en auroit eu le triple de ce qui en ſeroit reſté à Jean : ce qui ſatisfait encore à la ſeconde partie du problême.

On propoſe communément un problême de même eſpéce, dans lequel on ſuppoſe qu'une âneſſe & une mule ont chacune un certain nombre de ſacs, enſorte que ſi la mule en donnoit un des ſiens à l'âneſſe, elles en auroient autant l'une que l'autre : mais au contraire, ſi l'âneſſe en donnoit un des ſiens à la mule, pour lors la mule en auroit le double de ce qui en reſteroit à l'âneſſe. Il s'agit de trouver le nombre des ſacs de l'âneſſe & celui des ſacs de la mule.

Pour obſerver la premiere regle, on nommera a le nombre des ſacs de l'âneſſe, & m celui des ſacs de la mule, & on trouvera que les deux équations qui expriment la nature du problême, ſont $m - 1 = a + 1$ & $2a - 2 = m + 1$.

Enſuite ſi pour obſerver la ſeconde regle, on prend la valeur de m dans la premiere équation, & qu'on ſubſtitue cette valeur qui eſt $a + 2$ dans la ſeconde équation à la place de m, on aura $2a - 2 = a + 2 + 1$, ou $2a - 2 = a + 3$.

Enfin en appliquant la troiſiéme regle ſur l'équation $2a - 2 = a + 3$ qui ne contient qu'une eſpéce d'inconnue, ſçavoir a, on trouvera $a = 5$: puis en ſubſtituant cette valeur toute connue de a dans la premiere équation $m - 1 = a + 1$, on trouve auſſi $m = 7$; par conſéquent l'âneſſe avoit 5 ſacs & la mule 7.

Nous allons donner plusieurs autres problêmes dont nous chercherons la solution en nous servant des mêmes regles qui sont, comme on l'a dit, au nombre de trois, dont la premiere consiste à mettre le problême en équations; la seconde à trouver une équation formée des premieres qui ne contienne qu'une espéce d'inconnue, & la troisiéme enfin à laisser l'inconnue toute seule dans un des membres de l'équation que la seconde regle a fait trouver.

26. C'est la premiere de ces trois regles qui est ordinairement la plus difficile à mettre en pratique, parce qu'il n'y a point de méthode fixe que l'on puisse prescrire pour l'application de cette regle. Ce que l'on peut dire en général, c'est qu'il faut faire une grande attention à la nature & aux conditions du problême, afin d'appercevoir les différens rapports qui sont entre les quantités, soit connues, soit inconnues, & qui peuvent donner lieu à former des équations. Il arrive souvent que la solution d'un problême dépend d'une proprieté connue par quelque partie des Mathématiques : si cette propriété renferme une proportion, il est bien facile d'en faire une équation, puisque le produit des extrêmes est égal à celui des moyens.

27. L'illustre M. Newton remarque dans son arithmétique universelle que réduire une question ou un problême en équations, c'est la traduire, pour ainsi dire, en langage algébrique : pour cela on donne des noms aux quantités soit connues soit inconnues, qui entrent dans la question, c'est-à-dire, qu'on désigne ces quantités par des lettres, & on exprime ensuite par ces lettres les rapports que les quantités ont entre elles. Cette remarque peut beaucoup aider à trouver les équations d'un problême. Nous en allons faire l'application à notre premier problême, dans lequel il s'agit de trouver le nombre des écus de Pierre & celui des écus de Jean, en supposant que ces deux nombres sont désignés par les lettres dont nous nous sommes servis.

1°. Si Pierre donnoit cinq de ses écus à Jean, ils en auroient autant l'un que l'autre : cela se traduit ainsi en langage algébrique, $x-5=y+5$.

2°. Si Jean donnoit cinq des siens à Pierre, celui-ci en auroit trois fois plus qu'il n'en resteroit à Jean. Cette seconde condition s'exprime algébriquement en cette maniere : $x+5=\overline{y-5}\times 3$, ou bien, $x+5=3y-15$.

28. Quant à la seconde regle qui prescrit de faire une nouvelle équation par le moyen des premieres, qui ne contienne qu'une espéce d'inconnue, elle peut être réduite en pratique par une opération différente de la substitution, sçavoir par l'addition ou la soustraction; c'est-à-dire, en ajoutant les deux premieres équations ensemble, ou en retranchant l'une de l'autre, selon qu'il est nécessaire pour faire

évanouir une des deux inconnues. Nous allons appliquer cette méthode de pratiquer la ſeconde regle aux deux exemples précédens.

Les deux premieres équations du premier exemple ſont, $x-5=y+5$ & $3y-15=x+5$: en retranchant l'équation $x-5=y+5$ ou $y+5=x-5$ de l'autre ; c'eſt-à-dire, le premier membre de l'une du premier membre de l'autre, & pareillement le ſecond du ſecond, le reſte eſt $3y-15-y-5=x+5-x+5$, qui ſe réduit à $2y-20=10$; d'où l'on tire d'abord $2y=30$, & enſuite $y=15$.

Les deux équations du ſecond exemple ſont $m-1=a+1$ & $2a-2=m+1$: ôtant celle-ci $m-1=a+1$, ou $a+1=m-1$ de l'autre, je trouve $2a-2-a-1=m+1-m+1$, qui ſe réduit à $a-3=2$: d'où l'on tire $a=5$.

29. Pour ſçavoir laquelle des deux opérations, l'addition ou la ſouſtraction on doit employer, il faut conſiderer les ſignes de plus & de moins de l'inconnue dans les deux équations : car ſi les ſignes de cette inconnue qu'on veut faire évanouir ſont différens dans les deux équations, il faut ajouter une équation à l'autre : mais ſi ces ſignes ſont ſemblables, il faut retrancher l'une de l'autre.

30. Si l'inconnue qu'on veut faire diſparoître eſt multipliée par une autre quantité dans une des équations, il faut multiplier tous les termes de l'autre équation par cette même quantité avant de faire l'addition ou la ſouſtraction. Nous en verrons des exemples dans les problêmes XI & XIII.

Nous nous ſervirons encore dans le XII Problême d'une troiſiéme méthode pour pratiquer la ſeconde regle.

31. Il faut remarquer que ſouvent il n'y a qu'une inconnue dans le Problême, auquel cas la ſeconde regle n'a point de lieu ; mais ſeulement la premiere & la troiſiéme, comme on le verra dans pluſieurs des Problêmes ſuivans.

PROBLÊME II.

32. *La ſomme de deux nombres étant connue, & la différence ou l'excès de l'un ſur l'autre étant auſſi connu, trouver quels ſont ces deux nombres.*

Par exemple, ſi la ſomme des deux nombres eſt 40, & que leur différence ſoit 8, il s'agit de trouver quels ſont les deux nombres, qui pris enſemble ſont 40, & dont la différence eſt 8.

Pour réſoudre ce Problême d'une maniere générale, nous ſuppoſerons la ſomme 40 déſignée par a, & la différence 8 par d : nous appellerons auſſi la plus grande des inconnues x, & la plus petite y. Cela poſé, je raiſonne ainſi : puiſque les deux grandeurs inconnues priſes enſemble ſont la ſomme connue a, nous aurons déja l'équation ſuivante $x+y=a$.

D'ailleurs la différence des deux inconnues, c'eſt-à-dire, l'excès de la plus grande ſur la plus petite étant déſignée par d, il s'enſuit qu'en ôtant la plus petite de la plus grande, le reſte ſera égal à d; nous aurons donc encore l'équation $x-y=d$: ainſi les deux équations qui renferment les conditions du Problême, ſont $x+y=a$ & $x-y=d$.

Il n'y a que ces deux équations à faire pour réſoudre le Problême ; parce qu'il n'y a que les deux inconnues x & y : c'eſt pourquoi il faut paſſer à la ſeconde regle ; c'eſt-à-dire, qu'il faut, par le moyen de la ſubſtitution faire une nouvelle équation qui ne contienne qu'une eſpéce d'inconnue. Pour cela je prends la valeur de x dans la ſeconde des deux équations trouvées, qui eſt $x-y=d$: il faut donc faire paſſer $-y$ dans le ſecond membre ; & il viendra $x=d+y$; ainſi la valeur de x eſt $d+y$: je ſubſtitue cette valeur à la place de x dans la premiere équation $x+y=a$; & je trouve la nouvelle équation $d+y+y=a$ ou $d+2y=a$, laquelle ne contient qu'une eſpéce d'inconnue, ſçavoir y, dont on trouvera la valeur par le moyen de la troiſiéme regle de la maniere ſuivante.

Puiſque $d+2y=a$; donc $2y=a-d$: mais comme y eſt multipliée par 2 dans cette derniere équation, il faut diviſer toute l'équation par 2, afin de dégager l'inconnue y ; ce qui donne $y=\frac{a}{2}-\frac{d}{2}$. Mettant à préſent cette valeur toute connue de y dans la premiere équation $x+y=a$, il vient $x+\frac{a}{2}-\frac{d}{2}=a$; ainſi $x=a-\frac{a}{2}+\frac{d}{2}$: enſuite réduiſant l'entier a en fraction, qui ait pour dénominateur 2, il vient $x=\frac{2a}{2}-\frac{a}{2}+\frac{d}{2}$ (Liv. II, Art. 153). Mais $\frac{2a}{2}-\frac{a}{2}=\frac{a}{2}$; donc $x=\frac{a}{2}+\frac{d}{2}$. Or $\frac{a}{2}$ exprime la ſomme diviſée par 2 ; c'eſt-à-dire, la moitié de la ſomme ; & $\frac{d}{2}$ marque la moitié de la différence. Ainſi le plus grand des deux nombres cherchés déſigné par x, eſt égal à la moitié de la ſomme, plus à la moitié de la différence. Pareillement l'équation $y=\frac{a}{2}-\frac{d}{2}$, ſignifie que le plus petit des deux nombres cherchés marqué par y, eſt égal à la moitié de la ſomme moins la moitié de la différence.

Dans l'exemple propoſé, la ſomme des deux nombres cherchés eſt 40, & la différence eſt 8 ; ainſi la moitié de la ſomme eſt 20, & la moitié de la différence eſt 4 ; par conſéquent le plus grand des deux nombres eſt $20+4=24$; & le plus petit eſt $20-4=16$. Il eſt évident que ces deux nombres ſatisfont au Problême, puiſque la ſomme de 24 & de 16 eſt 40, & que la différence ou l'excès de 24 ſur 16 eſt 8.

Après avoir trouvé les deux premieres équations $x+y=a$ & $x-y=d$, on auroit pû parvenir à l'équation $2y=a-d$ qui ne renferme qu'une eſpéce d'inconnue, en retranchant celle-ci $x-y=d$ de l'autre $x+y=a$: car après cette ſouſtraction le reſte eſt $x+y-x+y=a-d$, ou bien, $2y=a-d$.

On auroit pû auſſi trouver la valeur d'x en ajoutant enſemble les deux équations $x+y=a$, & $x-y=d$: car la ſomme de ces deux équations eſt $2x=a+d$: & en diviſant chaque membre de cette derniere égalité par 2, on en conclut $x=\frac{a+d}{2}$, ou bien, $x=\frac{a}{2}+\frac{d}{2}$.

33. Il paroît par la ſolution générale du Problême, que la plus grande de deux quantités inégales eſt toujours égale à la moitié de la ſomme de ces quantités plus à la moitié de la différence ; & que la plus petite eſt égale à la moitié de la ſomme moins la moitié de la différence. Il faut retenir cette propoſition qui eſt d'un grand uſage dans les Mathématiques.

34. On peut réſoudre le même problême plus facilement, en employant une ſeule équation & une ſeule eſpéce d'inconnue. Pour cela il faut faire attention qu'en ôtant du plus grand nombre la différence des deux, le reſte eſt égal au plus petit ; par conſéquent le plus grand étant marqué par x, le plus petit ſera déſigné par $x-d$; ainſi la ſomme des deux nombres eſt $x+x-d$; donc on aura l'équation $x+x-d=a$ ou $2x-d=a$; par conſéquent $2x=a+d$; donc $x=\frac{a}{2}+\frac{d}{2}$; ainſi la valeur de x eſt $\frac{a}{2}+\frac{d}{2}$: c'eſt la même que celle qu'on a trouvée par la même méthode. Cette valeur de x étant trouvée, on en ôtera la différence, & le reſte ſera le plus petit des deux nombres.

PROBLÊME III.

35. *Un Berger étant interrogé combien il y avoit de moutons dans ſon troupeau, répondit que s'il en avoit encore le tiers & de plus le quart de ce qu'il en a, & cinq par-deſſus, il en auroit cent. On demande quel eſt le nombre des moutons.*

On voit bien qu'il n'y a qu'une inconnue dans ce Problême, ſçavoir, le nombre de moutons, c'eſt pourquoi il n'y a qu'une équation à faire.

Nous nommerons x le nombre inconnu de moutons, a le nombre de cent que le Berger auroit eu, en ajoutant à x le tiers & le quart de x & cinq de plus. Voici comme je raiſonne pour mettre le Problême en équation : puiſqu'en ajoutant au nombre de moutons que le Berger a actuellement, le tiers de ce nombre, enſuite le quart & cinq de plus, la ſomme ſeroit égale à cent, il s'enſuit que x, nombre des moutons du Berger, plus le tiers de x, plus le quart de x, plus cinq égalent a ; c'eſt-à-dire, cent. Or le tiers de x ſe marque par la fraction $\frac{x}{3}$, qui ſignifie x partagée ou diviſée par 3 : de même le quart de x ſe marque par $\frac{x}{4}$; ainſi l'équation qui exprime le Problême eſt $x+\frac{x}{3}+\frac{x}{4}+5=a$.

Voilà donc la premiere regle obſervée : mais comme il n'y a qu'une ſeule équation pour exprimer le Problême, parce qu'il n'y a qu'une eſpéce d'inconnue ; la ſeconde regle n'a point de lieu dans ce Problême : c'eſt pourquoi il faut préparer l'équation en faiſant évanouir les fractions, & passer ensuite à l'application de la troisiéme regle.

Je fais donc évanouir la premiere fraction en multipliant toute l'équation par le dénominateur 3 (14); ce qui donne cette autre équation $3x + x + \frac{3x}{4} + 15 = 3a$: je fais ensuite évanouir l'autre fraction, en multipliant de même cette derniere équation par le dénominateur 4; & il vient $12x + 4x + 3x + 60 = 12a$ ou bien $19x + 60 = 12a$; donc $19x = 12a - 60$. Or $a = 100$; donc $12a = 1200$; donc $19x = 1200 - 60$, ou $19x = 1140$: mais comme x est multipliée par 19 dans le premier membre, il faut diviser toute l'équation par 19, afin que x demeure seule dans le premier membre. Or en divisant 1140 par 19, le quotient est 60; par conséquent on aura l'équation suivante $x = 60$; c'est-à-dire, que le Berger avoit 60 moutons dans son troupeau. Ce nombre satisfait aux conditions du Problême : car si à 60 on ajoute le tiers qui est 20, & le quart qui est 15 & 5 de plus, la somme sera 100.

Problême IV.

36. *Une armée ayant été défaite, le quart est resté sur le champ de bataille; deux cinquiémes ont été faits prisonniers, & 14000 hommes qui étoient le reste de l'armée ont pris la fuite. On demande de combien d'hommes l'armée étoit composée avant la bataille.*

Je nomme x le nombre inconnu que je cherche, & je me sers de la lettre a pour marquer les 14000 hommes qui ont pris la fuite; puis je dis : le quart de x, plus les deux cinquiémes de x, plus 14000 sont égaux à l'armée entiere; je réduis donc le problême en équation de la maniere suivante, $\frac{x}{4} + \frac{2x}{5} + a = x$. Comme il n'y a qu'une espéce d'inconnue dans cette équation, il est clair que la seconde regle n'a point de lieu, puisqu'il n'y a point de substitution à faire. Il faut donc seulement ôter les fractions, afin d'appliquer ensuite la troisiéme regle.

Je fais évanouir la premiere fraction en multipliant tous les termes de l'équation par le dénominateur 4, & je trouve l'équation suivante $x + \frac{8x}{5} + 4a = 4x$, de laquelle j'ôte la fraction $\frac{8x}{5}$, en multipliant tous les termes par le dénominateur 5; il vient $5x + 8x + 20a = 20x$; donc $13x + 20a = 20x$; donc $20a = 20x - 13x$, ou $20a = 7x$. Or $a = 14000$; donc $20a = 280000$; ainsi $280000 = 7x$, ou $7x = 280000$; & par conséquent en divisant toute l'équation par 7 on aura $x = 40000$; c'est-à-dire, que l'armée étoit composée de 40000 hommes.

Pour s'assurer que ce nombre satisfait aux conditions du Problême, il faut ajouter les nombres marqués dans le Problême, pour voir si la somme est égale à 40000.

10000 quart de 40000.
16000 deux 5mes de 40000.
14000 reste de l'armée.
40000 somme totale.

Problême V.

PROBLÉME V.

37. *Trois personnes ont ensemble 150 ans : le premier a le double de l'âge du second ; le second a le triple de l'âge du troisiéme. On demande quel est l'âge de chacun en particulier.*

L'âge du troisiéme soit nommé x ; celui du second sera $3x$, & celui du premier sera $6x$, puisqu'il est le double de celui du second; par conséquent on aura l'équation $x + 3x + 6x = 150$, ou bien $10x = 150$; ainsi en divisant tout par 10, il viendra $x = 15$; c'est-à-dire, que le plus jeune des trois a 15 ans, ainsi le second a 45 ans, & le troisiéme 90. Pour s'assurer qu'on a bien opéré, il n'y a qu'à ajouter ces trois âges, on verra que la somme est égale à 150, & par conséquent on a bien opéré.

38. Si le second avoit eu trois fois l'âge du troisiéme & 5 ans de plus, & que le premier eût eu le double de l'âge du second & 15 années de plus, pour lors l'âge du second auroit été $3x + 5$, & l'âge du premier auroit été $6x + 10 + 15$; ainsi au lieu de l'équation $x + 3x + 6x = 150$, on auroit eu $x + 3x + 5 + 6x + 10 + 15 = 150$; donc $10x + 30 = 150$; donc $10x = 150 - 30$, ou $10x = 120$; donc $x = 12$; c'est-à-dire, que le plus jeune auroit eu 12 ans; ainsi le second en auroit eu 41, & le premier 97. Ces trois nombres font ensemble 150.

39. Ce Problême renferme la regle que l'on appelle de *fausse position*, parce que pour trouver la solution des questions qui appartiennent à cette regle, on fait une ou plusieurs fausses suppositions : par exemple pour résoudre la question proposée dans ce Problême, on peut supposer que le plus jeune des trois a 10 ans; par conséquent le second en aura 30 & le premier 60. Or ces trois nombres ajoutés ensemble ne font que 100 : d'où il faut conclure que la supposition que l'on a faite est fausse, puisque les trois âges doivent faire 150 ans. Néanmoins cette supposition quoique fausse, peut conduire à la vérité par le secours de la regle de trois, en disant, si 100 donnent 10 pour l'âge du plus jeune, combien donneront 150 : voici la proportion renfermée dans cette regle : $100 . 10 :: 150 . x$, ou bien *alternando*, $100 . 150 :: 10 . x$. Il faut donc multiplier les moyens 150 & 10 l'un par l'autre, & diviser le produit 1500 par 100; le quotient 15 sera le quatriéme terme de la proportion, & il fera connoître que l'âge du plus jeune est 15 ans.

Mais pour résoudre la question telle qu'elle est proposée dans l'article 38 on fait deux fausses suppositions par le moyen desquelles on parvient enfin à la vérité : cette méthode est alors assez difficile pour la pratique & pour la démonstration.

PROBLÊME VI.

40. *Connoissant le premier & le second terme d'une progression géométrique qui va en diminuant, & qui est composée d'une infinité de termes, trouver la somme de tous les termes de la progression.*

Soit, par exemple, la progression géométrique $\div\!\div$ 8 . 4 . 2 . 1 . $\frac{1}{2}$. $\frac{1}{4}$. $\frac{1}{8}$. $\frac{1}{16}$, &c. Il s'agit de trouver quelle est la somme de tous les termes de cette progression que l'on suppose continuée à l'infini.

Pour résoudre ce Problême d'une maniere générale, nous appellerons le premier terme a, le second b, & la somme des termes s. Cela posé, il faut se souvenir d'une propriété de la progression géométrique qui servira à la solution du Problême. Cette propriété est que dans toute progression géométrique la somme des antécédens est à la somme des conséquens comme un seul antécédent est à son conséquent, (Liv. II, Art. 84). Or dans le cas du Problême la somme des antécédens est la même que la somme de tous les termes, puisque tous les termes sont antécédens, excepté le dernier qui est ici zero, à cause que la progression va en diminuant, & qu'elle est supposée avoir une infinité de termes; ainsi la somme des antécédens est $s - 0$, ou bien s. D'ailleurs tous les termes d'une progression étant conséquens, excepté le premier, la somme des conséquens sera $s - a$: la propriété de la progression géométrique pourra donc s'exprimer ainsi, $s . s - a :: a . b$; donc $bs = as - aa$ (Liv. II, Art. 40) ou $as - aa = bs$; voilà l'équation qui exprime la nature du Problême : mais comme il n'y a qu'une seule inconnue, la seconde regle n'a point ici d'application, il faut donc passer à la troisiéme.

Je commence par mettre dans le premier membre tous les termes qui contiennent l'inconnue, & les autres termes dans le second membre; je dis donc : puisque $as - aa = bs$, il faut que $as = bs + aa$; donc $as - bs = aa$. Après cela considerant que le premier membre n'est que l'inconnue s multipliée par $a - b$, ou $a - b$ multiplié par s, je divise toute l'équation par $a - b$ afin que s demeure seule dans le premier membre : la division étant faite, je trouve $s = \frac{aa}{a-b}$; c'est-à-dire, que la somme de tous les termes d'une progression géométrique qui est composée d'une infinité de termes & qui va en diminuant, est égale au quarré du premier terme divisé par le premier moins le second.

Dans l'exemple proposé 8 est le premier terme, son quarré est 64, & le premier terme moins le second est $8 - 4 = 4$; ainsi il faut diviser 64 par 4, & le quotient 16 sera la somme de tous les termes de la progression géométrique proposée, en supposant qu'elle est continuée à l'infini.

41. On peut remarquer que quand les termes de la progreſſion vont en diminuant par moitié, comme dans l'exemple propoſé, pour lors la ſomme de tous les termes qui ſuivent le premier, eſt égale à ce premier terme. Cela eſt évident dans notre exemple: car puiſque la ſomme entiere eſt 16, & que le premier terme eſt 8, la ſomme des autres eſt auſſi 8. Si chaque terme de la progreſſion étoit triple de celui qui ſuit, comme dans cet exemple $\div\!\div$ $12 . 4 . \frac{4}{3} . \frac{4}{9} . \frac{4}{27}$, &c. alors la ſomme des termes qui ſuivroient le premier, ſeroit la moitié de ce premier terme. Si chacun des termes de la progreſſion étoit quadruple du ſuivant, pour lors la ſomme des termes après le premier ne ſeroit que le tiers de ce premier, ainſi de ſuite : par exemple, ſi chacun des termes eſt dix fois plus grand que celui qui ſuit, comme dans cette progreſſion $\div\!\div$ $10 . 1 . \frac{1}{10} . \frac{1}{100} . \frac{1}{1000}$, &c. la ſomme de tous les termes moins le premier eſt la neuviéme partie de ce premier. Tout cela peut ſe démontrer par la proportion $s . s - a :: a . b$. Car à cauſe de cette proportion on aura *dividendo*, $s - s + a . s - a :: a - b . b$. Or $s - s + a = a$. Donc $a . s - a :: a - b . b$. Donc *invertendo*, $s - a . a :: b . a - b$. Or dans le dernier exemple, $b = 1$ & $a - b = 9$; donc $s - a . a :: 1 . 9$; c'eſt-à-dire, que la ſomme des termes moins le premier eſt la neuviéme partie du premier.

PROBLÉME VII.

42. *L'aiguille des heures d'une montre étant ſur le point d'une heure, & celle des minutes étant au point de midi, trouver à quel inſtant l'aiguille des minutes attrapera celle des heures.*

La diſtance des deux aiguilles eſt l'eſpace ou l'arc qui eſt entre les points de midi & d'une heure. J'appelle cet eſpace a; ainſi cette lettre ſignifiera la douziéme partie de la circonference du cadran, ſoit que ce ſoit la premiere partie, ou la ſeconde, ou la troiſiéme, &c. Je nomme x l'eſpace qu'aura parcouru l'aiguille des heures depuis le point d'une heure juſqu'au point où elle ſera arrivée quand l'autre l'attrapera. Cela poſé, comme l'aiguille des minutes va douze fois plus vîte que la premiere, l'eſpace qu'elle parcourra en même-tems ſera $12x$. Or cet eſpace que parcourt l'aiguille des minutes juſqu'à ce qu'elle atteigne la premiere, n'eſt autre choſe que l'arc a ſitué entre les points de midi & d'une heure, plus la diſtance x qui eſt depuis le point d'une heure juſqu'au point de rencontre. Par conſéquent on aura l'équation $12x = a + x$. Voilà la nature du Problême exprimée en équation ſelon ce que demande la premiere regle. Je paſſe tout d'un coup à la troiſiéme, parce qu'il n'y a qu'une eſpéce d'inconnue dans l'équation.

Puiſque $12x = a + x$; donc $12x - x = a$, ou $11x = a$; donc en diviſant chacun des membres par 11, il viendra $x = \frac{a}{11}$; ainſi l'eſpace x eſt la onziéme partie de l'arc a; c'eſt-à-dire, que l'aiguille des minutes attrapera celle des heures à la onziéme partie de la ſeconde heure après-midi. Et cela eſt évident, car pour lors l'eſpace parcouru par cette aiguille des minutes ſera 12 fois plus grand que celui que la premiere aura fait dans le même-tems, puiſqu'elle aura parcouru douze onziémes parties d'a, ſçavoir les onze parties du premier eſpace déſigné par a, & encore une onziéme du ſecond. J'ai dit, les *onze parties du premier eſpace* : car chaque eſpace entier contient onze onziémes parties de cet eſpace.

On peut trouver par la même méthode que s'il y a une aiguille des ſecondes qui ſoit ſur le point de midi dans le tems que celle des minutes eſt au point qui marque la fin de la premiere minute après-midi, cette aiguille des ſecondes rencontrera celle des minutes à la cinquante-neuviéme partie de la ſeconde minute.

42*B*. On trouvera auſſi en ſuivant la même méthode que ſi l'aiguille des heures eſt ſur le point de deux heures lorſque celle des minutes eſt ſur le point de midi, celle ci attrapera la premiere à la fin de la ſeconde onziéme partie de la troiſiéme heure, & que ſi l'aiguille des heures eſt ſur le point de trois heures quand celle des minutes eſt au point de midi, celle-ci attrapera la premiere à la fin de la troiſiéme onziéme de la quatriéme heure, ainſi de ſuite. Enſorte que ſi l'aiguille des heures étant d'abord ſur le point d'une heure & celle des minutes ſur midi, celle-ci attrapera la premiere, 1°. à $1^h + \frac{1}{11}$. 2°. à $2^h + \frac{2}{11}$. 3°. à $3^h + \frac{3}{11}$. 4°. à $4^h + \frac{4}{11}$, &c. enfin à $11^h + \frac{11}{11}$. Cette derniere heure eſt la même que midi, parce que la fraction $\frac{11}{11}$ d'heure vaut une heure. On entendra facilement que l'aiguille des minutes attrapera celle des heures à tous ces points, ſi on fait attention que cette aiguille des minutes ſe trouve toujours au point de midi lorſque celle des heures ſe rencontre ſur chacune des heures, ſçavoir ſur 1^h. ſur 2^h. ſur 3^h. &c.

43. On pourroit réſoudre ce Problême par la remarque qui ſuit le précédent ſans le ſécours des équations. Pour cela il faut faire attention que tandis que l'aiguille des minutes parcourra l'eſpace a qui eſt entre les points de midi & d'une heure, l'aiguille des heures, que j'appelle la premiere, fera la douziéme partie de l'eſpace depuis une heure juſqu'à deux, puiſque la ſeconde va 12 fois plus vîte que la premiere : cette douziéme partie ſoit appellée b. De même pendant le tems que l'aiguille des minutes parcourra b, celle des heures fera un autre eſpace c, qui ſera la douziéme partie de b ; & tandis que la ſeconde aiguille parcourra c, la premiere fera encore l'eſpace d, qui ſera la

douziéme partie de c, ainsi de suite à l'infini. Par conséquent tout l'espace qu'aura fait l'aiguille des heures quand celle des minutes l'atteindra, sera une suite infinie de petits espaces, dont chacun sera la douziéme partie du précédent. Or l'arc a compris entre les points de midi & d'une heure est le premier terme de la progression dont cette suite infinie renferme les autres termes. Par conséquent l'espace parcouru par l'aiguille des heures n'est que la onziéme partie d'un arc égal au premier marqué par a. Ainsi l'aiguille des minutes attrapera l'autre à la onziéme partie de la seconde heure.

PROBLÉME VIII.

43B. *On a trois Fontaines dont la premiere remplit un vaisseau en trois heures, la seconde le remplit en quatre heures & la troisiéme en six heures : on demande en combien de tems les trois Fontaines coulant ensemble rempliront le même vaisseau.*

Il est évident que la premiere remplira la troisiéme partie du vaisseau en une heure, la seconde en remplira la quatriéme partie en même-tems, & la troisiéme en remplira la sixiéme partie. Ces trois parties du vaisseau sont exprimées par les fractions $\frac{1}{3}$, $\frac{1}{4}$, $\frac{1}{6}$, qu'il faut réduire au même dénominateur afin de les ajouter ensemble : pour cet effet je multiplie les deux termes de chacune par le produit des dénominateurs des deux autres ; & je trouve $\frac{24}{72}$, $\frac{18}{72}$, $\frac{12}{72}$, dont la somme est $\frac{54}{72}$, qui marque que les trois Fontaines coulant ensemble rempliront en une heure une partie du vaisseau laquelle est désignée par la fraction $\frac{54}{72}$. Je dis donc si la partie du vaisseau exprimée par $\frac{54}{72}$ s'emplit en une heure, en combien de tems s'emplira le vaisseau entier qu'il faut marquer par la fraction $\frac{72}{72}$ égale à l'unité. Je fais donc la proportion $\frac{54}{72} . \frac{72}{72}$ :: 1 heure . x heure. Or quand les fractions ont même dénominateur elles sont entre elles comme les numerateurs (Liv. II, Art. 150). Ainsi la proportion précédente peut être changée en celle-ci, $54 . 72 :: 1 . x$: donc le produit des extrêmes $54x$ est égal au produit des moyens 72 ; ainsi $x = \frac{72}{54}$; par conséquent $x = 1\frac{18}{54}$, ou $x = 1\frac{1}{3}$; c'est-à-dire, que le vaisseau sera rempli par les trois Fontaines coulant ensemble en une heure & un tiers d'heure, ou en une heure vingt minutes.

Si on avoit marqué les trois nombres 3, 4, 6 par a, b, c les trois fractions $\frac{24}{72}$, $\frac{18}{72}$, $\frac{12}{72}$ seroient devenues $\frac{bc}{abc}$, $\frac{ac}{abc}$, $\frac{ab}{abc}$, dont la somme est $\frac{bc+ac+ab}{abc}$, & on auroit eu l'équation générale $x = \frac{abc}{bc+ac+ab}$ au lieu de $x = \frac{72}{54}$.

PROBLÉME IX.

43C. *Connoissant la distance de deux corps mobiles qui sont mus sur une même ligne & qui doivent se rencontrer ; connoissant aussi le rapport de leurs vîteſſes, trouver le point auquel ils ſe rencontreront. On ſuppoſe que ces deux corps partent au même inſtant.*

Soit d la diſtance connue des deux mobiles A & B mus ſur une même ligne droite avec des vîteſſes qui ſoient entr'elles comme 2 & 5. Ou bien ces deux corps tendent vers le même côté, en ſorte que celui qui a plus de vîteſſe ſoit derriere l'autre, ſans quoi ils ne pourroient ſe rencontrer : ou bien ils avancent l'un vers l'autre. Chacun des deux cas demande une ſolution particuliere.

Premier Cas. Le corps A qui précéde avec une vîteſſe marquée par 2 parcourt une certaine longueur que j'appelle x avant d'être atteint par le corps B. Ce corps B qui ſuit le premier avec la vîteſſe 5 parcourt d'abord la diſtance d compriſe entre les deux corps, plus la longueur x dans le même-tems que B parcourt ſeulement x. Il s'agit de trouver cet eſpace x au bout duquel ſe fait la rencontre. Pour cela, je fais attention que les vîteſſes ſont entre elles comme les eſpaces parcourus dans le même-tems : ſi un corps a deux fois plus de vîteſſe qu'un autre, il fera en même-tems deux fois plus d'eſpace. On aura donc la proportion, la vîteſſe du corps B eſt à celle du corps A comme $d + x$ eſt à x, ou bien, $5 . 2 :: d + x . x$: ainſi $5x = 2d + 2x$; donc $5x - 2x = 2d$, ou $3x = 2d$; par conſéquent $x = \frac{2d}{3}$, ou $\frac{2}{3}$ de d; c'eſt-à-dire, que quand le corps B attrapera le corps A, l'eſpace que ce corps A aura fait ſera les deux tiers de la diſtance qu'il y avoit d'abord entre les deux corps. Le diviſeur 3 eſt la différence des vîteſſes 5 & 2.

Second Cas. Il faut trouver quelle partie x de la diſtance d le corps A aura parcourue quand les corps ſe rencontreront : pour cet effet j'obſerve que le corps B parcourra $d - x$, qui eſt l'autre partie de la diſtance d, dans le tems que le corps A aura parcouru x : c'eſt pourquoi on aura la proportion la vîteſſe du corps B eſt à celle du corps A, comme $d - x$ eſt à x, ou bien $5 . 2 :: d - x . x$: donc $5x = 2d - 2x$: ainſi $5x + 2x = 2d$, ou $5x = 2d$; ainſi $x = \frac{2d}{7}$ ou $\frac{2}{7}$ de d; c'eſt-à-dire, que le corps A aura parcouru deux ſeptiémes de la diſtance d quand les deux corps ſe rencontreront. Le diviſeur 7 eſt la ſomme des vîteſſes 5 & 2.

43 *D*. On peut remarquer que pour avoir x; c'eſt-à-dire, l'eſpace que parcourt celui des deux corps qui a le moins de vîteſſe, il faut multiplier la diſtance d qui étoit d'abord entre les deux corps par la vîteſſe de ce corps, & enſuite dans le premier cas diviſer le produit par la différence des vîteſſes : mais dans le ſecond cas il faut diviſer le même produit par la ſomme des vîteſſes.

43 *E*. Si les deux corps ne partoient pas en même-tems, & que A, par exemple, fût en mouvement avant le corps B, il faudroit chercher

l'espace que le corps A auroit parcouru avant que le corps B fût en mouvement, afin de trouver la distance des deux corps dans le tems que B commenceroit à être mu. Or pour connoître l'espace que A auroit parcouru pendant le tems qui auroit précédé le mouvement du corps B, il ne suffiroit pas de connoître le rapport des vîtesses des deux corps; il faudroit connoître la vîtesse absolue du corps A.

On pourroit résoudre le Problême VII par le premier cas de celui-ci : car la vîtesse de l'aiguille des minutes étant à celle de l'aiguille des heures comme 12 est à 1, & d'ailleurs l'espace que fait l'aiguille des minutes pendant que celle des heures parcourt x, étant l'arc $a+x$, on aura la proportion, $12 . 1 :: a+x . x$: ainsi $12x = a+x$, & $12x - x = a$ ou $11x = a$: par conséquent $x = \frac{a}{11}$.

La même méthode peut servir à trouver à quel endroit du zodiaque la Lune ratrappera le Soleil que je suppose précéder la Lune vers l'Orient, d'une certaine quantité connue que j'appelle a. Pour cela, il faut sçavoir que les vîtesses des mouvemens propres de la Lune & du Soleil sont entr'elles à peu près comme 1484 à 111, puisque le mouvement moyen de la Lune vers l'Orient est de 13 deg. 10 min. 35 sec. en un jour, & que celui du Soleil est de 59 min. 8 sec. dans le même-tems. Présentement supposons que la partie du zodiaque que le Soleil parcourt pendant le tems que la Lune emploiera à l'attraper soit nommée x, la partie du même zodiaque que la Lune parcourra dans le même-tems sera $a+x$: on aura donc la proportion, $1484 . 111 :: a+x . x$: ainsi $1484x = 111a + 111x$; donc $1484x - 111x = 111a$, ou $1373x = 111a$; & $x = \frac{111a}{1373}$. Si la quantité a dont le Soleil précéde la Lune vers l'Orient est de 26 deg. 56 min. ou de 1616 min. la quantité x sera d'environ 130 minutes. Ainsi $a+x$ sera égal à 1746 min. qui font un peu plus de 29 deg. c'est la distance entre lieu où étoit la Lune & le point où elle attrapera le Soleil.

PROBLÉME X.

43 F. *Deux hommes que l'on suppose être au même lieu, se proposent d'arriver ensemble au même terme éloigné du lieu où ils sont d'une distance connue, par exemple de* 1000 *toises : mais l'un des deux que j'appelle le premier, va moins vite que le second selon un rapport connu : on demande quelle partie le premier doit avoir fait de l'espace compris entre les deux termes avant que le second se mette en chemin.*

Supposons que les vîtesses des deux hommes sont entr'elles comme 2 & 5; & soit nommée d la distance entre le lieu où ils sont & celui auquel ils tendent : soit aussi appellée x la partie de la distance d que le premier doit parcourir avant que le second se mette en chemin; l'autre partie de la distance d que le premier fera tandis que le second parcourra la distance entiere d, sera $d-x$: on aura donc la proportion, $5.2::d.d-x$: ainsi $5d-5x=2d$; donc $5d-2d=5x$ ou $5x=3d$: par conséquent $x=\frac{3d}{5}$; c'est-à-dire, que si $d=1000$ toises, le premier doit avoir fait 600 toises avant que le second commence à marcher.

43G. On voit par cette équation $x=\frac{3d}{5}$ qui renferme la solution du Problême, que pour avoir l'inconnue x il faut multiplier la distance d par la différence des vîtesses, & diviser le produit par la plus grande des deux vîtesses.

Rroblême XI.

43H. *Pierre & Jean ayant ensemble 108 livres, Pierre a dépensé le tiers de ce qu'il avoit, & Jean le quart : la somme de ces deux dépenses est 32 liv. on demande combien ils avoient chacun, & combien chacun a dépensé.*

J'appelle a la somme 108 qu'ils avoient, & b la somme 32 des dépenses, x la part de Pierre & y celle de Jean : ainsi $\frac{x}{3}$ sera la dépense de Pierre, & $\frac{y}{4}$ sera celle de Jean. Cela posé, les deux équations qui expriment les conditions du Problême sont $x+y=a$ & $\frac{x}{3}+\frac{y}{4}=b$. Il faut d'abord faire évanouïr les fractions de la seconde équation : premierement en la multipliant par 3, on aura $x+\frac{3y}{4}=3b$, & en multipliant par 4, il viendra $4x+3y=12b$. Ensuite pour pratiquer la seconde regle il faut prendre la valeur de x dans la premiere équation, on aura $x=a-y$; puis on multipliera cette valeur $a-y$ par 4, parce que x est multipliée par 4 dans la seconde équation préparée ; le produit est $4a-4y$: si on substitue ce produit dans l'équation $4x+3y=12b$, on trouvera $4a-4y+3y=12b$, ou $4a-y=12b$. Par conséquent en transposant $-y$ & $12b$, on aura $4a-12b=y$, ou $y=4a-12b$. Or $4a=432$, & $12b=384$. D'ailleurs $432-384=48$: donc $y=48$. En mettant 48 à la place d'y & 108 à la place d'a, dans $x=a-y$, on aura $x=108-48$ ou $x=60$. Pierre avoit donc 60 liv. & Jean 48 : & Pierre en a dépensé 20 & Jean 12 : par conséquent ils ont dépensé 32 l. à eux deux.

On peut aussi faire évanouir la quantité x de la seconde équation préparée en retranchant la premiere de cette seconde : mais il faut auparavant multiplier la premiere équation par 4 (30), le produit sera $4x+4y=4a$, qui étant ôté de la seconde équation préparée, le reste sera $4x+3y-4x-4y=12b-4a$, qui se réduit à $-y=12b-4a$, dont tous les termes étant transposés, on aura $4a-12b=y$ ou $y=4a-12b$.

Problême XII.

43I. *Deux Fontaines dont chacune coule toujours avec la même force, ont donné*

donné une certaine quantité d'eau, par exemple 72 muids, la premiere en coulant pendant 6 heures & la seconde pendant 12 : ces deux mêmes Fontaines ont fourni 91 muids, la premiere en coulant pendant 8 heures & la seconde pendant 15 : on demande quelle est la dépense de chacune de ces deux Fontaines par heure; c'est-à-dire, combien chacune fournit d'eau dans une heure.

Pour résoudre le Problême d'une maniere générale je désigne les deux quantités d'eau 72 & 91 par a & b, & j'appelle x & y les dépenses que font les deux Fontaines par heure. Après quoi je mets le Problême en équations.

Puisque la premiere Fontaine coulant pendant 6 heures & la seconde pendant 12 donnent 72 muids, il s'ensuit qu'en prenant six fois la dépense x de la premiere & 12 fois la dépense y de la seconde la somme sera égale à 72; c'est-à-dire, que $6x + 12y = 72$, ou $6x + 12y = a$: par la même raison $8x + 15y = b$. Je passe ensuite à la seconde regle qui consiste à trouver une nouvelle équation qui ne contienne qu'une espéce d'inconnue, ce que je fais en prenant deux valeurs de la même inconnue, par exemple de x. Pour cet effet je prépare les équations primitives dont la premiere se réduit à $6x = a - 12y$, d'où je tire $x = \frac{a - 12y}{6}$ en divisant tout par 6; & la seconde se réduit à $8x = b - 15y$, d'où je tire $x = \frac{b - 15y}{8}$: par conséquent $\frac{a - 12y}{6} = \frac{b - 15y}{8}$, puisque chacun de ces deux membres est égal à x. C'est une troisiéme méthode de pratiquer la seconde regle différente des deux premieres expliquées Article 24 & 28.

Présentement afin de laisser l'inconnue y dans un seul membre, je commence par faire évanouir les fractions en multipliant les deux membres par 6 & par 8, & je trouve $8a - 96y = 6b - 90y$: donc $8a - 6b = 6y$; ou $6y = 8a - 6b$: ainsi en divisant tout par 6 qui multiplie l'inconnue y j'aurai $y = \frac{8a - 6b}{6}$. Si on substitue les nombres à la place des lettres a & b on trouvera l'équation $y = \frac{576 - 546}{6}$ ou $y = \frac{30}{6}$ qui se réduit à $y = 5$: ainsi $y = 5$; c'est-à-dire, que la seconde Fontaine fournit 5 muids par heure : de même dans l'équation $x = a - \frac{12y}{6}$ si on met les nombres à la place des lettres on trouvera que le numerateur de la fraction est 12, lequel étant divisé par le dénominateur 6, le quotient sera 2 : donc $x = 2$: ainsi la premiere Fontaine donne 2 muids par heure. Ces deux nombres 2 & 5 satisfont aux conditions du Problême; car si on prend 2 six fois & 5 douze fois on aura 72, & de même si on prend 2 huit fois & 5 quinze fois on aura 91.

43*L*. Si au lieu des deux nombres 72 & 91 on avoit supposé les deux autres 48 & 59, ensorte que $a = 48$ & $b = 59$ en laissant tous les autres nombres tels qu'ils sont on auroit toujours trouvé $y = 5$; mais x seroit devenue égale à -2 : ce qui auroit signifié qu'il faut prendre la question d'une façon opposée à celle dont on l'a exprimée dans l'énoncé du Problême par rapport à la premiere Fontaine ; c'est-à-dire, qu'au lieu de supposer que la premiere Fontaine verse de l'eau dans un vaisseau conjointement avec la seconde, cette premiere Fontaine tireroit de l'eau de ce vaisseau tandis que la seconde y en verseroit. Il en est de même dans les autres questions lorsqu'on trouve la valeur d'une quantité inconnue affectée d'un signe négatif ; c'est-à-dire, qu'il faut alors prendre par rapport à cette inconnue la question d'une maniere opposée à celle dont elle est énoncée dans le Problême : cela vient de ce que les quantités négatives ne sont autre chose que des quantités opposées à celles qu'on a prises pour positives, comme nous l'avons dit dans l'algebre en parlant des signes de plus & de moins, Liv. I, Art. 127.

PROBLÊME XIII.

44. *Connoissant le poids d'un corps composé de deux métaux, par exemple, d'or & d'argent, trouver la quantité de l'or & celle de l'argent qui sont mêlés dans ce corps.* Pour résoudre ce Problême, nous appliquerons les différens raisonnemens à un fameux exemple qui est la couronne d'Hyeron.

On dit que Hyeron, Roi de Syracuse, voulant offrir une couronne d'or à ses dieux, donna à un ouvrier un certain poids d'or pour faire cette couronne. L'Orfévre ayant fini l'ouvrage le présenta au Roi, disant qu'il étoit d'or pur : mais Hyeron voulant s'en assurer, proposa de découvrir, sans endommager la couronne, s'il n'y avoit point d'argent mêlé ; & supposé qu'il y en eût, quelle étoit la quantité de l'argent. Archimede le découvrit, on ne sçait par quel moyen. Voici comment il put trouver ce mêlange.

On peut supposer comme une chose connue par expérience, & dont on en rend raison en Physique, que les corps durs plongés dans l'eau perdent de leurs poids autant que pese un pareil volume d'eau : par exemple, si une masse de fer pese cent liv. & que le volume d'eau égal à celui de fer pese 12 livres, le fer ne pesera plus que 88 livres dans l'eau, parce qu'il perdra 12 livres de son poids. Il s'ensuit de-là que si on prend des poids égaux de différens métaux, comme d'or, d'argent & de cuivre, & qu'on les plonge dans l'eau, les métaux les plus pesans perdront moins de leurs poids que les autres, parce qu'ils auront un moindre volume ; ainsi l'or étant plus pesant que l'argent, le volume d'or perdra moins de son poids que celui d'argent, & le volume d'argent en perdra moins que celui de cuivre, parce que l'argent pese plus que le cuivre.

On pouvoit voir facilement par-là si la couronne étoit d'or pur, ou s'il y avoit de l'argent mêlé ; car il n'y avoit qu'à prendre un lingot d'or pur & un lingot d'argent chacun d'un poids égal à celui de la couronne ; ensuite plonger la couronne & les deux lingots dans l'eau : & si cette couronne perdoit plus de son poids que le lingot d'or & moins que le lingot d'argent, c'étoit une marque qu'elle n'étoit ni d'or pur, ni d'argent pur doré, mais qu'elle étoit en partie d'or & en partie d'argent.

Pour découvrir en quelle quantité l'argent y étoit mêlé, il faut donner des noms aux différentes grandeurs qui entrent dans ce Problême. Soit donc p le poids du lingot d'or, celui du lingot d'argent & celui de la couronne ; a la perte que fait de son poids le lingot d'argent plongé dans l'eau ; b la perte que fait de son poids le lingot d'or ; c celle de la couronne ; x la quantité d'argent mêlé dans la couronne ; & y la quantité d'or. Cela posé, il faut réduire le Problême en équations ; il y en aura deux, parce qu'il y a deux inconnues x & y. La premiere est facile à trouver : car n'y ayant que de l'or & de l'argent dans la couronne, comme on l'a supposé, il est clair que la quantité d'or & celle de l'argent de la couronne égalent ensemble le poids de la couronne ; ainsi on aura l'équation $x+y=p$.

A présent, afin d'avoir une autre équation je raisonne ainsi : comme il n'y a que de l'or & de l'argent mêlés dans la couronne, il s'ensuit que la perte du poids que fait la couronne plongée dans l'eau est égale à celle de l'or & de plus à celle de l'argent qui sont mêlés dans la couronne ; voici donc une seconde équation que l'on doit avoir dans l'esprit : la perte de poids que fait la couronne plongée dans l'eau, est égale aux pertes de poids que font l'or & l'argent de la couronne ; mais la difficulté est d'exprimer ces pertes de poids que font l'or & l'argent de la couronne, sans introduire de nouvelles inconnues différentes de x & de y.

Pour cet effet il faut faire une proportion en disant : le lingot d'argent est à la quantité d'argent mêlé dans la couronne, comme la perte que fait le lingot d'argent plongé dans l'eau est à la perte que fait la quantité d'argent mêlé dans la couronne ; en sorte, par exemple, que si le lingot d'argent est double de la quantité d'argent de la couronne, la perte du poids du lingot sera double de celle du poids de l'argent de la couronne. Voici la proportion exprimée en lettres : $p \,.\, x :: a \,.\, \frac{ax}{p}$. Ce terme $\frac{ax}{p}$ marque la perte que fait la quantité d'argent de la couronne lorsqu'elle est dans l'eau : car nous venons de dire que cette perte étoit le quatriéme terme de la proportion. Or $\frac{ax}{p}$ est ce quatriéme terme, puisque pour avoir le quatriéme terme d'une proportion, il faut multiplier les deux moyens l'un par l'autre, & diviser le produit par l'extrême connu (Liv. II, Art. 72). Ici les deux moyens sont x & a

dont le produit est ax qu'il faut divifer par l'extrême connu p : ce qui donne $\frac{ax}{p}$ pour l'expreffion de la perte de poids que fait l'argent de la couronne, lorfqu'elle eft plongée dans l'eau.

Par la même raifon on aura l'expreffion de la perte de l'or mêlé dans la couronne, en faifant la proportion fuivante : $p . y :: b . \frac{by}{p}$, qui fignifie que le lingot d'or marqué par p eft à l'or mêlé dans la couronne, comme la perte du poids du lingot d'or eft à la perte que fait l'or de la couronne ; ainfi $\frac{by}{p}$ marque la perte du poids de l'or mêlé dans la couronne : & $\frac{ax}{p}$ eft la perte du poids de l'argent mêlé dans la couronne. Or ces deux pertes jointes enfemble égalent celle de la couronne, comme nous l'avons dit; nous aurons donc encore cette équation $\frac{ax}{p}+\frac{by}{p}=c$ ou $\frac{ax+by}{p}=c$: ainfi les deux équations qui expriment les conditions du Problême font $x+y=p$ & $\frac{ax+by}{p}=c$.

On va faire l'application de la feconde & de la troifiéme regle en peu de mots. Il faut commencer par multiplier les deux membres de la feconde équation par le dénominateur p, afin de faire évanouir la fraction ; il vient $ax+by=cp$: après quoi je laiffe y feule dans le premier membre de la premiere équation, & je trouve que $p-x$ eft la valeur de y : je fubftitue cette valeur à la place de y dans l'autre équation $ax+by=cp$: mais comme y eft multiplié par b dans cette équation, il faut auffi multiplier $p-x$ par b ; le produit eft $bp-bx$ que je mets à la place de by, & je trouve l'équation $ax+bp-bx=cp$, dans laquelle il n'y a plus qu'une efpéce d'inconnue qu'il faut laiffer feule dans le premier membre ; je dis donc : puifque $ax+bp-bx=cp$, il faut que $ax-bx=cp-bp$. Or le premier membre de cette derniere équation eft le produit de x par $a-b$; donc en divifant les deux membres par $a-b$; il viendra $x=\frac{cp-bp}{a-b}$. On peut mettre cette valeur toute connue de x dans la premiere équation, afin de trouver la valeur de y ; mais cela n'eft pas néceffaire, parce qu'en connoiffant la quantité d'argent l'on connoîtra facilement la quantité d'or.

Après que les deux équations $x+y=p$ & $ax+by=cp$ ont été trouvées, on auroit pû facilement faire évanouir par la fouftraction l'inconnue y de la feconde équation. Pour cela, comme cette inconnue eft multipliée par b dans la feconde, il auroit fallu multiplier tous les termes de la premiere par b (30), & on auroit eu $bx+by=bp$, qui étant retranchée de la feconde $ax+by=cp$, auroit donné le refte $ax+by-bx-by=cp-bp$, qui fe réduit à $ax-bx=cp-bp$; d'où l'on tire $x=\frac{cp-bp}{a-b}$.

Suppofons que la couronne ne pefoit que 10 livres, & qu'elle perdoit deux tiers d'une livre de fon poids, étant plongée dans l'eau ; que le lingot d'argent pefant auffi 10 livres perdoit la dixiéme partie de son poids, c'eſt-à-dire une livre; & que le lingot d'or de même poids perdoit la dix-neuviéme partie de ſa peſanteur; c'eſt-à-dire, $\frac{1}{19}$ de 10 livres, ou ce qui revient au même (Liv. II, Art. 140 & 141) $\frac{10}{19}$ d'une livre : dans ces ſuppoſitions, on aura $p = 10$, $a = 1$, $c = \frac{2}{3}$, $b = \frac{10}{19}$: & ſubſtituant ces valeurs particulieres à la place des lettres, on trouvera $cp - bp = \frac{20}{3} - \frac{100}{19}$, ou en réduiſant ces fractions au même dénominateur, $cp - bp = \frac{380}{57} - \frac{300}{57} = \frac{80}{57}$. Pareillement $a - b = 1 - \frac{10}{19} = \frac{19}{19} - \frac{10}{19} = \frac{9}{19}$. Or dans l'équation $x = \frac{cp - bp}{a - b}$, le numerateur $cp - bp$ eſt diviſé par $a - b$; par conſéquent il faut diviſer $\frac{80}{57}$ par $\frac{9}{19}$, & le quotient $\frac{1520}{513}$ marquera la valeur de x, qui eſt la quantité d'argent mêlé dans la couronne : cette fraction $\frac{1520}{513}$ eſt preſque égale à 3, parce que le numerateur contient preſque trois fois le dénominateur; par conſéquent ſelon les ſuppoſitions précédentes, il y avoit environ trois livres d'argent; ainſi puiſque la couronne peſoit dix livres, il y avoit à peu-près ſept livres d'or.

44*B*. On peut exprimer d'une maniere plus facile la ſeconde équation Pour cet effet ſuppoſons, comme nous l'avons dit, que l'argent perd la dixiéme partie de ſon poids étant plongé dans l'eau & que l'or en perd la dix-neuviéme, la perte de l'argent mêlé dans la couronne ſera $\frac{x}{10}$, & celle de l'or ſera $\frac{y}{19}$, ou bien en déſignant 10 & 19 par e & f, ces deux pertes ſeront $\frac{x}{e}$ & $\frac{y}{f}$: par conſéquent la ſeconde équation ſera de $\frac{x}{e} + \frac{y}{f} = c$ au lieu de $\frac{ax}{p} + \frac{by}{p} = c$. Or en ôtant les fractions de $\frac{x}{e} + \frac{y}{f} = c$ on aura $fx + ey = cef$: & ſi on ſubſtitue la valeur de y ſçavoir $p - x$ à la place de cette inconnue, l'équation précédente deviendra $fx + ep - ex = cef$: donc $fx - ex = cef - ep$: donc en diviſant par $f - e$ on aura $x = \frac{cef - ep}{f - e}$. Si on ſubſtitue les nombres à la place des lettres on trouvera $cef = \frac{380}{3}$ & $ep = 100$ ou $\frac{300}{3}$. Ainſi le numerateur $cef - ep = \frac{80}{3}$, & le dénominateur $f - e = 9$: donc $cef - ep$ diviſé par $f - e$ ſignifie la fraction $\frac{80}{3}$ diviſée par 9; ce qui donne $\frac{80}{3 \times 9}$ ou $\frac{80}{27}$ qui eſt égale à $\frac{1520}{513}$, puiſque ſi on diviſe les deux termes de cette derniere fraction par 19 on trouve $\frac{80}{27}$.

Ce Problême renferme un exemple de la regle d'alliage. Nous avons parlé de cette regle dans le ſecond Livre Art. 821 & ſuivans.

PROBLÉME XIV.

45. *Une perſonne ayant rencontré des pauvres, a voulu donner à chacun quatre ſols; mais elle a trouvé en comptant ſon argent, qu'elle avoit deux ſols de moins qu'il ne falloit; c'eſt pourquoi elle a donné trois ſols ſeulement à chaque pauvre, & il lui en eſt reſté cinq. On demande combien la perſonne avoit de ſols, & combien il y avoit de pauvres.*

J'appelle x le nombre des pauvres, & y celui des ſols; & je dis :

puiſque, ſi cette perſonne avoit eu deux ſols de plus qu'elle n'avoit, elle en auroit eu aſſez pour donner quatre ſols à chacun des pauvres; il s'enſuit qu'en ajoutant 2 à y, la ſomme $y+2$ ſera quatre fois plus grande que x, qui eſt le nombre des pauvres; par conſéquent $y+2=4x$.

D'ailleurs par la ſeconde condition du Problême, cette perſonne ayant donné trois ſols à chaque pauvre, il en eſt reſté cinq; par conſéquent en retranchant 5 de y, le reſte $y-5$ ſera trois fois plus grand que x; ainſi $y-5=3x$. Les deux équations du Problême ſont donc $y+2=4x$ & $y-5=3x$. Voilà l'application de la premiere regle, & voici celle de la ſeconde.

Puiſque $y+2=4x$; donc $y=4x-2$: je ſubſtitue dans la ſeconde équation du Problême la valeur de y, ſçavoir $4x-2$; & je trouve $4x-2-5=3x$, ou $4x-7=3x$. Après cela j'applique tout de ſuite la troiſiéme regle : puiſque $4x-7=3x$; donc $4x=3x+7$; donc $4x-3x=7$; donc $x=7$; c'eſt-à-dire, qu'il y avoit ſept pauvres.

Que ſi on veut pratiquer la ſeconde regle par la ſouſtraction, il faut retrancher l'équation $y-5=3x$ de l'autre $y+2=4x$, le reſte eſt $y+2-y+5=4x-3x$, qui ſe réduit à $2+5=x$, ou $x=7$.

Pour connoître le nombre de ſols, je mets 7 à la place de x dans la premiere équation, & je trouve $y+2=28$; donc $y=28-2$, ou bien $y=26$: ainſi la perſonne avoit 26 ſols : & d'ailleurs il y avoit ſept pauvres. Il eſt aiſé de voir que ces deux nombres ſatisfont aux deux conditions du Problême.

On auroit pû rendre générale la ſolution de ce Problême en mettant à la place des deux chiffres 2 & 5, les deux lettres m & n ou quelques autres, & pour lors au lieu des deux premieres équations $y+2=4x$, & $y-5=3x$, on auroit eu celles-ci, $y+m=4x$, & $y-n=3x$. Après quoi on ſeroit parvenu à l'équation $x=m+n$ de la même maniere qu'on a trouvé $x=7$. Or cette équation $x=m+n$ montre que le nombre des pauvres eſt égal à $m+n$; c'eſt-à-dire, au nombre des ſols qui manquoient pour en donner 4 à chaque pauvre, plus à celui des ſols qui ſont reſtés en donnant ſeulement 3 ſols. D'où l'on pourra connoître tout d'un coup que dans tous les Problêmes ſemblables le nombre des pauvres eſt toujours égal à celui des ſols qui manquoient d'abord, & à celui des ſols qui ſont reſtés. Par exemple, s'il avoit manqué 6 ſols pour en donner 8 à chaque pauvre, & qu'il en eût reſté 4, en donnant 7 ſols, le nombre des pauvres auroit été $6+4$, c'eſt-à-dire 10. Or quand on connoît le nombre des pauvres il eſt facile de trouver celui des ſols. Ainſi dans ce dernier exemple la perſonne avoit 74 ſols, puiſque ſi elle avoit eu 6 ſols de plus qu'elle n'avoit, elle auroit pû donner 8 ſols à chacun des dix pauvres; & par conſéquent elle auroit eu dix fois 8 ſols, c'eſt-à-dire 80.

PROBLÉME XV.

46. *Un pere partage son bien à ses enfans, en donnant au premier 1000 l. & la neuviéme partie du bien qui reste après en avoir ôté les 1000 livres ; il donne pareillement au second 2000 livres & la neuviéme partie de ce qui reste ; au troisiéme 3000 livres & la neuviéme partie de ce qui reste, & ainsi de suite : il se trouve qu'après le partage, les enfans ont des portions égales. On demande quel est le bien du pere, & quel est le nombre des enfans.*

J'appelle x le bien du pere, a les 1000 livres données au premier enfant, $2a$ les 2000 livres données au second : puis faisant réflexion que l'on aura la neuviéme partie des restes dont il est parlé dans le Problême, en divisant ces restes par 9, j'appelle d le diviseur 9.

Cela posé, je considere que si l'on connoissoit le bien du pere & la part d'un des enfans, il seroit facile de connoître le nombre des enfans : car il n'y auroit qu'à chercher combien de fois cette part seroit contenue dans le bien du pere, par exemple, si le bien du pere étoit 30000 livres, & que la part d'un des fils fût 5000 livres, il est facile de voir qu'il y auroit 6 enfans, parce que 5000 est contenu six fois dans 30000. Il ne s'agit donc que de trouver le bien du pere & la part d'un des fils. Mais il est encore évident que si on connoissoit le bien du pere, on pourroit trouver aisément la part du premier fils, puisque le pere lui donne 1000 livres & la neuviéme partie de ce qui reste : ainsi si le pere avoit 30000 liv. la part du premier fils seroit 1000 liv. & la neuviéme partie du reste 29000 liv. Toute la question se réduit donc à trouver le bien du pere que l'on a nommé x.

Pour cela je fais attention que les enfans étant partagés également, on peut faire une équation dont un des membres soit la part du premier fils, & l'autre membre soit celle du second. Or la part du premier fils est 1000 liv. $= a$, & la neuviéme partie de ce qui reste : mais ce qui reste de x après en avoir retranché a, est $x - a$, dont la neuviéme partie est $\frac{x-a}{d}$; par conséquent la part du fils est $a + \frac{x-a}{d}$.

La part du second fils est 2000 liv. ou $2a$ & de plus la neuviéme partie de ce qui reste : or pour avoir ce reste, il faut retrancher premierement la part du premier fils, que je nommerai m, & ensuite les $2a$ que le pere donne d'abord au second fils ; ce reste est donc $x - m - 2a$, & la neuviéme partie est $\frac{x-m-2a}{d}$; par conséquent la part du second fils est $2a + \frac{x-m-2a}{d}$ (j'ai mis une m pour marquer la part du premier fils, afin d'éviter l'embarras du calcul qu'il auroit fallu faire en mettant $a + \frac{x-a}{d}$) : ainsi l'équation de la part du premier fils & de celle du second est $a + \frac{x-a}{d} = 2a + \frac{x-m-2a}{d}$. Voilà le Problême réduit en équation.

Pour résoudre cette équation j'ôte les fractions en multipliant tout par le dénominateur d ; & je trouve (15) $ad+x-a=2ad+x-m-2a$; donc $ad=2ad+x-x-m-2a+a$; donc $ad=2ad-m-a$; par conſéquent $ad+m=2ad-a$; donc $m=2ad-ad-a$; donc $m=ad-a$. Je remets à préſent $a+\frac{x-a}{d}$ à la place de m, qui n'avoit été miſe que pour rendre le calcul moins embarraſſant ; & je trouve $a+\frac{x-a}{d}=ad-a$; & multipliant tous les termes par le dénominateur d, afin de faire évanouir la fraction, il vient $ad+x-a=add-ad$; donc $x=add-ad-ad+a$; donc $x=add-2ad+d$.

En mettant les valeurs connues en nombres à la place des lettres du ſecond membre, on trouvera que $x=81000$ l. -18000 l. $+1000$ l. donc $x=64000$ livres.

Pour avoir la part du premier fils, il faut prendre 1000 livres ſur 64000 livres, & diviſer le reſte 63000 par 9 ; le quotient ſera 7000 ; ainſi la part de chacun des fils ſera 8000 livres ; & comme 8000 eſt contenu 8 fois dans 64000, ainſi qu'il paroît en diviſant 64000 par 8000, il s'enſuit qu'il y a huit enfans.

46 *B*. Quoiqu'il y ait deux inconnues dans ce Problême, on n'a cependant fait qu'une équation pour le réſoudre, parce que cette équation ne contient qu'une eſpéce d'inconnue, ſçavoir x qui eſt le bien du pere, & que d'ailleurs cette inconnue étant trouvée, il eſt facile de découvrir le nombre des enfans, qui eſt la ſeconde choſe inconnue dans le Problême.

47. Remarquez que le ſecond membre de l'équation $x=add-2ad+a$, eſt le produit de a par $dd-2d+1$. Or $dd-2d+1$ eſt le quarré de $d-1$; c'eſt-à-dire, du diviſeur diminué d'une unité ; donc $add-2ad+a$ eſt le produit de a par le quarré du diviſeur diminué d'une unité : afin donc de trouver le bien du pere, il faut diminuer le diviſeur d'une unité, & prendre le quarré du reſte ; enſuite multiplier ce que le pere donne d'abord au premier fils par ce quarré ; & le produit ſera le bien du pere. Dans notre exemple je diminue le diviſeur 9 d'une unité, & je prends le quarré du reſte 8 ; c'eſt 64 : enſuite je multiplie 1000 liv. que le pere donne d'abord au premier fils par 64 ; le produit 64000 l. eſt le bien du pere.

48. On peut auſſi trouver tout d'un coup le nombre des enfans, parce qu'il eſt toujours égal à $d-1$; c'eſt-à-dire, au diviſeur diminué d'une unité. Dans notre exemple le diviſeur 9 étant diminué d'une unité, le reſte 8 marque le nombre des enfans. On peut démontrer de la maniere ſuivante que $d-1$ repréſente toujours le nombre des enfans : nous avons obſervé que pour avoir ce nombre, il faut chercher combien de fois la part d'un des fils eſt contenue dans le bien du pere ; c'eſt-à-dire, que le nombre des enfans eſt égal au quotient

que

que l'on trouve en divisant le bien du pere par la part d'un des fils. Or le bien du pere est $add - 2ad + a$, & la part du premier fils est $a + \frac{x-a}{d}$: mais $a + \frac{x-a}{d} = ad - a$, comme nous l'avons vû ci-dessus. D'ailleurs, si on divise $add - 2ad + a$ par $ad - a$, le quotient sera $d - 1$; donc $d - 1$ marque le nombre des enfans.

49. Il seroit bien facile à présent de résoudre un Problême semblable à celui dont on vient d'expliquer la solution : en voici un exemple. Un pere partage également son bien entre ses fils, en donnant au premier 500 liv. & la onziéme partie de ce qui reste ; au second 1000 liv. & la onziéme partie de ce qui reste, &c. Quel est le bien du pere, & quel est le nombre des enfans.

Je diminue le diviseur 11 d'une unité, & le reste est 10, dont je prends le quarré, qui est 100 : ensuite je multiplie 500 liv. que le pere donne d'abord au premier fils par 100, le produit 50000 liv. est le bien du pere : & le nombre des enfans est 10, parce que 10 est le reste du diviseur 11 diminué d'une unité.

PROBLÊME XVI.

50. *Trouver deux nombres dont on connoît la somme & le produit :* Supposons, par exemple, que la somme est 34, & que le produit est 280 : il faut trouver quel est chacun des deux nombres.

J'appelle le premier x, & le second y ; je nomme aussi $2a$ la somme des deux nombres, & b le produit. Cela posé, on aura les deux équations $x + y = 2a$ & $xy = b$. Voilà déja le Problême mis en équations.

A présent il faut, selon la seconde regle, réduire ces deux équations à une troisiéme, qui ne contienne qu'une espéce d'inconnue. Pour cela je prends la valeur de y dans la premiere équation, & je trouve $y = 2a - x$; je substitue ensuite cette valeur de y dans la seconde équation, en observant que y étant multipliée par x la valeur de y, sçavoir $2a - x$, doit aussi être multipliée par x ; par conséquent xy est égal à $2ax - xx$; donc la seconde équation se réduit à celle-ci $2ax - xx = b$. Or cette équation est du second degré, parce que l'inconnue x est élevée à son quarré : & d'ailleurs elle contient différentes puissances de l'inconnue, sçavoir xx & $2ax$; ainsi pour pouvoir trouver la solution de ce Problême par le moyen de l'équation $2ax - xx = b$, il faut sçavoir résoudre les équations du second degré qui contiennent différentes puissances de l'inconnue.

51. En voici la méthode : on fera d'abord ensorte que le terme qui contient la seconde puissance de l'inconnue ait le signe +, s'il ne l'a pas déja. Or cela s'exécute en transposant ce terme d'un membre dans un autre, avec le terme qui contient la premiere puissance de l'incon-

nue. Dans notre équation $2ax - xx = b$, je fais paſſer xx & $2ax$ dans le ſecond membre, & b dans le premier, ce qui donnera $-b = xx - 2ax$, ou bien $xx - 2ax = -b$. Cette préparation étant faite, il faut prendre le quarré de la moitié de la quantité qui multiplie la premiere puiſſance de l'inconnue, & ajouter ce quarré à chacun des membres de l'équation. Dans notre exemple la quantité qui multiplie l'inconnue eſt $2a$, puiſque le ſecond terme eſt $-2ax$. Or la moitié de $2a$ eſt a, & le quarré de cette moitié eſt aa. Il faut donc ajouter aa à chacun des membres de l'équation, & l'on aura la nouvelle égalité $xx - 2ax + aa = aa - b$. Or le premier membre de cette équation eſt un quarré parfait dont $x - a$ eſt la racine, comme il paroîtra en tirant la racine quarrée de ce premier membre, ou en multipliant $x - a$ par lui-même. Ainſi en prenant la racine quarrée de chacun des membres de l'équation précédente, on aura l'égalité $x - a = \sqrt{aa - b}$. (Je me ſers du ſigne radical pour exprimer la racine quarrée du ſecond membre, parce que ce ſecond membre n'eſt pas un quarré parfait; & par conſéquent on n'en peut pas tirer la racine en lettres.) Puiſque $x - a = \sqrt{aa - b}$ il s'enſuit que $x = a + \sqrt{aa - b}$. Il n'y a donc plus qu'à ſubſtituer dans le ſecond membre les valeurs connues des lettres a & b; c'eſt ce que nous allons faire : $2a = 34$ par l'hypothèſe; donc $a = 17$, & $aa = 289$. D'ailleurs $b = 280$: donc $\sqrt{aa - b} = \sqrt{289 - 280}$. Or $289 - 280 = 9$; donc $\sqrt{aa - b} = \sqrt{9}$. Or $\sqrt{9} = 3$; donc $\sqrt{aa - b} = 3$. Ainſi l'équation $x = a + \sqrt{aa - b}$ ſe réduit à celle-ci, $x = 17 + 3$, ou bien $x = 20$.

La raiſon pour laquelle on ajoute à chaque membre le quarré de la moitié de la quantité qui multiplie l'inconnue, c'eſt afin que le premier membre qui contient l'inconnue devienne un quarré parfait, & c'eſt ce qui arrivera toujours en obſervant cette pratique : car ſi on fait attention à la formation du quarré d'un binome comme $x + n$, ou $x - n$ qui peut repréſenter tous les autres binomes; le premier terme de ce quarré eſt le quarré d'x; le ſecond eſt $2nx$, c'eſt-à-dire, le produit d'x par $2n$, & enfin le troiſiéme eſt le quarré de la grandeur n, laquelle eſt la moitié de la quantité qui multiplie x dans le ſecond terme du quarré total.

52. Si la premiere puiſſance de l'inconnue étoit multipliée par différentes grandeurs, comme dans l'équation $xx + ax - bx = d$, il faudroit toujours pratiquer la même méthode, c'eſt-à-dire, ajouter à chaque membre le quarré de la moitié de la quantité qui multiplie la premiere puiſſance de l'inconnue. Dans l'exemple propoſé la quantité qui

multiplie l'inconnue eſt $a-b$, puiſque le produit d'x par $a-b$ eſt $ax-bx$. Or la moitié de $a-b$ eſt $\frac{a-b}{2}$, dont le quarré eſt $\frac{aa-2ab+bb}{4}$. Il faudroit donc ajouter ce quarré à chacun des deux membres. Il feroit plus facile dans ce cas de ſuppoſer $a-b=n$, & de mettre enſuite n à la place de $a-b$ dans l'équation ; & l'on auroit $xx+nx=d$. Après quoi on prendroit la moitié de n, qui eſt $\frac{n}{2}$, & on ajouteroit $\frac{nn}{4}$ qui eſt le quarré de cette moitié, à chacun des deux membres, on auroit $xx+nx+\frac{nn}{4}=\frac{nn}{4}+d$, & après l'extraction de la racine on mettroit la valeur de $a-b$ à la place de n.

53. Lorſque dans une équation du ſecond degré la ſeconde puiſſance de l'inconnue eſt multipliée par une quantité, comme dans cet exemple, $cxx+ax=a$, il faut la préparer en diviſant toute l'équation par la quantité c, on aura la nouvelle égalité $xx+\frac{a}{c}x=\frac{d}{c}$: & pour lors la fraction $\frac{a}{c}$ multipliant la premiere puiſſance de l'inconnue, il faut prendre la moitié de cette fraction, qui eſt $\frac{a}{2c}$, comme nous le prouverons bien-tôt, & ajouter le quarré de cette moitié ; ſçavoir $\frac{aa}{4cc}$ à chacun des membres. Dans ce cas il feroit auſſi plus court de ſubſtituer n à la place de la fraction $\frac{a}{c}$, & faire enſuite comme nous venons de dire dans l'article précédent.

Nous avons dit que $\frac{a}{2c}$ eſt la moitié de la fraction $\frac{a}{c}$; en voici la raiſon : prendre la moitié d'une fraction, c'eſt la diviſer par 2. Or pour diviſer une fraction par 2, il faut multiplier le dénominateur de la fraction par 2 (Liv. II, Art. 172).

54. En prenant la racine quarrée de chacun des membres de l'équation $xx-2ax+aa=aa-b$, nous avons ſuppoſé que la racine du ſecond membre eſt $+\sqrt{aa-b}$: mais à ne conſidérer que les regles du calcul, nous pouvons ſuppoſer également que la racine de ce membre eſt $-\sqrt{aa-b}$: car tout quarré poſitif peut avoir également ou une racine poſitive ou une racine négative : par exemple $+bb$ peut venir de $+b$ multiplié par $+b$, ou de $-b$ multiplié par $-b$. Ainſi en regardant $aa-b$ comme un quarré, ſa racine peut être $+\sqrt{aa-b}$, ou bien $-\sqrt{aa-b}$.

Si on prend $+\sqrt{aa-b}$ pour racine du ſecond membre, pour lors $x=a+\sqrt{aa-b}$: & cette quantité connue ſera la valeur de la plus grande des inconnues. Mais ſi on prend $-\sqrt{aa-b}$ pour la racine du ſecond membre, alors $x=a-\sqrt{aa-b}$; & cette valeur $a-\sqrt{aa-b}$ eſt celle de la plus petite des deux inconnues du Problême.

55. Nous allons propoſer une autre maniere de trouver la ſolution de ce Problême : elle eſt fondée ſur ce que nous avons fait voir (33),

que quand deux quantités sont inégales, la plus grande est égale à la moitié de la somme plus la moitié de la différence, & la plus petite est égale à la moitié de la somme moins la moitié de la différence.

Cela posé, il est évident qu'il ne s'agit que de connoître la moitié de la somme & la moitié de la différence. Mais la moitié de la somme est connue, puisque la somme entiere, que nous avons appellée $2a$ est connue par l'hypothèse : il n'y a donc qu'une inconnue à chercher, sçavoir la moitié de la différence ; & par conséquent il ne faut faire qu'une équation pour résoudre le Problême.

Je nomme z la moitié de la différence des deux nombres : d'ailleurs a est la moitié de la somme, par conséquent le plus grand des deux nombres est $a+z$, & le plus petit est $a-z$. Or le produit de $a+z$ par $a-z$ est a^2-zz ; ainsi, puisque b marque le produit des nombres qu'on cherche, il s'ensuit que $aa-zz=b$; donc $aa-b=zz$, ou bien $zz=aa-b$. Mettant donc à la place de aa & de b les nombres qui sont désignés par ces lettres, je trouve $zz=289-280$, ou bien $zz=9$; par conséquent en tirant la racine quarrée de chaque membre, on aura $z=3$; c'est-à-dire, que la moitié de la différence est 3 : mais d'ailleurs la somme étant 34, la moitié de la somme est 17 ; donc le plus grand des deux nombres cherchés est $17+3=20$, & le plus petit est $17-3=14$. Il est évident que ces deux nombres 20 & 14 sont ceux que l'on cherchoit, puisque la somme est 34, & que le produit est 280.

PROBLÊME XVII.

56. *Trouver deux nombres dont on connoît la différence, & le produit de l'un par l'autre.*

Ayant nommé x le plus grand des deux nombres, & y le plus petit ; ayant aussi désigné la différence connue des deux nombres par $2d$, & le produit par b, je fais les deux équations $x-y=2d$ & $xy=b$, lesquelles renferment les conditions du Problême, puisque la différence des deux nombres x & y est égale à $2d$, & que le produit de ces deux nombres est aussi supposé égal à b.

Mais si je prends la valeur de x dans la premiere equation, & que je substitue cette valeur, sçavoir $2d+y$ dans la seconde équation, il viendra $2dy+yy=b$, ou $yy+2dy=b$, qui est une équation du second degré, qui contient différentes puissances de l'inconnue ; c'est pourquoi je me sers de la premiere méthode qui a été employée dans le Problême précédent.

Je prends d'abord le quarré de la moitié de la quantité qui multiplie la premiere puissance de l'inconnue : cette quantité est $2d$ & la moitié est d, dont le quarré est dd : j'ajoute ce quarré à chacun des membres de l'équation il vient $yy + 2dy + dd = b + dd$, & tirant la racine quarrée de chaque membre, je trouve $y + d = \sqrt{b + dd}$, donc $y = -d + \sqrt{b + dd}$.

Si on suppose que $2d$ différence des deux nombres est 6, & que le produit b est 280, pour lors d sera égal à 3, & dd égal à 9 : ainsi mettant dans le second membre de la derniere égalité la valeur des lettres à leur place, on aura $y = -3 + \sqrt{280 + 9}$. Or 17 est la racine de 289, laquelle est désignée par $\sqrt{280 + 9}$: donc $y = -3 + 17$, ou bien $y = 14$; c'est-à-dire, que le plus petit des deux nombres cherchés est 14. Mais d'ailleurs par l'hypothèse la différence du plus petit au plus grand est 6. Donc le plus grand est 20.

57. On peut aussi résoudre ce Problême par la seconde méthode du problême précédent : pour cela je nomme s la moitié de la somme des nombres cherchés ; & d'ailleurs d est la moitié de la différence ; par conséquent $s + d$ est le plus grand nombre, & $s - d$ est le plus petit (33); ainsi le produit des deux nombres est $ss - dd$. Or ce produit est connu & désigné par b; donc $ss - dd = b$; donc $ss = b + dd$.

Mettant à la place de b & de dd les nombres que ces lettres désignent, l'équation $ss = b + dd$ sera réduite à celle-ci $ss = 280 + 9$, ou $ss = 289$; & tirant la racine quarrée de chaque membre, on aura $s = 17$; c'est-à-dire, que la moitié de la somme est 17; ainsi le plus grand nombre est $17 + 3 = 20$, & le plus petit est $17 - 3 = 14$. Ces deux nombres 20 & 14 satisfont aux conditions du Problême, puisque la différence est 6, & que le produit est 280.

Il y a plusieurs Problêmes que l'on peut résoudre facilement, en employant la seconde méthode dont on s'est servi dans les deux Problêmes précédens. En voici encore un dont nous allons chercher la solution par cette méthode.

PROBLÉME XVIII.

58. *La somme de deux nombres étant connue, la somme des quarrés étant aussi connue, trouver les deux nombres.*

Puisque la somme des deux nombres est connue, il ne s'agit que de trouver la différence.

J'appelle $2a$ la somme, & $2z$ la différence; ainsi le plus grand des deux nombres cherchés est $a + z$ & le plus petit est $a - z$ (33); par conséquent le quarré du plus grand est $aa - 2az + zz$, & le quarré du plus petit est $aa - 2az + zz$; ainsi la somme des quarrés est $aa + 2az + zz + aa - 2az + zz$, qui se réduit à $2aa + 2zz$. Or cette somme est supposée connue & désignée par b; ainsi $2aa + 2zz = b$; donc $2zz = b - 2aa$; puis divisant chaque membre par 2, je trouve $zz = \frac{b - 2aa}{2}$.

Si on ſuppoſe que la ſomme des nombres eſt 34 & que la ſomme de leurs quarrés eſt 596, l'équation $zz = \frac{b-2aa}{2}$ ſe réduira à celle-ci $zz = \frac{596-578}{2}$, en mettant 596 & 578 à la place de b & de $2aa$. Or $\frac{596-578}{2} = \frac{18}{2}$; & $\frac{18}{2} = 9$; donc $zz = 9$; ainſi $z = 3$: d'ailleurs $2a = 34$; donc $a = 17$; donc $a + z = 17 + 3 = 20$, & $a - z = 17 - 3 = 14$; c'eſt-à-dire, que les deux nombres cherchés ſont 20 & 14.

On peut auſſi trouver la ſolution de ce Problême par la premiere méthode dont on s'eſt ſervi dans les deux Problêmes précédens.

Juſqu'ici on n'a apporté pour exemple que des Problêmes dans leſquels il n'y a que deux ou une ſeule eſpéce d'inconnue : mais lorſqu'il y a plus de deux eſpéces d'inconnues, & qu'il y a auſſi plus de deux équations pour exprimer toutes les conditions du Problême, pour lors l'application de la ſeconde regle eſt un peu plus difficile. Voici la méthode.

59. On choiſit une des équations (c'eſt ordinairement la plus ſimple) & on la met à part en laiſſant l'inconnue, que l'on veut faire évanouir, toute ſeule dans le premier membre : on ſubſtitue enſuite la valeur de cette inconnue dans toutes les autres équations où eſt l'inconnue; & pour lors on a de nouvelles équations que l'on peut appeller les *ſecondes*, dans leſquelles l'inconnue ne ſe trouve plus. On opére ſur les ſecondes équations comme ſur les premieres. On choiſit donc auſſi une de ces ſecondes équations, & on la met à part, en laiſſant la ſeconde inconnue, que l'on veut faire évanouir toute ſeule dans le premier membre : après cela on ſubſtitue la valeur de cette ſeconde inconnue dans les ſecondes équations où eſt la ſeconde inconnue; & il vient d'autres équations, que l'on peut appeller les *troiſiémes*, dans leſquelles la premiere ni la ſeconde inconnue ne ſe trouvent plus. On continue de même juſqu'à ce que l'on ſoit parvenu à une équation qui ne contienne plus qu'une eſpéce d'inconnue.

60. Remarquez que ſi entre les premieres équations, il s'en trouve quelqu'une qui ne contienne pas la premiere inconnue; c'eſt-à-dire, celle dont on a d'abord ſubſtitué la valeur, on doit mettre cette équation au nombre des ſecondes. Pareillement ſi entre les ſecondes équations, il s'en trouve quelqu'une qui ne contienne pas la ſeconde inconnue, on doit la mettre au nombre des troiſiémes équations. Il faut entendre la même choſe des équations ſuivantes.

61. Lorſqu'on eſt arrivé à une équation qui ne contient qu'une eſpéce d'inconnue, on ſubſtitue la valeur de cette inconnue dans une des équations miſes à part, qui ne contient que cette inconnue avec une autre; & après la ſubſtitution, l'équation miſe à part ne contient plus qu'une eſpéce d'inconnue, dont on peut avoir la valeur entierement

connue, en la laiſſant toute ſeule dans le premier membre ; & pour lors on ſçait les valeurs de deux inconnues : on ſubſtitue ces valeurs dans celle des équations miſes à part, qui contient ces deux inconnues avec une troiſiéme, qui par ce moyen devient connue. On fait de même à l'égard des autres équations miſes à part, s'il y en a encore ; & on trouve de cette maniere la valeur de chacune des inconnues. L'exemple du Problême ſuivant fera concevoir ce que l'on vient de dire.

PROBLÊME XIX.

62. *Trouver quatre nombres qui ſoient tels, 1°. Que la ſomme des trois premiers moins le quatriéme, ſoit égale à un nombre connu marqué par* a. *2°. Que la ſomme des deux premiers & du quatriéme moins le troiſiéme ſoit égale à* b. *3°. Que la ſomme du premier & des deux derniers moins le ſecond ſoit égale à* c. *4°. Que la ſomme des trois derniers moins le premier ſoit égale à* d.

J'appelle le premier de ces quatre nombres v ; le ſecond x ; le troiſiéme y ; le quatriéme z, & je dis : Puiſque par la premiere condition du Problême, la ſomme des trois premiers nombres moins le quatriéme, doit être égale au nombre marqué par a, on aura l'équation $v+x+y-z=a$. La ſeconde condition du Problême donnera pareillement $v+x+z-y=b$. La troiſiéme condition donnera auſſi $v+y+z-x=c$. Enfin la quatriéme donnera $x+y+z-v=d$. Voilà donc les quatre équations qui expriment les conditions du Problême.

Je mets une de ces équations à part, c'eſt la premiere, & je prends la valeur de v en laiſſant cette inconnue toute ſeule dans le premier membre, en cette maniere $v=a-x-y+z$: je ſubſtitue enſuite le ſecond membre $a-x-y+z$, qui eſt la valeur de v dans les trois autres équations ; & je trouve, après les réductions faites, les ſecondes équations $a-2y+2z=b$; $a-2x+2z=c$; $2x+2y-a=d$.

Je mets auſſi la derniere de ces équations à part, en laiſſant le terme $2y$ ſeul dans le premier membre, & il vient $2y=d+a-2x$: je ſubſtitue enſuite la valeur de $-2y$ dans la premiere des ſecondes équations, & je trouve $a-d-a+2x+2z=b$, ou bien $2x+2z=b+d$. A cette équation il faut joindre celle-ci (60), $a-2x+2z=c$, dans laquelle l'inconnue y ne ſe trouve pas ; ainſi les troiſiémes équations ſont $2x+2z=b+d$ & $a-2x+2z=c$, ſur leſquelles je dois opérer comme ſur les premieres & ſur les ſecondes ; je mets donc à part la premiere, en laiſſant $2z$ ſeul dans le premier membre ; & il vient $2z=b+d-2x$: je ſubſtitue enſuite la valeur de $2z$ dans la ſeconde équation ; & je trouve $a-2x+b+d-2x=c$, ou bien $a+b+d-4x=c$; donc $a+b-c+d=4x$, ou en mettant l'inconnue dans le premier membre, comme on le fait ordinairement, $4x=a+b-c+d$; donc $x=\frac{a+b-c+d}{4}$.

Ayant la valeur toute connue de x, j'ai aussi celle de $2x$, qui est $\frac{a+b-c+d}{2}$; je substitue donc $\frac{-a-b+c-d}{2}$ à la place de $-2x$ dans la troisiéme des équations mises à part (61), qui est $2z=b+d-2x$, laquelle ne contient que l'inconnue x avec une autre qui est z : cette substitution étant faite, je trouve $2z=b+d\frac{-a-b+c-d}{2}$; & en ôtant la fraction, il vient $4z=2b+2d-a-b+c-d$, ou bien $4z=b+d-a+c$; donc $z=\frac{-a+b+c+d}{4}$.

Je substitue aussi $\frac{-a-b+c-d}{2}$ à la place de $-2x$ dans l'équation $2y=d+a-2x$, qui est la seconde de celles qui sont à part; je trouve $2y=d+a\frac{-a-b+c-d}{2}$; d'où ôtant la fraction, il vient $4y=2d+2a-a-b+c-d$, ou bien, $4y=a-b+c+d$; donc $y=\frac{a-b+c+d}{4}$.

Enfin mettant les valeurs toutes connues de x, de y & de z, dans l'équation $v=a-x-y+z$, il vient $v=a\frac{-a-b+c-d-a+b-c-d-a+b+c+d}{4}$; d'où ôtant la fraction, je trouve $4v=4a-a-b+c-d-a+b-c-d-a+b+c+d$, ou bien, $4v=a+b+c-d$; donc $v=\frac{a+b+c-d}{4}$.

Voici toutes les équations de ce Problême. On a mis le signe * à côté de celles qui ont été prises pour les mettre à part.

Premieres Équations.	*Équations mises à part.*
* $v+x+y-z=a$	$v=a-x-y+z$
$v+x+z-y=b$	$2y=d+a-2x$
$v+y+z-x=c$	$2z=b+d-2x$
$x+y+z-v=d.$	

Secondes Équations réduites.	*Troisiémes Équations réduites.*
$a-2y+2z=b$	* $2x+2z=b+d$
$a-2x+2z=c$	$a-2x+2z=c$
* $2x+2y-a=d$	

$v=\frac{a+b+c-d}{4}$. $x=\frac{a+b-c+d}{4}$. $y=\frac{a-b+c+d}{4}$. $z=\frac{-a+b+c+d}{4}$.

Si on ſuppoſe que a vaut 15, b 25, c 31, d 39, on trouvera que $v=8$, $x=12$, $y=15$, $z=20$.

63. Entre les Problêmes précédens, il y en a qui ne contiennent qu'une eſpéce d'inconnue; & quoique les autres renferment pluſieurs inconnues, cependant par le moyen de la ſubſtitution preſcrite par la ſeconde regle, on eſt parvenu à une ou à pluſieurs équations qui ne contiennent chacune qu'une ſeule eſpéce d'inconnue, c'eſt pourquoi tous les Problêmes précédens ſont déterminés. Mais lorſqu'on ne peut, par le moyen de la ſubſtitution, parvenir à une équation qui ne contienne qu'une eſpéce d'inconnue, pour lors le Problême eſt indéterminé, parce qu'il peut avoir une infinité de ſolutions. Voici un exemple de ces ſortes de Problêmes.

PROBLÊME XX.

64. *Trouver deux nombres dont le produit ſoit le double de la ſomme de ces deux nombres.*

Soient les deux nombres x & y; le produit ſera xy, & la ſomme $x+y$.

Puiſque par l'hypothèſe le produit des deux nombres eſt le double de leur ſomme, on aura l'équation $xy=2x+2y$, qui contient deux inconnues différentes, & qui exprime ſeule parfaitement la nature du Problême; ainſi il n'y a point de ſubſtitution à faire : c'eſt pourquoi on ne peut parvenir à une équation qui ne contienne qu'une eſpéce d'inconnue.

Pour réſoudre ces ſortes d'équations dans leſquelles il y a différentes inconnues, il en faut regarder une comme ſi elle étoit connue, & faire paſſer dans le premier membre tous les termes qui contiennent l'autre inconnue, afin de laiſſer cette ſeconde inconnue ſeule dans le premier membre : ainſi dans l'équation $xy=2x+2y$, je regarde y comme ſi elle étoit connue, & je fais paſſer dans le premier membre tous les termes dans leſquels ſe trouve x; il vient $xy-2x=2y$. Or le premier membre eſt le produit de x par $y-2$; par conſéquent en diviſant toute l'équation par $y-2$, x demeurera ſeule dans le premier membre, & on aura $x=\frac{2y}{y-2}$.

Si on ſuppoſe que y eſt 3, $\frac{2y}{y-2}$ ſera égal à 6; ainſi on aura $x=6$: ſi on ſuppoſe que y eſt 4, on aura $x=4$: ſi on ſuppoſe que y eſt 5, pour lors on aura $x=\frac{10}{3}=3\frac{1}{3}$. Il eſt viſible que l'on peut ſubſtituer ſucceſſivement une infinité de nombres à la place de y dans l'équation $x=\frac{2y}{y-2}$, & que toutes ces ſubſtitutions donneront des valeurs différentes de x, qui ſatisferont toutes au Problême.

On auroit pû supposer que x est connue, & faire passer dans le premier membre tous les termes qui contiennent y, & on auroit eu $xy - 2y = 2x$: d'où l'on auroit tiré $y = \frac{2x}{x-2}$; & pour lors en substituant successivement plusieurs membres à la place de x, on auroit trouvé différentes valeurs de l'inconnue y.

FIN.

TABLE DES ÉLÉMENS DE MATHÉMATIQUES.

PREMIERE PARTIE.

LIVRE PREMIER.

LIVRE SECOND.

LIVRE TROISIE'ME.

DES EQUATIONS.

FIN.

SECONDE PARTIE DES ÉLÉMENS DE MATHÉMATIQUES.

ÉLÉMENS DE GÉOMÉTRIE.

NOTIONS PRÉLIMINAIRES.

LA GÉOMÉTRIE est une partie des Mathématiques qui traite de l'étendue, & de ses différens rapports.

Cette Science ne considere pas l'étendue en tant qu'elle est revêtue des qualités sensibles, telles que sont la dureté, la fluidité, la lumiere, les couleurs., &c. Mais son véritable objet est l'étendue considerée en tant qu'elle a trois dimensions, longueur, largeur & profondeur.

L'étendue en lougueur considerée sans l'argeur & sans profondeur, se nomme *Ligne*.

L'étendue en longueur & en largeur considerées ensemble indépendamment de la profondeur, se nomme *Surface.*

L'étendue en longueur, en largeur & en profondeur considerées ensemble, se nomme *Solide*, & quelquefois *Corps.*

On appelle *Point* une partie d'étendue que l'on considere comme n'ayant aucune étendue : telle est l'extrémité d'une ligne.

Remarquez qu'il n'y a point d'étendue qui ne soit jointe avec les trois dimensions; sçavoir, longueur, largeur & profondeur; & qu'il n'y a pas de point sans étendue : mais cela n'empêche pas qu'on ne puisse considerer quelques-unes de ces dimensions sans les autres : par exemple, on peut considerer la longueur sans la largeur & la profondeur; & de même on peut considerer la longueur & la largeur, sans faire attention à la profondeur : enfin on peut considerer le point sans aucune dimension.

Il y a donc seulement trois especes d'étendues, la ligne, la surface & le solide ou corps; c'est pourquoi nous diviserons la Géométrie en trois Livres.

Dans le premier, nous traiterons des lignes.

Dans le second, nous parlerons des surfaces.

Dans le troisiéme, nous traiterons des solides.

Enfin, après ces trois Livres nous donnerons un Traité de Trigonométrie, qui fera connoître sensiblement l'utilité de la Géométrie.

LIVRE PREMIER.

DES LIGNES.

NOUS supposerons dans ce Livre, & dans le suivant, que toutes les lignes & toutes les surfaces dont nous parlerons, sont sur le même plan. Un plan est une surface unie qui n'a ni enfoncement, ni élévation, ni courbure : telle est sensiblement la surface d'une glace bien polie, & celle d'une table bien unie.

Il y a trois sortes de lignes, la droite, la courbe & la mixte.

Figure 1. ART. 1. La ligne droite est celle dont tous les points sont dans la même direction : telle est la ligne AB.

2. La Ligne courbe est celle dont tous les points ne sont pas dans la même direction : telles sont les lignes AEB & ADB.

Figure 2. 3. La Ligne mixte est celle qui est en partie droite & en partie courbe : telle est la ligne ABCD.

Après ces notions, on peut regarder les trois propositions suivantes, comme des axiomes qui n'ont pas besoin de démonstration.

I.

4. On ne peut tirer qu'une seule ligne droite d'un point à un autre point; mais on en peut tirer une infinité de courbes : cela paroît par la premiere Figure, dans laquelle il est évident qu'on ne peut tirer que la seule ligne droite A B, du point A au point B, quoiqu'on puisse tirer du premier point au second plusieurs lignes courbes, comme AEB & ADB. Fig. 1.

II.

5. La ligne droite est la plus courte que l'on puisse mener d'un point à un autre point : par exemple, la ligne A B tirée du point A au point B, est plus courte que chacune des trois lignes A E B, ADB & ACB ; c'est pourquoi la ligne droite est la mesure exacte de la distance qui est entre deux points. La ligne A C B composée de deux lignes droites qui ont différentes directions peut être appellée une ligne brisée. On pourra donc dire qu'une ligne droite est plus courte qu'une ligne brisée, qui aboutit aux mêmes points que la droite.

III.

6. La position d'une ligne droite ne dépend que de deux points, ensorte que si on connoît la position de deux points, on connoît aussi celle de la ligne entiere : nous nous servirons souvent de cet axiome dans la suite ; c'est pourquoi il est à propos de l'expliquer en peu de mots pour le faire bien concevoir.

Il est évident que plusieurs lignes droites peuvent passer par un même point ; par exemple, la ligne C D & la ligne A B passent toutes les deux par le point E : on en peut même faire passer une infinité d'autres par ce point ; ainsi un seul point ne détermine pas la position ou la direction d'une ligne droite : mais si on prend deux points comme E & F, il n'est pas possible de faire passer par ces deux points d'autres lignes droites que CD : car il est clair que toutes les lignes droites qui passeroient par les deux points E & F, seroient couchées sur la ligne CD ; & par conséquent elles ne seroient pas différentes de cette ligne : donc deux points suffisent pour déterminer la position d'une ligne droite. Fig. 3.

AVERTISSEMENT. Lorsqu'on ne trouvera point de Fig. citée pour un article, il faudra regarder celle qui aura été citée en dernier lieu à la marge. Ainsi dans le Corollaire suivant nous nous servirons de la troisiéme figure qui vient d'être citée.

7. Il suit du dernier axiome que deux lignes droites ne peuvent

Fig. 3. ſe couper que dans un ſeul point : car ſi deux lignes telles que AB & CD qui ſe coupent au point E, ſe coupoient encore en un autre point, comme chaque point d'interſection eſt commun aux deux lignes, ces deux lignes auroient deux points communs ; & par conſéquent la poſition d'une ligne droite ne dépendant que de deux points, les deux lignes auroient tous les autres points communs, & ne feroient qu'une ſeule ligne droite ; ce qui eſt contre la ſuppoſition ou l'hypotheſe : ainſi deux lignes droites ne peuvent ſe couper qu'en un ſeul point.

7 B. Ce Corollaire ſeroit évidemment faux, ſi on ne conſideroit pas les lignes ſans largeur ; car ſi les lignes étoient regardées comme ayant de la largeur, il eſt clair que le point d'interſection auroit de l'étendue, & pourroit par conſéquent être diviſé en deux autres points qui ſeroient communs aux deux lignes.

8. Il ſuit encore du même axiome, que ſi deux points, comme C & D, d'une ligne droite ſont également éloignés de deux autres A & B, chaque point de la ligne C D ſera à égale diſtance de ces deux points A & B ; ainſi E eſt également diſtant de A & de B : c'eſt la même choſe des autres points de la ligne C D. C'eſt une ſuite bien claire du troiſiéme axiome.

9. Remarquez que quand on ſuppoſe que les deux points C&D ſont également diſtans des deux autres points A & B, on ne veut pas dire que les points C & D ſont également diſtans de A, & qu'ils le ſont auſſi également de B ; mais on veut dire que le point C en particulier eſt également éloigné de A & de B ; & pareillement que le point D eſt autant éloigné de A, qu'il eſt éloigné de B.

Fig. 4. 10. Les deux points C & D de la ligne C D étant encore ſuppoſés chacun également éloignés de A & de B, non-ſeulement tous les points de la ligne C D ſont également diſtans des deux points A & B ; mais de plus, ſi elle eſt prolongée de part & d'autre, elle paſſera par tous les points également éloignés de A & de B : enſorte qu'il ne peut y avoir aucun point à côté de la ligne C D qui ſoit également diſtant des points A & B : ſoit, par exemple, le point F qui eſt à côté de la ligne CD, je dis qu'il n'eſt point également diſtant de A & de B, ou, ce qui eſt la même choſe, que les lignes F A & F B tirées du point F aux points A & B, ne ſont point égales : car les deux lignes E A & E B ſont égales, parce que tous les points de la ligne CD ſont également éloignés de A & de B ; par conſéquent ſi on ajoute F E à chacune de ces deux lignes égales, on aura encore deux autres lignes égales ; ſçavoir FEA & FEB, ou FB : or FA eſt plus courte que la ligne briſée FEA (5) : donc FA eſt auſſi plus courte que F B ; donc la point F n'eſt pas également diſtant des points A & B. On peut démontrer la même choſe de tous les autres points qui ſont à côté de la ligne CD ; par conſéquent cette ligne étant prolongée, paſſera par tous les points également éloignés de A & de B. Fig. 4.

AVERTISSEMENT. Lorſqu'un nombre eſt renfermé entre deux parentheſes, c'eſt une citation, c'eſt-à-dire, qu'il ſignifie que la propoſition qui le précede eſt prouvée par l'article déſigné par le nombre. Ainſi après avoir dit dans l'article précédent que la ligne FA eſt plus courte que FEA, on a mis (5) pour faire connoître que cette propoſition eſt prouvée par l'artile 5.

DE LA LIGNE CIRCULAIRE.

Entre les lignes courbes nous ne conſidererons dans ces Elémens que la ligne circulaire, qui n'eſt autre choſe que la circonférence entiere, ou quelque partie de la circonférence d'un cercle.

11. On peut définir la circonférence d'un cercle, une ligne courbe qui termine une ſurface plaine de tous côtés, & dont tous les points ſont également diſtans d'un point qu'on nomme *centre*. Il y a cette différence entre le cercle & la circonférence ; que le cercle eſt l'eſpace renfermé dans la circonférence, & la circonférence eſt la ligne courbe qui termine cet eſpace. Il eſt cependant vrai que, excepté dans la Géométrie, l'on ſe ſert ſouvent du terme de *cercle* pour ſignifier la circonférence.

12. Toute partie de la circonférence eſt appellée *arc* : ainſi AD, EIF, GLH ſont des arcs. Fig. 5.

13. Toute ligne droite, comme EF, terminée de part & d'autre par la circonférence, eſt appellée *corde* & quelquefois *ſoutendante*. Il eſt évident que la corde eſt toute entiere dans le cercle ; car elle n'en pourroit ſortir qu'en ſe détournant de la voie la plus courte : ainſi elle ne ſeroit plus une ligne droite.

14. Si la corde paſſe par le centre, on la nomme *diametre* ; comme AB.

15. Une ligne tirée du centre à la circonférence eſt appellée *rayon*, comme CD, CA, CB.

16. Les Géometres diviſent la circonférence de tout cercle en 360 parties égales, qu'ils appellent *degrés*.

Chaque degré ſe diviſe en ſoixante parties égales, qu'on appelle *minutes* ; chaque minute ſe diviſe en ſoixante parties égales, qu'on nomme *ſecondes*, & chaque ſeconde en ſoixante *tierces*, & ainſi de ſuite à l'infini ; enſorte que par degré il ne faut pas enten-

Fig. 5. dre une grandeur absolue, mais seulement la trois cens soixantiéme partie de quelque circonférence que ce soit, grande ou petite; ainsi la plus petite circonférence a autant de degrés que la plus grande : mais elle les a plus petits à proportion ; de même que chaque grandeur telle qu'elle soit, grande ou petite, a deux moitiés proportionnées à leur tout.

16 B. On auroit pu partager la circonférence en un nombre de degrés ou plus grand ou plus petit que 360, par exemple, en 400 : mais les anciens Géometres se sont arrêtés au nombre 360, à cause qu'on peut le diviser exactement ou sans reste de plusieurs manieres. On peut le partager sans reste en 2 parties, en 3, en 4, en 5, en 6, en 8, en 9, en 10, en 12, en 15, en 18. Il n'en est pas de même du nombre 400 : on ne peut pas le diviser en 3 parties sans reste.

17. Si du même centre on décrit plusieurs circonférences, elles sont appellées *concentriques*, aussi-bien que les cercles qu'elles renferment : comme dans la Figure 9.

18. Tous les rayons d'un cercle sont égaux : c'est une suite de ce que le centre est également distant de tous les points de la circonférence.

19. Tous les diametres d'un cercle sont égaux : car chaque diametre est composé de deux rayons, & par conséquent puisque tous les rayons sont égaux, tous les diametres le sont aussi.

20. Dans deux cercles égaux, les rayons & les diametres de l'un sont égaux aux rayons & aux diametres de l'autre.

21. Tous les diametres divisent le cercle & la circonférence en deux parties égales : car tous les points de la circonférence étant également distans du centre, la courbure de cette circonférence est uniforme, c'est-à-dire, qu'elle est par-tout égale ; & par conséquent de quelque maniere que soit situé le diametre, il partage toujours le cercle & la circonférence en deux parties égales.

22. Dans un cercle les cordes égales soutiennent des arcs égaux: & réciproquement les arcs égaux sont soutenus par des cordes égales : par exemple, si les cordes EF & GH sont égales, il faut
Fig. 5. que les arcs EIF & GLH qu'elles soutiennent soient égaux : & si ces arcs sont égaux, il faut que les cordes EF & GH soient égales : car puisque la courbure de la circonférence est uniforme ou égale dans toutes ses parties, il est nécessaire que les cordes égales soutiennent des arcs égaux; & que les arcs égaux soient soutenus par des cordes égales.

23. On peut dire pareillement que dans deux cercles égaux les

cordes égales ſoutiennent des arcs égaux, & que les arcs égaux ſont ſoutenus par des cordes égales : par exemple, ſi les cordes EF & *ef* ſont égales, il faut que leurs arcs ſoient égaux, & ſi ces arcs ſont égaux, les cordes ſont égales. Cela paroîtra clairement, ſi l'on conçoit que la premiere circonférence ſoit poſée ſur la ſeconde, enſorte que la corde EF ſoit appliquée ſur l'autre corde *ef*: car il eſt évident que les arcs ſeront poſés exactement l'un ſur l'autre, & qu'ils ſont par conſéquent égaux, auſſi-bien que les cordes. Fig. 5.

24. Remarquez que quand on parle d'un arc ſoutenu par une corde, il faut toujours entendre celui qui eſt le plus petit : par exemple, ſi on parle de l'arc ſoutenu par la corde EF, il faut entendre l'arc EIF, & non pas l'arc ELF, à moins qu'on ne marque expreſſément ce dernier.

24. B. Le diametre eſt la plus longue de toutes les cordes : par exemple, le diametre AB eſt plus long que la corde EF : car ſoient tirés les deux rayons CE & CF; le diametre eſt égal à ces deux rayons pris enſemble (19.). Or ces deux rayons ſont plus grands que la corde EF (5) qui eſt une ligne droite tirée du point E au point F. De plus, il eſt évident que de deux cordes inégales, comme EF, & OP la plus longue ſoutient un plus grand arc que l'autre, ſoit dans le même cercle, ſoit dans des cercles égaux. Réciproquement ſi deux arcs ſont inégaux, la corde qui ſoutient le plus grand arc eſt plus longue que celle qui ſoutient le plus petit. Cela eſt également vrai de deux arcs inégaux pris du même cercle ou de cercles égaux.

25. Dans un cercle les cordes égales ſont également éloignées du centre, & réciproquement les cordes également éloignées du centre ſont égales. C'eſt encore une ſuite évidente de la parfaite uniformité de la circonférence.

26. Pareillement dans deux cercles égaux, les cordes égales ſont également éloignées des centres; & réciproquement les cordes également éloignées des centres ſont égales.

Après avoir donné les notions des lignes tant droites que circulaires, & avoir expoſé pluſieurs propoſitions évidentes, fondées ſur la nature même de ces lignes, il eſt à propos de réſoudre pluſieurs problêmes ſur cette matiere.

PROBLÊME I.

27. *D'un point donné, comme* C, *pour centre, & d'un intervalle auſſi donné, comme* C A, *décrire une circonférence.* Fig. 5.

Ouvrez le compas de l'intervalle donné CA, mettez une de ſes

Fig. 5. pointes sur le point donné C, faites ensuite tourner l'autre pointe en tenant toujours la premiere immobile sur le point C, la ligne courbe que la seconde pointe décrira par ce mouvement, sera la circonférence cherchée.

27 B. Il est évident par cette opération que du même centre & du même intervalle, on ne peut décrire qu'un cercle ; & que tous les cercles qui sont décrits du même intervalle sont égaux.

PROBLÊME II.

Fig. 6. 28. *Trouver une ligne droite qui ait tous ses points également distans de deux autres points donnés, comme* A & B.

Des deux points donnés A & B, & d'un même intervalle pris à discretion, décrivez des arcs qui se coupent en un point que nous appellerons C. Décrivez aussi des mêmes points donnés A & B, & de la même ouverture du compas deux autres arcs qui se coupent au-dessous en D : tirez la ligne CD, chacun de ses points sera également éloigné des deux points A & B ; car ayant tiré les lignes AC & BC, elles seront rayons de cercles égaux, puisque C est le point d'intersection de deux arcs qui ont pour centres les points A & B, & qui ont été décrits de la même ouverture du compas : donc ces lignes sont égales ; par conséquent le point C est également éloigné de A & de B. Par la même raison le point D est également éloigné de A & de B ; ainsi la ligne C D a deux points, sçavoir C & D, également distans de A & de B : donc tous les autres points de la ligne C D sont aussi (8) également distans de A & de B.

29. Quand nous avons dit qu'il falloit décrire les deux derniers arcs d'une même ouverture du compas, nous n'avons pas prétendu dire qu'ils fussent décrits de la même ouverture que les deux premiers, mais seulement que les deux derniers arcs devoient être décrits l'un & l'autre d'une même ouverture du compas, laquelle peut être égale à celle dont on s'est servi pour les deux premiers arcs, ou différente.

On peut observer ici que les lignes ponctuées sont celles que l'on tire seulement pour la démonstration : telles sont les lignes AC & BC ; ou bien pour l'exécution d'un problême : tels sont les arcs qui ont été décrits des points A & B.

PROBLÊME III.

30. *Couper une ligne droite, comme* A B, *en deux parties égales*

Trouvez par le problême précédent, la ligne C D, qui ait tous ses

ses points également distans des deux extrémités A & B de la ligne donnée AB ; le point d'intersection M coupera la ligne donnée en deux parties égales : car ce point M étant un des points de la ligne CD, il doit être également éloigné de A & de B. Fig. 6.

La ligne CD qui a tous ses points également éloignés des deux extrémités A & B de la ligne AB, est perpendiculaire à cette derniere ligne, comme nous le ferons voir dans l'article qui précede le 1e Théorême sur les perpendiculaires.

31. Il faut faire la même chose pour couper un arc, comme AB, en deux parties égales. Fig. 7.

On enseignera dans le problême IV. sur les lignes proportionnelles la méthode de couper une ligne droite en plusieurs parties égales.

PROBLÊME IV.

32. *Faire passer une circonférence par trois points donnés, tels que* A, B, C. Fig. 8.

Tirez la ligne droite EF, dont les points soient également distans des deux points A & B (28) ; ensuite tirez la ligne droite GH, dont tous les points soient également distans des deux points B & C, le point K dans lequel les deux lignes se couperont sera le centre du cercle, ensorte que si du point K & de l'intervalle KA on décrit une circonférence, elle passera par les trois points A, B, C.

Pour le démontrer, il n'y a qu'à faire voir que le point K est également éloigné des trois points A, B, C ; ce qui est très-facile : car premierement, ce point K en tant qu'il appartient à la ligne EF, est également éloigné de A & de B, puisque par la construction, c'est-à-dire, par la maniere dont on a supposé que la ligne EF a été tirée, tous les points de cette ligne sont également distans de A & de B. 2°. En tant que le point K appartient à la ligne GH, il est également éloigné de B & de C ; parce que tous les points de GH sont aussi par la construction également distans de B & de C ; par conséquent le point K est également éloigné des trois points donnés : donc le problême est résolu.

33. Remarquez que si les trois points donnés étoient disposés en ligne droite, le problême seroit impossible, parce qu'une ligne droite ne peut être coupée qu'en deux points par une circonférence. Nous ferons voir après le premier Théorême sur les perpendiculaires que la méthode proposée dans ce problême ne peut avoir lieu dans ce cas, parce que les deux lignes EF & GH ne pourroient jamais se rencontrer, quoique prolongées à l'infini.

Fig. 8. Il est évident que deux circonférences peuvent se couper en deux points : mais il paroîtra par l'Article 110G. qu'elles ne peuvent se couper en trois points, ou, ce qui revient au même, qu'elles ne peuvent avoir trois points communs : ainsi deux points suffisent bien pour déterminer la position d'une ligne droite, comme nous l'avons dit : mais il en faut trois pour déterminer celle de la circonférence.

PROBLÊME V.

34. *Trouver le centre d'une circonférence ou d'un arc donné.*

Prenez les trois points A, B, C, dans cette circonférence, ou dans cet arc donné ; cherchez par le problême précédent le centre d'un cercle qui passe par ces trois points A, B, C, ce sera celui du cercle ou de l'arc proposé. Il y a une autre méthode plus aisée lorsque le cercle est entier. Nous la donnerons après le 3me cas du premier Théorême sur les lignes droites considerées par rapport au cercle. On peut par ce problême achever une circonférence dont une partie est donnée.

DES DIFFÉRENTES POSITIONS DES LIGNES.

35. Nous avons d'abord consideré les lignes droites en elles-mêmes, sans les regarder les unes par rapport aux autres ; présentement nous allons les comparer ensemble. Lorsqu'on compare deux lignes droites l'une avec l'autre ; ou bien elles sont tellement disposées qu'elles se rencontrent, ou du moins qu'elles se rencontreroient, si elles étoient prolongées ; ou bien elles sont disposées de maniere qu'elles ne se rencontreroient jamais, quand même elles seroient prolongées à l'infini, auquel cas on les appelle *paralleles*. Lorsqu'elles se rencontrent, cela peut encore arriver en deux manieres : premierement, en sorte que l'une ne panche ni d'un côté ni d'autre de celle qu'elle rencontre, & pour lors on les appelle *perpendiculaires* : secondement, en sorte que l'une panche d'un côté de celle qu'elle rencontre, & alors on les appelle *obliques*.

Les lignes perpendiculaires & les obliques forment par leur rencontre des *angles* dont nous parlerons d'abord, après quoi nous traiterons des perpendiculaires & des obliques, & ensuite des paralleles.

DES ANGLES.

36. Un angle est l'ouverture que forment entr'elles deux lignes qui se rencontrent en un point qu'on appelle le *sommet* ou la *pointe*

de l'angle : telle eſt l'ouverture que font les deux lignes CA & CB. Cette ouverture eſt l'eſpace que laiſſent entr'elles les deux lignes, lequel eſt indéterminé vers le côté oppoſé au ſommet de l'angle, parce que, comme nous le remarquerons bien-tôt, la grandeur d'un angle ne dépend pas de la longueur des deux lignes qui le contiennent. Fig. 9.

37. Les deux lignes qui par leur rencontre forment l'angle, s'appellent *côtés* de l'angle : telles ſont les lignes CA & CB.

Un angle peut ſe marquer par une ſeule lettre qui eſt au ſommet; mais on le marque plus ordinairement par trois lettres, & pour lors on met toujours celle qui déſigne le ſommet à la ſeconde place : ainſi pour déſigner l'angle de la Figure 9, on dira l'angle ACB ou l'angle BCA, en mettant à la ſeconde place la lettre C qui eſt au ſommet : cela s'obſerve, ſoit que l'on parle, ſoit que l'on écrive. Ce même angle peut être déſigné par la ſeule lettre C qui eſt au ſommet.

On peut diviſer l'angle en le conſiderant par rapport à ſes côtés, ou par rapport à ſa grandeur. L'angle conſideré ſelon ſes côtés, ſe diviſe en *rectiligne*, *curviligne* & *mixtiligne*.

38. L'angle rectiligne eſt celui dont les deux côtés ſont des lignes droites.

39. L'angle curviligne eſt celui dont les deux côtés ſont des lignes courbes.

40. L'angle mixtiligne eſt celui dont un des côtés eſt une ligne droite, & l'autre une ligne courbe.

Nous ne parlerons ici que des angles rectilignes, qui ſont les ſeuls dont la connoiſſance ſoit néceſſaire dans les Élémens de Géométrie.

41. Remarquez que la grandeur d'un angle ne dépend point de la longueur des côtés, mais ſeulement de l'ouverture ou de l'inclinaiſon de ces côtés : c'eſt pourquoi l'angle *a*C*b* eſt égal à l'angle ACB, ou plutôt c'eſt le même angle, quoique les deux côtés C*a* & C*b* ſoient plus courts que les côtés CA & CB.

42. Un angle, comme ACB, qui a ſon ſommet au centre du cercle, a pour meſure l'arc AB compris entre ſes côtés : car il eſt évident que cet arc devient plus grand ou plus petit à proportion que l'ouverture des côtés eſt plus grande ou plus petite. Or nous venons de dire que c'eſt de la ſeule ouverture des côtés que dépend la grandeur de l'angle. On voit donc que la meſure d'un angle eſt l'arc compris entre ſes côtés, pourvu que cet arc ait pour centre le ſommet de l'angle.

Fig. 9. Il est indifférent que l'arc qui doit servir de mesure à un angle, soit décrit à une plus grande ou à une moindre distance du sommet : car soit que la circonférence qui a pour centre le sommet de l'angle, soit grande ou petite, l'arc compris entre les côtés de l'angle est toujours de la même grandeur relative, c'est-à-dire, que cet arc contient le même nombre de degrés ; par exemple, l'arc *ab* contient autant de degrés que l'arc AB ; puisque si l'un est la huitiéme partie de sa circonférence, il est clair que l'autre est aussi la huitiéme partie de la sienne.

43. Ces arcs de différens cercles qui contiennent un égal nombre de degrés, sont appellés *proportionnels* ou *semblables.*

44. Il suit de ce que nous venons de dire, que les angles sont égaux, quand ils ont pour mesures des arcs égaux du même cercle, ou de cercles égaux, ou des arcs proportionnels de différens cercles.

Si on considere l'angle par rapport à sa grandeur, on en distingue encore trois sortes, le *droit*, l'*obtus* & l'*aigu.*

Fig. 10. 45. L'angle droit est celui qui a pour mesure un arc qui contient 90 degrés, ou le quart de la circonférence : tel est l'angle DCB. On verra dans la suite que l'angle droit est formé par deux lignes dont l'une est perpendiculaire à l'autre.

46. L'angle obtus est celui qui a pour mesure un arc qui contient plus de 90 degrés : tel est l'angle DCA. Fig. 11.

47. L'angle aigu est celui qui a pour mesure moins de 90 degrés : tel est l'angle DCB.

47 B L'angle obtus & l'angle aigu s'appellent l'un & l'autre *obliques* : c'est pourquoi on peut diviser l'angle en droit & oblique, & subdiviser ensuite l'angle oblique en obtus & aigu.

48. On peut conclure des définitions précédentes que tous les angles droits sont égaux, puisqu'ils ont tous pour mesure 90 degrés : mais tous les angles obtus ne sont pas égaux ; car, par exemple, un angle de 95 degrés, & un angle de 100 degrés sont obtus, parce que l'un & l'autre a plus de 90 degrés. Or il est visible que ces deux angles ne sont pas égaux : de même tous les angles aigus ne sont pas égaux : par exemple, deux angles aigus, dont l'un est de 30 degrés & l'autre de 50, ne sont pas égaux.

49. Remarquez qu'un angle obtus ne peut avoir 180 degrés, ou la demi-circonférence pour sa mesure : car si on vouloit, par exemple, augmenter l'angle DCA ; ensorte qu'il eût pour mesure la demi-circonférence, il faudroit appliquer le côté CD sur le rayon CB ; auquel cas il est visible qu'il n'y auroit plus d'angle,

puisque les côtés AC & CD ne feroient plus que la ligne droite ACB. Fig. 11.

A l'occasion des angles aigus & obtus, on distingue des complémens & des supplémens d'angles ou d'arcs.

50. Le complément d'un angle aigu est ce qu'il faut ajouter à cet angle, afin que la somme soit égale à un angle droit : par exemple, le complément de l'angle aigu ECB est l'angle DCE, qui, avec le premier, fait l'angle droit DCB. L'angle ECB est aussi complément de DCE. Le complément d'un angle obtus est ce qu'il faut retrancher de cet angle, afin que le reste ou la différence soit égale à un angle droit : ainsi le complément de l'angle ACE est l'angle DCE. On peut donc dire en général que le complément d'un angle est ce qu'il faut ajouter à cet angle s'il est aigu, ou ce qu'il en faut retrancher s'il est obtus, afin que la somme ou la différence soit égale à un angle droit. Fig. 12.

51. Le supplément d'un angle est ce qu'il faut ajouter à cet angle, afin que la somme soit égale à deux angles droits : par exemple, l'angle ECA est le supplément de l'angle ECB : de même l'angle ECB est supplément de l'autre ECA.

52. On peut dire la même chose des arcs ; ainsi l'arc DE est le complément de l'arc EB, & cet arc EB est aussi complément du premier, parce que la somme de ces deux arcs est égale à l'arc DEB, qui est le quart de la circonférence : l'arc DE est aussi le complément de l'arc ADE ; mais l'arc EDA est le supplément de l'arc EB, & l'arc EB est le supplément de l'arc EDA, parce que la somme de ces deux arcs est égale à la demi-circonférence. On confond assez souvent ces deux termes de *complémens* & de *supplémens* : nous nous en servirons suivant les notions que nous venons d'en donner.

53. Il paroît par ces définitions que les angles ou les arcs qui sont égaux, ont des complémens & des supplémens égaux : par exemple, si les angles ECB & *ecb* sont égaux, leurs complémens ECD & *ecd* sont égaux : il en est de même des supplémens. Réciproquement si les complémens ou les supplémens d'angles ou d'arcs sont égaux, les angles ou les arcs sont égaux. Quand il s'agit de complémens, on suppose ici que les deux angles sont de même espece ou tous deux aigus ou tous deux obtus, & si ce sont des arcs, on suppose qu'ils sont tous les deux moindres, ou tous les deux plus grands que le quart de la circonférence. Fig. 12 & 13.

THÉORÊME PREMIER.

54. *Une ligne droite tombant ſur une autre, forme deux angles, qui, pris enſemble, ſont égaux à deux angles droits*; c'eſt-à-dire, *qu'ils ont pour meſure 180 degrés, ou la demi-circonférence.* On ſuppoſe dans ce Théorême que la premiere ligne ne tombe pas ſur l'extrémité de l'autre.

Fig. 11.

DÉMONSTRATION.

Soit la ligne CD qui tombe ſur la ligne AB, je dis que les deux angles DCA & DCB qu'elle forme, ont pour meſure la demi-circonférence : car ſi du point C comme centre, on décrit une circonférence, la ligne AB qui contient le centre, en ſera diametre; & par conſéquent elle coupera la circonférence en deux parties égales : ainſi la partie ADB eſt la demi-circonférence. Or l'arc AD eſt la meſure de l'angle DCA (42), & l'arc DB, qui eſt le reſte de la demi-circonférence, eſt la meſure de l'angle DCB (42) : donc ces deux angles pris enſemble ont pour meſure la demi-circonférence : par conſéquent ils valent deux angles droits. Ce qu'il falloit démontrer.

COROLLAIRE.

55. Puiſque les angles DCA & DCB pris enſemble valent deux angles droits, il s'enſuit qu'ils ſont ſupplémens l'un de l'autre, & que ſi l'un des deux eſt droit, l'autre le ſera auſſi. Les deux angles formés par une ligne qui tombe ſur une autre, peuvent s'appeller *collateraux.* Ainſi deux angles collateraux ſont ſupplémens l'un de l'autre.

56. Remarquez que ſi la ligne qui tombe ſur l'autre, n'incline ni d'un côté ni d'autre, comme la ligne DC, Fig. 10, elle forme deux angles égaux entre eux, dont chacun eſt droit : mais ſi la ligne panche d'un côté, comme la ligne DC, Fig. 11, elle forme des angles inégaux, dont l'un eſt aigu & l'autre obtus, & qui pris enſemble, valent toujours deux angles droits, comme on vient de le prouver.

57. On démontreroit comme dans le Théorême, que ſi pluſieurs lignes tombent ſur un même point d'une autre ligne & du
Fig. 14. même côté, tous les angles formés pris enſemble, ſont égaux à deux angles droits : par exemple, les angles ACD, DCE, ECF & FCB, formés par les trois lignes DC, EC & FC qui tombent ſur le point C de la ligne AB, ont pour meſure la demi-circonférence qui a été décrite du point C comme centre; par conſéquent tous ces angles pris enſemble valent deux angles droits.

58. Enfin on peut faire voir encore de la même maniere que si plusieurs lignes se coupent au même point, tous les angles qu'elles forment pris ensemble, son égaux à quatre angles droits ; c'est-à-dire, qu'il ont pour mesure la circonférence entiere. Cela paroît par la Fig. 15, dans laquelle on a décrit une circonférence qui a pour centre le point C où les lignes se coupent, & qui est la mesure de tous les angles formés par les lignes qui se rencontrent.

Ce seroit la même chose si on disoit que la somme de tous les angles qui sont autour d'un point, est égale à quatre angles droits. La somme des angles autour du point C, par exemple, vaut quatre angles droits. Cela est évident, puisqu'ils ont pour mesure la circonférence entiere. dont le centre est le point C. Fig. 15.

59. Nous allons établir un Théorême qui sert à démontrer un grand nombre de propositions ; c'est sur les *angles opposés au sommet*. Les angles opposés au sommet sont ceux qui sont formés par deux lignes qui se coupent ; en sorte que l'un de ces angles est d'un côté du point d'intersection, & l'autre du côté opposé : tels sont les angles BCE & ACD, ou les angles ACE & BCD ; on les appelle aussi *angles opposés par la pointe*. Il faut prendre garde que les angles BCE & ACE ne sont pas opposés au sommet, non plus que les angles ACD & BCD ; c'est pourquoi il ne s'agit pas de ces angles comparés de cette maniere. Fig. 16.

THÉORÊME II.

60. *Les angles opposés au sommet sont égaux :* BCE, *par exemple*, *est égal à* ACD.

DÉMONSTRATION.

Du point d'intersection des deux lignes qui forment ces angles, soit décrite une circonférence, elle sera coupée en deux parties égales par les lignes AB & DE, qui en sont des diametres ; donc l'arc AEB & l'arc DAE seront chacun une demi-circonférence, & par conséquent ils seront égaux : si donc on en retranche la partie commune AE, les restes seront encore égaux. Or le reste de la premiere demi-circonférence est EB, & le reste de la seconde est DA ; ainsi ces deux arcs EB & DA sont égaux ; mais ces arcs sont les mesures des angles BCE & ACD (42) ; donc ces angles sont égaux. Ce qu'il falloit démontrer.

On peut démontrer de même que les deux autres angles ACE & BCD, qui sont aussi opposés au sommet, sont égaux entr'eux.

PROBLÊME I.

Fig. 17. 61. *Faire ſur une ligne donnée, comme* AB, *un angle égal à un autre angle tel que* GEF.

Du ſommet de l'angle donné GEF décrivez un arc entre ſes deux côtés; enſuite de l'extrémité A de la ligne donnée, & de la même ouverture du compas, décrivez un arc indéfini tel que BD, ſur lequel vous prendrez avec le compas la partie BC égale à l'arc FG : après quoi vous tirerez une ligne du point A au point C, elle formera l'angle CAB égal à l'angle donné : ce qui eſt évident, puiſque ces angles ont pour meſures des arcs égaux.

PROBLÊME II.

Fig. 18. 62. *Couper un angle, comme* A, *en deux parties égales.*

Du point A comme centre & d'un intervalle pris à diſcrétion, décrivez l'arc BC; enſuite des deux points B & C pris pour centres, décrivez deux arcs de la même ouverture du compas qui ſe coupent en un point, comme D : enfin tirez une ligne droite du point A au point D; elle coupera l'angle BAC en deux parties égales : car la ligne AD coupant l'arc BC en deux parties égales (31), il faut auſſi qu'elle coupe en deux parties égales l'angle BAC dont l'arc BC eſt la meſure.

Nous parlerons dans la ſuite de la meſure des angles qui n'ont pas leur ſommet au centre : mais on va voir lorſque nous traiterons des perpendiculaires, des obliques, & ſur-tout des paralleles, qu'il étoit néceſſaire d'expoſer les propoſitions précédentes touchant les angles, avant de parler de ces lignes.

DES LIGNES PERPENDICULAIRES ET DES OBLIQUES.

Fig. 19. 63. Une ligne droite eſt perpendiculaire à l'égard d'une autre ligne droite, lorſqu'elle tombe ſur cette ſeconde ſans pancher ni d'un côté ni de l'autre; telle eſt la ligne AC. Il ne faut pas confondre la ligne droite avec la perpendiculaire, puiſqu'une oblique eſt droite auſſi-bien qu'une perpendiculaire

Fig. 20. 64. Une ligne eſt oblique ſur une autre lorſqu'elle panche d'un côté, ſoit à droite, ſoit à gauche : telle eſt la ligne FK.

65. Puiſque la ligne perpendiculaire ne panche ni d'un côté ni de l'autre, il s'enſuit ſelon ce que nous avons dit (56), qu'elle forme deux angles égaux & droits; au contraire la ligne oblique étant inclinée d'un côté, elle forme deux angles inégaux qui ſont ſupplémens l'un de l'autre.

66.

66. On peut dire auſſi réciproquement que ſi une ligne tombant ſur une autre forme des angles droits, & par conſéquent égaux, elle eſt néceſſairement perpendiculaire ſur cette ſeconde : car faiſant des angles égaux, elle n'incline ni d'un côté ni de l'autre : ainſi elle eſt perpendiculaire ſuivant la notion que nous venons de donner de cette ligne ; & ſi la ligne qui tombe ſur une autre forme des angles inégaux, elle eſt oblique ſur la ſeconde, parce que pour lors elle incline d'un côté.

67. Remarquez qu'une ligne ne peut être perpendiculaire à une autre, que cette ſeconde ne ſoit auſſi perpendiculaire à la premiere. Car ſi on prolonge la perpendiculaire, comme dans la Figure 19, la perpendiculaire prolongée ACE faiſant des angles droits ſur la ligne BD, cette ſeconde ligne fait auſſi néceſſairement des angles droits ſur la premiere ACE, & par conſéquent elle lui eſt perpendiculaire. De même lorſqu'une ligne eſt oblique à une autre, cette ſeconde eſt auſſi oblique à la premiere, ce qui paroîtra évidemment, ſi on prolonge la premiere au-delà du point de rencontre.

68. Une ligne étant perpendiculaire à une autre, ſi un des points de la premiere eſt également éloigné de deux points de la ſeconde, tous les autres points de la perpendiculaire ſont également éloignés de ces deux points : par exemple, la ligne AC étant perpendiculaire ſur BD, ſi le point A eſt également éloigné de B & de D, tous les autres points de la ligne AC ſont auſſi également éloignés de B & de D : car ſi le point E, ou tout autre point de la perpendiculaire n'étoit pas également éloigné de B & de D, il eſt évident que la ligne AC ſeroit inclinée d'un côté ; par conſéquent elle ne ſeroit plus perpendiculaire ſur BD ; ce qui eſt contre la ſuppoſition. Si au lieu du point A on avoit ſuppoſé le point C également éloigné de B & de D, on auroit prouvé de la même maniere que le point A ou le point E eſt également éloigné des deux points B & D. Il en eſt de même de tous les autres points de la perpendiculaire Fig. 21.

69. Il ſuit de-là que ſi une ligne comme AC, eſt perpendiculaire à une autre telle que BD, & qu'un de ſes points ſoit également éloigné des deux points B & D de cette autre ligne, la perpendiculaire prolongée paſſe par tous les points également éloignés de B & de D : car on vient de faire voir que pour lors tous les autres points de la perpendiculaire ſont à égale diſtance de B & de D. Or cela poſé, il faut qu'elle paſſe par tous les points également éloignés de B & de D (10).

Fig. 21. 70. Mais si une ligne comme AC, n'étoit pas supposée perpendiculaire sur une autre, pour démontrer qu'elle est effectivement perpendiculaire, il ne suffiroit pas de faire voir qu'un de ses points, comme A, est également éloigné des deux points B & D de la seconde ligne BD; il faudroit démontrer que deux points, comme A & E, de la ligne AC sont chacun également éloignés des deux points B & D, auquel cas la ligne A C seroit certainement perpendiculaire sur la ligne BD, puisqu'ayant deux de ses points également éloignés de B & de D, tous les autres points seroient également distans des mêmes points B & D, & ainsi elle n'inclineroit ni d'un côté ni de l'autre; par conséquent elle seroit perpendiculaire.

Fig. 22. 70B. *Si d'un point* F *pris* lemme *au-dedans d'un triangle*, c'est-à-dire, d'une Figure telle que CHG terminée par trois côtés que nous supposons être droits, *on tire deux lignes droites* FC, FH *aux extrémités d'un côté* CH, *la somme de ces lignes sera moindre que celle des deux autres côtés* CG, GH.

DÉMONSTRATION.

Il faut prolonger CF jusqu'à la rencontre de GH au point L, la ligne droite CL est plus courte que la ligne brisée CGL (5): donc en ajoutant à l'une & à l'autre la partie HL, on aura CLH plus courte que CGH. Pareillement la droite FH est aussi plus courte que la ligne brisée FLH. Donc en ajoutant de part & d'autre CF, on aura encore CFH plus courte que CLH. Ainsi CFH étant moindre que CLH, & CLH moindre que CGH, CFH sera aussi moindre que CGH. Ce qu'il falloit démontrer.

THÉORÊME I.

71. *On ne peut tirer qu'une seule perpendiculaire d'un même point sur une ligne donnée, comme* AB.

DÉMONSTRATION.

Le point duquel on tire la perpendiculaire est ou hors de la ligne, ou dans la ligne même. Or dans l'un & dans l'autre cas, on ne peut tirer qu'une seule perpendiculaire d'un point sur une même ligne.

PREMIER CAS. Soit, par exemple, le point C hors de la ligne AB, je dis que de ce point on ne peut abbaisser que la seule perpendiculaire CD: pour le démontrer je prends dans la ligne

AB deux points, comme A & B, dont le point C soit également distant: cela posé, je raisonne ainsi: La ligne CD étant perpendiculaire sur AB, & son point C étant également éloigné de A & de B, tous les autres points de la perpendiculaire C D doivent être aussi également éloignés de A & de B (68); donc le point D est également éloigné de A & de B. Or de-là il s'ensuit que nulle autre ligne, telle que CF, tirée du point C ne peut être perpendiculaire sur A B: car si C F étoit perpendiculaire sur A B, son point C étant également distant de A & de B, tout autre point de la ligne CF seroit également distant de A & de B (68). Or le point F n'est point également distant de ces deux points, parce que le point D étant également éloigné de A & de B, il faut que le point F qui est entre D & B, soit plus près de B que de A: donc la ligne C F n'est pas perpendiculaire sur AB. Il en est de même de toute autre ligne tirée du point C. Fig. 22.

SECOND CAS. Si l'on prend le point D dans la ligne AB, je démontre de même que de ce point on ne peut élever que la seule perpendiculaire CD sur AB: car si du point D, qui est également éloigné de A & de B, on élevoit une autre ligne que DC, elle seroit à droite ou à gauche de la perpendiculaire DC; ainsi cette perpendiculaire DC passant par tous les points également distans de A & de B (69), les points de cette autre ligne tirée du point D ne pourroient être à égale distance de ces deux points A & B; par conséquent cette autre ligne ne pourroit être perpendiculaire sur A B (68).

COROLLAIRE.

72. Deux lignes qui sont chacune perpendiculaires à une troisiéme, ne peuvent jamais se rencontrer, quoique prolongées à l'infini: car si ces deux lignes se rencontroient, il y auroit deux perpendiculaires tirées du même point; sçavoir, du point de rencontre, sur la troisiéme ligne: ce qui vient d'être démontré impossible.

On peut se servir de ce Corollaire pour faire voir que la méthode proposée dans l'article 32 pour faire passer une circonférence par trois points donnés, n'a pas lieu, si ces trois points sont en ligne droite: car alors les deux lignes que nous avons nommées EF & GH dans ce Problême, Figure 8, étant perpendiculaires à une même ligne droite qui passeroit par ces trois points, ne pourroient jamais se rencontrer.

THÉORÊME II.

73. *La perpendiculaire est plus courte que l'oblique tirée du même point sur la même ligne.*

DÉMONSTRATION.

Fig. 22. Soit la ligne CD perpendiculaire sur AB, & la ligne CF tirée du même point sur la ligne AB. Je dis que CD est plus courte que CF : pour le démontrer il faut prolonger CD jusqu'au point H ; en sorte que HD soit égale à CD, & tirer l'oblique HF qui est nécessairement égale à l'autre oblique CF ; car la ligne CH étant perpendiculaire sur AB, cette ligne AB est aussi perpendiculaire sur CH (67). Or son point D est également distant des deux points C & H, puisque HD est égale à CD ; par conséquent tout autre point, comme F, de la perpendiculaire AB (68) est également distant de C & de H ; donc HF est égale à CF. Cela posé, je raisonne ainsi : La ligne droite CDH est plus courte que la ligne brisée CFH (5) ; donc la moitié de CDH est plus courte que la moitié de CFH. Or la moitié de CDH est CD, & la moitié de CFH est CF ; donc la perpendiculaire CD est plus courte que l'oblique CF. Ce qu'il falloit démontrer.

COROLLAIRE.

74. Puisque la perpendiculaire est la plus courte ligne que l'on puisse tirer d'un point sur une ligne ; il s'ensuit que la perpendiculaire est la mesure de la distance d'un point à une ligne : par exemple, la perpendiculaire CD est la mesure de la distance du point C à la ligne AB.

THÉORÊME III.

75. *De toutes les obliques tirées du même point sur une ligne, la plus éloignée de la perpendiculaire est la plus longue, & celles qui en sont également éloignées sont égales.*

DÉMONSTRATION.

Fig. 22. Du point C soient tirées sur la ligne AB les obliques CF & CG du même côté de la perpendiculaire, & de l'autre côté l'oblique CE autant éloignée de la perpendiculaire que CF. 1°. L'oblique CG est plus longue que l'oblique CF. Pour le démontrer, il faut prolonger la perpendiculaire CD jusqu'au point H, en sorte que HD soit égale à CD, & du point H tirer les lignes HF

& HG : il eſt facile de faire voir, comme dans le Théorême précédent, que ces deux lignes ſont égales aux obliques CF & CG ; ainſi CF eſt la moitié de CFH, & CG eſt la moitié de CGH. Or CGH eſt plus longue que CFH (70 B) : donc l'oblique CG eſt auſſi plus longue que l'oblique CF.

2°. Les obliques également éloignées CF & CE ſont égales ; car ayant tiré la ligne HE, il eſt évident que les deux lignes CFH & CEH ſont égales, puiſqu'elles s'écartent également de la ligne droite CDH : par conſéquent leurs moitiés CF & CE ſont uſſi égales. Ce qu'il falloit démontrer.

COROLLAIRE.

76. D'un même point, comme C, on ne peut tirer que deux lignes égales ſur une autre ligne, telle que AB ; car il eſt clair qu'on ne peut tirer que deux obliques également éloignées de la perpendiculaire, ſçavoir, une de chaque côté.

77. On a ſuppoſé dans le Théorême précédent que les lignes obliques ont été tirées du même point ou de l'extrémité de la même perpendiculaire : mais il eſt évident que ſi les obliques étoient tirées des extrémités de perpendiculaires égales, ce ſeroit la même choſe : par exemple, les trois perpendiculaires AB, DE, GH, étant égales, l'oblique GL, qui eſt plus éloignée de ſa perpendiculaire que l'oblique DF ne l'eſt de la ſienne, eſt plus longue que cette autre oblique ; & les deux obliques AC & DF, que l'on ſuppoſe également éloignées de leurs perpendiculaires, ſont égales. Si on en vouloit avoir une démonſtration ſenſible, il n'y auroit qu'à concevoir que les perpendiculaires égales, telles que DE & GH, ſont appliquées l'une ſur l'autre, en ſorte qu'elles ne ſoient plus qu'une même ligne ; & pour lors les deux obliques GL & DF ſeroient tirées du même point, & la premiere ſeroit plus éloignée de la perpendiculaire, que la ſeconde ; ce qui reviendroit au même cas que dans le Théorême précédent. Pareillement en concevant les perpendiculaires égales AB & DE appliquées l'une ſur l'autre, il paroîtra, comme dans le Théorême, que les obliques AC & DF ſont égales. Fig. 23. & 24.

78. La ligne HL compriſe entre l'oblique GL & la perpendiculaire GH, laquelle meſure la diſtance de l'extrémité de l'oblique à la perpendiculaire, eſt appellée *Eloignement de perpendicule*. De même BC eſt l'éloignement de perpendicule par rapport à l'oblique AC & à la perpendiculaire AB.

THÉORÊME IV.

79. *De ces trois choſes*, ſçavoir, *la Perpendiculaire*, *l'Oblique* & *l'Eloignement de perpendicule*, *ſi deux d'une part ſont égales aux deux correſpondantes d'une autre part*, *la troiſiéme d'un côté eſt égale à la troiſiéme de l'autre.*

DÉMONSTRATION.

Fig. 23. 1°. Si la perpendiculaire AB & l'éloignement de perpendicule BC ſont égaux à la perpendiculaire DE & à l'éloignement de perpendicule EF, l'oblique AC eſt égale à l'oblique DF : c'eſt ce que nous avons démontré (77), en faiſant voir que les obliques qui ſont tirées des extrémités de perpendiculaires égales, & qui en ſont également éloignées, ſont égales.

2°. Si la perpendiculaire AB & l'oblique AC ſont égales à la perpendiculaire DE & à l'oblique DF, les éloignemens de perpendicule BC & EF ſont égaux : car ſi un des éloignemens de perpendicule, par exemple BC, étoit plus grand que l'autre, l'oblique AC ſeroit auſſi plus grande que l'oblique DF, puiſqu'elle ſeroit plus éloignée de la perpendiculaire : ainſi les obliques ayant été ſuppoſées égales, il faut auſſi que les éloignemens de perpendicule ſoient égaux.

3°. Si l'éloignement de perpendicule & l'oblique d'une part ſont égaux à l'éloignement de perpendicule & à l'oblique d'une autre part, les perpendiculaires ſont égales : car les éloignemens de perpendicule peuvent être conſiderés comme des perpendiculaires, & les perpendiculaires comme des éloignemens de perpendicule : par exemple, BC peut être regardée comme la perpendiculaire, & AB comme l'éloignement de perpendicule, en concevant que l'oblique AC eſt tirée du point C extrémité de la perpendiculaire, au point A : par conſéquent ce troiſiéme cas ſe rapporte au ſecond.

Fig. 22. 80. De ce que nous avons dit ſur les perpendiculaires, il ſuit qu'il y a trois marques pour connoître ſi une ligne, comme CD, eſt perpendiculaire à une autre, telle que AB ; la premiere, lorſqu'elle forme deux angles droits, & par conſéquent égaux ſur l'autre ligne (66) ; la ſeconde, quand elle a deux de ſes points également éloignés chacun de deux points de la ſeconde ligne (70) ; & la troiſiéme, quand elle eſt la plus courte que l'on puiſſe tirer d'un point ſur une ligne. Les deux premieres marques ſont évidentes par la définition même de la perpendiculaire, & la troiſiéme eſt fondée ſur le ſecond Théorême.

PROBLÊME.

81. *D'un point donné, comme* C, *tirer une perpendiculaire ſur une ligne.*

Le point C eſt hors de la ligne, ou dans la ligne même : c'eſt pourquoi ce Problême a deux cas.

1°. Si le point C eſt hors de la ligne, de ce point C, comme centre, décrivez un arc qui coupe la ligne en deux points, tels que E & F ; enſuite du point E & du point F, décrivez deux arcs de cercle de la même ouverture du compas qui ſe coupent en un point D ; enfin tirez une ligne droite qui paſſe par le point donné C, & par le point d'interſection des deux arcs, elle ſera perpendiculaire à la ligne donnée AB. Fig. 25.

2°. Si le point C, eſt dans la ligne même, de ce point comme centre, décrivez une demi-circonférence qui coupe la ligne AB en deux points, ou bien du point donné C marquez les points E & F également éloignés de C, deſquels pris pour centres, il faut décrire des arcs de la même ouverture du compas, & faire le reſte comme dans le premier cas. Cette ouverture du compas doit être plus grande que la moitié de la ligne EF, autrement ces deux arcs ne pourroient ſe couper. Fig. 26.

Si dans le ſecond cas le point C, duquel il faut tirer une perpendiculaire, étoit à l'extrémité de la ligne donnée, pour-lors il faudroit prolonger cette ligne au-delà du point C, & décrire de ce point comme centre une demi-circonférence qui coupât la ligne prolongée : & le reſte comme ci-deſſus. Fig. 27.

Il eſt indifférent que l'on tire les deux arcs au-deſſus ou au-deſſous de la ligne donnée, pourvu qu'ils ne ſe coupent pas au point donné C ; ce qui pourroit arriver lorſque ce point eſt hors de la ligne.

Il eſt évident qu'en obſervant cette méthode, la ligne tirée eſt perpendiculaire à la ligne donnée, puiſque deux de ſes points, ſçavoir, le point donné & le point d'interſection des deux arcs, ſont également diſtans des deux points E & F de la ligne donnée.

Voici une autre méthode de mener une perpendiculaire ſur une ligne quand le point donné eſt dans cette ligne. On prendra un point comme G, hors de la ligne, & on décrira de ce point G comme centre, & de l'intervalle GC un arc ou une circonférence qui coupe la ligne AB aux points C & F. Si du point F on tire le diametre FGH, & que par le point H où ce diametre rencontre la circonférence, on mene une ligne qui paſſe par le point Fig. 26.

donné C, cette ligne sera perpendiculaire à AB : car l'angle HCF a son sommet à la circonférence, & d'ailleurs cet angle est appuyé sur le diametre HF : il est donc droit, comme on le fera voir dans le 3me Corollaire du Théorême fondamental sur la mesure des angles, qui n'ont pas leur sommet au centre. Par conséquent la ligne HC est perpendiculaire sur AB.

Cette méthode peut être pratiquée soit que le point C se trouve entre les extrémités de la ligne AB ou qu'il soit à une de ses extrémités.

DES LIGNES PARALLELES.

82. Les lignes *Paralleles* sont celles qui sont par tout également éloignées l'une de l'autre, ou, ce qui est la même chose, qui sont tellement disposées que tous les points de l'une sont également éloignés de l'autre : telles sont les lignes CD & AB. De cette notion des paralleles, on peut conclure plusieurs propositions qui en sont des suites évidentes.

Fig. 28.

83. 1°. Les paralleles prolongées à l'infini ne peuvent jamais se rencontrer, puisqu'elles sont par-tout également éloignées l'une de l'autre.

84. 2°. Deux lignes AB & CD étant paralleles, si une troisiéme, comme XY, est parallele à une des deux, elle sera aussi parallele à l'autre ; car cette troisiéme ligne ne peut être par-tout également éloignée de l'une des deux paralleles, qu'elle ne soit aussi par-tout à même distance de l'autre. Cela est vrai, lorsque XY est entre les deux lignes AB & CD, & quand elle est hors de ces deux lignes.

85. 3°. Les lignes, comme CA & DB, tirées d'uneparallele perpendiculairement sur l'autre, sont égales, puisque ces perpendiculaires mesurent la distance d'une parallele à l'autre, laquelle est par-tout égale.

Fig. 29. 86. 4°. Les obliques, comme EG & HL, également inclinées entre paralleles, sont égales entre elles : car si on tire les perpendiculaires EF & HK, elles seront égales : d'ailleurs les obliques étant supposées également inclinées, les éloignemens de perpendicule FG & KL sont égaux ; par conséquent les obliques ellesmêmes seront égales (79).

Fig. 30. 87. 5°. Si plusieurs lignes paralleles également distantes sont coupées par une ligne, telle que AE, les parties de cette ligne comprises entre ces paralleles ; sçavoir, AB, BC, CD, DE, sont égales entr'elles. Cela paroît parce que ces différentes parties

ties ſont autant de lignes également inclinées entre des eſpaces paralleles égaux : ce qui eſt la même choſe que ſi elles étoient également inclinées dans le même eſpace parallele : auquel cas elles ſeroient égales.

88. Deux lignes paralleles, comme IL & MN, coupées par une troiſiéme ligne EF ſont également inclinées vers le même point E ſur cette troiſiéme ; car ſi les deux paralleles IL & MN n'étoient pas également inclinées ſur EF vers le point E, en ſorte que la parallele inférieure fût plus inclinée vers ce point que l'autre parallele, ces deux lignes s'approcheroient l'une de l'autre ; & par conſéquent elles ne ſeroient pas paralleles ; ce qui eſt contre l'hypotheſe. Fig. 31.

Nous appellerons *Secante* la ligne qui coupe les paralleles.

89. La ſecante forme avec les paralleles pluſieurs angles qu'il faut remarquer : les uns ſont entre les paralleles ; on les nomme *Intérieurs* ou *internes* ; tels ſont les angles A, B, C, D : les autres ſont hors des paralleles, on les nomme *Extérieurs* ou *externes* : tels ſont les angles G & H au-deſſus, & O & P au-deſſous. En comparant les angles, ſoit internes, ſoit externes, deux à deux, il y en a qu'on appelle *Alternes* ; ce ſont ceux dont l'un eſt dans la partie ſupérieure, & l'autre dans la partie inférieure, l'un à droite & l'autre à gauche de la ſecante : par exemple, les angles A & D ſont alternes internes, auſſi-bien que les deux autres B & C. Pareillement les deux angles H & O ſont alternes externes, de même que les deux autres G & P.

90. Deux angles formés par des paralleles, comme H & D, dont l'un eſt extérieur & l'autre intérieur du même côté de la ſecante, ſont égaux : car la grandeur des angles dépend de l'inclinaiſon des lignes. Or les deux paralleles ſont également inclinées ſur la ſecante EF (88) ; par conſéquent les angles H & D que les paralleles forment ſur EF ſont égaux. Par la même raiſon l'angle extérieur P & l'angle intérieur B, qui ſont au-deſſous des paralleles du même côté de la ſecante, ſont auſſi égaux. On peut faire voir de la même maniere que les angles G & C de l'autre côté de la ſecante ſont égaux entre eux ; comme auſſi les angles O & A : c'eſt ſur cette propoſition qu'eſt fondée la démonſtration du Théorême ſuivant.

Ces angles, dont l'un eſt extérieur, & l'autre intérieur du même côté de la ſecante, nous les nommerons *correſpondans*, parce qu'ils ſont ſitués de la même maniere par rapport aux deux paralleles.

THÉORÊME I.

Fig. 31. 91. *Si deux lignes ſont paralleles. 1°. Les angles alternes internes ſont égaux. 2°. Les angles alternes externes ſont égaux. 3°. Les deux angles intérieurs du même côté de la ſecante pris enſemble valent deux angles droits. 4°. Les deux angles extérieurs du même côté de la ſecante pris enſemble valent auſſi deux angles droits.*

DÉMONSTRATION.

Soient les deux paralleles IL & MN, il faut prouver en premier lieu que les angles alternes internes A & D ſont égaux. L'angle A eſt égal à l'angle H, parce qu'ils ſont oppoſés au ſommet: l'angle D eſt auſſi égal à l'angle H, comme on vient de le faire voir; par conſéquent les angles A & D ſont égaux. On prouveroit de même que les deux autres angles alternes internes B & C ſont egaux, à cauſe que chacun des deux eſt égal à l'angle G.

2°. Les angles alternes externes G & P ſont égaux: car l'angle G eſt égal à l'angle B, parce qu'ils ſont oppoſés au ſommet. D'ailleurs l'angle P eſt auſſi égal à l'angle B, puiſqu'ils ſont correſpondans: donc les deux angles G & P ſont égaux. On prouveroit de même que les deux angles alternes externes H & O ſont égaux, parce que chacun d'eux eſt égal à l'angle A.

3°. Les deux angles intérieurs B & D du même côté de la ſecante valent enſemble deux angles droits: car les deux angles collateraux H & B pris enſemble valent deux droits (54): donc ſi à la place de l'angle H on prend l'angle D qui lui eſt égal, la ſomme des angles B & D vaudra auſſi deux angles droits. On prouveroit de même que les deux angles intérieurs A & C valent enſemble deux angles droits, parce que les deux angles G & A valent deux droits.

4°. Les deux angles extérieurs H & P du même côté de la ſecante valent enſemble deux angles droits: car les deux angles collateraux D & P pris enſemble valent deux angles droits (54): donc ſi à la place de l'angle intérieur D, on prend l'angle extérieur H qui lui eſt égal, la ſomme des angles H & P vaudra auſſi deux angles droits. On peut prouver de même que les deux angles extérieurs G & O valent enſemble deux angles droits, parce que les deux angles C & O valent deux droits.

COROLLAIRE I.

92. Les lignes IL & MN étant supposées paralleles, si la ligne EF est perpendiculaire sur une parallele MN, elle est aussi perpendiculaire à l'autre : car la secante EF étant perpendiculaire sur MN, l'angle EFN est droit ; par conséquent l'angle alterne FEI est aussi droit : d'où il suit que la ligne EF est perpendiculaire sur IL. Fig. 32.

COROLLAIRE II.

92 B. L'angle extérieur d'un triangle est égal à la somme des deux angles intérieurs opposés. Les trois lignes HK, HL & KL (Fig. 29.) forment le triangle HKL, l'angle HKF compris entre le côté HK du triangle & le prolongement KF du côté KL est appellé extérieur : je dis donc que l'angle HKF est égal à la somme des deux H ou KHL & L ou HLK qui sont opposés à cet angle extérieur. Pour le prouver il faut tirer par le point K la ligne IK parallele à HL, elle divisera l'angle HKF en deux autres, sçavoir, HKI & IKF. Or l'angle HKI est égal à l'angle H, parce qu'ils sont alternes internes formés par la secante HK ; & l'angle IKF est égal à l'angle L, à cause que ces deux angles sont correspondans. Donc l'angle extérieur HKF est égal aux deux intérieurs opposés H & L pris ensemble. On prouveroit de même que l'angle extérieur HLB est égal à la somme des deux intérieurs H & HKL qui sont opposés à cet angle HLB. Pour cela il faudroit tirer du point L une ligne parallele au côté HK.

93. On a fait voir que si deux lignes, comme IL & MN, sont paralleles, les angles correspondans H & D, formés sur ces paralleles du même côté de la secante, sont égaux. Mais on peut dire réciproquement que si les deux angles H & D sont égaux, les deux lignes IL & MN sont paralleles. Car si les angles sont égaux, il faut que ces deux lignes soient également inclinées vers le même point E sur la secante EF. Or les deux lignes IL & MN ne peuvent être également inclinées vers le même point E sur la secante EF, sans être paralleles, c'est-à-dire, également distantes l'une de l'autre dans toute leur longueur ; car il est évident qu'une de ces lignes, par exemple MN, ne peut s'approcher ou s'éloigner de IL par une de ses extrémités, à moins qu'elle ne soit plus ou moins inclinée sur la secante que l'autre ligne IL. Par la même raison si l'angle extérieur P & l'angle intérieur B sont égaux, les lignes IL & MN sont paralleles. On peut faire voir Fig. 31.

Fig. 31. de la même maniere que si les deux angles G & C sont égaux entre eux ou les deux autres O & A, les lignes IL & MN sont paralleles.

Cette proposition peut encore se prouver par l'article 90 : car si la ligne MN n'étoit pas parallele à IL quand les angles D & H sont égaux, une troisiéme ligne qu'on supposeroit parallele à IL, & qui couperoit la secante EF au même point que MN, feroit avec EF un angle qui ne seroit pas égal à l'angle H, puisqu'il seroit différent de celui que forme MN avec la même secante. Or cela est contraire à l'article 90.

94. Nous avons dit que les deux lignes IL & MN ne peuvent être également inclinées vers le même point E sur une troisiéme EF sans être paralleles : mais deux lignes peuvent être également inclinées vers différens points sur une troisiéme, sans que ces deux lignes soient paralleles. Cela paroît par la Figure 33, dans laquelle les deux lignes IL & MN peuvent être également inclinées sur EF, quoiqu'elles ne soient pas paralleles, l'une étant inclinée vers E & l'autre vers F.

THÉORÊME II.

95. *Deux lignes sont paralleles, 1°. Si les angles alternes internes sont égaux. 2°. Si les angles alternes externes sont égaux. 3°. Si les deux intérieurs du même côté de la secante valent ensemble deux angles droits. 4°. Si les deux extérieurs du même côté de la secante valent ensemble deux angles droits.* Ce Théorême est la proposition inverse ou réciproque du premier.

DÉMONSTRATION.

Soient les deux lignes IL & MN coupées par la secante EF. Il faut prouver en premier lieu, que si les angles alternes internes A & D sont égaux, ces lignes sont paralleles. L'angle H est toujours égal à l'angle A, à cause qu'ils sont opposés au sommet : donc si les angles A & D sont égaux entre eux, les deux angles correspondans H & D sont aussi égaux ; & par conséquent les lignes IL & MN sont paralleles (93). On peut prouver la même chose par rapport aux autres angles alternes internes B & C, qui ne peuvent être égaux, à moins que l'angle extérieur G ne soit égal à l'angle intérieur C.

2°. Si les angles alternes externes G & P sont égaux, les lignes IL & MN sont paralleles : car l'angle B est nécessairement égal à l'angle G : donc si les deux angles G & P sont égaux, les deux angles correſpondans B & P ſont auſſi égaux ; & par conſéquent les lignes IL & MN ſont paralleles (93). On peut prouver la même choſe par rapport aux deux angles alternes externes H & O qui ne peuvent être égaux, à moins que l'angle intérieur A ne ſoit égal à l'angle extérieur O. Fig. 31.

3°. Si les deux angles intérieurs B & D du même côté de la ſecante valent enſemble deux angles droits, les lignes IL & MN ſont paralleles : car les angles collateraux H & B pris enſemble valent deux droits (54) : par conſéquent ſi les angles B & D valent auſſi deux droits, il faut que les angles correſpondans H & D ſoient égaux entre eux : ainſi les lignes IL & MN ſont paralleles. On peut prouver la même choſe par rapport aux deux autres angles intérieurs A & C, qui ne peuvent valoir deux droits, à moins que l'angle extérieur G ne ſoit égal à l'angle intérieur C.

4°. Si les deux angles extérieurs H & P du même côté de la ſecante valent enſemble deux angles droits, les lignes IL & MN ſont paralleles : car les deux angles collateraux D & P valent deux droits (54); donc ſi les angles H & P valent auſſi deux droits, il faut que l'angle extérieur H ſoit égal à l'intérieur D : par conſéquent les deux lignes IL & MN ſont paralleles. On peut prouver la même choſe par rapport aux deux angles externes G & O qui ne peuvent valoir deux angles droits, à moins que l'angle extérieur G ne ſoit égal à l'intérieur C du même côté de la ſecante.

On voit que la démonſtration des quatre cas de ce Théorême ne conſiſte qu'à prouver que dans l'hypotheſe de chacun de ces cas, les angles correſpondans ſont égaux ; & cela ſuffit : car quand les angles correſpondans ſont égaux, les lignes ſont néceſſairement paralleles.

COROLLAIRE.

96. Si la ligne EF eſt perpendiculaire aux deux autres IL & MN, ces deux lignes ſont paralleles : car EF étant perpendiculaire ſur IL & ſur MN, les angles alternes internes EFN & EFI ſont chacuns droits, & par conſéquent égaux, donc les lignes IL & MN ſont paralleles. Fig. 32.

Les deux lignes IL, MN ne peuvent être toutes deux perpendiculaires ſur EF, ſans que cette ligne EF ſoit perpendiculaire ſur les deux premieres : on peut donc dire en général, que ſi deux lignes ſont perpendiculaires ſur une troiſiéme, elles ſont paralleles entre elles. Cette propoſition n'eſt pas différente du Corollaire.

THÉORÊME III.

Fig. 34. 97. *Si deux lignes paralleles, telles que* CD *&* AB, *sont comprises entre deux autres lignes paralleles, comme* AC *&* BD, *les deux premieres sont égales, & les deux autres comprises entre les premieres, sont aussi égales entre elles : & de plus les angles opposés, comme* A *&* D, *sont égaux.*

DÉMONSTRATION.

I. PARTIE. Les deux lignes CD & AB sont égales : car les lignes également inclinées entre paralleles sont égales (86). Or les lignes CD & AB sont entre les paralleles AC & BD ; & d'ailleurs elles sont également inclinées entre ces paralleles (88), puisqu'elles sont paralleles elles-mêmes ; par conséquent elles sont égales. On démontrera de la même maniere que les deux paralleles AC & BD sont égales.

II. PARTIE. Les angles opposés, comme A & D, sont égaux entr'eux : car l'angle A joint à l'angle B vaut deux angles droits (91) ; parce que ce sont deux angles intérieurs du même côté de la secante AB, entre les paralleles AC & BD. Pareillement l'angle D joint à l'angle B, vaut aussi deux angles droits, à cause des deux autres paralleles CD & AB (91) ; par conséquent les deux angles opposés A & D sont égaux entr'eux. On démontrera de la même maniere que les deux autres angles opposés B & C sont égaux, en les joignant chacun avec l'angle A ou D.

98. De ce que nous avons dit, on peut conclure qu'il y a plusieurs marques pour connoître si deux lignes sont paralleles.

1°. Si deux perpendiculaires comprises entre ces deux lignes sont égales ; car dans ce cas il y aura deux points d'une ligne qui seront également éloignés de l'autre ligne : par conséquent tous les autres points de la premiere seront également distans de la seconde ; ainsi ces deux lignes seront paralleles.

2°. Si une même ligne est perpendiculaire à l'une & à l'autre (96).

Fig. 31. 3°. Si les angles, tels que H & D, formés sur l'une & l'autre ligne du même côté (93) par une troisiéme, sont égaux.

4°. Si les angles soit alternes internes, soit alternes externes, sont égaux (95).

5°. Si les deux angles, soit intérieurs, soit extérieurs du même côté de la secante pris ensemble, sont égaux à deux droits (95).

PROBLÊME.

99 *Par un point donné* C, *tirer une prrallele à une ligne donnée telle que* AB. Fig. 35.

Du point C & d'un intervalle pris à diſcrétion, tirez l'arc indéfini BD : enſuite du point B & de la même ouverture du compas décrivez l'autre arc AC, & prenez avec le compas ſur le premier arc qui eſt indéfini, une partie BD égale à AC : enfin tirez une ligne droite qui paſſe par les deux points C & D : elle ſera parallele à AB.

Cela eſt évident ; car ayant tiré la ligne CB, il paroît que les angles alternes ABC & BCD ſont égaux, puiſqu'ils ont pour meſures les arcs égaux AC & BD : & par conſéquent les deux lignes AB & CD ſont paralleles (95).

Il y a une méthode fort commode dans la pratique de tirer une parallele à une autre ligne, telle que AB. Il faut prendre une ouverture de compas égale à la diſtance que l'on veut mettre entre les paralleles, & poſer une pointe du compas vers une des extrémités de la ligne AB : enſuite on décrira avec l'ouverture qu'on a priſe un arc de cercle EF ; pareillement on appliquera une pointe du compas vers l'autre extrémité de la ligne AB, en gardant toujours la même ouverture du compas, & on décrira un autre arc GH. Si on tire une ligne CD qui touche l'un & l'autre arcs ſans les couper, cette ligne ſera parallele à AB. Il eſt à propos dans la pratique que les deux points qui ſont les centres des arcs, ſoient autant éloignés qu'il eſt poſſible l'un de l'autre.

Pour prouver que CD ſera parallele à AB, il faut mener des points I & L, que nous ſuppoſons être ceux dont on a décrit les arcs, les perpendiculaires IC & LD ſur la ligne CD : ces perpendiculaires aboutiront aux points où la ligne CD touche les arcs, comme on le verra dans le ſecond Corollaire du 5me Théorême ſuivant. Ainſi ces perpendiculaires ſeront des rayons des arcs. Par conſéquent elles ſeront égales : ainſi les deux lignes AB & CD ſeront paralleles. Quoique cette méthode ne ſoit pas géométrique comme la 1re, en ce qu'elle ne déſigne pas le point auquel la ligne CD doit toucher chacun des arcs, elle n'eſt pas moins bonne dans la pratique.

Nous avons conſidéré juſqu'ici les lignes droites, ou en elles-mêmes, ou les unes par rapport aux autres, ſoit qu'elles ſe rencontrent, ſoit qu'elles ne ſe rencontrent jamais. nous allons les conſiderer dans la ſuite en tant qu'elles ont rapport à la circonférence d'un cercle.

DES LIGNES DROITES,

considerées par rapport au Cercle.

Les lignes droites qui ont rapport au cercle, sont tirées ou d'un point hors du cercle & de la circonférence, ou d'un point en dedans du cercle, ou d'un point de la circonférence même.

100. Dans le premier cas, lorsqu'une ligne est tirée d'un point hors du cercle, si elle coupe la circonférence, elle est appellée *secante extérieure* : mais si elle touche la circonférence sans la couder, quoiqu'elle soit prolongée, on l'appelle *tangente*.

Fig. 37. Les lignes AB & AD de la Figure 37 sont des secantes extérieures : & la ligne ABD, Figure 43 est une tangente.

101. Dans le second cas, lorsque la ligne droite est tirée d'un point en dedans du cercle, elle est appellée *secante intérieure* ; telles

Fig. 39. sont les lignes AB & AD de la Figure 39 : mais si la ligne est tirée du centre même jusqu'à la circonférence, elle prend le nom de *rayon* ; comme nous avons dit.

102. Dans le troisiéme cas, c'est-à-dire, lorsque la ligne droite est tirée d'un point de la circonférence, & qu'elle est aussi terminée par la circonférence, on la nomme *corde*, & si la corde passe par le centre, elle prend le nom de *diamettre* : c'est ce que nous avons déja dit.

Il est à propos d'observer ici que tout arc est concave d'un côté ; sçavoir, vers le centre, & convexe de l'autre : c'est pourquoi si on prend un point hors du cercle, il est visible que la partie de circonférence la plus proche de ce point est convexe à son égard, & que la plus éloignée est concave : par exemple, dans les Figures 54, 55 & 56, l'arc EF est convexe par rapport au point A, & l'arc BD est concave.

THÉORÊME I.

103. *Une ligne qui coupe une corde peut avoir trois conditions : 1°. Passer par le centre. 2°. Couper la corde en deux parties égales. 3°. Etre perpendiculaire à la corde. Or deux de ces conditions étant posées, la troisiéme s'ensuit nécessairement.*

DÉMONSTRATION.

Fig. 36. I. CAS. si une ligne, comme EF, passe par le centre, & qu'elle coupe la corde AB en deux parties égales, elle est perpendiculaire à cette corde : car si elle passe par le centre, son point C, point C, qui eſt le centre même, eſt également éloigné des deux points de la circonférence A & B, qui ſont les extrémités de la corde : d'ailleurs puiſque par l'hypotheſe la ligne EF coupe la corde en deux parties égales, le point d'interſection D eſt encore également diſtant des deux extrémités A & B : il y a donc deux points dans ſa ligne EF également diſtans des deux extrémités de la corde ; & par conſéquent cette ligne eſt perpendiculaire à la corde (70). Fig. 36.

Ce premier Cas ſuppoſe que la corde AB n'eſt pas un diametre : car ſi elle étoit un diametre, la ligne EF pourroit n'être pas perpendiculaire à cette corde quoiqu'elle paſsât par le centre & qu'elle la coupât en deux parties égales, parce que dans ce cas le centre C & le point d'interſection D ſeroient le même point.

II. Cas. Si la ligne EF paſſe par le centre, & qu'elle ſoit perpendiculaire à la corde, elle coupe la corde en deux parties égales: car puiſque la ligne EF paſſe par le centre, ſon point C eſt également éloigné des deux points A & B de la circonférence : ainſi cette ligne étant ſuppoſée perpendiculaire, tous ſes autres points doivent être également éloignés des deux mêmes points (68) ; par conſéquent ſon point d'interſection D eſt auſſi également éloigné des deux extrémités A & B de la corde ; c'eſt-à-dire, que la corde eſt coupée en deux parties égales.

III. Cas. Enfin ſi la ligne EF coupe la corde en deux parties égales, & qu'elle ſoit perpendiculaire à la corde, elle paſſe par le centre : car la ligne EF coupant la corde en deux parties égales, le point d'interſection D eſt également diſtant des deux extrémités A & B de la corde : mais d'ailleurs cette ligne eſt ſuppoſée perpendiculaire à la corde ; donc étant prolongée, elle paſſe par tous les points du même plan également diſtant de A & de B (69). Or le centre eſt également éloigné des deux points A & B qui ſont dans la circonférence ; par conſéquent la perpendiculaire EF paſſe par le centre. Ce qu'il falloit démontrer.

On peut par ce troiſiéme Cas trouver le centre d'un cercle. Il faut tirer une corde, comme AB, & mener la ligne EF qui coupe la corde en deux parties égales, & qui lui ſoit perpendiculaire : cette perpendiculaire que je ſuppoſe terminée de part & d'autre à la circonférence, ſera un diametre, puiſqu'elle paſſera par le centre. Ainſi en prenant le milieu de cette ligne, ce ſera le centre du cercle. Si au lieu d'un cercle il n'y a qu'un arc, il faudra ſe ſervir du cinquiéme Problême, article 34.

Fig. 36. 104. Remarquez que dans les trois Cas, la ligne EF coupe le grand arc AEB & le petit arc AFB chacun par le milieu : car dans tous ces Cas, la ligne EF a deux points; ſçavoir, C & D également éloignés des deux points A & B : ainſi tous ſes autres points ſont auſſi également diſtans des deux mêmes points A & B ; par conſéquent le point E eſt également diſtant de A & de B ; les cordes EA & EB ſont donc égales ; ainſi les arcs EA & EB qu'elles ſoutiennent, ſont auſſi égaux; donc le grand arc AEB eſt coupé par le milieu : pareillement le point F eſt également diſtant de A & de B; par conſéquent le petit arc AFB eſt auſſi coupé par le milieu.

COROLLAIRE I.

105. Il ſuit de ce Théorême & de la remarque, que tout rayon comme CF, perpendiculaire à une corde, coupe cette corde & ſon arc, chacun en deux parties égales. Il ſuit auſſi que le rayon qui coupe la corde en deux parties égales, eſt perpendiculaire à cette corde.

COROLLAIRE II.

105 B. Deux cordes qui ſe coupent en un point qui eſt différent du centre ne ſe coupent pas l'une l'autre en deux également : car ſi une des deux cordes, comme EF, paſſe par le centre elle ne ſera pas coupée en deux également, puiſque par l'hypotheſe ces deux cordes ne ſe coupent pas au centre du cercle; & ſi ni l'une ni l'autre ne paſſe pas par le centre, telles que ſont les deux cordes AB, GH, elles ne ſe couperont pas non plus mutuellement en deux parties égales : car ſoit la ligne EF qui paſſe par le centre & par le point d'interſection D des cordes AB, GH, ſi ce point D coupoit les deux cordes chacune en parties égales la ligne EF qui paſſe par le centre & par le point D ſeroit perpendiculaire à l'une & à l'autre ; ainſi ces deux lignes ſeroient auſſi perpendiculaires ſur EF quoiqu'elles tombent ſur le même point D : ce qui eſt impoſſible (71).

On voit bien qu'une des deux cordes peut être coupée en parties égales ; mais les deux ne peuvent ſe couper mutuellement en deux également, à moins qu'elles ne paſſent toutes deux par le centre.

THÉORÊME II.

Fig. 37, 38 & 39. 106. *Si on tire d'un même point* A *plusieurs lignes, comme* AB, AD, AE, *terminées à la circonférence, la plus longue eſt celle qui paſſe par le centre ; & la plus courte est celle qui est terminée à un point plus éloigné de* B *, extrémité de la ligne qui passe par le centre.*

Le point A peut être ou hors du cercle, Figure 37, ou dans la circonférence, Figure 38, ou au-dedans du cercle, Figure 39. Il faut prouver dans ces trois Cas que la ligne AB qui passe par le centre est la plus longue de toutes, & que la ligne AE est la plus courte. Pour cela il faut tirer des rayons au point D & au point E : une seule démonstration suffira pour les trois Figures.

Avertissement. Lorsqu'une démonstration s'applique à plusieurs Figures, il est bon, en la lisant, de n'en regarder d'abord qu'une : & après avoir bien conçu la démonstration, on l'applique ensuite aux autres Figures : ainsi en lisant la démonstration suivante, il est à propos de ne regarder d'abord que la Figure 37.

Démonstration.

I. Partie. Il faut prouver que la ligne AB est la plus longue. La ligne brisée ACD est plus longue que AD (5), qui est une ligne droite tirée entre les deux points A & D. Or la ligne AB qui passe par le centre est égale à la ligne ACD, parce qu'elles ont la partie commune AC, & des restes égaux ; sçavoir, les rayons CB & CD ; donc AB est plus longue que AD. On peut prouver pareillement que AB est plus longue que AE ; par conséquent la ligne AB est la plus longue de toutes lignes tirées du point A à la circonférence.

II. Partie. Il faut faire voir que la ligne AE est la plus courte, ou, ce qui est la même chose, que les autres lignes, comme AD, sont plus longues que AE. La ligne brisée CGD est plus longue que le rayon CD (5) ; donc elle est aussi plus longue que l'autre rayon CE ; par conséquent si on ôte CG, qui est une partie commune à la ligne CGD & au rayon CE, le reste GD sera plus grand que GE : donc si à ces deux restes on ajoute AG, la toute AGD sera plus grande que l'autre toute AGE. Or cette derniere ligne brisée AGE est plus longue que la droite AE (5) ; par conséquent la ligne AGD est aussi plus longue que AE. Ce qu'il falloit démontrer.

107. Remarquez que quand le point A est hors du cercle, le Théorême est toujours vrai, quoique les lignes AD & AE soient terminées à la partie convexe de la circonférence, comme dans la Figure 40 ; ainsi AE est plus courte que AD, parce que la premiere est terminée à un point plus éloigné de B que la seconde : Fig. 40.

afin de le prouver, il faut tirer les deux rayons CD & CE, la ligne AEC sera plus courte que ADC à cause du triangle ACE (70 B). Donc si on retranche les rayons CE, CD le reste AE sera moindre que le reste AD.

COROLLAIRE I.

108 Dans la Figure 38 la ligne AB est un diametre, & les lignes AD & AE sont des cordes. Il suit donc de ce Théorême que le diametre est plus grand qu'aucune des cordes. De plus, il est évident que la corde AD soutient un plus grand arc que la corde AE. Il suit donc aussi que dans un même cercle, ou dans des cercles égaux, les plus grandes cordes soutiennent de plus grands arcs : réciproquement l'arc AED étant plus grand que l'arc AE, il faut que la corde AD soit plus grande que la corde AE, puisque le premier de ces arcs étant plus grand que le second, le point D est plus proche du point B que le point E : par conséquent dans le même cercle ou dans des cercles égaux, les plus grands arcs sont soutenus par des cordes plus grandes.

COROLLAIRE II.

109. Les lignes tirées du point A à la circonférence sont des sécantes extérieures dans la Figure 37 ; & ce sont des sécantes intérieures dans la Figure 39. Il suit donc de ce Théorême, que de toutes les sécantes extérieures tirées du même point, la plus longue est celle qui passe par le centre & qui est terminée à la partie concave de la circonférence : il suit pareillement que de toutes les sécantes intérieures tirées du même point, la plus longue est aussi celle qui passe par le centre.

THÉORÊME III.

110. *De toutes les sécantes extérieures tirées du même point à la circonférence, celle qui prolongée passeroit par le centre, est la plus courte. Pareillement de toutes les sécantes intérieures tirées du même point à la circonférence, celle qui prolongée passeroit par le centre, est la plus courte.*

Ce Théorême auroit pû être déduit du précédent comme un Corollaire. En voici une démonstration particuliere,

DÉMONSTRATION.

Fig. 41. I. PARTIE. Il faut prouver que des deux sécantes extérieures AF & AE, la premiere, qui est celle qui passeroit par le centre est la plus courte. Que l'on prolonge la sécante AF jusqu'au centre C ; & qu'on tire de ce centre le rayon CE, on aura la ligne droite AFC plus courte que la ligne brisée AEC (5) ; donc en retranchant de l'une & de l'autre, des parties égales, sçavoir les rayons CF & CE, les restes seront encore inégaux. Or le reste de la premiere est la sécante AF, & le reste de la seconde est AE : donc la sécante AF est plus courte que l'autre.

II. PARTIE. Les sécantes intérieures AF & AE sont tirées du même point : je dis que la sécante AF qui prolongée passeroit par le centre C, est plus courte que la sécante AE : car si on prolonge AF jusqu'au centre C, & qu'on tire le rayon CE, on aura les deux rayons CF & CE égaux. Or CE, qui est une ligne droite tirée du point C au point E, est plus courte que CAE ; ainsi l'autre rayon CF est aussi plus court que CAE ; donc si on retranche CA, qui est une partie commune au rayon CF & à la ligne CAE, le reste AF sera plus court que le reste AE. Ce qu'il falloit démontrer. Fig. 42.

Les deux derniers Théorêmes renferment les quatre propositions suivantes.

110 B. *De toutes les sécantes extérieures tirées du même point à la partie concave de la circonférence, la plus longue est celle qui passe par le centre, & la plus courte est celle qui est plus éloignée de cette premiere.* Fig. 37.

110 C. *De toutes les sécantes extérieures tirées du même point à la partie convexe de la circonférence, la plus courte est celle qui prolongée passeroit par le centre, & la plus longue est celle qui est plus éloignée de cette premiere.* Fig. 40.

110 D. *De toutes les sécantes intérieures qui sont tirées du même point jusqu'à la circonférence, la plus longue est celle qui passe par le centre ; les autres sont d'autant plus courtes qu'elles sont plus éloignées de cette premiere.* Fig. 39.

110 E. *De toutes les sécantes intérieures qui sont tirées du même point jusqu'à la circonference, la plus courte est celle qui prolongée passeroit par le centre, les autres sont d'autant plus longues qu'elles sont plus éloignées de cette premiere. Cette quatriéme proposition est renfermée dans la troisiéme.* Fig. 42.

110 F. Il est évident que deux sécantes extérieures tirées du même point, l'une à droite, l'autre à gauche de celle qui passe par le centre, ou qui y passeroit étant prolongée, & qui sont également éloignées de cette sécante, sont égales, pourvu qu'elles soient toutes les deux terminées à la partie concave de la circonférence, ou toutes deux à la partie convexe. Il en est de même de deux sécantes intérieures ; il paroît aussi qu'il ne peut y avoir que deux sécantes tirées d'un même point différent du centre, qui soient égales entr'elles : d'où il suit que si

on peut tirer trois sécantes d'un même point qui soient égales, ce point est le centre du cercle.

110 G. On peut conclure de-là que deux circonférences ne peuvent se couper qu'en deux points : car si elles se coupoient en trois points, on pourroit mener du centre de l'une trois lignes aux trois points d'intersections, qui seroient égales, puisque ce seroient des rayons de cette circonférence ; par conséquent ces trois intersections étant aussi des points de l'autre circonférence, le point d'où l'on auroit tiré les trois lignes égales seroit aussi le centre de la seconde circonférence : ainsi ces deux circonférences ayant le même centre, ne pourroient pas se couper : ce qui est contre l'hypothese. Il est donc impossible que deux circonférences se coupent en trois points.

THÉORÊME IV.

111. *Une ligne perpendiculaire à l'extrémité d'un rayon ne touche la circonférence que dans un seul point.*

DÉMONSTRATION.

Fig. 43. Soit la ligne ABD perpendiculaire à l'extrémité du rayon CB : je dis qu'elle ne touche le cercle qu'au seul point B : car si on tire les deux lignes CE & CF, elles seront obliques sur la ligne ABD (71), parce qu'elles sont tirées du même point que le rayon perpendiculaire CB : donc ces obliques seront plus longues que le rayon perpendiculaire ; par conséquent elles ont leurs extrémités E & F au-delà du cercle & de la circonférence : donc ces points E & F ne touchent pas la circonférence. On peut dire la même chose de tout autre point distingué de B : & par conséquent la ligne ABD ne touche le cercle qu'au seul point B.

COROLLAIRE.

112. Toute ligne perpendiculaire à l'extrémité du rayon est donc une tangente, puisque ne touchant le cercle que dans un seul point, elle ne peut couper la circonférence.

THÉORÊME V.

113. *La tangente est perpendiculaire au rayon qui est tiré au point de contingence.* Ce Théorême est la proposition inverse ou réciproque du Corollaire précédent.

DÉMONSTRATION.

Soit la tangente ABD qui touche le cercle au point B auquel on a tiré le rayon CB : il faut démontrer que la tangente eſt perpendiculaire au rayon. Fig. 43.

Puiſque la tangente ne coupe pas la circonférence, elle n'entre pas dans le cercle, & par conſéquent il eſt impoſſible de tirer du centre à la tangente une ligne plus courte que le rayon CB : donc ce rayon eſt perpendiculaire à la tangente (73) ; & réciproquement la tangente eſt perpendiculaire au rayon.

COROLLAIRE I.

114. La tangente ne touche le cercle qu'en un ſeul point : car le rayon CB étant perpendiculaire, toute autre ligne tirée du centre C ſur la tangente eſt oblique, & par conſéquent plus longue que ce rayon : ainſi elle aura ſon extrémité hors de la circonférence : donc le point de la tangente auquel elle aboutira, ne touchera pas la circonférence. On peut démontrer la même choſe de tout autre point différent du point B : donc la tangente ne touche la circonférence qu'en ce point.

COROLLAIRE II.

115. De ces trois conditions, ſçavoir, paſſer par le centre, aboutir au point de contingence, être perpendiculaire à la tangente, deux étant poſées, la troiſiéme s'enſuit néceſſairement. 1°. Il paroît par la démonſtration du Théorême, que tout rayon tiré au point de contingence, ou, ce qui revient au même, toute ligne qui paſſe par le centre, & qui aboutit au point de contingence, eſt perpendiculaire à la tangente. 2°. Il ſuit de-là que ſi une ligne paſſe par le centre, & qu'elle ſoit perpendiculaire à la tangente, il faut qu'elle aboutiſſe au point de contingence : car cette ſeconde ligne ne peut être différente de la premiere : autrement on pourroit tirer du centre deux perpendiculaires ſur la tangente. 3°. Il ſuit auſſi que ſi une ligne aboutit au point de contingence, & qu'elle ſoit perpendiculaire à la tangente, il faut qu'elle paſſe par le centre : car cette troiſiéme ligne ne peut être différente de la premiere ou de la ſeconde ; autrement on pourroit tirer du point de contingence deux perpendiculaires ſur la tangente.

COROLLAIRE III.

116. On ne peut mener qu'une tangente au même point de la circonférence : car toute tangente est perpendiculaire sur l'extrémité du rayon tiré au point de contingence. Or il ne peut y avoir qu'une perpendiculaire sur l'extrémité (71) d'une ligne ; par conséquent il est impossible de mener deux tangentes au même point de la circonférence.

THÉORÊME VI.

117. *On ne peut tirer au point de contingence aucune ligne droite qui passe entre la circonférence & la tangente : mais on y peut faire passer une infinité de lignes circulaires.*

DÉMONSTRATION.

Fig. 43. I. PARTIE. Que l'on tire la ligne droite GB au point de contingence : il faut démontrer qu'elle ne peut passer entre la circonférence & la tangente ABD.

Cette tangente étant perpendiculaire à l'extrémité du rayon CB, il est nécessaire que la ligne GB soit oblique (71) au même rayon : par conséquent ce rayon est aussi oblique sur la ligne GB : donc si du centre C on tire la perpendiculaire CH sur cette ligne, elle sera plus courte que le rayon CB, qui est oblique : donc son extrémité H sera au-dedans du cercle : donc la ligne GHB coupe le cercle, & ainsi elle ne passe pas entre la circonférence & la tangente.

On peut concevoir que la ligne GB s'approche de la tangente, en faisant descendre le point G : mais la même démonstration subsistera toujours jusqu'à ce que la ligne GB soit appliquée sur la tangente, & qu'elle ne fasse plus qu'une même ligne avec elle : ce qui fait voir que quand on tireroit au point de contingence une ligne droite qui seroit plus proche de la tangente, elle couperoit toujours le cercle.

Fig. 44. II. PARTIE. On peut faire passer une infinité de lignes circulaires par le point de contingence, entre la tangente ABD & la petite circonférence dont le rayon est CB : car soit prolongé le rayon CB jusqu'au point G, & que de ce point comme centre, & de l'intervalle GB on décrive la grande circonférence, il faut démontrer qu'elle passe entre la tangente & la petite circonférence, en sorte qu'elle ne coupe ni la tangente, ni la petite circonférence.

1°.

1°. La grande circonférence ne coupe pas la tangente du petit cercle ; car son rayon GB est terminé au même point B que le rayon du petit cercle : ainsi la ligne ABD n'est pas coupée par la grande circonférence ; mais elle est tangente par rapport au grand & au petit cercle. Fig. 44.

2°. La grande circonférence ne coupe pas la petite : pour le faire voir, il n'y a qu'à démontrer que les deux circonférences n'ont pas d'autre point commun que le point B. Or il est aisé de démontrer que tout autre point de la grande circonférence différent du point B, par exemple le point F, n'est pas commun à la petite : car soit tirée la ligne CF, cette ligne CF est sécante intérieure par rapport au grand cercle, laquelle ne passeroit pas par le centre, & la ligne CB est aussi une sécante intérieure du même cercle, qui prolongée passeroit par le centre : donc la ligne CF est plus longue que CB (110). Or les deux lignes CB & CE, qui sont rayons du petit cercle, sont égales : par conséquent CF étant plus longue que CB, elle est aussi plus longue que CE : donc le point F n'est pas le même que le point E qui appartient à la petite circonférence. On démontrera la même chose de tout autre point de la grande circonférence par rapport à tous ceux de la petite, excepté le point B ; par conséquent les deux circonférences n'ont d'autre point commun que le point B : donc la grande ne coupe pas la petite : d'ailleurs elle ne coupe pas la tangente ; elle passe donc par le point de contingence entre la petite circonférence & la tangente. Ce qu'il falloit démontrer.

Si on prolongeoit le rayon GB au-delà de G, on pourroit décrire de nouvelles circonférences qui passeroient toutes entre la tangente & la petite circonférence qui a pour rayon CB.

COROLLAIRE.

117 B. Il suit de-là que si une circonférence en touche une autre dans laquelle elle est renfermée, elle ne la touche que dans un point. Il suit aussi de l'Article 114. que si deux cercles se touchent par dehors, ils ne se touchent pareillement que dans un point. Car si une ligne droite ne touche une circonférence que dans un seul point ; à plus forte raison, une autre circonférence ne touchera la premiere que dans un seul point.

118. Il paroît d'abord surprenant que l'on puisse faire passer une ligne circulaire entre la tangente & une moindre circonférence, quoique l'on n'y puisse pas faire passer une ligne droite, puisque celle-ci n'a pas plus de largeur que la ligne

circulaire, ou plutôt on les regarde l'une & l'autre comme n'en ayant aucune : mais ce qui fait la différence entre l'une & l'autre ligne, c'eſt que la droite va toujours ſelon la même direction; & de-là vient qu'elle ne peut parvenir juſqu'au point de contingence, ſans couper la circonférence : au contraire, la ligne circulaire ſe détourne, & renferme la moindre circonférence : c'eſt ce qui fait qu'elle arrive au point de contingence, ſans la couper.

119. On peut encore remarquer ſur ce Théorême que l'eſpace compris entre la circonférence & la tangente à côté du point de contingence, peut être diviſé en une infinité de parties, puiſqu'on peut décrire une infinité de circonférences qui paſſeront toutes par différens points de cet eſpace, & qui n'auront d'autre point commun que le point de contingence, comme on vient de le démontrer : d'où il faut conclure que la matiere eſt diviſible à l'infini, & qu'elle n'eſt pas compoſée de points inétendus. Mais ſi d'un côté la Géométrie démontre que les points de la matiere ſont étendus; elle fournit d'ailleurs les deux difficultés ſuivantes, qui ſemblent prouver que le point de contingence n'eſt pas étendu.

La premiere eſt priſe du premier Corollaire du cinquiéme Théorême : car, dira-t-on, ſuppoſons un globe parfait, poſé ſur un plan parfait : il eſt facile de faire voir, comme dans ce Corollaire, que le plan ne touche le globe que dans un ſeul point, qui par conſéquent doit être ſans étendue : car ſi le point du plan, ou plutôt celui du globe qui lui répond, étoit étendu, il pourroit être diviſé en pluſieurs autres points; ainſi le globe toucheroit le plan en pluſieurs points : ce qui eſt impoſſible, ſelon le Corollaire.

Voici la ſeconde difficulté. Si le point de contact du globe étoit étendu, ſa ſurface qui touche le plan, ſeroit, ou courbe comme une petite calote, ou plate. Or l'un & l'autre paroît impoſſible. 1°. Cette ſurface ne peut être courbe, parce qu'une ſurface qui touche un plan, doit correſpondre au plan, & par conſéquent, doit être plate elle-même dans l'endroit par lequel elle touche. 2°. Cette ſurface du point de contact ne peut être plate, autrement le globe ne ſeroit pas rond : ce qui eſt contre l'hypothèſe : par conſéquent le point de contact n'eſt pas étendu.

On peut répondre que cette ſurface du point de contingence dans le globe eſt plate; mais qu'elle eſt infiniment petite : ce qui n'empêche pas la rondeur du globe, parce que deux rayons du globe, dont l'un est tiré au centre de cette surface, & l'autre à la circonférence, ne peuvent différer que d'une quantité infiniment petite. Or deux lignes qui ne different que d'une quantité infiniment petite, sont considérées comme égales; par conséquent, cette surface plate n'empêche pas que les rayons du globe ne soient considérés comme égaux : ainsi de même que le cercle n'est qu'un polygone régulier d'une infinité de côtés infiniment petits, pareillement un globe n'est qu'un corps qui est terminé par des surfaces plates infiniment petites; en sorte qu'il ne peut y avoir de cercles qui ne soient pas terminés par des lignes droites infiniment petites, ni de globes qui ne soient pas terminés par des surfaces planes infiniment petites. Voyez l'*Histoire de l'Académie des Sciences de* 1722, page 74.

On peut aussi répondre à la premiere difficulté, tirée du Corollaire du cinquiéme Théorême, que quand on démontre qu'il est impossible de tirer plusieurs lignes du centre au point de contingence, on considere pour lors le centre & le point de contingence comme deux points sans étendue; mais si on regarde ces points en eux-mêmes, & tels qu'ils sont, il est certain qu'ils ont de l'étendue : car le centre fait partie du cercle, & le point de contingence fait aussi partie de la tangente & de la circonférence. Or il est évident que des choses étendues, telles que sont le cercle, la circonférence & la tangente, ne peuvent être composées de points inétendus : ainsi le centre & le point de contingence ont de l'étendue.

Nous donnerons les Problêmes sur les tangentes, après avoir parlé de la mesure des angles, d'où dépend la méthode dont nous nous servirons pour tirer une tangente d'un point donné hors de la circonférence du cercle.

DE LA MESURE DES ANGLES QUI N'ONT PAS LEUR SOMMET AU CENTRE du cercle.

Nous avons dit qu'un angle dont le sommet est au centre, a pour mesure l'arc compris entre ses cotés : mais il y a des angles dont le sommet est à la circonférence; il y en a d'autres qui ont leur sommet hors du cercle : enfin, il y en a dont le sommet est dans le cercle, entre le centre & la circonférence.

120. Ceux qui ont leur sommet à la circonférence & qui sont formés par des cordes, sont appellés *angles inscrits* : tel est

l'angle BAD, Figure 47 : ceux qui ont auſſi leur ſommet à la circonférence, & qui ſont formés par une corde & par une
Fig. 52. tengente, comme BAD & GAD Fig. 52, ſont appellés *angles du ſegment.*

121. On entend par *ſegment* la partie du cercle terminée par une corde, & par l'arc ſoutenu par cette corde : tel eſt l'eſpace ADF contenu entre la corde AD & l'arc AFD. Or toute corde qui ne paſſe pas par le centre, diviſe le cercle en deux ſegmens inégaux, dont l'un eſt nommé le *petit ſegment*, comme ADF, & l'autre *le grand ſegment*, comme ADE ; c'eſt pour cela que l'angle BAD eſt appellé *l'angle du petit ſegment* ; & l'autre GAD, qui eſt ſupplément du premier, eſt appellé *l'angle du grand ſegment.*

L'angle qu'on nomme inſcrit, comme BAD Fig. 47, eſt auſſi appellé *angle dans le ſegment*, parce que ſi on conçoit une corde BD qui joigne les extrémités des deux côtés de l'angle inſcrit, elle partagera le cercle en deux ſegmens, dans l'un deſquels eſt renfermé l'angle inſcrit.

122. L'angle qui a ſon ſommet hors du cercle, & qui eſt formé par deux tangentes, eſt appellé *circonſcrit* : tel eſt l'angle BAD Figure 56. Les autres angles qui n'ont pas leur ſommet au centre, n'ont pas de noms particuliers.

Il s'agit de ſçavoir quelle eſt la meſure de tous ces angles qui n'ont pas leur ſommet au centre. Avant de le déterminer, il faut établir la vérité du Lemme ſuivant, dont nous nous ſervirons dans la démonſtration des propoſitions ſur cette matiére.

LEMME.

123. *Lorſque deux paralleles coupent ou touchent une circonférence ; les arcs compris de part & d'autre ſont égaux.*

Il peut arriver trois cas. 1°. Que les deux paralleles coupent la circonférence. 2°. Qu'une des paralleles touche la circonférence, & que l'autre la coupe. 3°. Que les deux paralleles touchent la circonférence ſans la couper. Or dans ces trois cas, les arcs compris de part & d'autre entre les deux paralleles, ſont égaux.

DÉMONSTRATION.

Fig. 45. 1°. Si les deux paralleles, comme GH & IK, coupent le cercle, les arcs GI & HK ſont égaux : car en tirant la ligne

EF qui paſſe par le centre O, & qui ſoit perpendiculaire aux deux cordes paralleles, le grand arc IEK eſt coupé en deux parties égales EI & EK (104). Par la même raiſon l'arc GEH eſt coupé en deux parties égales EG & EH; par conſéquent, ſi on ôte ces deux dernieres parties des deux premieres, ſçavoir, EG de EI, & EH de EK, les reſtes GI & HK ſeront égaux. Ce qu'il falloit démontrer. Fig. 45.

2°. Si une des paralleles, comme CD, touche le cercle, & que l'autre, IK, le coupe, les deux arcs FI & FK compris entre ces paralleles ſont égaux : car ſi la ligne EF paſſe par le centre, & qu'elle ſoit tirée au point de contingence F, elle ſera néceſſairement (115) perpendiculaire à la tangente : par conſéquent cette ligne EF ſera auſſi perpendiculaire à l'autre parallele IK (92); donc cette parallele IK étant une corde, l'arc IFK qu'elle ſoutient eſt coupé (104) en deux parties égales, qui ſont les arcs FI & FK compris entre les paralleles

3°. Si les deux paralleles, comme AB & CD, touchent le cercle, les deux arcs EGIF & EHKF ſont auſſi égaux. Pour le démontrer, je tire la ligne EF qui paſſe par le centre, & qui ſoit perpendiculaire à la tangente CD, elle ſera auſſi perpendiculaire à l'autre tangente parallele AB (92). Or la ligne EF paſſant par le centre, & de plus étant perpendiculaire aux tangentes AB & CD, il faut qu'elle vienne aboutir aux points de contingence E & F de ces tangentes (115) : ainſi la ligne EF qui paſſe par le centre, & qui par conſéquent eſt un diametre, aboutit de part & d'autre au point de contingence; donc les deux arcs compris de part & d'autre entre les paralleles ſont des demi-circonférences; donc ces arcs ſont égaux. Ce qu'il falloit démontrer.

THÉORÊME I. ET FONDAMENTAL.

124. *L'angle inſcrit*, c'eſt-à-dire, *qui a ſon ſommet à la circonférence, & qui eſt formé par deux cordes, a pour meſure la moitié de l'arc compris entre ſes côtés.*

Ce Théorême a trois cas, parce qu'il peut arriver ou qu'un des côtés paſſe par le centre : tel eſt l'angle BAD Figure 46, ou que le centre ſe trouve entre les deux côtés, comme dans la Figure 47, ou enfin que le centre ſoit hors de l'angle & des deux côtés, comme dans la Figure 48. Il faut faire voir que dans ces trois cas l'angle a pour meſure la moitié de l'arc BD ſur lequel il eſt appuyé.

DÉMONSTRATION.

Fig. 46. I. CAS. Si le côté AB de l'angle BAD paſſe par le centre C, tirez par ce centre la ligne EF parallele à l'autre côté AD; vous aurez les deux angles BCF & BAD égaux (90); parce que les lignes EF & AD ſont paralleles, & que ces deux angles ſont du même côté de la ſécante AB, le premier extérieur & l'autre intérieur. Or l'angle BCF ayant ſon ſommet au centre, a pour meſure l'arc BF (42) compris entre ſes côtés; donc l'angle BAD, qui lui eſt égal, a auſſi pour ſa meſure le même arc BF. Il reſte à faire voir que cet arc BF eſt la moitié de BFD; en voici la démonſtration : l'arc BF eſt égal à l'arc AE, parce que ces deux arcs ſont meſures d'angles égaux (60); ſçavoir, BCF & ACE qui ſont oppoſés au ſommet. Pareillement l'arc DF eſt égal au même arc AE, puiſqu'ils ſont compris entre paralleles : donc les deux arcs BF & DF ſont égaux; donc ils ſont chacun la moitié de l'arc entier BFD. Or on vient de démontrer que l'arc BF eſt la meſure de l'angle BAD; ainſi cet angle a pour meſure la moitié de l'arc ſur lequel il eſt appuyé.

Fig. 47. II. CAS. Si le centre eſt entre les deux côtés de l'angle BAD, il faut tirer une ligne du ſommet A qui paſſe par le centre; elle diviſera l'angle BAD en deux autres; ſçavoir, BAF & FAD. Or le premier de ces angles a pour meſure la moitié de l'arc BF, à cauſe de ſon côté AF qui paſſe par le centre : par la même raiſon l'autre angle FAD a pour meſure la moitié de l'arc FD; donc l'angle total BAD a pour meſure la moitié de BF & la moitié de FD; c'eſt-à-dire, la moitié de l'arc BD compris entre ſes côtés.

III. CAS. Si le centre eſt hors de l'angle & des deux côtés, il
Fig. 48. faut tirer du ſommet une ligne telle que AF qui paſſe par le centre; cette ligne formera l'angle DAF qui a pour ſa meſure la moitié de l'arc FD, ou, ce qui eſt la même choſe, la moitié de l'arc FB, plus la moitié de l'arc BD. Or l'angle FAB qui eſt une partie de l'angle total DAF, a pour meſure la moitié de l'arc FB, à cauſe du côté AF qui paſſe par le centre; par conſéquent l'angle BAD qui eſt l'autre partie de l'angle total, a pour meſure la moitié de BD; autrement l'angle total DAF n'auroit pas pour meſure la moitié de FB, plus la moitié de BD.

COROLLAIRE I.

Fig. 49. 125. Tous les angles inſcrits, comme BAD, BED, BFD, appuyés ſur le même arc BD ſont égaux, parce qu'ils ont tous pour meſure la moitié de cet arc ſur lequel ils ſont appuyés.

COROLLAIRE II.

126. Un angle, comme BCD, qui a ſon ſommet au centre & qui eſt appuyé ſur le même arc que l'angle inſcrit BAD, eſt le double de cet angle inſcrit : cela paroît évidemment, parce que l'angle qui a ſon ſommet au centre, a pour meſure l'arc entier BD ſur lequel il eſt appuyé ; au lieu que l'angle inſcrit n'a pour meſure que la moitié du même arc. Fig. 50.

On ne doit pas être ſurpris ſi l'angle BCD eſt plus grand que l'angle BAD, quoiqu'ils ſoient tous les deux appuyés ſur le même arc : car la grandeur d'un angle dépend de l'ouverture de ſes côtés (41). Or il eſt viſible que l'ouverture qui eſt entre les côtés du premier angle eſt plus grande que celle qui eſt entre les côtés du ſecond.

COROLLAIRE III.

127. Un angle inſcrit, comme BAD, qui eſt appuyé ſur le diametre BD, eſt droit : car l'angle ne peut être appuyé ſur le diametre BD, qu'il ne le ſoit auſſi ſur la demi-circonférence. Or tout angle inſcrit appuyé ſur la demi-circonférence eſt droit, parce qu'il a pour meſure la moitié de la demi-circonférence, ou le quart de la circonférence. Fig. 51.

COROLLAIRE IV.

128. L'angle inſcrit BAE appuyé ſur un arc plus grand que la demi-circonférence, eſt obtus : & au contraire l'angle BAF appuyé ſur un arc moindre que la demi-circonférence, eſt aigu : cela eſt évident.

Les angles inſcrits AEB, ADB, AFB, AGB ſont égaux, parce qu'ils ſont appuyés ſur le même arc AIB : ainſi quoique le ſommet de l'angle inſcrit ſe ſoit approché du point B en allant de E en G, l'angle a conſervé la même grandeur, & il la conſerveroit toujours, quoique ſon ſommet s'approchât de plus en plus du point B, juſqu'à ce qu'étant arrivé à ce point il diſparoîtroit tout d'un coup entiérement. Or comment ſe peut-il faire que cet angle devienne à rien ſans diminuer par degré. M. Clairaut, de l'Académie des Sciences, qui ſe propoſe cette difficulté dans la 3me partie de ſes Élémens de Géométrie art. XVIII, y répond fort bien en diſant que l'angle inſcrit n'eſt pas réduit à rien quand le ſommet eſt en B ; mais qu'il eſt devenu l'angle du ſegment ABH formé par la corde AB & la tangente HL. En effet le côté inférieur FB ou GB de l'angle inſcrit s'approche d'autant plus de la direction de la tangente que le ſommet s'approche plus près du point B ; & quand il y eſt arrivé, ce côté ſe confond avec la tangente, & le côté ſupérieur avec la corde AB : par conſéquent l'angle inſcrit devient alors l'angle du ſegment. Or cet angle a auſſi pour meſure la moitié de l'arc AIB, comme on le va voir dans le Théorême ſuivant.

THÉORÊME II.

Fig. 52. 129. *Un angle du ſegment, comme* BAD, *a pour meſure la moitié de l'arc* AFD *ſoutenu par la corde* AD.

DÉMONSTRATION.

Soit tirée la ligne DE parallele à la tangente GAB, les deux angles alternes BAD & ADE ſont égaux. Or l'angle inſcrit ADE a pour meſure la moitié de l'arc AE (124); donc l'angle BAD a auſſi pour meſure la moitié du même arc AE. Or les deux arcs AFD & AE ſont égaux (123) à cauſe des paralleles GAB & DE : donc l'angle BAD a pour meſure la moitié de l'arc AFD.

L'angle du grand ſegment GAD, qui eſt ſupplément du premier, a auſſi pour meſure la moitié de l'arc AED, ſoutenu de l'autre côté par la corde AD : car ces deux angles pris enſemble étant égaux à deux angles droits (54), ont pour meſure la moitié de la circonférence. Or la meſure du premier angle BAD eſt la moitié de l'arc AFD : par conſéquent l'aurre angle GAD a pour meſure la moitié du reſte de la circonférence, c'eſt-à-dire, la moitié de l'arc AED.

COROLLAIRE.

129 B. Si un angle inſcrit, comme AED, & l'angle du ſegment BAD ont le même arc AFD compris entre leurs côtés, ils ſont égaux entr'eux : car ils ont tous deux pour meſure la moitié de cet arc.

THÉORÊME III.

Fig. 53. 130. *Un angle, comme* BAD, *formé par la corde* AD *& par le côté* AB *qui eſt la partie de la corde* EA *prolongée hors du cercle, a pour meſure la moitié de la ſomme des arcs* AD *&* AE *ſoutenus par les cordes.*

DÉMONSTRATION.

L'angle inſcrit EAD & l'angle BAD pris enſemble ſont égaux à deux angles droits (54); par conſéquent ils ont pour meſure la moitié

moitié de la circonférence. Or l'angle inſcrit EAD a pour meſure la moitié de l'arc ED (124); donc ſon ſupplément BAD a pour meſure la moitié du reſte de la circonférence, c'eſt-à-dire, la moitié de la ſomme des arcs AD & AE.

THÉORÊME IV.

131. *Un angle, comme* BAD, *qui a ſon ſommet hors du cercle, & dont les côtés coupent le cercle ou le touchent en un point, a pour meſure la moitié de la différence qui eſt entre l'arc concave* BD *& l'arc convexe* EF *compris entre les côtés de l'angle* : par exemple, ſi l'arc concave BD eſt de 100 degrés, & que l'arc convexe EF ſoit de 40, la différence ou l'excès de l'un ſur l'autre ſera de 60 degrés, dont la moitié eſt 30; ainſi l'angle BAD aura pour meſure un arc de 30 degrés. Fig. 54 55 & 56.

Ce Théorême a trois cas; le premier eſt lorſque les deux côtés de l'angle coupent le cercle, comme BAD, Figure 54; le ſecond, quand un des côtés coupe le cercle & que l'autre le touche, comme BAD, Figure 55; le troiſiéme, lorſque les deux côtés touchent le cercle & forment un angle circonſcrit : tel eſt l'angle BAD, Figure 56. Une ſeule démonſtration ſuffit pour les trois cas.

DÉMONSTRATION.

Du point F où le côté AD coupe ou touche la circonférence, tirez la ligne FG parallele à l'autre côté AB; l'arc GD ſera la différence, c'eſt-à-dire, l'excès de l'arc concave BD ſur l'arc convexe EF : car l'arc convexe EF eſt égal à l'arc BG, à cauſe des paralleles. Or GD eſt l'excès de l'arc concave BD ſur la partie BG : donc GD eſt auſſi la différence ou l'excès de l'arc concave ſur l'arc convexe EF. Reſte donc à faire voir que l'angle BAD a pour meſure la moitié de l'arc GD : ce que je démontre en cette maniere : L'angle A eſt égal à l'angle F à cauſe des paralleles AB & FG. Or l'angle F ou GFP a pour meſure la moitié de l'arc GD; ainſi la moitié de cet arc eſt auſſi la meſure de l'angle A ou BAD.

COROLLAIRE.

132. Si un angle qui a ſon ſommet hors du cercle eſt appuyé ſur le diametre, ou, ce qui revient au même, ſi l'arc concave compris entre ſes côtés eſt égal à la demi-circonférence, cet angle eſt aigu : car l'arc concave compris entre ſes côtés étant égal à la demi-circonférence, il a pour meſure moins du quart de la circonférence; par conſéquent il eſt aigu.

En considerant les angles qui n'ont pas leur sommet au centre, nous avons parlé jusqu'ici, 1°. De ceux qui ont leur sommet à la circonférence. 2°. De ceux qui ont leur sommet hors du cercle : il nous reste à parler de ceux qui ont leur sommet en un point qui est au-dedans du cercle, & different du centre. C'est ce que nous ferons dans le Théorême suivant.

THÉORÊME V.

Fig. 57, 58 & 59. 133. *Un angle, comme* BAD, *dont le sommet est entre le centre & la circonférence, a pour mesure la moitié de la somme des arcs* BD *&* EF *compris de part & d'autre entre ses côtés prolongés au-delà du sommet.*

Tirez du point F la ligne FGP parallele au côté AD. Il peut arriver trois cas; le premier est lorsque cette parallele coupe la circonférence, en sorte que le point d'intersection G est vers le point D, comme dans la Figure 57; le second, quand la parallele FGP est tangente, comme dans la Figure 58; le troisiéme, lorsqu'elle coupe la circonférence, ensorte que le point d'intersection G est du côté du point E, comme dans la Figure 59. Il faut prouver que dans ces trois cas l'angle BAD a pour mesure la moitié de la somme des arcs BD & EF compris de part & d'autre entre ses côtés prolongés au-delà du sommet.

DÉMONSTRATION.

Fig. 57. I. CAS. Il est évident que l'angle BAD est égal à l'angle BFP ou BFG à cause des paralleles AD & FG. Or l'angle BFG a pour mesure la moitié de l'arc BDG (124), ou, ce qui est la même chose, la moitié de la somme des arcs BD & DG: donc l'angle BAD a aussi pour mesure la moitié de ces mêmes arcs BD & DG: mais EF est égal à DG (123), parce que ces deux arcs sont entre paralleles; par conséquent l'angle BAD a pour sa mesure la moitié de la somme des arcs BD & EF.

Fig. 58. II. CAS. La démonstration est la même que dans le premier, puisque l'angle BFP égal à l'angle BAD a toujours pour mesure la moitié de la somme des arcs BD & DG (129), & que l'arc EF est encore égal à DG (123), comme dans le premier cas.

Fig. 59. III. CAS. Les deux angles BAD & BAE pris ensemble sont égaux à deux angles droits (54), & par conséquent ils ont pour mesure la moitié de la circonférence. Or l'angle BAE a pour mesure la moitié de la somme des arcs BE & DF, compris de part & d'autre entre ses côtés prolongés, comme il paroît par le premier cas: donc son supplément BAD a pour mesure la moitié du reste de la circonférence, c'est-à-dire, la moitié de la somme des arcs BD & EF. Fig. 59.

On peut réduire ces trois cas à un seul en tirant la ligne FD dans une des trois Figures dont on vient de se servir, par exemple, dans la 58me : car alors on aura le triangle AFD dont les deux angles intérieurs F & D ou BFD & EDF sont opposés à l'angle extérieur BAD. Ainsi cet angle est égal à la somme des deux premiers (92 B) : or l'angle inscrit BFD a pour mesure la moitié de l'arc BD compris entre ses côtés (124). Pareillement l'autre angle inscrit EDF a pour mesure la moitié de l'arc EF; par conséquent l'angle extérieur BAD égal à la somme de ces deux angles inscrits a pour mesure la moitié de la somme de leurs arcs BD & EF.

133 B. Si l'angle avoit son sommet au centre, comme l'angle BCF, (Fig. 46.) il auroit toujours pour mesure la moitié de la somme des arcs compris entre ses côtés prolongés : car cet angle BCF a pour mesure l'arc BF. Or l'arc BF est égal à la moitié de la somme des arcs BF & EA compris entre les côtés prolongés de l'angle, puisque ces deux arcs sont égaux. On peut donc dire généralement que *tout angle qui a son sommet en dedans du cercle, a pour sa mesure la moitié de la somme des arcs compris de part & d'autre entre ses côtés prolongés.*

COROLLAIRE.

134. Si un angle dont le sommet est entre le centre & la circonférence, est appuyé sur le diametre, ou, ce qui est la même chose, si l'arc compris entre ses côtés est égal à la demi-circonférence, cet angle est obtus : car il a pour mesure non-seulement la moitié de la demi-circonférence, mais aussi la moitié de l'autre arc compris entre ses côtés prolongés au-delà du sommet.

PROBLÊME I.

135. *D'un point donné, comme* B, *dans la circonférence, tirer une tangente.* Fig. 60.

Tirez un rayon au point B; ensuite élevez sur l'extrémité de ce rayon la perpendiculaire AB, elle sera tangente au point B (112).

PROBLÊME II.

136. *D'un point donné, comme* A, *hors de la circonférence, tirer une tangente.*

Tirez une ligne du point A au centre du cercle; coupez cette

Fig. 60. ligne par le milieu, que je suppose être le point O; après quoi du point O, comme centre, & de l'intervalle OA décrivez une circonférence, elle coupera la premiere en deux points : si du point A on tire une ligne à un des points d'intersection, telle que la ligne AB, elle sera tangente du cercle donné.

La raison en est, que si on tire le rayon CB au point d'intersection, on aura l'angle ABC appuyé sur le diametre du cercle qu'on vient de décrire ; par conséquent cet angle est droit : donc la ligne AB est perpendiculaire sur l'extrémité du rayon : donc elle est tangente (112).

DES LIGNES PROPORTIONNELLES.

Il ne sera peut-être pas inutile de répéter quelque chose de ce que nous avons dit dans le traité des raisons & des proportions, afin d'entendre plus facilement les propositions suivantes sur les lignes proportionnelles.

Une raison ou un rapport (il s'agit ici de la raison géométrique) est la maniere dont une grandeur en contient une autre : par exemple, la raison d'une ligne de 12 pieds à une ligne de 4 pieds est exprimée par 3, parce que la premiere ligne contient trois fois la seconde.

137. Il est évident que plus l'antécédent d'une raison est grand, le conséquent demeurant le même, plus aussi la raison est grande : par exemple, la raison d'une ligne de 12 pieds à une ligne de 4 pieds est plus grande que la raison d'une ligne de 8 pieds à la même ligne de 4 pieds, parce que 12 contient plus de fois 4, que 8 ne contient la même grandeur 4 : au contraire, l'antécédent demeurant le même, la raison est d'autant plus petite que le conséquent est grand : par exemple, la raison de 15 à 5 est moindre que la raison de 15 à 3, parce que 15 contient moins de fois 5 qu'il ne contient 3.

138. La raison de deux grandeurs est égale à celle de leurs parties semblables, ou, ce qui revient au même, la raison des parties semblables est égale à celle des grandeurs entieres, par exemple, la raison de 25 à 20 est égale à celle de 100 à 80. C'est ce que nous avons établi dans le sixiéme principe sur les raisons.

139. Lorsque deux raisons sont égales, elles forment une proportion : par exemple, la raison de 12 à 4 & celle de 15 à 5 forment une proportion, parce que ces deux raisons sont égales. Or nous avons dit qu'il y avoit trois cas où les raisons

ſont égales : le premier, quand chacun des antécédens contient ſon conſéquent exactement ou ſans reſte & le même nombre de fois, comme dans l'exemple qu'on vient de rapporter : le ſecond, quand chacun des antécédens contient l'aliquote pareille de ſon conſéquent ſans reſte & le même nombre de fois : par exemple, la raiſon de 18 à 24 eſt égale à celle de 9 à 12, parce que 18 contient autant de fois 6 que 9 contient 3. Or 6 & 3 ſont des aliquotes pareilles des conſéquens 24 & 12. Le troiſiéme, quand chacun des antécédens contient également l'aliquote pareille de ſon conſéquent, & qu'il y a des reſtes des antécédens qui ſont entr'eux comme les aliquotes pareilles : par exemple, la raiſon de 20 à 24 eſt égale à celle de 10 à 12, parce que 20 contient autant de fois 6, que 10 contient 3 ; & d'ailleurs les reſtes des antécédens, ſçavoir, 2 & 1, ſont entre eux comme les aliquotes pareilles 6 & 3.

140. Lorſqu'on dit que pluſieurs grandeurs, comme A, B, C, D, ſont proportionnelles à autant d'autres, telles que a, b, c, d, cela ſignifie que les premieres ſont les antécédens, & les autres les conſéquens de raiſons égales, en ſorte que A . a : : B . b : : C . c : : D . d.

S'il n'y a que deux grandeurs de part & d'autre, comme A, B d'un côté, & a, b de l'autre, & qu'on diſe que les deux premieres ſont proportionnelles au deux ſecondes, on entend que la raiſon des deux premieres eſt égale à celle des deux ſecondes, c'eſt-à-dire, que A . B : : a . b : ou que les deux premieres grandeurs ſont les antécédens ; en ſorte que A . a : : B . b : cette ſeconde proportion n'eſt que l'alterne de la premiere.

Il faut encore ſe ſouvenir que deux lignes ſont réciproques à deux autres, lorſque les deux premieres ſont les extrêmes d'une proportion dont les deux autres ſont les moyens.

141. Une ligne, eſt diviſée en moyenne & extrême raiſon, lorſqu'elle eſt partagée en deux parties inégales, dont la plus grande eſt moyenne proportionnelle entre la ligne entiere & la plus petite partie : ainſi BA, Fig. 74. eſt diviſée en moyenne & extrême raiſon au point E, ſi la ligne entiere BA eſt à la grande partie EA, comme cette grande partie EA eſt à la petite BE ; en ſorte qu'on a la proportion BA . EA : : EA . BE.

142. Une ligne eſt multipliée par une autre, lorſque l'on prend la premiere autant de fois qu'il y a de points dans l'autre :

par exemple, pour multiplier AC par CD (Liv. II, Fig. 20.) il faut prendre la ligne AC autant de fois qu'il y a de points dans la ligne CD ; c'est-à-dire, que pour avoir le produit de AC par CD, il faut concevoir qu'à chaque point de la ligne CD, on a élevé des lignes égales & paralleles à AC : ce qui rempliroit l'espace ACDB ; c'est pourquoi le produit d'une ligne par une autre, forme un rectangle ; & si ces deux lignes sont égales, le rectangle est un quarré, comme dans la Figure 21, Liv. II, où le côté AB est égal à la base BC. On donnera dans le second Livre les définitions de rectangle & de quarré.

143. Remarquez que quand on conçoit qu'une ligne est multipliée par une autre, on suppose que la premiere est perpendiculaire à la seconde.

Fig. 61. 144. Il faut observer pour le Théorême suivant, que si deux lignes, comme EF & GH comprises dans un espace parallele sont coupées par des paralleles ; il est évident qu'une de ces lignes sera divisée en autant de parties que l'autre ; & si une des lignes est divisée en parties égales entr'elles, l'autre sera aussi divisée en autant de parties égales entr'elles, par exemple, si EF est divisée en quatre parties égales qu'on peut nommer P, l'autre, sçavoir GH, sera pareillement coupée en quatre parties égales entr'elles qu'on peut nommer S ; ainsi dans cette hypothese EF = 4 P, & GH = 4 S. De même les deux lignes AB & CD étant renfermées dans un espace parallele, si AB est coupée par des paralleles en trois parties égales, l'autre ligne CD sera aussi coupée en trois parties égales entr'elles.

THÉORÊME I. ET FONDAMENTAL.

145. *Lorsque deux lignes comprises dans un espace parallele, sont autant inclinées que deux autres lignes enfermées dans un autre espace parallele, les deux premieres sont proportionnelles aux deux autres.*

Soient les deux lignes AB & CD autant inclinées dans leur espace parallele que les deux lignes EF & GH dans le leur ; en sorte que AB & EF soient également inclinées, & que CD & GH soient aussi également inclinées : il faut prouver que AB . EF :: CD . GH, ou *alternando*, AB . CD :: EF . GH.

DÉMONSTRATION.

Si on prend sur EF la partie EI égale à AB, & qu'on tire la parallele IL, l'espace parallele compris en EG & IL sera égal à celui qui eſt entre AC & BD : par conſéquent on aura la partie GL égale à la ligne CD, puiſque ces deux lignes ſont également inclinées dans ces eſpaces. Or il eſt clair que EI & GL ſont des parties ſemblables des lignes EF & GH, c'eſt-à-dire, que ſi EI eſt, par exemple, la moitié ou les trois quarts de la ligne EF, GL ſera auſſi la moitié ou les trois quarts de la ligne GH : car la ligne IL étant parallele aux deux autres EG & FH, il faut qu'elle diviſe ſemblablement EF & GH. Mais d'ailleurs les parties ſemblables ſont proportionnelles aux grandeurs entieres (138). Par conſéquent EI. GL :: EF. GH. Donc ſi à la place des parties EI & GL, on prend les lignes AB & CD qui leur ſont égales, on aura AB. CD :: EF. GH, ou *alternando*, AB. EF :: CD. GH. Ce qu'il falloit démontrer. Fig. 61.

Voici une autre démonſtration qui paroîtra peut-être plus rigoureuſe, mais qui eſt auſſi plus difficile.

AUTRE DÉMONSTRATION.

Qu'on ſuppoſe la ligne EF diviſée en parties égales; par exemple, en quatre, dont chacune ſoit nommée P : enſuite qu'on tire des paralleles par les points de diviſion; elles couperont la ligne GH en autant de parties égales entr'elles (87), quoiqu'inégales aux parties de la ligne EF : chacune des parties de GH ſoit nommée S; ainſi de même que la ligne EF ſera égale à quatre P; la ligne GH ſera auſſi égale à quatre S.

Enfin qu'on prenne une des parties P du conſéquent EF; & qu'on voie combien de fois elle eſt contenue dans l'antécédent entier AB; alors on connoîtra qu'elle y eſt contenue exactement un certain nombre de fois ſans reſte, ou bien il y aura quelque reſte.

Suppoſons, 1°. qu'elle y eſt contenue exactement, par exemple, trois fois ſans reſte; alors en tirant des paralleles par les points de diviſion de AB, la ligne CD ſera pareillement diviſée en parties égales entr'elles, & aux parties de la ligne GH, puiſque comme AB & EF ſont également inclinées; de même ces deux lignes CD & GH ſont ſuppoſées également inclinées; donc la ligne AB ſera égale à 3 P, & la ligne CD égale à 3 S : ainſi au lieu des quatre lignes AB, EF, CD, GH, on aura 3 P, 4 P, 3 S, 4 S. Or il eſt évident que la proportion 3 P. 4 P :: 3 S. 4 S eſt vraie, puiſque les aliquotes pareilles des conſéquens, ſçavoir P

Fig. 61. & S, font contenues trois fois chacune dans leur antécédent: ainsi dans ce premier cas, AB . EF : : CD. GH.

2°. Si P aliquote de EF, quelque petite qu'elle soit, n'est pas contenue exactement dans l'antécédent AB ; & que par conséquent S aliquote pareille de GH ne soit pas contenue exactement dans l'antécédent CD, il ne laisse pas d'y avoir proportion, comme dans le premier cas ; en sorte que la raison de AB à EF est égale à la raison de CD à GH ; car si la premiere raison n'étoit pas égale à la seconde, elle seroit plus petite ou plus grande. Or l'un & l'autre est impossible.

Premierement, la raison de AB à EF n'est pas moindre que celle de CD à GH : car si elle étoit moindre, en ajoutant quelque chose à l'antécédent AB (ce qui augmenteroit la raison (137), on pourroit la rendre égale à celle de CD à GH. Or quelque petite partie qu'on ajoute à l'antécédent AB, elle rendra la raison de AB à EF plus grande que celle de CD à GH. Supposons que la partie ajoutée, que je nomme X, soit égale ou plus grande que la centiéme partie P de EF ; je dis que la raison de AB + X à EF est plus grande que celle de CD à GH : car l'aliquote P sera contenue un certain nombre de fois dans AB, par exemple, 75 fois avec un petit reste moindre que P, & l'aliquote pareille S sera aussi contenue 75 fois dans CD avec un petit reste moindre que S: mais comme on a ajouté la partie X égale à P ou plus grande, cette aliquote P de EF sera contenue au moins 76 fois dans l'antécédent AB + X, au lieu que l'aliquote pareille S de GH n'est pas contenue 76 fois dans l'autre antécédent CD ; ainsi la raison de AB + X à EF est plus grande que celle de CD à GH. Donc on ne peut ajouter à AB la centiéme partie de EF ou une autre partie plus grande que cette aliquote, sans rendre la raison de AB à EF plus grande que celle de CD à GH. Il est évident qu'on peut dire la même chose de la milliéme, de la millioniéme; de la centmillioniéme partie de EF, ainsi de suite à l'infini. On ne peut donc augmenter la premiere raison sans la rendre plus grande que la seconde, & par conséquent elle n'est pas moindre que la seconde.

On démontrera de la même maniere qu'on ne peut ôter aucune partie de AB sans rendre la raison de AB à EF moindre que celle de CD à GH ; donc la premiere raison n'est pas plus grande que la seconde : d'ailleurs elle n'est pas moindre, comme on vient de le prouver ; par conséquent elle lui est égale : ainsi on a la proportion comme dans le premier cas, AB . EF : : CD . GH, ou *alternando*, AB . CD : : EF . GH. Ce qu'il falloit démontrer.

Remarquez

Remarquez que cette démonſtration a lieu, ſoit que les lignes AB & EF ſoient perpendiculaires dans leurs eſpaces, ou qu'elles ſoient obliques, pourvu qu'elles le ſoient également. Fig. 61.

On peut encore voir une autre démonſtration qui eſt au commencement du ſupplément : elle ſuppoſe deux Théorêmes que nous démontrerons dans le ſecond Livre.

COROLLAIRE I.

146. Il ſuit de ce Théorême que le produit des lignes AB & GH eſt égal au produit des deux autres EF & CD, parce que les deux premieres ſont les extrêmes, & les autres ſont les moyens d'une proportion. Ce n'eſt qu'une application du Théorême fondamental de l'égalité du produit des extrêmes au produit des moyens, qui a toujours lieu toutes les fois que quatre lignes ſont proportionnelles. Il ſuffira d'en avoir averti ici, ſans qu'il ſoit néceſſaire de le répeter à chaque fois.

COROLLAIRE II.

147. Si deux lignes, comme AB & CD, compriſes entre deux lignes paralleles, ſont coupées toutes deux par une troiſiéme parallele EF, elles ſeront diviſées en parties proportionnelles; c'eſt-à-dire, que AE . EB :: CF . FD. Car l'eſpace parallele total eſt diviſé en deux autres par la ligne EF. Or la ligne AE eſt autant inclinée dans l'eſpace ſupérieur, que la ligne EB l'eſt dans l'inférieur, parce que c'eſt la même ligne prolongée. Par la même raiſon les deux parties CF & FD ſont auſſi également inclinées chacune dans leur eſpace; par conſéquent ſelon le Théorême précédent, AE . EB :: CF . FD, ou *alternando*, AE . CF :: EB . FD. Fig. 62.

148. On pourroit auſſi dire que les deux lignes entieres AB & CD ſont proportionnelles aux parties ſupérieures AE & CF, & aux parties inférieures EB & FD. Cela ſuit évidemment du Théorême, puiſque les deux lignes entieres AB & CD ſont autant inclinées dans leur eſpace que les deux parties ſoit ſupérieures, ſoit inférieures, le ſont dans le leur. On a donc les proportions, AB . AE :: CD . CF, & AB . EB :: CD . FD, ou bien leurs alternes.

Afin de ne ſe pas tromper dans les proportions que l'on déduit dans ce Théorême & ſes Corollaires, ou dans d'autres propoſitions qui en dépendent, il faut toujours comparer deux lignes également inclinées, l'une avec l'autre, en ſorte que l'une ſoit l'antécédent, & l'autre le conſéquent de la premiere raiſon, & que deux autres lignes qui ſont auſſi également inclinées ſoient

Fig. 62. l'antécédent & le conséquent de la seconde raison : par exemple, dans ce second Corollaire on a pris AE & EB pour les deux termes de la premiere raison ; parce que la premiere de ces deux lignes est autant inclinée que l'autre : ensuite on a pris CF & FD pour les deux termes de la seconde raison, parce que ces deux lignes sont aussi également inclinées : on peut cependant prendre les proportions alternes.

148 B. Lorsque l'on choisit pour les deux termes d'une raison des lignes également inclinées, il faut encore prendre garde que l'antécédent de la seconde raison soit tirée du même espace parallele que celui de la premiere : ainsi on ne pourroit pas dire que dans la Figure 62, AE . EB : : FD . CF, parce que FD n'est pas dans le même espace parallele que le premier antécédent AE. Il faut pareillement que les deux conséquens soient dans le même espace.

COROLLAIRE III.

Fig. 64. 149. Si deux lignes, telles que FD & EB, comprises dans un espace parallele, se coupent, les parties de l'une seront proportionnelles aux parties de l'autre ; en sorte qu'on aura la proportion, AF . AD : : AE . AB. Car ayant tiré la ligne A parallele aux deux autres FE & BD, on aura deux espaces paralleles, l'un supérieur, & l'autre inférieur. Or la ligne AF est autant inclinée dans son espace, que AD dans le sien, puisque ce sont les deux parties d'une même ligne. Par la même raison, les deux lignes AE & AB sont aussi également inclinées dans les mêmes espaces. Par conséquent les deux premieres lignes AF & AD sont proportionnelles aux deux autres AE & AB.

150. On peut dire aussi que les deux lignes entieres FD & EB sont proportionnelles aux parties supérieures AF & AE, & aux parties inférieures AD & AB. Cela vient de ce que chaque ligne entiere est autant inclinée dans l'espace total, que sa partie soit supérieure, soit inférieure l'est dans le sien.

COROLLAIRE IV.

Fig. 63. 151. Si les deux côtés d'un angle, comme BAD, sont coupés par une ligne, telle que EF parallele à la base, c'est-à-dire, à la ligne BD tirée d'un côté à l'autre ; les deux parties d'un côté sont proportionnelles aux parties de l'autre ; en sorte que AE . EB : : AF . FD : car ayant mené par le point A une parallele à la base BD, il est clair que les deux lignes AE & AF sont autant inclinées dans leur eſpace, que EB & FD le ſont dans le leur : d'où s'enſuit la proportion, AE. EB :: AF. FD, ou *alternando*, AE. AF :: EB. FD.

152. On peut auſſi, comme dans le ſecond Corollaire, faire voir que les deux côtés AB & AD ſont proportionnels aux parties AE & AF, & aux parties EB & FD; en ſorte qu'on a les proportions, AB. AE :: AD. AF, & AB. EB :: AD. FD, & leurs alternes.

COROLLAIRE V.

153. Si deux lignes, comme AB & AC, tirées du même point A, ſont autant inclinées ſur la baſe BC que deux autres lignes DE & DF tirées du point D, le ſont ſur la baſe EF, les deux premieres ſeront proportionnelles aux deux autres; en ſorte qu'on aura la proportion, AB. DE :: AC. DF. Car ſi on conçoit par les points A & D des lignes tirées parallelement aux baſes, on aura deux eſpaces paralleles; & les deux lignes AB & AC ſeront autant inclinées dans le premier eſpace, que les deux lignes DE & DF le ſont dans le ſecond; & par conſéquent ces quatre lignes ſeront proportionnelles. Fig. 65.

C'eſt par ce Corollaire qu'on démontrera dans la ſuite que quand les angles d'un triangle ſont égaux aux angles d'un autre, les côtés du premier triangle ſont proportionnels aux côtés du ſecond. C'eſt un des plus beaux Théorêmes de toute la Géométrie.

COROLLAIRE VI.

154. Si un angle, comme BAC, a deux baſes paralleles BC, EF, elles ſeront proportionnelles aux côtés correſpondans relatifs à ces baſes, ſçavoir AB & AE; en ſorte qu'on aura la proportion, BC. EF :: AB. AE. Pour le démontrer il n'y a qu'à concevoir des lignes tirées par le point B & par le point E qui ſoient paralleles au côté AC; ces lignes formeront deux eſpaces paralleles, un grand & un petit : le grand compris entre AC & la ligne ponctuée B, renferme les lignes AB & BC; & le petit compris entre AC & la ligne ponctuée E, renferme les lignes AE & EF. Or la baſe BC eſt autant inclinée dans le grand eſpace que EF dans le petit, puiſque ces deux baſes ſont paralleles : de même AB eſt autant inclinée dans le premier eſpace que AE dans le ſecond, parce que c'eſt la même ligne prolongée, d'où ſuit la proportion, BC. EF :: AB. AE, ou bien, en commençant par les côtés AB & AE, AB. AE :: BC. EF, & *invertendo*, AE. AB :: EF. BC. Fig. 66.

155. On démontreroit de la même maniere que les bases sont proportionnelles au côté AC & à sa partie AF, en concevant des paralleles au côté AB tirées par le point C & par le point F.

Fig. 67. 156. On trouve les mêmes proportions dans la Figure 67, qui n'est différente de la précédente, qu'en ce que les deux bases paralleles ne sont pas du même côté du point A, l'une étant au-dessus & l'autre au-dessous de ce point.

COROLLAIRE VII.

Fig. 68. 157. Si un angle, comme BAD, a deux bases paralleles BD & EG, & que du sommet de l'angle on tire une ligne qui coupe les deux bases; les parties de l'une seront proportionnelles aux parties de l'autre; c'est-à-dire, qu'on aura la proportion BC. EF : : CD. FG. Car par le Corollaire précédent, BC. EF : : AC. AF, & de même, CD. FG : : AC. AF. Voilà donc deux raisons, sçavoir, celle de BC à EF, & celle de CD à FG qui sont égales chacune à la raison de AC à AF; donc ces deux raisons sont égales entr'elles : ce qui fait la proportion BC. EF : : CD. FG, & *alternando*, BC. CD : : EF. FG : d'où il suit que si une base est coupée en parties égales, l'autre l'est pareillement.

158. Ce que nous avons dit sur la Figure 68. peut être appliqué à la Figure 69, qui ne differe de la précédente qu'en ce que les deux bases paralleles ne sont pas du même côté du point A.

159. Si du sommet de l'angle qui a deux bases paralleles, on tiroit plusieurs lignes qui coupassent les bases, toutes les parties de l'une seroient proportionnelles aux parties correspondantes de l'autre : par exemple, dans la Figure 77 CE est à ag, comme EF est à gh, & comme FD est à hb.

160. Remarquez que si deux angles qui sont sur une base sont égaux à deux angles qui sont sur une autre base chacun à chacun, les côtés de la premiere base seront autant inclinés sur elle que les deux autres côtés le sont sur la seconde base : par exemple, dans la Figure 65, si les angles B & C formés sur la base BC sont égaux aux deux angles E & F formés sur la base EF, chacun à chacun, c'est-à-dire, l'angle B égal à l'angle E, & l'angle C égal à l'angle F, pour lors les côtés AB & AC seront autant inclinés sur la base BC que les lignes DE & DF le sont sur la base EF. Cela vient de ce que la grandeur des angles dépend de l'inclinaison des lignes. Cette remarque sera d'usage dans la suite.

COROLLAIRE VIII.

161. Si un angle, comme BAD, eſt diviſé en deux parties égales par la ligne AC, elle coupera la baſe BD en deux parties proportionnelles aux côtés de l'angle; en ſorte qu'on aura la proportion BC. DC :: BA. DA : car ſi on conçoit des lignes tirées par le point B & par le point D paralleles à la ligne AC, on aura deux eſpaces paralleles dans un deſquels ſont renfermées les lignes BC & BA, & dans l'autre DC & DA. Or la ligne BC eſt autant inclinée dans ſon eſpace que la ligne DC dans le ſien, puiſque c'eſt la même ligne continuée : pareillement la ligne BA eſt autant inclinée dans le premier eſpace, que la ligne DA dans le ſecond, parce que l'angle BAC eſt égal par l'hypothèſe à l'angle DAC; on aura donc par le Théorême fondamental, la proportion BC. DC :: BA. DA, ou en commençant la proportion par les côtés, BA. DA :: BC. DC. Fig. 70.

161 B. Réciproquement, ſi une ligne tirée du ſommet de l'angle A coupe la baſe BD en deux parties proportionnelles aux côtés de cet angle, il ſera diviſé en deux également : car il n'y a qu'un point où la baſe puiſſe être coupée en deux parties proportionnelles aux côtés qui répondent à ces parties; & par conſéquent une ligne tirée du ſommet, qui coupe la baſe en parties proportionnelles aux côtés correſpondans, ne peut être différente de la ligne AC qui diviſe l'angle en deux également, & qui coupe la baſe au même point.

162. Remarquez que ſi les deux côtés BA, DA de l'angle BAD ſont égaux, les deux parties de la baſe coupée par la ligne AC ſont égales. Cela ſuit de la proportion, BA. DA :: BC. DC, qu'on vient de prouver dans ce Corollaire. En général lorſque les deux premiers termes d'une proportion ſon égaux, les deux derniers ſont auſſi égaux entr'eux. Pareillement, ſi les deux antécédens ſont égaux, les deux conſéquens ſont égaux entr'eux; & réciproquement ſi les deux conſéquens ſont égaux, les antécédens le ſont auſſi : car ſans cela le premier terme ne ſeroit pas au ſecond, comme le troiſiéme eſt au quatriéme; ainſi il n'y auroit pas de proportion. On peut appliquer cette remarque, au ſecond, troiſiéme, quatriéme, cinquiéme, ſixiéme & ſeptiéme Corollaire.

THÉORÊME II.

Fig. 71. 163. *Lorſque deux cordes d'un cercle ſe coupent, les parties de l'une ſont réciproques aux parties de l'autre.*

Souvent on énonce ce Théorême, en diſant que *le rectangle compris ſous les parties d'une corde, eſt égal au rectangle compris ſous les parties de l'autre corde.* Cette propoſition revient au même que celle du Théorême, puiſqu'un de ces rectangles eſt le produit des extrêmes, & l'autre le produit des moyens.

Soient les deux cordes AF & DE qui ſe coupent au point B; les deux parties BA & BF de la premiere ſont réciproques aux parties BE & BD de la ſeconde; c'eſt-à-dire, que BA. BE :: BD. BF.

DÉMONSTRATION.

Si l'on tire les deux lignes AD & EF, les angles DAF & DEF ſeront égaux, parce qu'ils ſont appuyés ſur le même arc DF : de même les angles ADE & AFE ſont auſſi égaux, étant appuyés ſur le même arc AE; ainſi, en nommant les angles par une ſeule lettre, les deux angles A & D qui ſont ſur la baſe AD ſont égaux aux deux autres E & F qui ſont ſur la baſe EF chacun à chacun. Or la grandeur des angles dépend de l'inclinaiſon des lignes (160); par conſéquent les deux lignes BA & BD tirées du point B ſont autant inclinées ſur la baſe AD, que les deux lignes BE & BF tirées du même point, le ſont ſur la baſe EF; on aura donc, ſuivant le cinquiéme Corollaire (153), la proportion BA. BE :: BD. BF. Ce qu'il falloit démontrer.

COROLLAIRE I.

Fig. 72. 164. Si une des cordes, comme AF, étoit diametre, & qu'elle fût perpendiculaire à l'autre corde, la partie BE ou BD de cette ſeconde corde ſeroit moyenne proportionnelle entre les parties BA & BF du diametre : car par le Théorême BA. BE :: BD. BF. Or par l'hypothèſe la ligne AF paſſe par le centre, & de plus elle eſt perpendiculaire à la corde DE; par conſéquent cette corde eſt coupée en deux parties égales (103), ſçavoir BE & BD; donc on peut mettre BE à la place de BD dans la proportion précédente, & on aura BA. BE :: BE. BF : ainſi lorſqu'un diametre eſt perpendiculaire à une corde, ou, ce qui revient au même, lorſqu'une corde eſt perpendiculaire au diametre, la moitié de cette corde eſt moyenne proportionnelle entre les deux parties du diametre.

COROLLAIRE II.

165. On peut conclure de-là que si d'un point de la circonférence d'un cercle, on tire une perpendiculaire, comme EB sur le diametre AF, elle sera moyenne proportionnelle entre les deux parties BA, BF du diametre ; car cette perpendiculaire est la moitié d'une corde perpendiculaire au diametre ; par conséquent elle est moyenne proportionnelle entre les deux parties du diametre. C'est une propriété remarquable du cercle. Fig. 72.

Si on nomme d le diametre AF, x la partie AB, l'autre partie BF sera $d-x$. Si on nomme aussi y la perpendiculaire EB, on aura $x . y :: y . d-x$, & par conséquent $yy = dx - xx$; c'est-à-dire, que le produit des moyens est égal à celui des extrêmes. Cette équation $yy = dx - xx$ est donc celle du cercle, puisqu'elle en exprime la nature.

THÉORÊME III.

166. *Deux sécantes extérieures étant tirées du même point, & prolongées jusqu'à la partie concave de la circonférence, une sécante entiere & sa partie hors du cercle sont réciproques à l'autre sécante entiere & à sa partie hors du cercle.*

Soient les sécantes extérieures BA & BD tirées du même point B, & prolongées jusqu'en A & D : il faut prouver que la sécante BA & sa partie extérieure BE sont réciproques à l'autre sécante BD & à sa partie extérieure BF ; c'est-à-dire, que BA. BD :: BF. BE. On peut aussi exprimer cette proportion, en disant que *les deux sécantes extérieures sont entr'elles réciproquement comme leurs parties hors du cercle.* Fig. 73.

DÉMONSTRATION.

Ayant mené les cordes AF & DE, les angles p & o ou AFD & AED sont égaux, parce qu'ils sont appuyés sur le même arc AD; il faut donc que leurs supplémens s & r ou BFA & BED soient aussi égaux. Pareillement les angles A & D sont égaux puisqu'ils sont appuyés sur le même arc EF; ainsi les angles A & s formés sur la base AF sont égaux aux angles D & r formés sur la base DE ; donc les lignes BA & BF tirées du point B, sont autant inclinées sur la base AF que les lignes BD & BE tirées du même point le sont sur la base DE (160); donc par le cinquiéme Corollaire du premier Théorême, on aura la proportion BA. BD :: BF. BE. Ce qu'il falloit démontrer.

On énonce encore cette proposition en disant que *le rectangle d'une sécante & de sa partie extérieure est égal au rectangle de l'autre sécante & de sa partie hors du cercle.*

COROLLAIRE I.

Fig. 74. 167. Si une tangente, comme BD, & la sécante BA sont tirées du même point B, la tangente sera moyenne proportionnelle entre la sécante BA & sa partie extérieure BE. Pour entendre la raison de ce Corollaire, il faut recourir à la Figure du Théorême, & concevoir que la ligne BA demeurant immobile, on en éloigne le côté BD en le faisant tourner autour du point B : il est facile d'appercevoir que dans cette hypothèse les points D & F s'approchent l'un de l'autre, la proportion du Théorême demeurant toujours vraie. Or dans l'instant que la ligne BD devient tangente, le point D & le point F se confondent, & la ligne BF divient égale à BD; on a donc pour lors cette proportion BA. BD :: BF ou BD. BE.

Voici une seconde démonstration plus géométrique, & toute semblable à celle du Théorême.

Ayant tiré les cordes AF & DE, l'angle du grand segment BDA ou BFA a pour mesure la moitié de l'arc DEA soutenu par la corde AD (129). Or l'angle BED a aussi pour sa mesure la moitié du même arc DEA (130); ainsi les deux angles BFA & BED sont égaux entr'eux. Pareillement l'angle A & l'angle du petit segment BDE sont égaux, parce qu'ils ont pour mesure la moitié de l'arc DE ou FE; ainsi, comme dans la démonstration du Théorême, les deux angles A & BFA formés sur la base AF sont égaux aux angles BED & BDE formés sur la base DE; donc les lignes BA & BF ou BD sont autant inclinées sur la base AF, que les lignes BD & BE le sont sur la base DE; par conséquent on aura la proportion BA. BD :: BF ou BD. BE. Ce qu'il falloit démontrer.

On énonce aussi ce Corollaire en disant que *le quarré de la tangente est égal au rectangle compris sous la secante entiere & sous sa partie extérieure.*

COROLLAIRE II.

168. Si la partie intérieure EA de la sécante BA est égale à la tangente, cette sécante sera divisée en moyenne & extrême raison

raiſon au point E, c'eſt-à-dire, qu'on aura la proportion, BA. EA :: EA. BE : car par le Corollaire précédent on a BA. BD :: BD. BE : donc mettant EA à la place de BD qui lui eſt ſuppoſée égale, la proportion ſera BA. EA :: EA. BE : donc la ſécante ſera diviſée en moyenne & extrême raiſon au point E. Fig. 74.

COROLLAIRE III.

169. EA étant toujours ſuppoſée égale à la tangente BD, ſi on prend BG égale à la partie BE de la ſécante ; la tangente ſera diviſée en moyenne & extrême raiſon au point G : en ſorte qu'on aura la proportion BD. BG :: BG. GD : car puiſque la partie intérieure EA de la ſécante eſt égale à la tangente, on a déja BA. EA :: EA. BE. Donc *dividendo*, BA—EA. EA :: EA—BE. BE. Or BA—EA = BE : & par la conſtruction BE = BG. Par conſéquent on aura BG. EA :: EA—BG. BG. D'ailleurs par l'hypotèſe EA = BD. Donc BG. BD :: BD—BG. BG. Or BD—BG = GD. Ainſi la derniere proportion ſe réduit à celle-ci, BG. BD :: GD. BG, ou bien *invertendo*, BD. BG :: BG. GD.

Si on veut retenir cette démonſtration, il faut prendre garde qu'elle dépend du changement appellé *dividendo*, & de la ſubſtitution de certaines lignes à la place d'autres qui ſont égales à celles que l'on ſubſtitue.

On peut auſſi couper la tangente BD en moyenne & extrême raiſon d'une autre maniere, en tirant la ligne EH parallele à AD : car pour lors à cauſe des paralleles AD & EH le rapport de BH à HD ſera égal (151) à celui de BE à EA. Ainſi puiſque la ſécante BA eſt diviſée en moyenne & extrême raiſon au point E, la tangente BD eſt pareillement diviſée en moyenne & extrême raiſon au point H, en ſorte que BD. HD :: HD. BH.

On fera voir dans le ſupplément qui eſt à la fin de ce Traité, qu'on ne peut diviſer un nombre en moyenne & extrême raiſon.

PROBLÊME I.

170. *Trois lignes, comme* A, B, C, *étant données, trouver une quatriéme proportionnelle* D. Fig. 75.

Tirez deux lignes indéfinies telles que EH & EK qui faſſent tel angle qu'il vous plaira ; prenez ſur une de ces lignes la partie EF égale à ligne donnée A, & ſur l'autre la partie EG égale à

Fig. 75. la seconde ligne B ; tirez la ligne FG : prenez ensuite sur la ligne EF prolongée tant qu'il sera besoin, la partie FH égale à la troisiéme ligne C qui est donnée, & tirez HK parallele à FG, la ligne GK renfermée entre les deux paralleles FG & HK, sera la quatriéme proportionnelle cherchée ; car à cause des paralleles FG, HK, on a la proportion (151) EF. EG :: FH. GK, ou bien A. B :: C. D.

170 B. Remarque, quand on opere sur le terrein & que les lignes données contiennent plusieurs toises, il faut se servir de l'arithmétique, en faisant une régle de trois : par exemple, si les trois lignes données sont 12, 15 & 20 toises, on mltipliera les deux nombres 15 & 20 l'un par l'autre; & on divisera le produit 300 par 12, le quotient 25 sera la quatriéme ligne cherchée. Avant le calcul, il est bon de réduire les trois nombres qui expriment les lignes à une plus petite espéce : par exemple à des pouces, sur-tout quand quelqu'une des trois lignes contient des pouces outre les toises. Cette remarque a aussi lieu pour le Problême suivant.

PROBLÊME II.

171. *Deux lignes, comme* A & B, *étant données, trouver une troisiéme proportionnelle que nous nommerons encore* D ; *en sorte qu'on ait la proportion* A. B :: B. D.

Ce Problême se résout de la même maniere que le premier, avec cette différence que la troisiéme ligne FH de la Figure 75, doit être égale à la seconde EG ; & alors la ligne GK comprise entre les deux paralleles est la troisiéme proportionnelle cherchée.

On peut résoudre autrement ces deux Problêmes, en se servant du second Théorême article 163. On tirera une ligne indéfinie sur laquelle on prendra BE & BD, Figure 71, égales aux deux moyennes, c'est-à-dire, aux deux lignes données B & C pour le premier Problême, & B & B pour le second. Ensuite on tirera BA qui fasse quel angle on voudra avec ED, & qui soit égale à la premiere ligne donnée A. Enfin on décrira une circonférence qui passe par les trois points E, A, D (32). Si on prolonge AB jusqu'à la rencontre de la circonférence, le prolongement BF sera la quatriéme proportionnelle qu'on cherche, ou la troisiéme, selon qu'il s'agira du premier ou du second Problême.

PROBLÊME III.

172. *Deux lignes, comme A & C étant données, trouver une moyenne proportionnelle entre ces deux lignes données.*

Tirez une ligne indéfinie telle que DF, sur laquelle prenez DG égale à la ligne donnée A, & la ligne GF égale à la ligne donnée C; divisez la somme DF en deux également au point O; & de ce même point comme centre, & de l'intervalle OD, décrivez un cercle; ensuite du point G élevez la perpendiculaire GE jusqu'à la circonférence, elle sera la moyenne proportionnelle cherchée entre A & C. C'est une suite évidente du second Corollaire (165) du Théorême second. Fig. 76.

On proposera une autre méthode du même Problême dans le second Livre après le Théorême V. touchant la perpendiculaire abbaissée sur l'hypotenuse d'un triangle rectangle.

172 B. Remarque, il faut résoudre ce Problême par l'Arithmétique lorsque l'on opere sur le terrein & que les deux lignes données contiennent plusieurs toises. Pour cet effet on multipliera l'un par l'autre, les deux nombres qui expriment les toises, ou les pieds, ou les pouces, &c. des lignes données, & on tirera la racine quarrée du produit. Cette racine sera la moyenne proportionnelle qu'on cherche (Arith. livre II. article 42 C). On peut aussi employer la même méthode sur le papier, pourvu qu'on ait une échelle de parties égales, c'est-à-dire, une ligne divisée en parties égales. Il y a une échelle de cette sorte sur le compas de proportion qui se trouve dans les étuis de Mathématique.

Il est vrai que la racine qu'on tire n'est presque jamais exacte: mais on approche tant qu'on veut de la véritable, soit par la méthode de l'approximation des racines, soit en réduisant à de très-petites espéces les toises ou les pieds que contiennent les deux lignes prises sur le terrein.

PROBLÊME IV.

173. *Diviser une ligne donnée en des parties semblables ou proportionnelles à celles d'une autre ligne donnée.* Fig. 77.

Soit la ligne CD divisée en trois parties: sçavoir, CE, EF, FD; soit aussi donnée la ligne droite AB qu'il faut diviser en parties semblables à celles de CD. Tirez la ligne *ab* égale à AB & parallele à CD; ensuite par les extrémités de la ligne donnée CD, & celles de la parallele *ab*, tirez deux lignes, lesquelles iront ſe rencontrer dans un point comme K ; enfin menez de ce point K des lignes droites au point de diviſion de la ligne donnée CD ; elles couperont la parallele égale à AB en parties proportionnelles ou ſemblables à celles de la ligne donnée CD. Dans la Figure 77. le point K eſt du côté de *ab* : mais ſi cette ligne étoit plus grande que CD, le point K ſeroit du côté de CD.

Cette pratique a été démontrée dans le ſeptiéme Corollaire (159) du premier Théorême.

Fig. 78. 174. On peut par ce Problême diviſer une ligne donnée en tant de parties égales qu'on voudra : ſuppoſons, par exemple, qu'on veuille diviſer la ligne AB en cinq parties égales, il faut tirer une ligne droite indéfinie, telle que MN, ſur laquelle vous prendrez avec le compas cinq parties égales de quelle grandeur vous voudrez, telles que MC, CD, DE, EF, FG ; enſuite vous tirerez la ligne *ab* égale à AB qui ſoit parallele à la ligne indéfinie MN : & faites le reſte comme dans le Problême. Il eſt évident que la ligne *ab* ſera partagée en cinq parties égales

Voici une autre méthode plus aiſée : on décrira des deux points M & G pris pour centres, & de l'intervalle MG deux arcs de cercles qui ſe couperont en un point que je ſuppoſe être K : de ce point on tirera les deux lignes KM, KG ; & du même point on tirera auſſi des lignes aux points de diviſions C, D, E, F : enſuite on prendra ſur ces lignes les parties K*a* & K*b* égales chacune à la ligne donnée AB, & on menera une ligne du point *a* au point *b* : cette ligne, qui eſt parallele à MG, ſera diviſée en cinq parties égales par les lignes tirées aux points de diviſions, comme il paroît par l'article 159. Or cette ligne *ab* eſt égale à la ligne AB : car on a la proportion (154), MG . *ab* : : KM . K*a*, ou bien *alternando*, MG . KM : : *ab*. K*a*. Or MG = KM par la conſtruction. Donc *ab* = K*a* ou AB.

Nous avons dit que *ab* eſt parallele à MG. Cela ſuit de ce que les côtés KM & KG étant égaux, & les parties K*a* & K*b* étant auſſi égales, les autres parties *a*M & *b*G ſont encore égales entre elles. D'ailleurs ces parties ſont des lignes également inclinées ſur MG à cauſe de l'égalité des lignes entieres KM & KG. Ainſi les parties *a*M & *b*G ſont des lignes égales & également inclinées, Donc les points *a* & *b* ſont à égale diſtance de MG. Par conſéquent *ab* eſt parallele à MG.

PROBLÊME V.

Fig. 79. 175. *Couper une ligne, comme* BD, *en moyenne & extrême raiſon.*

Sur une extrémité de la ligne donnée BD, par exemple, ſur

l'extrémité D, élevez la perpendiculaire CD égale à la moitié de la ligne BD : ensuite du point C comme centre & de l'intervalle CD, décrivez une circonférence ; & puis de l'autre extrémité B de la ligne donnée BD, tirez la sécante BA qui passe par le centre du cercle, & coupe la circonférence au point E ; prenez BG égale à la partie extérieure BE de la sécante. Je dis que la ligne BD sera coupée en moyenne & extrême raison au point G ; c'est-à-dire, qu'on aura la proportion BD. BG : : BG. GD. Fig. 79.

Pour démontrer cette proportion, il faut remarquer 1°. que la ligne BD est une tangente (112), puisqu'elle est par la construction perpendiculaire à l'extrémité du rayon CD. 2°. Que la sécante BA passant par le centre, la partie intérieure EA est un diametre, & par conséquent double du rayon CD. Or par la construction la tangente BD est aussi double de la perpendiculaire CD ; donc la partie intérieure EA de la sécante est égale à la tangente BD ; d'où il faut conclure, suivant ce que nous avons dit (169), que la tangente BD est coupée en moyenne & extrême raison au point G.

On peut se servir du calcul pour approcher tant qu'on voudra de la valeur du grand segment, c'est-à-dire, de la grande partie d'une ligne qui contient un certain nombre de parties égales, comme de toises, de pieds, de pouces, &c. Pour cela soit nommé x ce grand segment, & a le nombre qui représente la ligne entiere, l'autre segment sera $a - x$ ainsi on aura la proportion $a . x : : x . a - x$. Par conséquent $xx = aa - ax$ d'où l'on déduira $x = \sqrt{\frac{5aa}{4}} - \frac{a}{2}$ (voyez le supplément qui est à la fin de cet ouvrage). Or cette formule $x = \sqrt{\frac{5aa}{4}} - \frac{a}{2}$ fait voir que pour trouver la valeur d'x il faut 1°. prendre le quarré de la moitié du nombre a (cette moitié est $\frac{a}{2}$, & le quarré est $\frac{aa}{4}$,) 2°. multiplier ce quarré par 5 à cause de $\frac{5aa}{4}$, 3°. tirer la racine du produit qui viendra de la multiplication, comme il est marqué par $\sqrt{\frac{5aa}{4}}$, 4°. enfin soustraire de la racine la moitié du nombre proposé, le reste sera la grande partie x qui est égale à $\sqrt{\frac{5aa}{4}} - \frac{a}{2}$. Voici un exemple, je veux diviser une ligne de 100 pieds en moyenne & extrême raison : 1°. j'éleve la moitié 50 au quarré, c'est 2500 : 2°. je multiplie ce quarré par 5, le produit est 12500 : 3°. je tire la racine approchée de ce produit, je trouve 111, 8' dont le dernier chiffre 8 exprime des décimales : 4°. j'ôte de cette racine la moitié 50, le reste 61, 8' est la grande partie approchée du nombre 100 divisé en moyenne & extrême raison, & par conséquent la petite est presque 38. 2'. On ne peut jamais trouver par l'Arithmétique la racine exacte du produit désignée par $\sqrt{\frac{5aa}{4}}$ comme on le prouvera dans le supplément ; mais on en peut approcher tant que l'on voudra, ce qui pour la pratique revient au même que si le calcul donnoit exactement la grande partie de la ligne.

Cette méthode est propre à faire voir comment il faut s'y prendre pour trouver soi-même ce dont on a besoin.

LIVRE SECOND.

DES SURFACES ET DES FIGURES PLANES.

ART. I. FIGURE en général eſt un eſpace renfermé de tous côtés. Il y en a de deux ſortes : les unes ſont terminées par des lignes ; les autres ſont terminées par des ſurfaces : celles-ci ſont des *ſolides* dont nous parlerons dans le troiſiéme Livre ; les autres qui ſont terminées par des lignes ſont des *ſurfaces* dont nous devons traiter ici. Or on diſtingue trois eſpéces de ces figures, les *planes*, les *courbes*, & les *mixtes*.

2. Les figures planes ſont des ſurfaces unies qui n'ont ni enfoncement, ni élévation, ni courbure : telle eſt ſenſiblement la ſurface des miroirs ordinaires. On peut dire auſſi que la figure plane eſt celle ſur laquelle une ligne droite étant appliquée ou couchée de quelque maniere que ce ſoit, tous ſes points touchent la ſurface plane. On ſuppoſe ici que la ligne droite n'eſt pas prolongée au-delà de la ſurface.

3. Les figures courbes ſont celles dont les points ſont inégalement élevés ou enfoncés : telle eſt la ſurface d'une boule.

4. Les figures mixtes ſont celles qui ſont en partie planes, & en partie courbes.

5. Les figures planes, qui ſont les ſeules dont nous parlerons dans ce ſecond Livre, ſont encore de trois ſortes ; les rectilignes qui ſont terminées par des lignes droites ; les curvilignes, qui ſont terminées par des lignes courbes ; & enfin les mixtilignes, qui ſont terminées par des lignes dont les unes ſont droites, & les autres courbes.

6. Remarquez donc qu'il y a de la différence entre une ſurface ou ſuperficie courbe, & une ſuperficie curviligne ; puiſqu'une ſurface plane peut être curviligne, quoiqu'elle ne puiſſe être courbe : un cercle, par exemple, eſt une ſurface curviligne, quoiqu'elle ne ſoit pas courbe.

Dans les figures rectilignes ausquelles on peut rapporter les deux autres espéces de figures planes, il y a trois choses principales à considérer, les côtés, les angles & la surface. Nous considérerons d'abord les figures par rapport aux côtés & aux angles qu'ils forment, & ensuite par rapport aux surfaces que ces côtés renferment.

DES FIGURES PLANES, CONSIDERE'ES SELON leurs côtés & leurs angles.

Si une figure n'est terminée que par des lignes droites, il faut qu'il y en ait au moins trois; c'est pourquoi l'angle n'est pas une figure.

7. On a donné aux figures rectilignes les plus simples certains noms qu'il ne faut pas ignorer; la figure de trois côtés s'appelle *triangle*, celle de quatre s'appelle *quadrilatere* ou *tetragone*, celle de cinq s'appelle *pentagone*, celle de six, *exagone*, celle de sept, *eptagone*, celle de huit, *octogone*, celle de neuf, *enneagone*, celle de dix, *decagone*, celle de onze, *endecagone*, celle de douze, *dodecagone*, celle de mille, *kiliogone*, celle de dix mille, *myriogone*, celle de plusieurs côtés se nomme indéfiniment *polygone*.

8. Une figure est *réguliere* ou *irréguliere*. La réguliere est celle dont tous les côtés & les angles sont égaux. La figure irréguliere, est celle dont tous les angles ou tous les côtés ne sont pas égaux. Si tous les côtés d'une figure sont égaux, elle est appellée *équilatérale* : & si tous les angles d'une figure sont égaux, on la nomme *équiangle*. Il paroît donc que quand une figure est équilatérale & en même tems équiangle, elle est alors réguliere.

9. Quand on compare deux figures ensemble, si les côtés de l'une sont égaux aux côtés de l'autre respectivement, c'est-à-dire, chacun à chacun, on dit qu'elles sont *équilatérales entr'elles*. Mais si les angles de l'une sont égaux aux angles de l'autre respectivement, elles sont nommées *équiangles entr'elles* : si de plus dans ce dernier cas les côtés homologues ou correspondans sont proportionnels, on appelle ces figures *semblables*. Ainsi toutes les figures semblables sont équiangles entr'elles : mais nous prouverons dans la suite (52) que les figures équiangles entr'elles ne sont pas toujours semblables. Si les côtés comparés sont égaux aussi-bien que les angles, les figures sont appellées *toutes égales*, ou *égales en tout*, ou *parfaitement égales*.

10. De toutes les figures curvilignes, nous ne considérerons dans ces Élémens de Géométrie que le cercle; & des figures mixtilignes

mixtilignes, nous ne parlerons que de celles qui ont rapport au cercle : telle eſt celle qu'on nomme *ſegment* dont nous avons donné la notion (Liv. I. art 121), & celle qu'on appelle *ſecteur de* cercle.

11. Un ſecteur de cercle eſt une certaine portion de cercle compriſe entre deux rayons, & l'arc terminé par deux rayons : par exemple, l'eſpace marqué par A Fig. 1.

AVERTISSEMENT. Lorſque dans ce ſecond Livre, on citera quelque article du premier, on mettra entre deux parenthèſes, Liv. I. art. & enſuite le nombre de l'article cité : par exemple, pour citer l'article 150 du premier Livre, on mettra (Liv. I. art. 150). Mais quand on voudra citer un article de ce ſecond Livre, on mettra ſeulement le nombre de l'art. cité, comme on l'a fait dans le premier Livre : on obſervera la même choſe dans le troiſiéme Livre ; c'eſt-à-dire, que quand on voudra citer un article du premier ou du ſecond Livre, on mettra entre deux parenthèſes Liv. I. art. ou Liv. II. art. mais lorſqu'il s'agira de citer un article du troiſiéme Livre, on marquera ſeulement le nombre de l'article cité.

DES TRIANGLES.

12. Dans tout triangle il y a trois côtés & trois angles. On prend ordinairement pour *baſe* du triangle le côté inférieur : mais on peut prendre pour baſe tout autre côté du triangle ; par exemple, le côté AC eſt la baſe du triangle ABC : mais cela n'empêche pas que l'on ne puiſſe auſſi conſidérer le côté AB ou le côté BC comme baſe. Fig. 2.

13. La ligne perpendiculaire qu'on mene de la pointe d'un angle ſur la baſe, ſe nomme la hauteur du triangle : telle eſt la ligne BH. Il peut arriver que cette perpendiculaire tombe en dehors du triangle ; & pour lors, afin d'avoir la hauteur, il faut prolonger la baſe du côté où tombe la perpendiculaire : par exemple, ſi du point E du triangle DEF, on abbaiſſoit la perpendiculaire EH ſur la baſe DF ; il eſt clair qu'elle tomberoit en dehors du triangle, & qu'il faudroit prolonger cette baſe au-delà du point D, afin que la perpendiculaire la rencontrât. Fig. 3.

14. Le triangle peut être conſidéré ou par rapport à ſes côtés, ou par rapport à ſes angles : ſi on le conſidere par rapport à ſes côtés, il y en a de trois eſpéces : car ou ſes trois côtés ſont égaux, & on l'appelle *équilatéral* ; tel eſt le triangle ABC, fig. 2 ; ou il n'a que deux côtés égaux, comme dans la figure 4, & on l'appelle *iſocele* ; ou bien enfin ſes trois côtés ſont inégaux, comme dans la figure 5, & on l'appelle *ſcalene*.

Fig. 3. 15. Lorsque le triangle est considéré par rapport aux angles, on en distingue encore de trois sortes; le triangle *rectangle* qui a un angle droit; tel est le triangle MNO figure 5; *l'ambligone* ou *obtusangle*, qui a un angle obtus; tel est le triangle EDF fig. 3; & *l'oxigone* ou *acutangle*, qui a ses trois angles aigus, comme dans la figure 2, ou dans la figure 4. Le triangle ambligone & le triangle oxigone sont aussi appellés *obliquangles*, parce que tous leurs angles sont obliques.

Nous démontrerons dans la suite, qu'il est impossible qu'il y ait dans un triangle deux angles qui soient ou tous deux droits, ou tous deux obtus, ou un droit & un obtus.

Nous supposons qu'il se peut toujours faire qu'une circonférence passe par les sommets des trois angles de chaque triangle: cela suit évidemment de ce qu'on peut décrire une circonférence qui passe par trois points donnés, pourvû qu'ils ne soient pas en ligne droite (Liv. I. art. 32.). Cela posé, on démontre facilement le Théorême suivant, qui est un des plus beaux & des plus utiles de toute la Géométrie.

THÉORÊME I. ET FONDAMENTAL.

16. *Les trois angles d'un triangle pris ensemble sont égaux à deux angles droits*, ou, ce qui est la même chose, *ces trois angles ont pour mesure la demi-circonférence.*

DÉMONSTRATION.

Fig. 6. Par ce que nous venons de dire, tout triangle, comme ABC, peut être conçu inscrit dans un cercle; alors l'angle A aura pour mesure la moitié de l'arc BC, l'angle B aura pour mesure la moitié de l'arc CA, & l'angle C aura pour mesure la moitié de l'arc AB (Liv. I. art. 124). Or ces trois arcs font la circonférence entiere; donc les trois moitiés de ces trois arcs, font la demi-circonférence: par conséquent les trois angles du triangle pris ensemble, ont pour mesure la demi-circonférence; ils sont donc égaux à deux angles droits. Ce qu'il falloit démontrer.

On peut encore démontrer ce Théorême de la maniere suivante.

Fig. 7. Tirez par le point C une ligne DE parallele à la base AB; alors les deux angles alternes a & A formés par l'oblique CA, entre les paralleles seront égaux: pareillement les deux angles alternes b & B formés par l'oblique CB, seront aussi égaux. Or les trois angles a, C, b pris ensemble sont égaux à deux angles droits (Liv. I. art. 57): par conséquent, si à la place des deux angles a

&c b, on prend les deux autres A & B qui leur ſont égaux ; les trois angles A, C, B pris enſemble valent auſſi deux angles droits.

Ce Théorême eſt la fameuſe trente-deuxiéme propoſition du premier Livre d'Euclide.

COROLLAIRE I.

17. Si on prolonge un des côtés, comme AB, d'un triangle, Fig. 8.
l'angle extérieur CBD ou *g* ſera égal aux deux intérieurs oppoſés *m* & *o* pris enſemble : car l'angle extérieur *g* joint à l'angle *n* vaut deux angles droits (Liv. I. art. 54.) De même les angles *m* & *o* joints au même angle *n*, valent auſſi deux angles droits (6). Par conſéquent l'angle extérieur *g* eſt égal aux angles intérieurs oppoſés *m* & *o* pris enſemble. On peut prouver de la même maniere qu'en prolongeant le côté BC, l'angle extérieur ACE ou *h* eſt égal aux deux intérieurs oppoſés *m* & *n* pris enſemble. Pareillement, ſi on prolonge le côté CA, l'angle extérieur BAF ou *k*, ſera égal aux deux intérieurs *o* & *n*. La propoſition de ce Corollaire avoit déja été démontrée (Liv. I. art. 92 B) indépendamment du Théorême précédent.

COROLLAIRE II.

17 B. La ſomme des trois angles extérieurs d'un triangle vaut quatre angles droits : car l'angle intérieur *m* joint à l'angle extérieur *k* vaut deux angles droits. Pareillement les angles *n* & *g* valent enſemble deux angles droits : enfin les angles *o* & *h* valent auſſi deux angles droits par la même raiſon ; ainſi la ſomme des angles tant intérieurs qu'extérieurs d'un triangle vaut ſix angles droits. Or les a[illegible] intérieurs ou ſimplement les trois angles d'un triangle valent enſemble deux angles droits : donc les angles extérieurs valent quatre angles droits. Cette propriété convient à tous les polygones ; c'eſt-à-dire, que la ſomme de tous les angles extérieurs d'un polygone eſt égale à quatre angles droits. Nous le ferons voir dans la ſuite.

COROLLAIRE III.

18. Dans chaque triangle, dès que l'on connoît deux angles, on peut facilement connoître le troiſiéme : car le troiſiéme eſt toujours le ſupplément à 180 degrés : par exemple, ſi l'on connoît deux angles, dont l'un ſoit de 40 degrés, & l'autre de 80, on eſt aſſuré que le troiſiéme eſt de 60 degrés, parce que les

deux premiers pris ensemble, valent 120 degrés. Or le supplément de 120 degrés à 180 est 60.

19. Si dans un triangle on ne connoît que la valeur d'un angle, on pourra bien connoître la somme des deux autres angles; mais on ne pourra connoître la valeur de chacun en particulier : ainsi si l'angle connu étoit de 50 degrés, on sçauroit bien que la somme des deux autres est de 130 degrés; mais on ne connoîtroit pas de combien de degrés seroient l'un & l'autre de ces deux angles séparément.

COROLLAIRE IV.

20. Lorsque deux angles d'un triangle sont égaux à deux angles d'un autre triangle chacun à chacun, ou que la somme des deux dans le premier est égale à la somme des deux dans le second, pour lors le troisiéme angle du premier triangle est égal au troisiéme angle du second. Et si un angle du premier triangle est égal à un angle du second, la somme des deux autres dans le premier est égale à la somme des deux autres dans le second. Cela paroît clairement, tant par le Théorême fondamental, que par ce que l'on vient de dire dans le second Corollaire.

COROLLAIRE V.

21. Chaque triangle ne peut avoir qu'un angle droit, ou un seul obtus; de sorte que si un angle est droit ou obtus, les deux autres sont nécessairement aigus : autrement les trois angles pris ensemble, seroient plus grands que deux angles droits.

COROLLAIRE VI.

21 B. Dans un triangle rectangle les deux angles aigus sont complémens l'un de l'autre, c'est-à-dire, que la somme de ces deux angles vaut un angle droit : c'est encore une suite évidente de ce que les trois angles pris ensemble valent deux angles droits. Par conséquent si un de ces angles aigus est de 45 degrés, l'autre vaut aussi 45 degrés.

THÉORÊME II.

22. *Lorsque dans un triangle il y a des côtés égaux, les angles opposés à ces côtés sont aussi égaux, & réciproquement s'il y a des angles égaux, les bases ou côtés opposés sont égaux.*

DÉMONSTRATION.

Fig. 6. Soit le triangle ACB, dont le côté AC soit supposé égal au côté BC; je dis 1°. que l'angle en B opposé au côté AC est égal à l'angle en A opposé au côté BC : car les côtés AC & BC étant égaux, les arcs AC & BC qu sont soutenus par ces côtés, seront égaux, parce que les cordes égales soutiennent des arcs égaux; donc la moitié de l'arc AC, est égale à la moitié de l'arc BC. Or ces moitiés sont les mesures des angles en B & en A (Liv. I. art. 124); donc ces angles sont égaux. Ce qu'il falloit démontrer en premier lieu.

II. Partie. Si l'angle en B est égal à l'angle en A, les côtés opposés AC & BC sont égaux; car si les deux angles en B & en A sont égaux, leurs mesures, c'est-à-dire, la moitié de l'arc AC, & la moitié de l'arc BC sont égales; donc les arcs entiers AC & BC sont aussi égaux. Or les arcs égaux sont soutenus par des cordes égales; donc les cordes ou côtés AC & BC sont égaux. Ce qu'il falloit démontrer.

22 B. Il est évident, que si les trois côtés d'un triangle étoient égaux, les trois angles seroient aussi égaux; & que si les trois angles étoient égaux, les trois côtés le seroient aussi.

THÉORÊME III.

23. *Lorsque dans un triangle il y a des côtés inégaux, le plus grand angle est opposé au plus grand côté, & le plus petit angle est opposé au moindre côté.* On peut dire de même *que le plus grand côté est opposé au plus grand angle, & que le plus petit côté est opposé au plus petit angle.*

DÉMONSTRATION.

Si dans le triangle ACB l'angle en A est plus grand que chacun des deux autres, le côté BC qui lui est opposé, est le plus grand de tous : car si l'angle en A est plus grand, il faut que l'arc BC dont il a la moitié pour mesure, soit aussi plus grand que chacun des arcs AB & AC; & par conséquent la corde ou le côté BC sera plus grand que les autres côtés. Ce qu'il falloit démontrer. Fig. 6.

On prouvera de même, que si l'angle en C est le plus petit, le côté opposé AB est aussi moindre que chacun des côtés AC & BC.

THÉORÊME IV.

24. *Lorsqu'un triangle est isocele, si du sommet de l'angle compris entre les côtés égaux, on abbaisse une perpendiculaire sur la base. 1°. Cette base sera coupée en deux parties égales. 2°. L'angle compris entre les côtés égaux sera aussi partagé également.* Cela convient aussi au triangle équilateral, puisqu'il est isocele.

Fig. 9. Soit le triangle isocele ACB, & que du sommet de l'angle C, on tire la perpendiculaire CD sur la base AB ; je dis, 1°. que cette perpendiculaire coupe la base en deux parties égales. 2°. Qu'elle partage aussi l'angle C en parties égales. Pour le démontrer, il faut du point C ; comme centre, & de l'intervalle CA ou CB, décrire une circonférence, & prolonger la perpendiculaire CD jusqu'à la rencontre de la circonférence en E. Cela posé, le Théorême est facile à prouver.

DÉMONSTRATION.

I. PARTIE. La base AB est une corde du cercle dont le point C est le centre, & par conséquent la ligne CD, qui est supposée perpendiculaire à la corde, la coupe nécessairement en deux parties égales (Liv. I. art. 103.)

II. PARTIE. La perpendiculaire CDE étant tirée du centre, & coupant la corde AB en deux parties égales, coupe aussi (Liv. I. art. 104) l'arc AEB, soutenu par la corde, en deux parties égales, sçavoir, AE & BE. Or AE est la mesure de l'angle ACE, & BE est la mesure de l'angle BCE; donc ces angles sont égaux : ainsi la perpendiculaire coupe l'angle C en deux parties égales. Ce qu'il falloit démontrer.

COROLLAIRE.

25. Si on tire du point C une ligne qui divise l'angle C en deux parties égales, il est clair qu'elle ne differera pas de la perpendilaire CD : par conséquent, si une ligne divise en parties égales l'angle compris entre les côtés égaux d'un triangle isocele, elle sera perpendiculaire à la base, & la coupera en deux parties égales. Il est évident par la même raison, que si une ligne tirée de cet angle coupe la base en parties égales, elle sera perpendiculaire à la base, & divisera l'angle en deux également.

25 B. Il paroît donc par ce Corollaire & le Theorême, que quand une ligne qui est tirée du sommet de l'angle compris entre les côtés égaux d'un triangle isocele, à une de ces trois conditions, être perpendiculaire sur la base, couper la base en deux parties égales, & partager en deux également l'angle compris entre les côtés égaux, elle a aussi les deux autres.

Ce que nous avons dit dans le premier Livre art. 161, renferme une proposition plus générale que le Corollaire : car il paroît par ce qui a été démontré en cet endroit, que dans tout triangle si une ligne tirée du sommet d'un angle sur sa base divise cet angle en deux également, elle coupera la base en parties proportionnelles aux deux côtés de l'angle; & réciproquement si la ligne tirée du sommet coupe la base en parties proportionnelles aux côtés, elle divisera l'angle par le milieu.

26. On peut distinguer six choses dans un triangle; sçavoir, trois côtés & trois angles : mais parce que deux angles étant donnés & déterminés, le troisiéme l'est aussi; il suffira de considérer ici cinq choses; sçavoir, trois côtés & deux angles. Or si dans un triangle, trois de ces cinq choses sont égales aux trois correspondantes dans un autre triangle, les deux triangles sont égaux en tout.

Il y a quatre cas. 1°. Ou bien un des côtés d'un triangle, & les deux angles sur ce côté sont égaux à un côté d'un autre triangle, & aux deux angles sur ce côté. 2°. Ou deux côtés & un angle compris entre ces côtés du premier triangle, sont égaux à deux côtés & à un angle compris entre ces côtés du second. 3°. Ou bien deux côtés & un angle opposé à un de ces côtés dans le premier triangle sont supposés égaux à deux côtés & à un angle opposé à un de ces côtés dans le second triangle. 4°. Enfin il peut arriver que les trois côtés du premier triangle soient égaux aux trois côtés d'un autre triangle respectivement, c'est-à-dire, chacun à chacun.

Nous allons démontrer dans les quatres Théorêmes suivans, qu'en tous ces cas, les deux triangles sont égaux, en observant néanmoins que dans le troisiéme cas il faut encore supposer, que l'autre angle sur la base du premier triangle est de même espéce que son correspondant dans le second triangle, comme on le verra dans le septiéme Théorême.

THÉORÊME V.

27. *Si un côté, comme bc, du triangle bac est égal au côté* BC *du triangle* BAC, *& que les deux angles b & c sur le premier côté soient égaux aux angles* B *&* C *sur l'autre côté, les deux triangles seront égaux en tout.* Fig. 10.

DÉMONSTRATION.

Qu'on conçoive le côté *bc* appliqué sur le côté BC, le point *b* sur le point B, & le point *c* sur le point C. Puisque les angles *b* & B sont égaux, le côté *ba* sera posé sur le côté BA; & de même le côté *ca* sera appliqué sur le côté CA, parce que les angles *c* & C sont égaux; par conséquent les deux côtés *ba* & *ca* iront se réunir au même point que les deux autres côtés BA & CA; donc les deux triangles conviendront entierement; ainsi ils seront parfaitement

Fig. 10. égaux ou égaux en tout, c'est-à-dire, quant aux angles, aux côtés & aux espaces. Ce qu'il falloit démontrer.

27 B. Cette maniere de prouver l'égalité de deux figures, en concevant que l'une est appliquée sur l'autre, est appellée démonstration par *superposition*.

27 C. Les deux côtés *bc* & BC étant toujours supposés égaux, si les deux angles *b* & *a* étoient égaux aux angles correspondans B & A, les triangles seroient pafaitement égaux ; parce que pour lors l'angle *c* seroit égal à l'autre angle C : ainsi les deux angles sur le côté *bc* seroient égaux aux deux angles sur le côté BC : ce qui reviendroit au cinquiéme Théorême.

Fig. 11. 28. Remarquez qu'il peut arriver que deux triangles soient inégaux, quoiqu'un côté du premier soit égal à un côté du second, & que les trois angles de l'un, soient égaux aux trois angles de l'autre, si ces angles égaux ne sont pas correspondans : par exemple, dans les deux triangles BAC & BDC, le côté BC est commun aux deux triangles, & par conséquent il est égal de part & d'autre : il en est de même de l'angle C : d'ailleurs, il se peut faire que l'angle A du grand triangle soit égal à l'angle DBC du petit, & que par conséquent l'angle ABC du grand, soit égal à l'angle BDC du petit.

THÉORÊME VI.

Fig. 10. 29. *Si deux côtés, comme ab & ac, du triangle a b c, sont égaux aux côtés* AB *&* AC *du triangle* ABC, *& que de plus l'angle a compris entre les deux premiers côtés, soit égal à l'angle* A *compris entre les deux autres côtés, les deux triangles seront égaux en tout.*

DÉMONSTRATION.

Qu'on conçoive le côté *ab* du premier triangle appliqué sur le côté AB de l'autre, ensorte que le point *a* soit sur le point A ; il faut, à cause de l'égalité des deux angles *a* & A, que le côté *ac* soit posé sur le côté AC : dans cette hypothèse le point *b* tombera sur le point B, & le point *c* sur le point C, parce que les deux côtés *ab* & *ac* sont égaux aux côtés AB & AC ; par conséquent la base *bc* conviendra avec la base BC, & les deux triangles conviendront entierement ; donc ils seront égaux en tout. Ce qu'il falloit démontrer.

THÉORÊME. VII.

Fig. 12. 30. *Si les deux côtés a b & a c du triangle a b c sont encore égaux aux côtés* AB *&* AC *du triangle* ABC, *& que l'angle b opposé au côté a c, soit*

ſoit égal à l'angle B *oppoſé au côté* AC ; *ſi de plus, les angles c & C oppoſés aux autres côtés ab & AB ſont de même eſpéce, c'eſt-à-dire, ou tous deux aigus ou tous deux obtus, ſans les ſuppoſer égaux ; pour lors les deux triangles ſeront égaux en tout.* Fig. 12.

DÉMONSTRATION.

Qu'on conçoive le côté *ba* poſé ſur le côté BA, en ſorte que le point *b* ſoit ſur le point B, & le point *a* ſur le point A ; pour lors la baſe *bc* ſera appliquée ſur la baſe BC, à cauſe de l'égalité des angles *b* & B : mais comme les baſes n'ont point été ſuppoſées égales, il faut démontrer que le point *c* tombera ſur le point C : pour cela il faut tirer du point A la perpendiculaire AD ſur la baſe BC prolongée s'il eſt néceſſaire ; cela poſé, je raiſonne ainſi : Les lignes *ac* & AC ſeront toutes les deux du même côté de la perpendiculaire, ou la premiere d'un côté, & la ſeconde d'un autre. Or ce ſecond cas eſt impoſſible : car ſi la ligne *ac* tomboit, par exemple, à la gauche de la perpendiculaire, en ſorte que ſon extrémité *c* fût ſur le point E, tandis que la ligne AC eſt à la droite, il eſt viſible que l'angle *acb* ou AEB ſeroit obtus, & l'angle ACB aigu : ce qui eſt contre l'hypothèſe, puiſque ces deux angles ſont ſuppoſés de même eſpéce : par conſéquent il eſt néceſſaire que les deux lignes *ac* & AC ſoient du même côté de la perpendiculaire. Mais d'ailleurs ces deux lignes ſont des obliques égales ; ainſi elles doivent être également éloignées de la perpendiculaire : donc *ac* tombera ſur AC, & le point *c* ſur le point C ; ainſi les deux triangles conviendront parfaitement ; par conſéquent ils ſeront égaux en tout. Ce qu'il falloit démontrer.

31. Remarquez que ſi les deux angles *b* & B, que l'on a ſuppoſés égaux, étoient droits ou obtus, pour lors les deux angles *c* & C ſeroient aigus, & par conſéquent de même eſpece : c'eſt pourquoi ſi les angles égaux ſont droits ou obtus, on n'a pas beſoin de ſuppoſer la quatriéme condition marquée dans l'énoncé du Théorême, pour que deux triangles ſoient égaux dans le troiſiéme cas.

32. Remarquez encore que ſi on compare deux triangles rectangles, l'angle droit de l'un eſt néceſſairement égal à l'angle droit de l'autre, & par conſéquent ces triangles ſeront égaux, ſi un autre angle & un côté du premier triangle ſont égaux à un angle & au côté correſpondant du ſecond, ou ſi deux côtés du premier triangle ſont égaux à deux côtés correſpondans du ſecond, cela ſuit des Théorêmes précédens : car pour lors il y aura trois choſes

dans un des triangles rectangles, égales aux trois correspondantes de l'autre; ainsi ces triangles seront égaux.

THÉORÊME VIII.

Fig. 13. 33. *Si les trois côtés d'un triangle, comme abc, sont égaux aux trois côtés d'un autre triangle* ABC, *les deux triangles seront parfaitement égaux.*

DÉMONSTRATION.

Pour démontrer ce Théorême, il faut du point C comme centre, & de l'intervalle CB, décrire une circonférence, & ensuite prolonger le côté AC jusqu'à la rencontre de la circonférence au point H. Nous avons démontré (Liv. I, art. 106), qu'entre les autres lignes qu'on peut tirer du point A à la circonférence, celle qui est plus éloignée de la sécante AH, est la plus courte. Cela posé, concevez le côté *ac* appliqué sur le côté AC, le point *a* sur le point A, & le point *c* sur le point C: il est visible que si le point *b* tombe sur le point B, les deux triangles conviendront entierement; & par conséquent ils seront égaux en tout. Or il est nécessaire que le point *b* tombe sur le point B: car le côté *cb* est égal au côté CB; donc il est rayon de la circonférence décrite; par conséquent son extrémité *b* doit tomber sur un point de cette circonférence: il faut donc prouver qu'il ne peut tomber sur un point différent du point B, par exemple, sur les points E ou F: ce que je fais voir en cette maniere, après avoir tiré les lignes AE & AF: si le point *b* tomboit sur le point E, le côté *ab* seroit égal à la ligne AE: mais AE est plus petite que AB (Liv. I, art. 106); donc le côté *ab* seroit aussi plus petit que le côté AB; ce qui est contre l'hypothèse. Au contraire si le point *b* tomboit sur le point F, le côté *ab* seroit égal à la ligne AF, & par conséquent il seroit plus grand que le côté AB (Liv. I, art. 106): ce qui est encore contre l'hypotèse. Par conséquent le côté *ac* étant appliqué sur le côté AC, il faut que le point *b* tombe sur le point B: donc les deux triangles conviendront entierement; donc ils sont égaux en tout. Ce qu'il falloit démontrer.

AUTRE DÉMONSTRATION.

Concevez le côté *bc* appliqué sur le côté BC, le point *b* sur le point B & le point *c* sur le point C. Il faut prouver que le point *a* tombera sur le point A. Pour cela il faut du point B ou *b* comme centre, & de l'intervalle BA ou *ba* décrire un arc de cercle: pareillement du point C ou *c* comme centre, & de l'intervalle CA ou *ca*, on décrira un autre arc de cercle qui coupe le 1er. Il eſt évident que le point A en tant qu'il appartient à la ligne AB doit être ſur le 1er arc, & que ce même point en tant qu'il eſt l'extrémité de CA doit auſſi être ſur le ſecond arc : par conſéquent ce point devant être ſur l'un & ſur l'autre arc, doit ſe trouver au point d'interſection qui eſt commun aux deux arcs. Par la même raiſon le point *a* doit tomber ſur le même point d'interſection. Donc le point *a* ſera ſur le point A. Par conſéquent les deux triangles conviennent en tout. Ce qu'il falloit démontrer.

34. Remarquez que ſi deux côtés, comme AB & AC du triangle BAC ſont égaux aux deux côtés *ab* & *ac* d'un autre triangle *bac*, & que l'angle en A ſoit plus grand que l'angle en *a*, la baſe BC du premier ſera plus grande que la baſe *bc* du ſecond : car l'angle A étant plus grand que l'angle *a*, l'ouverture des deux premiers côtés ſera plus grande, & par conſéquent la baſe ſera plus grande que l'autre baſe. Réciproquement les deux côtés étant toujours ſuppoſés égaux de part & d'autre, chacun à chacun, il eſt évident que ſi la baſe BC eſt plus grande que la baſe *bc*, l'angle A ſera plus grand que l'angle *a* du ſecond triangle. Fig. 14.

34 B. Les deux triangles BAC, *bac* étant ſuppoſés iſoceles, & les deux baſes BC, *bc* des deux angles A, *a* compris entre les deux côtés égaux égales entr'elles, ſi les deux côtés de l'angle A ſont plus longs que ceux de l'angle *a*, le premier de ces angles ſera moindre que l'autre. Car ſi du ſommet de ces angles & de l'intervalle des côtés AB, *ab*, on conçoit des circonférences décrites, les baſes BC, *bc* étant égales par l'hypothèſe, la premiere ſoutiendra un arc de moins de degrés que l'autre, parce que cette premiere baſe ſera la corde d'un plus grand cercle ; par conſéquent l'angle A ſera moindre que l'angle *a*.

C'eſt comme ſi on diſoit qu'un angle devient d'autant plus petit que ſa baſe s'éloigne plus du ſommet, cette baſe ayant toujours la même longueur, & les deux côtés de l'angle étant toujours égaux entr'eux.

PROBLÊME I.

35. *Faire un triangle qui ait un côté égal à la ligne donnée* N, *& les deux angles ſur ce côté égaux aux angles donnés* H *&* G.

Tirez BC égale à la ligne donnée N ; enſuite tirez aux points B & C des lignes qui faſſent ſur BC des angles égaux aux angles données H & G : ces deux lignes prolongées ſe rencontreront en un point, comme A, & formeront le triangle BAC avec les conditions propoſées. Fig. 15. & 16.

PROBLÊME II.

36. *Faire un triangle qui ait deux côtés égaux aux lignes données* L *&* M, *& l'angle compris entre ces côtés égal à l'angle donné* K.

Tirez une ligne AB égale à une des proposées L; & de l'extrémité A tirez la ligne AC, que vous prendrez égale à l'autre proposée M, & qui fasse l'angle BAC égal à l'angle K; (Liv. I. art. 61) ensuite menez une ligne du point B au point C; elle formera le triangle cherché ABC.

PROBLÊME III.

Fig. 15. & 17. 37. *Faire un triangle qui ait deux côtés égaux à deux lignes données* L *&* M, *& l'angle opposé à l'une de ces lignes* M, *égal l'angle donné* H.

Tirez l'indéterminée BZ, puis à une de ses extrémités, comme B, tirez la ligne AB qui soit égale à L, & qui fasse avec BZ un angle égal à l'angle donné H; ensuite du point A pris pour centre, & d'un intervalle égal à l'autre ligne M, décrivez un arc de cercle qui coupera la ligne BZ dans un seul point, si la ligne M est plus grande ou égale à la premiere ligne L: c'est pourquoi tirant une ligne du point A au point d'intersection de l'arc & de l'indéterminée BZ, on aura le triangle BAC fait selon les conditions proposées.

Fig. 15. & 18. Mais si la ligne M étoit plus petite que L, comme on le suppose dans la Figure 18, & que cependant elle fut plus grande que la perpendiculaire AD; alors l'arc décrit du point A & de l'intervalle de la ligne M, couperoit BZ en deux points: c'est pourquoi afin de déterminer le triangle, il faut sçavoir si l'angle opposé au côté AB doit être obtus ou aigu; s'il est obtus, tirez AE; s'il est aigu, tirez AC, & vous aurez le triangle cherché BAE dans le premier cas, & BAC dans le second.

Si la ligne M étoit égale à la perpendiculaire, pour lors l'arc toucheroit BZ seulement au point D: ainsi la ligne qu'il faudroit tirer du point A pour achever le triangle, seroit la perpendiculaire même.

Enfin si la ligne M étoit plus courte que la perpendiculaire, le Problême seroit impossible, parce qu'une ligne tirée du point A & égale à M, ne rencontreroit pas l'indéterminée BZ.

PROBLÊME IV.

Fig. 15. & 16. 38. *Faire un triangle qui ait les trois côtés égaux aux trois lignes données* L, M, N.

Tirez une ligne BC égale à une des lignes proposées N; ensuite de l'une de ses extrémités B comme centre, & de l'intervalle de la ligne L, décrivez un arc; & de l'autre extrémité C, & de l'intervalle de la ligne donnée M, décrivez un second arc qui coupe le premier au point A : enfin menez des lignes des points B & C au point d'intersection A, & vous aurez le triangle cherché BAC. Fig. 15. & 16.

39. Il faut remarquer que deux des lignes données prises ensemble, doivent être plus grandes que la troisiéme : par exemple, dans la Fig. 16 les deux côtés AC & BC pris ensemble sont nécessairement plus grands que le troisiéme côté, parce que AB étant une ligne droite tirée du point A au point B, il faut qu'elle soit plus courte que ACB (Liv. I, art. 5.)

39 B. On peut aisément par la méthode de ce Problême, faire un triangle régulier ou équilatéral, soit que le côté soit donné ou non. Il n'y a qu'à décrire les deux arcs d'un intervalle égal au côté qu'on a tiré d'abord, & que nous avons nommé BC dans le Problême.

PROBLÊME V.

39 C. *Faire un triangle rectangle dont la base opposée à l'angle droit* (on appelle cette base *hypotenuse*) *soit égale à la ligne donnée* L, *&* *un des côtés de l'angle droit soit égal à l'autre ligne* M; Fig. 30.

Tirez la ligne BC égale à L : coupez cette ligne BC en deux parties égales : ensuite du point d'intersection F & de l'intervalle FB ou FC décrivez une demi-circonférence : après cela prenez avec le compas la longueur de l'autre ligne donnée M, & ayant posé une des pointes du compas sur une extrémité du diametre BC, par exemple sur B, décrivez un petit arc qui coupe la demi-circonférence au point A : Enfin tirez du point d'intersection A les lignes AB & AC, vous aurez le triangle BAC tel qu'on le demande.

Car 1°. il est évident que l'angle inscrit BAC est droit, puisqu'il est appuyé sur le diametre. 2°. La base de l'angle droit est égale par la construction à la ligne donné L. 3°. Enfin le côté AB de l'angle droit est égal à la ligne donnée M, parce que le petit arc a été décrit du point B comme centre, & de l'intervalle de cette ligne.

39 D. Il faut que la ligne donnée L soit plus longue que l'autre, sans quoi le Problême seroit impossible; car dans un triangle le côté opposé au plus grand angle est nécessairement plus grand que chacun des deux autres côtés.

39 E. S'il n'y avoit qu'une ſeule ligne donnée, ſçavoir, la baſe de l'angle droit, le Problême ſeroit plus facile : car après avoir décrit la demi-circonférence, on pourroit tirer indifféremment les deux lignes AB & AC de chaque point de la demi-circonférence, excepté des deux extrémités B & C.

DU PERIMETRE ET DES ANGLES du Quadrilatere.

39 F. Le *quadrilatere* ou *Tetragone*, comme nous avons dit, eſt une figure terminée par quatre lignes droites : la ligne droite qui eſt tirée d'un angle du quadrilatere à l'angle oppoſé, comme AD dans la Figure 19, ſe nomme *diagonale* & quelquefois *diametre.*

40. Si un quadrilatere n'a aucuns de ſes côtés paralleles, ou s'il n'en a que deux, on le nomme *trapeze ;* tel eſt le quadrilatere de la Figure 19 : mais lorſque chaque côté eſt parallele au côté oppoſé, le quadrilatere eſt appellé *parallelogramme*, comme CABD Figure 23. Si les angles du parallelogramme ſont droits, il eſt appellé *rectangle ;* & ſi tous les côtés du rectangle ſont égaux, on le nomme *quarré*, comme ABCD, Figure 21. Mais lorſque les ſeuls côtés oppoſés du rectangle ſont égaux, on l'appelle rectangle *oblong*, comme dans la Fig. 20. Si les angles du parallelogramme ſont obliques, il s'appelle *obliquangle.* Il y en a de deux ſortes : le *Rhombe* & le *Rhomboïde.* Un Rhombe eſt un parallelogramme obliquangle dont les quatre côtés ſont égaux, comme ABCD, Figure 22. On l'appelle auſſi *loſange.* Un Rhomboïde eſt un parallelogramme obliquangle dont les ſeuls côtés oppoſés ſont égaux, tel eſt celui de la Figure 23 : ainſi en reprenant tout ce ce qu'on vient de dire, on trouvera les diviſions ſuivantes. Le quadrilatere ſe diviſe d'abord en trapeze & en parallelogramme. Il y a deux eſpeces de parallelogrammes, le rectangle & l'obliquangle. Le rectangle ſe ſubdiviſe en quarré & en rectangle oblong. De même on ſubdiviſe le parallelogramme obliquangle en Rhombe & en Rhomboïde. Le rectangle oblong ſe nomme ſouvent rectangle, ſans ajouter *oblong.*

40 B. On peut donc définir 1°. le parallelogramme un quadrilatere dont les côtés oppoſés ſont paralleles. 2°. Le rectangle, un parallelogramme dont les angles ſont droits, & par conſéquent égaux. 3°. Le quarré, un rectangle dont les côtés ſont égaux.

40 C. Il ſuit des notions qu'on vient de donner, que tout parallelogramme eſt quadrilatere ; mais tout quadrilatere n'eſt

pas parallelogramme ; de même tout rectangle eſt parallelogramme ; mais tout parallelogramme n'eſt pas rectangle : enfin tout quarré eſt rectangle, mais tout rectangle n'eſt pas quarré. Le ſeul mot de *rectangle* ſignifie un parallelogramme rectangle : mais pour ſignifier un triangle rectangle il ne ſuffiroit pas de dire ou d'écrire *un rectangle*, il faut ajouter le mot de triangle, en diſant *un triangle rectangle.*

41. Nous obſerverons ici trois choſes 1°. Un quadrilatere peut être déſigné ou par quatre lettres placées aux ſommets des angles, ou ſeulement par deux lettres qui ſont aux ſommets des angles oppoſés : ainſi le quadrilatere de la Figure 19 peut être déſigné par les quatre lettres A, C, D, B, ou par les deux A, D, ou enfin par les deux autres B, C. 2°. Quand on dit le quarré d'une ligne, on entend un quarré dont chacun des côtés eſt égal à la ligne : par exemple, le quarré de la ligne EF (Figure 21) eſt un quarré comme ABCD, dont chaque côté eſt égal à EF. 3°. Lorſqu'on veut déſigner le quarré d'une ligne, telle que EF, on écrit $\overline{EF}^2$; ainſi cette expreſſion $\overline{EF}^2$ ſignifie le quarré de la ligne EF.

42. Il faut remarquer que dans tout quadrilatere, comme ACDB la ſomme des quatre angles eſt toujours égale à quatre angles droits : car ſi on tire la diagonale AD, elle diviſera le quadrilatere en deux triangles, dont les angles ſeront formés des angles même du quadrilatere. Or, comme nous avons démontré ci-deſſus, les trois angles du triangle ſont égaux à deux angles droits. Donc tous les angles des deux triangles ſont égaux à quatre angles droits ; & par conſéquent tous les angles du quadrilatere pris enſemble valent quatre angles droits. Fig. 19.

42 B. Si le quadrilatere eſt inſcrit dans un cercle, la ſomme des angles oppoſés eſt égale à deux angles droits, parce que ces deux angles qui ſont inſcrits ſont appuyés ſur toute la circonférence, & par conſéquent ils ont pour meſure la demi-circonférence. Cela paroît dans la Figure 53 du premier Livre, dans laquelle les angles oppoſés A & F du quadrilatere ED ſont appuyés ſur toute la circonférence auſſi-bien que les angles oppoſés E & D.

43. Dans tout parallelogramme comme CABD, les côtés oppoſés AB & CD, ou AC & BD ſont égaux entr'eux ; de plus les deux angles ſur le même côté, comme A & B, ou A & C pris enſemble, ſont égaux à deux angles droits ; enfin les angles oppoſés comme A & D, ou C & B ſont égaux entr'eux. Tout Fig. 23.

cela a été démontré en parlant des paralleles (Liv. I, art. 97).

44. Delà il ſuit 1°. que ſi on tire une diagonale, comme AD, dans un parallelogramme, elle le diviſera en deux parties égales qui ſont les triangles ACD & DBA (33); car les trois côtés du premier, ſçavoir AC, CD & AD ſont égaux aux trois côtés BD, AB & AD du ſecond.

44 B. 2°. Que dans tout parallelogramme un angle, comme A, ne peut être droit que tous les autres angles ne le ſoient auſſi : car ſi l'angle A eſt droit, ſon oppoſé D le ſera auſſi : de même l'angle B ſera droit, parce que les deux angles A & B valent enſemble deux angles droits : donc l'angle C oppoſé à B ſera auſſi droit.

44 C. 3°. Que ſi deux côtés, comme AC & AB, qui forment l'angle CAB, ſont égaux, les deux autres côtés ſont auſſi égaux, parce que BD eſt égal à AC, & CD eſt égal à AB.

Fig. 22. 44 D. Le milieu de la diagonale d'un parallelogramme eſt appellé le centre de ce parallelogramme. Tel eſt le point M de la diagonale AD. Toutes les lignes droites qui paſſent par le centre, & qui ſont terminées de part & d'autre par les côtés oppoſés du parallelogramme ſont coupées en deux parties égales dans ce centre : KM, par exemple, eſt égal à LM. Car les angles du triangle AKM ſont égaux à ceux du triangle DLM, parce que les angles A & K du premier ſont alternes par rapport à ceux du ſecond, D & L. D'ailleurs les côtés AM & DM ſont égaux par l'hypothèſe, donc les deux triangles ſont égaux en tout (27). Ainſi le côté KM eſt égal au côté LM.

PROBLÊME

Fig. 23. 45. *Faire un parallelogramme qui ait ſes côtés égaux aux lignes données* M *&* N *& un angle égal à l'angle donné* O.

Faites l'angle en A égal à l'angle donné O; & ſur les côtés prenez AB & AC égaux aux lignes données M & N; enſuite du point C & de l'intervalle AB décrivez un arc de cercle, & du point B & de l'intervalle AC décrivez un autre arc qui coupe le précédent en D : tirez les lignes CD & BD, & vous aurez le parallelogramme propoſé.

Il eſt aiſé de concevoir que le quadrilatere CABD aura ſes côtés égaux aux lignes données M & N, puiſque les deux côtés AB & AC ont été pris égaux à ces lignes, & que d'ailleurs les arcs ont été décrits de l'intervalle de ces mêmes lignes M & N : ce qui fait voir que les autres côtés CD & BD ſont égaux aux premiers. Or les côtés oppoſés ne peuvent être égaux ſans qu'ils ſoient

ſoient paralleles: car que l'on conçoive une diagonale tirée du point A au point D, le quadrilatere ſera diviſé en deux triangles parfaitement égaux (33), puiſque les trois côtés de l'un ſeront égaux aux trois côtés de l'autre; ainſi l'angle ADC du triangle ſupérieur eſt égal à l'angle DAB du triangle inférieur, parce que ces deux angles ſont oppoſés à des côtés égaux; & par conſéquent ces deux angles égaux étant alternes, les deux côtés CD & AB ſont paralleles (Liv. I, art. 95). Par la même raiſon, les deux côtés AC & BD ſont paralleles, puiſque les angles alternes DAC & ADB, qui ſont des angles oppoſés à des côtés égaux dans les deux triangles, ſont égaux; donc le quadrilatere CABD eſt un parallelogramme. Fig. 23.

45 B. Il paroît par cette démonſtration qu'un quadrilatere dont chaque côté eſt égal au côté oppoſé eſt un parallelogramme, c'eſt la propoſition inverſe de la premiere partie de l'art. 43. dans laquelle on a dit que dans tout parallelogramme les côtés oppoſés ſont égaux, ou ce qui revient au même, ſi un quadrilatere eſt un parallelogramme, chaque côté eſt égal au côté oppoſé.

45 C. Si on propoſe ſeulement de faire un parallelogramme, en ſorte que l'angle O ne ſoit pas donné, ni les côtés M & N, on fera l'angle en A à diſcrétion, & on prendra les côtés AB & AC de quelle longueur on voudra; ainſi le Problême en ſera plus facile.

46. On peut ſe ſervir de la même méthode pour faire un quarré, pourvû qu'on tire la ligne AC perpendiculaire & égale au côté AB.

Après avoir traité des triangles & des quadrilateres, conſidérés ſelon leurs côtés & leurs angles, qui ſont les deux eſpéces de figures les plus ſimples, nous allons parler 1°. des polygones en général, 2°. des polygones ſemblables, 3°. des polygones réguliers.

DES POLYGONES EN GÉNÉRAL.

Nous avons donné ci-deſſus (7 & 8) la définition du polygone en général & celle d'un polygone régulier.

THÉORÊME

47. *Tous les angles d'un polygone quelconque, ſont égaux à deux fois autant d'angles droits moins quatre que le polygone a de côtés.* Par exemple, ſi le polygone a cinq côtés, pour connoître combien d'angles droits valent tous les angles de ce polygone, il n'y a qu'à

prendre le double de cinq, & l'on aura dix, dont il faut ôter quatre, & il reste six; ainsi tous les angles du pentagone pris ensemble valent six angles droits. De même si l'on veut connoître combien d'angles droits valent tous les angles d'un polygone de 1000 côtés, il n'y a qu'à doubler 1000, & l'on aura 2000, dont il faut ôter quatre, il reste 1996; ce qui marque que tous les angles d'un polygone de 1000 côtés valent 1996 angles droits.

On peut énoncer ce Théorême autrement, en cette maniere, *Tous les angles d'un polygone quelconque, sont égaux à deux fois autant d'angles droits, que le polygone a de côtés moins deux*; par exemple, le pentagone ayant cinq côtés, il faut en ôter deux; il en restera trois, dont le double qui est six, marque que les angles du pentagone valent six angles droits.

DÉMONSTRATION.

Fig. 24. Du point A sommet d'un des angles de la Figure, il faut tirer des lignes à tous les autres angles, excepté aux deux plus proches, qui sont B & E; ces lignes formeront autant de triangles, moins deux, qu'il y a de côtés ou d'angles dans le polygone; en sorte que s'il y a cinq côtés, il y aura cinq triangles moins deux, c'est-à-dire, trois: de plus, les angles de ces triangles ne sont formés que des angles du polygone. Cela posé, je raisonne ainsi: S'il y avoit autant de triangles qu'il y a de côtés dans le polygone, comme les angles de chaque triangle valent deux angles droits, les angles des triangles formés dans le polygone vaudroient autant de fois deux angles droits, qu'il y a de côtés dans le polygone; c'est-à-dire, que les angles du polygone pris ensemble seroient égaux à deux fois autant d'angles droits, qu'il y a de côtés: mais il n'y a pas autant de triangles qu'il y a de côtés: il s'en faut deux, & les angles de deux triangles valent quatre angles droits: par conséquent les angles du polygone valent deux fois autant d'angles droits moins quatre, qu'il y a de côtés dans le polygone. Ce qu'il falloit démontrer.

AUTRE DÉMONSTRATION.

Il faut tirer de tous les sommets des angles du polygone des lignes à un même point pris dans sa surface: telles sont dans la Figure 34, les lignes AF, BF, CF, DF, EF. Ces lignes partagent le polygone en autant de triangles qu'il a de côtés: & les angles de chaque triangle valent ensemble deux angles droits. Donc en prenant tous les angles des triangles, la somme vaut deux fois autant d'angles droits qu'il y a de triangles ou de côtés. Or les angles qui sont autour du point F ne font pas partie des angles du polygone ; & ces angles valent quatre angles droits (Liv. I, art. 58). Donc tous les autres angles des triangles, lesquels appartiennent au polygone, valent deux fois autant d'angles droits moins quatre, qu'il y a de côtés dans le polygone.

COROLLAIRE I.

48. Si on prolonge d'un côté chacune des lignes qui font le perimetre d'un polygone, tous les angles externes qui sont ici FAB, GBC, HCD, KDE, LEA pris ensemble seront égaux à quatre angles droits : car chaque angle interne, comme EAB, & l'angle externe FAB, qui est son supplément, valent ensemble deux angles droits (Liv. I, art. 54) ; & par conséquent, en prenant conjointement les angles tant internes, qu'externes du polygone, on aura autant de fois la valeur de deux angles droits, qu'il y a d'angles internes ou de côtés dans le polygone ; c'est-à-dire, que les angles internes & externes pris ensemble sont égaux à deux fois autant d'angles droits, qu'il y a de côtés dans le polygone. Or les seuls angles internes valent deux fois autant d'angles droits moins quatre, qu'il y a de côtés ; donc la somme de tous les angles externes d'un polygone, ne vaut que quatre angles droits. On suppose ici qu'il n'y a point d'angles rentrans. Fig. 25.

COROLLAIRE II.

49. La somme des angles externes d'un polygone, est égale à la somme des angles externes d'un autre polygone, soit que les polygones aient le même nombre de côtés, soit que l'un en ait plus que l'autre. Cela suit évidemment du premier Corollaire, puisque l'une & l'autre somme est égale à quatre angles droits.

COROLLAIRE III.

50. Lorsque deux polygones réguliers ont chacun le même nombre de côtés, les angles de l'un sont égaux aux angles de l'autre : par exemple, soient deux pentagones réguliers, je dis que les angles de l'un sont égaux aux angles de l'autre, chacun à chacun : car les cinq angles d'un pentagone sont égaux à six angles droits par le Théorême. Or ces cinq angles sont égaux entr'eux, puisque l'un & l'autre pentagone est régulier ; donc chacun des angles est la cinquiéme partie de six angles droits dans l'un & l'autre pentagone ; ainsi les angles de l'un sont égaux aux angles de l'autre.

DES POLYGONES OU FIGURES SEMBLABLES.

51. Nous avons dit (9) que deux figures sont semblables, lorsque chaque angle de l'une est égal à chaque angle de l'autre dans le même ordre, & que les côtés de la premiere sont proportion-
Fig. 31. nels aux côtés correspondans de la seconde. Ces côtés correspondans, comme *ab* & AB, *bc* & BC, *cd* & CD, *de* & DE, *ef* & EF, &c. sont appellés *homologues*: deux côtés sont donc appellés homologues lorsqu'ils sont situés de la même maniere dans les deux figures par rapport aux angles & aux autres côtés; ainsi afin que deux côtés soient homologues, il faut que les angles entre lesquels est situé le premier soient égaux respectivement à ceux entre lesquels se trouve le second. Par exemple *ab* & AB sont homologues, parce que les angles *a* & *b* sont égaux aux angles A & B.

51 B. Dans deux triangles semblables, les côtés homologues ou correspondans, sont opposés à des angles égaux: ainsi dans la Figure 28, les côtés homologues *ab* & AB sont opposés aux angles égaux, *c* & C : de même les côtés homologues *ac* & AC sont opposés aux angles égaux *b* & B. Il en est de même des deux autres côtés homologues *cb* & CB.

Fig. 26. 52. Remarquez que les angles d'un polygone, peuvent être égaux respectivement aux angles d'un autre polygone, quoique les côtés de l'un ne soient pas proportionnels à ceux de l'autre: car soient, par exemple, deux exagones semblables, le premier *abcdef*, & le second ABCDEF : si vous prolongez deux côtés du second, comme BC & ED, (il en faut choisir deux qui soient séparés l'un de l'autre par un troisiéme, qui est ici CD), & si vous tirez la ligne GH parallele au côté CD, vous aurez un troisiéme exagone ABGHEF, dont les angles sont égaux à ceux du second, à cause des paralleles GH & CD; par conséquent les angles de ce troisiéme exagone sont aussi égaux à ceux du premier. Cependant les côtés du troisiéme exagone ne sont pas proportionnels à ceux du premier : car les côtés de l'exagone ABCDEF étant par l'hypothèse, proportionnels à ceux du premier, il est impossible que les côtés du troisiéme exagone, soient aussi proportionnels aux côtés du premier.

Fig. 27. 52 B. Réciproquement les côtés d'un polygone peuvent être proportionnels aux côtés d'un autre polygone, quoique les angles de l'un ne soient pas égaux aux angles de l'autre: car soient encore deux exagones semblables, le premier *abcdef*, & le second

ABCDEF ; tirez des deux angles B & F les deux lignes BG & FL égales aux deux côtés BC & FE, (il faut choisir deux angles qui soient séparés par trois autres, qui sont ici C, D, E) : ensuite du point G & de l'intervalle CD, décrivez un arc vers le point D : pareillement du point L & de l'intervalle ED, décrivez un autre arc qui coupe le premier en un point, comme H : enfin tirez les lignes GH & LH, vous aurez un troisiéme exagone ABGHLF dont les côtés sont égaux par la construction à ceux du second, & par conséquent proportionnels à ceux du premier : cependant il est visible que les angles du troisiéme exagone ne sont pas égaux aux angles du second, ni par conséquent à ceux du premier. Fig. 27.

52 C. Il faut conclure de-là, qu'afin de pouvoir assurer que deux polygones sont semblables, il est nécessaire de sçavoir que les angles de l'un sont égaux aux angles de l'autre, & de plus que les côtés du premier sont proportionnels à ceux du second. Il faut néanmoins excepter les triangles de cette remarque, parce que nous allons faire voir dans le Théorême suivant, que quand deux triangles ont les angles égaux, c'est-à-dire, que les angles de l'un sont égaux aux angles de l'autre, les côtés sont proportionnels : & réciproquement lorsque les côtés d'un triangle sont proportionnels aux côtés de l'autre, les angles du premier sont égaux à ceux du second chacun à chacun (63) : ainsi il suffit de sçavoir que deux triangles ont une de ces conditions, pour pouvoir assurer qu'ils sont semblables.

THÉORÊME I. ET FONDAMENTAL.

53. *Lorsque deux angles d'un triangle sont égaux à deux angles d'un autre triangle, chacun à chacun, les côtés du premier sont proportionnels aux côtés homologues du second ; ainsi les deux triangles sont semblables.*

Soient les deux triangles *abc* & ABC, en sorte que l'angle *a* du premier soit égal à l'angle A du second, & l'angle *b* égal à l'angle B ; je dis que les côtés de l'un sont proportionnels aux côtés homologues de l'autre ; c'est-à-dire, que l'on a les trois proportions 1°. *ca*. CA : : *cb*. CB. 2°. *bc*. BC : : *ba*. BA. 3°. *ab* AB : : *ac*. AC. Avant de le démontrer, il faut remarquer que les angles *c* & C sont nécessairement égaux, parce que deux angles d'un triangle ne peuvent être égaux à deux angles d'un autre triangle, que le troisiéme angle du premier ne soit égal au troisiéme du second (19). Fig. 28.

DÉMONSTRATION.

Fig. 29. 1°. *ca*. CA :: *cb*. CB : car nous avons démontré (Liv. I. article 153), que si deux lignes tirées du même point sont autant inclinées sur une base, que deux autres lignes le sont sur une autre base, alors les deux premieres sont proportionnelles aux deux autres. Or les deux lignes *ca* & *cb* sont autant inclinées sur la base *ab*, que les deux lignes CA & CB le sont sur la base AB (Liv. I, art. 160); puisque les deux angles *a* & *b* sont égaux aux deux angles A & B : par conséquent on a la proportion, *ca*. CA :: *cb*. CB.

2°. *bc*. BC :, *ba*. BA : car les deux angles *a* & *c* étant égaux aux deux autres A & C, les deux lignes *bc* & *ba* sont autant inclinées sur la base *ac*: que les deux lignes BC & BA le sont sur la base AC; par conséquent on a la proportion, *bc*. BC :: *ba*. BA.

3°. *ab*. AB :: *ac*. AC. Cette proportion peut être démontrée de la même maniere que les deux autres, en considérant les lignes *bc* & BC, comme bases. Au lieu de ces trois porportions, on auroit pû mettre leurs alternes.

53 B. Lorsque les angles d'un triangle sont égaux aux angles d'un autre, chacun à chacun, ces triangles sont appellés *equiangles entr'eux*. Ainsi les triangles equiangles entr'eux sont semblables.

54. Remarquez qu'afin d'être assuré que deux triangles isoceles sont semblables, il suffit de sçavoir qu'un angle du premier triangle est égal à l'angle correspondant du second : par exemple, les deux côtés *ca* & *cb* du triangle *acb* étant supposés égaux ; & les deux côtés CA & CB du triangle ACB étant aussi égaux entr'eux; si les deux angles *c* & C sont chacun de 50 degrés, il est nécessaire que les deux angles égaux *a* & *b* du premier triangle aient chacun 65 degrés, & que les deux angles A & B du second, qui sont aussi égaux entr'eux, aient pareillement chacun 65 degrés. Par conséquent les deux triangles sont semblables.

54 B. Il ne faut pas confondre dans ce Théorême ni dans les suivans, la signification de ces termes *semblables*, *égaux & proportionnels* : le terme *semblables* doit s'employer pour les triangles & les autres figures, le mot *égaux* se dit des angles, & le terme *proportionnels* s'applique aux côtés des figures : ainsi on dit que deux figures sont semblables, que leurs angles sont égaux, & que leurs côtés sont proportionnels. Il arrive souvent aux commençans de faire une fausse application de ces termes, en disant, par exemple, que les angles des figures semblables sont proportionnels, ou que leurs côtés sont semblables.

Les trois Théorêmes ſuivans répondent au ſixiéme, ſeptiéme & huitiéme (29, 30 & 33 qu'on a démontrés ſur les triangles égaux.

THÉORÊME II.

55. *Si les deux côtés ab & ac d'un triangle ſont proportionnels aux côtés* AB *&* AC *d'un autre triangle, & que les angles compris a &* A *ſoient égaux, les deux triangles ſont ſemblables.* Fig. 29.

DÉMONSTRATION.

Prenez ſur AB la ligne *ad* égale au côté *ab* du petit triangle, & tirez *df* parallele à BC. Cela poſé, je démontre ainſi le Théorême : puiſque *df* eſt parallele à BC, les angles *d* & *f* ſont égaux aux angles B & C ; & par conſéquent les deux triangles *d* A *f* & BAC ſont ſemblables. Il n'y a donc plus qu'à faire voir que le triangle *bac* eſt égal en tout au triangle *d* A *f*.

Par l'hypotheſe *ab* . *ac* : : AB : AC. D'ailleurs à cauſe des triangles ſemblables *d* A *f* & BAC, on a la proportion A *d* . A *f* : : AB . AC. De plus, la ſeconde raiſon eſt la même dans ces deux proportions ; donc les deux premieres raiſons ſont égales, c'eſt-à-dire, que *ab* . *ac* : : A *d*. A *f*, & *alternando*, *ab* . A *d* : : *ac* . A *f*. Or dans cette derniere proportion, les deux termes de la premiere raiſon ſont égaux ; parce que l'on a pris A *d* égal à *ab* ; donc les deux termes de la ſeconde raiſon ſont auſſi égaux : ainſi les deux côtés *ab* & *ac* du triangle *bac* ſont égaux aux côtés A *d* & A *f* du triangle *d* A *f*. Mais d'ailleurs les angles *a* & A ſont ſuppoſés égaux ; donc les deux triangles *bac* & *d* A *f* ſont égaux en tout (29) ; par conſéquent le petit triangle *bac* eſt ſemblable au grand triangle BAC. Ce qu'il falloit démontrer.

THÉORÊME III.

56. *Si les deux côtés ab & ac d'un triangle ſont proportionnels aux côtés* AB *&* AC *d'un autre triangle, & que les angles b &* B *oppoſés aux côtés ac &* AC, *ſoient égaux ; ſi de plus les angles c &* C *ſont de même eſpece, pour lors les deux triangles ſont ſemblables.* Fig. 29.

DÉMONSTRATION.

Prenez A *d* égal à *ab*, & tirez *df* parallele à BC : il eſt évident que les angles *d* & *f* ſeront égaux aux angles B & C, & que les triangles *d* A *f* & BAC ſeront ſemblables. Reſte donc à prouver que le triangle *bac* eſt égal en tout au triangle *d* A *f*.

Par l'hypotheſe *ab*, *ac* : : AB . AC. D'ailleurs la ſimilitude des

Fig. 29. triangles *d*A*f* & BAC donne A*d*. A*f* : : AB. AC. Ainsi puisque dans ces deux proportions la seconde raison est la même, les deux premieres sont égales, c'est-à-dire, que *ab*. *ac* : : A*d*. A*f*, & *alternando*, *ab*. A*d* : : *ac*. A*f*. Or dans cette derniere proportion les deux termes de la premiere raison sont égaux; donc ceux de la seconde le sont aussi : les deux côtés *ab* & *ac* du triangle *bac* sont donc égaux aux côtés A*d* & A*f* du triangle *d*A*f*. D'ailleurs l'angle *b* étant égal à l'angle B, il est aussi égal à l'angle *d*; pareillement l'angle *c* étant de même espéce que l'angle C : il faut qu'il soit de même espece que l'angle *f*. Par conséquent les deux triangles *bac* & *d*A*f* sont égaux en tout (30). Donc le petit triangle *bac* est semblable au grand triangle BAC. Ce qu'il falloit démontrer.

57. Remarquez que si les deux angles égaux *b* & B étoient droits ou obtus, il ne seroit pas nécessaire de supposer que les deux angles *c* & C sont de même espece, parce que cela s'ensuivroit nécessairement; puisque les deux angles *b* & B étant droits ou obtus, il faut que les angles *c* & C soient aigus (21).

58. Remarquez encore que si on compare deux triangles rectangles, l'angle droit de l'un est nécessairement égal à l'angle droit de l'autre; & par conséquent ces triangles seront semblables, si un autre angle du premier est égal à un autre angle du second, ou si deux côtés du premier triangle sont proportionnels à deux côtés correspondans du second : car pour lors ces deux triangles auront les conditions marquées dans les Théorêmes précédens, afin que deux triangles soient semblables.

THÉORÊME IV.

Fig. 29. 59. *Si les trois côtés ab, ac & bc d'un triangle sont proportionnels aux trois côtés* AB, AC & BC *d'un autre triangle, les angles du premier sont égaux aux angles du second, chacun à chacun; ainsi les triangles sont semblables.* Ce Théorême est la proposition inverse du Théorême fondamental.

DÉMONSTRATION.

Prenez sur le côté AB, la ligne A*d* égale à *ab*, & tirez *df* parallele à BC; il est évident que le triangle *d*A*f* est semblable au triangle BAC. Il faut donc démontrer que les deux triangles *bac* & *d*A*f* sont égaux en tout.

Les côtés du triangle *bac* sont par l'hypothese proportionnels à ceux du triangle BAC. On a donc les proportions *ab*. *ac* : : AB. AC, & *ab*. *bc* : : AB. BC. D'ailleurs la similitude des triangles

gles dAf & BAC donne auſſi les deux proportions Ad . Af : : AB . AC, & Ad . df : : AB . BC. Or dans la premiere & la troiſiéme proportion, la ſeconde raiſon eſt la même ; par conſéquent les premieres raiſons ſont égales, c'eſt-à-dire, que *ab* . *ac* : : Ad . Af, & *alternando*, *ab* . Ad : : *ac* . Af. Ainſi puiſque $ab = Ad$, il s'enſuit que $ac = Af$. On conclura pareillement de la ſeconde & de la quatriéme proportion que $bc = df$. Les trois côtés du triangle *bac* ſont donc égaux aux trois côtes du triangle dAf ; par conſéquent ces deux triangles ſont égaux en tout (33). Ainſi le triangle *bac* eſt ſemblable au triangle BAC. Fig. 29.

60. On peut remarquer ici que quand deux triangles ſont ſemblables, les quarrés des côtés homologues ſont proportionnels : par exemple, dans la Figure 28, $\overline{ca}^2 . \overline{CA}^2 :: \overline{cb}^2 . \overline{CB}^2$: car les deux triangles étant ſemblables, on a la proportion *ca* . CA : : *cb* . CB ; & par conſéquent les quarrés de ces côtés ſont auſſi proportionnels. Cette remarque a lieu toutes les fois que quatre lignes ſont proportionnelles, parce qu'on a démontré dans le traité des proportions, que lorſque quatre grandeurs ſont proportionnelles, leurs quarrés le ſont auſſi. Il en eſt de même des cubes & des autres puiſſances ſemblables. Voyez l'art. 41.

COROLLAIRE.

61. Il paroît évidemment par les démonſtrations des trois précédens Théorêmes, que ſi un triangle eſt ſemblable à un autre, & que l'un des côtés du premier ſoit égal au côté homologue du ſecond, les autres côtés du premier ſont égaux aux autres côtés du ſecond ; & par conſéquent (33) les deux triangles ſont égaux en tout. Cela a déja été démontré (27).

Ces quatre Théorêmes ſervent à trouver les côtés & les angles d'un triangle dont on connoît déja trois choſes : ſçavoir, ou deux angles & un côté, ou deux côtés & un angle, ou les trois côtés. Nous ferons voir dans la Trigonométrie comment il faut s'y prendre pour trouver le reſte d'un triangle dont on connoît les trois choſes que nous venons de marquer.

61 B. Lorſqu'un triangle eſt rectangle, le côté oppoſé à l'angle droit eſt nommé *hypotenuſe* : par exemple, dans la Figure 30, le côté BC oppoſé à l'angle droit eſt l'hypotenuſe de ce triangle.

THÉORÊME V.

62. *Si du ſommet de l'angle droit d'un triangle rectangle, on abbaiſſe une perpendiculaire ſur l'hypotenuſe, le triangle ſera diviſé en deux autres ſem-*

blables chacun au grand triangle, & semblables entr'eux : de plus on aura trois moyennes proportionnelles : sçavoir, les deux côtés de l'angle droit & la perpendiculaire ; chaque côté de l'angle droit sera moyen proportionnel entre l'hypotenuse entiere & sa partie correspondante, & la perpendiculaire sera moyenne proportionnelle entre les deux parties ou segmens de l'hypotenuse.

Fig. 30. Soit le triangle BAC rectangle en A : je dis que si du sommet de l'angle droit A on abbaisse la perpendiculaire AD sur l'hypotenuse, le triangle total BAC sera divisé en deux triangles ; sçavoir, ADB & ADC, qui sont chacun semblables au grand triangle, & semblables entr'eux : de plus on aura trois moyennes proportionnelles. 1°. La ligne AB qui est un des côtés de l'angle droit, moyenne entre la base BC & la partie correspondante BD. 2°. La ligne AC qui est l'autre côté de l'angle droit, moyenne entre la même base BC & son autre partie correspondante DC. 3°. La perpendiculaire AD moyenne entre les deux parties ou segmens BD & DC de la base.

DÉMONSTRATION.

1°. Le triangle partiel ADB est semblable au triangle total BAC : car l'angle *m* du triangle partiel est droit à cause de la perpendiculaire AD ; cet angle est donc égal à l'angle A du grand triangle qui est aussi droit. D'ailleurs l'angle B est commun à ces deux triangles : il y a donc deux angles du petit triangle égaux à deux angles du grand ; donc le troisiéme angle *o* du petit est égal à l'angle C qui est le troisiéme du grand, & les triangles sont semblables ; par conséquent les côtés homologues sont proportionnels. Or BD côté du petit triangle est homologue à AB côté du grand, puisque les deux angles *o* & C opposés à ces deux côtés sont égaux : de même AB considéré comme côté du petit triangle, est homologue à BC côté du grand, parce que les angles opposés *m* & A sont égaux : ainsi on a la proportion, BD . AB : : AB . BC ; ou en faisant changer de place aux extrêmes, BC . AB : : AB . BD. Donc le côté AB est moyen proportionnel entre BC base du grand triangle & sa partie BD.

2°. L'autre triangle partiel ADC est aussi semblable au triangle total BAC : car l'angle *n* du triangle partiel est droit ; & par conséquent égal à l'angle droit A du grand triangle. D'ailleurs l'angle C est commun à ces deux triangles ; donc le troisiéme angle *p* du petit est égal à l'angle B, qui est le troisiéme du grand ; & les deux triangles sont semblables ; par conséquent les côtés homologues sont proportionnels. Or DC côté du petit triangle est homologue à AC côté du grand, parce que les angles opposés *p* & B sont égaux, de même AC considéré comme côté du petit triangle est homologue à BC côté du grand; parce que les angles *n* & A qui sont opposés à ces côtés sont égaux. On a donc la proportion DC. AC : : AC. BC, ou en faisant changer de place aux extrêmes, BC. AC : : AC. DC : ainsi le côté AC du grand triangle est moyen proportionnel entre la base BC & l'autre partie DC. Fig. 30.

3°. Les deux triangles partiels ADB & ADC sont semblables entr'eux. Cela suit de ce qu'on vient de prouver dans les deux premieres parties de cette démonstration : l'angle *o* du premier est donc égal à l'angle C du second; par conséquent les côtés opposés à ces angles, sçavoir, BD dans le premier, & AD dans le second, sont homologues. Pareillement l'angle B du premier triangle est égal à l'angle *p* du second; par conséquent les côtés opposés à ces angles, sçavoir, AD dans le premier, & DC dans le second, sont homologues; ainsi on a la proportion BD. AD : : AD. DC; donc la perpendiculaire AD est moyenne proportionnelle entre les deux parties de la base. Il paroît donc par ce Théorême que chaque côté de l'angle droit d'un triangle rectangle est moyen proportionnel entre l'hypotenuse entiere & sa partie correspondante, & que la perpendiculaire est moyenne proportionnelle entre les deux parties ou segmens de l'hypotenuse coupée par cette perpendiculaire.

COROLLAIRE I.

63. Si un angle inscrit, comme BAC, est appuyé sur un diametre, & que du sommet on tire une perpendiculaire AD sur le diametre, chacune des deux cordes qui sont les côtés de l'angle, est moyenne proportionnelle entre le diametre entier & sa partie correspondante : & de plus la perpendiculaire est moyenne proportionnelle entre les deux parties du diametre. Tout cela suit évidemment du Théorême, puisque l'angle inscrit BAC est droit (Liv. I. art. 127). La derniere partie de ce Corollaire avoit déja été démontrée Liv. I. art. 165.

64. On peut déduire du Théorême une méthode de trouver une moyenne proportionnelle entre deux lignes données, différente de celle qui a été expliquée dans l'article 172 du premier Livre. Il faut tirer une ligne, comme BC; égale à la plus grande des deux données, sur laquelle on prendra une partie telle que DC, égale à la plus petite. Ensuite on coupera BC par le milieu, que

Fig. 30. je suppose être le point F, & de ce point, comme centre, & de l'intervalle FB ou FC on décrira une demi-circonférence : après quoi on élevera la perpendiculaire DA jusqu'à la rencontre de la demi-circonférence : enfin on tirera la ligne AC : je dis que cette ligne AC sera moyenne proportionnelle entre BC & DC. Cela est évident par le Théorême.

65. REMARQUE. La perpendiculaire AD tirée du sommet de l'angle droit, est la quatriéme proportionnelle aux trois côtés du triangle rectangle, en commençant la proportion par l'hypotenuse, c'est-à-dire, que BC . AB :: AC . AD. Cela se prouve par la comparaison du triangle total avec un des deux partiels, par exemple, ADB : car le triangle total est semblable au partiel, & les côtés BC du grand, & AB du petit sont homologues, comme il paroît ; de même que AC du grand & AD du petit, à cause qu'ils sont opposés au même angle B. Par conséquent on a la proportion, BC . AB :: AC . AD.

THÉORÊME VI.

66. *Lorsque deux figures sont semblables, leurs contours ou perimetres sont entr'eux comme les côtés homologues des figures.*

Fig. 31. Soit les deux figures *a b c d e f g* & ABCDEFG, que l'on suppose semblables. Je dis que le perimetre de la premiere est au perimetre de la seconde, comme le côté *ab* de la premiere est au côté homologue AB de la seconde.

DÉMONSTRATION.

Ces deux figures étant supposées semblables, les côtés de l'une sont proportionnels aux côtés homologues de l'autre (9) ; c'est-à-dire, que *ab*. AB :: *bc*. BC :: *cd*. CD :: *de*. DE :: *ef*. EF :: *fg*. FG :: *ga*. GA. Voilà donc plusieurs raisons égales ; par conséquent la somme des antécédens (Théor. IV. des Proport.) est à la somme des conséquens, comme un seul antécédent est à son conséquent. Or la somme des antécédens est le perimetre de la premiere figure ; c'est-à-dire, tous ses côtés pris ensemble, & la somme des conséquens est aussi le perimetre de la seconde figure ; donc le perimetre de la premiere figure est au perimetre de la seconde, comme *ab* est à AB, ou comme *bc* est à BC. Ce qu'il falloit démontrer.

67. On peut remarquer que dans deux figures semblables, les lignes correspondantes, telles que *ad* & AD, sont proportionnelles aux côtés homologues *ab* & AB, ou *bc* & BC, ou *cd* &

CD, &c. car ayant tiré les deux autres lignes correfpondantes *ac* & AC, on a deux triangles *abc* & ABC qui font femblables (55), parce que les côtés *ab* & *bc* du premier font proportionnels aux côtés AB & BC du fecond ; & que d'ailleurs les angles *cba* & CBA font égaux. Or ces triangles étant femblables, il s'enfuit, 1°. que *ac*. AC : : *ab*. AB, ou bien, *ac*. AC : : *cd*. CD : & *alternando*, *ac*. *cd* : : AC. CD. 2°. Que les deux angles *bca* & BCA font égaux ; & par conféquent les deux autres angles *dca* & DCA font auffi égaux ; à caufe que l'angle total *bcd* eft égal à l'angle total BCD : ainfi les deux triangles *acd* & ACD font femblables, par la même raifon que les deux premiers le font entr'eux ; donc les côtés *ad* & AD font proportionnels aux côtés *cd* & CD, ou *ab* & AB. En continuant de la même maniere, on prouveroit que les deux côtés *ae* & AE font proportionnels aux côtés *de* & DE. Fig. 31.

On peut fe convaincre de la même chofe indépendamment des triangles femblables : car il eft évident que fi le côté *ab*, par exemple, eft la moitié ou le tiers du côté homologue AB ; il faut auffi que la ligne *ad* foit la moitié ou le tiers de la ligne correfpondante AD, parce qu'autrement les figures ne feroient pas femblables : on peut donc affurer en général que dans deux figures femblables, les lignes correfpondantes, ou femblablement tirées, font proportionnelles aux côtés homologues.

68. Il fuit de cette remarque, que deux ou plufieurs lignes, telles que *ac*, *ad*, *ae*, &c. d'une figure, font proportionnelles aux lignes correfpondantes AC, AD, AE, &c. d'une autre figure femblable : en forte que *ac*. AC : : *ad*. AD : : *ae*. AE. Cela eft évident ; car fuivant la remarque, chacune de ces raifons eft égale à celle de *ab* à AB ; ainfi elles font toutes égales entr'elles.

Nous donnerons vers la fin de ce fecond Livre, la méthode de faire une figure femblable à une figure donnée & qui ait avec elle tel rapport qu'on voudra. Ce fera dans les Problêmes que nous propoferons, après avoir parlé du rapport des furfaces.

Nous avons démontré jufqu'ici quelques propriétés des polygones femblables : nous allons parler des polygones réguliers ; mais avant, il faut fçavoir ce que c'eft qu'un polygone *infcrit* & un polygone *circonfcrit*.

69. Le polygone infcrit eft celui dont chaque angle a le fommet dans la circonférence d'un cercle : ainfi le pentagone de la Figure 35 eft infcrit dans le grand cercle dont le rayon eft CA.

70. Le polygone circonſcrit eſt celui dont tous les côtés ſont des tangentes d'un cercle : ainſi le pentagone de la Fig. 35 eſt circonſcrit au petit cercle dont le rayon eſt CG.

70 B. Remarquez que quand un polygone eſt inſcrit à un cercle, ce cercle eſt appellé *circonſcrit*; & lorſque le polygone eſt circonſcrit, le cercle eſt appellé *inſcrit.*

DES POLYGONES RÉGULIERS.

70 C. Une figure ou un polygone eſt régulier, comme on l'a déja dit, lorſque tous les angles & tous les côtés ſont égaux.

Fig. 32. 71. Remarquez que les angles d'un polygone peuvent être égaux, quoique les côtés ne le ſoient pas. Cela paroît par l'exagone ABGHEF : dont les angles ſont égaux à ceux de l'exagone régulier ABCDEF. Réciproquement les côtés d'un polygone peuvent être égaux, quoique les angles ne le ſoient pas, comme
Fig. 33. on peut le voir par l'exagone ABGHLF, dont les côtés ſont égaux à ceux de l'exagone régulier ABCDEF. Cette remarque eſt pareille à celle que nous avons faite (52 & 52 B.) ſur les polygones ſemblables, & ſe démontre de la même maniere.

71 B. Il ſuit de-là, qu'afin qu'on puiſſe dire qu'un polygone eſt régulier, il faut être aſſuré que non-ſeulement ſes angles, mais auſſi ſes côtés ſont égaux. Il en faut excepter le triangle ; parce que nous avons fait voir (22) que quand les trois angles d'un triangle ſont égaux, les côtés le ſont auſſi ; & de même lorſque les trois côtés d'un triangle ſont égaux ; les angles ſont égaux, comme on l'a démontré.

Dans un polygone régulier on diſtingue deux ſortes de rayons, l'*oblique* & le *droit.*

72. Le rayon oblique eſt une ligne tirée du centre du polygone à un des angles de la figure : telle eſt la ligne CA de la Fig. 35.

73. Le rayon droit eſt une ligne tirée du centre perpendiculairement ſur un des côtés : telle eſt la ligne CG dans la Fig. 35. Le rayon droit eſt appellé *apotheme.*

THÉORÊME I.

74. *Si dans un polygone régulier on tire du ſommet de deux angles voiſins, des lignes qui partagent chacun de ces angles en deux parties égales, ces lignes priſes du ſommet des angles juſqu'au point de rencontre ſont égales ; & toutes les autres lignes tirées de ce point aux angles du polygone ſont auſſi égales aux premieres.*

Soit le pentagone régulier ABCDE : si des deux angles voisins A & B on tire les lignes AF & BF qui partagent les angles A & B chacun en parties égales ; & qui se rencontre au point F ; je dis que les lignes AF & BF sont égales, & que toutes les autres lignes tirées du point F aux angles de la figure, sont aussi égales à ces deux. Fig. 34.

DÉMONSTRATION.

I. PARTIE. L'angle total en A est égal à l'angle total en B, puisque la figure est supposée réguliere : donc l'angle *h*, qui est la moitié du premier, est égale à l'angle *i* qui est la moitié du second ; donc dans le triangle AFB les deux côtés FA & FB sont égaux (22).

II. PARTIE. La ligne FC est égale à la ligne FB. Pour le démontrer, il n'y a qu'à faire voir que le triangle BFC est égal en tout au premier triangle AFB : d'où l'on conclura qu'il est isocele aussi-bien que ce premier triangle. Les côtés BA & BF du premier sont égaux aux côtés BC & BF du second : d'ailleurs par l'hypothèse l'angle *i* compris entre les deux côtés du premier est égal à l'angle *k* compris entre les deux côtés du second ; donc les deux triangles sont égaux en tout (29) ; par conséquent le côté FC est égal au côté FB.

On démontrera de la même maniere que le côté FD est égal au côté FC, en faisant voir que le triangle CFD est égal en tout au triangle BFC : ce qui sera facile, si on fait attention que dans le triangle isocele BFC, les angles *k* & *l* étant égaux, & le premier étant la moitié de l'angle total en B, il faut que le second soit aussi la moitié de l'angle total en C : d'où il suit que l'angle *m* est égal à l'angle *l*, puisqu'il doit être aussi la moitié de l'angle total en C.

COROLLAIRE I.

75. Le point F est appellé le centre, & les lignes tirées de ce point aux sommets des angles du polygone, sont les rayons obliques qui sont tous égaux entr'eux, comme on vient de le démontrer. De même les rayons droits, comme FG, sont aussi égaux entr'eux ; puisque les triangles étant égaux en tout, leurs hauteurs, qui sont les rayons droits, sont égales.

COROLLAIRE II.

76. On peut toujours circonscire un cercle à un polygone régulier donné : car le centre du polygone étant également éloigné

Fig. 35. de chacun des angles, si de ce centre & de l'intervalle d'un rayon oblique, comme CA, on décrit une circonférence, elle passera par tous les sommets des angles; par conséquent le cercle sera circonscrit au polygone.

COROLLAIRE III.

77. On peut toujours inscrire un cercle à un polygone régulier donné : car tous les rayons droits étant égaux, si du centre du polygone & de l'intervalle d'un rayon droit, comme CG, on décrit une circonférence, elle touchera tous les côtés du polygone, sans passer au-delà ; par conséquent le cercle sera inscrit.

COROLLAIRE IV.

78. Il suit du second & du troisiéme Corollaire qu'on peut toujours supposer qu'un polygone régulier est inscrit ou circonscrit à un cercle.

COROLLAIRE V.

78 B. Puisque tout polygone régulier peut être inscrit dans un cercle, on peut aisément connoître les angles à la circonférence; c'est-à-dire, les angles que forment les côtés du polygone : par exemple, l'angle FAB Fig. 35 d'un pentagone régulier étant inscrit, a pour mesure la moitié de l'arc FDB sur lequel il est appuyé. Or cet arc, plus l'arc FAB font la circonférence entiere; donc l'arc FA, plus la moitié de l'arc FDB font la moitié de la circonférence : ainsi en ôtant l'arc FA de la demi-circonférence, le reste est la mesure de l'angle FAB : c'est-à-dire, que pour connoître l'angle d'un pentagone régulier, il faut ôter de la demi-circonférence ou de 180 degrés la cinquiéme partie de la circonférence, ou de 360 degrés. Si c'étoit un exagone, il faudroit ôter de 180 la sixiéme partie de 360 : ainsi des autres polygones réguliers à proportion. En un mot, il faut ôter de 180 degrés l'arc soutenu par le côté.

COROLLAIRE VI.

78 C. Plus le polygone régulier a de côtés, plus l'angle à la circonférence est grand, parce que la partie de 360 qu'il faut ôter de 180 est d'autant plus petite que le polygone a un plus grand nombre de côtés.

79. Remarquez que le rayon droit d'un polygone régulier coupe le côté du polygone en deux parties égales : car ce polygone peut

peut être inſcrit à un cercle, comme on vient de le dire ; par conſéquent chaque côté peut être conſidéré comme une corde. Or nous avons démontré (Liv. I. art. 103 (que quand un ligne paſſe par le centre, & qu'elle eſt perpendiculaire à la corde, elle coupe cette corde en deux parties égales ; ainſi le rayon droit ayant ces deux conditions, il coupe le côté du polygone en deux parties égales.

80. Remarquez auſſi que le rayon oblique d'un polygone régulier partage l'angle à la circonférence en deux parties égales : par exemple, le rayon FA partage l'angle EAB en deux autres angles égaux ; ſçavoir, FAE & FAB. Cela paroît par la démonſtration du Théorême. Fig. 34.

81. Il paroît évidemment par la Fig. 36 que deux polygones réguliers étant inſcrits à un même cercle ou à des cercles égaux, ſi l'un a le double des côtés de l'autre, il aura un plus grand perimetre : par exemple, l'octogone a un plus grand perimetre que le quarré, puiſque les deux côtés AB & BD de l'octogone pris enſemble ſont plus grands que le côté AD du quarré Mais quoique le nombre des côtés d'un polygone ne ſoit pas double du nombre des côtés d'un autre (on les ſuppoſe tous deux réguliers & inſcrits au même cercle ou à des cercles égaux) : cependant le perimetre du polygone qui a le plus de côtés eſt plus grand que celui qui en a moins ; par exemple, le perimetre du pentagone eſt plus grand que celui du quarré : car la circonférence du cercle étant plus grande que le perimetre d'aucun polygone qui lui eſt inſcrit ; il eſt certain que plus le perimetre d'un polygone inſcrit approche de la circonférence, plus le perimetre eſt grand. Or le perimetre du pentagone eſt plus près de la circonférence que celui du quarré, puiſque les côtés du pentagone ſont des cordes plus petites que les côtés du quarré ; donc le perimetre du pentagone eſt plus grand que celui du quarré. Fig. 36.

82. Au contraire, de tous les polygones réguliers circonſcrits au même cercle ou à des cercles égaux, celui qui a le plus de côtés a le moindre perimetre. Cela eſt évident, lorſqu'un des polygones a le double des côtés de l'autre, comme dans la Fig. 37 ; car dans l'octogone le côté AD eſt plus petit que la partie correſpondante ABD du perimetre du quarré. Mais on peut démontrer la propoſition généralement en cette maniere : La circonférence d'un cercle eſt plus petite que le perimetre d'aucun polygone circonſcrit ; par conſéquent plus le périmetre circonſcrit s'appoche de la circonférence, plus ce perimetre eſt petit. Or le perimetre s'appro-

che d'autant plus de la circonférence que le polygone a plus de côtés, parce que ces côtés étant des tangentes, ils s'écartent d'autant moins qu'ils sont plus petits : donc plus un polygone circonscrit a de côtés, plus son perimetre est petit.

83. Il suit de là que si un polygone régulier, soit inscrit, soit circonscrit, avoit une infinité de côtés, son perimetre s'approcheroit infiniment de la circonférence & se confondroit avec elle ; il pourroit donc être pris pour la circonférence même ; c'est pourquoi on peut regarder le cercle, comme un polygone régulier d'une infinité de côtés.

THÉORÊME II.

84. *Les polygones réguliers d'un même nombre de côtés sont semblables.*

DÉMONSTRATION.

Fig. 38. Soient, par exemple, deux pentagones réguliers ; je dis qu'ils sont semblables : car 1°. les angles de l'un sont égaux aux angles de l'autre (50). 2°. Les côtés de l'un sont proportionnels aux côtés de l'autre ; c'est-à-dire, AB . *ab* : : BD . *bd* : : DE . *de* : : EF . *ef* : : FA . *fa*, parce que les côtés du premier pentagone étant égaux entr'eux, & ceux du second étant aussi égaux entr'eux, si un des côtés du premier est le double ou le triple, &c. d'un des côtés du second, les autres côtés du premier sont aussi doubles ou triples, &c. des autres côtés du second ; par conséquent les deux pentagones réguliers sont des figures semblables.

84 B. Comme les polygones réguliers d'un même nombre de côtés sont toujours semblables, au lieu de dire, les polygones réguliers d'un même nombre de côtés, on dit souvent, *les polygones réguliers semblables.*

COROLLAIRE.

85. Puisqu'on a démontré (66) que dans toutes les figures semblables les perimetres sont proportionnels aux côtés homologues, il s'ensuit que cette propriété convient aussi aux polygones réguliers semblables ; par exemple, à deux pentagones réguliers.

THÉORÊME III.

86. *Dans les figures régulieres semblables, par exemple, dans deux pentagones réguliers, les perimetres sont entr'eux comme les rayons obliques ou comme les rayons droits.*

Il faut démontrer que le périmetre du premier pentagone est

au perimetre du second, comme le rayon oblique CD est au rayon oblique *cd*, ou comme le rayon droit CG est au rayon droit *cg*. Fig. 38.

DÉMONSTRATION.

Les deux triangles CGD & *cgd* sont semblables : car l'angle G de l'un est égal à l'angle g de l'autre, parce qu'ils sont tous les deux droits. De plus les angles CDG & *cdg* sont aussi égaux, parce qu'ils sont chacun moitié d'angles égaux; sçavoir, des angles BDE & *bde*, qui sont partagés chacun en deux parties égales par les rayons obliques (80); donc les deux triangles sont semblables; par conséquent les côtés homologues sont proportionnels, c'est-à-dire, que la raison des rayons droits CG & *cg* est égale à celle de GD à *gd*. Or les rayons droits coupent les côtés ED & *ed* des poligones réguliers en parties égales (79); par conséquent GD & *gd* sont les moitiés des côtés ED & *ed*; donc la raison des moitiés GD & *gd* est égale à celle des côtés ED & *ed*. D'ailleurs par le Corollaire précédent la raison des côtés est égale à celle des perimetres. Voila donc quatre raisons égales; sçavoir, celle des rayons droits, celle des moitiés GD & *gd*, celle des côtés & celle des perimetres : donc la premiere est égale à la quatriéme, c'est-à-dire, que les rayons droits sont entr'eux comme les perimetres, ou les perimetres sont entr'eux comme les rayons droits : mais la raison des rayons obliques est égale à celle des rayons droits, à cause des triangles semblables CDG & *cdg*; par conséquent les perimetres sont aussi entr'eux comme les rayons obliques.

THÉORÊME IV. ET FONDAMENTAL.

87. *Les circonférences sont entr'elles comme les rayons.*

DÉMONSTRATION.

On vient de démontrer que dans les figures régulieres semblables, les perimetres sont entr'eux comme les rayons droits ou obliques. Or les cercles peuvent être considérés comme des polygones réguliers d'une infinité de côtés (83); par conséquent leurs perimetres, c'est-à-dire, leurs circonférences sont entr'elles comme les rayons.

88. Il faut remarquer, que la différence du rayon droit au rayon oblique est d'autant moindre que les côtés du polygone sont petits : c'est pourquoi le cercle pouvant être considéré com-

me un polygone d'une infinité de côtés infiniment petits, la différence entre le rayon droit & le rayon oblique, doit être infiniment petite, & peut être considérée comme nulle.

89. Les rayons étant entr'eux comme les circonférences, ils sont aussi entr'eux comme les demi-circonférences, comme les quarts, & généralement comme les arcs semblables; c'est-à-dire, d'un même nombre de degrés; en sorte, par exemple, que si on a deux cercles, le rayon de l'un est au rayon de l'autre, comme un arc de 30 degrés du premier cercle est à un arc de 30 degrés du second.

90. Les rayons étant moitié des diametres, la raison des diametres de deux cercles est égale à celle des rayons; & ainsi dans deux cercles, les diametres sont entr'eux comme les circonférences, & encore comme les arcs semblables : par exemple, si le diametre d'un cercle est double du diametre d'un autre cercle, la circonférence du premier est double de celle du second.

COROLLAIRE I.

91. Dans deux cercles, les cordes qui soutiennent les deux arcs semblables sont entr'elles comme ces arcs.

Fig. 39. Soient les deux cordes AB & *ab* qui soutiennent les deux arcs semblables AEB & *aeb*; je dis que les deux cordes sont entr'elles comme les arcs : car ayant tiré les deux rayons CA & CB aux extrémités de la premiere corde, & les deux autres rayons *ca* & *cb* aux extrémités de la seconde corde, on a deux triangles isoceles qui sont semblables (54), puisque les angles C & *c* étant appuyés sur des arcs semblables, ils sont par conséquent égaux; donc les côtés homologues de ces triangles sont proportionnels; ainsi la raison qui est entre les cordes AB & *ab* est égale à celle qui est entre les rayons CA & *ca*. Or la raison qui est entre ces rayons est égale à celle des arcs semblables AEB & *aeb*. Donc la raison des cordes est égale à celle des arcs semblables qu'elles soutiennent.

Comme nous allons parler des sinus, des tangentes, & des sécantes d'arcs de cercles; il est nécessaire d'en donner la notion.

92. Une ligne, comme AD, tirée d'une extrémité de l'arc AE perpendiculairement sur le rayon CE qui passe par l'autre extrémité de cet arc, est appellé *sinus* de l'arc AE, & de l'angle ACE dont l'arc AE est la mesure. Pareillement la ligne *ad* perpendiculaire sur le rayon *ce* est le sinus de l'arc *ae* & de l'angle *ace*.

93. Une ligne, comme AF, tirée perpendiculairement de

l'extrémité du rayon CA, & terminée de l'autre côté par le rayon prolongé CEF, est appellé *tangente* de l'arc AE compris entre ces deux rayons. De même *af* est la tangente de l'arc *ae*. Fig. 39.

94. Le rayon prolongé CEF est appellé *sécante* du même arc. Pareillement dans l'aure Figure, *cef* est la sécante de l'arc *ae*.

COROLLAIRE II.

95. Dans deux cercles les sinus d'arcs semblables sont entre eux comme ces arcs.

Soient les deux arcs semblables AE & *ae* dont les sinus sont AD & *ad*; je dis que ces sinus sont entr'eux comme leurs arcs; car dans les deux triangles CDA & *cda*, l'angle D du premier est égal à l'angle *d* du second, puisque les sinus sont perpendiculaires aux rayons CE & *ce*. D'ailleurs l'angle ACE est aussi égal à l'angle *ace* parce qu'ils ont pour mesures les arcs AE & *ae*, qui sont semblables par la supposition : par conséquent les deux triangles sont semblables ; donc les côtés homologues sont proportionnels; ainsi AD. *ad* : : CA *ca*. Or les arcs semblables sont entr'eux comme les rayons (89); donc AE. *ae* : : CA. *ca*; par conséquent AD. *ad* : : AE *ae*.

COROLLAIRE III.

96. Dans deux cercles, les tangentes d'arcs semblables sont entr'elles comme ces arcs.

Soient les deux arcs semblables AE & *ae*, dont les tangentes sont AF & *af*; je dis que ces tangentes sont entr'elles comme leurs arcs : car il est clair que les deux triangles rectangles CAF & *caf* sont semblables ; d'où l'on conclura, comme dans le Corollaire précédent, que AF. *af* : : AE. *ae*.

COROLLAIRE IV.

97. Dans deux cercles, les sécantes d'arcs semblables sont entr'elles comme ces arcs.

Les lignes CEF & *cef* sont des sécantes des arcs semblables AE & *ae* : je dis qu'elles sont entr'elles comme ces arcs; ce qui se prouve de la même maniere que le Corollaire précédent.

98. On voit par le Théorême & les quatre Corollaires précédens, que dans deux cercles où l'on a tiré des diametres, des rayons, des cordes, des sinus, des tangentes, & des sécantes d'arcs semblables ; on a plusieurs raisons égales, sçavoir, la raison des diametres, celle des rayons, celle des circonférences,

Fig. 39. celle des arcs ſemblables, celle des cordes, celle des ſinus, celle des tangentes, & celle des ſécantes; toutes ces raiſons, dis-je, ſont égales entr'elles.

99. Il faut remarquer que dans un même cercle les différentes cordes ne ſont pas entr'elles comme les arcs qu'elles ſoutiennent : par exemple, quoique l'arc AEB ſoit double de l'arc AE; cependant la corde AB n'eſt pas double de la corde AE, puiſque la corde AB n'eſt pas ſi grande que les deux cordes égales AE & BE priſes enſemble. Les ſinus de différens arcs ne ſont pas non plus entr'eux comme ces arcs. Il en eſt de même de leurs tangentes & de leurs ſécantes.

THÉORÊME V.

100. *Le côté de l'exagone régulier inſcrit dans un cercle, eſt égal au rayon du cercle.*

DÉMONSTRATION.

Fig. 40. Du centre C, ſoient tirés les rayons CA & CB ſur les extrémités du côté AB de l'exagone; je dis que ce côté eſt égal au rayon : car dans le triangle ACB, l'angle C a pour ſa meſure l'arc AB, qui eſt de 60 degrés, puiſqu'il eſt la ſixiéme partie de la circonférence : donc les autres angles A & B pris enſemble valent 120 degrés. Or ces deux angles ſont égaux, parce qu'ils ſont oppoſés à des côtés égaux, ſçavoir, aux rayons CA & CB; donc chacun de ces angles eſt de 60 degrés; donc les trois angles du triangle ACB ſont égaux; donc les côtés ſont auſſi égaux; par conſéquent le côté AB de l'exagone eſt égal au rayon. Ce qu'il falloit démontrer.

COROLLAIRE I.

100 B. La corde de 60 degrés eſt égale au rayon, & le ſinus de 30 degrés eſt égal à la moitié du rayon. La premiere partie du Corollaire paroît en ce que le côté de l'exagone régulier inſcrit eſt une corde qui ſoutient la ſixiéme partie de la circonférence. Or la ſixiéme partie de la circonférence ou de 360 degrés eſt un arc de 60 degrés. Pour appercevoir la vérité de la ſeconde partie, il faut tirer le rayon CDE perpendiculaire ſur la corde AB : il coupera cette corde & l'arc AEB chacun en deux parties égales; & par conſéquent la ligne AD eſt la moitié de la corde ou du rayon, & l'arc AE eſt de 30 degrés. Or AD eſt le ſinus de l'arc AE. Donc le ſinus de 30 degrés eſt la moitié du rayon ou de la corde de 60 degrés.

COROLLAIRE II.

101. Il ſuit du Théorême que le perimetre de l'exagone régulier inſcrit dans un cercle, contient ſix fois, ou eſt ſix fois plus grand que le rayon du cercle; & par conſéquent ce perimetre eſt trois fois plus grand que le diametre. Or la circonférence du cercle eſt plus grande que le perimetre de l'exagone inſcrit; ainſi la circonférence du cercle eſt plus de trois fois plus grande que ſon diametre, c'eſt-à-dire, que le rapport de la circonférence au diametre eſt plus grand que celui de 3 à 1, ou de 21 à 7. Archimede a prouvé qu'il eſt encore un peu plus grand que la raiſon de 21 $\frac{70}{71}$ à 7, qui eſt la même que celle de 223 à 71: il eſt même plus grand que la raiſon de 21 $\frac{105}{106}$ à 7, qui eſt égale à celle de 333 à 106. Mais Archimede a auſſi fait voir que ce rapport de la circonférence au diametre eſt moindre que la raiſon de 22 à 7: & Metius a démontré depuis qu'il eſt même plus petit que la raiſon de 355 à 113, laquelle eſt égale à celle de 21 $\frac{112}{113}$ à 7: il eſt cependant plus grand que celle 21 $\frac{111}{112}$ à 7; ainſi le rapport exact de la circonférence au diametre, que pluſieurs grands Geometres ont cherché inutilement eſt entre ces deux raiſons, ſçavoir, celle de 21 $\frac{112}{113}$ à 7, ou de 355 à 113 & celle de 21 $\frac{111}{112}$ à 7, qui ſont des limites fort étroites; il eſt moindre que la premiere, & plus grand que la ſeconde. Tout cela eſt prouvé dans un Supplément qui eſt à la fin de la Trigonometrie.

101 B. Si on veut ſçavoir la différence des deux fractions $\frac{112}{113}$ & $\frac{111}{112}$, il faut les réduire au même dénominateur, & on trouvera les deux ſuivantes $\frac{12544}{12656}$ & $\frac{12543}{12656}$, qui ne different entr'elles que de $\frac{1}{12656}$, c'eſt-à-dire, de la 12656me partie de l'unité; par conſéquent les deux nombres 21 $\frac{112}{113}$ & 21 $\frac{111}{112}$ ne different auſſi que de la même quantité.

102. De ce que les rapports de 22 à 7 & de 355 à 113 ſont plus grands l'un & l'autre que la raiſon de la circonférence au diametre, il ſuit que les rapports renverſés, c'eſt-à-dire, ceux de 7 à 22 & de 113 à 355, ſont chacun plus petits que la raiſon du diametre à la circonférence, parce que les conſéquens 22 & 355 étant trop grands, ils rendent les rapports trop petits. Au contraire le rapport de 106 à 333 eſt plus grand que cette raiſon du diametre à la circonférence.

102 B. Dans l'uſage, on ſuppoſe ordinairement que le rapport de 7 à 22 eſt égal à celui du diametre à la circonférence: on peut auſſi ſe ſervir de celui de 106 à 333: & ſi on veut avoir un rap-

port encore plus approchant du véritable, on prend celui de 113 à 355, qui eſt égal à celui de 7 à 21 $\frac{112}{113}$, puiſque ſi on arrange les termes de ces deux rapports en proportion, & qu'on multiplie les extrêmes l'un par l'autre, & les moyens de même, on trouvera que le produit des extrêmes eſt égal à celui des moyens. On s'aſſurera de la même maniere que le rapport de 106 à 333 eſt égal à celui de 7 à 21 $\frac{105}{106}$. Il eſt plus grand que celui du diametre à la circonférence : mais il en approche plus que celui de 7 à 22, & moins que celui de 113 à 355.

THÉORÊME VI.

102 C. *Si de deux triangles réguliers l'un eſt circonſcrit, & l'autre eſt inſcrit à un même cercle ou à des cercles égaux, le rayon droit du premier eſt double du rayon droit du ſecond, & de même le perimetre du premier eſt double du perimetre du ſecond.* Fig 4. Pl. XII.

Soient les deux triangles réguliers BAD & FEG, dont le premier eſt circonſcrit, & l'autre inſcrit au même cercle, il faut tirer le rayon CH perpendiculaire aux côtés BD & FG que l'on ſuppoſe paralleles, & tirer auſſi les cordes FH & GH. Cela poſé, je prouve que le rayon droit CH eſt double du rayon droit CL, & que le perimetre circonſcrit eſt inſcrit.

DÉMONSTRATION.

Le rayon CH perpendiculaire à la corde FG coupe l'arc FHG de 120 degrés en deux parties égales (Liv. I. art. 105). Par conſéquent les deux cordes FH & GH ſont des côtés d'un exagone régulier inſcrit. Donc le côté FH eſt égal au rayon CF : donc le triangle CFH eſt iſocele. D'ailleurs la ligne FL tirée du ſommet de l'angle compris entre les côtés égaux eſt perpendiculaire à la baſe CH, puiſque cette baſe eſt par la conſtruction perpendiculaire à la corde FG. Ainſi la baſe CH eſt coupée en deux parties égales par la perpendiculaire, ou, ce qui revient au même, le rayon droit CH eſt double de l'autre CL. Or les perimetres des deux triangles ſont entr'eux comme les rayons droits (86). Donc le perimetre circonſcrit eſt auſſi double du perimetre inſcrit.

102 D. Il eſt évident que le côté du triangle circonſcrit eſt pareillement double du côté du triangle inſcrit.

102 E. Il paroît par ce Théorême, qu'un rayon perpendiculaire à une corde de 120 degrés, eſt coupé en deux parties égales par cette corde.

THÉORÊME VII.

PROBLÊME VII.

103. *Le côté du décagone régulier inscrit dans un cercle est égal à la grande partie du rayon divisé en moyenne & extrême raison.*

DÉMONSTRATION.

Soit le côté AB du décagone, aux extrémités duquel tirez les rayons CA & CB qui forment le triangle ACB dont l'angle C a pour mesure la dixiéme partie de la circonférence; c'est-à-dire, 36 dégrés; par conséquent les deux autres angles A & B du triangle ACB pris ensemble, valent 144 degrés; autrement les trois angles du triangle n'auroient pas pour mesure 180 degrés. Or ces deux angles sur la base sont égaux, à cause que le triangle ACB est isocele; donc chacun des angles A & B vaut 72 degrés. Si donc on divise l'angle B en deux parties égales par la ligne BD, chacune de ces parties étant moitié de l'angle B, vaudra 36 degrés; ainsi dans le petit triangle BDC, l'angle C est égal à l'angle *n*; & par conséquent les côtés opposés à ces angles, sçavoir BD & CD sont égaux. Or BD est aussi égal à AB : car dans le petit triangle ABD, l'angle *o* vaut 36 degrés, puisqu'il est moitié de l'angle total en B; d'ailleurs nous avons déja dit que l'angle A vaut 72 degrés : donc le troisiéme angle *m* vaut aussi 72 degrés. Donc les côtés BD & AB opposés à ces deux angles sont égaux; ainsi CD & AB étant chacun égaux à BD, sont égaux entr'eux. Fig. 41.

Il faut donc démontrer que CD est la grande partie du rayon CA divisé en moyenne & extrême raison au point D; en sorte qu'on a la proportion CA. CD : : CD. AD. Pour cela il faut remarquer que les deux triangles ACB & ABD sont semblables, à cause que l'angle A est commun à tous les deux, & que d'ailleurs l'angle C du grand est égal à l'angle *o* du petit : par conséquent les côtés homologues sont proportionnels. Or CA du grand triangle & AB du petit sont homologues, parce qu'ils sont opposés aux angles égaux B & *m*. Pareillement AB du grand triangle & AD du petit sont homologues, étant opposés aux angles égaux C & *o*; ainsi on a la proportion CA. AB : : AB. AD Or CD = AB; donc CA. CD : : CD. AD. Ainsi CD égal au côté AB, est la grande partie du rayon CA divisé en moyenne & extrême raison. Ce qu'il falloit démontrer.

103 B. Au lieu de l'énoncé de ce Théorême, souvent on dit que *dans un triangle isocele dont les angles sur la base sont chacun doubles de l'angle du sommet, la base est égale à la grande partie d'un des côtés égaux divisé en moyenne & extrême raison.* Cette proposition n'est pas

Fig. 41. différente du Théorême VII, parce que les angles ſur la baſe du triangle iſocele ne peuvent être chacun doubles de l'angle au ſommet à moins que cet angle ne ſoit de 36 degrés : car s'il étoit, par exemple, de 40 degrés, les autres ſeroient chacun de 80; & par conſéquent les trois vaudroient plus de deux angles droits : & ſi l'angle au ſommet n'étoit que de 30 degrés, les trois ſeroient moindres que deux angles droits. Ainſi cette propoſition ſuppoſe que l'angle au ſommet eſt de 36 degrés ; & par conſéquent c'eſt l'angle au centre d'un décagone régulier ; & les côtés égaux de cet angle ſont des rayons du cercle auquel le décagone peut être inſcrit.

THÉORÊME VIII.

103 C. *Il n'y a que trois ſortes de polygones réguliers dont les angles puiſſent remplir exactement l'eſpace qui eſt autour d'un point*, *comme* C, (Figure 3 pl. XII.) *ſçavoir*, *ſix triangles équilateraux*, *quatre quarrés*, *& trois éxagones réguliers.*

DÉMONSTRATION.

1°. Six angles de triangles équilateraux ou réguliers peuvent remplir l'eſpace autour d'un point : car tous les angles qu'on peut faire autour d'un point valent enſemble quatre angles droits, puiſqu'ils ont pour meſure la circonférence dont ce point eſt le centre. Or ſix angles de triangles équilateraux valent quatre angles droits, puiſque chacun vaut le tiers de deux angles droits, c'eſt-à-dire, 60 degrés. Par conſéquent en mettant ſix triangles réguliers autour d'un point, de maniere que ce point ſoit le ſommet commun d'un angle de chaque triangle, tout l'eſpace autour du point ſera exactement rempli.

2°. Quatre angles de quarrés rempliſſent auſſi tout l'eſpace autour d'un point, parce que chacun de ces angles eſt droit : & par conſéquent les quatre valent quatre angles droits.

3°. Trois angles d'exagones réguliers peuvent auſſi remplir l'eſpace autour d'un point : car chacun des angles de l'exagone régulier vaut 120 degrés : ainſi la ſomme des trois angles vaut 360 degrés ou quatre angles droits.

Pour ce qui eſt des angles des pentagones réguliers, ils ne peuvent remplir tout l'eſpace qui eſt autour d'un point : car chacun des angles du pentagone régulier eſt de 108 degrés ; donc ſi on prend trois de ces angles, ils feront moins de 360 degrés ; & ſi on en prend quatre ou davantage, ils feront plus de 360 degrés.

Enfin les figures régulieres qui ont plus de côtés que l'exagone, ne peuvent par leurs angles remplir exactement l'espace autour d'un point : car plus les polygones réguliers ont de côtes, plus les angles compris entre ces côtés sont grands. Or chacun des angles de l'exagone régulier vaut 120 degrés ; par conséquent l'angle de l'eptagone régulier, par exemple, vaut plus de 120 degrés : donc trois de ces angles pris ensemble valent plus de 360 degrés. Il en est de même des autres polygones réguliers qui ont plus de six côtés.

103 D. Il paroît par ce Théorême, dont la découverte est attribuée à un ancien Géometre appellé Proclus, que l'on ne peut employer pour carreler une sale, une chambre, &c. que trois sortes de carreaux réguliers, sçavoir, ceux de trois côtés, ceux de quatre & ceux de six : ces derniers sont plus d'usage, parce que leurs angles étant plus grands, ils sont moins sujets à se casser. Par la raison contraire on ne se sert guéres de carreaux triangulaires, c'est-à-dire, de trois côtés.

PROBLÊME I.

104. *Trouver la valeur de l'angle au centre, & celle de l'angle à la circonférence d'un polygone régulier, par exemple, d'un pentagone.*

1°. Pour l'angle au centre, divisez la circonférence, c'est-à-dire, 360 degrés, par le nombre des côtés du polygone, & le quotient sera la mesure de l'angle au centre : ainsi pour avoir la valeur de l'angle au centre du pentagone, il faut diviser 360 par 5, & le quotient 72 marquera que l'angle ACB est de 72 degrés. Cela est évident, puisque l'angle au centre d'un pentagone a pour mesure la cinquiéme partie de la circonférence du cercle dans lequel il peut être inscrit. Fig. 42.

2°. L'angle de la circonférence, comme ABD, peut être facilement connu après avoir trouvé la valeur de l'angle au centre : car dans le triangle ACB, l'angle au centre plus les deux angles sur le côté AB, c'est-à-dire, les trois angles du triangle sont égaux à deux angles droits. Or l'angle ABD est égal aux deux angles sur le côté AB pris ensemble, puisque chacun de ces deux n'est que la moitié de l'angle à la circonférence (80) ; donc l'angle au centre & l'angle à la circonférence joints ensemble, valent deux angles droits ; & par conséquent si de 180 degrés, qui sont la mesure de deux angles droits, on ôte la valeur de l'angle au centre, le reste sera la valeur de l'angle à la circonférence : par exemple, l'angle à la circonférence du pentagone est de 108, parce qu'en ôtant de 180 la valeur de l'angle au centre, qui est de 72 degrés, le reste est 108. En un mot, l'angle au centre & l'angle à la circonférence sont supplément l'un par rapport à l'autre. Cette partie du Problême est aussi renfermée dans le Corollaire V. du premier Théorême.

COROLLAIRE.

104 B. Il paroît par ce Problême que l'angle au centre d'un polygone régulier est d'autant plus petit, & que l'angle à la circonférence est d'autant plus grand, que le polygone a plus de côtés. Cela avoit déja été prouvé.

PROBLÊME II.

105. *Inscrire un quarré dans un cercle donné.*

Fig. 43. Coupez la circonférence en quatre parties égales, par deux diametres perpendiculaires, & tirez ensuite des cordes aux extrémités des diametres, vous aurez le quarré inscrit : car en premier lieu il est évident que les quatre cordes sont égales, puisque les diametres perpendiculaires coupent la circonférence en quatre parties égales : voilà donc déja les quatre côtés égaux. D'ailleurs, ces côtés forment des angles droits : par exemple, l'angle ABC est droit, puisque c'est un angle inscrit appuyé sur le diametre. Par conséquent le quadrilatere formé par les cordes est un quarré.

PROBLÊME III.

105 B. *Inscrire un pentagone régulier dans un cercle.*

Faites un angle droit dont un des côtés soit le rayon du cercle proposé, & l'autre côté soit égal à la grande partie du rayon divisé en moyenne & extrême raison par la méthode de l'article 175. du premier Livre; l'hypotenuse de cet angle sera le côté du pentagone régulier qui pourra être inscrit au cercle donné. C'est une suite évidente du Théorême VII. sur le rapport des surfaces, article 189 B.

PROBLÊME IV.

106. *Inscrire un exagone régulier dans un cercle.*

Fig. 44. Prenez la longueur du rayon, que vous porterez six fois sur la circonférence; ensuite tirez des cordes aux points de division : vous aurez l'exagone cherché. Cela suit clairement du sixiéme Théorême.

PROBLÊME V.

107. *Inſcrire un décagone régulier dans un cercle.*

Coupez le rayon du cercle en moyenne & extrême raiſon ; prenez enſuite la grande partie de ce rayon ainſi diviſé, que vous porterez ſur la circonférence : enfin tirez des cordes aux points de diviſion, vous aurez le décagone cherché. C'eſt une ſuite du ſixiéme Théorême. Fig. 44.

PROBLÊME VI.

108. *Une figure réguliere étant inſcrite, en inſcrire une autre qui n'ait que la moitié du nombre des côtés.*

Tirez des cordes dont chacune ſoutienne un arc double de celui qui eſt ſoutenu par chaque côté du polygone inſcrit : par exemple, ayant un exagone régulier inſcrit, ſi on veut inſcrire un triangle régulier, il faut tirer les cordes AC, CE & EA, dont chacune ſoutient un arc double de celui qui eſt ſoutenu par chaque côté de l'exagone.

PROBLÊME VII.

109. *Un polygone régulier étant inſcrit dans un cercle, en inſcrire un autre qui ait le double des côtés.*

Diviſez en deux parties égales chacun des arcs ſoutenus par le côté du polygone inſcrit ; tirez enſuite des deux extrémités de chaque côté, des cordes au point de diviſion, & vous aurez le polygone cherché : par exemple, le triangle équilateral ACE étant inſcrit, ſi on veut inſcrire un exagone, il faut diviſer les arcs AC, CE, EA, chacun en deux parties égales, & tirer les cordes AB, BC, CD, DE, EF, FA ; on aura l'exagone régulier ABCDEF.

110. Il eſt évident par les deux derniers Problêmes, que lorſqu'on ſçait inſcrire un polygone régulier, on en peut auſſi inſcrire deux autres, dont l'un n'ait que la moitié des côtés du premier, & l'autre le double : ſurquoi il faut remarquer que dans la pratique il n'eſt pas néceſſaire d'inſcrire un polygone pour en inſcrire un autre qui ait la moitié ou le double du nombre des côtés : par exemple, pour inſcrire un triangle ou un dodécagone, il faut ſeulement marquer les ſix points de diviſion, deſquels il faudroit tirer les côtés de l'exagone.

PROBLÊME VIII.

111. *Circonſcrire un polygone régulier à un cercle.*

Fig. 45. Il faut d'abord inſcrire un polygone régulier ſemblable : enſuite tirer trois rayons, comme M*o*, M*b*, M*c*, dont le premier ſoit perpendiculaire à un côté du polygone inſcrit, & les deux autres paſſent par les extrémités de ce côté : après cela tirez par le point *o* la tangente BC terminée par les deux rayons M*b*, M*c* prolongés. Je dis que ſi du centre M, & de l'intervalle MB ou MC on décrit une circonférence, & que l'on tire des cordes égales à la tangente, comme AB, CD, &c. elles ſeront tangentes elles-mêmes du cercle donné, & formeront un polygone circonſcrit. Il eſt évident que les cordes égales à la tangente BC ſeront autant éloignées du centre que BC ; & par conſéquent elles ſeront auſſi tangentes par rapport à la petite circonférence.

PROBLÊME IX

111 B. *Faire un polygone régulier, par exemple, un exagone, dont chaque côté ſoit égal à la ligne donnée* L.

Fig. 7. Pl. XII. Tirez la ligne AB égale à la ligne donnée, & après avoir cherché quel doit être l'angle à la circonférence de ce polygone (104), menez des deux extrémités A & B les lignes AC & BC qui faſſent les deux angles BAC & ABC égaux chacun à la moitié de l'angle à la circonférence : enſuite du point C & de l'intervalle CA ou CB décrivez une circonférence dont la ligne AB ſera une corde : prenez avec le compas la longueur de cette ligne, & appliquez une des pointes du compas ſur l'extrémité A ou B, pour marquer ſucceſſivement les autres points de la circonférence auxquels il faut tirer les cordes égales au côté AB : enfin menez ces cordes, vous aurez le polygone régulier cherché. La raiſon de cette pratique paroîtra évidente, ſi on fait attention que les rayons obliques CA & CB doivent couper les angles à la circonférence en deux également (80).

111 C. Ce Problême renferme cet autre, *Un polygone régulier étant donné, en faire un autre ſemblable dont le côté ſoit donné* : car pour que deux polygones réguliers ſoient ſemblables, il ſuffit qu'ils aient le même nombre de côtés (84).

111 D. Pour faire les deux angles BAC & ABC égaux chacun à la moitié de l'angle à la circonférence, il faut ſe ſervir d'un inſtrument qu'on appelle *rapporteur*, ou d'un autre, différent du

compas & de la regle : c'eſt pourquoi cette méthode eſt méchanique & non pas géométrique : cependant elle eſt utile dans la pratique, parce qu'elle eſt facile à exécuter, & que d'ailleurs elle eſt générale. Si le côté donné étoit aſſez long ou du moins qu'on pût le prolonger vers l'une & l'autre extrémité, il vaudroit mieux ſe ſervir d'une échelle de parties égales dont nous parlerons dans la trigonométrie.

111 E. Il y a des méthodes géométriques pour faire quelques-uns des polygones réguliers ſur un côté donné ; ce ſont ceux que l'on ſçait inſcrire dans un cercle : mais celle que nous venons d'expliquer dans ce Problême ſuffit, quoiqu'elle ne ſoit que méchanique. Au reſte on a donné la deſcription géométrique du triangle régulier (38). Celle du quarré a été expliquée (46). Enfin celle de l'exagone régulier ſuit évidemment de l'article 100 : car ayant le côté AB de l'exagone, décrivez une circonférence dont le rayon ſoit égal au côté AB, & tirez des cordes égales à AB, vous aurez l'exagone propoſé.

Quant au pentagone régulier, voici comment on pourroit le conſtruire ſur un côté donné : il faudroit chercher par le troiſiéme Problême (art. 105 B) le côté du pentagone régulier qui pourroit être inſcrit dans un cercle décrit à volonté : après quoi on feroit la proportion, le côté de ce pentagone eſt à celui du pentagone cherché, comme le rayon du cercle du premier pentagone eſt au rayon du cercle du ſecond. On a les trois premiers termes de cette proportion ; ainſi on trouveroit le quatriéme par l'article 170 du premier livre. Cette proportion eſt fondée ſur ce que les cordes d'arcs ſemblables ſont entr'elles comme les rayons (91). Quand on aura le rayon on décrira le cercle ; enſuite on y inſcrira aiſément le pentagone dont le côté eſt donné. On pourra pareillement conſtruire un décagone régulier ſur un côté donné en ſe ſervant du cinquiéme Problême (art 107).

On n'a point de méthode géométrique pour faire des polygones réguliers de 7 côtés, de 9, de 11, de 13, de 14, de 17, &c.

PROBLÊME X.

112. *Trouver à très peu de choſe près la circonférence d'un cercle dont on connoît le diametre.*

Soit un cercle dont le diametre ait 800 pieds. Afin de trouver la circonférence, il faut ſe ſervir du rapport d'Archimede, qui eſt de 7 à 22, & faire une regle de trois, dont le premier terme ſoit 7, le ſecond 22, & le troiſiéme 800; le quatriéme ſera la circonférence. On trouvera ce quatriéme terme à l'ordinaire en multipliant les deux moyens 22 & 800 l'un par l'autre, & diviſant le produit 17600 par 7, qui eſt le premier terme; le quotient 2514 $\frac{2}{7}$ fait voir que ſi le diametre d'un cercle eſt de 800 pieds, la circonférence eſt d'environ 2514 pieds & $\frac{2}{7}$ d'un pied.

112 B. Le rapport de 22 à 7 eſt égal à celui de 3 $\frac{1}{7}$ à 1, c'eſt-à-dire, que 22 contient trois fois 7 & de plus 1, qui eſt la ſeptiéme partie de 7: c'eſt pourquoi on trouveroit un nombre égal au quatriéme terme cherché, en multipliant le diametre 800 par 3, & en ajoutant enſuite au produit la ſeptiéme partie de 800: ce qui eſt plus facile que de trouver le quatriéme terme de la proportion marquée ci-deſſus par la regle de trois.

112 C. Si on veut avoir un nombre qui approche un peu plus de la véritable circonfce queêren 2514 $\frac{2}{7}$, il faut ſe ſervir du rapport de 113 à 355, & faire la proportion, 113.355 :: 800.x: on trouvera qu'après avoir multiplié les deux moyens; & diviſé le produit par le premier terme, le quotient ſera 2513 $\frac{11}{113}$. Ainſi la circonférence eſt environ 2513 pieds & $\frac{11}{113}$ d'un pied.

113. Remarquez que la circonférence cherchée eſt un peu moindre que l'un & l'autre des deux quotiens, parce que la circonférence dont le diametre eſt 7, eſt plus petite que 22, & pareillement la circonférence dont le diametre eſt ſuppoſé de 113, eſt plus petite que 355: car, comme nous avons dit (102), les conſéquens des deux rapports de 7 à 22 & de 113 à 355 ſont un peu trop grands. Nous ferons voir dans un ſupplément qu'en ſe ſervant du rapport de 7 à 22, le quotient qu'on trouve n'excede pas de ſa 2485me partie la véritable circonférence qu'on cherche, & que cependant il ſurpaſſe plus que de ſa 2486me partie cette circonférence: mais ſi on ſe ſert du rapport de 113 à 355, l'excès du quotient ou du nombre trouvé ſur la circonférence qu'on cherche eſt plus petit que la 11776666me partie de ce quotient: & cependant cet excès eſt plus grand que la 11776667me partie du quotient.

114. On peut conclure de-là que ſi en cherchant la circonférence d'un cercle par le rapport de 7 à 22, le nombre trouvé eſt égal ou plus grand que 2486, il ſurpaſſera la circonférence au moins d'une unité: ſi ce nombre trouvé étoit deux fois plus grand que 2486; il excederoit la circonférence au moins de deux unités, &c. De même ſi le nombre trouvé étoit la moitié de 2486, il

il ſurpaſſeroit la circonférence au moins de la moitié d'une unité. Ainſi dans l'exemple qu'on vient d'employer, le nombre trouvé par le rapport de 7 à 22 étant de 2514 $\frac{2}{7}$ on en peut retrancher 1, & on eſt aſſuré que le reſte 2513 $\frac{2}{7}$ eſt encore plus grand que la véritable circonférence. En général il faut diviſer le nombre trouvé par 2486, & ôter enſuite le quotient de ce nombre trouvé, le reſte ſera encore un peu plus grand que la circonférence cherchée ; mais ſi on diviſe le nombre trouvé par 2485, & qu'on retranche le quotient du même nombre trouvé : le reſte ſera moindre que la circonférence cherchée. On peut dire la même choſe lorſqu'on ſe ſert du rapport de 113 à 355 en ſubſtituant néanmoins 11776667 à la place de 2486, & 11776666 à celle de 2485.

114 B. Si on ſe ſert du rapport de 106 à 333 qui eſt très-commode dans la pratique, le quotient qu'on trouvera ſera plus petit que la circonférence cherchée, parce que la circonférence dont le diametre eſt 106 eſt plus grande que 333. Mais l'excès de la circonférence cherchée ſur le quotient trouvé ne ſera pas la 37749me partie de ce quotient, & cependant cet excès eſt plus grand que la 37750me partie du quotient. On trouvera la preuve de tout ce que nous venons de dire ſur cette matiere dans le ſupplément qui eſt après la Trigonométrie.

DES FIGURES PLANES

conſidérées ſelon leur ſurface.

Après avoir parlé des côtés qui terminent les figures, & des angles formés par ces côtés, il faut à préſent conſidérer l'eſpace qui y eſt renfermé. Cet eſpace eſt une ſurface ou ſuperficie, on le nomme auſſi *aire*.

Nous avons dit qu'il y avoit trois ſortes de ſurfaces ; les planes, comme celles des miroirs ordinaires, les courbes, comme celles des globes ; & les mixtes, qui ſont en partie planes & en partie courbes.

Nous avons encore diſtingué trois ſortes de ſuperficies planes ; les rectilignes, comme un pentagone ; les curvilignes, comme les cercles ; & les mixtilignes, comme les ſegmens & les ſecteurs du cercle.

Nous traiterons 1°. des élémens & de l'égalité des ſurfaces. 2°. De la meſure des ſurfaces. 3°. Du rapport des ſurfaces.

DES ÉLÉMENS ET DE L'ÉGALITÉ des surfaces.

114 C. Comme la ligne est composée de points, de même la surface est composée de lignes posées les unes à côté des autres : ainsi les élémens des surfaces sont des lignes. Or on ne peut concevoir que des lignes considérées sans largeur composent une surface ; c'est pourquoi il faut considérer les lignes comme ayant une largeur infiniment petite qui soit la même dans chacune des
Fig. 46. lignes qui servent d'élémens à une superficie.

115. Les élémens d'un parallelogramme sont donc une infinité de lignes paralleles & égales à la base, lesquelles remplissent l'espace compris dans le parallelogramme. De même les élémens
Fig. 47. d'un triangle sont une infinité de lignes paralleles à la base, qui sont d'autant plus courtes qu'elles sont plus éloignées de la base. Les élémens du cercle sont une infinité de circonférences concentriques : ainsi des autres figures.

116. On prend aussi pour élêmens des figures, des surfaces infiniment petites, dont la somme remplit la figure : par exemple, on peut dire que les élémens d'un parallelogramme sont une infinité de petits parallelogrammes qui ont même base que le parallelogramme total, & qui ont une hauteur infiniment petite. Pareillement on peut prendre pour élêmens d'un triangle une infinité de triangles qui ont même hauteur que le triangle total ; & qui ont chacun pour base une partie infiniment petite de la
Fig. 48. base de ce triangle. On peut aussi prendre pour élémens d'un cercle, des triangles infiniment petits, dont le sommet soit au centre, & qui aient pour base chacun une partie infiniment petite de la circonférence. On peut dire la même chose des secteurs de cercle, comme celui de la Figure 49.

117. Il est évident que deux figures ou superficies sont égales lorsque les élémens de l'une sont égaux aux élémens de l'autre, & que le nombre de ces élémens est égal dans les deux superficies.

118. Nous nous servirons dans nos démonstrations des premiers élémens, c'est-à-dire, des lignes que l'on regarde comme ayant une largeur infiniment petite. Or le nombre de ces élémens se mesure dans les parallelogrames & dans les triangles par des perpendiculaires à la base, qui sont les hauteurs ; en sorte que si la hauteur d'un parallelogramme est double de celle d'un autre, le nombre des élémens du premier est double du nombre

des élémens du second; si la hauteur est triple, le nombre des élémens est triple, &c.

119. Dans le cercle le nombre des circonférences concentriques qui en sont les élémens, est mesuré par le rayon, parce que si le cercle est rempli de circonférences, il est clair que le nombre des circonférences est égal au nombre des points du rayon.

119 B. On appelle ces élémens *indivisibles*, parce que n'ayant qu'une largeur infiniment petite, on les regarde comme indivisibles selon leur largeur, quoique dans la vérité ils puissent être divisés même selon cette dimension.

Après avoir donné ces notions touchant les élémens des surfaces, il faut maintenant parler de leur égalité.

120. Deux figures planes sont appellées *egales*, lorsque la surface de l'une est égale à la surface de l'autre, quoique les côtés de la premiere ne soient pas égaux à ceux de la seconde : par exemple, afin que deux triangles soient appellés égaux, il suffit qu'ils aient des surfaces égales ; & même un triangle est dit égal à un parallelogramme lorsqu'il contient autant d'espace ou de surface que le parallelogramme; mais lorsque deux figures ont des surfaces égales, & que les côtés & les angles de l'une sont égaux à ceux de l'autre, chacun à chacun, pour lors on dit qu'elles sont égales en tout. Dans le premier cas, on dit souvent que les figures sont égales en surface; mais cela n'est pas nécessaire, il suffit de dire qu'elles sont égales: ce qui signifie la même chose qu'en disant qu'elles sont égales en surface.

121. Il paroît par-là & par l'article 9 qu'il y a une grande différence entre des figures égales & des figures semblables.

122. Deux rectangles de même base & de même hauteur sont égaux en tout. Cette proposition peut passer pour un axiome : car si on conçoit que l'on applique ces deux rectangles l'un sur l'autre, la base la base, & le côté sur le côté, on voit aisément que ces deux rectangles conviendront parfaitement, & par conséquent ils sont égaux en tout. Mais si on compare un rectangle avec un parallelogramme obliquangle de même base & de même hauteur, on n'apperçoit pas si facilement si les surfaces sont égales. Nous allons démontrer l'égalité de ces deux figures dans le Théorême suivant.

THÉORÊME I. ET FONDAMENTAL.

123. *Un rectangle & un parallelogramme obliquangle de même base & de même hauteur sont égaux.*

Fig. 50. Soit le rectangle ABCD & le parallelogramme EBCF qui ont même base, sçavoir BC, & qui ont aussi même hauteur, puisqu'ils sont entre les mêmes paralleles. Il faut démontrer que leurs surfaces sont égales.

DÉMONSTRATION.

Deux superficies sont égales lorsque les élémens de l'une sont égaux à ceux de l'autre, & que le nombre de ces élémens est égal dans les deux figures. Or 1°. les élémens du rectangle sont égaux à ceux du parallelogramme puisque les élémens de l'une & de l'autre figure, comme GH & KL sont égaux chacun à la base commune BC. 2°. Le nombre des élémens est égal dans les deux figures, parce qu'elles ont même hauteur. La vérité de cette seconde partie paroît encore en ce que si on prolonge tous les élémens du rectangle, ils remplissent l'aire ou la surface du parallelogramme, & par conséquent il y a autant d'élémens dans l'une que dans l'autre de ces deux figures; donc le rectangle & le parallelogramme sont égaux. Ce qu'il falloit démontrer.

On pourroit peut-être objecter contre cette démonstration que le parallelogramme contient plus d'élémens que le rectangle, parce que dans le parallelogramme il y a autant d'élémens ou de lignes paralleles à la base qu'il y a de points dans le côté EB : & de même il y a autant de ces élémens dans le rectangle, qu'il y a de points dans le côté AB. Or il y a plus de points dans l'oblique EB, que dans la perpendiculaire AB.

Il est vrai que si on prend des points égaux dans les deux lignes EB & AB, il y en a plus dans la premiere que dans la seconde; & par conséquent si on conçoit qu'il y a des élémens tirés de tous ces points, il y en aura plus dans le parallelogramme que dans le rectangle ; mais aussi les élémens du parallelogramme seront moindres en largeur que ceux du rectangle dans la même proportion qu'ils seront en plus grand nombre ; en sorte que s'il y a deux fois plus d'élémens dans le parallelogramme, ils n'auront que la moitié de la largeur de ceux du rectangle. Cela paroîtra clairement si on tire des paralleles à la base qui passent au travers du rectangle & du parallelogramme : car dans cette hypothese les mêmes lignes qui servent d'élémens aux deux figures, occupent par leur largeur une plus grande partie du côté du parallelogramme que de celui du rectangle, à cause de l'obliquité du premier côté ; & par conséquent, puisque les élémens étant supposés égaux en largeur dans les deux figures, ceux du parallelogramme répondent à de plus grands points du côté, il s'ensuit que si on prend dans ce côté des points égaux à ceux du côté du rectangle, & qu'on conçoive des élémens tirés de ces points dans les deux figures, ceux du parallelogramme auront moins de largeur que ceux du rectangle. Fig. 50.

Autre Démonstration.

Le rectangle & le parallelogramme ont le triangle commun BOC; il n'y a donc plus qu'à faire voir que l'autre partie ABOD du rectangle est égale à la partie EOCF du parallelogramme, ce que je démontre ainsi : Le triangle ABE est égal en tout au triangle DCF : car 1°. la perpendiculaire AB du premier est égale à la perpendiculaire DC du second, puisque ce sont des côtés opposés d'un rectangle. 2°. Les deux obliques BE & CF sont aussi égales (43), parce que ce sont des côtés opposés du parallelogramme. 3°. Les lignes AE & DF sont encore égales; car elles ont une partie commune, sçavoir DE; & d'ailleurs les deux autres parties AD & EF sont égales entr'elles, puisqu'elles sont égales chacune à la base BC; par conséquent les trois côtés du premier triangle sont égaux aux trois côtés du second; ainsi les deux triangles sont égaux en tout; donc si on retranche la partie commune DOE, le reste ABOD du premier triangle sera égal au reste EOCF du second. Mais ces restes sont les deux parties du rectangle & du parallelogramme qu'il falloit démontrer égales. Par conséquent le rectangle est égal au parallelogramme. Ce qu'il falloit démontrer.

Voici une difficulté que l'on peut proposer contre ce Théorême fondamental, pour prouver que le parallelogramme a plus de surface que le rectangle. Les côtés du parallelogramme étant plus grands que ceux du rectangle, il est certainement plus long, & d'ailleurs il a autant de largeur, puisqu'ils ont même base. Par conséquent le premier a une plus grande surface que l'autre.

J'avoue que le parallelogramme est plus long que le rectangle, mais aussi il a moins de largeur : car la largeur se mesure par une perpendiculaire entre les deux côtés, & non par la base, à moins qu'elle ne soit perpendiculaire aux côtés, comme dans le rectangle. Or il est clair que la perpendiculaire tirée entre les côtés du parallelogramme est moindre que la base, puisque cette base est oblique par rapport à ces côtés du parallelogramme.

123 B. On a prouvé que si le rectangle & le parallelogramme

ont même base & même hauteur, ils sont égaux. On peut dire aussi réciproquement que si le rectangle & le paralleloramme sont égaux en surface, & qu'ils aient même hauteur ils ont même base ou des bases égales : car si le parallélogramme avoit une base plus grande ou plus petite que BC, il est évident qu'il ne seroit plus égal au rectangle. Pareillement si le rectangle & le parallelogramme sont égaux & qu'ils aient même base, ils ont aussi même hauteur : car si l'on prolongeoit ou si l'on diminuoit la hauteur du parallelogramme il ne seroit plus égal au rectangle. Ainsi de ces trois conditions d'un rectangle & d'un parallelogramme comparés ensemble, avoir même base, avoir même hauteur, & être égaux en surface, deux étant posées, la troisiéme s'ensuit nécessairement.

COROLLAIRE I.

124. Deux parallelogrammes obliquangles qui ont des hauteurs égales, ou, ce qui est la même chose, qui sont entre mêmes paralleles, & qui ont des bases égales, sont égaux en surface. C'est une suite nécessaire du Théorême, parce que chacun de ces parallelogrammes est égal à un rectangle de même base & de même hauteur. Par la même raison si deux parallelogrammes sont égaux, & qu'ils aient même hauteur, ils ont même base; & si étant égaux ils ont même base, ils ont aussi même hauteur.

Fig. 51. 125. Avant de passer au second Corollaire, il faut remarquer qu'un triangle, comme ABD, est la moitié d'un parallelog. de même base & de même hauteur : car si on fait le parallelog. ABDC dont le côté AB & la base BD soient deux côtés du triangle, il est certain que le troisiéme coté AD du triangle divise le parallelog. en deux parties égales (44); parce que ce côté sert de diagonale; par conséquent le triangle ABD est la moitié du parallelog. ABDC, qui a même base & même hauteur que le triangle.

COROLLAIRE II.

126. Deux triangles comme ABD & EGH, qui ont des hauteurs égales, ou qui sont entre mêmes paralleles, & qui ont aussi des bases égales, sont égaux en surfaces : car, selon la remarque précédente, ces triangles sont moitiés des parallelog. AD & EH qui ont même hauteur & même base que les triangles. Or nous venons de dire dans le premier Corollaire, que ces parallelog. sont égaux; donc leurs moitiés sont aussi égales. Pareillement si

les triangles sont égaux & qu'ils aient même hauteur, ils auront même base; & si étant égaux ils ont même base, ils ont aussi même hauteur. Cela est évident par le Corollaire précédent & la remarque que nous venons de faire.

COROLLAIRE III.

127. Un triangle, comme CED, qui a même base qu'un parallelogramme CB, & qui a une hauteur double de celle du parallelogramme lui est égal en surface : car supposons un autre parallelogramme qui ait même base & même hauteur que le triangle, il est clair que le triangle & le parallelogramme CB ne sont chacun que la moitié de cet autre parallelogramme & par conséquent le triangle est égal au parallelogramme CB. Fig. 52.

COROLLAIRE IV.

128. Un triangle, comme CAE, qui a même hauteur qu'un parallelogramme tel que AD, & qui a une base double, lui est égal en surface. Cela se démontre de la même maniere que le Corollaire précédent. Fig. 53.

128 B. On tire de ces deux derniers Corollaires une méthode facile de faire un parallelogramme égal en surface à un triangle donné. Il n'y a qu'à construire un parallelogramme qui ait même base que le triangle & la moitié de sa hauteur, ou qui ait même hauteur que le triangle, & la moitié de sa base. Il est visible qu'on peut construire ce parallelogramme avec quel angle on voudra sur la base, parce que tous les parallelogrammes de même base & de même hauteur sont égaux.

THÉORÊME II.

129. *Un trapeze comme* ACDB, *dont les deux côtés* AB *&* CD *sont paralleles, est égal à un parallelogramme de même hauteur, qui a pour base une ligne moyenne proportionnelle arithmétique entre les deux côtés paralleles.* Fig. 54.

Prenez CK égale à AB, & divisez le reste KD en deux parties égales au point P : tirez ensuite la ligne PE parallelle au côté AC, vous aurez le parallelog. ACPE ou AP qui a la même hauteur que le trapeze, & dont la base CP est moyenne proportionnelle arithmétique entre AB ou CK & CD; puisque CK est autant surpassé par CP, que CP l'est par CD. Il s'agit donc de démontrer que ce parallelog. AP est égal en surface au trapeze.

DÉMONSTRATION.

Le pentagone ACPHB eſt commun au parallelog. & au trapeze ; par conſéquent ſi le triangle BHE, qui eſt le reſte du parallelog. eſt égal au triangle DHP reſte du trapeze, ces deux figures ont des ſurfaces égales. Or les deux triangles BHE & DHP ſont égaux : car 1°. l'angle B eſt égal à l'angle D, parce qu'ils ſont alternes entre paralleles. 2°. Les angles E & P de ces deux triangles ſont auſſi égaux par la même raiſon. 3°. Les côtés BE & DP, ſur leſquels ces angles ſont formés, ſont encore égaux : car les deux lignes AE & CP ſont égales, puiſque ce ſont des côtés oppoſés du parallelog. (43) : d'ailleurs les deux parties AB & CK de ces côtés ſont égales par l'hypotheſe ; donc les deux autres parties BE & KP ſont auſſi égales. Or DP eſt encore égal à KP par l'hypotheſe ; donc les côtés BE & DP des deux triangles BHE & DHP ſont égaux ; ainſi les deux triangles ſont égaux (27) ; par conſéquent le parallelog. eſt égal au trapeze. Ce qu'il falloit démontrer.

THÉORÊME III.

130. *La ſurface d'un cercle eſt égale à la ſurface d'un triangle rectangle qui a pour hauteur le rayon, & pour baſe une ligne droite égale à la circonférence.*

DÉMONSTRATION.

Soit le cercle de la Figure 55, & le triangle rectangle CAB
Fig. 55. qui a pour hauteur le rayon CA, & pour baſe la ligne droite AB égale à la circonférence. Pour démontrer que le cercle eſt égal au triangle, il faut concevoir que l'un & l'autre eſt partagé en ſes élémens, & faire voir, 1°. qu'il y a autant d'élémens dans le cercle que dans le triangle. 2°. Que les élémens du cercle ſont égaux aux élémens correſpondans du triangle.

Premierement, il y a autant d'élémens dans le cercle, qu'il y en a dans le triangle : car les élémens du cercle ſont des circonférences concentriques, & les élémens du triangle ſont les lignes paralleles à la baſe. Or il y a autant de circonférences concentriques dans le cercle, que de lignes paralleles à la baſe dans le triangle, puiſque le nombre en eſt meſuré de part & d'autre par la ligne CA, qui eſt en même-tems rayon du cercle, & hauteur du triangle.

En ſecond lieu, chaque circonférence, comme *ad*, eſt égale à

la

la base correspondante *ab* du triangle : car les circonférences étant entr'elles comme les rayons, on a cette proportion ; la grande circonférence AD est à la petite *ad* : : CA . *ca* : de même à cause des triangles semblables CAB, *cab*, on a encore la proportion AB . *ab* : : CA . *ca* ; ainsi, puisque la raison de AD à *ad*, & celle de AB à *ab*, sont égales chacune à une troisiéme, sçavoir, à celle de CA à *ca* ; il faut qu'elles soient égales entr'elles. On a donc encore la proportion, AD . *ad* : : AB . *ab* : & *alternando*, AD . AB : : *ad* . *ab*. Or dans cette derniere proportion, l'antécédent & le conséquent de la premiere raison sont égaux par l'hypothese, puisque l'on suppose que la base du triangle est égale à la circonférence du cercle ; par conséquent les deux termes *ad* & *ab* de la seconde raison sont aussi égaux (Liv. I. Art. 162). On peut démontrer de la même maniere que chaque circonférence est égale à la base correspondante du triangle ; ainsi les élémens du cercle sont égaux aux élémens correspondans du triangle : d'ailleurs le nombre des élémens est égal de part & d'autre : par conséquent le cercle est égal au triangle. Ce qu'il falloit démontrer. Fig. 55.

COROLLAIRE.

131. Un secteur de cercle, comme CAD, est égal au triangle rectangle CAB, qui a pour hauteur le rayon CA, & pour base une ligne droite égale à l'arc du secteur. Cela se démontre de la même maniere que le Théorême, en faisant voir qu'il y a autant d'élémens dans le secteur, que dans le triangle, & que les élémens correspondans dans les deux figures sont égaux. Fig. 56.

132. Un triangle rectangle est égal à tout autre triangle de même base & de même hauteur (126) ; & par conséquent on peut dire généralement, qu'un cercle est égal en surface à un triangle quelconque qui a pour hauteur le rayon du cercle, & pour base une ligne droite égale à la circonférence. De même on peut dire en général, qu'un secteur de cercle est égal à un triangle quelconque, qui a pour hauteur le rayon du secteur, & pour base une ligne droite égale à l'arc de ce secteur.

132 B. On voit par-là que si un triangle a une hauteur égale au rayon d'un cercle, & une base égale à la circonférence, ces deux Figures sont égales. On peut dire aussi que si le triangle est égal au cercle, & qu'il ait pour hauteur le rayon, sa base sera égale à la circonférence : car puisque la hauteur étant égale au rayon & la base à la circonférence, le triangle est égal au cer-

cle ; il eſt clair que la hauteur étant toujours égale au rayon, ſi la baſe étoit plus grande ou plus petite que la circonférence, il ne ſeroit plus égal au cercle. De même ſi le triangle eſt égal au cercle, & qu'il ait pour baſe la circonférence, ſa hauteur ſera égale au rayon du cercle. Il faut entendre la même choſe du ſecteur de cercle, comparé avec le triangle.

Fig. 23. 132 C. Si dans un parallelogramme on tire deux lignes, comme EF, GH qui ſe coupent au même point I de la diagonale, & qui ſoient paralleles aux côtés du parallelogramme, elles formeront quatre nouveaux parallelogrammes dont les deux IB, IC par leſquels la diagonale ne paſſe pas ſont appellés les *complémens* du premier parallelogramme.

THÉORÊME IV.

132 D. *Les complémens d'un parallelogramme ſont égaux* : IB, par exemple, eſt égal à IC.

DÉMONSTRATION.

Les deux triangles ABD, ACD ſont égaux à cauſe de la diagonale AD. Donc ſi on en retranche des parties égales, les reſtes ſeront égaux. Or les deux triangles AGI & AEI formés par la diagonale AI ſont égaux (44). Pareillement les deux autres triangles IFD, IHD ſont égaux. Donc les deux complémens IB & IC, qui reſtent en retranchant les quatre derniers triangles des deux premiers, ſont égaux. Ce qu'il falloit démontrer.

THÉORÊME V.

Fig. 22. 132 E. *Toute ligne, comme* KL, *qui paſſe par le centre* M *d'un parallelogramme, c'eſt-à-dire, par le milieu de la diagonale* AD, *coupe le parallelogramme en deux parties égales, ſçavoir*, ABLK *&* CDLK.

DÉMONSTRATION.

Les deux quadrilateres ABLK & CDLK ſont compoſés chacun de deux parties, ſçavoir le premier de AMLB & AKM, & le ſecond de DMKC & DLM. Or les parties du premier ſont égales à celles du ſecond. Car 1°. les deux triangles AKM & DLM ſont égaux, puiſque les angles du premier ſont égaux à ceux du ſecond reſpectivement, & que le côté AM eſt ſuppoſé égal au côté DM. D'ailleurs les triangles ABD, ACD ſont auſſi égaux, étant formés par la diagonale. Donc ſi de ces deux triangles on retranche les deux premiers, les reſtes ſeront égaux.

Or ces restes sont AMLB & DMKC. Ainsi ces deux parties sont égales aussi-bien que les deux autres AKM, DLM. Donc les quadrilateres ABLK, CDLK sont égaux. Fig. 22.

132 F. Il paroît par-là que de quelque point qu'une ligne droite qui traverse un parallelogramme soit tirée, elle le coupe toujours en deux parties égales, pourvû qu'elle passe par le milieu de la diagonale. Or ce point du milieu peut se trouver aisément en menant une autre diagonale. Car BC, par exemple, coupe AD en deux également, puisque le triangle AMB est égal en tout à l'autre DMC (27). Par la même raison la diagonale AD coupe l'autre en deux parties égales.

PROBLÊME I.

133. *Une figure rectiligne, comme* ABCDE, *étant donnée en faire une autre qui lui soit égale, & qui ait un côté de moins.* Fig. 57.

Du point A tirez la ligne AC qui retranche le triangle ABC; ensuite du point B, tirez la ligne BF parallele à la ligne AC; enfin prolongez le côté DC jusqu'à la rencontre de la ligne BF. Je dis que si du point A, vous menez la ligne AF au point où le côté DC rencontre la parallele BF, on aura le quadrilatere AFDE, égal au pentagone donné ABCDE. En voici la démonstration.

La surface AEDC est commune au quadrilatere & au pentagone; il n'y a donc qu'à faire voir que le triangle AFC qui est le reste du quadrilatere, est égal au triangle ABC, reste du pentagone. Or ces deux triangles sont égaux (126); puisqu'ils ont la même base, sçavoir AC, & qu'ils sont entre les mêmes paralleles BF & AC.

On pourroit par la même méthode réduire le quadrilatere AFDE en un triangle égal en surface. Pour cela il faudroit mener une ligne du point A au point D; ensuite tirer par le point E une parallele à la ligne AD, & prolonger CD jusqu'à la rencontre de cette parallele; enfin tirer la ligne AG, & on auroit le triangle GFA égal au quadrilatere AFDE, comme il paroît en faisant l'application de la démonstration qui précede.

134. Il suit de-là, que tout polygone peut se réduire en un triangle : d'ailleurs nous donnerons la méthode de faire un quarré égal à un triangle. Par conséquent toute surface rectiligne peut se réduire en quarré : c'est ce qu'on appelle la *quadrature* des surfaces rectilignes.

PROBLÊME II.

134 B. *Faire un triangle égal à la somme de plusieurs autres qui ont tous la même hauteur.*

Fig. 61. Tirez une ligne indéfinie BZ sur laquelle prenez la partie BC égale à la somme des bases de tous les triangles donnés : ensuite tirez sur BC la perpendiculaire AD égale à la hauteur d'un de ces triangles : enfin menez les lignes AB & AC sur la base BC ; vous aurez le triangle BAC égal à la somme de tous les triangles donnés : car si on divise la base BC en des parties égales aux bases des triangles donnés, & que du sommet A on tire des lignes aux point de division, on aura des triangles égaux aux triangles donnés, puisqu'ils auront même base & même hauteur que ces triangles donnés.

DE LA MESURE DES SURFACES PLANES.

135. Les mesures des superficies sont d'autres petites superficies connues & déterminées: comme le pied quarré, la toise quarrée, &c.

136. On entend par un *pied quarré*, une surface quarrée dont les quatre côtés sont chacun égaux à un pied en longueur ; telle seroit la Figure 69, si chacun des côtés avoit un pied en longueur. De même un quarré dont chaque côté est égal à une toise en longueur, est appellé *toise quarrée*, &c.

THÉORÊME I.

137. *La surface d'un rectangle est égale au produit de sa hauteur par sa base, ou de sa base par sa hauteur.*

DÉMONSTRATION.

Fig. 58. Soit le rectangle AC dont le côté AB contienne 3 toises, & la base BC en contienne 4. Si on multiplie 3 par 4, le produit sera 12 ; il faut donc faire voir que la surface de ce rectangle contient 12 toises quarrées Pour cela, il faut diviser le côté du rectangle en trois toises, & sa base en quatre : ensuite par les points de division du côté AB, tirez des paralleles à la base, & par les points de la base, tirez des paralleles aux côtés ; toutes ces paralleles formeront des toises quarrées disposées en rangs paralleles à la base, dont chacun contiendra autant de toises quarrées qu'il y a de toises en longueur dans la base, c'est-à-dire 4 : mais d'ailleurs il y aura autant de ces rangs de toises quarrées qu'il y a de toiſes en longueur dans le côté du rectangle, c'eſt-à-dire 3 ; donc la ſomme des toiſes quarrées du rectangle, eſt égale à 3 fois 4, qui eſt le produit du nombre des toiſes de la baſe, par le nombre des toiſes du côté. Ce qu'il falloit démontrer.

COROLLAIRE I.

138. La ſurface d'un parallelogramme eſt égale au produit de ſa baſe par ſa hauteur : car tout parallelogramme eſt égal à un rectangle de même baſe & de même hauteur. Or on vient de démontrer que pour avoir la ſuperficie d'un rectangle, il falloit multiplier ſa baſe par ſa hauteur ; par conſéquent pour avoir la ſurface d'un parallelogramme, il faut auſſi multiplier ſa baſe par ſa hauteur.

139. Remarquez que dans un parallelogramme qui n'eſt pas rectangle, la hauteur eſt différente du côté qui fait un angle avec la baſe ; parceque cette hauteur ſe prend de la perpendiculaire tirée entre les deux baſes : mais lorſque le parallelogramme eſt rectangle, alors le côté étant perpendiculaire aux baſes, il meſure la hauteur du parallelogramme.

COROLLAIRE II.

140. La ſurface d'un triangle eſt égale au produit de ſa baſe par la moitié de ſa hauteur, ou au produit de ſa hauteur par la moitié de ſa baſe. C'eſt une ſuite néceſſaire des Corollaires dans leſquels on a démontré (127 & 128) que le triangle eſt égal au parallelogramme qui a même baſe & la moitié de la hauteur du triangle ; ou bien à un parallelogramme qui a même hauteur que le triangle & la moitié de ſa baſe.

On peut encore dire que la ſurface du triangle eſt égale à la moitié du produit de ſa baſe par ſa hauteur. Cela revient au même que ce que nous venons de dire dans le Corollaire.

141. Remarquez que lorſque le triangle eſt rectangle, comme ABD, on peut prendre BD, qui eſt un des côtés de l'angle droit pour la baſe ; auquel cas l'autre côté AB du même angle eſt la hauteur du triangle, parce que ce côté eſt perpendiculaire à la baſe. C'eſt pourquoi afin d'avoir la ſurface d'un triangle rectangle, il faut multiplier un des côtés de l'angle droit par la moitié de l'autre côté, & le produit donne la ſurface du triangle, ou bien il faut multiplier un de ces côtés par l'autre, & prendre la moitié du produit. Fig. 51.

COROLLAIRE III.

142. L'aire ou la ſuperficie du cercle eſt égale au produit du rayon par la moitié de la circonférence du cercle, ou de la circonférence par la moitié du rayon : car on démontre (132), que le cercle eſt égal au triangle qui a pour hauteur le rayon, & pour baſe une ligne droite égale à la circonférence. Or ce triangle eſt égal au produit de ſa hauteur qui eſt le rayon par la moitié de ſa baſe ; c'eſt-à-dire, par la moitié de la circonférence ; donc le cercle eſt auſſi égal au produit du rayon par la moitié de la circonférence.

On démontrera de la même maniere, que l'aire d'un ſecteur de cercle, eſt égale au produit du rayon par la moitié de l'arc du ſecteur, ou de l'arc par la moitié du rayon.

COROLLAIRE IV.

Fig. 54. 143. La ſurface d'un trapeze qui a deux côtés paralleles, eſt égale au produit de ſa hauteur par une moyenne proportionnelle arithmétique entre les deux côtés paralleles. Cela ſuit du Théorême II. (129), dans lequel on a démontré que le trapeze qui a deux côtés paralleles, eſt égal à un parallelogramme de même hauteur, & dont la baſe eſt moyenne proportionnelle arithmétique entre ces deux côtés paralleles.

THÉORÊME II.

144. *Une figure circonſcrite à un cercle, eſt égale au produit du rayon du cercle, par la moitié du perimetre de la figure.*

DÉMONSTRATION.

Fig. 59. Soit le polygone circonſcrit ABCDE : il faut faire voir qu'il eſt égal au produit du rayon FG du cercle par la moitié du perimetre. Pour cela tirez du centre F des lignes, comme FA, FB, &c. aux angles du polygone. Il eſt évident que ces lignes diviſeront le polygone en autant de triangles qu'il y a de côtés. D'ailleurs ces triangles auront une hauteur égale, ſçavoir, un rayon comme FG, tiré au point de contingence, parce que tout rayon tiré au point de contingence, eſt perpendiculaire à la tangente (Liv. I. Art. 115). Or chacun des triangles, comme DFC, eſt égal au produit de la moitié du côté DC qui eſt la baſe, par le rayon FG qui eſt la hauteur. Donc la ſomme des triangles, ou le polygone circonſcrit eſt égal au produit de la moitié de tous les côtés, c'eſt-à-dire, de la moitié du perimetre par le rayon du cercle. Ce qu'il falloit démontrer.

On peut dire aussi qu'un polygone circonscrit à un cercle, est égal au produit du perimetre entier par la moitié du rayon, ou bien à la moitié du produit du perimetre par le rayon entier. Il est évident que tout cela revient à la même chose que l'énoncé du Théorême.

COROLLAIRE I.

145. Tout polygone régulier est égal au produit du rayon droit par la moitié du perimetre. Ce Corollaire n'est qu'une application du Théorême; parce qu'on peut toujours regarder un Polygone régulier comme circonscrit à un cercle dont le rayon seroit égal au rayon droit du polygone (77).

COROLLAIRE II.

146. La superficie du cercle est égale au produit du rayon par la moitié de la circonférence. C'est une suite du Corollaire précédent, puisque le cercle est un polygone régulier dont les côtés sont infiniment petits. Nous avons déja démontré la même proposition dans le troisiéme Corollaire du premier Théorême (142).

147. Remarquez que toute figure rectiligne comme A pouvant être réduite en triangles, on aura la mesure de l'aire de cette figure, si on prend celle de tous les triangles. Fig. 60.

147 B. On peut appliquer ce second Théorême à tous les triangles rectilignes. Pour le prouver il n'y a qu'à faire voir qu'on peut inscrire un cercle dans tout triangle. En voici la démonstration : Que l'on divise deux angles comme B & D du triangle BAD, chacun en deux parties égales, par les lignes BC & DC prolongées jusqu'à ce qu'elles se rencontrent, le point de concours C est le centre du cercle inscrit : car que du point C on tire les perpendiculaires CE, CF, CG je prouve qu'elles sont égales : les deux triangles rectangles CGB, CEB ont le côté CB commun. D'ailleurs, l'angle CBG du premier est égal à l'angle CBE du second, parce que l'angle B est supposé divisé en deux également par la ligne BC; par conséquent les deux triangles sont égaux en tout. Donc les côtés CG & CE sont égaux. On prouvera de même que les côtés CG & CF sont égaux entr'eux à cause des triangles rectangles CGD, CFD qui sont aussi égaux en tout. Par conséquent si du point C comme centre & de l'intervalle d'une des trois perpendiculaires, on décrit une circonfé- Fig. 72.

Fig. 72. rence, elle ſera inſcrite au triangle. Donc la ſurface d'un triangle eſt égale au produit d'une perpendiculaire tirée du centre ſur un des côtés par la moitié du perimetre du triangle.

147 C. Une ligne menée du point A au centre C du triangle, c'eſt-à-dire, au point de concours des lignes BC & DC, diviſe l'angle A en deux également : car les deux triangles rectangles CEA, CFA ayant les côtés CE & CF égaux, & l'hypotenuſe CA commune, ils ſont égaux en tout : par conſéquent les angles CAE & CAF ſont égaux. Il ſuit de-là que ſi une ligne diviſe l'angle A en deux parties égales, elle paſſera au point de concours des lignes BC & DC : car cette ligne ne peut être différente de AC tirée du point A au point de concours, parce que cette derniere ligne coupe l'angle A en deux également. Il paroît donc que ſi on tire des trois ſommets d'un triangle, des lignes qui partagent en deux également chacun des angles, elles ſe recontreront en un même point dans le triangle, ſçavoir au centre.

147 D. Il eſt clair par ce que nous avons dit, que les lignes AE & AF ſont égales à cauſe des triangles CEA, CFA qui ſont égaux en tout. Par une raiſon ſemblable les lignes BE & BG ſont égales : enfin DG & DF ſont auſſi égales. Il ſuit de-là que la baſe BD de l'angle A plus la partie AE d'un côté de cet angle contiennent la moitié du perimetre du triangle ; parce que le reſte du perimetre eſt égal à BD plus AE, ſçavoir BE à BG, DF à DG, & enfin AF à AE. Pareillement la baſe AD de l'angle B plus la partie BG ou BE d'un côté de cet angle ſont auſſi la moitié du perimetre : enfin la baſe AB de l'angle D plus la partie DF ou DG d'un côté de cet angle ſont encore la moitié du même perimetre.

147 E. On déduira de l'Article précédent, que la partie d'un côté d'un angle, priſe du ſommet juſqu'au point de contingence, comme AE ou AF, eſt la différence ou l'excès de la moitié du perimetre ſur la baſe de l'angle : car puiſque la moitié du perimetre eſt égale à BD + AE ou AF, il s'enſuit que le demi-perimetre ſurpaſſe la baſe BD de la quantité AE ou AF. Pareillement BG ou BE eſt la différence du demi-perimetre à la baſe AD : enfin DF ou DG eſt la différence du demi-perimetre au côté AB.

On peut dire pour abréger que AE ou AF eſt la différence de BD, que BG ou BE eſt la différence de AD, & que DG ou DF eſt la différence de AB : on ſous-entend au demi-perimetre.

147 F. On vient de voir que BG eſt la différence de AD, & que DG eſt la différence de AB : ainſi les deux parties du côté BD ſont les différences des deux autres côtés, enſorte que chaque

que partie eſt la différence du côté oppoſé : c'eſt-à-dire, que BG eſt la différence du côté oppoſé AD, & non pas du côté adjacent AB. Pareillement les deux parties du côté AD ſont les différences des deux côtés AB & BD : enfin les deux parties de AB ſont les différences des deux côtés AD & BD. Fig. 72.

Nous avons ajouté ces trois ou quatre derniers Articles pour en faire uſage dans la Trigonométrie.

PROBLÊME I.

148. *Faire un quarré égal à un parallelogramme donné.*

Soit nommé A la hauteur du parallelogramme & B ſa baſe. Pour avoir un quarré égal à ce parallelogramme, il faut chercher (Liv. I. Art. 172.) une moyenne proportionelle M entre la hauteur & la baſe du parallelogramme, le quarré de cette moyenne proportionnelle eſt égal au parallelogramme : car par l'hypothèſe A. M : : M. B ; donc le produit des extrêmes eſt égal au produit des moyens. Or le produit des extrêmes A & B eſt le parallelogramme, puiſque pour avoir l'aire du parallelogramme il faut multiplier la hauteur par la baſe : & le produit des moyens eſt le quarré de la moyenne proportionnelle M ; donc le quarré de la moyenne proportionnelle eſt égal au parallelogramme.

Si le parallelogramme eſt rectangle, il faut prendre une moyenne proportionnelle entre le côté & la baſe du rectangle, parce que pour lors la hauteur eſt égale au côté.

PROBLÊME II.

149. *Faire un quarré égal en ſurface à un triangle.*

Cherchez une moyenne proportionnelle entre la hauteur & la moitié de la baſe, ou entre la baſe & la moitié de la hauteur, le quarré de cette moyenne proportionnelle ſera égal en ſurface au triangle : car nommant la hauteur du triangle $2a$, ſa baſe $2b$. & la moyenne proportionnelle m, on aura par l'hypothèſe $2a . m : : m . b$, ou bien, $a . m : : m . 2b$. Par conſéquent $mm = 2ab$, c'eſt-à-dire, que le produit des moyens eſt égal au produit des extrêmes. Or ce produit mm eſt le quarré de la moyenne proportionnelle : D'ailleurs $2ab$ repréſente la ſurface du triangle, puiſqu'elle eſt égale au produit de la hauteur multipliée par la moitié de la baſe, ou de la baſe multipliée par la moitié de la hauteur. Donc le quarré eſt égal au triangle.

Si le triangle eſt rectangle, & qu'on prenne un des côtés de l'angle droit pour baſe, l'autre côté de cet angle ſera la hauteur,

Fig. 72. parce qu'il est perpendiculaire à la base. Il faudra donc chercher une moyenne proportionnelle entre un de ces côtés & la moitié de l'autre.

PROBLÊME III.

149 B. *Faire un quarré égal à un polygone régulier ou même à un polygone irrégulier circonscrit à un cercle.*

Cherchez une moyenne proportionnelle entre le rayon droit & la moitié du perimetre ; le quarré de cette moyenne proportionnelle sera égal au polygone : car le polygone est égal à la somme des triangles qui ont pour hauteur le rayon droit, & pour base chacun un côté du polygone. Or la somme de ces triangles est égale à un seul triangle total de même hauteur qui auroit une base égale à toutes les bases des triangles partiels ; par conséquent le polygone est égal à ce triangle total. D'ailleurs le quarré de la moyenne proportionnelle cherchée est égal au triangle total, comme il paroît par le Probléme précédent : il est donc aussi égal au polygone. Si on veut opérer sur le terrein, il faut se servir de l'Arithmétique, comme on l'a expliqué dans les remarques sur le troisiéme Problême qui est à la fin du premier Livre.

PROBLÊME IV.

149 C. *La surface d'un parallelogramme étant donnée en faire un autre qui lui soit égal dont la hauteur ou la base est donnée.*

On divisera le nombre qui exprime la surface du parallelogramme proposé par le nombre des parties correspondantes de la ligne qui doit servir de hauteur ou de base au parallelogramme cherché, le quotient de la division sera l'autre *produisant* de ce dernier parallelogramme, c'est-à-dire sa base, si on a la hauteur, ou sa hauteur si on a la base. Exemple : la surface donnée contient 96 toises quarrées & la ligne qui doit être un des produisants du parallelogramme cherché a 8 toises de longueur : il faut diviser 96 par 8 le quotient 12 sera l'autre produisant du parallelogramme qu'on cherche : car le produit du diviseur par le quotient est égal au dividende ; par conséquent si on fait un parallelogramme qui ait 8 toises de hauteur & 12 de bases, le produit de la hauteur 8 par la base 12 sera égal à 96. Or ce produit sera la surface du nouveau parallelogramme, il sera donc égal en surface au parallelogramme proposé.

Si le parallelogramme donné est tracé sur le papier on pourra trouver la hauteur ou la base du parallelogramme cherché par une méthode géométrique expliquée dans l'article 70 du premier Livre où il s'agit de trouver une quatriéme ligne proportionnelle à trois autres : car dans le cas du Problême présent on a trois lignes, sçavoir la hauteur ou la base du parallelogramme cherché & la hauteur & la base du parallelogramme donné : si on cherche une quatriéme proportionnelle à ces trois lignes, elle sera l'autre produisant du parallelogramme égal en surface à celui qui est donné, parce que le produit des extrêmes d'une proportion est égal au produit des moyens (nous supposons que le premier terme de la proportion est la hauteur ou la base du parallelogramme cherché, afin que le quatriéme soit l'autre produisant de ce parallelogramme.)

149 D. On pourroit de même faire un triangle égal à un autre triangle proposé, la hauteur ou la base du triangle cherché étant donnée ; en observant que les deux produisants d'un triangle ne sont pas sa hauteur & sa base, mais seulement sa hauteur & la moitié de sa base, ou sa base entiere & la moitié de sa hauteur (140) : ainsi la proportion seroit alors, la hauteur du triangle cherché est à la hauteur de l'autre comme la moitié de sa base est à la moitié de la base du triangle cherché, ou bien, la base du premier est à la base du second, comme la moitié de sa hauteur est à la moitié de la hauteur du premier.

PROBLÊME V.

149 E. *Trouver la surface d'un parallelogramme & celle d'un triangle.*

On multipliera la base du parallelogramme par sa hauteur, le produit sera la surface cherchée (138). Il n'y a point de difficulté lorsque la base & la hauteur ne contiennent que des grandeurs d'une seule espéce qui est la même pour l'une & pour l'autre dimension : mais il arrive presque toujours qu'il y a des grandeurs de différentes espéces, par exemple, des toises, des pieds & des pouces dans l'une des dimensions, soit la base, soit la hauteur, & ordinairement dans les deux. Voici une regle générale pour trouver alors la surface. On réduira la base & la hauteur à la plus petite espéce, par exemple, en pouces s'il y a des pouces, & qu'il n'y ait point de plus petites mesures exprimées ni dans la base, ni dans la hauteur. Après la réduction on multipliera les deux nombres réduits, l'un par l'autre : le produit exprimera la surface dans la mesure à laquelle on aura réduit les deux dimensions. On pourra ensuite changer ces petites espéces en grandes, comme nous le dirons dans l'exemple suivant.

Supposons un parallelogramme qui ait pour base 15 toises, 5 pieds, 8 pouces, & pour hauteur 8 toises 4 pieds. Je réduis d'abord la base & la hauteur en pouces; les deux nombres réduits sont 1148 & 624. Je les multiplie ensuite l'un par l'autre, & je trouve le produit 716352 qui exprime des pouces quarrés. On peut les réduire en toises quarrées en divisant le produit par 5184, qui marque combien il y a de pouces quarrés dans la toise, parce que c'est le quarré de 72, & que d'ailleurs il y a 72 pouces dans la toise *courante*, c'est-à-dire, dans la toise en longueur : on trouvera pour quotient 138 toises quarrées, & le reste 960 que je réduis en pieds quarrés en le divisant par le quarré de 12, sçavoir 144, qui marque combien il y a de pouces quarrés dans le pied quarré; le quotient est 6, & il reste 96. Ainsi la surface du parallelogramme est 138 toises quarrées, plus 6 pieds quarrés, plus 96 pouces quarrés. Il y a plusieurs moyens d'abréger cette méthode générale; mais notre dessein n'est pas d'entrer dans ce détail.

Pour ce qui est du triangle on multiplie la base par la moitié de la hauteur, ou la moitié de la base par la hauteur entiere, en observant la même regle générale.

DE LA QUADRATURE DU CERCLE.

C'est ici où nous devons parler du fameux Problême de la quadrature du cercle, que l'on n'a pas pû résoudre. Ce Problême consiste à trouver une méthode géométrique de faire un quarré égal en surface à un cercle donné.

150. Nous avons démontré qu'un cercle est égal en surface à un triangle qui a pour hauteur le rayon, & pour base une ligne droite égale à la circonférence. Or ce triangle est égal au quarré de la moyenne proportionnelle entre la hauteur & la moitié de la base du triangle (149); par conséquent ce quarré qui a pour côté une moyenne proportionnelle entre le rayon & la demi-circonférence, est égal au cercle. Ainsi pour avoir un quarré égal au cercle donné, il faut trouver une moyenne proportionnelle entre le rayon & la demi-circonférence du cercle.

151. Nous avons donné (Liv. I. Art. 172) la méthode de trouver une moyenne proportionnelle entre deux lignes droites; c'est pourquoi si on pouvoit trouver géométriquement une ligne

droite égale à la demi-circonférence, il seroit aisé d'avoir une moyenne proportionnelle entre le rayon & la demi-circonférence : ce qui donneroit la solution du Problême de la quadrature du cercle, parce que le quarré de cette moyenne proportionnelle seroit égal au cercle, comme nous l'avons démontré. On voit donc que pour résoudre ce Problême, il ne s'agit que de trouver une méthode géométrique de tirer une ligne droite égale à la moitié de la circonférence.

152. Archimede a cherché à exprimer en nombres le rapport de la circonférence au diametre : mais il n'a pu trouver exactement ce rapport ; il a cependant démontré, comme nous l'avons dit (101), que ce rapport étoit un peu moindre que celui de 22 à 7, & plus grand que celui de 21 $\frac{70}{71}$ à 7. Or si on connoissoit exactement par des nombres le rapport de la circonférence au diametre, on pourroit trouver une ligne droite égale à la circonférence, parce que le diametre est une ligne droite à laquelle la circonférence auroit un rapport connu ; par exemple, si le rapport de la circonférence au diametre étoit précisément égal à celui de 22 à 7, pour lors afin de trouver la circonférence d'un cercle dont on auroit le diametre, il faudroit tirer une ligne droite indéfinie, & prendre sur cette ligne trois parties qui soient chacune égales au diametre ; la somme de ces trois parties seroit égale à 21, parce que chaque diametre est de 7 : ensuite il n'y auroit plus qu'à diviser le diametre en 7 parties égales, & ajouter une de ces parties aux 21, & on auroit une ligne droite égale à la circonférence cherchée ; & par conséquent le Problême de la quadrature du cercle seroit résolu.

152 B. Mais quoique ce rapport ne puisse peut-être pas s'exprimer en nombres, ou, ce qui est la même chose, quoique la circonférence & le diametre du cercle soient peut-être incommensurables, il ne s'ensuit pas que l'on ne puisse avoir une maniere géométrique de trouver une ligne droite égale à la circonférence d'un cercle dont on a le diametre : car, par exemple, lorsque le côté d'un quarré est donné, il est facile de trouver la diagonale : il n'y a qu'à construire le quarré, & tirer ensuite une ligne droite d'un angle à un autre angle opposé : cependant cette ligne est incommensurable avec le côté, comme nous le démontrerons à la fin de ce second Livre.

Il y a tant de Géometres aussi recommandables par la supériorité de leur génie, que par une profonde connoissance des Mathématiques, qui ont cherché inutilement la quadrature du cercle, que c'est une témérité insupportable à des commençans d'espérer de la trouver. Cependant on en voit tous les jours qui sçachant à peine les Élémens de Géometrie s'occupent sérieusement à la découverte de ce Problême, qui d'ailleurs ne serviroit de rien dans la pratique pour trouver la circonférence & la surface d'un cercle, ou la solidité d'un globe dont on connoît le diametre, puisque le rapport de 113 à 355 découvert par Métius, approche tellement du véritable rapport du diametre à la circonférence, qu'il seroit impossible de s'assurer dans la pratique de s'en être autant approché quand bien même on auroit en nombre le rapport exact du diametre à la circonférence : en effet ce rapport de 113 à 355 ne fait pas tomber dans l'erreur d'une ligne entiere, c'est-à-dire, de la douziéme partie d'un pouce sur une circonférence dont le diametre seroit d'une lieue & demie, quoique l'erreur soit d'autant plus grande que le diametre est long.

Le rapport approché de la circonférence au diametre trouvé par Archimede, sçavoir, celui de 22 à 7, ou le rapport de Métius, qui est de 355 à 113, suffit pour connoître à peu-près la surface d'un cercle dont on connoît le rayon ou le diametre : c'est ce que nous allons expliquer dans le Problême suivant.

PROBLÊME.

153. *Trouver a peu près la surface d'un cercle dont on connoît le diametre.*

Soit un cercle dont le diametre ait 800 pieds. Pour en avoir la surface, cherchez d'abord la circonférence (112) que vous trouverez de 2514 pieds $\frac{2}{7}$, en supposant le rapport du diametre à la circonférence de 7 à 22 : multipliez ensuite la moitié de la circonférence par le rayon, c'est-à-dire, 1257$\frac{1}{7}$ par 400 ; le produit 502857 pieds quarrés plus $\frac{1}{7}$ d'un pied quarré, est à peu-près la surface du cercle dont le diametre est de 800 pieds.

Si on suppose le rapport du diametre à la circonférence égal à celui de 113 à 355, on trouvera la circonférence de 2513 $\frac{31}{113}$ pieds, dont la moitié est 1256 $\frac{1}{2}+\frac{31}{226}$ (on a pris la moitié de la fraction $\frac{31}{113}$ en doublant son dénominateur). Or $\frac{1}{2}=\frac{113}{226}$; donc $\frac{1}{2}+\frac{31}{226}=\frac{113}{226}+\frac{31}{226}$: & ces deux dernieres fractions étant ajoutées ensemble donnent $\frac{144}{226}$ ou $\frac{72}{113}$. Ainsi la moitié de la circonférence est 1256 $\frac{72}{113}$, qui étant multipliée par 400, le produit sera 502654 $\frac{98}{113}$ pieds quarrés. Ce nombre approche beaucoup plus de la véritable surface cherchée, que le premier produit 502857 $\frac{1}{7}$: mais ils sont l'un & l'autre plus grands que cette surface, parce que le rapport de 22 à 7 & celui de 355 à 113 sont chacun plus grands que celui de la circonférence au diametre.

154. Remarquez qu'en se servant du rapport de 7 à 22, on auroit pu retrancher une unité de la circonférence trouvée, qui est 2514 $\frac{2}{7}$ (114), parce que cette circonférence surpasse 2486 : & pour lors la moitié de la circonférence auroit été seulement 1256 $\frac{1}{2}$ + $\frac{1}{7}$ ou bien 1256 $\frac{9}{14}$. Or en multipliant ce dernier nombre par 400 le produit est 502657 $\frac{1}{14}$ qui est encore un peu plus grand que celui qu'on a trouvé en se servant du rapport de 113 à 355 ; & par conséquent ce produit 502657 $\frac{1}{7}$ differe plus de la véritable surface cherchée que celui qu'on a trouvé par le rapport de 113 à 355 : mais il en approche beaucoup plus que le premier produit 502857 $\frac{11}{7}$.

On exposera une autre méthode de trouver la surface d'un cercle sur la fin de ce second Livre après le Théorême qui détermine le rapport du quarré du diametre au cercle.

DU RAPPORT DES SURFACES.

155. Nous avons fait voir que les surfaces planes sont égales au produit de certaines lignes multipliées l'une par l'autre ; c'est pour cela que ces lignes sont appellées *produisans*. Dans un parallelogramme les deux produisans sont la hauteur & la base : Or c'est par ces produisans qu'on connoît le rapport des surfaces, comme on le verra dans les Théorêmes suivans.

En parlant du rapport des surfaces, on emploie souvent les raisons composées & doublées ; c'est pourquoi il est à propos de répéter quelque chose de ce que nous avons dit sur ces sortes de raisons, en supposant les démonstrations que nous avons données sur cette matiere dans le Traité des Proportions.

156. Une raison *composée* est le produit de deux ou de plusieurs raisons. Or pour avoir le produit de plusieurs raisons, il faut multiplier les antécédens l'un par l'autre, & les conséquens de même : par exemple, pour avoir le produit des deux raisons $\frac{3}{2}$ & $\frac{12}{4}$, on multiplie les deux antécédens 3 & 12, & les deux conséquens 2 & 4 ; la raison des produits 36 & 8 est composée de celles de 3 à 2, & de 12 à 4. Pareillement la raison composée des rapports de A à B & de C à D, est celle de AC à BD.

157. Lorsqu'il n'y a que deux raisons composantes ou simples, & qu'elles sont égales, la raison composée est appellée *doublée* :

par exemple, si on a les raisons égales de la proportion 6 . 2 :: 12 . 4, en multipliant les antécédens l'un par l'autre, & les conséquens de même, on aura la raison de 72 à 8, qui est doublée de celles de 6 à 2, & de 12 à 4. Pareillement si les raisons de A à B & de C à D sont égales, la raison composée, qui est celle de AC à BD, sera doublée.

158. Au lieu de prendre des raisons composantes égales exprimées par différens termes, pour avoir une raison doublée, on peut se servir de la même raison répétée deux fois; ainsi à la place des deux raisons de 6 à 2 & de 12 à 4 que l'on a prises pour avoir la raison doublée 72 à 8, on pouvoit prendre les deux raisons de 6 à 2 & de 6 à 2, qui ne sont que la même raison répétée deux fois. Or la raison de 36 à 4, qui est doublée de ces deux raisons, est égale à celle de 72 à 8, puisque les raisons dont la premiere est le produit, sont égales à celles dont l'autre est le produit.

159. Il suit de-là que la raison qui est entre les quarrés est doublée de celle qui est entre les racines : par exemple, la raison de 36 à 4 est doublée de celle des racines 6 & 2; de même la raison de AA à BB est doublée de celle des racines A & B. Tout cela posé, il faut encore avant les Théorêmes suivans, établir la vérité d'un Lemme qui nous servira dans la suite.

LEMME.

160. *Lorsque deux polygones réguliers sont semblables, les produisans de l'un sont proportionnels aux produisans de l'autre.*

DÉMONSTRATION.

La surface d'un polygone régulier est égale au produit du rayon droit par la moitié du perimetre (145); par conséquent les produisans d'un polygone régulier sont le rayon droit & la moitié du perimetre. Or dans deux polygones réguliers semblables, les rayons droits sont proportionnels aux perimetres (86); ainsi les rayons droits sont aussi proportionnels aux moitiés des perimetres, ou *alternando*, le rayon droit & la moitié du perimetre d'un des polygones semblables sont proportionnels au rayon droit & à la moitié du perimetre de l'autre; c'est-à-dire, que les produisans du premier polygone sont proportionnels à ceux du second.

161. Ce Lemme peut aussi s'appliquer aux polygones irréguliers semblables : car quoique dans les polygones irréguliers sem-
Fig. 62. blables, tels que sont les deux pentagones ABDEF & *abdef*, on ne

ne puiſſe pas tirer du même point des rayons droits égaux ſur le milieu de chaque côté, comme dans les figures régulieres ; cependant on peut toujours élever de quelque point de deux côtés homologues, comme AB & *ab*, des perpendiculaires CG & *cg* qui ſoient proportionnels à ces côtés. Or ces perpendiculaires, que nous appellerons rayons droits, ſeront auſſi proportionnelles aux perimetres, parce que les perimetres ſont entr'eux comme les côtés homologues AB & *ab*. Cela poſé, puiſque les pentagones ſont entierement ſemblables, & qu'ils ne different que parce que l'un eſt plus grand que l'autre, il eſt évident que ſi la ſurface du premier eſt égale au produit du rayon droit CG par la moitié du perimetre, la ſurface du ſecond ſera auſſi égale au produit du rayon *cg*, par la moitié de ſon perimetre ; & en général, quoique l'on ne ſçache pas par quelle partie du perimetre il faut multiplier le rayon droit d'un des pentagones, afin d'avoir ſa ſurface ; cependant il eſt clair que la partie du perimetre par laquelle il faut multiplier le rayon d'une de ces figures pour avoir ſa ſuperficie, eſt ſemblable à la partie du perimetre par laquelle il faut multiplier le rayon de l'autre figure pour avoir ſa ſuperficie. Or dans ces figures ſemblables, les rayons droits CG & *cg* ſont proportionnels aux perimetres ; donc ils ſont auſſi proportionnels aux parties ſemblables de ces perimetres, ou *alternando*, le rayon droit & la partie du perimetre d'une figure ſont proportionnels au rayon droit & à la partie ſemblable du perimetre de l'autre figure ; par conſéquent les produiſans de l'une ſont proportionnels aux produiſans de l'autre. Fig. 61.

162. On peut voir par la démonſtration de ce Lemme, que dans deux figures ou polygones ſemblables quelconques, les produiſans correſpondans ſont proportionnels aux côtés homologues : par exemple, dans les deux pentagones ſemblables dont on vient de parler, les rayons droits CG & *cg*, qui ſont des produiſans correſpondans, ſont proportionnels aux côtés homologues AB & *ab*. On peut même dire en général que les produiſans correſpondans de deux polygones ſemblables ſont proportionnels aux lignes ſemblablement tirées dans ces polygones, parce que ces lignes ſont entr'elles comme les côtés homologues (67).

THÉORÊME I.

163. *Deux parallelogrammes ſont entr'eux comme le produit des produiſans de l'un eſt au produit des produiſans de l'autre.*

DÉMONSTRATION.

Soient les deux parallelogrammes de la Figure 63 : les produisans de l'un sont A & B, & les produisans de l'autre sont *a* & *b*. Or le premier parallelogramme est le produit de A par B, & le second parallelogramme est le produit de *a* par *b* ; donc le premier parallelogramme est au second, comme le produit des produisans de l'un est au produit des produisans de l'autre. Ce qu'il falloit démontrer.

COROLLAIRE I.

164. Si les hauteurs A & *a* sont égales, les parallelogrammes sont entr'eux comme les bases B & *b* : car lorsque deux grandeurs sont multipliées par une troisiéme, les produits sont comme les grandeurs avant leur multiplication. Or dans ce Corollaire il s'agit de deux grandeurs ; sçavoir, les deux bases qui sont multipliées par une troisiéme, qui est la hauteur que l'on suppose égale dans les deux parallelogrammes, par conséquent les deux produits, c'est-à-dire, les deux parallelogrammes sont comme les bases.

COROLLAIRE II.

165. Si les bases sont égales, les parallelogrammes sont comme les hauteurs A & *a* : par exemple, si la hauteur de l'un est double ou triple de la hauteur de l'autre, le premier parallelogramme est le double ou le triple du second. Ce Corollaire se démontre comme le premier.

COROLLAIRE III.

166. Si les deux produisans d'un parallelogramme sont réciproques aux deux produisans d'un autre parallelogramme en sorte qu'on ait la proportion A . *a* : : *b* . B, le premier parallelogramme est égal au second. La raison en est, que dans toute proportion le produit des extrêmes est égal au produit des moyens. Réciproquement si les deux parallelogrammes sont égaux, les produisans de l'un sont réciproques à ceux de l'autre. Car lorsque deux produits sont égaux, les deux racines ou produisans de l'un sont réciproques à celles de l'autre.

COROLLAIRE IV.

Fig. 64. 167. Si le côté *a* ou *b* d'un quarré est moyen proportionnel entre les produisans A & B d'un parallelogramme, le quarré est égal au parallelogramme. C'est une suite du troisiéme Corollaire, parce que dans ce cas les produisans du parallelogramme sont réciproques à ceux du quarré. Réciproquement si le quarré est égal au parallelogramme le côté du quarré est moyen proportionnel entre les produisans du parallelogramme.

THÉORÊME II.

168. *La raison qui est entre deux parallelogrammes, comme ceux de la Figure 63, est composée des raisons des produisans correspondans, c'est-à-dire, des raisons de la hauteur à la hauteur, & de la base à la base.* Fig. 63.

DÉMONSTRATION.

Pour avoir une raison composée de deux autres, il faut multiplier les deux antécédens l'un par l'autre, & les deux conséquens de même (156). Or le premier parallelogramme est le produit des deux antécédens A & B qui sont la hauteur & la base de ce premier parallelogramme, & le second parallelogramme est le produit des deux conséquens *a* & *b* qui sont la hauteur & la base de ce second parallelogramme; donc la raison qui est entre les deux parallelogrammes est composée des raisons de la hauteur à la hauteur, & de la base à la base.

On peut énoncer ce Théorême de cette autre maniere: *Deux parallelogrammes sont en raison composée des hauteurs & des bases.*

COROLLAIRE I.

169. Si les hauteurs A & *a* des deux parallelogrammes sont proportionnelles aux bases B & *b*, en sorte qu'on ait la proportion A. *a* : : B . *b*, les deux parallelogrammes sont en raison doublée des hauteurs & des bases.

DÉMONSTRATION.

L'on a fait voir dans le Théorême que les deux parallelogrammes sont en raison composée des hauteurs & des bases. Or on suppose dans ce Corollaire que la raison des hauteurs est égale à celle des bases; par conséquent la raison composée de ces deux raisons est doublée; ainsi deux parallelogrammes dont les hauteurs sont proportionnelles aux bases, sont en raison doublée de ces hauteurs & de ces bases.

170. Remarquez qu'au lieu de dire que les parallelogrammes dont il s'agit dans ce Corollaire, sont en raison doublée des hauteurs & des bases, on pourroit dire que ces parallelogrammes

Fig. 63. ſont en raiſon doublée des hauteurs, ou bien en raiſon doublée des baſes : car le rapport des hauteurs étant égal à celui des baſes, la raiſon doublée de ces deux rapports eſt la même choſe (158) que la raiſon doublée des hauteurs, ou que celle des baſes. Cela paroîtra encore par le Corollaire ſuivant.

COROLLAIRE II.

171. Si on ſuppoſe, comme dans le Corollaire précédent, que les hauteurs de deux parallelogrammes ſont proportionnelles à leurs baſes, les deux parallelogrammes ſont entr'eux comme les quarrés des produiſans homologues, c'eſt-à-dire, com- AA eſt à *aa*, ou comme BB eſt à *bb*.

DÉMONSTRATION.

Par le premier Corollaire la raiſon de deux parallelogrammes eſt doublée de la raiſon des hauteurs A & *a*, & de celle des baſes B & *b* : mais d'ailleurs la raiſon des quarrés AA & *aa* eſt doublée des raiſons $\frac{A}{a}$ & $\frac{A}{a}$ (159). Donc les deux raiſons $\frac{A}{a}$ & $\frac{B}{b}$ étant égales aux deux autres $\frac{A}{a}$ & $\frac{A}{a}$, il s'enſuit que la raiſon des parallelogrammes qui eſt doublée des deux premieres, eſt égale à celle des quarrés qui eſt doublée des deux dernieres.

On peut tourner la Démonſtration en cette maniere : La raiſon des parallelogrammes eſt doublée de celle des hauteurs. Or la raiſon des quarrés des hauteurs eſt auſſi doublée de celle des hauteurs, parce que les quarrés ſont en raiſon doublée des racines. Donc la raiſon des parallelogrammes dont il s'agit & celle des quarrés des hauteurs étant chacune doublée de la même raiſon, ſont égales entr'elles, c'eſt-à-dire, que ces parallelogrammes ſont entr'eux comme les quarrés des hauteurs.

172. Les triangles étant moitiés des parallelogrammes de même baſe & de même hauteur, ils ſont entr'eux comme les parallelogrammes. Ainſi les triangles qui ont même hauteur ſont entr'eux comme leurs baſes ; & ceux qui ont même baſe ſont comme leurs hauteurs. De même quand la hauteur & la baſe d'un triangle ſont réciproques à celles de l'autre, les triangles ſont égaux : & ſi les deux triangles ſont égaux, la hauteur & la baſe de l'un ſont réciproques à celles de l'autre. En un mot, tout ce que nous venons de dire dans les deux Théorêmes précédens & leurs Corollaires, convient aux triangles.

173. Il faut néanmoins remarquer par rapport au quatriéme Corollaire du premier Théorême, qu'afin d'avoir un quarré égal

à un triangle, le côté du quarré doit être moyen proportionnel entre la base du triangle & la moitié de la hauteur, & non pas la hauteur entiere, parce que le triangle n'est pas égal au produit de sa base par sa hauteur; mais seulement au produit de sa base par moitié de sa hauteur.

174. Si les côtés d'un des parallelogrammes qu'on compare, sont autant inclinés sur leur base, que les côtés de l'autre sont inclinés sur la leur, on pourra mettre les côtés au lieu des hauteurs dans les deux Théorêmes précédens & leurs Corollaires: & ces propositions seront également vraies, parce qu'alors les côtés sont entr'eux comme les hauteurs qui sont des perpendiculaires: par exemple, si les côtés CD & *cd* des parallelogrammes sont également inclinés sur leur base, ils sont comme les hauteurs A *a*; & par conséquent en mettant les côtés à la place des hauteurs, le même rapport subsistera toujours; on pourra donc dire que les parallelogrammes dont les côtés sont également inclinés sont entr'eux comme le produit de la base de l'un par son côté est au produit de la base de l'autre par son côté, & qu'ils sont aussi en raison composée des côtés & des bases. En un mot, les deux Théorêmes & leurs Corollaires démontrés ci-dessus, conviennent à ces parallelogrammes en mettant les côtés à la place des hauteurs.

175. Il faut remarquer par rapport au quatriéme Corollaire du premier Théorême, qu'un parallelogramme n'est pas égal à un quarré dont le côté est moyen proportionnel entre le côté & la base du parallelogramme. Mais aulieu du quarré, il faut supposer un rhombe dont les côtés soient autant inclinés que ceux du parallelogramme, & pour lors ces deux figures seront égales, pourvû que le côté du rhombe soit moyen proportionnel entre le côté & la base du parallelogramme.

176. Lorsque deux parallelogrammes sont semblables leurs côtés sont également inclinés, & sont proportionnels aux bases. On peut donc dire conformement aux deux Corollaires du second Théorême, que les parallelogrammes semblables sont entr'eux en raison doublée des côtés ou des bases, & qu'ils sont aussi comme les quarrés de ces côtés ou de ces bases.

177. Pareillement les triangles semblables sont entr'eux en raison doublée des côtés homologues, ou comme les quarrés de ces côtés: par exemple, dans la Figure 63, le premier triangle CDE, est au second *cde*, en raison doublée du côté CD au côté *cd*, ou comme les quarrés de ces côtés.

THÉORÊME III.

178. *Deux polygones semblables, sont en raison doublée des produisans correspondans, ou bien comme les quarrés de ces produisans.*

DÉMONSTRATION.

Lorsque deux polygones sont semblables, les deux produisans de l'un sont proportionnels aux produisans de l'autre (160) & (161); en sorte que si on appelle les deux produisans du premier A & B, & les deux produisans du second *a* & *b*, on aura la proportion A. *a* : : B. *b* : par conséquent, selon ce que nous avons dit (169) & (171) sur les parallelogrammes, ces polygones semblables sont en raison doublée des produisans correspondans A & *a* ou B & *b*, ou bien comme les quarrés de ces produisans.

Ce Théorême convient également aux figures régulieres & irrégulieres somblables, parce que les produisans de deux figures irrégulieres semblables sont proportionnels, de même que les produisans de deux figures régulieres semblables.

COROLLAIRE I.

179. Puisque les produisans correspondans de deux figures ou polygones semblables sont proportionnels aux côtés homologues (162), & généralement aux lignes semblablement tirées dans ces deux figures, par exemple, aux rayons droits, aux rayons obliques, &c. Il s'ensuit que les figures semblables sont en raison doublée des côtés homologues ou des rayons, soit droits, soit obliques, ou bien que ces figures sont entr'elles comme les quarrés de ces lignes.

COROLLAIRE II.

180. Deux cercles sont en raison doublée des rayons, ou comme les quarrés des rayons. C'est une suite évidente du Corollaire précédent, puisque les cercles sont des polygones réguliers semblables.

181. Les rayons étant entr'eux comme les diametres, comme les cordes d'arcs semblables, comme les circonférences, comme les arcs semblables (98), &c. On peut dire que les cercles sont en raison doublée des diametres, des cordes d'arcs semblables, des circonférences, des arcs semblables, &c. ou bien comme les quarrés de ces lignes.

182. Remarquez donc que les circonférences des cercles sont

entr'elles comme les rayons, au lieu que les superficies des cercles sont en raison doublée des rayons, ou comme les quarrés des rayons; en sorte que si le rayon d'un cercle est d'un pied, & le rayon d'un autre cercle est de 3 pieds, les circonférences sont entr'elles comme 1 & 3: mais les cercles, ou, ce qui est la même chose, leurs surfaces, sont entr'elles comme le quarré de 1 est au quarré de 3, c'est-à-dire, comme 1 est à 9. De même si le rayon d'un cercle est de 2 pieds, & le rayon d'un autre cercle est de 5 pieds, les circonférences sont entr'elles comme 2 & 5: mais les surfaces sont comme 4 & 25, qui sont les quarrés de 2 & de 5.

THÉORÊME IV. ET FONDAMENTAL.

183. *Dans un triangle rectangle, le quarré de l'hypotenuse est égal aux quarrés des deux autres côtés.*

DÉMONSTRATION.

Soit le triangle rectangle BAC dont BC est l'hypotenuse. Je dis que le quarré de BC est égal aux quarrés des autres côtés AB & AC. Pour le démontrer, du point A qui est le sommet de l'angle droit, tirez la ligne AD perpendiculaire sur l'hypotenuse, elle partagera le triangle total BAC en deux autres triangles; sçavoir, BDA & ADC qui seront chacun semblables au triangle total (62); par conséquent ces trois triangles sont entr'eux comme les quarrés des côtés homologues (177), ou les quarrés des côtés homologues sont entr'eux comme les triangles. Or le grand triangle est égal au deux autres triangles pris ensemble; donc le quarré d'un côté du triangle total est égal aux deux quarrés des côtés homologues des deux autres triangles. Mais le côté BC du triangle total est homologue aux côtés AB & AC des deux autres triangles, puisque chacun de ces trois côtés est hypotenuse de son triangle. Donc le quarré de l'hypotenuse BC est égal au quarré de AB, & au quarré de AC pris ensemble. Ce qu'il falloit démontrer. Fig. 65.

Pour mieux concevoir cette démonstration, il faut comparer le triangle total à chacun des triangles partiels séparément. Supposons, par exemple, que le petit triangle ADB est le tiers du triangle total, l'autre triangle partiel ADC en sera par conséquent les deux tiers. Cela étant, puisque dans les triangles semblables le rapport des quarrés des côtés homologues est égal à celui des triangles, le quarré du côté AB hypotenuse du petit triangle, est le tiers du grand quarré BF. Pareillement le quarré

Fig. 65. de AC hypotenuse de l'autre triangle partiel, est les deux tiers du grand quarré BF; donc le quarré de AB, plus le quarré de AC pris ensemble, sont égaux au grand quarré BF.

Autre Démonstration.

On a démontré (62) que le côté AB est moyen proportionnel entre la base BC & la partie BD. Or BE = BC; donc BE . AB : : AB . BD; donc le produit des extrêmes est égal au produit des moyens. Or le produit des extrêmes est le rectangle BG, & le produit des moyens est le quarré de AB; donc le rectangle BG est égal au quarré de AB. On a aussi démontré (62) que l'autre côté AC est moyen proportionnel entre la base BC & l'autre partie DC. Or CF = BC; donc CF . AC : : AC . DC; donc le rectangle DF qui est le produit des extrêmes, est égal au quarré de AC produit des moyens. Nous avons donc le rectangle BG égal au quarré de AB, & le rectangle DF égal au quarré de AC. Or ces deux rectangles sont les deux parties du quarré BF; donc le quarré BF, qui est le quarré de l'hypotenuse, est égal au quarré de AB, plus au quarré de AC.

Voici une démonstration algébrique fondée sur les mêmes proportions que la précédente. Le côté AB soit désigné par a, le côté AC par c, l'hypotenuse BC par b, la partie BD par x; DC sera $b - x$. Il faut prouver que $bb = aa + cc$. On a la proportion, BC . AB : : AB . BD, ou $b . a : : a . x$; donc $bx = aa$; c'est l'égalité du produit des extrêmes à celui des moyens : on a aussi l'autre proportion, BC . AC : : AC . DC, ou bien $b . c : : c . b - x$; donc pareillement $bb - bx = cc$ En ajoutant la premiere équation à la seconde, on aura $bb - bx + bx = cc + aa$, qui à cause des deux termes $- bx + bx$, se réduit à l'équation suivante, $bb = aa + cc$.

184. La découverte de ce Théorême, qui est la quarante-septiéme proposition du premier Livre d'Euclide, est attribuée à Pythagore, que l'on dit avoir immolé cent bœufs à ses Dieux pour les en remercier, à cause du grand usage qu'on en fait dans la Géométrie. On s'en sert dans la Trigonométrie pour trouver le troisiéme côté d'un triangle rectangle dont on connoît les deux autres : supposons, par exemple, que le côté AB est de 6 pieds, & le côté AC de 8 pieds, je dis que l'hypotenuse BC contient nécessairement 10 pieds : car dans cette hypothese le quarré du côté AB est 36, & celui du côté AC est 64. Or la somme de ces deux quarrés est égale au quarré de l'hypotenuse BC. Ainsi le quarré de BC sera 100. Donc BC sera la racine quarrée

quarrée de 100, c'est-à-dire, que BC aura 10 pieds. Si on connoissoit l'hypotenuse, & un des côtés de l'angle droit, on pourroit aussi trouver l'autre côté: soit l'hypotenuse BC de 10 pieds & le côté AB de 6. il faudra ôter le quarré du côté AB du quarré de l'hypotenuse BC, & le reste sera le quarré du côté AC : j'ôte donc 36 de 100, & le reste 64 est le quarré du côté AC : par conséquent le côté AC est de 8 pieds. Fig. 65.

Lorsqu'on connoît les deux côtés qui comprennent l'angle droit d'un triangle, il n'est pas difficile de trouver la surface, il n'y a qu'à multiplier un de ces côtés par l'autre, & prendre la moitié du produit (141). Dans l'exemple proposé, il faut multiplier 8 par 6, le produit est 48 ; par conséquent la moitié du produit, sçavoir 24 est la surface du triangle.

Nous avons démontré dans ce Théorême, que lorsqu'un angle d'un triangle est droit, le quarré de la base de cet angle est égal aux deux quarrés de ces côtés. La proposition inverse ou réciproque de ce Théorême est encore vraie, c'est-à-dire, que si dans un triangle le quarré de la base d'un angle est égal aux deux quarrés des côtés, cet angle est droit. C'est ce que nous allons démontrer dans le Corollaire suivant.

COROLLAIRE I.

185. Un angle comme A est droit, lorsque le quarré de sa base BC est égal aux quarrés des côtés AB & AC ; & par conséquent le triangle est rectangle.

DÉMONSTRATION.

On a fait voir dans le Théorême que l'angle A étant supposé droit, le quarré de la base BC est égal aux deux quarrés des côtés. Or les deux côtés AB & AC demeurant de même longueur, on conçoit que si l'angle droit A diminue & devient aigu, la base BC sera plus petite, & par conséquent son quarré ne sera plus égal aux deux quarrés des côtés : & si au contraire l'angle droit augmente & devient obtus, pour lors la base BC sera plus grande ; ainsi son quarré sera aussi plus grand que les deux quarrés des côtés. Donc le quarré de la base d'un angle ne peut être égal aux deux quarrés des côtés, si cet angle n'est droit.

COROLLAIRE II.

186. Dans tout quarré, comme AE, Figure 69, le quarré de la diagonale est double du quarré AE ; car la diagonale BC est

l'hypotenuse du triangle rectangle BAC. Par conséquent le quarré de la diagonale est égal aux quarrés de AB & de AC. Or ces deux lignes AB & AC sont égales, parce que ce sont des côtés d'un quarré. Ainsi leurs quarrés sont égaux. Donc le quarré de la diagonale est double de chacun de ces quarrés, par exemple du quarré de AB. Or le quarré de AB est le quarré de AE; par conséquent le quarré de la diagonale BC est double du quarré AE.

COROLLAIRE III.

Fig. 66. 187. Si on construit sur les côtés d'un triangle rectangle des figures semblables, par exemple des cercles qui aient chacun pour diametre ou pour rayon un des côtés du triangle, pour lors le cercle qui aura pour diametre ou pour rayon l'hypotenuse du triangle, sera égal aux deux autres cercles pris ensemble : car ces cercles sont entr'eux, comme les quarrés des diametres ou des rayons (180). Or le quarré de l'hypotenuse est égal aux deux autres quarrés; par conséquent le cercle dont le diametre ou le rayon est l'hypotenuse, est égal aux deux autres cercles.

COROLLAIRE IV.

187 B. Si on fait un demi-cercle sur chacun des côtés du triangle rectangle BAC, la somme des lunules AEBG & AFCH terminées par les demi-circonférences, sera égale à ce triangle.

DÉMONSTRATION.

Le demi-cercle BAC qui a pour diametre l'hypotenuse, est égal aux deux autres demi-cercles AEB & AFC pris ensemble (187). Donc si on ôte les segments ABG & ACH dont le premier est commun au grand demi-cercle & au petit AEB, & le second est commun au même grand demi-cercle & à l'autre petit AFC, les restes des deux petits demi-cercles seront égaux pris ensemble au reste du grand, c'est-à-dire, que la somme des deux lunules sera égale au triangle rectangle BAC.

187 C. Si les deux côtés de l'angle droit de ce triangle sont égaux, chacune des lunules sera égale à un des triangles égaux ADB & ADC formés par le rayon perpendiculaire AD.

187 D. Il est facile de réduire l'un ou l'autre de ces triangles égaux à un quarré égal en surface (149); & par conséquent on peut quarrer la lunule. Il est surprenant que l'on ait trouvé si facilement la quadrature de ces lunules, qui sont terminées chacune

par des portions de différentes circonférences, & qu'on n'ait pû découvrir la quadrature du cercle, qui est terminé par une seule circonférence. Fig. 66.

187 E. On peut se servir du premier Corollaire (Art. 185) pour élever une perpendiculaire sur une ligne à un point donné. Soit le point B Figure 68 sur lequel il faut élever une perpendiculaire à la ligne BD : il faut de ce point marquer avec le compas cinq parties égales de la longueur qu'on voudra qui soient terminées par les cinq points 1, 2, 3, 4 & 5 : ensuite du point B comme centre & de l'intervalle B 3 qui contient trois de ces parties on décrira un arc au-dessus du point B : & du point 4 & de l'intervalle B 5 qui renferme les cinq parties on décrira un autre arc qui coupera le premier à un point comme A. Si on tire une ligne du point d'intersection A au point B, elle sera perpendiculaire sur la ligne BD. Pour le prouver il faut mener la ligne A 4 base de l'angle B, elle contiendra par la construction cinq parties égales : d'ailleurs B 4 en renferme quatre, & AB en contient trois. Ces trois lignes peuvent donc être exprimées par les nombres 5, 4 & 3. Or 25 quarré de 5 est égal au quarré de 4, plus au quarré de 3 : ainsi le quarré de la base de l'angle B est égal aux deux quarrés des côtés; donc cet angle est droit; par conséquent ces deux côtés sont perpendiculaires l'un à l'autre.

THÉORÊME V.

188. *Dans un triangle ambligone, c'est-à-dire, qui a un angle obtus, le quarré de la base de l'angle obtus est égal aux quarrés des deux autres côtés, plus deux fois le produit du côté sur lequel on a tiré une perpendiculaire de l'angle opposé à ce côté, par son prolongement jusqu'à la perpendiculaire.*

Soit le triangle ambligone BAC dont l'angle A est obtus : que l'on tire du sommet de l'angle B la perpendiculaire BD sur le côté opposé AC prolongé. Je dis que le quarré de BC est égal aux deux quarrés de AB & de AC, plus deux fois le produit de AC par AD. J'appelle b la base BC, a le côté AB, c l'autre côté AC, d le prolongement AD du côté AC ; CD sera $c+d$. Il faut prouver que $bb = aa + cc + 2cd$. Fig. 70.

DÉMONSTRATION.

Le triangle BDC est rectangle à cause de la perpendiculaire BD ; & par conséquent le quarré de la base BC, sçavoir, bb est égal aux quarrés de BD & de CD. Or le quarré de BD est

$aa - dd$: car le triangle BDA est rectangle, & par conséquent le quarré de l'hypotenuse AB est égal aux deux quarrés de BD & de AD : donc en retranchant le quarré de AD du quarré de AB, le reste sera le quarré de BD. Ainsi le quarré de BD est $aa - dd$; & d'ailleurs le quarré de CD est $cc + 2cd + dd$, puisque $CD = c + d$. Donc on aura $bb = aa - dd + cc + 2cd + dd$, ou bien, $bb = aa + cc + 2cd$. Ce qu'il falloit démontrer.

THÉORÊME VI.

189. *Dans tout triangle rectiligne le quarré de la base opposée à un angle aigu est égal aux quarrés des deux autres côtés moins deux fois le produit du côté sur lequel on a tiré une perpendiculaire de l'angle opposé, par la ligne comprise entre la perpendiculaire & le sommet de l'angle aigu.*

Fig. 71. Soit le triangle BAC dont l'angle A est aigu, dans lequel on tire de l'angle B la perpendiculaire BD sur le côté opposé AC : je dis que le quarré de la base BC est égal aux quarrés des côtés AB & AC, moins deux fois le produit de AC par AD. J'appelle b la base BC, a le côté AB, c l'autre côté AC, d la ligne AD ; CD sera $c - d$, si l'angle C est aigu : CD sera nulle ou zero si cet angle C est droit, car alors la perpendiculaire BD n'est pas différente de la base BC. Enfin CD sera $d - c$ si l'angle C est obtus : car dans ce cas CD n'est qu'une partie de AD à cause que la perpendiculaire tombe au dehors du triangle, du côté de l'angle obtus. Il faut prouver que $bb = aa + cc - 2cd$.

DÉMONSTRATION.

A cause de la perpendiculaire BD le triangle BDC est rectangle : donc le quarré de l'hypotenuse BC, sçavoir bb, est égal aux quarrés de BD & de CD. Or le quarré de BD est $aa - dd$; car le triangle BDA est aussi rectangle : ainsi le quarré de AB est égal aux quarrés de BD, plus à celui de AD : par conséquent si du quarré de AB on retranche celui de AD, le reste sera le quarré de BD. Ce quarré est donc $aa - dd$. D'ailleurs le quarré de CD est $cc - 2cd + dd$, parce que $CD = c - d$, car nous supposons d'abord que l'angle C est aigu. On aura donc $bb = aa - dd + cc - 2cd + dd$, ou bien, $bb = aa + cc - 2cd$. Ce qu'il falloit démontrer.

Il est facile de faire voir que ce Théorême est vrai, quoique l'angle C soit droit ou obtus. Supposons-le droit ; alors $bb = aa - cc$, parce que a ou AB devient la base d'un angle droit : d'ailleurs $aa - cc$ est la même chose que $aa + cc - 2cc$. Ainsi $bb = aa$

$+ cc - 2cc$. Or quand l'angle C eſt droit AD = AC, ou bien $d = c$. Donc $cd = cc$. Par conſéquent on peut mettre $2cd$ à la place de $2cc$, & on aura $bb = aa + cc - 2cd$. Fig. 71.

Enfin quand l'angle C eſt obtus on trouve auſſi $bb = aa + cc - 2cd$, comme il paroîtra en reliſant la démonſtration du premier cas. Il faut ſeulement obſerver que dans ce troiſiéme cas la partie CD eſt $d - c$, & non pas $c - d$.

THÉORÊME VII.

189 B. *Si les deux côtés de l'angle droit d'un triangle rectangle ſont l'un le côté d'un exagone régulier & l'autre le côté d'un decagone régulier inſcrits tous les deux dans le même cercle, l'hypotenuſe de ce triangle ſera le côté du pentagone régulier inſcrit dans le même cercle.*

Il n'y a qu'à démontrer que le quarré du côté du pentagone eſt égal au quarré du côté de l'exagone plus au quarré du côté du decagone ; car cela poſé, il s'enſuivra que ſi les deux côtés de l'angle droit ſont l'un le côté de l'exagone & l'autre le côté du decagone, l'hypotenuſe ſera le côté du pentagone (183).

PRÉPARATION. Soit AB le côté du pentagone (Figure 73), l'arc ADB contiendra 72 degrés, parce que 72 eſt la cinquiéme partie de 360. Si on diviſe cet arc en deux parties égales au point D, & qu'on tire les deux cordes AD, BD, les deux arcs AED, BFD ſeront chacun de 36 degrés, & les deux cordes de ces arcs ſeront des côtés du decagone inſcrit. Il faut tirer les deux rayons CA, CB qui ſeront des côtés de l'exagone inſcrit, & mener l'autre rayon CE perpendiculaire ſur la corde AD, il coupera l'arc AED en deux également (Liv. I. Art. 105). Enfin on tirera GD qui ſera égale à GA, parce que tous les points de la perpendiculaire CE ſont également éloignés chacun des deux extrémités de la corde AD. Il eſt évident que le quarré du côté AB du pentagone eſt égal au rectangle de AB par BG plus au rectangle de AB par AG, puiſque BG & AG ſont les deux parties de AB. Il faut donc prouver 1°. que $AB \times BG = \overline{CB}^2$ qui eſt le quarré du rayon ou du côté de l'exagone, 2°. que $AB \times AG = \overline{AD}^2$ qui eſt le quarré du côté du decagone.

DÉMONSTRATION.

1°. $AB \times BG = \overline{CB}^2$. Les deux triangles ACB, CGB ſont ſemblables : car les deux angles A & B du triangle ACB ſont égaux, parce qu'ils ſont oppoſés aux côtés CA & CB qui ſont des rayons ; & d'ailleurs ces angles sont chacun de 54 degrés: puisque l'angle au centre ACB étant de 72 degrés, il faut que la somme des deux autres A & B soit de 108 degrés ; par conséquent ces angles étant égaux chacun des deux vaut 54 degrés. Pareillement les deux angles B & C du triangle CGB sont chacun de 54 degrés. Cela est évident par rapport à l'angle B qui est commun aux deux triangles. De même l'angle BCG ou BCE vaut aussi 54 degrés, parce que l'arc BDE qui en est la mesure égale l'arc BFD plus l'arc DE dont le premier est de 36 degrés & le second de 18 moitié de 36. Or 36 plus 18 font 54. L'angle BCG contient donc 54 degrés. Ainsi les deux triangles ACB & CGB sont semblables & les côtés AB & CB du premier sont homologues aux côtés CB & BG du second. On aura donc la proportion, AB . CB :: CB . BG. Donc $AB \times BG = \overline{CB}^2$

2°. $AB \times AG = \overline{AD}^2$. Les deux triangles ADB, AGD sont semblables, puisqu'étant tous deux isosceles comme il paroît par la préparation, l'angle GAD qui est un des deux angles égaux dans l'un & l'autre triangle est commun à ces deux triangles : par conséquent ils sont semblables, & les côtés AB & AD du premier sont homologues aux côtés AD & AG du second : on aura donc la proportion, AB . AD : : AD . AG. Ainsi $AB \times AG = \overline{AD}^2$. Ce qu'il falloit démontrer.

THÉORÊME VIII.

Fig. 67. 190. *De tous les polygones réguliers isoperimetres, c'est-à-dire, qui ont des perimetres égaux, celui qui a le plus de côtés est plus grand en superficie.*

DÉMONSTRATION.

Le quarré & le pentagone de la Figure 67 sont supposés réguliers & isoperimetres : je dis donc que le pentagone est plus grand que le quarré : car si l'on inscrit un cercle dans l'un & l'autre polygone, & qu'on tire les rayons CA & CB, on verra que le pentagone est égal au produit de la moitié de son perimetre par le rayon CB (145), & que le quarré est aussi égal au produit de la moitié de son perimetre par le rayon CA : ainsi, puisque les perimetres sont égaux, le pentagone & le quarré sont comme les rayons CB & CA. Or le rayon CB est plus grand que le rayon CA ; car si ces deux rayons étoient égaux, leurs cercles seroient égaux ; & par conséquent le perimetre du pentagone seroit moindre que celui du quarré, parce que de tous les polygones réguliers circonscrits à des cercles égaux, celui qui a le plus de côtés a un moindre perimetre (82). Or les perimetres du pentagone & du quarré sont supposés égaux : donc le cercle du pentagone est plus grand que celui du quarré ; donc le rayon CB est plus grand que CA ; ainsi la surface du pentagone est plus grande que celle du quarré. Fig. 67.

On peut démontrer la même chose de deux autres polygones réguliers isoperimetres, dont l'un auroit plus de côtés que l'autre.

COROLLAIRE.

191. Le cercle étant un polygone régulier d'une infinité de côtés, il contient plus de surface que tout autre figure dont le perimetre est égal.

192. Remarquez que si un quarré & un rectangle oblong sont isoperimetres, le quarré est plus grand que le rectangle. Supposons, par exemple, un quarré dont chaque côté ait 10 toises, & un rectangle dont la base ait 15 toises, & le côté perpendiculaire à la base en ait 5, le perimetre du quarré sera de 40 toises, aussi-bien que celui du rectangle : cependant le quarré contiendra 100 toises quarrées de surfaces, & le rectangle n'en contiendra que 75. On peut inférer de-là qu'entre les rectangles oblongs isoperimetres, ceux qui approchent plus de la figure du quarré sont plus grands que les autres : par exemple, un rectangle dont la base est de 12 toises & le côté de 8, est plus grand que celui dont on vient de parler, quoiqu'ils aient des perimetres égaux. Il paroît par-là que deux fonds de terre, comme deux Parcs, ou deux Jardins, &c. peuvent être inégaux, quoique les contours des murailles qui les enferment, soient égaux.

On peut démontrer les deux parties de cet article 192, d'une maniere générale par le moyen de l'algebre..

1°. Le quarré est plus grand que le rectangle isoperimetre. Le côté du quarré soit nommé c, la base du rectangle b, & la hauteur a : il faut prouver que cc est plus grand que ab, ou que ab est moindre que cc. Le perimetre du rectangle est $2a + 2b$, & le perimetre du quarré [illegible] $4c$. Mais par l'hypothese ces deux perimetres sont égaux. Donc leurs moitiés sont égales ; ce qui se marque en cette maniere : $a+b=2c$: Or de-là il suit que si on suppose la base du rectangle plus grande que sa hauteur, & la différence égale à $2d$, on aura $a=c-d$, & $b=c+d$: car les deux quantités a & b étant inégales, la plus petite doit être égale à la moitié de la

Fig. 67. somme moins la moitié de la différence, & la plus grande est égale à la moitié de la somme, plus la moitié de la différence (Liv. III, des Equations, Problême II.) Or la moitié de la somme est c, puisque la somme $a+b$ est égale à $2c$, & la moitié de la différence est d. Ainsi $a=c-d$, & $b=c+d$. Or si on multiplie la premiere de ces équations par la seconde, on trouvera $ab=cc-cd+cd-dd$, ou $ab=cc-dd$. Par conséquent le rectangle ab est moindre que le quarré cc de la quantité marquée par dd, qui est le quarré de la demi-différence entre la hauteur & la base du rect. On peut donc dire en général que *quand un quarré & un rectangle sont isoperimetres, le quarré est plus grand que le rectangle de la quantité* dd, c'est-à-dire, *du quarré de la moitié de la différence entre la hauteur & la base du rectangle.* Dans l'exemple rapporté ci-dessus, la différence entre la base 15 & la hauteur 5 est 10, dont la moitié est 5. Ainsi le quarré de la moitié de la différence est 25. Or 25 est précisément l'excès du quarré qui a 100 toises de surface sur le rectangle qui en a 75.

2°. Un rectangle est plus grand qu'un autre rectangle isoperimetre, qui approche moins que le premier de la figure du quarré, c'est-à-dire, dont la différence entre la base & la hauteur est plus grande que celle du premier. Cela paroît clairement par l'équation $ab=cc-dd$: car elle fait connoître que plus la quantité dd est petite, plus aussi la grandeur du rectangle ab approche de celle du quarré cc.

193. Il suit de cette démonstration que si on partage une grandeur comme une ligne, un nombre, en deux parties, & qu'on les multiplie l'une par l'autre, *le produit qui en résultera sera plus grand si les deux parties sont égales, que si elles sont inégales : & en les supposant inégales, le produit sera d'autant plus grand, que la différence des deux parties sera petite.* Prenons pour exemple le nombre 20, & qu'on le partage en deux parties égales, 10 & 10, le produit sera 100 : mais si on prend 14 & 6, qui sont deux autres parties de 20, le produit est 84. Or 100 est plus grand que 84. Au lieu de 14 & 6, si on divise 20 en ces autres parties 12 & 8, qui different moins entr'elles que 14 & 6, on aura le produit 96 grand que 84. Pour voir comment cela suit de ce qu'on vient de dire dans la démonstration précédente, appellons $2c$ la ligne ou le nombre, les deux parties égales seront c & c: nommons aussi les parties inégales a & b, & leur différence $2d$: on aura $a+b=2c$, & en supposant a moindre que b, on aura aussi $a=c-d$, & $b=c+d$; d'où par la multiplication on conclura

clura l'équation $ab=cc-dd$, dans laquelle ab désigne le produit des parties inégales, & cc marque le quarré ou le produit des parties égales. Or il est visible par cette derniere équation que ab est moindre que cc, sçavoir de la quantité dd. De plus il est pareillement évident que ab approchera plus de cc, ou sera d'autant plus grand que la différence entre a & b sera plus petite. Les propositions du second Livre d'Euclide se démontrent avec la même facilité, en employant aussi l'algebre. Nous l'avons déja éprouvé dans le cinquiéme & le sixiéme Théorême qui sont la douziéme & la treiziéme proposition du même Livre de cet Auteur : Nous appliquerons dans la suite la même méthode aux autres propositions du second Livre d'Euclide qui n'ont pas encore été démontrées dans nos Élémens.

THÉORÊME IX.

194. *Le quarré circonscrit au cercle, ou le quarré du diametre est à la surface du cercle, comme le diametre est au quart de la circonférence.*

DÉMONSTRATION.

Soit le cercle de la Figure 68 qui est égal au triangle CBD, dont la hauteur est le rayon CB, & la base est une ligne droite égale à la circonférence. Ce triangle est égal au rectangle BK de même hauteur, & dont la base n'est que la moitié de celle du triangle. Enfin le rectangle BK est égal à l'autre rectangle BL, qui n'a que la moitié de la base du premier rectangle, mais qui a une hauteur double; c'est-à-dire, que le rectangle BL a pour base le quart de la circonférence, & pour hauteur le diametre. Si on compare FA, qui est le quarré du diametre, avec ce rectangle, on verra que ces deux figures ayant même hauteur, sont comme les bases FB & BH. Or FB est égale au diametre AB, puisque ces deux lignes sont des côtés du même quarré : d'ailleurs l'autre base BH est égale au quart de la circonférence; donc le quarré FA est au rectangle BL, comme le diametre est au quart de la circonference. Ce qu'il falloit démontrer.

DÉMONSTRATION PAR LETTRES. Le diametre soit appellé d; & la circonférence c, le quarré du diametre sera dd : or le cercle étant égal au produit du rayon ou du demi-diametre par la demi-circonférence, il faut multiplier $\frac{d}{2}$ par $\frac{c}{2}$, & le produit $\frac{cd}{4}$ sera la surface du cercle. Ainsi le quarré du diametre est au cercle comme dd est à $\frac{cd}{4}$. Or si on divise ces deux quantités par d, les quotiens d & $\frac{c}{4}$ seront en même raison. Par conséquent le quarré du diametre est au cercle, comme le diametre d est à $\frac{c}{4}$ quart de la circonférence.

Le rapport du diametre à la circonférence étant à peu-près égal à celui de 7 à 22, ou de 14 à 44, si on prend le quart de 44, qui est 11, on trouvera que le quarré circonscrit au cercle, ou le quarré du diametre est au cercle environ comme 14 est à 11. Si on se sert du rapport de 106 à 333 ou de 424 à 1332 (ces deux derniers nombres sont les produits des deux premiers multipliés par 4), on trouvera que le quarré circonscrit est au cercle à peu près comme 424 est à 333 qui est le quart de 1332; ce rapport est plus grand que celui de 14 à 11; il est aussi un peu plus grand que le véritable rapport du quarré du diametre au cercle.

194 B. On peut se servir du rapport de 424 à 333 pour trouver la surface d'un cercle dont on connoît le diametre : il n'y a qu'à faire une proportion dont les deux premiers termes soient 424, 333 & le troisiéme soit le quarré du diametre donné, le quatriéme sera à peu près la surface cherchée : je dis à peu près, parce que 333 étant un peu moindre que le quart de la circonférence dont le diametre est 424, le quatriéme terme doit aussi être un peu plus petit que la surface qu'on cherche : mais comme la différence sera peu de chose, elle pourra être négligée, à moins que le diametre donné ne soit exprimé par un grand nombre. Si au lieu du rapport de 424 à 333 on employoit celui de 452 à 355 fondé sur le rapport de Métius, qui est de 113 à 355, le quatriéme terme seroit tant soit peu plus grand que la surface cherchée : mais il en approcheroit un peu davantage que celui qu'on trouve par le rapport de 424 à 333.

THÉORÊME X.

194 C. *Le triangle régulier circonscrit est quadruple du triangle régulier inscrit au même cercle.* Figure 4. Pl. XII.

DÉMONSTRATION.

On a prouvé (102 C.) que le rayon droit du triangle circonscrit est double du rayon droit du triangle inscrit : c'est-à-dire, que ces rayons sont entr'eux comme 2 à 1. Or les deux triangles sont des figures semblables, puisqu'ils sont réguliers. Par conséquent ils sont entr'eux comme les quarrés des rayons droits

(179) : mais ces quarrés ſont 4 & 1. Donc le premier triangle eſt quadruple du ſecond. Ce qu'il falloit démontrer.

194 D. Remarque, ſi on inſcrivoit un cercle au triangle régulier EFG, le cercle circonſcrit au même triangle ſeroit auſſi quadruple du cercle inſcrit, parce que le rayon CH du premier cercle ſeroit double du rayon CL du ſecond.

THÉORÊME XI.

194 E. *Le quarré circonſcrit ou le quarré du diametre d'un cercle eſt double du quarré inſcrit au même cercle.* Figure 5. Pl. XII.

Soit le quarré circonſcrit ABDE, & le quarré inſcrit FGHK, le premier eſt le double du ſecond. Pour le prouver il faut tirer les deux diametres FH & IL, dont le premier ſoit une diagonale du quarré inſcrit, & le ſecond ſoit parallele au côté AB du quarré circonſcrit.

DÉMONSTRATION.

La diagonale FH eſt l'hypotenuſe du triangle rectangle FGH; par conſéquent le quarré de cette diagonale eſt égal aux quarrés des côtés FG & GH. Or ces deux lignes ſont égales, puiſque ce ſont des côtés du quarré inſcrit : donc le quarré de la diagonale eſt double du quarré de chacun de ces côtés, par exemple de FG : mais d'ailleurs le quarré du côté FG eſt le quarré même inſcrit. Par conſéquent le quarré de la diagonale eſt double du quarré inſcrit. Or la diagonale FH qui eſt un diametre, eſt égale à l'autre diametre IL, & cet autre diametre eſt égal au côté AB du quarré circonſcrit. Donc le quarré du côté AB, c'eſt-à-dire, le quarré circonſcrit eſt double de celui qui eſt inſcrit. Ce qu'il falloit démontrer.

194 F. Remarque, ſi on inſcrivoit un cercle au quarré KG; le cercle circonſcrit au même quarré ſeroit double du cercle inſcrit, parce que le quarré EB du diametre IL du premier cercle eſt double du quarré EG du diametre OP du ſecond.

194 G. On a fait voir (194), que le quarré circonſcrit, ou, ce qui revient au même, le quarré du diametre du cercle eſt à la ſurface du cercle, comme le diametre eſt au quart de la circonférence. Ainſi puiſque le quarré inſcrit n'eſt que la moitié du quarré circonſcrit, il s'enſuit que le quarré inſcrit eſt au cercle comme le rayon eſt au quart de la circonférence, ou comme le diametre eſt à la moitié de la circonférence; c'eſt-à-dire, à peu près comme 7 eſt à 11 moitié de 22.

194 H. Il paroît par ces deux derniers Théorémes, que deux polygones réguliers ſemblables, dont l'un eſt circonſcrit & l'autre inſcrit au même cercle ſont d'autant moins différens qu'ils ont un plus grand nombre de côtés, puiſque le triangle circonſcrit eſt quadruple du triangle inſcrit, & que le quarré circonſcrit n'eſt que le double du quarré inſcrit : de ſorte que ſi les deux polygones avoient chacun un nombre infini de côtés, leur différence deviendroit nulle, & ils ſe confondroient l'un & l'autre avec le cercle.

194 I. Il paroît auſſi par les deux remarques qui ſuivent les deux Théorêmes précédens que ſi on circonſcrit & on inſcrit des cercles au même polygone régulier, les deux cercles ſeront d'autant moins différens entr'eux que le polygone aura plus de côtés.

PROBLÊME I.

194 K. *Faire un cercle égal à la ſomme de pluſieurs autres cercles donnés.*

La ſolution de ce Problême ſe déduit du troiſiéme Corollaire (187), dans lequel on dit que des trois figures ſemblables conſtruites ſur les côtés d'un triangle rectangle, celle qui eſt faite ſur l'hypotenuſe eſt égale à la ſomme des deux autres. Il faut faire un angle droit dont les côtés AX & AY Fig. 8. Pl XII. ſoient prolongés indéfiniment ; enſuite il faut prendre avec le compas la longueur du rayon du premier cercle, & mettre une des pointes du compas ſur A pour marquer ſur le côté AX la longueur de ce rayon (ſuppoſons-le égal à AB) : il faut de même prendre la longueur du rayon du ſecond cercle, & la marquer ſur AY (ſuppoſons auſſi ce rayon égal à AC) ; après cela tirez la baſe BC : il eſt évident que le cercle qui auroit pour rayon BC ſeroit égal aux deux premiers pris enſemble. Cela étant fait, prenez ſur AX la partie AD égale à la baſe BC : prenez de même ſur AY la partie AE égale au rayon du troiſiéme cercle ; & tirez la ſeconde baſe DE : le cercle qui aura cette ſeconde baſe pour rayon ſera égal au troiſiéme cercle donné, plus à celui qui a pour rayon AD. Or ce dernier eſt égal à la ſomme des deux premiers : donc le cercle qui aura pour rayon DE ſera égal aux trois premiers cercles donnés. Il faut continuer de la même maniere ; ainſi prenez AF égal à DE, & AG égal au rayon du quatriéme cercle donné, & tirez FG ; le cercle qui aura pour rayon FG ſera égal au quatriéme, plus à celui dont le rayon est AF. Par conséquent ce cercle dont le rayon est FG est égal à la somme des quatre premiers cercles donnés. On continuera de la même maniere s'il y a plus de quatre cercles donnés.

194 L. Si les cercles donnés étoient égaux, le cercle de la premiere base, c'est-à-dire, qui auroit pour rayon la premiere base, seroit double d'un des cercles donnés : le cercle de la seconde base seroit triple, le cercle de la troisiéme seroit quadruple : ainsi de suite. On tire de-là une méthode de faire un cercle qui soit multiple d'un autre cercle donné.

194 M. On pourroit de même trouver un polygone égal à plusieurs polygones semblables, en prenant à la place des rayons les côtés homologues ou les lignes semblablement tirées. On peut aussi de la même maniere faire un polygone multiple d'un autre polygone semblable.

Nous allons donner dans le Problême suivant une méthode plus courte de faire un cercle multiple d'un autre cercle donné, par exemple 10 fois, 20 fois plus grand.

PROBLÊME II.

194 N. *Trouver un cercle qui soit double, triple, &c. en un mot qui ait un rapport tel qu'on voudra avec un cercle donné, ou, ce qui revient au même, dont on connoît le rayon.*

Prenez une ligne qui ait avec le rayon du cercle donné un rapport égal à celui que doit avoir le cercle cherché avec le cercle donné : par exemple, si le cercle qu'on cherche doit être double du premier, il faut prendre une ligne qui soit double du rayon du cercle donné, & chercher ensuite une moyenne proportionnelle entre cette ligne & le rayon connu ; cette moyenne proportionnelle sera le rayon d'un cercle double de celui qui est donné : car nommant m la moyenne proportionnelle qu'on a trouvée, & a le rayon que l'on connoît, la ligne double de ce rayon sera $2a$; on aura donc la proportion continue $\div 2a . m . a$, ou bien, $\div a . m . 2a$. Ainsi, suivant ce que nous avons dit vers la fin du second Livre de la premiere partie, le quarré du premier terme est au quarré du second, comme le premier est au troisiéme : nous avons donc la proportion, $aa . mm :: a . 2a$. Or le conséquent de la seconde raison est le double de son antécédent : donc le conséquent de la premiere est aussi double de son antécédent : c'est-à-dire, que le quarré du rayon m est double du quarré d'a. Mais d'ailleurs les cercles sont comme les quarrés des rayons. Donc le cercle dont le rayon est m est double du cercle donné dont le rayon est a.

194 O. On trouveroit par la même méthode un cercle qui auroit tout autre rapport avec un cercle donné, qui seroit par exemple les trois cinquiémes du cercle donné, c'est-à-dire, qui seroit à ce cercle comme 3 à 5. Il faudroit d'abord partager le rayon donné que je nomme *r* en 5 parties égales, ce qui se peut faire, comme nous l'avons dit (Liv. 1. Art. 174); ensuite prendre 3 de ces parties : je nomme *s* la ligne qui contient ces trois parties : enfin chercher une moyenne proportionnelle entre *r* & *s*, cette moyenne proportionnelle sera le rayon du cercle cherché. La moyenne proportionnelle se peut trouver par l'arithmétique (Liv. I. Art. 172). Un polygone régulier étant donné on peut par la même méthode trouver le côté d'un autre polygone semblable qui ait avec le premier tel rapport qu'on voudra.

194 P. Quoique le polygone donné ne soit pas régulier on peut aussi faire un autre polygone semblable qui ait avec le premier un certain rapport tel qu'il soit. Il faut pour cela que les angles du second soient égaux aux angles du premier, & que les côtés du second soient proportionnels aux côtés homologues du premier. Or nous avons donné dans le premier Livre, (61) la méthode de faire un angle égal à un angle donné. Il reste donc à trouver les côtés, c'est ce que l'on executera en employant la méthode qu'on vient d'exposer. Mais après qu'on aura un côté de la Figure à construire on pourra trouver plus aisément les autres par la regle de trois. Soient appellés *a*, *b*, *c*, *d*, &c. les côtés de la Figure donnée, & qu'on ait trouvé le côté A de la seconde homologue au côté *a* de la premiere, comme les côtés de l'une doivent être proportionnels à ceux de l'autre, on aura le côté B homologue à *b* par cette proportion, $a . A :: b . x = B$, on trouvera de même les autres côtés de la seconde.

PROBLÊME III.

194 Q. *Réduire un triangle proposé à un triangle équilateral, ou faire un triangle équilateral égal à un triangle proposé.*

Soit le triangle proposé ABC (Figure 6. Pl. XII.) qu'il faut réduire en un triangle équilateral : faites sur un des côtés, par exemple BC, le triangle équilateral FBC & du sommet de l'angle opposé au côté BC, tirez la ligne AD parallele à ce côté : prolongez FB jusqu'à la rencontre de la parallele ; divisez ensuite la ligne DF en deux parties égales, & du point de division M comme centre décrivez la demi-circonférence DEF : enfin élevez du point B la perpendiculaire BE sur la ligne DF : cette perpendiculaire sera le côté du triangle équilateral égal au triangle proposé.

Pour le prouver, tirez encore la ligne DC qui fera le triangle DBC égal au triangle ABC, puisqu'ils ont même base BC, & qu'ils sont entre les mêmes paralleles. De plus les deux triangles FBC, DBC ont la même hauteur, parce qu'ils sont posés sur la même ligne DF & qu'ils ont le même sommet C : ainsi ils sont entr'eux comme les bases FB & DB (Liv. II. Art. 172). Or le triangle FBC est aussi au triangle équilateral ou régulier qui auroit BE pour un de ses côtés, comme FB est à DB : car la perpendiculaire BE est moyenne proportionnelle entre les deux parties FB & DB du diametre (Liv. I. Art. 165), c'est-à-dire, qu'on aura la proportion continue FB . EB : : EB . DB. Par conséquent le quarré de FB est au quarré de EB comme le premier terme FB est au troisiéme DB. Or les deux triangles réguliers, & par conséquent semblables, faits sur FB & sur EB sont comme les quarrés de ces côtés (Liv. II. Art. 177) : ainsi ces triangles sont aussi comme FB est à DB : par conséquent le rapport du triangle FBC au triangle DBC, & celui des triangles réguliers faits sur FB & sur EB sont égaux chacun à la raison de FB à DB : donc ces rapports sont égaux entr'eux : c'est-à-dire, que le triangle équilateral FBC a le même rapport au triangle DBC & au triangle équilateral fait sur EB : donc ce triangle équilateral sur EB est égal au triangle DBC ou au proposé ABC. Fig. 6. Pl. XII.

194 R. Quand on veut operer sur le terrain il vaut mieux se servir du calcul pour trouver quel doit être le côté du triangle équilateral égal à BAC qui est connu, & que je suppose de 5462 parties soit des toises quarrées, soit des pieds quarrés, ou quelque autre mesure. Il s'agit donc de trouver le côté d'un triangle régulier qui ait une surface égale à 5462. Pour cela on cherchera la surface d'un triangle équilateral qui ait un côté tel qu'on voudra : pour la facilité du calcul il faut exprimer ce côté par un nombre dont le premier chiffre soit un 2 suivi de plusieurs zeros, par exemple 2000 ; & par-là on trouvera facilement la perpendiculaire OP dans le triangle équilateral ROS : car si dans le triangle rectangle OPR on prend RP pour rayon, la perpendiculaire OP sera la tangente de l'angle R qui est de 60 dégrés. Or le rayon RP est de 1000 parties, puisque c'est la moitié du côté RS. Ainsi il n'y a qu'à chercher dans les tables quelle est la tangente de 60 degrés, en supposant le rayon de 1000 parties. On trouvera que cette tangente est de 1732 parties, & non pas 173205 (car il faut retrancher les deux derniers chiffres, de même qu'on les retranche du rayon ou du

sinus total en prenant 1000 au lieu de 100000): on multipliera donc 1732 par 1000 pour avoir la surface du triangle : ainsi cette surface est 1732000. D'ailleurs la surface du triangle équilateral dont on cherche le côté est 5462. Or ces surfaces sont entr'elles comme les quarrés des côtés des triangles réguliers qui les contiennent : ainsi pour trouver le côté du triangle équilateral dont la surface est 5462, il n'y a qu'à faire cette regle de trois, 1732000 est à 5462, comme le quarré de 2000 est au quarré du côté cherché. On trouvera en faisant le calcul, que le quatriéme terme est 12614 dont la racine approchée est 112. Et si on veut encore avoir une racine plus approchée qui contienne un chiffre de parties décimales, on trouvera 112. 3′ qui est encore moindre que la véritable racine.

La même méthode peut servir à trouver le côté de tout autre polygone régulier dont la surface est donnée : c'est ce que nous allons voir dans le Problême suivant

PROBLÊME IV.

194 S. *La surface d'un polygone régulier étant donnée, trouver le côté de ce polygone.*

On veut construire un octogone régulier qui ait, par exemple, 64250 toises ou pieds quarrés; il faut chercher le côté. Pour le trouver, partagez la surface du polygone en autant de parties égales qu'il a de côtés, chaque partie sera la surface d'un triangle isocele que l'on conçoit formé par deux rayons obliques de l'octogone, & par un des côtés de ce polygone. Dans notre exemple la surface du triangle est 8031 $\frac{1}{4}$, parce que ce nombre est la huitiéme partie de 64250 : il s'agit de trouver la base de ce triangle laquelle est le côté de l'octogone. Supposons ici que le triangle ROS de la Figure 6. est isocele & semblable à chacun des triangles de l'octogone ; l'angle au centre ROS sera de 45 degrés, & les angles R & S seront chacun de 67 degrés 30 min. (Liv. II. Art. 104) : par conséquent si on suppose dans le triangle rectangle OPR le côté RP de 1000 parties, on trouvera dans les tables que la tangente OP de 67 degrés 30 minutes contient 2414 parties. Or la surface du triangle ROS est égale au produit de OP par RP. Elle est donc représentée par 2414000 : ainsi en faisant cette regle de trois, 2414000 est à 8031 $\frac{1}{4}$ comme le quarré de 2000 ou de RS est à un quatriéme terme, ce quatriéme terme sera le quarré du côté de l'octogone. En faisant le calcul on trouvera que ce côté contient un peu plus de 115. 3′.

194 T. Le côté du polygone régulier étant connu, il sera facile de trouver le rayon, parce que ces deux lignes sont la base & un des côtés égaux d'un triangle isocele dont on connoît les angles. On peut consulter le Problême de l'article 111 B. du Liv. II, pour décrire un polygone régulier dont on connoît le côté. Fig. 6. Pl. XII.

194 V. On peut s'assurer si on a bien opéré : car il n'y a qu'à chercher la perpendiculaire OP, & la multiplier par la moitié de la base du triangle, le produit sera égal à la surface de ce triangle. Or pour trouver la perpendiculaire OP, on fera l'analogie suivante tirée du triangle rectangle OPR dont le côté RP étant pris pour rayon, la perpendiculaire OP devient tangente de l'angle R : *le rayon est à la tangente de l'angle* R, *comme le côté* RP *est à la perpendiculaire* OP. Dans notre exemple cette analogie est exprimée par les nombres suivans, 1000, 2414, 57.7' & environ 139.2' qui est la perpendiculaire OP, laquelle étant multipliée par 57.7' donne au produit 8031.84'' qui est à peu près égal à 8031 $\frac{1}{4}$, c'est-à-dire, à la surface du triangle. Cette preuve fait voir comment on trouveroit la surface d'un polygone régulier dont le côté est donné. C'est l'inverse du second Problême.

Dans l'hypothèse du premier Problême on trouveroit RP de 56.2', & OP de 97.3' qui étant multipliés l'un par l'autre donnent pour produit 5468.26'' lequel differe peu du nombre 5462 qui désigne la surface du triangle.

194 X. Lorsque le nombre qui marque la surface désigne de grandes mesures, il est à propos pour une plus grande exactitude de le réduire à de moindres especes : par exemple, si le nombre 64250 désigne des toises quarrées, on pourra le réduire en pieds quarrés en le multipliant par 36, parce que la toise quarrée contient 36 pieds quarrés ; & si le nombre 64250 désignoit des pieds quarrés, on pourroit le réduire en pouces quarrés, en le multipliant par 144, parce que le pied quarré contient 144 pouces quarrés. Il est plus court d'employer des parties décimales dans l'extraction de la racine, comme nous avons fait.

194 Y. Si le polygone dont la surface est donnée est un quarré, il est plus facile d'en trouver le côté ; car il n'y a qu'à tirer la racine quarrée du nombre qui exprime la surface : cette racine sera le côté du quarré dont la surface est donnée : & si on veut avoir la diagonale du quarré, il faut multiplier la surface proposée par 2 ; la racine quarrée du produit exprimera la diagonale, parce que le quarré de la diagonale est double du premier quarré.

194 Z. On peut aussi trouver à peu près le rayon & la circon-

Fig. 6. Pl. XII. férence d'un cercle dont la surface est donnée : car on sçait que les surfaces sont entr'elles comme les quarrés des rayons : ainsi pour trouver le rayon d'un cercle dont on a la surface, il faut d'abord chercher la surface d'un autre cercle qui a pour rayon tel nombre que l'on voudra, par exemple, celle du cercle dont le diametre est 2000 & la circonférence 6283 : cette surface est environ 3141 × 1000, puisque pour avoir la surface d'un cercle il faut (Liv. II. Art. 153) multiplier la moitié de la circonférence par le rayon. (J'ai dit environ, parce que la moitié de la circonférence est plus grande que 3141, c'est plutôt 3141 $\frac{1}{2}$ & un peu plus.) D'ailleurs le quarré du rayon 1000 est 1000 × 1000 : par conséquent afin de trouver le rayon du cercle qui a, par exemple, 64250 toises de surface, il faudra faire la proportion 3141 × 1000 . 64250 :: 1000 × 1000 . *x*, ou bien *alternando*, 3141 × 1000 . 1000 × 1000 :: 64250 . *x*. Or les produits qui sont les deux premiers termes de cette seconde proportion sont entre eux comme les multiplicandes 3141 & 1000 : ainsi on a encore la troisiéme proportion 3141 . 1000 :: 64250 . *x*. En faisant le calcul on trouvera que le quatriéme terme est environ 20455 dont la racine quarrée 143 est, à peu de chose près, le rayon du cercle qui a 64250 de surface.

194 AA. Pour s'en assurer il ny a qu'à chercher quelle est la surface du cercle qui a pour rayon 143. On trouvera d'abord, en se servant du rapport de 113 à 355, que la moitié de la circonférence est 449 $\frac{1}{4}$. Or en multipliant 143 par 449 $\frac{1}{4}$ on aura le produit 64243, lequel ne differe guerre de la surface donnée 64250 : il est un peu moindre, parce que 143 n'est pas si grand que le véritable rayon, à cause que ce n'est pas la racine exacte de 20455. Au reste ce quatriéme terme 20455 est plus grand que le quarré du rayon cherché, parce que 1000 est trop grand par rapport à 3141. On trouveroit un nombre plus approchant de ce quarré en mettant pour les deux premiers termes 355 & 113 à la place de 3141 & de 1000 ; le quatriéme terme seroit alors 20451 $\frac{245}{355}$ qui est un peu moindre que le quarré, à cause que 113 est un peu trop petit par rapport à 355.

Nous allons démontrer un Théorême qui fait voir qu'il y a des lignes incommensurables, c'est-à-dire qui n'ont point de parties aliquotes communes, si petites qu'elles soient. Mais pour démontrer ce Théorême, il faut rappeller la définition & les propositions suivantes qui ont été prouvées dans le Traité des raisons & des propositions.

195. La raison de nombre à nombre est celle qui peut être exprimée par des nombres : ainsi le rapport d'une toise à un pied est une raison de nombre à nombre, parce que la toise est au pied comme 6 à 1.

196. Toute raison doublée de raison de nombre à nombre, a pour exposans des nombres quarrés, par exemple la raison de 8 à 72, qui est doublée des raisons égales de 2 à 6 & de 4 à 12, a pour exposans 1 & 9, qui sont les quarrés de 1 & de 3.

197. D'où il suit que toute raison doublée qui n'a pas pour exposans des nombres quarrés, n'est pas doublée de raisons de nombre à nombre, c'est-à-dire, que les raisons simples dont elle est doublée ne sont pas de nombre à nombre.

198. Les quarrés sont en raison doublée des racines qui sont Fig. 69.
les côtés de ces quarrés : par exemple, la raison de $\overline{BC}$ à $\overline{BA}$ est doublée de la raison de BC à BA. Tout cela posé, il sera facile de démontrer le Théorême suivant.

THÉORÊME.

199. *La diagonale d'un quarré est incommensurable avec le côté.*

DÉMONSTRATION.

Le quarré de la diagonale BC est égal au quarré de BA, plus au quarré de AC (183). Or les deux côtés BA & AC sont égaux ; donc le quarré de BC est double du quarré de BA ; ainsi ces deux derniers quarrés sont comme 2 & 1. Mais 2 n'est pas un nombre quarré ; par conséquent la raison du quarré de BC au quarré de BA n'a pas pour exposans des nombres quarrés. Or cette raison qui est entre ces quarrés est doublée (198) : voilà donc une raison doublée qui n'a pas pour exposans des nombres quarrés ; ainsi la raison simple dont elle est doublée n'est pas de nombre à nombre (197). Mais cette raison simple est celle de BC à BA (198) ; donc ces deux lignes ne sont pas entr'elles comme nombre à nombre, ou, ce qui est la même chose, ces deux lignes sont incommensurables.

200. Ce Théorême fait voir que la diagonale & le côté d'un quarré n'ont point d'aliquotes communes ; en sorte que si l'on prend une aliquote ; par exemple, la milliéme partie ou la cent-milliéme, ou la millioniéme, &c. de la diagonale, elle ne sera pas contenue exactement dans le côté BA ; mais elle y sera contenue un certain nombre de fois avec un reste moindre que l'aliquote, quelque petite qu'elle soit : car si une partie étoit conte-

Fig. 65. tenue 1000 fois, par exemple, dans la diagonale, & 700 fois exactement dans le côté, ces deux lignes seroient entr'elles comme 1000 est à 700, & par conséquent elles seroient entr'elles comme nombre à nombre : ce qui vient d'être démontré impossible.

201. Mais quoique la diagonale & le côté d'un quarré soient incommensurables, cependant leurs quarrés sont commensurables, puisqu'ils sont entr'eux comme 2 & 1. Pour exprimer cela, les Géometres disent que la diagonale & le côté sont incommensurables en longueur & commensurables en puissance. Nous allons prouver dans les Corollaires suivans, qu'il y a des lignes incommensurables, tant en puissance qu'en longueur, c'est-à-dire, que les quarrés de ces lignes sont incommensurables, aussi-bien que les lignes elles-mêmes.

COROLLAIRE I.

202. Le quarré de la moyenne proportionnelle entre la diagonale & le côté d'un quarré, est incommensurable avec le quarré de la diagonale : car soit nommée FG cette moyenne proportionnelle, on aura la proportion continue ∺ BC. FG. BA ; & par conséquent, selon qu'il a été démontré dans le Traité des Proportions, le quarré du premier terme est au quarré du second, comme le premier terme est au troisiéme ; c'est-à-dire, $\overline{BC}^2$. $\overline{FG}^2$: : BC. BA. Or la raison de BC à BA n'est pas de nombre à nombre ; donc celle de $\overline{BC}^2$ à $\overline{FG}^2$ n'est pas non plus de nombre à nombre, ou, ce qui est la même chose, les deux quarrés $\overline{BC}^2$ & $\overline{FG}^2$ sont incommensurables.

COROLLAIRE II.

203. Il suit de ce premier Corollaire que les lignes BC & FG sont aussi incommensurables : car si ces deux lignes étoient comme nombre à nombre, par exemple, comme 5 est à 4, il est évident que leurs quarrés seroient comme 25 est à 16 ; & par conséquent ces quarrés seroient commensurables : ce qui est contraire au premier Corollaire.

Ce que l'on vient de dire des lignes BC & FG dans ces deux Corollaires, convient aussi aux lignes FG & BA comparées ensemble, puisque la raison de BC à FG est égale à celle de FG à BA.

Nous allons ajouter ici les propositions du second Livre d'Euclide : nous les démontrerons par algebre ; les commençans verront avec quelle facilité on se sert de cette méthode dans ces sortes de propositions, lorsqu'on en peut faire l'application.

204. Voici la premiere : *Si on propose deux lignes dont l'une soit divisée en plusieurs parties, le rectangle compris sous ces deux lignes est égal aux rectangles compris sous la ligne qui n'est pas divisée & sous les parties de celle qui est divisée.* Soient les deux lignes désignées par a & b, & que la ligne b soit divisée en trois parties que je nomme m, o, p; il faut prouver que $ab=am+ao+ap$: ce qui est facile ; car puisque par l'hypothèse $b=m+o+p$, il faut qu'en multipliant les deux membres de cette égalité par la même quantité a, les deux produits soient encore égaux ; c'est-à-dire, que l'on aura $ab= am+ao+ap$.

205. Seconde proposition : *Le quarré d'une ligne est égal aux rectangles compris sous toute la ligne & sous ses parties.* La ligne soit exprimée par a & que ses parties soient b & c, il faut prouver que $a = ab+ac$. Par l'hypothèse $a=b+c$: donc en multipliant les deux membres de cette derniere équation par a, il y aura encore égalité c'est-à-dire, que $a^2= ab+ac$.

206. Troisiéme proposition : *Si on divise une ligne en deux, le rectangle compris sous toute la ligne & sous une de ses parties, est égal au quarré de cette même partie & au rectangle sous les deux parties.* Soit a la ligne proposée & ses deux parties soient b & c je dis que $ab=bb+bc$. Par l'hypothèse $a=b+c$: donc en multipliant les deux membres de cette derniere équation par b, on aura $ab=bb+bc$.

207. Quatriéme proposition : *Si on divise une ligne en deux le quarré de toute la ligne sera égal aux deux quarrés de ses parties, & à deux rectangles compris sous ces mêmes parties.* La ligne proposée soit a & ses deux parties b & c, je dis que $a^2=bb+cc+2bc$. Par l'hypothèse $a=b+c$: donc les quarrés de ces deux membres a & $b+c$ sont encore égaux. Or le quarré de a est a^2 & le quarré de $b+c$ est $bb+cc+2bc$, ou bien $bb+2bc+cc$ comme il paroîtra en multipliant la quantité $b+c$ par elle-même. Donc $a^2 =bb+cc+2bc$.

208. Cinquiéme proposition : *Si une ligne est coupée également & inégalement, le rectangle compris sous les parties inégales avec le quarré de la partie du milieu est égal au quarré de la moitié de la ligne.* (Il faut regarder la sixiéme figure de la planche de la Trigonométrie). AD est la ligne proposée qui est divisée également au point C, ses parties inégales sont AB & BD : il paroît que la partie du milieu est BC. Soit AB$=e$, BD$=f$, AC ou CD$=s$, & BC$=d$. Il faut

prouver que $ef+dd=ss$. Supposons AE égal à BD la différence ou l'excès de AB sur BD sera BE & la moitié de la différence BE sera BC. Car puisque par l'hypothèse AC égale CD, & que AE égale BD, si on retranche ces deux dernieres parties des deux autres les restes EC & BC seront égaux : par conséquent BC ou d sera la moitié de la différence BE. Cela posé, puisque s est la moitié de la somme des quantités inégales e & f & que d est la moitié de leur différence, (on aura premiere partie Liv. 3. Art. 33.) $e=s+d$, & $f=s-d$: par conséquent en multipliant l'une de ces équations par l'autre on aura $ef=ss-dd$; enfin en faisant passer la quantité dd dans le premier membre on trouvera $ef+dd=ss$.

209. Sixiéme proposition : *Si on ajoute une ligne à une autre divisée en deux également le rectangle compris sous la ligne composée des deux & sous l'ajoutée avec le quarré de la moitié de la ligne divisée est égal au quarré d'une ligne composée de la moitié de la ligne divisée & de toute l'ajoutée.* La ligne divisée en deux également soit $2a$, & l'ajoutée soit b la moitié de la premiere sera a le rectangle ou le produit de $2a+b$ par b sera $2ab+bb$ le quarré de la moitié de la premiere ligne sera aa.

Le premier membre de l'égalité énoncée dans la proposition sera donc $2ab+bb+aa$, ou en mettant les termes par ordre ce premier membre sera $a^2+2ab+b^2$. La ligne composée de la moitié de la divisée & de l'ajoutée sera $a+b$ dont le quarré $a^2+2ab+b^2$ est le second membre de l'égalité. Or ces deux membres sont égaux, puisqu'ils renferment les mêmes termes. Ainsi la proposition est vraie.

210. Septiéme proposition : *Si on divise une ligne en deux parties le quarré de toute la ligne & de celui d'une de ses parties seront égaux à deux rectangles compris sous toute la ligne & sous cette premiere partie & au quarré de l'autre partie.* Soient les deux parties d'une ligne a & b le quarré de toute la ligne $a+b$ sera $a^2+2ab+b^2$, & le quarré de la partie a est a^2. le rectangle de toute la ligne $a+b$ & de la partie a sera a^2+ab ; ainsi les deux rectangles seront $2a^2+2ab$, le quarré de l'autre partie b est b^2. Ainsi le premier membre de l'égalité sera $a^2+2ab+b^2+a^2$ qui se réduit à $2a^2+2ab+b^2$. Or le second membre de l'égalité est aussi $2a^2+2ab+2b^2$: donc la proposition est vraie.

211. Huitiéme proposition : *Si on divise une ligne en deux parties & qu'on lui ajoute une de ses parties, le quarré de la ligne composée sera égal à quatre rectangles compris sous la premiere ligne & sous cette partie*

ajoutée avec le quarré de l'autre partie. Soient les deux parties de la ligne e & f la ligne entiere sera $e+f$, si on lui ajoute la partie f, la somme ou la ligne composée sera $e+f+f$ ou $e+2f$. Il faut prouver que le quarré de $e+2f$ est égal à quatre rectangles de $e+f$ par f, plus au quarré de e. Le quarré de $e+2f$ est $ee+4ef+4ff$: les quatre rectangles de $e+f$ par f sont $4ef+4ff$, & le quarré de la partie e est ee qui étant ajouté aux quatre rectangles $4ef+4ff$ donne la somme $ee+4ef+4ff$ qui est la même chose que le quarré de $e+2f$. Donc la proposition est vraie.

212. Neuviéme proposition : *Si une ligne est divisée également & inégalement la somme des quarrés des parties inégales sera double du quarré de la moitié de la ligne & de celui de la partie d'entre deux.* Dans la sixiéme Figure de la Planche de la Trigonométrie AD est une ligne divisée également au point C & inégalement au point D, la partie du milieu est BC. Les deux parties inégales AB & BD soient désignées par e & f, les parties égales AC ou CD par s & enfin BC qui est celle du milieu par d : il faut prouver que $ee+ff$ est double de $ss+dd$. $e=s+d$ (premiere Partie Liv. III. Art. 33). Donc en prenant les quarrés de chaque membre on aura $ee=ss+2ds+dd$. Pareillement $f=s-d$. Donc $ff=ss-2ds+dd$. Donc en ajoutant ensemble les deux équations qui contiennent les quarrés, on aura $ee+ff=ss+2ds+dd+ss-2ds+dd$, & en réduisant le second membre on trouvera l'équation $ee+ff=2ss+2dd$: Ce qu'il falloit démontrer.

213. Dixiéme proposition : *Si on ajoute une ligne à une autre divisée également, le quarré de la ligne composée des deux avec le quarré de l'ajoutée est double du quarré de la moitié de la ligne divisée également & du quarré de celle qui est composée de cette moitié & de l'ajoutée.* Soit la ligne ajoutée a & celle qui est divisée également $2b$, la ligne composée des deux sera $a+2b$, & son quarré $a^2+4ab+4bb$, le quarré de l'ajoutée sera a^2 ; la somme de ces deux quarrés sera donc $2a^2+4ab+4bb$ il faut prouver que cette somme est double de bb quarré de b, & de $a^2+2ab+bb$ quarré de $a+b$. Or cela est évident ; car en ajoutant ces deux derniers quarrés on aura $a^2+2ab+2bb$ qui est précisément la moitié de la premiere somme $2a^2+4ab+4bb$.

214. Onziéme proposition : *Diviser une ligne en deux parties inégales de telle sorte que le rectangle compris sous toute la ligne & sous la plus petite de ses parties soit égal au quarré de l'autre partie qui est plus grande.* Cette proposition est la même chose que le Problême V. du premier Livre Art. 175. dans lequel on propose de diviser une ligne en moyenne & extrême raison.

215. Douziéme propoſition : *Dans un triangle obtuſangle le quarré du côté oppoſé à l'angle obtus eſt égal aux quarrés des deux autres côtés & à deux rectangles compris ſous le côté ſur lequel étant prolongé on a tiré une perpendiculaire de l'angle oppoſé à ce côté & ſous la ligne qui eſt entre le triangle & cette perpendiculaire.* Cette peropoſition eſt celle qui eſt exprimée par le Théorême V. Art. 188. de ce Livre.

216. Treiziéme propoſition : *Dans quelque triangle rectiligne que ce ſoit, le quarré du côté oppoſé à l'angle aigu, avec deux rectangles compris ſous le côté ſur lequel tombe la perpendiculaire tirée de l'angle oppoſé à ce côté & ſous la ligne qni eſt entre la perpendiculaire & l'angle aigu, eſt égal aux quarrés des autres côtés.* Cette propoſition eſt démontrée dans le Théorême VI. de ce Livre, Art. 189.

217. Quatorziéme propoſition : *Décrire un quarré égal à une Figure rectiligne donnée.* Ce Problême ſe réſout par les Articles 133 & 148. de ce Livre.

La plupart des Solides dont il ſera queſtion dans le troiſiéme Livre de ces Élémens ſont terminés par des plans qui ſe coupent. C'eſt pourquoi nous allons donner un Traité abrégé de l'Interſection des Plans, qui pourra ſervir de préparation au Livre ſuivant touchant les Solides.

DE

DE L'INTERSECTION DES PLANS.

LA rencontre des plans ou leur interſection a beaucoup de rapport avec celle des lignes droites : c'eſt pourquoi après ce que nous avons établi ſur les lignes, il y a bien des choſes touchant l'interſection des plans qui paroîtront manifeſtes, & qui par conſéquent n'ont pas beſoin de démonſtration.

Toutes les Figures que nous citerons en parlant de l'interſection des plans ſont dans la Planche XIII. qui eſt à la fin de ces Elémens.

218. Une ligne, comme AB, eſt perpendiculaire à un plan lorſqu'elle n'incline vers aucun côté de ce plan. Il ſuit de cette définition qu'une ligne qui eſt perpendiculaire à un plan, l'eſt auſſi à toutes les lignes de ce plan qu'elle rencontre. Ainſi AB étant perpendiculaire au plan X, l'eſt auſſi aux lignes CD, EF; & par conſéquent les angles ABC, ABD, ABE, ABF ſont droits. Fig. 1. Pl. XIII.

219. D'un point B pris dans le plan X on ne peut élever qu'une ſeule perpendiculaire ſur ce plan : ſi la ligne AB eſt perpendiculaire ſur le plan, la ligne OB eſt néceſſairement oblique : car cette ligne ayant ſes points entre le plan & la perpendiculaire AB, il eſt néceſſaire qu'elle penche vers un côté de ce plan.

220. Pareillement on ne peut tirer d'un point hors du plan qu'une ſeule perpendiculaire à ce plan : ainſi AB étant perpendiculaire au plan X, AG eſt oblique : car ſi on conçoit la ligne BG tirée, on aura le triangle ABG dont l'angle B eſt droit; & par conſéquent l'angle G eſt aigu : ainſi la ligne AG eſt inclinée vers B.

221. L'angle AGB que l'oblique AG fait avec la ligne BG qui va rencontrer la perpendiculaire, eſt la meſure de l'inclinaiſon de la ligne AG ſur le plan.

222. Un plan eſt perpendiculaire à un autre lorſqu'il le coupe ſans pencher ni d'un côté ni d'un autre : & il lui eſt oblique lorſqu'il penche à droite ou à gauche.

223. Si d'un même point L de la commune ſection de deux plans on tire les deux lignes LG, LH, l'une dans le plan S, l'autre dans le plan T, qui ſoient toutes deux perpendiculaires à Fig. 2.

Fig. 2. la commune ſection EF, l'angle GLH qu'elles formeront ſera la meſure de l'inclinaiſon des deux plans, ſi cet angle eſt aigu : mais ſi cet angle eſt droit, les deux plans ſeront perpendiculaires l'un ſur l'autre.

224. On peut dire auſſi que ſi deux plans S, T ſe coupent, & qu'un troiſiéme V ſoit perpendiculaire aux deux premiers, les deux interſections de ce troiſiéme plan avec les deux premiers formeront un angle qui ſera la meſure de l'inclinaiſon des deux premiers. Cela revient au même que ce que nous venons de dire, parce que ces deux interſections du troiſiéme plan avec les deux S & T ſont perpendiculaires à la commune ſection EF des plans S, T : car le plan V étant perpendiculaire à ces deux autres, ils lui ſont auſſi perpendiculaires ; ainſi ſelon que nous le prouverons dans l'Article 250, leur commune ſection EF eſt auſſi perpendiculaire ſur le même plan V, & par conſéquent ſur toutes les lignes de ce plan qu'elle rencontre : elle eſt donc perpendiculaire aux interſections de ce troiſiéme plan avec les deux premiers, & réciproquement ces deux lignes d'interſections ſont perpendiculaires à la commune ſection EF. Ainſi l'angle formé par ces interſections ſera la meſure de l'inclinaiſon des deux premiers plans, laquelle ſera nulle ſi cet angle eſt droit. On pourroit dire auſſi que l'angle formé par les interſections des deux premiers plans avec le troiſiéme détermine l'inclinaiſon de ces deux plans, & que ſon complement eſt la meſure de cette inclinaiſon.

Fig. 3. 225. Une ligne AB étant perpendiculaire au plan X, ſi un autre plan Y paſſe par la ligne AB & la contient, il ſera perpendiculaire au plan X : car tirant du point B dans le plan X une ligne BC perpendiculaire à la commune ſection EF des deux plans, la ligne AB ſera perpendiculaire tant à BC qu'à EF (218), puiſqu'elle l'eſt au plan X : ainſi l'angle ABC ſera droit. Or cet angle détermine la ſituation des deux plans : donc ils ſeront perpendiculaires entr'eux.

226. Nous ſuppoſerons pluſieurs fois dans la ſuite qu'il y a une circonférence décrite ſur un plan. Or pour être aſſuré qu'une circonférence eſt toute entiere dans un plan, il ſuffit de ſçavoir que trois de ſes points ſont dans le plan : car une circonférence qui coupe un plan le rencontre dans deux points : mais on conçoit qu'elle ne peut le rencontrer dans trois : & par conſéquent ſi une circonférence a trois points dans un plan, elle ne peut pas le couper : elle eſt donc toute entiere dans le plan.

227. Si une ligne AB eſt perpendiculaire ſur un plan, elle a ſon ſommet également éloigné de tous les points d'une circonférence GHL décrite ſur ce plan, qui a pour centre le pied de cette ligne, c'eſt-à-dire, le point qui lui eſt commun avec le plan. cela eſt non-ſeulement vrai du ſommet, mais auſſi de tous les autres points de la ligne AB; enſorte que chaque point de la perpendiculaire eſt également éloigné de tous ceux de la circonférence. Ce que nous diſons ici eſt une ſuite de la notion de la ligne perpendiculaire qui ne penche vers aucun côté du plan. Fig. 4.

228. Réciproquement ſi une ligne AB qui aboutit au centre d'une circonférence décrite ſur un plan X, a ſon ſommet également éloigné de tous les points de cette circonférence, elle eſt perpendiculaire au plan : car alors la ligne ne peut pencher vers aucun côté du plan. Il ſuffit même que le ſommet ſoit également éloigné de trois points, comme G, H, L de la circonférence, parce qu'il ne peut être à égale diſtance de trois points ſans être également éloigné de tous les points de cette circonférence : car que l'on conçoive une ligne AG tirée du ſommet à l'un des trois points, & qui tourne autour du ſommet A, en faiſant toujours le même angle avec AB : l'extrémité inférieure de cette ligne décrira une circonférence qui paſſera par les trois points G, H, L, parce qu'ils ſont également éloignés du ſommet A, & qu'ils ſont auſſi à égale diſtance du centre B. Ainſi cette circonférence ſera toute entiere ſur le plan X, à cauſe de ces trois points qui ſont dans le même plan (226). Elle ſera donc la même que celle qui a pour centre le point B, & à laquelle appartiennent auſſi les trois mêmes points. Or il eſt évident que le ſommet A eſt également éloigné de tous les points de la circonférence décrite par la ligne AG; donc ce ſommet eſt auſſi également éloigné de tous les points de la circonférence qui a pour centre le point B : donc AB eſt perpendiculaire ſur le plan.

THÉORÊME I.

229. *Une ligne droite ne peut être en partie dans un plan & en partie hors du plan.* (On ſuppoſe le plan prolongé autant que la ligne.)

Si la ligne ABC a ſa partie AB dans le plan X & ſa partie BC au-deſſus du plan, elle ne peut être droite, puiſqu'en s'élevant au-deſſus du plan, elle quitte néceſſairement ſa premiere direction. Cela eſt ſi clair qu'il ſuffit de l'expoſer pour en ſentir la vérité & l'évidence. Fig. 5.

COROLLAIRE.

230. Si deux points d'une ligne droite ſont dans un plan, elle y eſt toute entiere : car deux points ſuffiſent pour déterminer la poſition d'une ligne droite.

THÉORÊME II.

231. *L'interſection ou la commune ſection de deux plans eſt une ligne droite.*

Fig. 3. Soient les deux plans X, Y qui ſe coupent ; je dis que leur commune ſection EF eſt une ligne droite : car cette ligne appartient à l'un & à l'autre plan, puiſqu'elle en eſt la commune ſection. Or en tant qu'elle appartient au plan X elle ne peut ſe détourner ni en haut ni en bas ; autrement elle ſortiroit de ce plan : pareillement en tant qu'elle appartient au plan Y, elle ne peut s'écarter ni à droite ni à gauche. Ainſi cette ligne EF ne ſe détourne d'aucun côté. Elle eſt donc droite. Ce qu'il falloit démontrer.

THÉORÊME III.

232. *Les lignes droites qui ſe coupent ſont dans le même plan.*

Fig. 6. Soient les deux lignes AB, CD qui ſe coupent au point I ; je dis que ces deux lignes ſont dans un même plan : pour le prouver il faut imaginer un plan X qui contienne la ligne AB & qui paſſe par le point D de la ligne CD : le point I ſera dans le plan, puiſque ce plan contient la ligne entiere AB : d'ailleurs le point D ſe trouve auſſi dans le même plan : voilà donc deux points de la ligne CD qui ſont dans le plan X : par conſéquent la ligne entiere CD eſt dans ce plan.

COROLLAIRE.

233. Les trois côtés d'un triangle ſont dans un même plan. Les côtés du triangle BID, par exemple, ſont dans le plan qui paſſe par les trois points B, I, D.

234. REMARQUE. Pluſieurs plans & même une infinité peuvent paſſer par deux points & par une ligne entiere telle que AB : mais deux plans différens ne peuvent paſſer par trois points, comme B, I, D, qui ne ſont pas dans une même ligne droite : car il eſt évident que tout plan qui paſſera par ces trois points, ne ſera pas différent du plan du triangle : ainſi trois points ſuffiſent pour déterminer la poſition d'un plan, pourvû qu'ils ne ſoient pas dans une même ligne droite.

THÉORÊME IV.

235. *Si une ligne élevée ſur un plan eſt perpendiculaire à deux lignes qui ſont dans ce plan, elle eſt perpendiculaire au plan.*

Si la ligne AB eſt perpendiculaire aux deux lignes BC, BE qui ſont dans le plan X, elle l'eſt auſſi à ce plan. Car que l'on prolonge les lignes BC, BE vers B, & qu'on prenne ſur les prolongemens les parties BD & BF égales aux lignes BC & BE que je ſuppoſe égales entr'elles. Puiſque AB eſt perpendiculaire à CD & que le point B eſt à égale diſtance des points C & D, le ſommet A eſt également éloigné de ces deux points (Liv. I. Art. 69). Par la même raiſon le ſommet A eſt également diſtant des points E & F. Par conſéquent la ligne AB eſt perpendiculaire au plan X (228). Fig. 1.

COROLLAIRE.

236. Une ligne élevée ſur un plan, laquelle eſt perpendiculaire ſur deux lignes de ce plan, eſt auſſi perpendiculaire ſur toutes les lignes de ce plan qu'elle rencontre : car étant perpendiculaire ſur le plan, elle l'eſt auſſi ſur toutes les lignes qu'elle rencontre dans ce plan (218).

THÉORÊME V.

237. *Si une ligne* AB *eſt perpendiculaire ſur trois autres lignes* BC, BD, BG, *ces trois lignes ſeront dans un même plan.* Fig. 7.

Que l'on conçoive un plan X qui paſſe par les deux lignes BC, BD (232); je dis qu'il paſſera auſſi par la ligne BG : car imaginons un plan Y qui paſſe par la ligne AB & par BG, il coupera le plan X dans une ligne que j'appelle BH. Or la ligne BG ne peut être différente de BH : car la ligne AB eſt perpendiculaire au plan X, puiſqu'elle eſt perpendiculaire aux deux lignes BC & BD de ce plan. Donc elle eſt auſſi perpendiculaire à la ligne BH qui appartient au même plan. Mais d'ailleurs AB eſt encore perpendiculaire à la ligne BG par l'hypothèſe. Voilà donc deux lignes du plan Y, ſçavoir BG & BH qui ſeroient perpendiculaires au même point B de la ligne AB : ce qui eſt impoſſible (Liv. I, Art. 71). Donc la ligne BG n'eſt pas différente de BH : donc elle appartient au plan X de même que les lignes BC & BD.

THÉORÊME VI.

238. *Un plan* Y *étant perpendiculaire à un autre plan* X, *ſi on tire dans l'un des deux, par exemple* Y, *une ligne* AB *perpendiculaire à la commune ſection* EF, *elle ſera perpendiculaire à l'autre plan* X. Fig. 3.

Fig. 3. Si on conçoit une ligne CBD perpendiculaire au plan Y & placée dans le plan X, elle sera perpendiculaire à la ligne AB contenue dans le plan Y (218). Et réciproquement AB sera perpendiculaire à CD : d'ailleurs, par la construction, elle est aussi perpendiculaire à EF : ainsi elle est perpendiculaire au plan X (235).

On prouveroit de même qu'en tirant dans le plan X la ligne BC perpendiculaire sur EF, elle est aussi perpendiculaire sur le plan Y.

COROLLAIRE.

239. Une ligne tirée d'un point B de la section commune des deux plans X, Y, tirée, dis-je, perpendiculairement sur un des plans X, doit être dans l'autre plan Y : car autrement il y auroit deux lignes tirées du même point, sçavoir AB & cette autre ligne, qui seroient l'une & l'autre perpendiculaires sur le plan X : ce qui est impossible.

THÉORÊME VII.

240. *Les lignes qui sont perpendiculaires au même plan sont paralleles,*

Fig. 8. Les lignes AB & CD sont perpendiculaires au plan X ; je dis qu'elles sont paralleles. Pour le prouver, soit tirée la ligne droite BD dans le plan X entre les deux perpendiculaires, & que l'on conçoive un plan Y qui passe par AB & par BD, ce plan sera perpendiculaire sur X, parce qu'il passe par la perpendiculaire AB, & de plus il passera par CD, ou, ce qui revient au même, CD sera dans le plan Y (239). Ainsi les trois lignes AB, CD, BD sont dans le plan Y. Or les deux lignes AB, CD sont perpendiculaires à BD (218), puisque cette ligne est aussi dans le plan X : donc AB, CD sont paralleles (Liv. I, Art. 96).

241. Deux lignes perpendiculaires à un plan X peuvent être conçûes dans un autre plan Y. Cela paroît par cette démonstration.

242. REMARQUE. Quand deux lignes sont paralleles, on peut les concevoir dans un même plan. Supposons qu'un plan passe par une de ces lignes & par un point de l'autre, il faut que cette seconde soit toute entiere dans ce plan : car si cette seconde parallele n'étoit pas toute entiere dans le même plan, elle s'en écarteroit ; & par conséquent elle s'éloigneroit de plus en plus de la premiere parallele contenue dans le plan. Ainsi ces lignes ne seroient pas paralleles. Ce qui est contre l'hypothèse.

THÉORÊME VIII.

243. *Si de deux lignes paralleles, l'une est perpendiculaire à un plan, l'autre le sera aussi.*

Si les lignes AB & CD sont paralleles, & que AB soit perpendiculaire sur le plan X, CD le sera aussi au même plan. Il faut concevoir un plan Y qui passe par les deux paralleles, BD sera la commune section des deux plans. Or cette ligne BD est perpendiculaire à AB, puisque AB l'est sur le plan X; & par conséquent sur BD (218): ainsi BD est aussi perpendiculaire à l'autre parallele CD (Liv. I, Art. 92); & réciproquement CD est perpendiculaire sur BD: d'ailleurs le plan Y est perpendiculaire au plan X (225), puisqu'il passe par AB perpendiculaire à ce plan X; par conséquent cette ligne CD contenue dans le plan Y & perpendiculaire à la commune section BD, l'est aussi sur le plan X (238). Fig. 8.

THÉORÊME IX.

244. *Deux lignes paralleles à une 3me sont paralleles entr'elles, quoique les deux premieres ne soient pas dans le même plan que la 3me.*

Soient les deux lignes AB, CD paralleles à GH; je dis qu'elles sont paralleles entr'elles. Concevons un plan X sur lequel GH soit perpendiculaire: les deux autres lignes AB, CD seront aussi perpendiculaires au même plan X (243). Par conséquent ces deux lignes sont paralleles entr'elles (240).

THÉORÊME X.

245. *Si les deux côtés d'un angle sont paralleles aux côtés d'un autre angle, ces deux angles seront égaux, quoiqu'ils soient sur différens plans paralleles.*

Soient dans le plan X les deux côtés de l'angle BAC paralleles aux deux côtés de l'angle EDF tracé sur le plan Y que je suppose en l'air & au-dessus du plan X; je dis que ces deux angles sont égaux. Pour le prouver, il faut prendre le côté AB égal à DE, & l'autre côté AC égal à DF; & concevoir un plan qui passe par les paralleles AB & DE, & un autre plan qui passe par les deux paralleles AC, DF: ensuite tirer les lignes BE, CF, AD, BC, EF. Les deux côtés AB, DE étant égaux & paralleles, on aura BE parallele à AD. Par une raison semblable CF est parallele & égale à AD: ainsi les deux lignes BE & CF sont paralleles & égales. Donc les deux bases BC & EF sont égales. Mais d'ailleurs les Fig. 9.

deux côtés AB, AC sont égaux aux deux côtés DE, DF: donc les deux angles A & D sont égaux. Ce qu'il falloit démontrer.

246. Deux plans sont paralleles lorsque tous les points de l'un sont également éloignés de l'autre, ou, ce qui revient au même, quand toutes les perpendiculaires tirées de l'un des plans sur l'autre sont égales.

THEORÊME XI.

247. *Si deux plans* X, Y *sont paralleles & qu'ils soient coupés par un* 3me Z, *les sections* AB, CD *de ce* 3me *plan avec les deux premiers sont paralleles.*

Fig. 10. 1°. Ces sections étant dans deux plans paralleles ne peuvent se réunir en un point. 2°. D'ailleurs elles ne peuvent non plus s'éloigner en tendant vers différens côtés, parce que appartenant toutes les deux au plan Z, elles doivent avoir la même direction, ou être dirigées vers le même côté. Ces sections sont donc des lignes paralleles.

THEORÊME XII.

248. *Deux lignes droites coupées par des plans paralleles, sont coupées proportionnellement.*

Fig. 11. Les deux lignes AB, CD sont coupées par les trois plans X, Y, Z, ou plutôt elles sont terminées par les deux plans X, Z, & coupées par le plan Y aux points E, F; je dis qu'elles sont divisées proportionnellement, ou en parties proportionnelles, en sorte qu'on aura la proportion, AE . EB : : CF . FD. Qu'on conçoive la ligne AD qui rencontre le plan Y au point G, on aura les triangles BAD & CDA dont les plans feront sur les trois plans X, Y, Z les sections EG, BD & GF, AC. Or les deux premieres EG, BD seront paralleles, parce que ce sont les sections des plans paralleles Y & Z avec le triangle BAD; & les deux autres GF, AC sont aussi paralleles, puisqu'elles sont les sections des deux plans paralleles Y & X avec le triangle CDA. Ainsi, à cause des bases paralleles du triangle BAD, on aura la proportion, AE . EB : : AG . GD; & de même à cause des bases paralleles du triangle CDA, on aura aussi CF . FD : : AG . GD: par conséquent AE . EB : : CF . FD. Ce qu'il falloit démontrer.

COROLLAIRE.

249. Si les deux côtés d'un angle, comme BAD, sont terminés par un plan Z, & qu'ils soient coupés par un autre plan Y parallele à ce premier, ils sont coupés proportionnellement: c'est-à-dire, que AE . EB : : AG . GD.

THEORÊME

THEOREME XIII.

250. *Si deux plans* Y, Z *qui se coupent sont perpendiculaires au* 3me X, *leur section commune* AB *sera perpendiculaire à* X.

Concevons deux lignes dans le plan X qui passent toutes les deux par le point B, & dont l'une IL soit perpendiculaire au plan Y, & l'autre OP au plan Z : la ligne IL étant perpendiculaire au plan Y, l'est aussi à la ligne AB en tant qu'elle appartient au plan Y (218) : par conséquent AB est aussi perpendiculaire à IL. Pareillement OP étant perpendiculaire au plan Z l'est aussi à AB en tant qu'elle est dans le plan Z. Donc AB est encore perpendiculaire à OP. Par conséquent la ligne AB étant perpendiculaire sur deux lignes du plan X, l'est aussi sur ce plan (235). Fig. 12.

251. Lorsque deux plans sont ainsi perpendiculaires à un troisiéme, les intersections de ces deux plans avec le troisiéme font des angles qui sont égaux à ceux que forment ces deux plans entr'eux. Et si ces deux plans sont inclinés l'un sur l'autre, les angles aigus opposés au sommet formés par les intersections, ou plutôt l'un de ces angles est la mesure de l'inclinaison des plans. Cela revient à ce que nous avons dit Article 227.

THEORÊME XIV.

252. *Si deux plans* Y, Z *qui coupent un* 3me X *sont perpendiculaires entr'eux, & que l'un des deux soit perpendiculaire au* 3me X, *les deux communes sections des deux premiers avec le* 3me *se coupent à angles droits.* Fig. 13.

Que le plan X soit celui de la Planche, & que la commune section du plan Y avec X soit la ligne EF, & celle du plan Z avec X soit GH. Puisque Y est perpendiculaire à X, réciproquement X est perpendiculaire à Y : d'ailleurs par l'hypothèse Z est perpendiculaire au plan Y : donc X & Z étant perpendiculaires au plan Y, GH commune section de & X de Z, l'est aussi au même plan Y (250). Donc GH fait des angles droits avec toutes les lignes du plan Y qu'elle rencontre (218); & par conséquent avec EF qui est une ligne de ce plan. Ce qu'il falloit démontrer.

LIVRE TROISIÉME.

DANS le premier Livre nous avons parlé de la ligne qui eſt l'étendue en longueur ; dans le ſecond nous avons traité de la ſurface, qui eſt l'étendue en longueur & en largeur. Il nous reſte à parler du corps ou ſolide, qui eſt l'étendue conſiderée avec les trois dimenſions, longueur, largeur & profondeur.

Notions & Propoſitions ſur les ſolides en général.

Il y a des ſolides qui ne ſont terminés que par des plans, d'autres par une ou pluſieurs ſurfaces courbes, d'autres enfin ſont terminés par des ſurfaces dont les unes ſont planes & les autres courbes. Ceux du premier genre ſont appellés en général *Polyedres.*

Entre les corps de différentes figures, on conſidere principalement les *Priſmes*, les *Cylindres*, les *Pyramides* & les *Cones.*

1. Un Priſme eſt un corps qui a une groſſeur égale dans toute ſa longueur, dont les baſes ſupérieures & inférieures ſont des polygones entierement égaux en ſuppoſant qu'elles ſont paralleles, & dont les ſurfaces latérales ſont des parallelogrammes.

2. Une Pyramide eſt un corps dont la baſe eſt un polygone, & dont les ſurfaces latérales ſont des triangles. Ce corps finit en pointe.

3. Le Priſme & la Pyramide prennent différens noms, ſuivant le nombre des côtés de la baſe ; ſi la baſe eſt un triangle, le Priſme eſt appellé *triangulaire* ; ſi c'eſt un pentagone, le Priſme eſt appellé *pentagonal*, ainſi de ſuite. C'eſt la même choſe de la Pyramide. Il y a une eſpece de Priſme, qu'on appelle *parallelepipede*, c'eſt celui dont la baſe eſt un parallelogramme : cette dénomination ne convient pas à la Pyramide.

4. Le Cylindre eſt un corps rond dont la groſſeur eſt égale dans toute ſa longueur, & dont les baſes ſont des cercles égaux en ſuppoſant les baſes perpendiculaires aux côtés : telle ſeroit une colomne dont la groſſeur ſeroit par tout la même.

5. Un Cone eſt un corps qui finit en pointe, & dont la baſe eſt un cercle.

6. On peut regarder le Cylindre comme un Prisme, dont la base est un polygone régulier d'une infinité de côtés. Et de même le Cone est une pyramide dont la base est un polygone régulier d'une infinité de côtés.

En parlant des prismes & des cylindres, nous supposerons toujours que la base supérieure est parallele à l'inférieure.

7. Dans un cylindre, la ligne tirée du centre de la base supérieure au centre de la base inférieure, est appellée l'axe du cylindre, & dans le cone, la ligne tirée du sommet ou de la pointe du cone au centre de la base, est aussi appellée l'*axe* du cone. On peut de même concevoir des axes dans les prismes & les pyramides dont les bases sont des polygones réguliers.

8. Lorsque les axes sont perpendiculaires aux bases, les prismes, les cylindres, les pyramides & les cones sont appellés *droits* ; au contraire ces corps sont appellés *obliques*, lorsque les axes sont obliques sur les bases.

Quoique la base d'un prisme ne soit point un polygone régulier, & que ce prisme n'ait point d'axe, cependant il peut être droit, pourvû que les rectangles qui lui servent de faces soient perpendiculaires à la base.

9. Les parallelogrammes qui sont autour du prisme, & les triangles qui sont autour de la pyramide sont souvent appellés les *côtés* du prisme & de la pyramide : mais comme on appelle aussi côtés les lignes qui terminent ces parallelogrammes ou ces triangles ; afin d'éviter l'équivoque, nous ne nous servirons du terme *côtés* que pour désigner des lignes : par exemple, nous appellerons une ligne tirée du sommet d'un cone à la circonférence de sa base, *côté* du cone : quant aux parallelogrammes des prismes, & aux triangles des pyramides, nous les appellerons *faces* de ces corps.

Outre les quatre principaux solides dont nous avons parlé jusqu'ici, on distingue encore d'autres especes de corps qu'on nomme réguliers, dont nous traiterons dans la suite.

10. Dans les solides terminés par des plans, comme sont les prismes & les pyramides, on remarque des *angles solides*. On entend par angle solide, un espace solide terminé en pointe par plusieurs angles plans qui ont un sommet commun ; telle est la pointe d'une pyramide : tels sont aussi les coins d'un dez à jouer.

Il faut au moins trois angles plans pour terminer un angle solide. Or quand un angle solide est terminé seulement par trois angles plans, deux de ces angles sont toujours plus grands que le troisiéme. C'est ce que nous allons démontrer dans le Théorême suivant.

THEORÊME I.

11. *Lorsqu'un angle solide n'est formé que par trois angles plans, deux de ces angles plans, tels qu'ils soient, pris ensemble, sont plus grands que le troisiéme.*

DÉMONSTRATION.

Fig. 1. La Figure 1 représente un angle solide formé par les trois angles BAD, DAC & BAC. Pour concevoir cet angle solide, il faut s'imaginer que le point A qui en est le sommet, est élevé au-dessus du plan sur lequel est représenté l'angle. Il s'agit donc de démontrer que deux des angles plans; par exemple, BAD & DAC pris ensemble sont plus grands que le troisiéme BAC. Pour cela tirez la ligne AE égale à la ligne AD, en sorte que l'angle BAE soit égal à l'angle BAD; tirez ensuite la base BEC jusqu'à la rencontre de la ligne AC qu'il faut prolonger, s'il est nécessaire. Cela posé, je raisonne ainsi: L'angle BAD est par l'hypothèse égal à l'angle BAE; d'ailleurs les côtés du premier angle, sçavoir, AB & AD, sont égaux aux côtés du second, qui sont AB & AE; par conséquent la base BD du premier est égale à BE du second (Liv. II, Art. 29). Or les deux lignes BD & DC prises ensemble, sont plus grandes que la troisiême BC, à cause que ces trois lignes forment un triangle, dont deux côtês sont nécessairement plus grands que le troisiéme (Livre II, Art. 38); ainsi, puisque BD est égale à BE, la ligne DC base de l'angle DAC est plus grande que la partie EC base de l'angle EAC: d'ailleurs les deux côtés AD & AC de l'angle DAC, sont égaux aux côtés AE & AC de l'angle EAC: donc le premier de ces angles est plus grand que le second (Liv. II, Art. 34); par conséquent la somme des angles BAD & DAC est plus grande que celle de BAE & EAC. Or ces deux derniers angles font l'angle BAC: par conséquent les angles BAD & DAC pris ensemble, sont plus grands que le troisiéme BAC. Ce qu'il falloit démontrer.

On peut appercevoir la vérité de cette proposition sans démonstration: car comme deux côtés d'un triangle sont plus grands que le troisiéme, de même il est clair que si trois angles plans forment un angle solide, deux pris ensemble sont plus grands que le troisiéme. D'ailleurs on voit bien que pour réduire les deux angles plans au troisiéme, en les appliquant contre ce troisiéme, il faudroit retrécir ces deux angles : & par conséquent ils sont plus grands que ce troisiéme.

THEORÊME II.

12. *Tous les angles plans qui forment un angle solide pris ensemble, sont moindres que quatre angles droits.*

Pour entendre facilement la démonstration suivante, il faut avoir une pyramide telle qu'on va la supposer : on en peut faire une de bois, de carton, de cire, &c. Fig. 2.

Soit la pyramide pentagonale de la Figure 2, dont la base, qui est un pentagone, est divisée en cinq triangles, qui ont leur sommet au point G, qui est en dedans du pentagone. Il faut démontrer que les cinq angles plans qui forment l'angle solide A, sont moindres que quatre droits.

DÉMONSTRATION.

La pyramide étant supposée pentagonale, elle a cinq faces qui sont autant de triangles qui ont leur sommet au point A : le pentagone qui sert de base contient aussi cinq triangles; donc la somme des angles des cinq premiers triangles est égale à la somme des angles des cinq autres. Cela posé, considerez que les angles des cinq premiers triangles sont ceux qui sont sur la base, comme ACB & ACD, plus ceux qui sont au sommet de la pyramide : & les angles des cinq autres triangles, sont ceux du pentagone, comme BCD, plus ceux qui sont au point G; par conséquent si les angles qui sont sur la base sont plus grands que ceux du pentagone, il faut que les angles qui sont au sommet de la pyramide soient moindres que ceux qui sont au point G. Or les angles qui sont sur la base de la pyramide sont plus grands que ceux du pentagone; par exemple, les deux angles ACB & ACD sont plus grands que le troisiéme BCD, puisque ces trois angles plans formant l'angle solide en C, deux pris ensemble, sont toujours plus grands que le troisiéme (11) : ainsi les angles du sommet de la pyramide sont moindres que ceux qui sont au point G. Or les angles qui sont au point G, valent quatre angles droits; donc ceux du sommet de la pyramide sont moindres que quatre angles droits. Ce qu'il falloit démontrer.

On peut démontrer ce Théorême en cette maniere : soit le pentagone BCDEF divisé en cinq triangles qui ont leur sommet au point G. Il est certain que les angles qui sont autour du point G sont égaux à quatre angles droits. Or afin que les cinq triangles deviennent les faces d'une pyramide, il eſt néceſſaire que le point G ſoit élevé au-deſſus du plan du pentagone, & que par conſéquent toutes les lignes qui aboutiſſent au point G, & qui ſont les côtés des angles en G, s'allongent, tandis que les côtés du pentagone, qui ſont les baſes de ces angles demeurent de la même grandeur. Or on conçoit que cela ne peut ſe faire ſans que les angles en G diminuent ; & par conſéquent ces angles ſeront moindres que quatre droits, quand ils formeront un angle ſolide.

C'eſt par ce dernier Théorême que l'on démontre qu'il n'y a que cinq eſpeces de corps réguliers terminés par des ſurfaces planes.

13. On entend ici par corps régulier, celui dont toutes les faces ſont des polygones réguliers, égaux & ſemblables, & dont tous les angles ſolides ſont formés par un égal nombre d'angles plans. Il y en a cinq, comme nous le venons de dire : ſçavoir, le *tetraedre*, compris ſous quatre triangles égaux & équilateraux : l'*octaedre*, compris ſous huit triangles égaux & équilateraux, l'*icoſaedre*, compris ſous vingt triangles égaux & équilateraux ; l'*exaedre* ou le *cube* compris ſous ſix quarrés égaux, & le *dodecaedre*, compris ſous douze pentagones égaux & réguliers.

THEORÉME III.

14. *Il n'y a que cinq eſpeces de corps réguliers formés par des ſurfaces planes.*

DÉMONSTRATION.

Toute la démonſtration eſt fondée ſur le ſecond Théorême, dans lequel on a fait voir que tous les angles plans qui forment l'angle ſolide, ſont moindres que quatre droits.

1°. Un angle ſolide peut être formé par trois angles plans de triangles équilateraux, parce que chacun de ces angles ne vaut que 60 degrés ; & par conſéquent les trois angles ne valent que 180 degrés, qui ſont moins que quatre angles droits. Chaque angle ſolide du tetraedre eſt formé par trois angles de triangles équilateraux.

2°. Quatre angles de triangles équilateraux peuvent auſſi former un angle ſolide, parce que ces quatre angles ne valant que 240 degrés, ils ſont encore moindres que quatre angles droits. Chaque angle de l'octaedre eſt compris ſous quatre angles de triangles équilateraux.

3°. Cinq angles de triangles équilateraux peuvent encore former un angle solide, parce que ces cinq angles sont moindres que quatre angles droits. Chaque angle de l'icosaedre est compris sous cinq angles de triangles équilateraux.

Mais six angles de triangles équilateraux valent quatre angles droits; c'est pourquoi ils ne peuvent former un angle solide: ainsi il ne peut y avoir que trois especes de corps réguliers formés par des triangles.

4°. Trois angles de quarrés peuvent aussi former un angle solide, comme il paroît. Chaque angle de l'exaedre ou cube, est formé par trois angles de quarrés.

Il est évident que quatre angles de quarrés ne peuvent former un angle solide, puisque ce sont quatre angles droits: ainsi il n'y a qu'une espece de corps réguliers compris sous des quarrés.

5°. Un angle solide peut être formé par trois angles de pentagones réguliers, parce que chacun de ces angles ne vaut que 108 degrés. Chaque angle solide du dodecaedre est formé de trois angles de pentagones réguliers: mais quatre angles de pentagones réguliers font plus de 360 degrés. C'est pourquoi ils ne peuvent former un angle solide. Ainsi il ne peut y avoir qu'une espece de corps régulier formé par des pentagones.

On ne peut former aucun corps régulier avec des exagones: car l'angle de l'exagone régulier vaut 120 degrés; & par conséquent trois angles d'exagones réguliers font 360 degrés: ainsi ils ne peuvent former un angle solide.

Puisque trois angles d'exagones font 360 degrés, trois angles d'eptagone ou d'octogone, ou de tout autre polygone régulier dont le nombre des côtés est plus grand, valent plus de 360 degrés: ainsi ils ne peuvent former un angle solide; & par conséquent on ne peut faire de corps réguliers avec ces polygones Il n'y a donc que cinq sortes de corps réguliers.

15. Si on applique deux tetraedres égaux l'un contre l'autre, le solide que forment ces deux corps joints ensemble, n'est pas régulier, quoiqu'il soit terminé par six triangles égaux & équilateraux, parce que des cinq angles solides dont ce corps est composé, il y en a trois qui sont terminés par quatre angles plans, & les deux autres, sçavoir, ceux qui sont opposés aux bases appliquées l'une contre l'autre, ne sont formés que par trois angles plans: c'est pourquoi ceux qui définissent le corps régulier en disant, que c'est celui qui est terminé par des polygones réguliers égaux & semblables, donnent une définition peu exacte:

il faut ajouter que chaque angle solide du corps régulier est formé par un égal nombre d'angles plans de ces polygones.

On a représenté les cinq corps réguliers avec leurs développemens, (ce terme va être expliqué dans l'article 18), la Figure 3 est un tetraedre avec son développement, la Figure 4 est un octaedre, la Figure 5 est un icosaedre, la Figure 6 est un exaedre, la Figure 7 est un dodecaedre. Il est à propos de faire ces figures avec du carton, afin de se représenter ces solides distinctement.

Nous partagerons la suite de ce troisiéme Livre en deux parties. Dans la premiere, nous parlerons de la surface des solides, & dans la seconde, nous traiterons de leur solidité.

DE LA SURFACE DES SOLIDES.

Fig. 8. 16. Si une ligne, comme A*a*, que l'on suppose perpendiculaire à la base d'un prisme droit, tourne autour de cette base en demeurant toujours perpendiculaire, elle décrira la surface convexe ou latérale du prisme, c'est-à-dire, le contour sans y comprendre les deux bases. De même, si une ligne, comme A*a*, demeurant toujours perpendiculaire à la base d'un cylindre droit, parcourt la circonférence de cette base, elle décrira la surface du cylindre. (Fig. 9.)

Fig. 10. & 11. 17. S'il s'agit d'une pyramide ou d'un cone, il faut concevoir une ligne attachée au sommet A, laquelle tourne autour de la pyramide ou du cone, elle décrira la surface de ces solides.

Fig. 8. 18. On peut encore avoir une notion plus sensible de la surface du prisme droit, en imaginant une bande de papier collée tout autour du prisme, qui ait une largeur égale à la hauteur du prisme. Il est évident que si l'on ôtoit cette bande & qu'on la développât, il paroîtroit un rectangle qui auroit la même hauteur que le prisme, & qui auroit pour base une ligne droite égale au perimetre de la base du prisme : ce rectangle qui est nécessairement égal à la surface du prisme, peut être appellé *développement* du prisme. Le développement du cylindre droit est aussi un rectangle qui a pour base une ligne égale à la circonférence de la base du cylindre, & qui a même hauteur que le cylindre.

18 B. Le développement de la pyramide est la somme de tous les triangles qui en sont les faces; ainsi la somme de tous ces triangles est la surface de la pyramide. Toutes les lignes droites, comme

comme AB, tirées du sommet du cone droit aux points de la circonférence de la base étant égales, il est évident que si on développe la surface du cone droit, ce développement sera un secteur de cercle qui aura pour rayon le côté AB du cone, & un arc égal à la circonférence de la base du cone. Fig. 11.

19. Lorsque la base de la pyramide est un polygone régulier, & que la pyramide est droite, tous les triangles qui en sont les faces ont même hauteur & sont égaux entr'eux; & par conséquent ils sont égaux à un seul triangle qui auroit la même hauteur que celle d'un des triangles, & une base égale à la somme des bases de tous les triangles, ou, ce qui est la même chose, égale au perimetre de la base de la pyramide. La surface d'une pyramide droite dont la base est un polygone régulier, est donc égale à un triangle qui a pour base le perimetre de la base de la pyramide, & la même hauteur que celle d'un des triangles qui servent de faces à la pyramide.

20. Remarquez que la hauteur de chaque triangle qui sert de face à la pyramide est une ligne, comme AF, tirée du sommet A perpendiculairement sur la base du triangle; au lieu que la hauteur d'une pyramide est une ligne tirée du sommet A perpendiculairement sur la base même de la pyramide : d'où il suit que si la pyramide est droite, la hauteur de chaque triangle est toujours plus grande que celle de la pyramide; parce que ces deux lignes étant tirées du même point A, & la seconde étant perpendiculaire à la base de la pyramide, il est néceſsaire que la premiere, qui est la hauteur du triangle, soit oblique à cette même base (Liv. II. Art. 220); & par conséquent plus grande que la hauteur de la pyramide. Fig. 10.

21. Le cone n'étant qu'une pyramide dont la base est un polygone régulier d'une infinité de côtés, la surface d'un cone droit est égale à un triangle qui a pour base une ligne droite égale à la circonférence de la base du cone, & pour hauteur le côté AB du cone. Fig. 11.

22. Ce côté AB du cone est la hauteur de chaque triangle infiniment petit, qui compose la surface du cone, parce que ce triangle etant isocele, & ayant une base infiniment petite, la perpendiculaire tirée du sommet sur sa base, ne differe du côté que d'une partie infiniment petite; & par conséquent on peut prendre ce côté pour la perpendiculaire.

23. Le triangle qui a pour hauteur le côté AB du cone droit & pour base une ligne droite égale à la circonférence de la base, Fig. 11.

Fig. 11. eſt égal au ſecteur de cercle qui a pour rayon le côté AB, & dont l'arc eſt égal à la baſe du triangle (Liv. II, Art. 152); & par conſéquent à la circonférence de la baſe du cone. Ce ſecteur eſt le développement du cone droit, comme nous l'avons dit.

24. De tout ce qu'on vient de dire, il ſuit que pour avoir la meſure de la ſurface d'un priſme droit, il faut multiplier le perimetre de la baſe par la hauteur du priſme. Et de même pour avoir la ſurface du cylindre droit, il faut multiplier la circonférence de la baſe par la hauteur du cylindre.

25. Si la hauteur du cylindre droit eſt égale au diametre de la baſe, la ſurface du cylindre eſt quadruple de la baſe : car la ſurface du cylindre eſt égale au produit de la circonférence de la baſe par la hauteur entiere, qui eſt le diametre de la baſe : & la ſurface du cercle qui ſert de baſe, eſt égale ſeulement au produit de cette circonférence (Liv. II, Art. 142) par le quart du diametre ou la moitié du rayon.

26. Pour avoir la ſurface d'une pyramide droite dont la baſe eſt un polygone régulier, il faut multiplier le perimetre de la baſe par la moitié de la hauteur d'un des triangles qui ſont les faces de la pyramide, ou bien il faut multiplier cette hauteur par la moitié du perimetre, ou enfin, multiplier la hauteur du triangle par le perimetre, & prendre la moitié du produit.

27. Enfin pour avoir la ſurface d'un cone droit, il faut multiplier la circonférence de la baſe par la moitié du côté AB du cone, ou multiplier ce côté entier par la moitié de la circonférence, ou enfin multiplier le côté par la circonférence, & prendre la moitié du produit.

28. Si le côté du cone droit eſt égal au diametre du cercle qui ſert de baſe, la ſurface du cone eſt double de la baſe : car la ſurface du cone eſt égale au produit de la circonférence de la baſe par la moitié du côté, ou du diametre : & la baſe eſt égale au produit de ſa circonférence par la moitié du rayon ou par le quart du diametre. Or ces deux produits ſont entr'eux comme les produiſans inégaux, qui ſont la moitié du diametre & le quart du diametre ; c'eſt-à-dire, que le premier eſt le double du ſecond. Par conſéquent la ſurface du cone eſt double de ſa baſe.

29. Ce cone dont le côté eſt égal au diametre de ſa baſe, eſt appellé *équilatéral*. On conçoit qu'il eſt formé par la révolution d'un triangle équilateral qui tourne autour d'une perpendiculaire tirée du ſommet d'un angle ſur le côté oppoſé. Ainſi la ſurface du cone équilateral eſt double de ſa baſe, ou, ce qui revient au

même, elle est à cette base comme 2 est à 1 : & par conséquent la surface totale en y comprenant la base, est à cette base comme 3 est à 1.

30. Remarquez que quand on parle de la surface de ces corps, soit prismes, soit cylindres, pyramides ou cones, on entend le contour de ces solides sans y comprendre les bases, à moins qu'on ne l'exprime, comme nous venons de le faire à la fin de l'article précédent. Pour marquer que l'on ne comprend pas les bases du cylindre, lorsqu'on parle de la surface, on ajoute souvent le terme *convexe*, en disant la surface ou la superficie convexe d'un cylindre. On peut se servir de la même expression pour le cone, & dire la surface convexe d'un cone.

Nous n'avons pas parlé de la surface du cylindre oblique ni de celle du cone oblique, parce que les méthodes dont on se sert pour les trouver sont très-difficiles & très-compliquées, & par conséquent elles n'appartiennent pas aux Elémens. D'ailleurs ces méthodes ne donnent les surfaces dont il s'agit, que par approximation, c'est-à-dire, qu'elles font connoître seulement la valeur approchée de ces surfaces.

31. On a vu qu'entre les corps terminés par des surfaces planes, il y en a cinq réguliers: mais il n'y en a qu'un seul qui soit parfaitement régulier entre ceux qui sont compris par des superficies courbes; sçavoir, la *sphere* ou le *globe*. La sphere est un corps terminé par une suaface courbe dont tous les points sont également distans d'un point qu'on nomme centre, qui est en dedans du corps.

Nous allons examiner la formation de la sphere; ensuite nous en chercherons la superficie.

32. Si on conçoit qu'un demi-cercle, comme ADB, tourne autour de son diametre AB, il se formera une sphere dont la surface est décrite par la demi-circonférence. Le diametre AB autour duquel le demi-cercle a tourné est appellé *axe* ou *essieu*, & les deux extrémités A & B de l'axe sont appellées *poles* de la sphere. Fig. 12.

33. Il est évident que la courbure de la surface d'une sphere est uniforme; c'est-à-dire; que cette courbure est par-tout égale, de même que celle de la circonférence d'un cercle. De cette uniformité de la sphere on déduit les propriétés suivantes.

34. 1°. Tous les rayons sont égaux entr'eux, aussi-bien que tous les diametres.

35. 2°. On peut prendre pour axe chacun des diametres, en

Fig. 12. obſervant que les poles ſont toujours les extrémités du diametre que l'on prend pour axe.

36. 3°. Si on coupe une ſphere par un plan, la ſection, c'eſt-à-dire, la nouvelle ſurface qui paroît après avoir coupé la ſphere, cette ſection, dis-je, eſt un cercle : car ſi le plan paſſe par le centre de la ſphere, il eſt évident que la ſection eſt un cercle dont le diametre eſt égal à celui de la ſphere.

Si le plan qui coupe la ſphere ne paſſe pas par le centre, la ſection eſt encore un cercle : pour en avoir la démonſtration, il faut concevoir une ligne, comme CF, tirée du centre de la ſphere perpendiculairement ſur cette ſection, & une infinité d'obliques, comme C*e*, C*d*, tirées du même centre à tous les points qui ſont les extrémités de la même ſection : tous ces points étant à la ſurface de la ſphere, les lignes obliques en ſont des rayons, & par conſéquent elles ſont égales entr'elles : donc ces obliques ſont également éloignées de la perpendiculaire ; ainſi elles ſont dans la circonférence d'un cercle, au centre duquel aboutit la perpendiculaire ; donc la ſection d'une ſphere coupée par un plan eſt un cercle, ſoit que le plan paſſe par le centre de la ſphere, ou qu'il n'y paſſe pas.

37. L'on appelle *grands cercles* de la ſphere ceux qui paſſent par le centre de la ſphere, & les autres dont le plan ne paſſe pas par le centre ſont appellés *petits cercles*.

Lorſqu'on parle des cercles de la ſphere, on entend ceux dont la circonférence eſt ſur la ſurface de la ſphere.

38. 4°. Deux grands cercles, c'eſt-à-dire, deux cercles qui paſſent par le centre de la ſphere ſe coupent néceſſairement, & leur commune ſection eſt une ligne droite qui paſſe par le centre, & qui par conſéquent eſt un diametre de l'un & de l'autre cercle.

On peut encore inférer les propriétés ſuivantes de la maniere dont nous avons formé la ſphere.

39. 1°. Les points *d*, *d*, *d*, *d*, de la demi-circonférence que l'on a fait tourner autour du diametre AB décrivent des circonférences paralleles entr'elles.

40. 2°. Tous les points de chacune de ces circonférences paralleles ſont également éloignés d'un des poles A de la ſphere ; ils ſont auſſi également éloignés de l'autre pole B : c'eſt pourquoi ces poles A & B peuvent être appellés les poles de ces circonférences paralleles : & le diametre AB eſt leur axe.

41. 3°. Tous les cercles paralleles ont les deux mêmes poles & le même axe.

42. 4°. L'axe de ces cercles passent par leurs centres & est perpendiculaire à leurs plans; & par conséquent il mesure la distance d'un cercle à l'autre, & celle du centre de la sphere & des poles à chacun des cercles.

43. 5°. Il est évident que le plus grand de tous les cercles paralleles est celui qui a le même centre que la sphere, & qui par conséquent est également éloigné des deux poles, que deux cercles également distans du centre de la sphere, l'un vers le pole A, l'autre vers le pole B sont égaux; enfin que les cercles paralleles qui sont entre le cercle de la sphere & un des poles, sont d'autant plus petits qu'ils sont plus près du pole.

Il faut à présent chercher la mesure de la surface d'une sphere; pour cela nous nous servirons du cone tronqué touchant lequel nous établirons deux Lemmes, en supposant toujours ce cone droit, sans qu'il soit nécessaire d'en avertir davantage.

LEMME I.

44. *La surface convexe du cone tronqué est égale à un trapeze qui a pour hauteur le côté* Bb *du cone tronqué, & dont les bases sont paralleles entr'elles & égales aux circonférences des bases supérieure & inférieure du cone.*

DÉMONSTRATION.

Soit le cone entier BAC dont la partie inférieure B*bc*C est un cone tronqué. Nous avons fait voir que la surface convexe du cone entier est égale au triangle EDF, qui a pour hauteur le côté du cone, & pour base la circonférence de la base du cone (on suppose ici ce triangle rectangle); par conséquent, si de ce triangle rectangle on ôte la surface du petit cone *b*A*c*, qui est l'autre partie du cone entier, il restera la surface du cone tronqué. Or la surface du petit cone *b*A*c* est égale au petit triangle *e*D*f*, qui a pour hauteur le côté du petit cone, & dont la base est parallele à celle du triangle EDF: car la surface d'un cone est égale à un triangle qui a pour hauteur le côté du cone, & pour base la circonférence de la base. Or par l'hypothèse la hauteur D*e* du petit triangle *e*D*f* est égale au côté A*b* du petit cone; & d'ailleurs la base *ef* du triangle est égale à la circonférence de la base de ce cone: car à cause des triangles semblables EDF & *e*D*f* l'on a la proportion DE . D*e* : : EF . *ef*. De même à cause des deux autres triangles semblables BAC & *b*A*c* du cone, la raison des côtés AB Fig. 13.

Fig. 13. & A*b* eſt égale à la raiſon des baſes BC & *bc*, qui ſont les diametres des baſes du cone tronqué. Or la raiſon de ces diametres eſt égale à celle de leurs circonférences BCB & *bcb*; par conſéquent on a la ſeconde proportion AB . A*b* : : BCB. *bcb*. Il eſt viſible que dans ces deux proportions les deux premieres raiſons ſont égales, puiſque par l'hypothèſe DE=AB & D*e*=A*b*; par conſéquent les deux dernieres raiſons ſont auſſi égales ; ce qui donne cette troiſiéme proportion EF . *ef* : : BCB . *bcb*, dont les antécédens ſont égaux par la ſuppoſition : d'où il ſuit que les conſéquens ſont auſſi égaux (Livre I, Article 162) c'eſt-à-dire, que la baſe du petit triangle *e*D*f* eſt égale à la circonférence de la baſe du petit cone *b*A*c*. Mais par l'hypothèſe la hauteur du petit triangle eſt encore égale au côté A*b* du petit cone ; donc la ſurface du petit triangle eſt égale à celle du petit cone : ainſi l'autre partie du grand triangle eſt égale à l'autre partie de la ſurface du cone entier, ou, ce qui eſt la même choſe, la ſurface du cone tronqué eſt égale à un trapeze, dont la hauteur eſt le côté du cone tronqué, & dont les baſes ſont paralleles entr'elles, & égales aux circonférences des baſes du cone tronqué. Ce qu'il falloit démontrer.

COROLLAIRE I.

45. La ſurface convexe du cone tronqué eſt égale au produit de ſon côté B*b* par une ligne moyenne proportionnelle arithmétique entre la circonférence de la baſe ſupérieure, & la circonférence de la baſe inférieure.

DÉMONSTRATION.

On vient de faire voir que la ſurface du cone tronqué eſt égale à un trapeze dont la hauteur eſt le côté du cone tronqué, & dont les baſes ſont paralleles entr'elles, & égales aux circonférences des baſes du cone tronqué. Or la ſurface du trapeze eſt égale au produit de ſa hauteur par une ligne moyenne proportionnelle arithmétique entre les deux baſes (Livre II, Art. 143); donc la ſurface du cone tronqué eſt égale au même produit.

COROLLAIRE II.

46. La ſurface convexe du cone tronqué eſt égale au produit de ſon côté B*b* par la circonférence MNM également éloignée des deux baſes du cone.

Afin de faire voir que ce Corollaire eſt une ſuite néceſſaire du premier, il n'y a qu'à prouver que la circonférence MNM, que l'on suppose également éloignée des deux bases supérieure & inférieure du cone tronqué, est moyenne proportionnelle arithmétique entre les circonférences de ces bases. Pour cela considerez que comme on a fait voir dans la démonstration du Lemme que la ligne *ef* parallele à la base du triangle EDF est égale à la circonférence correspondante du cone; on pourroit de même démontrer que toutes les lignes du triangle paralleles à la même base sont égales aux circonférences correspondantes qui composent la surface du cone; par conséquent si on tire du point G, également éloigné des extrémités E & *e*, la ligne GH parallele à la base du triangle, elle sera égale à la circonférence MNM, également éloignée des deux bases du cone tronqué. Or la parallele GH est moyenne proportionnelle arithmétique entre les deux bases EF & *ef*, comme on va le faire voir : ainsi la circonférence MNM du cone est aussi moyenne arithmétique entre les circonférences supérieure & inférieure qui sont égales aux deux bases du trapeze. Fig. 15.

47. On a supposé dans ce second Corollaire que la parallele GH qui est tirée du point G également éloigné des extrémités de la perpendiculaire E*e*, étoit moyenne proportionnelle arithmétique entre les deux bases EF & *ef* du trapeze. En voici la preuve : Soient tirées les perpendiculaires *f*K & HL; ces perpendiculaires sont égales, puisque la parallele GH est tirée du point G également éloigné des extrémités de la ligne E*e* : d'ailleurs les triangles *f*KH, HLF sont semblables à cause des paralleles GH, EF : donc les côtés homologues KH & LF sont aussi égaux (Liv. II, Art. 61) : ainsi la base EF surpasse autant la ligne GH que cette ligne GH surpasse l'autre base *ef*; donc GH est moyenne proportionnelle arithmétique entre les deux bases.

Avant de passer au second Lemme, il est nécessaire de sçavoir ce que c'est que cylindre ou un autre corps *circonscrit* à une sphere.

48. Le cylindre circonscrit est celui qui renferme la sphere; en sorte qu'il ait pour base le grand cercle de cette sphere & pour hauteur son diametre. Fig. 20.

49. De même un cube circonscrit à une sphere, est celui qui renferme la sphere; en sorte que chacune de ces trois dimensions soit égale au diametre de la sphere.

50. Pour le cone, on l'appelle circonscrit à la sphere lorsqu'il la renferme, & que sa surface touche celle de la sphere dans une de ses circonférences, quoique ce cone ait une hauteur différente du diametre de la sphere.

51. Quand quelque corps, comme ceux dont nous venons de

parler, eſt circonſcrit à une ſphere, cette ſphere eſt appellée *inſcrite* par rapport au corps circonſcrit.

Fig. 14. 52. Dans le Lemme ſuivant nous ſuppoſerons une tangente, comme EF, dont les deux extrémités E & F ſont également éloignées du point S qui touche la demi-circonférence ADB. Nous ſuppoſerons une autre tangente GD qui aboutit à l'extrémité du rayon CD perpendiculaire à l'axe AB, autour duquel il faut concevoir que la demi-circonférence tourne avec les tangentes EF & GD. Cela poſé, on voit facilement 1°. que la demi-circonférence décrit en tournant la ſurface d'une ſphere. 2°. Que la tangente EF décrit la ſurface d'un cone tronqué circonſcrit à la ſphere. 3°. Enfin que l'autre tangente GD décrit la ſurface d'une partie d'un cylindre circonſcrit à la même ſphere.

53. Si on tire par les extrémités de la tangente EF les deux lignes paralleles GI & HN qui ſoient perpendiculaires à l'axe AB, auſſi-bien que le rayon CD; & qu'on tire du point E la perpendiculaire EL entre les deux paralleles, elle marquera la hauteur du cone circonſcrit, & ſera égale à GH, qui eſt auſſi perpendiculaire entre les deux mêmes paralleles. Nous n'avons pas beſoin dans le Lemme ſuivant de toute la ſurface cylindrique décrite par GD, mais ſeulement de la partie décrite par GH, que nous allons démontrer égale à la ſurface du cone décrite par la tangente EF.

54. Remarquez que les trois lignss GI, HN & CD qui ſont ſuppoſées perpendiculaires à l'axe AB, ſont néceſſairement paralleles entr'elles (Liv. I, Art. 96), & que la tangente GD & l'axe AB ſont auſſi des lignes paralleles, parce qu'elles ſont perpendiculaires au rayon CD.

55. On peut encore remarquer qu'on a prolongé la tangente EF & l'axe AB juſqu'au point K, où ces lignes ſe rencontrent, afin de faire voir ſenſiblement que la ligne KF décrit en tournant avec la demi-circonférence la ſuperficie d'un cone circonſcrit à la ſphere, & que par conſéquent la tangente EF décrit la ſurface d'un cone tronqué.

LEMME II.

56. *La ſurface du cone tronqué circonſcrit, décrite par la tangente* EF, *eſt égale à la ſurface du cylindre de même hauteur, décrite par* GH.

DÉMONSTRATION.

Après avoir encore tiré le rayon CS & la ligne SMP perpendiculaire à l'axe AB, & par conſéquent parallele aux deux autres GI

GI & HN, on a les deux triangles CMS & FLE, que je dis être semblables : car l'angle M du premier est égal à l'angle L du second, parce qu'ils sont tous les deux droits : pareillement l'angle C ou SCA du premier, qui a pour mesure l'arc SA, est aussi égal à l'angle EFL du second ; parce que cet angle EFL est égal à l'angle ESP, à cause des paralleles HN & SP. Or l'angle ESP formé par une tangente & par une corde, a pour mesure (Liv. I, Art. 129) SA, qui est la moitié de l'arc SAP soutenu par la corde SP ; donc il est égal à l'angle SCA, & par conséquent les deux angles SCA & EFL sont égaux ; donc les deux triangles CMS & FLE sont semblables ; donc les côtés homologues sont proportionnels : ces côtés homologues sont CS & EF d'une part, & de l'autre, SM & EL. On a donc la proportion CS . EF : : SM . EL. Or le rayon CS est égal à l'autre rayon CD, & ce dernier rayon est égal à la ligne HN, parce que ce sont deux perpendiculaires entre les paralleles GD & AB : d'ailleurs la ligne EL est égale à GH ; donc au lieu de la proportion précédente, on aura HN . EF : : SM . GH, & *alternando*, HN . SM : : EF . GH. Mais à la place de HN & SM, on peut prendre les circonférences dont ces lignes sont les rayons, lesquelles sont en même raison : ainsi en marquant ces circonférences en cette maniere OHN & OSM, on aura encore la proportion OHN . OSM : : EF . GH ; donc le produit des extrêmes GH × OHN est égal au produit des moyens EF×OSM. Or le premier produit est égal à la surface cylindrique décrite par GH (24) ; & le produit des moyens est égal à la surface du cone décrite par la tangente EF (42), puisque le point S étant le milieu de la ligne EF, la circonférence OSM est également éloignée des deux bases du cone tronqué ; donc ces deux surfaces sont égales. Ce qu'il falloit démontrer. Fig. 14.

On voit que la derniere proportion de laquelle on déduit immédiatement la proposition à démontrer est celle-ci, la circonférence de la base du cylindre est à la circonférence du cone tronqué également éloignée de ses deux bases, comme le côté du cone est à la hauteur du cylindre, qui est marquée en cette maniere OHN . OSM : : EF . GH.

THÉORÊME I.

57. *La surface d'une sphere est égale à la superficie convexe du cylindre circonscrit.*

DÉMONSTRATION.

Soit la demi-circonférence ADB qui soit environnée de plu- Fig. 15.

Fig. 15. ſieurs tangentes S, S, S, &c. qui touchent la demi-circonférence, en ſorte que le point de contingence de chacune ſoit également éloigné de ſes extrémités : ſoit auſſi la tangente EF égale & parallele à l'axe AB. Si on conçoit que la demi-circonférence tourne autour de l'axe AB avec les petites tangentes S, S, S, & la ligne EF, on verra que les petites tangentes décriront des ſurfaces de cones tronqués, & que la ligne EF décrira la ſurface d'un cylindre circonſcrit. Or ſi on tire les lignes *dc*, *dc*, *dc*, &c. qui paſſent par les extrémités des tangentes, & qui ſoient perpendiculaires à l'axe AB & à la ligne parallele EF, ces perpendiculaires diviſeront la ligne EF en pluſieurs parties E*d*, *dd*, *dd*, &c. qui ont décrit en tournant avec la demi-circonférence des ſurfaces cylindriques, qui ſont chacune égales aux ſuperficies des cones décrites par les tangentes correſpondantes ; & par conſéquent la ſurface cylindrique décrite par la ligne entiere EF, qui contient toutes les parties E*d*, *dd*, *dd*, &c. eſt égale à la ſomme des ſuperficies décrites par les petites tangentes S, S, S. Mais ſi on ſuppoſe ces tangentes infiniment petites, elles ſe confondront avec la demi-circonférence ; ainſi elles décriront la ſurface de la ſphere ; & par conſéquent la ſurface de la ſphere eſt égale à la ſupeficie convexe du cylindre circonſcrit. Ce qu'il falloit démontrer.

Nous donnerons une autre démonſtration de ce Théorême après que nous aurons déterminé le rapport de la ſolidité de la ſphere à celle du cylindre circonſcrit.

COROLLAIRE I.

58. La ſurface de la ſphere eſt égale au produit de ſon diametre par la circonférence d'un grand cercle : car nous venons de faire voir que la ſurface de la ſphere eſt égale à celle du cylindre circonſcrit. Or pour avoir la ſurface du cylindre circonſcrit, il faut multiplier (24) la hauteur, qui eſt le diametre de la ſphere, par la circonférence de la baſe, qui eſt auſſi un grand cercle de la ſphere ; par conſéquent pour avoir la ſurface de la ſphere, il faut multiplier ſon diametre par la circonférence d'un de ſes grands cercles.

COROLLAIRE II.

59. La ſurface de la ſphere eſt quadruple d'un grand cercle : car pour avoir la ſurface d'un grand cercle, il faut multiplier le rayon par la moitié de la circonférence (Liv. II, Art. 142) ou, ce qui revient au même, il faut multiplier la moitié du rayon ou

le quart du diametre par la circonférence d'un grand cercle de la sphere. Mais on vient de démontrer que la surface de la sphere est égale au produit du diametre entier, par la circonférence d'un grand cercle; par conséquent la surface d'un grand cercle de la sphere, & celle de la sphere même, sont comme ces produits. Or ces produits ayant tous deux la circonférence d'un grand cercle pour une de leurs racines, sont comme les autres racines, qui sont le quart du diametre d'une part, & le diametre entier de l'autre; ainsi la surface du grand cercle est à celle de la sphere, comme le quart du diametre est au diametre; donc la surface de la sphere est quadruple d'un grand cercle. Fig. 15.

59 B. Si on coupe une sphere en deux parties égales par un plan, la surface convexe de l'hémisphere, c'est-à-dire, de la moitié de la sphere, sera double de la section qui est un grand cercle : car cette surface convexe étant la moitié de celle de la sphere, il faut qu'elle soit double d'un grand cercle, puisque celle de la sphere en est le quadruple.

COROLLAIRE III.

60. La superficie convexe du cylindre circonscrit, étant égale à la surface de la sphere, elle doit contenir quatre grands cercles de la sphere, auxquels, si on ajoute les deux bases du cylindre, qui sont aussi des grands cercles de la sphere, la superficie totale du cylindre sera égale à six grands cercles de la sphere; ainsi la surface totale du cylindre, y compris les bases, est à celle de la sphere inscrite, comme 6 est à 4, ou comme 3 est à 2 : mais dans la suite nous démontrerons que la solidité du cylindre est aussi à celle de la sphere, comme 3 est à 2; par conséquent la surface du cylindre, y compris les bases, est à celle de la sphere inscrite, comme la solidité du cylindre est à la solidité de la sphere.

Archimede ayant découvert ce que nous venons de démontrer sur la surface du cylindre, & celle de la sphere dans le Théorême & les Corollaires précédens, en fut si satisfait, & sur-tout du troisiéme Corollaire, qu'il voulut qu'on représentât sur son tombeau un cylindre circonscrit à une sphere.

COROLLAIRE IV.

61. La surface de la sphere est égale à celle d'un cercle qui a pour rayon le diametre de la sphere, ou, ce qui revient au même, qui a un diametre double de celui de la sphere. Car la surface de

la ſphere eſt quadruple du grand cercle de la ſphere, c'eſt-à-dire, du cercle qui a le même diametre que la ſphere. Or le cercle qui a un diametre double de celui de la ſphere, eſt auſſi quadruple du cercle qui a même diametre que la ſphere, puiſque les cercles ſont comme les quarrés des diametres.

COROLLAIRE V.

Fig. 16. 62. De ce que nous avons dit, il ſuit que la ſurface d'une calotte ſphérique, telle que IAL, eſt égale à la ſuperficie cylindrique dont la hauteur eſt égale à AX, qui eſt la hauteur de la calotte : ainſi pour avoir la ſurface d'une calotte ſphérique, il faut multiplier la circonférence d'un grand cercle de la ſphere par la hauteur de la calotte. Par la même raiſon, pour avoir la ſurface d'une zone, comme KILM, terminée par deux cercles paralleles, il faut multiplier ſa hauteur XY par la circonférence d'un grand cercle de la ſphere.

COROLLAIRE VI.

63. La ſurface d'une ſphere eſt au quarré de ſon diametre, comme la circonférence eſt au diametre : car la ſurface de la ſphere eſt égale au produit du diametre par la circonférence d'un grand cercle, & le quarré du diametre eſt le produit du diametre par le diametre. Or ces deux produits ont une racine commune ; ſçavoir, le diametre de la ſphere : donc ils ſont entr'eux comme les racines inégales, qui ſont la circonférence, d'une part, & le diametre, de l'autre ; par conſéquent la ſurface d'une ſphere eſt au quarré de ſon diametre, comme la circonférence eſt au diametre.

Il arrive ſouvent aux commençans de s'exprimer mal en parlant des ſurfaces des corps : ils diſent, par exemple, que la ſphere eſt égale au cylindre circonſcrit, au lieu de dire que la ſurface de la ſphere eſt égale à celle du cylindre. Il faut donc nommer expreſſément la ſurface d'un corps toutes les fois qu'on en veut parler. Il n'en eſt pas de même de la ſolidité : on dit fort bien, par exemple, que la ſphere eſt les deux tiers du cylindre circonſcrit. Cela ſignifie la même choſe que ſi on diſoit, la ſolidité de la ſphere eſt les deux tiers de celle du cylindre, parce qu'un corps n'eſt autre choſe que ſa ſolidité.

64. Pour prouver le Théorême ſuivant, dans lequel on compare la ſurface d'une ſphere avec la ſuperficie totale d'un cone équilateral circonſcrit, il faut ſuppoſer que le triangle équila-

teral EAF, & que le cercle inſcrit DGH repréſentent le cone circonſcrit & la ſphere, ou plutôt des ſections de ces corps. Puiſque le triangle EAF eſt régulier, le centre C du cercle inſcrit eſt également diſtant des trois ſommets du triangle : par conſéquent ſi du centre C & de l'intervalle CA on décrit une circonférence, elle paſſera par les trois ſommets du triangle équilateral, & on aura un cercle circonſcrit concentrique à celui qui eſt inſcrit. (Ce grand cercle repréſente la ſphere circonſcrite au cone.) Il eſt encore évident que le diametre AB tiré du point A ſera perpendiculaire au côté EF, qui eſt une corde du cercle circonſcrit, parce que ſes deux points A & C ſont chacun également diſtans des extrémités E & F. Par la même raiſon, le diametre AB coupe le côté EF en deux parties égales. Ainſi la ligne AD ſera l'axe du cone. De plus, les deux cordes BE & BF ſeront des côtés d'un exagone régulier inſcrit dans le grand cercle ; par conſéquent elles ſeront chacune égales au rayon CB ou CE de ce cercle (Liv. II, Art. 100). Fig. 21.

65. Cela poſé, je dis que le rayon CD du cercle inſcrit eſt la moitié du rayon CB du cercle circonſcrit : car le triangle CEB eſt iſocele à cauſe de l'égalité des côtés BE & CE. Or nous venons de dire que le diametre AB eſt perpendiculaire ſur la corde EF ; donc cette ligne EF eſt auſſi perpendiculaire ſur la baſe CB. D'ailleurs la même ligne EF eſt tirée du ſommet de l'angle compris entre les côtés égaux du triangle iſocele. Par conſéquent elle coupe la baſe CB en deux parties égales, CD & BD (Liv. II, Art. 24) ; donc le rayon CD eſt la moitié de l'autre rayon CB.

66. On peut voir auſſi que le rayon CD eſt le tiers de la hauteur AD du cone, & que le diametre LD en eſt le deux tiers : car la partie AL de cette hauteur eſt égale à la partie BD, parce que les deux cercles ſont concentriques. Or cette derniere partie BD eſt égale au rayon CD. Donc la partie AL eſt auſſi égale au même rayon CD. Ainſi la hauteur AD du cone contient trois rayons, ſçavoir AL, CL & CD. Donc le rayon CD eſt le tiers de la hauteur AD du cone. Par conſéquent le diametre LD eſt les deux tiers de cette hauteur.

THÉORÊME II.

67. *La ſurface d'une ſphere eſt à la ſuperficie totale du cone équilateral circonſcrit comme 4 eſt à 9.* La ſuperficie totale renferme non-ſeulement la ſurface convexe, mais auſſi la baſe du cone.

DÉMONSTRATION.

Fig. 21. Dans le triangle rectangle CDE le cercle dont le rayon est l'hypotenuse CE (c'est le cercle circonscrit) est égal au cercle inscrit qui a pour rayon CD, plus au cercle qui a pour rayon DE (Liv. II, Art. 186.). Or le cercle, dont le rayon est CD, n'est que le quart du cercle qui a pour rayon CE (Liv. II, Art. 180), parce que CD n'est que la moitié de CE ou de CB. Donc le cercle de DE, c'est-à-dire, dont DE est le rayon, est les trois quarts du cercle de CE ou de CB. Par conséquent le cercle de CD est au cercle de DE, comme 1 est à 3. Mais le cercle de CD est un grand cercle de la sphere inscrite au cone, & le cercle dont DE est le rayon, est la base du cone. Donc le grand cercle de la sphere inscrite est à la base du cone, comme 1 est à 3. Or la surface de la sphere inscrite est quadruple du cercle de CD : ainsi cette surface est à la base du cone, comme 4 est à 3. D'ailleurs la surface totale du cone est trois fois plus grande que celle de sa base (29). Il faudra donc multiplier le conséquent 3 par 3, ce qui donnera 9. Ainsi la surface de la sphere est à la superficie totale du cone circonscrit, comme 4 est à 9. Ce qu'il falloit démontrer.

COROLLAIRE I.

68. La surface totale du cylindre circonscrit à une sphere est moyenne proportionnelle entre la superficie de la sphere & la surface totale du cone équilateral circonscrit à la même sphere, ou, ce qui est la même chose, il y a même rapport de la superficie de la sphere à la surface totale du cylindre, que de cette surface à toute celle du cone. Car la superficie de la sphere est à la surface totale du cylindre, comme 2 est à 3, ou comme 4 est à 6 (60), ou, ce qui revient au même, la premiere étant exprimée par 4, la seconde doit être marquée par 6. D'ailleurs par le Théorême précédent, la surface totale du cone doit être alors désignée par 9 : ainsi ces trois surfaces sont comme les nombres 4, 6, 9. Or 4. 6 :: 6. 9. Donc la surface totale du cylindre circonscrit est moyenne proportionnelle entre celle de la sphere & toute celle du cone.

COROLLAIRE II.

69. La superficie de la sphere ou la surface convexe du cylindre circonscrit à cette spere est à la surface convexe du cone équilateral circonscrit à la même sphere, comme 4 à 6 ou comme 2

à 3. Par le Théorême précédent la ſuperficie de la ſphere eſt à la ſurface totale du cone comme 4 à 9. Or la baſe du cone eſt le tiers de la ſurface totale de ce cone (29). Ainſi la ſurface totale étant 9, la ſurface convexe ne ſera que 6. Donc la ſuperficie de la ſphere, ou bien la ſurface convexe du cylindre circonſcrit eſt à la ſurface convexe du cone comme 4 eſt à 6, ou comme 2 eſt à 3.

70. Nous avons prouvé que le rayon de la ſphere inſcrite au cone équilateral eſt la moitié de celui de la ſphere circonſcrite au même cone (65) ; ainſi le premier de ces rayons eſt à l'autre comme 1 eſt à 2. Or nous ferons voir bien-tôt que les ſurfaces des ſpheres ſont entr'elles comme les quarrés des rayons. Donc ces ſurfaces ſont comme 1 & 4, ou comme 4 & 16. Or la ſurface de la ſphere inſcrite étant marquée par 4, la ſuperficie totale du cone doit être exprimée par 9 (67). Donc la ſuperficie totale du cone équilateral eſt à la ſurface de la ſphere circonſcrite au cone, comme 9 eſt à 16.

Il nous reſte encore à parler du rapport des ſuperficies des corps ſemblables ; c'eſt ce que nous allons faire.

DU RAPPORT DES SUPERFICIES des Solides ſemblables.

71. Deux ſolides ſont appellés *ſemblables*, lorſqu'ils ont un même nombre de ſurfaces ſemblables qui les terminent, & que les angles ſolides de l'un ſont égaux aux angles ſolides de l'autre, chacun à chacun, c'eſt-à-dire, que les angles plans qui forment chaque angle ſolide du premier ſont égaux en grandeur & en nombre à ceux qui forment l'angle ſolide correſpondant du ſecond. Afin donc que deux corps ſoient ſemblables, il ne ſuffit pas que les faces de l'un ſoient ſemblables à celles de l'autre ; autrement un Tetraedre ſeroit ſemblable à un Octaedre : mais il faut de plus qu'il y ait autant de faces à l'un des corps qu'à l'autre, & que les angles ſolides de l'un ſoient égaux à ceux de l'autre ſelon que nous venons de le dire.

72. Il ſuit de-là, que deux corps ne peuvent être ſemblables, à moins qu'ils ne ſoient de même eſpece ; ainſi, par exemple, un priſme ne peut pas être ſemblable à une pyramide ; un priſme droit à un priſme oblique, un priſme oblique à un autre priſme oblique, plus ou moins incliné, un priſme triangulaire à un priſme pentagonal, &c. En un mot, afin que deux corps ſoient ſemblables, il faut qu'ils aient la même figure, & qu'ils ne different entr'eux, que parce que l'un eſt plus gros que l'autre.

73. Remarquez que lorſque deux corps ſont ſemblables, les lignes tirées dans l'un de ces corps, ſont proportionnelles aux lignes correſpondantes, ou ſemblablement tirées dans l'autre, en ſorte que ſi dans le premier corps une de ces lignes eſt double ou triple de la correſpondante dans le ſecond, les autres lignes du premier ſeront auſſi doubles ou triples de leurs correſpondantes dans le ſecond : par exemple, ſi deux cylindres ſont ſemblables, les hauteurs ſont proportionnelles aux circonférences des baſes ou à leurs rayons : c'eſt la même choſe dans deux cones. Cette remarque eſt la même que celle que nous avons faite ſur les polygones ſemblables (Liv. II, Art. 68).

THÉORÊME.

74. *Lorſque deux corps ſont ſemblables, les ſuperficies ſont en raiſon doublée des lignes correſpondantes, ou comme les quarrés de ces lignes.*

On parle ici des ſuperficies ou des ſurfaces totales, c'eſt-à-dire, qu'on y comprend les baſes & les faces des corps.

DÉMONSTRATION.

Si on conçoit que ces ſurfaces totales ſoient développées, il eſt évident que les développemens ſeront des figures ſemblables. Or les figures ſemblables (Liv. II, Art. 179) ſont entr'elles en raiſon doublée des lignes correſpondantes, ou comme les quarrés de ces lignes ; par conſéquent les ſurfaces totales des corps ſemblables ſont en raiſon doublée des lignes correſpondantes, ou comme les quarrés de ces lignes.

DÉMONSTRATION EN LETTRES. Les produiſans de la ſuperficie du premier corps ſoient appellés A & B, & ceux de la ſurface du ſecond *a* & *b* ; on aura la proportion, A . *a* :: B . *b* ; parce que ces ſurfaces étant développées offrent des figures ſemblables : & d'ailleurs les produiſans des figures ſemblables ſont proportionnels (Liv. II, Art. 160 & 161). Ainſi en prenant le produit des antécédens & celui des conſéquens, ces produits AB & *ab* ſont en raiſon doublée des produiſans homologues (Liv. II, Art. 156 & 157). Or ces produits ſont égaux aux ſuperficies des corps ſemblables. Par conſéquent ces ſuperficies ſont entre elles en raiſon doublée des produiſans homologues. Mais ces produiſans ſont proportionnels aux lignes correſpondantes (Liv. II, Art. 162). Donc les ſurfaces ſont en raiſon doublée des lignes correſpondantes, ou comme les quarrés de ces lignes.

COROLLAIRE.

COROLLAIRE.

75. Les spheres étant des corps semblables, les superficies de deux spheres sont en raison doublée des diametres, ou comme les quarrés des diametres. Voici une démonstration particuliere de ce Corollaire : Selon le premier Corollaire du premier Théorême, la surface de la premiere sphere est égale au produit du diametre par la circonférence d'un grand cercle de cette sphere, ou, ce qui est la même chose, à un rectangle qui a pour hauteur le diametre, & pour base la circonférence d'un grand cercle : pareillement la surface de l'autre sphere est égale à un rectangle qui a pour hauteur le diametre, & pour base la circonference d'un grand cercle de cette seconde sphere : or ces deux rectangles sont semblables, puisque les hauteurs qui sont des diametres, sont comme les circonférences qui servent de bases aux rectangles ; par conséquent les deux rectangles sont en raison doublée des diametres, qui sont les hauteurs, ou comme les quarrés de ces diametres (Liv. II, Art. 169 & 171) ; ainsi les surfaces des spheres sont aussi en raison doublée de leurs diametres, ou comme les quarrés de leurs diametres.

PROBLÊME.

76. *Trouver à peu près la surface d'une sphere dont on connoît le diametre.*

Cherchez la circonférence d'un grand cercle de la sphere par le moyen du rapport approché du diametre à la circonférence : ensuite muliplicz la circonférence par le diametre, le produit sera la surface de la sphere : par exemple, si le diametre est de 300 pieds, il faut chercher la circonférence qui est de 942 $\frac{6}{7}$ pieds, si on suppose le rapport du diametre à la circonférence de 7 à 22 : cette circonférence étant multipliée par 300, donnera au produit 282857 pieds quarrés, plus $\frac{1}{7}$ d'un pied quarré. Ce produit est à peu près la surface de la sphere dont le diametre est de 300 pieds.

Si on avoit supposé le rapport du diametre à la circonférence égal à celui de 113 à 355, on auroit trouvé d'abord 942 $\frac{54}{113}$ pour la circonférence d'un grand cercle du globe, laquelle étant multipliée par le diametre 300, le produit auroit été 282743 $\frac{41}{113}$. Ce produit approche plus de la surface du globe, que le premier produit 282857 $\frac{1}{7}$.

77. Le produit qu'on trouve en se servant de l'un & de l'autre

rapport eſt plus grand que la ſurface qu'on cherche, parce que le diametre étant ſuppoſé de 7, la circonférence eſt moindre que 22; & pareillement le diametre étant ſuppoſé de 113, la circonférence eſt un peu moindre que 355 : cela vient de ce que le rapport de la circonférence au diametre eſt plus petit que celui de 22 à 7, & même que celui de 355 à 113.

78. On peut encore trouver la ſurface d'une ſphere par une autre méthode fondée ſur ce que nous venons de démontrer (75), ſçavoir, que les quarrés des diametres des ſpheres ſont comme leurs ſurfaces.

Cette méthode ſuppoſe que l'on connoît la ſurface d'une ſphere; par exemple, celle du globe dont le diametre eſt de 100 pieds. On trouvera en ſe ſervant du rapport de 113 à 355, que la circonférence du grand cercle de ce globe eſt 314 $\frac{18}{113}$. Or ſi on multiplie ce nombre par le diametre 100, le produit ſera 31415 $\frac{105}{113}$. Ainſi la ſurface de la ſphere qui a 100 pieds de diametre, eſt à peu de choſe près, 31415 $\frac{105}{113}$ pieds quarrés : mais comme la fraction $\frac{105}{113}$ eſt preſque égale à l'unité, nous prendrons 31416 au lieu de 31415 $\frac{105}{113}$, afin d'éviter le calcul des fractions.

Cela poſé, ſi on veut trouver la ſurface d'une ſphere qui a, par exemple 300 pieds de diametre, il faut faire une proportion dont le premier terme ſoit 10000, quarré de 100 qui eſt le diametre de la ſphere dont on connoît la ſurface; le ſecond ſoit 90000, quarré du diametre de la ſphere dont on cherche la ſurface, & le troiſiéme ſoit 31416, qui eſt la ſurface de la ſphere dont le diametre eſt de 100 pieds; le quatriéme terme ſera la ſurface cherchée : voici la proportion, $10000 . 90000 :: 31416 . x = 282744$.

79. Ce nombre 282744 eſt un peu plus grand que la ſurface qu'on cherche : mais ſi au lieu du troiſiéme terme 31416 on avoit pris 31415, le quatriéme terme auroit été trop petit, & plus différent de la véritable ſurface cherchée que le nombre 282744, parce que 31416 approche plus de la ſuperficie du globe dont le diametre eſt 100, que 31415.

80. On pourroit auſſi chercher la ſurface d'une ſphere par une proportion dont les deux premiers termes ſoient deux nombres qui expriment à peu près le rapport du diametre à la circonférence, tels que ſont 113 & 355, & le troiſiéme ſoit le quarré du diametre de la ſphere dont on cherche la ſurface. Ainſi pour trouver la ſurface de la ſphere dont le diametre eſt 300, je ferai la proportion, $113 . 355 :: 90000 . x$: le quatriéme terme qu'on

trouvera sera un peu plus grand que la surface cherchée, parce que le conséquent 355 est un peu trop grand, comme nous l'avons dit.

Voici la raison de cette méthode : Les quarrés des diametres sont entr'eux comme les surfaces des spheres. Ainsi le quarré de 113 est au quarré de 300, comme la surface de la sphere dont le diametre est 113 est à celle de la sphere dont le diametre est 300. Or le quarré du diametre 113 est 113 × 113, le quarré du diametre 300 est 90000, & la surface de la sphere qui a pour diametre 113 est 355 × 113 (58). Voici donc la proportion, 113 × 113 . 90000 :: 355 × 113 . *x*, ou *alternando*, 113 × 113 . 355 × 113 :: 90000 . *x*. Or les deux premiers termes de cette proportion sont en même raison que 113 & 355, puisque ces deux termes sont les produits des nombres 113 & 355 multipliés l'un & l'autre par 113. On peut donc mettre ces nombres à la place des deux premiers termes : & pour lors la derniere proportion sera réduite à celle-ci, 113 . 355 :: 90000 . *x*.

81. Ces trois méthodes peuvent aussi servir à trouver la surface d'un cercle dont on connoît le diametre : car la superficie de la sphere est quadruple de celle d'un cercle qui a le même diametre que la sphere. Et par conséquent si après avoir trouvé la superficie de la sphere on en prend le quart, on aura la surface du cercle.

DES SOLIDES OU CORPS CONSIDÉRÉS selon leur solidité.

En traitant de la solidité des corps, nous parlerons 1°. de leur égalité, 2°. de leur mesure, 3°. de leur rapport.

DE L'EGALITÉ DES SOLIDES.

82. De même que la surface est composée de lignes, le corps est aussi composé de surfaces, ou plutôt de tranches d'une épaisseur infiniment petite : par exemple, le prisme est composé d'une infinité de tranches égales & paralleles à la base ; on nomme ces tranches *élémens des solides* : dans les prismes & les pyramides ces élémens sont des prismes droits d'une hauteur indéfinie, & toujours divisibles.

En comparant deux corps, nous supposerons toujours que les élémens de l'un ont une hauteur ou épaisseur égale à celle des élémens de l'autre.

83. Nous avons fait voir en parlant des surfaces, qu'en multipliant une ligne par une autre, le produit donne une surface : mais si on multiplie une surface par une ligne, le produit est un solide : par exemple, si on multiplie la base d'un prisme par sa hauteur, c'est-à-dire, si on prend la base du prisme autant de fois qu'il y a de points dans sa hauteur, le produit sera le prisme.

84. Si on consideroit la surface sans aucune épaisseur, une infinité de surfaces posées les unes sur les autres, ne pourroit produire une solidité. C'est pourquoi on regarde ici la surface comme ayant une épaisseur ou hauteur infiniment plus petite ; & à proprement parler, c'est plutôt une tranche qu'une surface.

85. Lorsqu'on dit que deux corps ou solides sont égaux, cela s'entend toujours de leur solidité ; en sorte que deux corps qui ont des figures & des superficies différentes, sont cependant appellés égaux, si la solidité du premier est égale à celle du second : pour s'exprimer avec plus de précision, on dit quelquefois que les corps sont égaux en solidité, mais cela n'est pas nécessaire.

86. Avant de passer aux Théorêmes suivans, il est à propos de remarquer que c'est la même chose de dire que deux corps ont une même hauteur, ou qu'ils sont compris entre deux plans paralleles ; en sorte que quand deux corps ont des hauteurs égales, ils peuvent toujours être cempris entre deux plans paralleles ; & réciproquement lorsque deux corps peuvent être compris entre des plans paralleles, ils ont des hauteurs égales.

THEORÊME I.

87. *Deux prismes de même base & de même hauteur sont égaux, soit qu'il y en ait un droit & l'autre oblique, soit que tous les deux soient droits ou obliques.*

DÉMONSTRATION.

Deux prismes sont égaux, lorsqu'ils ont le même nombre d'élémens égaux. Or deux prismes de même base & de même hauteur, ont un même nombre d'élémens égaux. 1°. Ils ont des élémens égaux, puisque les bases sont supposées égales. 2°. Le nombre de ces élémens est égal dans les deux prismes, à cause qu'ils ont même hauteur : donc les deux prismes sont égaux en solidité. Ce qu'il falloit démontrer.

88. On voit aisément que la même démonstration peut être appliquée à deux cylindres de même base & de même hauteur ; & même si on compare un prisme avec un cylindre, on démon-

trera de la même maniere, qu'ils ſont égaux, lorſqu'ils ont des baſes & des hauteurs égales.

Dans les priſmes & les cylindres même obliques, il faut concevoir que les élémens ſont des priſmes ou des cylindres droits.

89. Il paroît d'abord difficile à comprendre qu'un cylindre droit ſoit égale à un cylindre oblique de même baſe & de même hauteur; car le cylindre oblique eſt plus long que le cylindre droit : d'ailleurs s'ils ont même baſe, ne ſont-ils pas néceſſairement de pareille groſſeur; ainſi le cylindre oblique a plus de ſolidité que l'autre.

Il eſt vrai que les cylindres ayant même hauteur, l'oblique eſt plus long que le droit; mais auſſi il a moins de groſſeur, quoique les baſes ſoient ſuppoſées égales, parce que la baſe ne meſure pas la groſſeur, lorſque le contour n'eſt pas perpendiculaire à la baſe, puiſque la groſſeur eſt d'autant moindre, que le contour eſt plus oblique ſur la baſe. Il faut juger des cylindres comme des parallelogrammes dont la baſe demeurant la même, la largeur eſt d'autant moindre, que les côtés ſont plus obliques ſur la baſe. Il faut dire la même choſe du priſme droit comparé au priſme oblique.

89 B. On démontre dans ce Théorême que ſi deux priſmes ont même baſe & même hauteur, ils ſont égaux. On peut dire réciproquement que s'ils ſont égaux, & qu'ils aient même hauteur, ils ont auſſi même baſe : car puiſqu'ils ſont égaux quand ils ont même baſe & même hauteur, il eſt évident que ſi ayant même hauteur, l'un avoit une baſe plus grande ou plus petite que l'autre, ils ne ſeroient plus égaux. Pareillement s'ils ſont égaux & qu'ils aient même baſe, ils auront même hauteur. Ainſi de ces trois conditions de deux priſmes comparés enſemble, être égaux, avoir des baſes égales, avoir des hauteurs égales, deux étant poſées, la troiſiéme s'enſuit : il en eſt de même des cylindres, ſoit qu'on les compare entr'eux, ſoit qu'on compare un priſme avec un cylindre.

89 C. Nous ſuppoſerons dans la démonſtration ſuivante, que ſi on coupe une pyramide parallelement à la baſe, cette baſe eſt ſemblable à la ſection : G, par exemple, eſt ſemblable à *g* Fig. 17. Quoique la vérité de cette propoſition puiſſe s'appercevoir ſans preuve, nous allons la démontrer par ce que nous avons dit ſur les plans. Deux figures ſont ſemblables lorſque les angles de l'une ſont égaux à ceux de l'autre reſpectivement, & que les côtés de

Fig. 17. la premiere sont proportionnels à ceux de l'autre. Or 1°. les angles de la base sont égaux à ceux de la section : par exemple, LBC est égal à *lbc* : car pour cela il suffit que les côtés BL, BC du premier angle soient paralleles aux côtés *bl*, *bc* du second (Liv. II, Art. 245). Or les côtés du premier angle sont paralleles à ceux du second (Liv. II, Art. 247), puisque BL & *bl* sont les sections du plan du triangle BAL avec les deux plans paralleles G & *g* : & de même les côtés BC, *bc* sont des sections du triangle BAC avec les deux plans G, *g*. 2°. Les côtés de la base sont proportionnels à ceux de la section : car les côtés BL, *bl* étant paralleles, les triangles BAL, *b*A*l* sont semblables : ainsi on a la proportion, BL . *bl* : : AB . A*b*. De même à cause des triangles semblables BAC, *b*A*c* on a aussi la proportion, BC . *bc* : : AB . A*b*. Par conséquent la derniere raison étant la même dans ces deux proportions, les deux premieres sont égales, c'est-à-dire que BL . *bl* : : BC . *bc*, ou *alternando*, BL . BC : : *bl* . *bc*; les côtés des angles LBC, *lbc* sont donc proportionnels, & d'ailleurs ces angles sont égaux. Or il est clair qu'on peut dire la même chose des autres angles de la base & de la section. Ces deux polygones sont donc semblables.

THEORÊME II.

90. *Deux pyramides de même base & de même hauteur sont égales, soit qu'il y en ait une droite & l'autre oblique, soit que toutes les deux soient droites ou obliques.*

DÉMONSTRATION.

Fig. 17. Soient les pyramides de la Figure 17, que l'on suppose de même base & de même hauteur ; je dis qu'elles sont égales. Il n'y a qu'à faire voir qu'il y a autant d'élémens dans l'une que dans l'autre, & que les élémens de l'une sont égaux aux élémens correspondans de l'autre. 1°. Il y a même nombre d'élémens dans les deux pyramides, parce qu'elles sont supposées avoir des hauteurs égales. 2°. Les élémens de l'une sont égaux aux élémens correspondans de l'autre : car supposons que ces pyramides soient entre deux plans paralleles, & qu'elles soient coupées par un troisiéme plan parallele aux deux premiers, lequel forme les sections ou les surfaces correspondantes *g* & *h*. Voici comme nous démontrerons que ces surfaces ou tranches correspondantes sont égales: à cause du troisiéme plan parallele, les deux côtés AB & A*b* de la premiere pyramide sont proportionnels aux côtés DE & D*e* de la seconde ; ainsi on a la proportion AB . A*b* : : DE . D*e*. Mais dans la premiere pyramide les deux triangles ſemblables BAC & *b*A*c* donnent la proportion AB . A*b* : : BC . *bc* : pareillement dans la ſeconde pyramide, DE . D*e* : : EF . *ef*. Or dans la ſeconde & la troiſiéme proportion les deux premieres raiſons ſont égales, comme il paroît par la premiere proportion : donc les deux dernieres raiſons ſont auſſi égales ; c'eſt-à-dire, qu'on a la quatriéme proportion BC . *bc* : : EF . *ef* ; par conſéquent les quarrés de ces lignes ſont encore proportionnels ; ainſi $\overline{BC}^2 . \overline{bc}^2 :: \overline{EF}^2 . \overline{ef}^2$. Or la baſe G & la tranche *g* de la premiere pyramide ſont des polygones ſemblable (89 C) ; par conſéquent ces figures ſont comme les quarrés des côtés homologues (Liv. II, Art. 179) ; donc on a la proportion $\overline{BC}^2 . \overline{bc}^2 :: G . g$. Par la même raiſon dans la ſeconde pyramide $\overline{EF}^2 . \overline{ef}^2 :: H . h$. Dans ces deux dernieres proportions les premieres raiſons ſont égales, à cauſe de la proportion précédente $\overline{BC}^2 . \overline{bc}^2 :: \overline{EF}^2 . \overline{ef}^2$; donc les ſecondes raiſons ſont auſſi égales ; ainſi G . *g* : : H . *h*, & *alternando*, G . H : : *g* . *h* ; c'eſt-à-dire, que les deux baſes ſont comme les tranches correſpondantes : ainſi, puiſque les baſes ſont égales, les tranches le ſont auſſi : donc dans les pyramides de même baſe & de même hauteur, les élémens correſpondans ſont égaux. D'ailleurs il y a autant d'élémens dans l'une que dans l'autre ; & par conſéquent ces pyramides ſont égales en ſolidité. Ce qu'il falloit démontrer. Fig. 17.

Voici en peu de mots à quoi ſe réduit cette démonſtration. Les deux pyramides ont chacun un égal nombre d'élémens, puiſqu'elles ont même hauteur. D'ailleurs les élémens de l'une ſont égaux aux elémens correſpondans de l'autre : car ces élémens correſpondans étant à égale diſtance des baſes, ils ont le même rapport à ces baſes, & en ſont par conſéquent des parties ſemblables. Or les baſes ſont ſuppoſées égales. Donc leurs parties ſemblables ſont auſſi égales. Donc les élémens correſpondans ſont égaux. Par conſéquent les pyramides ſont égales.

90 B. Dans la démonſtration précédente, pour prouver que les élémens correſpondans ſont égaux, on a ſuppoſé que ce ſont des ſurfaces : néanmoins ces élémens ſont des tranches qui ont quelque épaiſſeur : car il eſt impoſſible que de ſimples ſurfaces compoſent un ſolide : mais cela n'empêche pas la force de la démonſtration, parce que le rapport des tranches eſt le même que celui des ſurfaces, en ſuppoſant que ces tranches ſont de petits priſmes de même hauteur ; car lorſque la hauteur de deux priſmes eſt la

Fig. 17. même, il eſt évident qu'ils ſont entr'eux comme les baſes, en ſorte que ſi une baſe eſt double de l'autre, un des priſmes eſt auſſi double de l'autre.

90 C. Il eſt vrai que ſi ces tranches ſont autant de priſmes, ce ſeront comme autant de petits degrés poſés les uns ſur les autres, à cauſe que chaque tranche doit être un peu plus grande que celle qui eſt au-deſſus; & par conſéquent il y aura de petits vuides dans les faces de la pyramide. Mais il faut obſerver que la totalité de ces vuides eſt d'autant moindre que les tranches ſont moins épaiſſes; puiſque ſi au lieu d'une tranche on en met deux, dont la ſupérieure ait même baſe que la tranche unique, on conçoit que les deux tranches laiſſeront moins de vuide, parce que la tranche inférieure eſt plus grande que la partie correſpondante de la tranche unique & que la tranche ſupérieure eſt égale à l'autre partie : par exemple ſi le triangle DEF de la Fig. 13. repréſente une partie d'une ſection faite verticalement du ſommet à la baſe d'une pyramide, & que les deux rectangles *e*K, GL déſignent des tranches ou plutôt des parties de tranches priſes depuis l'axe DE, les deux triangles *f*KH, HLF repréſenteront les vuides que laiſſeront les deux tranches. Or ſi au lieu de la tranche inférieure GL on en conçoit deux autres, ſçavoir GP, OS dont la premiere a même baſe que la tranche GL, la tranche inférieure OS ſera plus grande que la partie correſpondante OL, & la ſupérieure GP ſera la même choſe que l'autre partie de la tranche entiere GL, & les deux tranches GP, OS laiſſeront les deux vuides HPR, RSF dont la ſomme eſt moindre que le vuide HLF que laiſſe la tranche GL. Par conſéquent en ſuppoſant les tranches infiniment minces, la totalité des vuides ſera infiniment petite, & pourra être conſiderée comme nulle.

Si on ſuppoſoit que la tranche inférieure a une baſe égale à celle de la pyramide, il y auroit des parties ſaillantes au lieu de vuides ce ſeroient les bords ſupérieurs de chaque tranche.

91. Remarquez qu'il n'eſt pas néceſſaire pour la vérité du Théorême, que les baſes des deux pyramides ſoient des polygones d'un même nombre de côtés; il ſuffit que ces baſes ſoient égales en ſurface, quoique l'une ſoit, par exemple, un exagone, & l'autre un pentagone régulier ou irrégulier.

92. Il ſuit de-là que les cones de même baſe & de même hauteur ſont égaux; parce que les cones ne ſont que des pyramides dont les baſes ſont des polygones réguliers d'une infinité de côtés.

93. Si on compare une pyramide avec un cone, on peut aſſurer

que

que ces ſolides ſont égaux lorſqu'ils ont même baſe & même hauteur. Cela eſt évident par rapport aux pyramides & aux cones, comme pa rapport aux priſmes & aux cylindres.

93 B. On a fait voir dans le Théorême ſecond, que ſi les pyramides ont des baſes & des hauteurs égales, elles ſont égales en ſolidité : réciproquement ſi elles ſont égales & qu'elles aient des hauteurs égales, leurs baſes ſont égales ; & ſi les pyramides étant encore égales, les baſes ſont auſſi égales, elles ont des hauteurs égales. Cela eſt clair pour les pyramides comme pour les priſmes. Il en eſt de même des cones, ſoit qu'on les compare entr'eux, ſoit qu'on compare une pyramide avec un cone.

Il eſt preſque impoſſible d'entendre bien la démonſtration ſuivante, ſans avoir un priſme triangulaire diviſé en trois pyramides, telles qu'on les ſuppoſe dans la démonſtration ; c'eſt pourquoi ſi on n'en a point, il faut en faire un de cire ou de quelque autre matiere qui ſoit facile à couper.

THEORÉME III.

94. *Une pyramide triangulaire eſt le tiers d'un priſme triangulaire de même baſe & de même hauteur que la pyramide.*

DÉMONSTRATION.

Soit le priſme triangulaire CADEBF ; je dis qu'une pyramide de même baſe & de même hauteur, n'eſt que le tiers de ce priſme. Ce que je démontre ainſi : Si on conçoit un plan qui coupe le priſme par l'angle A, en ſorte qu'il paſſe par les diagonales AE & AF, la ſection formera la pyramide EAFB, qui a la même baſe que le priſme, ſçavoir, le triangle EBF, & qui a auſſi la même hauteur, puiſqu'elle a le même côté AB. Pareillement ſi on conçoit qu'un plan coupe le reſte du priſme par l'angle F, en paſſant par les diagonales FA & FC, il en réſultera deux autres pyramides, dont l'une eſt AFCD, qui a pour baſe le triangle CAD, qui eſt l'autre baſe du priſme, & qui a auſſi même hauteur que le priſme, puiſqu'elle a le même côté DF. L'autre pyramide qui réſulte de la derniere ſection eſt ECAF, dont la figure eſt fort irréguliere. Or les deux premieres pyramides EAFB & AFCD ſont de même baſe & de même hauteur, puiſqu'elles ont chacune même baſe & même hauteur que le priſme : donc ces deux pyramides ſont égales entr'elles : d'ailleurs ſi on compare la ſeconde pyramide AFCD avec la troiſiéme ECAF, & qu'on prenne pour baſe de la ſeconde le triangle FDC, & pour baſe de la troi- Fig. 18.

Fig. 18. siéme le triangle CEF, on trouvera que ces deux pyramides sont égales : car 1°. les triangles qu'on a pris pour bases sont égaux, puisque ce sont des moitiés du parallelogramme CEFD, qui est une des faces du prisme, & qui a été divisé également par la diagonale CF. 2°. Ces deux pyramides ont même hauteur, puisqu'elles finissent au même point A. Donc la troisiéme pyramide est aussi égale à la premiere : ainsi les trois pyramides sont égales entr'elles ; par conséquent une de ces trois pyramides, par exemple, la premiere, qui a même base & même hauteur que le prisme, n'est que le tiers du prisme. Ce qu'il falloit démontrer.

COROLLAIRE I.

95. Toute pyramide est le tiers d'un prisme de même base & de même hauteur : par exemple, une pyramide pentagonale est le tiers d'un prisme pentagonal de même base & de même hauteur.

DÉMONSTRATION.

Si d'un point pris dans la base du prisme, on conçoit des lignes tirées au sommet des angles, qui divisent le pentagone qui sert de base en cinq triangles, & que le prisme pentagonal soit divisé en cinq prismes triangulaires, qui aient chacun pour base un des triangles du pentagone : si on conçoit de même, que le pentagone qui est la base de la pyramide est divisé en cinq triangles parfaitement égaux à ceux de la base du prisme, & que la pyramide pentagonale est partagée en cinq pyramides triangulaires de même hauteur que la pyramide pentagonale, qui aient chacune pour base un des triangles du pentagone, pour lors chacune des pyramides triangulaires sera le tiers du prisme triangulaire correspondant, comme on l'a démontré dans le Théorême, par consquent la pyramide pentagonale qui est la somme des cinq pyramides triangulaires, est le tiers du prisme pentagonal, ou de la somme des cinq prismes triangulaires. Ce qu'il falloit démontrer.

On voit clairement que la même démonstration peut s'appliquer a toute pyramide, quelle que soit la base, en la comparant avec un prisme qui ait même base & même hauteur.

COROLLAIRE II.

96. Le cone n'étant qu'une pyramide dont la base est un polygone d'une infinité de côtés, & le cylindre n'étant qu'un prisme, il s'ensuit que le cone est le tiers du cylindre de même base & de même hauteur.

97. On peut remarquer à l'occasion du premier Corollaire, que la somme de plusieurs prismes de même hauteur est égale à un seul prisme dont la base est égale à celle de tous les autres prismes pris ensemble, & la hauteur égale à celle de ces mêmes prismes. Pareillement la somme de plusieurs pyramides de même hauteur est égale à une seule pyramide dont la base est égale à la somme des bases des autres pyramides, & la hauteur égale à celle de ces pyramides. Cela paroît assez clairement après tout ce qu'on a dit jusqu'ici. Fig. 18.

Il est évident qu'on peut dire la même chose des cylindres & des cones.

Nous allons proposer une autre demonstration, pour faire voir que toute pyramide est le tiers d'un prisme de même base & de même hauteur. Elle ne suppose point de figure difficile à imaginer, comme la précédente.

97 B. Pour cette démonstration nous supposerons d'abord que deux pyramides de même hauteur sont entr'elles comme leurs bases. Que l'on conçoive ces deux pyramides divisées dans le même nombre d'élémens, les élémens de l'une seront à ceux de l'autre dans le même rapport que les bases : cela a été prouvé dans la démonstration de l'Article 90. Par conséquent les pyramides de même hauteur sont aussi comme les bases. Ce rapport est encore plus facile à appercevoir dans les prismes de même hauteur.

97 C. Voici une autre proposition dont nous avons encore besoin. Une pyramide quarrée dont la hauteur est la moitié du côté de la base, est le tiers du prisme quarré de même base & de même hauteur. Il faut concevoir un cube divisé en six pyramides égales qui aient toutes leur sommet au centre du cube, & dont chacune ait pour base une des faces du cube : chacune de ces pyramides est la sixiéme partie du cube. Par conséquent si on retranche la moitié de ce cube par le plan parallele à la base, la pyramide de même base & de même hauteur que le prisme quarré qui restera, sera le tiers de ce prisme ; parce que cette pyramide est une de celles du cube. Or la hauteur de cette pyramide quarrée est la moitié du côté de sa base. On peut donc dire en général qu'une pyramide quarrée dont la hauteur est la moitié du côté de la base, ou, ce qui revient au même, qui a le côté de sa base double de la hauteur, est le tiers d'un prisme quarré de même base & de même hauteur.

97 D. Cela posé, soit une pyramide quelconque, par exemple pentagonale, je dis qu'elle est le tiers d'un prisme pentagonal de

Fig. 18. même base & de même hauteur. Car soit une autre pyramide quarrée qui ait la même hauteur & dont la base soit un quarré dont le côté soit double de la hauteur : cette pyramide, sera le tiers d'un prisme quarré de même base & de même hauteur (97 C). Les deux pyramides ayant l'une & l'autre la même hauteur, sont entr'elles comme leurs bases (97 B) : c'est-à-dire que la raison de la pyramide pentagonale a la pyramide quarrée est égale à celle de leurs bases. Pareillement la raison des deux prismes pentagonal & quarré est égale à celle de leurs bases. Or la derniere raison de ces deux proportions est la même, parce que les bases des prismes sont les mêmes que celles des pyramides. Par conséquent les deux premieres raisons de ces proportions sont égales, c'est-à-dire, que les deux pyramides sont entr'elles comme les deux prismes; & *alternando*, la pyramide pentagonale est à son prisme, comme la pyramide quarrée est au sien. Or la pyramide quarrée est le tiers de son prisme : donc la pyramide pentagonale est aussi le tiers du sien.

97 E. Voici une difficulté que l'on pourroit proposer pour prouver que le cone est la moitié du cylindre de même base & de même hauteur. Supposons un triangle rectangle ABC (Planche XIII. Figure 14.) contenu dans un rectangle BD de même base & de même hauteur. Si on conçoit que le triangle & le rectangle tournent autour de la perpendiculaire AB comme autour d'un axe, le triangle décrira un cone & le rectangle un cylindre de même base & de même hauteur que le cone. Or le cone contiendra le triangle ou plutôt la tranche triangulaire dont la face est égale au triangle autant de fois qu'il y a de points dans la circonférence que décrira l'extrémité C de la base du triangle. Pareillement le cylindre contiendra autant de tranches dont les faces seront chacune égales au rectangle qu'il y a de points dans la même circonférence. Ainsi ces deux solides seront entr'eux comme ces tranches, & par conséquent comme le triangle & le rectangle. Or le triangle est la moitié du rectangle. Donc le cone est la moitié du cylindre & non pas le tiers seulement.

Il faut répondre que les tranches triangulaires ne sont pas les élémens du cone, parce que ces tranches, en les supposant par tout d'égale épaisseur, se confondent & se pénétrent à mesure qu'elles approchent de l'axe auquel elles vont toutes aboutir comme à un centre. Ainsi il est faux que le cone contienne autant de ces tranches entieres qu'il y a de points dans la circonférence décrite par l'extrémité C : il faudroit pour cela que ces tranches fussent paralleles entr'elles. Je dis la même chose des tranches rectangulaires du cylindre. Il est vrai qu'on peut concevoir que ces tranches diminuent d'épaisseur dans le cone & dans le cylindre à mesure qu'elles approchent de l'axe, auquel cas elles ne se pénétrent pas, & c'est ce qui donne lieu à l'instance suivante. Fig. 18.

97 F. On dira donc que les tranches diminuant dans le cylindre comme dans le cone à mesure qu'elles approchent de l'axe la même difficulté subsiste toujours, parce que les tranches du cone seront moitiés de celles du cylindre. Cela seroit vrai, c'est-à-dire que les tranches du cone seroient moitiés de celles du cylindre si les tranches du cone ne diminuoient pas davantage à proportion que celles du cylindre. Mais il est certain qu'elles diminuent de cette sorte, parce que ces tranches triangulaires deviennent plus minces à l'endroit où elles ont plus de hauteur, sçavoir vers l'axe du cone : au lieu que les tranches du cylindre qui sont aussi plus minces vers l'axe que vers la surface convexe sont par-tout d'égale hauteur.

THÉORÊME IV.

98. *Une sphere est égale à une pyramide ou à un cone qui a pour hauteur le rayon de la sphere, & une base égale à la surface de la sphere.*

DÉMONSTRATION.

On peut concevoir que la sphere est composée d'une infinité de pyramides qui ont leur sommet au centre de la sphere, & dont chacune a pour base une partie infiniment petite de la surface de la sphere. Or la somme de toutes ces pyramides est égale à une seule pyramide ou à un cone, qui auroit une hauteur égale à celle de toutes les pyramides ; sçavoir, le rayon de la sphere, & dont la base seroit égale à la somme de toutes les bases des pyramides (97), c'est-à-dire, égale à la surface de la sphere : donc une sphere est égale à une pyramide ou à un cone, qui a pour hauteur le rayon, & pour base la superficie de la sphere. Ce qu'il falloit démontrer.

Après tout ce que nous venons d'établir sur l'égalité des corps solides, on entendra facilement ce qu'il y a à dire sur leur mesure ; c'est pourquoi nous en traiterons en peu de mots.

DES MESURES DES CORPS OU SOLIDES.

99. Les mesures des corps sont des toises cubiques, des pieds

Fig. 18. cubiques, des pouces cubiques, &c. Une toise cubique est un cube compris sous six faces, dont chacune est une toise quarrée. De même le pied cubique est un cube compris sous six faces dont chacune est un pied quarré.

THÉORÊME.

100. *Les prismes & les cylindres droits ou obliques sont égaux au produit de leur base par leur hauteur.*

DÉMONSTRATION.

Soit un prisme dont la base ait six pieds quarrés & la hauteur trois pieds en longueur; je dis que la solidité de ce prisme est de 18 pieds cubiques (18 est le produit de la base par la hauteur).

Pour le démontrer, il faut concevoir que le prisme est partagé en autant de tranches paralleles à la base, qu'il y a de pieds dans la hauteur, c'est-à-dire, en trois dans cet exemple, dont chacune ait un pied de hauteur. Cela étant, il est évident que les trois tranches ayant la même base que le prisme, chacune contient autant de pieds cubiques que la base contient de pieds quarrés, c'est-à-dire, six; par conséquent les trois tranches prises ensemble contiennent trois fois six ou dix-huit pieds cubiques: donc la solidité d'un prisme est égale au produit de la base par sa hauteur. On peut appliquer la même démonstration au cylindre.

COROLLAIRE I.

101. Les pyramides & les cones sont égaux au produit de leur base par le tiers de leur hauteur. Cela suit de ce que les pyramides & les cones sont le tiers des prismes & des cylindres de même base & de même hauteur.

COROLLAIRE II.

102. La sphere est égale au produit de sa surface par le tiers de son rayon; car une sphere est égale à un cone qui a pour hauteur le rayon, & pour base la superficie de la sphere (98).

Ce que nous venons de dire sur la mesure des solides peut servir à trouver la solidité de tous les corps, parce qu'ils peuvent être réduits en pyramides, de même que les figures planes peuvent être réduites en triangles.

PROBLÊME.

102 B. *Trouver la solidité d'un prisme, par exemple, d'un ouvrage de maçonnerie qui ait 16 toises 4 pieds 8 pouces de longueur, 2 toises 3 pieds d'épaisseur, & 7 toises 2 pieds de hauteur.*

Réduisez ces trois dimensions à la plus petite espece qui est le pouce, lequel est contenu 12 fois dans le pied & 72 fois dans la toise, parce que la toise vaut six pieds; vous trouverez que la longueur est de 1208 pouces, l'épaisseur de 180 & la hauteur de 528. Après cette réduction, multipliez ces trois nombres l'un par l'autre, & vous trouverez au produit 114808320 pouces cubiques qui sont la solidité du corps. Fig. 18.

Si on veut sçavoir combien ce nombre de pouces cubiques contient de toises cubes, il faut le diviser par 373248, parce que ce dernier nombre étant le cube de 72, marque combien la toise cubique contient de pouces cubiques, on trouvera au quotient 307, & le reste 221184 qu'il faut diviser par 1728 cube de 12, afin d'avoir le nombre des pieds cubiques contenus dans ce reste; le quotient de cette seconde division sera 128 sans aucun reste. Par conséquent 114808320 pouces cubiques valent 307 toises cubes & 128 pieds cubes.

Si c'étoit une pyramide il faudroit prendre seulement le tiers de ce produit.

DU RAPPORT DES SOLIDES considérés selon leur solidité.

103. Pour connoître le rapport des solides, on se sert des *produisans*. On entend par produisans d'un solide les lignes qu'il faut multiplier pour avoir sa solidité.

104. Il y en a trois: car d'abord on multiplie deux lignes l'une par l'autre, afin d'avoir une surface: ensuite il faut multiplier cette surface par une troisiéme ligne, & le produit est la solidité du corps. Par exemple, dans un prisme, tel qu'est celui de la Fig. 19, les deux premiers produisans sont la longueur CD, & la largeur BC, c'est-à-dire, les deux lignes qu'il faut multiplier pour avoir la base, & le troisiéme est la profondeur ou la hauteur AB du prisme.

105. Lorsqu'il s'agit d'une pyramide, le troisiéme produisant n'est pas la hauteur entiere, mais seulement le tiers de la hauteur, parce que pour avoir la solidité d'une pyramide, on ne multiplie la base que par le tiers de la hauteur. Il en est de même pour le cone.

106. On peut aussi ne considerer que deux produisans dans le solide; sçavoir, une surface telle qu'est la base du corps, & la ligne par laquelle on multiplie la surface, afin d'avoir la solidité

Fig. 18. du corps : dans ce cas on regarde la surface comme un seul produisant. Nous verrons que pour trouver le rapport des corps, il est quelquefois utile de ne considerer que deux produisans, & que d'autres fois il en faut considérer trois.

Pour entendre ce que nous dirons sur le rapport des solides, il faut se souvenir des raisons triplées : nous allons en répéter quelque chose.

107. Une raison triplée est celle qui est composée de trois raisons égales, ou, ce qui est la même chose, c'est le produit de trois raisons égales. Or pour avoir le produit de trois raisons, il faut multiplier les trois antécédens l'un par l'autre, & multiplier de même les trois conséquens : par exemple, si a on les trois raisons égales $\frac{1}{2}$, $\frac{3}{6}$, $\frac{4}{8}$, en multipliant le trois antécédens & les trois conséquens, on aura les produits 12 & 96, dont la raison $\frac{12}{96}$ est triplée des trois premieres.

108. Afin qu'une raison soit triplée, il n'est pas nécessaire que les raisons composantes soient exprimées par différens termes, elles peuvent être toutes trois exprimées par les mêmes termes; par exemple, au lieu des trois raisons composantes $\frac{1}{2}$, $\frac{3}{6}$, $\frac{4}{8}$, on auroit pû prendre les suivantes $\frac{3}{6}$, $\frac{3}{6}$, $\frac{3}{6}$, dont la raison triplée est $\frac{27}{216}$.

109. De-là il suit, que la raison qui est entre deux cubes est triplée de celle qui est entre les racines : par exemple, la raison des cubes 27 & 216 est triplée de celle des racines 3 & 6. De même la raison des cubes b^3 & d^3 est triplée de celle des racines b & d. La maniere la plus ordinaire de s'énoncer pour exprimer cette propriété des cubes, est de dire que les cubes sont en raison triplée des racines.

Avant de proposer les Théorêmes qui regardent le rapport des corps solides, il faut exposer ici un Lemme pareil à celui que nous avons démontré sur les polygones semblables (Livre II, Article 160 & 161).

LEMME.

110. *Lorsque deux corps sont semblables, les trois produisans de l'un sont proportionnels aux trois produisans homologues de l'autre ; en sorte que si on appelle les trois produisans du premier,* A, B, C, *& les trois produisans du second, a, b, c, on aura les proportions* A . a : : B . b : : C . c.

Cette proposition se démontre de la même maniere que nous avons prouvé (Liv. II, Art. 160 & 161) que deux polygones semblables quelconques ont leurs produisans proportionnels.

Supposons

Suppoſons donc deux corps ſemblables, par exemple, deux globes; je dis que quoique l'on ne ſçût pas quels ſont leurs produiſans, il eſt cependant évident que les produiſans de l'un ſont des lignes correſpondantes aux produiſans de l'autre, & par conſéquent les produiſans du premier ſont proportionnels à ceux du ſecond (73): en ſorte que ſi les trois produiſans d'un globe ſont la circonférence d'un de ſes grands cercles, le diametre & le tiers du rayon, les trois produiſans de l'autre globe ſont auſſi la circonférence d'un de ſes grands cercles, le diametre & le tiers du rayon. Il en eſt de même de tous les corps ſemblables réguliers ou irréguliers.

111. Remarquez que les produiſans de deux corps ſemblables étant des lignes correſpondantes, ou, ce qui eſt la même choſe, des lignes ſemblablement tirées, il s'enſuit que dans deux corps ſemblables les produiſans ſont proportionnels à toutes les lignes ſemblablement tirées: c'eſt-à-dire, qu'un produiſant d'un corps eſt au produiſant homologue de l'autre, comme une ligne du premier eſt à une ligne ſemblablement tirée du ſecond. Tout cela étant préſuppoſé, nous allons d'abord conſiderer les ſolides, comme ayant ſeulement deux produiſans.

Si on ne conſidere que deux produiſans dans les ſolides, ſçavoir, la baſe & la hauteur, ce que nous avons dit des ſurfaces, en parlant de leur rapport, convient auſſi aux ſolides; c'eſt pourquoi il n'eſt pas néceſſaire de nous étendre beaucoup.

111 B. Nous venons de prouver que les corps ſemblables ont leurs produiſans homologues proportionnels, mais on ne peut pas dire réciproquement que les corps qui ont leurs produiſans homologues proportionnels ſoient ſemblables. Il ſe peut faire, par exemple, que les trois produiſans d'une pyramide ſoient proportionnels à ceux d'un priſme: car ſuppoſons que les baſes de ces deux corps ſoient des parallelogrammes & que la largeur & la longueur de la baſe de la pyramide ſoient l'une & l'autre moitiés de la largeur & de la longueur de la baſe du priſme. Suppoſons auſſi que la hauteur de la pyramide ſoit à celle du priſme comme 3 à 2. Dans ce cas les trois produiſans de la pyramide, qui ſont la largeur & la longueur de la baſe, & enfin le tiers de la hauteur de la pyramide, ſeront proportionnels à ceux du priſme.

THÉORÊME I.

112. *Les priſmes ſont entr'eux comme les produits de leur baſe par leur hauteur.*

DÉMONSTRATION.

Si l'on prend deux prifmes, le premier eft égal au produit de fa bafe par fa hauteur; & de même le fecond eft égal au produit de fa bafe par fa hauteur : par conféquent le premier prifme eft au fecond, comme le produit de la bafe du premier par fa hauteur, eft au produit de la bafe du fecond par fa hauteur.

COROLLAIRE I.

113. Les prifmes qui ont des bafes égales, font comme leurs hauteurs : car lorfque des produits compofés de deux racines en ont une commune, ils font entr'eux comme les racines inégales. Or les prifmes font fuppofés ici avoir une racine commune, fçavoir, la bafe : donc ils font entr'eux comme les hauteurs qui font les racines inégales. Réciproquement fi les prifmes font comme leurs hauteurs, ils ont des bafes égales : car puifqu'ils font comme leurs hauteurs quand les bafes font égales, il eft évident que fi les bafes font inégales, ils ne peuvent plus être comme leurs hauteurs.

COROLLAIRE II.

114. Les prifmes qui ont des hauteurs égales, font comme les bafes. C'eft la même démonftration que celle du Corollaire précédent. Réciproquement fi les prifmes font comme les bafes, les hauteurs font égales.

COROLLAIRE III.

115. Lorfque la hauteur & la bafe d'un prifme font réciproques à la hauteur & à la bafe d'un autre prifme, c'eft-à-dire, lorfque la hauteur du premier prifme eft à la hauteur du fecond, comme la bafe du fecond eft à la bafe du premier, pour lors les deux prifmes font égaux : car, dans ce cas, le premier prifme eft égal au produit des extrêmes de la proportion, & le fecond eft égal au produit des moyens; par conféquent les deux prifmes font égaux. Réciproquement fi les prifmes font égaux, la hauteur & la bafe de l'un font réciproques à la hauteur & à la bafe de l'autre : car quand les produits de deux grandeurs font égaux, les racines de l'un font réciproques à celle de l'autre.

THÉORÊME II.

116. *Les prifmes font en raifon compofée de la bafe à la bafe, & de la hauteur à la hauteur.*

DÉMONSTRATION.

Si on compare la baſe du premier priſme à celle du ſecond, & qu'on compare de même la hauteur du premier à la hauteur du ſecond, on aura deux raiſons dont la baſe & la hauteur du premier priſme ſeront les antécédens, & la baſe & la hauteur du ſecond ſeront les conſéquens. Or le premier priſme eſt égal au produit des deux antécédens, & le ſecond eſt égal au produit des conſéquens ; ainſi la raiſon de ces deux priſmes eſt compoſée des raiſons de la baſe à la baſe, & de la hauteur à la hauteur.

COROLLAIRE I.

117. Lorſque les baſes ſont proportionnelles aux hauteurs, en ſorte que la baſe de l'un eſt à la baſe de l'autre, comme la hauteur du premier eſt à la hauteur du ſecond, pour lors les priſmes ſont en raiſon doublée de leurs baſes ou de leurs hauteurs : car dans ce cas, les raiſons compoſantes étant égales, la raiſon des priſmes qui eſt compoſée de ces raiſons égales, eſt néceſſairement doublée.

COROLLAIRE II.

118. Lorſque les baſes ſont proportionnelles aux hauteurs, comme dans le premier Corollaire, les priſmes ſont comme les quarrés des hauteurs : car on vient de faire voir, que dans ce cas, la raiſon des priſmes eſt doublée de celle des hauteurs. Or la raiſon des quarrés des hauteurs eſt auſſi doublée de celle des hauteurs ; par conſéquent la raiſon des priſmes eſt pour lors égale à celle des quarrés des hauteurs.

119. Il eſt clair que ce que l'on vient de dire des priſmes dans les deux Théorêmes précédens & leurs Corollaires, convient auſſi aux cylindres, ſoit qu'on compare les cylindres entr'eux, ſoit qu'on les compare avec des priſmes.

120. Les pyramides étant le tiers des priſmes de même baſe & de même hauteur, elles ſont comme ces priſmes : & par conſéquent tout ce que l'on vient de dire dans les deux Théorêmes & leurs Corollaires, convient aux pyramides. Il en eſt de même des cones comparés entr'eux ou avec les pyramides ; puiſqu'ils ſont le tiers des cylindres de même baſe & de même hauteur, comme les pyramides ſont le tiers des priſmes. On peut donc dire, par exemple, que les pyramides qui ont même baſe, ou des baſes égales, ſont entre elles comme leurs hauteurs, &

que celles qui ont même hauteur ſont comme leurs baſes. C'eſt la même choſe pour les cones.

Nou allons parler à préſent des rapports que l'on peut connoître en conſiderant les trois produiſans des ſolides.

THÉORÊME III.

121. *Deux ſolides ſont en raiſon compoſée des trois produiſans de l'un aux trois produiſans de l'autre,*

DÉMONSTRATION.

Fig. 19. Si on prend deux ſolides, par exemple, deux priſmes, on peut conſiderer les trois produiſans de l'un comme les antécédens de trois raiſons, dont les produiſans correſpondans de l'autre ſont les conſéquens. Or le premier priſme eſt égal au produit des trois antécédens, & le ſecond priſme eſt égal au produit des conſéquens : donc la raiſon de ces deux priſmes eſt compoſée des trois raiſons des produiſans de l'un aux produiſans de l'autre. Ce qu'il falloit démontrer.

COROLLAIRE I.

122. Si les trois produiſans d'un ſolide ſont proportionnels aux trois produiſans d'un autre ſolide, ces corps ſont en raiſon triplée des produiſans du premier à ceux du ſecond : car on vient de démontrer que la raiſon de deux ſolides eſt compoſée des trois raiſons des produiſans de l'un aux produiſans de l'autre. Or on ſuppoſe dans ce Corollaire que ces trois raiſons ſont égales ; ainſi la raiſon des deux ſolides eſt triplée, puiſqu'elle eſt compoſée de trois raiſons égales.

123. Remarquez qu'au lieu de dire que les ſolides dont les produiſans ſont proportionnels, ſont en raiſon triplée des trois produiſans de l'un aux trois produiſans de l'autre, on pourroit dire, que ces ſolides ſont en raiſon triplée d'un produiſant d'un ſolide au produiſant correſpondant de l'autre : car les trois rapports des produiſans du premier ſolide aux produiſans du ſecond étant égaux, la raiſon triplée de ces trois rapports eſt la même choſe que la raiſon triplée d'un ſeul (108).

COROLLAIRE II.

124. Si les trois produiſans d'un ſolide ſont encore ſuppoſés proportionnels aux trois produiſans d'un autre ſolide, ces deux corps ſont entr'eux comme les cubes des produiſans correſpon-

dans, par exemple, des hauteurs : car par le Corollaire précédent & sa remarque, la raison de deux corps qui ont les produisans proportionnels, est triplée du rapport des produisans correspondans, par exemple, des hauteurs. Or la raison qui est entre les cubes des hauteurs, est aussi triplée du rapport des hauteurs (109) : donc la raison qui est entre deux corps dont les produisans sont proportionnels, est égale à celle des cubes des produisans correspondans. Fig. 19.

125. Ce second Corollaire n'est pas contraire à l'article 118 dans lequel nous avons dit que les prismes sont comme les quarrés des hauteurs quand les bases sont proportionnelles aux hauteurs. Car dans le présent Corollaire on suppose que les trois produisans d'un corps sont proportionnels aux trois produisans d'un autre corps : & dans l'article 118 on a supposé seulement que les bases des prismes sont proportionnelles aux hauteurs. Or quand les bases de deux prismes sont proportionnelles à leurs hauteurs, les trois produisans de l'un ne peuvent être proportionnels aux trois produisans de l'autre. Pour le prouver je nomme A la hauteur du premier prisme, & sa base BC, *a* la hauteur du second, & sa base *bc*. (J'appelle la base BC, parce que cette base étant une surface elle est formée par deux produisans désignés par B & C. Ainsi les trois produisans simples ou lineaires d'un prisme sont A, B & C, & les trois produisans de l'autre sont *a*, *b* & *c*). Cela posé, selon l'hypothèse de l'article 118, A . *a* : : BC . *bc*. Or cette proportion étant supposée, les trois produisans d'un prisme ne peuvent être proportionnels aux trois de l'autre : car le rapport de BC à *bc* est composé de la raison de B à *b* & de C à *c* : il n'est donc pas égal à l'une & à l'autre de ces deux raisons simples, mais il est le produit des deux. Ainsi puisque par l'hypothèse le rapport de A à *a* est égal à celui de BC à *bc*, il ne peut être égal à la raison de B à *b*, & à celle de C à *c*, c'est-à-dire, que les trois produisans simples d'un prisme ne peuvent être proportionnels aux trois produisans simples de l'autre prisme.

Nous supposons ici que les trois produisans d'un solide ne sont pas égaux à ceux de l'autre ; car dans ce cas particulier les solides seroient entr'eux comme les hauteurs, comme les quarrés des hauteurs, & comme les cubes des hauteurs.

COROLLAIRE III.

126. Les solides semblables sont en raison triplée des trois produisans de l'un aux trois produisans de l'autre ; ils sont aussi entre

Fig. 19. eux comme les cubes des produisans homologues. C'est une suite évidente des deux Corollaires précédens, puisque les corps semblables ont leurs produisans homologues proportionnels (110).

COROLLAIRE IV.

127. Puisque les produisans correspondans de deux corps semblables sont proportionnels aux côtés homologues de ces corps, & généralement aux lignes semblablement tirées (111); il s'ensuit que les corps semblables sont en raison triplée des lignes semblablement tirées, ou comme les cubes de ces lignes.

COROLLAIRE V.

128. Les spheres sont en raison triplée de leurs diametres, ou comme les cubes des diametres. C'est une suite évidente du précédent Corollaire, parce que les spheres sont des corps semblables, & que d'ailleurs les diametres sont des lignes semblablement tirées. Si on veut une démonstration particuliere de ce Corollaire, en voici une.

Nous avons vu que pour avoir la solidité d'une sphere, il faut multiplier la surface par le tiers de son rayon (102). Or la surface de la sphere est égale au produit du diametre par la circonférence d'un grand cercle (58); donc les trois produisans de la sphere sont la circonférence d'un grand cercle, le diametre & le tiers du rayon. Si donc on compare deux spheres, il est évident que les produisans de l'une sont proportionnels aux produisans de l'autre; par conséquent ces spheres sont entr'elles en raison triplée des diametres, ou comme les cubes des diametres : par exemple, si le diametre d'une sphere est d'un pied, & que le diametre d'une autre sphere soit de deux pieds, la premiere de ces spheres est à la seconde, comme 1 est à 8. (Ces deux nombres sont les cubes de 1 & 2). De même si les diametres de deux spheres sont comme 3 & 5, ces spheres sont entr'elles comme les cubes de ces nombres, c'est-à-dire, comme 27 est à 125.

129. On peut voir par-là, quel est le rapport de la terre au Soleil, en supposant que l'on connoît le rapport de leurs diametres : car le diametre de la terre étant à celui du Soleil à peu près comme 1 est à 100, il s'ensuit que la solidité de la terre est à celle du Soleil comme 1 est à 1000000, c'est-à-dire, que le Soleil est un million de fois plus gros que la terre. Pareillement le diametre de la terre étant presque à celui de la Lune, comme 4 est à 1, la terre est environ 64 fois plus grande que la Lune. Je dis envi-

ron, parce que le diametre de la terre n'étant pas tout-à-fait 4 fois plus grand que celui de la Lune, la terre n'eſt pas non plus 64 fois plus grande que la Lune. Fig. 19.

Selon M. de la Hire dans ſes tables aſtronomiques, le diametre de la terre eſt à celui de la Lune comme 121 à 33, ou comme 11 eſt à 3; & par conſéquent la terre eſt à la Lune comme le cube de 11 eſt au cube de 3; c'eſt-à-dire, qu'elle eſt à peu près 49 fois plus groſſe que la Lune, en ſuppoſant ce rapport des diametres de la terre & de la Lune, dont ſe ſert M. de la Hire.

130. Ce rapport des ſpheres paroît aſſez ſurprenant; nous allons ajouter un autre exemple du rapport des corps ſemblables qui ne le paroîtra pas moins. Si on compare un pied cubique avec un pouce cubique, la hauteur du premier corps étant à celle du ſecond, comme 12 eſt à 1, leurs ſolidités ſeront entr'elles comme le cube de 12, qui eſt 1728, eſt au cube de 1 : ainſi un pied cubique contient 1728 pouces cubiques.

131. Remarquez que dans la comparaiſon de deux ſpheres, il y a beaucoup de différence entre le rapport des circonférence des grands cercles; celui des ſurfaces de ces ſpheres & celui de leurs ſolidités : car 1°. les circonférences des grands cercles ſont entre elles comme les diametres. 2°. Les ſurfaces de ces ſpheres ſont en raiſon doublée de leurs diametres, ou comme les quarrés de ces diametres. 3°. Enfin leurs ſolidités ſont en raiſon triplée, ou comme les cubes des mêmes diametres.

On auroit pu mettre dans ces rapports, les rayons à la place des diametres; parce que les rayons ſont comme les diametres.

132. Il paroît par ce qu'on vient de dire, que les ſurfaces des ſpheres, n'augmentent pas dans la même proportion que leurs ſolidités; puiſque les ſurfaces n'augmentent que comme les quarrés des diametres, au lieu que les ſolidités croiſſent comme les cubes de ces diametres : ſuppoſons, par exemple, deux globes, dont l'un ait 10 pouces de diametre, & l'autre un pouce : la ſurface du premier ſera ſeulement 100 fois plus grande que celle du ſecond; parce que le quarré de 10 eſt 100 : mais le cube de 10 étant 1000, la ſolidité du premier globe ſera 1000 fois plus grande que celle du ſecond. Il faut dire la même choſe de tous les corps ſemblables, puiſque leurs ſurfaces ne ſont entr'elles que comme les lignes des quarrés ou des côtés homologues, & que leurs ſolidités ſont comme les cubes de ces mêmes lignes.

133. On peut conclure de-là que ſi on compare des corps ſemblables, les gros ont moins de ſurface à proportion que les petits :

ainſi le globe qui a 10 pouces de diametre a moins de ſurface à proportion que celui qui n'a qu'un pouce : car afin que le premier globe eût autant de ſurface à proportion que le ſecond, il faudroit que le premier ayant mille fois plus de ſolidité que l'autre, eût auſſi mille fois plus de ſurface. Or il n'a cependant que cent fois plus de ſuperficie que le ſecond, comme on vient de le prouver.

134. Dans le Théorême ſuivant, nous comparerons la ſolidité de la ſphere avec celle du cylindre circonſcrit : c'eſt par le moyen des produiſans de l'un & de l'autre corps, que nous démontrerons leur rapport. Nous avons déja les produiſans de la ſphere (128). Pour connoître ceux du cylindre circonſcrit, il faut faire attention que la ſolidité de ce cylindre eſt égale au produit de ſa baſe par ſa hauteur, qui eſt un diametre : d'ailleurs la baſe qui eſt un grand cercle de la ſphere eſt égale (Liv. II, Art. 146) au produit de la moitié de la circonférence par le rayon, ou, ce qui eſt la même choſe, au produit de la circonférence par la moitié du rayon ; par conſéquent les trois produiſans du cylindre circonſcrit, ſont la circonférence d'un grand cercle de la ſphere, le diametre & la moitié du rayon.

THÉORÊME IV.

135. *La ſphere eſt au cylindre circonſcrit, comme 2 eſt à 3, c'eſt-à-dire, qu'elle eſt les deux tiers du cylindre.*

Les Géometres expriment le rapport du cylindre à la ſphere inſcrite, en diſant que le cylindre eſt à la ſphere en raiſon *ſeſquialtere* ; c'eſt-à-dire, que le cylindre contient la ſphere une fois & demi.

DÉMONSTRATION.

Fig. 20. Les trois produiſans de la ſphere ſont, comme on l'a fait voir dans la démonſtration du cinquiéme Corollaire, la circonférence d'un grand cercle, le diametre & le tiers du rayon : & les trois produiſans du cylindre circonſcrit, ſont, comme on vient de le dire, la circonférence, le diametre & la moitié du rayon. Il y a donc deux produiſans de la ſphere, qui ſont les mêmes que ceux du cylindre, ſçavoir, la circonférence & le diametre ; par conſéquent ces deux corps ſont comme les produiſans inégaux, c'eſt-à-dire, comme le tiers du rayon eſt à la moitié du rayon. Or ſi on double ces deux termes, le même rapport ſubſiſtera, & on aura les deux tiers du rayon, & le rayon entier ; ainſi la ſphere eſt au au cylindre circonſcrit comme les deux tiers du rayon ſont au rayon entier : donc la ſphere eſt les deux tiers du cylindre circonſcrit. Ce qu'il falloit démontrer. Fig. 20.

DÉMONSTRATION PAR LETTRES. Soit nommée c la circonférence, & d le diametre ; le tiers du rayon ou la ſixiéme partie du diametre ſera $\frac{d}{6}$. Or le produit des trois quantités, c, d, $\frac{d}{6}$ eſt $\frac{cdd}{6}$. Donc la ſphere ſera $\frac{cdd}{6}$: & le cylindre dont les trois produiſans ſont la circonférence c, le diametre d, & la moitié du rayon ou la quatriéme partie du diametre $\frac{d}{4}$, ſera $\frac{cdd}{4}$: donc la ſphere eſt au cylindre circonſcrit comme $\frac{cdd}{6}$ eſt à $\frac{cdd}{4}$. Or ces deux fractions ayant même numérateur, ſont entr'elles réciproquement comme les dénominateurs (Arith. Liv. II, Art. 151) : c'eſt-à-dire, comme 4 eſt à 6, ou comme 2 eſt à 3. Ainſi la ſphere eſt au cylindre comme 2 eſt à 3.

On auroit pu terminer la premiere démonſtration de la même maniere que celle-ci : car puiſque la ſphere & le cylindre circonſcrit ſont comme les fractions $\frac{1}{3}$ du rayon & $\frac{1}{2}$ du rayon, & que d'ailleurs ces fractions ont même numérateur il s'enſuit que que ces corps ſont entr'eux réciproquement comme leurs dénominateurs ; c'eſt-à-dire, que la ſphere eſt au cylindre comme 2 eſt à 3.

COROLLAIRE I.

136. La ſphere eſt le double du cone qui a même baſe & même hauteur que le cylindre circonſcrit, ou, ce qui eſt la même choſe, qui a pour baſe un des grands cercles de la ſphere, & pour hauteur le diametre : car on ſçait que le cone n'eſt que le tiers du cylindre ; mais d'ailleurs on vient de faire voir que la ſphere eſt les deux tiers du même cylindre ; donc la ſphere eſt le double du cone.

COROLLAIRE II.

136 B. Si on ſuppoſe deux ſpheres qui ſoient entr'elles comme 2 à 3, le cylindre circonſcrit à la premiere ſera égal à la ſeconde : car la premiere ſphere eſt à ſon cylindre circonſcrit comme 2 à 3. Or par l'hypothèſe la premiere ſphere eſt auſſi à la ſeconde comme 2 à 3. Donc la premiere ſphere a le même rapport avec ſon cylindre qu'elle a avec la ſeconde ſphere. Ainſi le cylindre circonſcrit à la premiere eſt égal à la ſeconde.

COROLLAIRE III.

136 C. Deux ſpheres étant ſuppoſées entr'elles comme 2 à 3, la ſeconde eſt moyenne proportionnelle entre la premiere & le cylindre circonſcrit à la ſeconde. Car par l'hypothèſe la premiere ſphere eſt à la ſeconde comme 2 à 3. Or la ſeconde ſphere eſt auſſi à ſon cylindre comme 2 à 3. Voilà donc deux raiſons égales chacune à celle de 2 à 3 : ainſi ces deux raiſons ſont égales entr'elles : c'eſt-à-dire, que la premiere ſphere eſt à la ſeconde comme cette ſeconde ſphere eſt à ſon cylindre.

136 D. On peut dire auſſi que le cylindre circonſcrit à la premiere ſphere eſt moyen proportionnel entre la premiere ſphere & le cylindre circonſcrit à la ſeconde, parce que ce cylindre circonſcrit à la premiere ſphere eſt égal à la ſeconde.

COROLLAIRE IV.

136 E. Nous venons de prouver que ſi deux ſpheres ſont entr'elles comme 2 à 3, la plus groſſe eſt moyenne proportionnelle entre la plus petite & le cylindre de la plus groſſe, c'eſt-à-dire, que l'on aura la proportion continue, la plus petite ſphere eſt à la plus groſſe comme celle-ci eſt à ſon cylindre. Or dans une proportion continue le quarré du premier terme eſt au quarré du ſecond comme le premier terme eſt au troiſiéme (Arith. Liv. II, Art. 113). D'ailleurs la plus petite ſphere étant à la plus groſſe comme 2 à 3 elles ſont repréſentées par ces deux nombres 2 & 3 : donc en prenant les quarrés de ces deux nombres, ſçavoir 4 & 9 : on aura 4 eſt à 9, comme le premier terme eſt au troiſiéme, c'eſt-à-dire, comme la plus petite ſphere eſt au cylindre circonſcrit de la plus groſſe, ou bien la premiere ſphere eſt au cylindre circonſcrit de l'autre comme 4 à 9.

Il paroît donc que ſi deux ſpheres ſont entr'elles comme 2 à 3, 1°. la plus groſſe eſt égale au cylindre circonſcrit à la premiere. 2°. Que la plus petite eſt au cylindre circonſcrit à la plus groſſe comme 4 à 9, c'eſt-à-dire, que la premiere ne contient que quatre neuviémes du cylindre de la ſeconde.

Voici une autre démonſtration du Théorême précédent, dans laquelle on ne ſuppoſe pas qu'on ait déterminé la ſurface de la ſphere.

136 F. Soit le quarré BD, Fig. 14, planche XIII, la diagonale AC, la ligne EH parallele à la baſe BC, & le quart de cercle CBD qui a pour rayon le côté du quarré : ſi on conçoit que

le quarré tourne avec la diagonale, la parallele & le quart de cercle autour du côté CD, le quart de cercle CBD décrira une demi-ſphere, le quarré décrira un cylindre circonſcrit à la demi-ſphere, la parallele EH formera un élément du cylindre, & la diagonale AC, ou plutôt l'angle ACD décrira un cone qui aura même baſe & même hauteur que le cylindre, & qui par conſéquent ſera le tiers du cylindre. Si donc on peut prouver que l'excès du cylindre ſur la demi-ſphere eſt égal à ce cone, cet excès ſera auſſi le tiers du cylindre : ainſi la demi-ſphere en ſera les deux tiers. Or l'excès du cylindre ſur la demi-ſphere, qui eſt une eſpece d'écuelle qui reſte en retranchant par la penſée la demi-ſphere du cylindre, eſt effectivement égal au cone, comme on va le prouver.

DÉMONSTRATION.

Les élémens de l'écuelle ſont des couronnes qui ſont autour de la demi-ſphere & qui ſont décrites par des lignes telles que EF : les élémens du cone ſont des cercles qui ont pour rayons des lignes comme GH. Or il eſt évident qu'il y a autant de couronnes que de cercles, puiſque le nombre en eſt meſuré de part & d'autre par la hauteur AB, ou DC. Ainſi il reſte à prouver que chaque couronne eſt égale aux cercle correſpondant. Dans le triangle rectangle CHF le cercle qui a pour rayon l'hypotenuſe CF eſt égal à la ſomme des deux cercles qui ont pour rayons CH, FH (Liv. II, Art. 186); ainſi en déſignant ces cercles par la lettre O ſuivie des lignes qui ſont les rayons, on aura OCF= OCH+OFH. Or CF=CB, & CB ou BC=EH. Donc OEH= OCH+OFH. Or CH=GH à cauſe de CD égal à AD. Ainſi OEH=OGH+OFH. Donc en ôtant OFH de OEH il reſte la valeur de OGH. Or ce qui reſte eſt la couronne décrite par EF. Donc cette couronne eſt égale à OGH. Ainſi les élémens correſpondans de l'écuelle & du cone ſont égaux. D'ailleurs il y en a autant de part & d'autre. Donc l'écuelle eſt égale au cone : ainſi la demi-ſphere eſt égale aux deux tiers du cylindre. Donc la ſphere entiere eſt auſſi les deux tiers du cylindre circonſcrit à la ſphere.

Cette démonſtration ſe fait, comme on voit, par la méthode des indiviſibles. Nous l'allons encore employer pour prouver que la ſurface de la ſphere eſt égale à la ſuperficie convexe du cylindre circonſcrit. En voici la démonſtration. Figure 14, planche XIII.

136 G. Il faut encore ſuppoſer le quarré BD, les deux arcs concentriques BD, LM, la diagonale AC & la ligne IL parallele à AB. Si le quarré avec toutes les lignes qu'il contient tourne autour du côté CD, nous avons déja dit que ce quarré décrira un cylindre, le quart de cercle CBD décrira une demi-ſphere, & le triangle ACD un cone de même baſe & de même hauteur que le cylindre. Si on conçoit que le cone décrit par ACD eſt retranché du cylindre, le reſte décrit par le triangle ABC ſera les deux tiers du cylindre, & par conſéquent ce reſte eſt égal à la demi-ſphere. De-là il ſuit que la ſurface cylindrique décrite par AB eſt égale à la ſurface ſphérique décrite par l'arc BD. Pour le faire voir je remarque que les élémens du reſte ſont des ſurfaces cylindriques dont les hauteurs ſont inégales, & que les élémens de la demi-ſphere ſont des ſurfaces ſphériques qui ſont comme autant de calottes. Or il y a autant d'élémens dans le reſte du cylindre que dans la demi-ſphere, puiſque le nombre en eſt déterminé de part & d'autre par CB : d'ailleurs ſi un des élémens du reſte étoit plus grand que l'élément correſpondant de la demi-ſphere, par exemple, ſi la ſurface cylindrique décrite par AB étoit plus ou moins grande que la ſurface ſphérique décrite par l'arc BD, tout autre élément du reſte ſeroit plus ou moins grand que l'élément correſpondant de la demi-ſphere, par exemple, la ſurface décrite par IL ſeroit plus ou moins grande que la ſurface décrite par l'arc LM ; ainſi la ſomme des ſurfaces cylindriques ſeroit plus ou moins grande que celles des ſuperficies ſphériques, c'eſt-à-dire, que le reſte du cylindre ſeroit plus ou moins grand que la demi-ſphere : ce qui eſt faux. Par conſéquent la ſurface cylindrique décrite par AB eſt égale à la ſurface de la demi-ſphere décrite par l'arc BD. Donc la ſurface d'un cylindre circonſcrit à une ſphere entiere eſt auſſi égale à la ſuperficie de cette ſphere.

Nous avons démontré en premier lieu le rapport des ſolidités de la ſphere & du cylindre circonſcrit par celui de leurs ſurfaces : ici au contraire nous venons de déterminer le rapport des ſurfaces par celui des ſolidités.

THÉORÊME V.

137. *La ſphere eſt au cube circonſcrit comme la ſixiéme partie de la circonférence eſt au diametre.*

DÉMONSTRATION.

Les trois produiſans de la ſphere ſont la circonférence, le diametre, le tiers du rayon ou la ſixiéme partie du diametre : mais à la place de la circonférence entiere & de la ſixiéme partie du diametre, on peut prendre le diametre entier, & la ſixiéme partie de la circonférence ; & pour lors les trois produiſans de la ſphere ſeront deux diametres, & la ſixiéme partie de la circonférence : mais les produiſans du cube circonſcrit ſont trois diametres ; la ſphere & le cube ont donc deux produiſans communs, ſçavoir, deux diametres de part & d'autre ; par conſéquent le premier de ces corps eſt au ſecond, comme la ſixiéme partie de la circonférence, qui eſt le troiſiéme produiſant de la ſphere, eſt au diametre qui eſt le troiſiéme produiſant du cube.

Dans cette démonſtration, à la place de la circonférence entiere & de la ſixiéme partie du diametre, on a pris le diametre entier & la ſixiéme partie de la circonférence ; & on a ſuppoſé que le produit étoit le même : c'eſt ce qui paroîtra d'abord en déſignant ces grandeurs par des lettres. Car la circonférence ſoit $6a$ & le diametre $6b$, la ſixiéme partie du diametre ſera b ; par conſéquent le produit de la circonférence par la ſixiéme partie du diametre ſera $6ab$: d'ailleurs la ſixiéme partie de la circonférence ſera a ; ainſi le produit du diametre par la ſixiéme partie de la circonférence ſera $6ba$, ou $6ab$. Donc ces deux produits ſont égaux.

138. La circonférence étant au diametre à peu près comme 22 à 7, ou comme 66 eſt à 21, la ſphere eſt preſque au cube circonſcrit, comme la ſixiéme partie de 66 eſt à 21, ou comme 11 eſt à 21.

Si on veut avoir un rapport plus approchant du véritable, il faut prendre celui de 333 à 106 ou de 666 à 212, qui eſt le même, parce que ces deux derniers nombres ſont les produits des deux premiers multipliés par 2 : la ſphere eſt donc au cube circonſcrit au moins comme 111, qui eſt la ſixiéme partie de 666 eſt à 212. J'ai dit *au moins*, parce que le rapport de 333 à 106 eſt un peu moindre que la raiſon de la circonférence au diametre : mais il en approche de bien près : car ſi on ſe ſervoit de ce rapport pour trouver la circonférence d'un cercle dont on connoît le diametre, il ne s'en faudroit pas la 37000me partie du nombre trouvé, que ce nombre n'égalât la circonférence cherchée : c'eſt-à-dire, que ſi on ajoutoit au nombre trouvé la 37000me partie de ce nombre, la ſomme ſeroit plus grande que la circonférence.

COROLLAIRE I.

139. Si on ſuppoſe deux ſpheres qui ſoient entr'elles comme la ſixiéme partie de la circonférence eſt au diametre le cube circonſcrit à la premiere ſera égal à la ſeconde. Car la premiere ſphere eſt à ſon cube comme la ſixiéme partie de la circonférence eſt au diametre. De même par l'hypothèſe la premiere ſphere eſt à la ſeconde comme la ſixiéme partie de la circonférence eſt au diametre. Donc la premiere ſphere a le même rapport à ſon cube qu'elle a avec la ſeconde ſphere. Par conſéquent le cube de la premiere ſphere eſt égal à la ſeconde.

COROLLAIRE II.

139 B. Deux ſpheres étant ſuppoſées entr'elles comme la ſixiéme partie de la circonférence eſt au diametre, la ſeconde eſt moyenne proportionnelle entre la premiere ſphere & le cube de la ſeconde ; parce que le rapport qui eſt entre la premiere ſphere & la ſeconde, & le rapport qui eſt entre la même ſeconde ſphere & ſon cube ſont l'un & l'autre égaux à la raiſon de la ſixiéme partie de la circonférence au diametre.

139 C. Le cube de la premiere ſphere étant égal à la ſeconde il eſt auſſi moyen proportionnel entre la premiere ſphere & le cube de la ſeconde.

COROLLAIRE III.

139 D. De même qu'on a fait voir que quand deux ſpheres ſont entr'elles comme 2 à 3 la plus petite eſt au cylindre circonſcrit de la plus groſſe comme le quarré de 2 eſt au quarré de 3 ; on pourroit faire voir de la même maniere que ſi deux ſpheres ſont comme la ſixiéme partie de la circonférence eſt au diametre la premiere ſt au cube circonſcrit de la ſeconde comme le quarré de la ſixiéme partie de la circonférence eſt au quarré du diametre.

COROLLAIRE IV.

139 E. Si on compare deux ſpheres à une troiſiéme en ſorte que la premiere ſoit à la troiſiéme comme 2 à 3, & que la ſeconde ſoit à cette troiſiéme comme la ſixiéme partie de la circonférence au diametre, le cylindre circonſcrit à la premiere ſphere ſera égal au cube circonſcrit à la ſeconde. La raiſon en eſt que ce cylindre & ce cube ſont l'un & l'autre égaux à la troiſiéme ſphere, comme nous l'avons fait voir (136 B. & 139).

140. On trouvera par la méthode de la démonſtration du Théorême V. que le cylindre circonſcrit à une ſphere, eſt au cube circonſcrit à la même ſphere, comme la quatriéme partie de la circonférence eſt au diametre.

THÉORÊME VI.

141. *La ſphere eſt au cone équilateral circonſcrit comme 4 eſt à 9.*

DÉMONSTRATION.

Nous avons fait voir dans la démonſtration de l'article 67 que le cercle dont CD eſt le rayon eſt à celui dont DE eſt le rayon, comm 1 eſt à 3, c'eſt-à-dire, qu'un grand cercle de la ſphere inſcrite eſt à la baſe du cone circonſcrit comme 1 eſt à 3. Or la ſuperficie de la ſphere eſt quadruple de ſon grand cercle. Donc cette ſuperficie eſt à la baſe du cone comme 4 à 3. Mais pour avoir la ſolidité de la ſphere, il faut multiplier ſa ſuperficie par le tiers du rayon CD; & pour avoir la ſolidité du cone, il faut multiplier ſa baſe par le rayon entier CD, qui eſt le tiers de la hauteur du cone (66). Ainſi ces deux produiſans de la ſphere & du cone, ſçavoir, le tiers du rayon CD, & ce rayon entier ſont entr'eux comme 1 & 3. Or ſi on multiplie les deux premiers produiſans 4 & 3 par ces deux derniers 1 & 3, c'eſt-à-dire, 4 par 1, & 3 par 3 les produits qui repréſentent les deux corps ſont 4 & 9. Donc la ſolidité de la ſphere eſt à celle du cone comme 4 eſt à 9. Ce qu'il falloit démontrer. Fig. 21.

Ce Théorême fait voir que ſi on partage la ſphere inſcrite en quatre parties égales, le cone equilateral contient neuf parties égales à celles de la ſphere. Il faut dire la même choſe des ſurfaces totales de ces deux corps.

COROLLAIRE I.

142. Le cylindre circonſcrit à une ſphere eſt moyen proportionnel entre la ſphere & le cone équilateral circonſcrit à la même ſphere. Car la ſphere eſt au cylindre circonſcrit comme 2 eſt à 3, ou comme 4 eſt à 6. Donc ſi la ſolidité de la ſphere eſt marquée par 4, celle du cylindre doit être exprimée par 6. Mais d'ailleurs celle du cone doit alors être déſignée par 9, ſelon le Théorême précédent. Par conſéquent la ſphere, le cylindre & le cone ſeront repréſentés par les trois nombres 4, 6, 9, dont celui du milieu eſt moyen proportionnel entre les deux autres. Donc la ſphere eſt au cylindre comme le cylindre eſt au cone.

COROLLAIRE II.

143. Il paroît donc par l'article 68 & par le Corollaire précédent que le rapport des surfaces totales de la sphere, du cylindre circonscrit & du cone équilateral circonscrit à la même sphere, est égal à celui des solidités de ces trois corps; puisque de même que les trois surfaces totales sont entr'elles, comme les nombres 4, 6, 9 : pareillement les solidités sont comme les mêmes nombres.

144. Si on compare seulement le cylindre & le cone équilateral circonscrits l'un & l'autre à la même sphere, on trouvera quatre raisons, dont chacune est égale au rapport de 2 à 3 : sçavoir, celle des hauteurs (66), celle des surfaces convexes (69), celle des surfaces totales (68), & enfin celle des solidités.

On voit donc que ce qui a fait le sujet de l'admiration d'Archimede par rapport à la sphere & au cylindre circonscrit; sçavoir, que la raison des surfaces totales de ces deux corps est la même que celle des solidités, se rencontre aussi dans le cylindre & le cone, & qu'il y a même quelque chose de plus surprenant dans ces deux derniers corps.

145. On a démontré que le rayon de la sphere inscrite au cone équilateral est la moitié de celui de la sphere circonscrite (65). Or les spheres sont comme les cubes des rayons. Donc la premiere est à la seconde comme 1 est à 8, ou comme 4 est à 32. Or on vient de faire voir dans le dernier Théorême que si la sphere inscrite est exprimée par 4, le cone doit être représenté par 9. Donc le cone est à la sphere circonscrite comme 9 à 32.

PROBLÊME.

146. *Trouver à peu près la solidité d'une sphere dont on connoît le diametre.*

Cherchez la surface de la sphere, comme on l'a enseigné (76), ensuite multipliez cette surface par le tiers du rayon, le produit sera la solidité que l'on cherchoit (102): par exemple, si le diametre d'une sphere est de 300 pieds, il faut chercher la surface que vous trouverez du 282857 pieds quarrés plus $\frac{1}{7}$, en supposant le rapport de la circonférence au diametre égal à celui de 22 à 7. Si vous multipliez cette surface par 50, qui est le tiers du rayon, le produit sera 14142857 pieds cubiques, plus $\frac{1}{7}$ de pied cubique; c'est à peu près la solidité de la sphere, dont le diametre est de 300 pieds.

Si

Si on avoit supposé le rapport du diametre à la circonférence, égal à celui de 113 à 355, on auroit trouvé d'abord 282743 $\frac{41}{113}$ pour la surface du globe, laquelle étant multipliée par 50, le produit auroit été 14137168 $\frac{16}{113}$: ce produit approche plus de la solidité du globe qui a 300 pieds de diametre que le premier produit 14142857 $\frac{1}{7}$.

147. On peut se servir d'une autre méthode pour trouver la solidité d'une sphere : cette méthode est fondée sur ce que le rapport des spheres est égal à celui des cubes des diametres ; elle suppose que l'on connoît la solidité de quelque sphere ; par exemple, celle de la sphere, dont le diametre est de 100 pieds, que l'on trouve par la premiere méthode être de 523598 pieds cubiques plus $\frac{278}{339}$. (Je suppose qu'on se sert du rapport de 113 à 355). Cela posé, afin de trouver la solidité d'une sphere de 300 pieds, il faut faire une proportion dont le premier terme soit 1000000 cube de 100 qui est le diametre de la sphere dont on connoît la solidité, le second soit 27000000 cube de 300, qui est le diametre de la sphere dont on cherche la solidité, & le troisiéme terme soit 523599, qui est la solidité de la sphere qui a 100 pieds de diametre. (Nous prenons 523599 au lieu de 523598 $\frac{278}{339}$, afin d'éviter le calcul des fractions.) Le quatriéme terme de cette proportion sera la solidité de la sphere dont le diametre est 300. Voici la proportion, 1000000 . 27000000 :: 523599 . 14137173 pieds cubiques. Ce quatriéme terme est un peu plus grand que 14137168 $\frac{16}{113}$ qu'on avoit trouvé d'abord, par ce que l'on a pris 523599 pour troisiéme terme au lieu de 523598 $\frac{278}{339}$.

148. Remarquez que la solidité du globe qui a 300 pieds de diametre est moindre que 14142857 $\frac{1}{7}$; & même que 14137168 $\frac{96}{113}$, parce que le rapport de la circonférence au diametre est moindre que la raison de 22 à 7, & que celle de 355 à 113. Mais si dans la seconde méthode on avoit pris pour troisiéme terme de la proportion 523598 à la place de 523599, le quatriéme terme auroit été trop petit & plus différent de la vraie solidité qu'on cherche, qu'en prenant 523599 ; parce que ce nombre 523599 approche plus de la solidité du globe qui a 100 pour diametre, que le nombre 523598, comme nous le prouverons dans un supplément.

DE LA DUPLICATION DU CUBE *& de la Triſection de l'angle.*

Nous finirons ces Élémens en diſant quelque choſe du Problême de la *duplication du cube*, ſi célébre chez les Anciens, & de celui de la *triſection* de l'angle. Voici en quoi conſiſte le premier : on ſuppoſe un cube qui ait, par exemple, un pied de hauteur ; il s'agit d'en faire un autre qui ſoit double de celui-là.

149. Il eſt évident que ſi on faiſoit un cube dont la hauteur fût double de celle du premier, ce ſecond cube ne feroit pas ſeulement deux fois, mais huit fois plus grand que le premier : car la hauteur de ce premier cube étant à celle du ſecond comme 1 eſt à 2, leurs ſolidités ſeroient entr'elles comme les cubes de ces deux nombres, c'eſt-à-dire, comme 1 eſt à 8. Pour réſoudre ce Problême il faudroit propoſer une méthode de trouver deux moyennes proportionnelles entre la hauteur du premier & une autre ligne double de cette hauteur. J'appelle a la hauteur du premier, & $2a$ la ligne qui en eſt double. J'appelle auſſi x & y les deux moyennes proportionnelles entre a & $2a$. Il faut donc que $\div a . x . y . 2a$: & ſi on peut trouver ces deux moyennes proportionnelles, la premiere, qui eſt x, ſera la hauteur d'un cube double du premier : car nous avons démontré dans le ſecond Livre d'Algebre (Art. 113), que dans une progreſſion géométrique le cube du premier terme eſt au cube du ſecond, comme le premier eſt au quatriéme. Par conſéquent ſi $\div a . x . y . 2a$ le cube d'a eſt au cube d'x, comme a eſt à $2a$: c'eſt-à-dire, que le cube donné qui eſt celui d'a eſt la moitié du cube d'x, comme a eſt la moitié de $2a$.

Or nous avons fait voir comment on peut trouver une moyenne proportionnelle entre deux lignes : mais quoique les anciens & les nouveaux Géometres aient cherché avec beaucoup d'application la maniere de trouver géométriquement deux moyennes proportionnelles entre deux lignes, leurs efforts ont été inutiles. Il eſt vrai qu'on a propoſé pluſieurs méthodes par leſquelles on peut venir à bout de trouver ces deux moyennes proportionnelles : mais ces méthodes ne ſont pas cenſées géométriques, ſoit parce qu'elles ſont ſujettes à des tâtonnemens, ſoit parce qu'elles ſuppoſent des inſtrumens différens de la regle & du compas ordinaire, ou au moins la deſcription de certaines courbes qu'on ne peut tracer exactement en ne ſe ſervant que de la regle & du compas.

150. On peut par l'arithmétique approcher si près que l'on veut de la hauteur du cube cherché, quoique l'on ne puisse jamais la trouver exactement par ce moyen. Pour cela il faut concevoir que la hauteur du cube donné est divisée en parties égales les plus petites que l'on pourra, afin d'approcher de plus près de la hauteur cherchée : par exemple, la hauteur du cube donné étant ici supposée d'un pied, je la conçois divisée d'abord en 12 pouces, & chaque pouce en 12 lignes. Par conséquent cette hauteur contient 144 lignes qui sont des parties égales. Donc la progression ∺ $a . x . y . 2a$ sera changée en celle-ci ∺ $144 . x . y .$ 288. Donc suivant ce qu'on vient de dire, le cube de 144 est au cube d'x, comme 144 est à 288, ou, ce qui revient au même, 144 est à 288, comme le cube de 144, qui est 2985984, est au cube d'x : ainsi par la regle de trois on trouvera que le cube d'x est 5971968. Donc en tirant la racine cubique de ce quatriéme terme on aura la hauteur d'x. Or cette racine cubique est à peu près 181. Par conséquent si on fait un cube qui ait pour hauteur 181 lignes, il sera presque le double du cube donné : mais si on veut encore en approcher de plus près, il faut employer l'approximation des racines, ou diviser la hauteur du cube donné en parties plus petites que des lignes.

151. On trouveroit de même la hauteur d'un cube qui seroit trois fois, quatre fois plus grand, en un mot, qui auroit tel rapport que l'on voudroit avec un cube donné. Mais si le rapport du cube donné avec le cube cherché pouvoit être exprimé par des nombres qui fussent des troisiémes puissances parfaites, alors il faudroit prendre les racines cubiques de ces nombres : elles exprimeroient le rapport des hauteurs : par exemple, si les deux cubes étoient entr'eux comme 27 & 64, les hauteurs seroient comme 3 & 4 : ainsi pour trouver la hauteur du second cube, il n'y auroit qu'à faire une regle de trois dont les deux premiers termes seroient 3, 4 & le troisiéme la hauteur du premier cube : le quatriéme terme qu'on trouveroit seroit la hauteur exacte & précise du cube cherché.

152. Il faudroit employer la même méthode pour trouver le diametre d'un globe double, triple, &c. d'un autre globe dont on connoîtroit le diametre. Il faut dire la même chose des côtés ou des lignes correspondantes des autres corps semblables.

Le Problême de la trisection de l'angle est encore célébre en géométrie. Il s'agit de diviser un angle en trois parties égales. Ce

Problême n'eſt pas difficile à réſoudre lorſqu'il s'agit d'un angle droit, comme il paroîtra par la méthode ſuivante.

Fig. 15. Pl. XIII. 153. Soit l'angle droit ACB qu'il faut diviſer en trois parties égales. Du ſommet C comme centre on décrira l'arc AB entre les deux côtés de l'angle : enſuite du point B & de l'intervalle du rayon CA ou CB on coupera l'arc AB au point E : pareillement du point A & du même intervalle on marquera le point F : ſi on tire les rayons CE, CF, l'angle ACB ſera partagé en trois parties égales : car puiſque par la conſtruction la corde BE eſt égale au rayon, l'arc EFB ſera de 60 degrés (Livre II, Article 100 B) : d'ailleurs l'arc total AB eſt de 90 degrés, puiſqu'il eſt la meſure de l'angle droit ACB : donc l'autre partie AE de l'arc AB eſt de 30 degrés. On prouvera par la même raiſon que l'arc BF eſt auſſi de 30 degrés : donc l'arc EF eſt encore de 30 degrés : ainſi l'arc AB eſt partagé en trois parties égales aux points E & F : donc l'angle ACB eſt auſſi diviſé en trois angles égaux par les rayons CE, CF.

154. Pour ce qui eſt des autres angles, on peut les partager en trois parties égales en ouvrant le compas, en ſorte que la diſtance des pointes puiſſe être compriſe trois fois préciſément entre les deux extrémités de l'arc décrit du ſommet comme centre entre les côtés. Or on parvient à cette ouverture préciſe en augmentant ou en diminuant celle qu'on avoit donnée d'abord au compas, ſelon qu'on l'a trouvée trop petite ou trop grande en appliquant les pointes du compas ſur l'arc. Cette méthode eſt ſujette au tâtonnement : ainſi elle n'eſt pas géométrique. On en propoſe pluſieurs autres qui ne le ſont pas non plus, ſoit qu'elles ſuppoſent un inſtrument différent du compas ordinaire & de la regle, ou bien une courbe appellée *quadratrice* qu'on ne peut décrire d'une maniere continue avec ces deux inſtrumens, je veux dire la regle & le compas. Nous ne rapporterons pas ces différentes méthodes, parce qu'elles ne ſont pas néceſſaires dans des Élémens de Géométrie.

Fin des Élémens.

DE LA TRIGONOMÉTRIE.

LA Géométrie ſe diviſe en deux parties, qui ſont la Géométrie *ſpéculative* & la *pratique*. La premiere conſidere les différens rapports de l'étendue ſans propoſer aucune regle, ſoit pour tirer des lignes & faire certaines figures, ſoit pour meſurer l'étendue : la ſeconde, qui eſt la Géométrie pratique, donne ces ſortes de regles, & démontre qu'elles ſont infaillibles : la premiere conſiſte toute en Théorêmes : la ſeconde ne propoſe que des Problêmes. On a traité ces deux parties dans les *Elémens de Géométrie*, en donnant des Théorêmes, & enſuite des Problêmes.

La Géométrie pratique contient trois parties : ſçavoir, la *Longimétrie*, la *Planimétrie* & la *Stéréométrie* : la premiere enſeigne à meſurer les lignes ; la ſeconde apprend à meſurer les ſurfaces ; & la troiſiéme à meſurer les corps ou ſolides. Ce que nous avons dit dans les *Elémens de Géométrie* ſuffit pour la meſure des ſurfaces & des ſolides, en ſuppoſant qu'on connoît la longueur des différentes lignes qu'il faut multiplier pour avoir les ſurfaces & les ſolidités : mais il eſt ſouvent néceſſaire de recourir à la *Trigonométrie* pour connoître la longueur des lignes.

ART. 1. La Trigonométrie eſt une partie de la Géométrie, qui enſeigne à connoître les côtés & les angles d'un triangle dont on connoît déja deux angles & un côté, ou deux côtés & un angle, ou enfin les trois côtés.

2. Comme il y a des triangles ſphériques & des triangles rectilignes, on diviſe la Trigonométrie en deux parties, dont l'une traite des triangles ſphériques, on l'appelle *Trigonométrie ſphérique* ; & l'autre conſidere les triangles rectilignes, on l'appelle pour ce ſujet *Trigonométrie rectiligne* : la premiere regarde les Aſtronomes ; la ſeconde eſt néceſſaire dans une infinité d'occaſions : c'eſt pourquoi nous allons en donner un Traité, ſans parler de la Trigonométrie ſphérique, qui n'eſt pas de notre deſſein.

Mais comme dans la Trigonométrie on ſe ſert des ſinus, des tangentes & des ſécantes, il eſt néceſſaire de traiter au long de ces lignes, dont nous n'avons donné que des notions très-courtes dans les *Elémens de Géométrie*; & après cela nous proposerons plusieurs Problêmes qui renfermeront la méthode de trouver ces différentes mesures pour tous les angles & pour les arcs qui leur sont égaux.

3. La méthode de trouver ces mesures, c'est-à-dire, les sinus, les tangentes & les sécantes des angles ou des arcs, s'appelle *Construction des Tables des sinus, des tangentes & des sécantes*, parce qu'après avoir trouvé les sinus des différens angles, on en a construit des Tables, dans lesquelles on a placé ces sinus à côté des nombres qui désignent les degrés & les minutes des angles dont ces sinus sont la mesure. On a fait la même chose par rapport aux tangentes & aux sécantes

4. Le sinus d'un arc est une ligne tirée de l'extrémité de cet arc perpendiculairement sur le rayon ou le diametre qui passe par l'autre extrémité du même arc : cette ligne est aussi le sinus de l'angle mesuré par l'arc : par exemple, le sinus de l'arc GA est la ligne GH tirée de l'extrémité G de cet arc perpendiculairement sur le rayon CA, ou le diametre BA qui passe par l'autre extrémité A du même arc : cette ligne GH est aussi sinus de l'angle GCA, dont l'arc GA est la mesure. De même la ligne EF est sinus de l'arc EA & de l'angle ECA. Pareillement la ligne GL est sinus de l'arc GD & de l'angle GCD. On pourroit aussi définir le sinus par rapport à l'angle immédiatement en disant que le sinus d'un angle est une ligne tirée de l'extrémité d'un de ses côtés lequel est pris pour rayon, perpendiculairement sur l'autre côté prolongé s'il est nécessaire. La ligne GH, par exemple, est le sinus de l'angle GCA, parce qu'elle est tirée de l'extrémité G perpendiculairement sur l'autre côté CA.

Fig. 1.

4 B. La ligne GL sinus de l'arc GD qui est le complément de l'arc GA, est égale à CH, qui est la partie du rayon CA comprise entre le centre C & le sinus GH. On peut donc dire en général que *la partie du rayon comprise entre le centre & le sinus d'un arc terminé par ce rayon, est le sinus du complément de cet arc.* C'est la même chose pour les angles : ainsi CH est le sinus du complément de l'angle GCA.

4 C. Les sinus des complémens sont appellés *cosinus* CH=GL est le cosinus de l'arc GA ou de l'angle GCA. Réciproquement GH est le cosinus de l'arc GD & de l'angle GCD. Nous verrons dans la suite que les angles obtus ont leurs cosinus aussi bien que les angles aigus.

5. Le sinus de l'arc DA, qui est le quart de la circonférence,

eſt le rayon DC tiré de l'extrémité D perpendiculairement ſur le rayon CA qui paſſe par l'autre extrémité A de l'arc. Le rayon DC eſt auſſi le ſinus de l'angle droit DCA meſuré par l'arc DA ; ainſi le ſinus d'un angle droit eſt le rayon : on l'appelle *ſinus total*. Fig. 1.

6. Remarquez que le ſinus d'un angle eſt auſſi ſinus de ſon ſupplément : par exemple, GH eſt non-ſeulement ſinus de l'angle GCA, mais auſſi de l'angle GCB, qui eſt le ſupplément du premier. De méme EF eſt ſinus de l'angle ECA & de ſon ſupplément ECB. C'eſt la même choſe pour les arcs qui ſont les meſures de ces angles ; en ſorte que GH eſt ſinus de l'arc GA & du ſupplément GDB. Pareillement EF eſt ſinus de EA & de EDB.

Cette remarque eſt une ſuite de la définition du ſinus : car afin d'avoir le ſinus de l'angle GCB ou de l'arc GDB, il faut tirer du point G, qui eſt l'extrémité de l'arc, une perpendiculaire ſur le diametre AB, lequel paſſe par l'autre extrémité de l'arc. Or on ne peut tirer du point G d'autre perpendiculaire ſur ce diametre que la ligne GH, qui eſt ſinus de l'arc GA ; ainſi la perpendiculaire GH eſt ſinus des deux arcs GA & GDB, ou des angles GCA & GCB, qui ſont ſupplément l'un de l'autre.

7. Il paroît donc qu'un angle obtus n'a point d'autre ſinus que celui de l'angle aigu qui eſt ſon ſupplément : & de même par rapport aux arcs, celui qui eſt plus grand qu'un quart de circonférence a le même ſinus que l'arc qui eſt ſon ſupplément, lequel eſt moindre que le quart de la circonférence.

8. Le ſinus d'un angle ou d'un arc étant prolongé juſqu'à la rencontre de la circonférence, il en réſulte une corde, laquelle eſt perpendiculaire ſur le rayon qui aboutit à l'extrémité de l'arc : par exemple, ſi on prolongeoit la ligne GH, ſinus de l'arc GA juſqu'à la rencontre de la circonférence, ce ſeroit une corde perpendiculaire au rayon CA. Or je dis que le ſinus GH eſt la moitié de cette corde, & que l'arc GA eſt auſſi la moitié de l'arc ſoutenu par la corde : car cette corde étant perpendiculaire au rayon CA par l'hypothèſe, le rayon lui eſt auſſi perpendiculaire, & par conſéquent la corde & l'arc ſont chacun coupés en deux parties égales (Liv. I, Art. 105) : donc le ſinus GH eſt la moitié de la corde, & l'arc GA eſt auſſi la moitié de l'arc ſoutenu par la corde.

9. On peut donc dire que le ſinus d'un arc eſt la moitié d'une corde qui ſoutient un arc double : par exemple, GH ſinus de l'arc GA, eſt la moitié d'une corde qui ſoutient un arc double de GA. Cette ſeconde définition du ſinus nous ſervira dans la ſuite.

10. Remarquez que le ſinus d'un arc moindre que le quart de

Fig. 1. la circonférence, devient d'autant plus grand que l'arc augmente : par exemple, le ſinus de l'arc EGA eſt plus grand que celui de l'arc GA; en ſorte que le ſinus du quart de la circonférence eſt plus grand que tous les autres, qui par conſéquent n'en ſont que des parties; c'eſt pour cela qu'on l'appelle ſinus total. Quant aux arcs qui ſurpaſſent le quart de la circonférence, il eſt viſible que ſi l'on compare deux de ces arcs, comme GDB & EDB, celui qui eſt le plus grand a un moindre ſinus : car ces arcs n'ont point d'autres ſinus, que ceux de leurs ſupplémens. Or le plus grand des deux arcs, ſçavoir, GDB, a un moindre ſupplément que l'autre; par conſéquent il a auſſi un plus petit ſinus : ainſi lorſque les arcs ſurpaſſent le quart de la circonférence, les ſinus ſont d'autant plus petits, que les arcs ſont plus grands. Tout cela doit être appliqué aux angles; ainſi plus les angles aigus ſont grands, plus leurs ſinus ſont grands; & au contraire plus les angles obtus ſont grands, plus leurs ſinus ſont petits.

11. Mais quoiqu'il ſoit vrai que plus un angle aigu, ou l'arc qui en eſt la meſure eſt grand, plus auſſi ſon ſinus eſt grand, cependant les ſinus n'augmentent pas dans la même raiſon que les angles aigus ou leurs arcs; en ſorte que ſi un arc eſt double d'un autre, le ſinus du premier n'eſt pas pour cela double de celui du ſecond : car nous avons remarqué (Liv. II, Art. 90) que les cordes ne ſont pas proportionnelles aux arcs qu'elles ſoutiennent. Or les ſinus ſont moitié des cordes; par conſéquent les ſinus ne ſont pas proportionnels à leurs arcs ou à leurs angles.

12. Le ſinus dont nous avons parlé juſqu'à préſent, s'appelle *ſinus droit*; il y a encore une autre eſpece de ſinus qu'on appelle *ſinus verſe* : pour entendre ce que c'eſt que ce ſinus, il faut recourir à la premiere définition du ſinus droit : nous avons dit que le ſinus droit d'un arc étoit une ligne tirée de l'extrémité de l'arc perpendiculairement ſur le rayon ou le diametre qui paſſe par l'autre extrémité. Or ſi on prend ſur le diametre la partie compriſe entre le ſinus droit & l'arc, ce ſera le ſinus verſe de l'arc : par exemple, l'arc GA dont le ſinus droit eſt GH, a pour ſinus verſe la partie AH du diametre. De même le ſinus verſe de l'arc EGA & de l'angle ECA eſt la partie FA du diametre.

13. De-là il ſuit que le ſinus droit d'un arc de 90 degrés ou de l'angle droit, eſt égal à ſon ſinus verſe, parce que l'un & l'autre eſt rayon du cercle : par exemple, le ſinus droit de l'arc DA eſt le rayon DC, & ſon ſinus verſe eſt l'autre rayon CA.

14. Nous avons obſervé que le ſinus droit d'un angle aigu étoit

étoit aussi le sinus droit de l'angle obtus qui est son supplément : il n'en est pas de même du sinus verse : par exemple, le sinus verse de l'angle aigu GCA ou de son arc GA est AH : mais le sinus verse du supplément GCB ou de son arc GDB est la partie HB comprise entre le sinus droit & l'arc GDB.

Lorsqu'on parle du sinus d'un angle ou d'un arc, sans spécifier le sinus droit ou le sinus verse, il faut toujours entendre le sinus droit.

Nous allons donner les notions des tangentes & des sécantes.

15. Une ligne, comme AF, tirée perpendiculairement de l'extrémité du rayon CA & terminée de l'autre côté par le rayon prolongé CHF, est appellé *tangente* de l'arc AH compris entre ces deux rayons, ou de l'angle ACH : le rayon prolongé CHF, terminé par la tangente, est appellé *sécante* du même arc & du même angle. Pareillement AE est tangente de l'angle ACE, & de l'arc AG ; & CE en est la sécante. Fig. 2.

16. De même qu'il y a des cosinus, il y a aussi des *cotangentes* & des *cosécantes*. La cotangente d'un arc ou d'un angle est la tangente du complément de cet arc ou de cet angle. Ainsi AE est la cotangente de l'arc DG, & AF est la cotangente de l'arc DH, DL & DI sont aussi les cotangentes des arcs AG & AH. Pareillement la cosécante d'un arc ou d'un angle est la sécante du complément de cet arc ou de cet angle. Ainsi CE est la cosécante de l'arc DG & CF est la cosécante de l'arc DH, CL & CI sont aussi cosécantes des arcs AG & AH.

17. Il semble d'abord qu'il n'y ait que les angles aigus qui aient des cosinus, des cotangentes & des cosécantes : cependant les angles obtus ont aussi les leurs. Le cosinus d'un angle obtus est le sinus de l'angle aigu qui est l'excès de l'angle obtus sur un angle droit ; par exemple, le cosinus d'un angle de 100 degrés est le sinus d'un angle de dix degrés. La raison en est que le sinus de 100 degrés est le même que le sinus de son supplément 80 degrés : ainsi les deux angles de 100 & de 80 degrés ont aussi le même cosinus. Or le cosinus de 80 degrés est le sinus de 10 degrés. On voit par-là que deux angles ou deux arcs qui sont supplémens l'un de l'autre ont le même cosinus. Il en faut dire autant des cotangentes & des cosécantes, comme il paroîtra par l'article 19.

18. Pour avoir la tangente de l'angle droit ACD, il faudroit prolonger le rayon CD & la tangent AF, jusqu'à ce que ces deux lignes se rencontrassent : mais comme elles sont toutes les deux

Fig. 2. perpendiculaires au rayon CA, elles ne se rencontreroient jamais; c'est pourquoi la tangente d'un angle droit, ou de son arc est infinie. Par la même raison la sécante de l'angle droit est aussi infinie.

19. Comme le sinus d'un angle est aussi sinus de son supplément, de même la tangente d'un angle ou d'un arc est aussi tangente de son supplément; en sorte qu'un angle obtus, tel que HCB, n'a pas d'autre tangente que celle de l'angle aigu qui est son supplément. Il faut dire la même chose des sécantes.

20. On suppose le sinus total ou le rayon de quelque cercle que ce soit, grand ou petit, divisé en 100000, ou même en 10000000 parties égales, en sorte que l'on conçoit le rayon d'un petit cercle divisé en autant de parties que le rayon d'un grand cercle; de même que l'on suppose la circonférence de tout cercle divisée en 360 degrés; & on cherche ensuite combien les autres sinus, qui sont tous moindres que le sinus total, contiennent de parties égales à celles du rayon.

21. Puisque le rayon de tout cercle est divisé dans le même nombre de parties égales, il faut que les parties d'un petit rayon soient moindres que les parties d'un grand: c'est pourquoi les tables des sinus dans lesquelles on trouve combien chaque sinus contient de parties à proportion du rayon, ne font pas connoître la grandeur absolue de ces sinus; mais seulement leur grandeur relative, c'est-à-dire, le rapport qu'ils ont entr'eux: par exemple, quoique l'on trouve que le sinus d'un angle de 30 degrés soit de 50000 parties, en supposant le rayon divisé en 100000 parties, on ne sçait pas pour cela quelle est la grandeur réelle de ce sinus; en sorte qu'on puisse dire qu'il a 3 pieds, 4 pieds, &c. Mais on sçait quel est son rapport avec les autres sinus; on connoît, par exemple, que le sinus de 30 degrés est la moitié du sinus de l'angle droit; puisque le premier est de 50000 parties, & l'autre de 100000. Il en est des sinus comme des arcs: on ne connoît pas la grandeur absolue des arcs, quoique l'on connoisse le nombre des degrés qu'ils contiennent; ainsi, quoique l'on sçache qu'un arc est de 20 degrés, on ne sçait pas pour cela combien il a de pouces ou de pieds, à moins qu'on ne connoisse d'ailleurs la grandeur absolue de la circonférence.

22. Mais quoiqu'on ne connoisse pas la grandeur absolue des sinus, cela n'empêche pas qu'on ne puisse trouver la grandeur absolue des côtés d'un triangle dont on connoît un côté & les angles: car si dans un triangle on connoît deux angles & un côté

on trouvera les ſinus des angles par les tables. Or les ſinus ſont proportionnels aux côtés oppoſés aux angles, comme nous le ferons voir ; par conſéquent ſi le ſinus de l'angle oppoſé au côté connu eſt le double de l'autre ſinus, le côté connu ſera auſſi le double du côté cherché ; ainſi ſi le côté connu eſt de 50 toiſes, le côté qu'on cherche ſera de 25 toiſes. Il faut dire la même choſe des tangentes & des ſécantes. Ces réflexions ſuffiſent pour faire connoître l'uſage des ſinus : nous allons préſentement établir quelques propoſitions qui tendent à faire trouver les ſinus, les tangentes & les ſécantes des arcs ou des angles. Pour cet effet il ſuffit de connoître les cordes des différens arcs, parce que la moitié d'une corde eſt le ſinus de la moitié de l'arc ſoutenu par la corde (9) : d'ailleurs on trouve les tangentes & les ſécantes par les ſinus.

LEMME.

23. *Dans tout quadrilatere inſcrit au cercle, la ſomme des deux rectangles des côtés oppoſés eſt égale au rectangle des deux diagonales.*

Soit le quadrilatere inſcrit ABEF, dont les deux diagonales ſont AE & BF. Il faut prouver que la ſomme des rectangles AB×EF & AF×BE eſt égale au rectangle de AE par BF. Pour cet effet, on tirera la ligne BD de maniere qu'elle faſſe l'angle ABD égal à l'angle EBF. Cela poſé, il faut démontrer que le rectangle de AB par EF eſt égal au produit de AD par BF, & que celui de AF par BE eſt égal au produit de DE par BF ; après quoi il ſera aiſé de faire voir que ces deux produits ſont égaux au rectangle de AE par BF. Fig. 16. Pl. XIII.

DÉMONSTRATION.

1°. AB×EF=AD×BF : car dans les deux triangles ADB & BEF les angles ABD & EBF ſont égaux par la conſtruction ; & d'ailleurs les angles BAD ou BAE & BFE ſont égaux, parce qu'ils ſont appuyés ſur le même arc BE. Donc ces deux triangles ſont ſemblables, & par conſéquent AB . BF : : AD . EF : ainſi AB×EF=AD×BF.

2°. AF×BE=DE×BF. Il faut comparer les deux triangles BAF & BDE : l'angle ABF eſt égal à DBE à cauſe de la partie commune DBF ajoutée aux deux angles égaux ABD & EBF : de plus l'angle AFB du premier triangle eſt égal à l'angle DEB ou AEB du ſecond, parce qu'ils ſont appuyés ſur le même arc AB : ainſi les deux triangles ſont ſemblables ; par conſéquent on aura la proportion AF . DE : : BF . BE : donc AF×BE=DE×BF. Or il eſt évident que les produits des deux parties AD & DE de la diagonale AE par BF valent enſemble le rectangle de la diagonale entiere AE par l'autre diagonale BF ; par conſéquent la ſomme des deux rectangles des côtés oppoſés du quadrilatere inſcrit eſt égale au rectangle des diagonales.

PROBLÊME I.

24. *Connoiſſant les cordes de deux arcs, trouver la corde qui ſoutient un arc égal à la ſomme des deux premiers.*

Soient les arcs BGE, EHF dont on connoît les cordes BE, EF : il s'agit de trouver la corde BF qui ſoutient la ſomme de ces deux arcs. Pour cela je tire du point E le diametre ACE, & je mene enſuite les cordes AB, AF ; après quoi je cherche d'abord la corde AB qui ſoutient un arc, lequel eſt le ſupplément de l'arc BGE. L'angle ABE eſt droit, puiſqu'il eſt appuyé ſur un diametre : ainſi en retranchant le quarré du côté BE du quarré de l'hypotenuſe AE, qui eſt le diametre, on aura le quarré de AB (Liv. II, Art. 184). Par conſéquent ſi on tire la racine quarrée de ce reſte, on aura la corde AB. On trouvera de la même maniere la corde AF par la corde EF. Préſentement ſi on multiplie les côtés oppoſés du quadrilatere, & qu'on ajoute enſemble les deux produits, la ſomme ſera égale au produit des diagonales AE & BF. Par conſéquent ſi on diviſe cette ſomme par la diagonale AE, qui eſt un diametre, le quotient ſera la diagonale ou la corde cherchée BF.

Connoiſſant, par exemple, que la corde de 40 degrés eſt de 68404 & celle de 36 degrés de 61804, on trouvera par la méthode de ce Problême que la corde de 76 degrés contient 123132 parties.

COROLLAIRE I.

25. On pourra trouver par la méthode de ce Problême la corde d'un arc double de celui dont on connoît la corde. Si, par exemple, on connoît la corde d'un arc de trois degrés, on trouvera celle d'un arc de ſix degrés. Ce n'eſt qu'une application du Problême dans laquelle le calcul eſt plus court, parce que dans ce cas la corde AB devient égale à la corde AF.

COROLLAIRE II.

26. Ayant la corde d'un arc on pourra auſſi trouver celle d'un

arc triple ou d'un arc quadruple, quintuple, &c. Pour un arc triple, on cherchera d'abord celle d'un arc double: ensuite connoissant la corde de l'arc double & celle de l'arc simple, on trouvera la corde de la somme de ces deux arcs, c'est la corde de l'arc triple. Pour l'arc quadruple on cherchera d'abord la corde de l'arc double: ensuite celle d'un arc qui soit double de celui dont on aura trouvé la corde; la derniere corde trouvée sera celle de l'arc quadruple de l'arc simple. Pour l'arc quintuple on cherchera la corde de l'arc double, ensuite celle de l'arc triple, & enfin celle de la somme de ces deux arcs, dont l'un est double & l'autre triple: cette derniere corde sera celle d'un arc quintuple de l'arc simple. Tout cela suit évidemment du Problême I.

PROBLÊME II.

27. *Connoissant la corde d'un arc trouver celle de la moitié de cet arc.*

On connoît, par exemple, la corde BF de l'arc BEF, il s'agit de trouver la corde EF de l'arc EHF, que je suppose la moitié de l'arc BEF. Je tire le diametre ACE, qui sera perpendiculaire à la corde BF, & qui la coupera en deux parties égales, parce qu'il a deux de ses points également éloignés des extrémités B & F de la corde BE: sçavoir, le centre C & le point E. Ainsi le triangle EMF est rectangle en M. Or dans ce triangle on connoît le côté FM, qui est la moitié de BF. D'ailleurs on trouvera le côté ME en cette maniere: On prendra le quarré du rayon CF, qui est l'hypotenuse du triangle rectangle CMF; on ôtera de ce quarré celui du côté FM: le reste sera le quarré de l'autre côté CM: si donc on tire la racine quarrée de ce reste, on aura CM. Il faudra ôter CM du rayon CE, le reste sera ME. Quand on aura FM & ME, on en prendra les quarrés, & on les ajoutera ensemble, la somme sera égale au quarré de l'hypotenuse EF: par conséquent, si on extrait la racine quarrée de cette somme, on aura la corde cherchée EF.

Si, par exemple, on connoît que la corde de 76 degrés est de 123132 parties, on trouvera que celle de 38 degrés est de 65114.

PROBLÊME III.

28. *Connoissant la corde d'un arc, trouvér celle du tiers & de la cinquiéme partie de cet arc.* Fig. 16. Pl. XIII.

On connoît la corde AB de l'arc ALB, il faut trouver la corde AL de l'arc AIL, que je suppose le tiers de l'arc ALB. Il est certain que cette corde AL est plus grande que le tiers de la corde

AB. On prend donc un nombre un peu plus grand que le tiers de AB, & on cherche par l'Article 26 quelle sera selon cette supposition la corde de l'arc ALB. Si on trouve le même nombre que celui qui désigne la corde AB, le nombre qui a été pris pour la corde AL est effectivement cette corde : mais si en cherchant la corde d'un arc triple de AIL ; on trouve un nombre différent de celui de la corde AB, il faudra faire cette regle de trois, *Si la corde trouvée* AB, *c'est-à-dire, le nombre trouvé en la cherchant, vient du nombre qu'on a supposé pour la corde* AL; *combien la véritable corde* AB *donnera-t-elle pour la corde* AL.

29. Cette regle de trois suppose cette proportion, *La corde trouvée* AB *est à la corde supposée* AL, *comme la véritable corde* AB *est à la vraie corde* AL ; laquelle proportion n'est pas tout-à-fait exacte : mais il n'y aura point d'erreur sensible dans le calcul en faisant l'application de la regle à de petits arcs. On ne s'en sert que pour trouver la corde du tiers d'un arc de 7 degrés 30 min. ou de quelque autre arc plus petit. Au reste on peut toujours s'assurer si le nombre trouvé est effectivement la corde du tiers de l'arc dont on connoît la corde ; on peut, dis-je, s'en assurer en cherchant par l'Article 26 quelle est la corde d'un arc triple : car le nombre qu'on trouvera doit être le même que la corde connue.

On emploiera la même méthode pour trouver la corde de la cinquiéme partie d'un arc, en prenant un nombre un peu plus grand que la cinquiéme partie de la corde connue.

La corde de 76 degrés étant de 123132 parties, on trouvera que celle de 25ᵈ 20', qui est le tiers de 76ᵈ, contient 43856 parties, & que celle de 15ᵈ 12, qui est le cinquiéme de 76ᵈ contient 26452 parties. On suppose toujours le rayon de 100000.

SCHOLIE.

30. On peut aisément trouver par les Problêmes précédens les cordes de tous les arcs depuis celui de deux minutes jusqu'à celui de 90 degrés. La corde de 60ᵈ est égale au rayon, que je suppose de 100000 parties. On trouvera donc la corde de 30ᵈ (27) : ensuite celle de 15ᵈ puis celle de 7ᵈ 30'. Quand on aura trouvé la corde de 7ᵈ 30', on cherchera celle du tiers, c'est-à-dire, de 2ᵈ 30'. Ensuite on cherchera la corde de la cinquiéme partie, qui est 30'. Cette corde étant connue, on trouvera celle du tiers ou de 10'. La corde de 10' donnera celle de 2', en cherchant la corde de la cinquiéme partie de 10'.

On trouvera auſſi par les Problêmes précédens les cordes des arcs de 4', de 6, de 8, de 12, de 14, de 16, de 18, & des autres arcs, de 2' en 2', juſqu'à 90^{d} : les moitiés de toutes ces cordes ſeront les ſinus des 45 premiers degrés de minute en minute. Or quand on aura les ſinus des 45 premiers degrés, on trouvera ceux de tous les autres degrés juſqu'à 90 par le Problême ſuivant.

PROBLÊME IV.

31. *Connoiſſant le ſinus d'un arc, trouver ſon coſinus, ou le ſinus de ſon complément.*

On connoît GH ſinus de l'arc GA : il s'agit de trouver GL ſinus de l'arc GD complément de GA. Dans le triangle rectangle CHG on connoît deux côtés, ſçavoir, l'hypotenuſe CG, qui eſt un rayon de 100000 parties, & le côté GH. Il faut retrancher le quarré de GH du quarré de CG, le reſte ſera le quarré de CH. Si donc on tire la racine quarrée de ce reſte, on aura le côté CH égal à GL ſinus de l'arc GD complément de l'arc GA. Fig. 1.

PROBLÊME V.

32. *Trouver les tangentes & les ſécantes des arcs dont on connoît les ſinus.*

Soit l'ac AD dont il faut trouver la tangente AB & la ſécante CB, en ſuppoſant que l'on connoît le ſinus DE. Je conſidere que dans le triangle rectangle CED, on connoît deux côtés, ſçavoir, le rayon CD qui eſt l'hypotenuſe, & le ſinus ED; par conſéquent on trouvera facilement le troiſiéme côté CE. Après quoi conſiderant que ce triangle rectangle CED eſt ſemblable au triangle rectangle CAB à cauſe de l'angle C qui eſt commun, je ferai la proportion ſuivante, CE . CA :: DE . AB, dont les trois premiers termes étant connus, je connoîtrai le quatriéme par la regle de trois. On connoîtra la ſécante CB en faiſant cette autre proportion, CE . CA :: CD . CB, dont les trois premiers termes ſont auſſi connus, puiſque CD eſt égal à CA. Fig. 4.

33. REMARQUE. Il paroît par les Problêmes précédens qu'on a ſouvent beſoin de tirer des racines quarrées : or il arrive preſque toujours qu'on ne peut faire exactement l'extraction de la racine quarrée, parce qu'il reſte ordinairement quelque choſe après l'opération, de-là vient que la plupart des ſinus tels qu'on les trouve dans les tables, ne ſont pas abſolument exacts : mais pour rendre l'erreur inſenſible, on a ſuppoſé le rayon diviſé en un grand nombre de parties : ce nombre eſt ordinairement 10, 000,

000, ou au moins 100000. Or il eſt facile de faire voir par un exemple, que quand on ne peut tirer exactement la racine, l'erreur eſt moindre à proportion, lorſqu'on opere ſur un grand nombre, que lorſqu'on opere ſur un petit. Suppoſons qu'on veuille tirer la racine quarrée de 10150, & celle de 22, on trouvera que celle de 10150 eſt 100, & que celle de 22 eſt 4 : mais ni l'une ni l'autre de ces racines n'eſt exacte, il s'en faut à peu près une unité. Or il eſt évident que 1 eſt moindre par rapport à 100 que par rapport à 4, puiſque 1 n'eſt que la centiéme partie de 100, & qu'il eſt le quart de 4. Voici quelques Théorêmes qui appartiennent encore à la conſtruction des Tables.

THÉORÊME I.

33 B. *Le rayon eſt moyen proportionnel entre le ſinus d'un arc & la ſécante de ſon complément.*

DÉMONSTRATION.

Fig. 4. Prenons pour exemple l'arc DG, dont le complément eſt AD : je dis que le rayon ou ſinus total eſt moyen proportionnel entre DF ſinus de l'arc DG & CB ſécante du complément AD : car DF=CE. Or CE . CA : : CD ou CA . CB, à cauſe des triangles rectangles CED & CAB qui ſont ſemblables.

Il ſuit de-là que le quarré du rayon eſt égal au rectangle ou au produit du ſinus d'un arc par la ſécante du complément de cet arc.

On peut mettre un des deux rapports de la proportion du Théorême à la place de l'autre quand il eſt néceſſaire.

THEORÊME II.

33 C. *Le rayon eſt moyen proportionnel entre la tangente d'un arc & la tangente de ſon complément.*

DÉMONSTRATION.

AE, Figure 2, eſt la tangente de l'arc AG, & DL eſt la tangente du complément DG. Or je dis que le rayon CA eſt moyen proportionnel entre AE & DL : car les deux triangles rectangles EAC & CDL ſont ſemblables à cauſe des deux angles alternes ACE & CLD entre les paralleles CA & DL : on aura donc la proportion, AE . CD : . CA ou CD . DL.

Le quarré du rayon eſt donc égal au produit de la tangente d'un arc par la tangente de ſon complément.

On

On peut ſubſtituer un des deux rapports de la proportion de ce Théorême à la place de l'autre quand cela eſt néceſſaire.

Ces deux propoſitions ſont d'un grand uſage pour les Tables des logarithmes, des ſinus, des tangentes, & des ſécantes. En voici deux autres que nous ajoutons, dont l'une détermine la grandeur de la tangente de 45 degrés, & l'autre celle de la ſécante de 60 degrés.

THÉORÊME III.

33 D *La tangente de 45 degrés eſt égale au rayon.*

DÉMONSTRATION.

Suppoſons que dans la Figure 2 l'arc AG ſoit de 45 degrés; je dis que la tangente AE eſt égale au rayon CA : car dans le triangle rectangle CAE, l'angle C qui a pour meſure l'arc AG, eſt de 45 degrés; ainſi l'angle AEC eſt auſſi de 45 degrés. Par conſéquent les deux côtés AE & AC oppoſés à ces angles ſont égaux.

THÉORÊME IV.

33 E. *La ſécante de 60 degrés eſt égale au diametre.*

DÉMONSTRATION.

Suppoſons l'arc AD, Figure 4, de 60 degrés, il faut prouver que la ſécante CB eſt égale au diametre. La partie CD eſt un rayon : ainſi il reſte à faire voir que l'autre partie DB eſt égale au rayon. Pour cela il faut tirer la corde AD qui eſt égale au rayon, puiſqu'elle ſoutient un arc de 60 degrés : par conſéquent le triangle ACD eſt équilateral : donc chacun de ſes angles, comme CAD vaut 60 degrés : ainſi l'angle DAB complément de CAD eſt de 30 degrés. De même l'angle B eſt de 30ᵈ, parce qu'il eſt complément de l'angle C, qui vaut 60 degrés; ainſi le triangle ADB eſt iſocele, & les deux côtés DA & DB ſont égaux. Par conſéquent DB eſt égal au rayon : donc la ſécante CB eſt égale au diametre.

DE LA NATURE DES LOGARITHMES & de leurs uſages.

Préſentement on ne ſe ſert plus guéres des ſinus, des tangentes & des ſécantes pour les calculs de la Trigonométrie. On a heureusement substitué à leur place les *logarithmes* des nombres qui expriment les parties de ces lignes. Nous allons faire sentir en général l'avantage qu'on retire des logarithmes, après cela nous en expliquerons en peu de mots la nature & l'usage.

33 F. Tout le monde sçait combien l'Addition est plus facile que la Multiplication, & la Soustraction que la Division ; ainsi pour faire sentir tout d'un coup l'utilité des logarithmes, il suffit de dire que par leur moyen on réduit la Multiplication en Addition, & la Division en Soustraction, en un mot, les logarithmes sont si utiles pour abréger les calculs, que l'ont fait souvent dans moins d'une heure par leur secours, ce que l'on feroit à peine dans un jour en ne les employant pas.

33 G. Les logarithmes sont des nombres en proportion arithmétique correspondans à d'autres nombres en proportion géométrique : ainsi si on conçoit que les quatre nombres 4, 6, 10, 12, qui sont en proportion arithmétique répondent à ces quatre autres 20, 40, 50, 100, qui sont en proportion géométrique, les quatre premiers seront les logarithmes des quatre derniers. Si au lieu d'une proportion on suppose une progression géométrique les logarithmes des termes qui la composent seront aussi en progression arithmétique. Soit la progression géométrique ÷ 1 . 2 . 4 . 8 . 16 . 32 . 64. &c. & qu'on prenne 1 & 3 pour les logarithmes des deux premiers termes, les logarithmes des termes suivans seront 5, 7, 9, 11, 13. (On voit bien que ces nombres 1, 3, 5, 7, 9, 11, 13, sont en progression arithmétique). Afin de sçavoir quels sont les termes de la progression arithmétique qui répondent à ceux de la progression géométrique ; on dispose les uns à côté des autres en deux colomnes, comme on les voit dans les Tables, ou bien, on met les uns sous les autres en cette maniere ÷ 1 . 2 . 4 . 8 . 16 . 32 . 64
÷ 1 . 3 . 5 . 7 . 9 . 11 . 13.
On choisit quelle progression arithmétique on veut pour répondre à une progession géométrique : ainsi au lieu de celle que nous venons d'employer on pourroit prendre celle-ci : ÷ 0 . 1 . 2 . 3 . 4 . 5 . 6 . dont zero est le premier terme.

33 H. Dans les Tables on prend la progression géométrique ÷ 1 . 10 . 100 . 1000 . 10000 . 100000 . 1000000, &c. & la progression arithmét. ÷ 0 . 10000000 . 20000000 . 30000000 . 40000000 . 50000000 . 60000000. Voici pourquoi on prend de si grands nombres pour les termes de la progression arithmétique. Il ne faut pas seulement avoir les logarithmes des

termes qui composent la progression géométrique qu'on vient de rapporter, mais aussi ceux des nombres intermediaires. Or il y a d'autant plus de ces nombres que les termes de la progression géométrique sont plus éloignés du premier : il y a 8999 nombres entre 1000 & 10000 : il y en a 89999 entre 10000 & 100000 : il y en a 899999 entre 100000 & 1000000, ainsi de suite : d'ailleurs les logarithmes des nombres intermédiaires entre deux termes, sont aussi des nombres intermédiaires entre les logarithmes de ces termes : par exemple, les logarithmes des nombres entre les termes 100000 & 1000000 sont entre leurs logarithmes 50000000 & 60000000, c'est-à-dire, qu'ils sont plus grands que le premier & moindres que le second. On voit par-là qu'il faut un très-grand nombre de logarithmes intermédiaires entre ceux des termes de la progression géométrque qui sont fort éloignés du premier ; & par conséquent les logarithmes de ces termes doivent être très-differens entr'eux. Quant aux termes qui sont près du premier, il faut aussi un grand nombre de logarithmes intermédiaires à cause des fractions, comme si on vouloit avoir du moins à peu près les logarithmes de $15\frac{1}{2}$, de $15\frac{2}{3}$, de $15\frac{3}{4}$. On verra dans la suite pourquoi la progression arithmétique commence par zero.

33 I. Quoique nous disions que les logarithmes sont des nombres en proportion arithmétique, il ne s'ensuit pas que si on prend quatre logarithmes dans une table ils soient toujours en proportion arithmétique. Si on choisit, par exemple, les logarithmes de 4, 8, 10, 12 ils ne seront pas en proportion arithmétique : car cette proportion ne doit se trouver entre les logarithmes que quand les nombres ausquels ils appartiennent sont en proportion géométrique. Or les nombres 4, 8, 10, 12 ne sont pas en proportion géométrique : & par conséquent leurs logarithmes ne doivent pas faire une proportion arith.

33 K. Le premier des chiffres qui composent les logarithmes de tous les nombres depuis l'unité jusqu'à 10,000,000,000 exclusivement, est appellé *caractéristique*. Dans le logarithme de ce nombre & de ceux qui sont plus grands, la caractéristique contient plusieurs chiffres. En général il y autant d'unité dans la caractéristique, qu'il y a de chiffres dans le nombre avant celui qui est au rang des unités, c'est-à-dire, avant le dernier : ainsi la caractéristique de tous les nombres naturels depuis 1000 compris jusqu'à 10000 exclusivement est 3 : & celle de 10000 & de tous les nombres jusqu'à 100000 est 4.

En voici la raiſon : le logarithme de 10 n'a qu'une unité pour caractériſtique : ainſi cette caractériſtique a autant d'unités qu'il y a de chifres dans 10 avant le dernier. D'ailleurs comme on a choiſi dans les Tables la progreſſion géométrique ÷ 1 . 10 . 1000. 10000, &c. pour les nombres naturels, & la progreſſion arithmétique ÷ 0 . 1 . 2 . 3 . 4, &c. (nous omettons les zeros) pour les logarithmes, il eſt évident que le nombre des unités de la caractériſtique augmentera à meſure que le nombre de chifres croîtra dans les nombres naturels.

Nous allons expliquer l'uſage des logarithmes, & enſuite nous en donnerons les raiſons.

33 L. Pour trouver le produit des deux nombres par le moyen des logarithmes, il faut chercher dans la Table leurs logarithmes & les ajouter enſemble ; leur ſomme ſera le logarithme du produit qui ſe trouvera dans la Table vis-à-vis de cette ſomme : par exemple, ſi je veux avoir le produit de 57 par 34, je cherche dans la Table des logarithmes qui répondent vis-à-vis de ces deux nombres : je trouve 17558749 & 15314789, que j'ajoute enſemble, la ſomme eſt 32873538 Je cherche donc ce logarithme & je trouve que le nombre qui lui répond eſt 1938 ; ainſi ce nombre eſt le produit de 57 par 34.

33 M. Pour trouver le quotient d'un nombre diviſé par un autre en employant les logarithmes, il faut retrancher le logarithme du diviſeur de celui du dividende, le reſte ſera le logarithme du quotient. Pour avoir le quotient du nombre 9642 diviſé par 64, je prends 39841671 & 18061800, qui ſont les logarithmes de 9642 & de 64, & je retranche le ſecond du premier, le reſte 21779871 eſt le logarithme du quotient. Or en cherchant ce reſte dans la Table, je trouve que le logarithme le plus approchant eſt 21760913, auquel répond 150, qui par conſéquent eſt le quotient cherché. Mais il y a un reſte, parce que 21779871 eſt plus grand que 21760913.

33 N. Pour faire une regle de trois avec les logarithmes, il faut ajouter enſemble les logarithmes des deux moyens connus, & retrancher de la ſomme le logarithme du premier terme, le reſte ſera le logarithme du quatriéme terme cherché. Ainſi pour trouver le quatriéme terme de cette proportion, 425 . 1275 : : 634 . x, j'ajoute enſemble les deux nombres 31055102 & 28020893, qui ſont les logarithmes des moyens ; la ſomme eſt 59075995 enſuite je retranche de cette ſomme le nombre 26283889, qui eſt le logarithme du premier terme ; le reſte

32792106, eſt le logarithme de 1902. Ainſi ce nombre 1902 eſt le quatriéme terme cherché. On ſe ſert auſſi des logarithmes ſoit pour avoir les racines d'un nombre, ſoit pour en trouver les puiſſances.

33 O. Afin de trouver la racine quarrée d'un nombre, il faut prendre la moitié de ſon logarithme, ce ſera celui de la racine cherchée; ainſi pour trouver la racine de 7225, je cherche ſon logarithme dans la Table; & je trouve 38588379, dont la moitié 19294189 eſt le logarithme de la racine, je cherche donc cette moitié dans la Table, & je trouve que c'eſt le logarithme de 85 : ainſi 85 eſt la racine quarrée de 7225. Si on vouloit avoir la racine cubique d'un nombre, il faudroit prendre le tiers de ſon logarithme, ce tiers ſeroit le logarithme de la racine cubique du nombre propoſé. Il en eſt de même à proportion des autres racines.

33 P. Pour élever un nombre à ſon quarré, il faut prendre le double de ſon logarithme, ce ſera le logarithme du quarré cherché : je veux, par exemple, élever 96 à ſon quarré : je trouve dans la Table que le logarithme de 96 eſt 19822712, dont le double 39645424 eſt le logarithme de 9216. Ainſi ce nombre eſt le quarré de 96. S'il s'agit de trouver le cube d'un nombre, on prend le triple de ſon logarithme. C'eſt la même choſe à proportion pour les autres puiſſances.

Ces différens uſages que l'on fait des logarithmes ſont fondés ſur la notion que nous en avons donnée.

1°. Il eſt aiſé de voir qu'en ajoutant les logarithmes de deux nombres, leur ſomme eſt égale au logarithme du produit de ces deux nombres : car on ſçait que dans toute multiplication on a la proportion, l'unité eſt au multiplicateur comme le multiplicande eſt au produit (Arith. Liv. I, Art. 141) : par conſéquent les logarithmes qui répondent à ces quatre termes ſont en proportion arithmétique : ainſi la ſomme des moyens eſt égale à celle des extrêmes. Or le premier extrême qui eſt le logarithme de l'unité eſt zero. Par conſéquent la ſomme des moyens, c'eſt-à-dire, des logarithmes des deux nombres eſt égale au dernier extrême qui eſt le logarithme du produit.

2°. En retranchant le logarithme du diviſeur, du logarithme du dividende le reſte eſt le logarithme du quotient. En voici la raiſon. Dans toute diviſion on trouve la proportion ſuivante, le dividende eſt au diviſeur comme le quotient eſt à l'unité. Par conſéquent les logarithmes de ces quatre termes ſont en proportion arithmétique. Donc la somme des logarihmes du dividende & de l'unité est égale à la somme des logarithmes du diviseur & du quotient. Or le logarithme de l'unité est zero dans la progression des Tables des logarithmes : ainsi le logarithme du dividende est égal à la somme des deux autres. Donc en retranchant le logarithme du diviseur, qui est un de ces deux derniers, du logarithme du dividende, le reste sera le logarithme du quotient.

3°. Quand on a une regle de trois à faire par les logarithmes, il faut retrancher le logarithme du premier terme de la somme des logarithmes des moyens afin d'avoir le logarithme du quatriéme terme. Cela paroît assez par ce que nous avons dit sur la multiplication & sur la division.

4°. Pour entendre la méthode de l'extraction de la racine quarrée par les logarithmes, il faut observer que le quarré est le produit de la racine multipliée par elle-même : & par conséquent on a la proportion suivante, l'unité est à la racine comme la racine est au quarré (Arith. Liv. I, Art. 141) : ainsi le logarithme de l'unité étant zero, celui du quarré est égal à la somme des logarithmes des moyens. Or ces logarithmes des moyens sont égaux : par conséquent le logarithme du quarré est double du logarithme de la racine. Et pour l'extraction de la racine cubique on fera attention que le cube d'un nombre est le produit de son quarré par ce nombre qui est la racine : on a donc la proportion, l'unité est à la racine comme le quarré est au cube (Arith. Liv. I, Art. 141) : & par conséquent le logarithme du cube est égal à la somme des logarithmes de la racine ou du nombre, & du quarré. Or le logarithme du quarré est double de celui de la racine : par conséquent le logarithme du cube est triple du logarithme de la racine.

5°. La méthode de trouver le quarré & le cube d'un nombre par les logarithmes est évidente après ce que nous venons de dire.

33 Q. Remarque. On peut voir présentement que ce n'est pas sans raison que dans les Tables des logarithmes on a pris zero pour logarithmes de l'unité. Sans cela il faudroit pour la multiplication retrancher le logarithme de l'unité de la somme des logarithmes du multiplicande & du multiplicateur ; & pour la division, il faudroit ajouter le logarithme de l'unité au logarithme du dividende, & retrancher ensuite de la somme le logarithme du diviseur. Ainsi dans ces deux premiers cas on se-

roit obligé de faire une opération de plus que l'on ne fait. Ce seroit la même chose pour le quatriéme & le cinquiéme cas.

33 R. Les logarithmes des sinus, des tangentes & des sécantes sont appellés, sinus, tangentes & sécantes artificielles pour les distinguer des sinus, des tangentes & des sécantes véritables, que l'on appelle sinus, tangentes & sécantes naturelles, ou simplement sinus, tangentes & sécantes.

33 S. REMARQUE. Dans l'usage ordinaire on retranche les deux derniers chiffres de chaque logarithme pour abréger le calcul, & le reste suffit, à moins qu'on n'ait besoin d'une exactitude entiere, comme il arrive souvent dans les calculs astronomiques. Lorsqu'on retranche ainsi les deux derniers chifres, s'ils valent plus de 50, on ajoute une unité au dernier chifre du reste pour plus grande exactitude : mais s'ils valent moins de 50, on n'ajoute rien au reste ; enfin s'ils valent 50, on peut ajouter ou non une unité. S'il s'agit, par exemple, du logarithme de 7225, qui est 38588379, on prend 385884, à cause que les deux derniers chifres 79 valent plus de 50. Cette pratique est fondée sur ce que la valeur des chifres d'un nombre augmente en proportion décuple en allant de droite à gauche : car de-là il s'ensuit que si les deux chifres retranchés font plus de 50, ils valent plus de la moitié d'une unité du chifre précédent : s'ils font moins de 50, ils valent moins que la moitié d'une unité. Enfin s'ils font précisément 50, ils valent juste la moitié d'une unité. Ainsi dans notre exemple en ajoutant une unité à 3, c'est-à-dire, en mettant 4 au lieu de 3, le nombre approche plus du véritable logarithme, que si on laissoit 3, parce que les deux chifres retranchés 79 valent plus de la moitié d'une unité du 3.

Nous avons fait imprimer *in*-8°. des *Tables des Sinus*, *des Tangentes*, *des Sécantes*, *de leurs Logarithmes*, *& ceux des Nombres naturels*. Comme la perfection de ces sortes d'ouvrages consiste sur-tout dans la correction, on a pris toutes les précautions nécessaires pour éviter les fautes, comme il paroît par la Préface & un Avertissement qui est à la tête. On trouvera après cet Avertissement une explication de la maniere de se servir de ces Tables.

PROPOSITIONS QUI RENFERMENT la théorie de la Trigonométrie.

Après tout ce que nous avons dit sur les sinus, les tangentes & les sécantes, il ne sera pas difficile d'entendre ce que nous avons à dire sur la Trigonométrie rectiligne qui est entierement fondée ſur quelques Théorêmes que nous allons démontrer, & enſuite nous expoſerons les Problêmes généraux, dont les Problêmes particuliers pour meſurer des longueurs telles que ſont la diſtance & la hauteur des objets, ne ſont que des applications.

Pour abréger le diſcours, nous marquerons dans la ſuite les ſinus des angles dont nous parlerons, en mettant un S devant les lettres qui déſigneront les angles: par exemple, au lieu d'écrire le ſinus de l'angle BAC, nous écrirons SBAC, ſi l'angle n'eſt déſigné que par une ſeule lettre, comme A, on écrira SA pour ſignifier le ſinus de l'angle A.

THEORÊME I.

34. *Dans tout triangle, les ſinus des angles ſont entre eux comme les côtés oppoſés à ces angles.*

Fig. 5. Soit le triangle BAC, que je ſuppoſe inſcrit dans un cercle, (ce qui eſt toujours poſſible) je dis que le côté AB eſt au côté AC, comme le ſinus de l'angle C oppoſé au côté AB eſt au ſinus de l'angle B oppoſé au côté AC, ou *alternando*, AB . SC : : AC . SB.

DÉMONSTRATION.

L'angle C étant inſcrit, a pour meſure la moitié de l'arc AB ſur lequel il eſt appuyé. Or le ſinus de la moitié de l'arc AB eſt la moitié de la corde AB (9). Donc cette moitié de corde eſt auſſi le ſinus de l'angle C oppoſé au côté AB. Pareillement l'angle B a pour meſure la moitié de l'arc AC. Or le ſinus de la moitié de l'arc AC eſt la moitié de la corde AC: donc la moitié de cette corde eſt auſſi le ſinus de l'angle B; par conſéquent les ſinus des angles ſont les moitiés des côtés oppoſés. Or les moitiés ſont comme les tous: donc AB . AC : : SC . SB, ou, ce qui eſt la même choſe, SC . SB : : AB . AC. On démontreroit de la même maniere, que AB . BC : : SC . SA, & que AC . BC : : SB . SA, ou *alternando*, AB . SC : : BC . SA, & AC . SB : : BC . SA.

Quoique les ſinus des angles ſoient entr'eux comme les côtés oppoſés, il ne s'enſuit pas que les angles même ſoient entr'eux comme les côtés oppoſés, parce que les ſinus ne ſont pas proportionnels aux angles, comme on en a averti, Art. 11.

LEMME I.

35. *Lorſque deux quantités ſont inégales, la plus grande eſt égale à la moitié de la ſomme, plus à la moitié de la différence; & la plus petite eſt égale à la moitié de la ſomme moins la moitié de la différence.*

Si

Si on a, par exemple, deux nombres dont la ſomme ſoit 40, & la différence ſoit 8, le plus grand de ces deux nombres eſt égal à la moitié de 40, plus à la moitié de 8, ces deux moitiés ſont $20+4=24$; & le plus petit des deux nombres eſt égal à la moitié de la ſomme moins la moitié de la différence, c'eſt-à-dire, à $20-4=16$.

Pour démontrer cette propoſition, nous ſuppoſerons deux lignes inégales jointes enſemble, comme AB & BD qui peuvent repréſenter toutes ſortes de grandeurs inégales. Ayant partagé AD en deux parties égales au point C, & pris AE=BD. 1°. Il eſt évident que AD eſt la ſomme des lignes AB & BD. 2°. AC ou CD eſt la moitié de cette ſomme. 3°. EB eſt la différence ou l'excès de AB ſur AE. Or par l'hypothèſe AE=BD : donc EB eſt auſſi la différence de AB & de BD. 4°. CE ou CB eſt la moitié de la différence EB : car les deux lignes AC & CD étant égales, ſi on retranche les parties égales AE & BD, les reſtes CE & CB doivent être égaux, & par conſéquent ils ſont chacun la moitié de la différence EB. Cela poſé, il eſt facile de faire voir 1°. que la plus grande des deux lignes propoſées, ſçavoir AB, eſt égale à la moitié de la ſomme, plus la moitié de la différence; 2°. que la plus petite, qui eſt BD, eſt égale à la moitié de la ſomme moins la moitié de la différence. Fig. 6.

DÉMONSTRATION.

I. PARTIE. AB=AC+CB. Or AC eſt la moitié de la ſomme des lignes AB & BD, & CB eſt la moitié de leur différence EB : donc AB eſt égale à la moitié de la ſomme plus la moitié de la différence.

II. PARTIE. BD=CD—CB. Or CD eſt la moitié de la ſomme, & CB la moitié de la différence. Par conſéquent BD eſt égale à la moitié de la ſomme, moins la moitié de la différence. Ce qu'il falloit démontrer.

COROLLAIRE.

36. CB eſt l'excès de CD ſur BD; c'eſt-à-dire, que CB eſt l'excès de la moitié de la ſomme des deux lignes AB & BD ſur la plus petite. Or on vient de voir que cet excès CB eſt la moitié de la différence de ces deux lignes : on peut donc dire en général que l'excès de la moitié de la ſomme de deux grandeurs ſur la plus petite, eſt la moitié de leur différence.

LEMME II.

Fig. 7. 37. *Dans tout triangle, comme* BAC, *si on prolonge vers* D *le côté* AB (je suppose AB plus grand que l'autre côté de l'angle A), *en sorte que* AD *soit égal à l'autre côté* AC, *& qu'on joigne les deux points* D *&* C *par la ligne* DC, *afin d'avoir le triangle isocele* DAC; *si ensuite on tire du sommet* A *de ce triangle, la perpendiculaire* AF *sur la base* DC; *je dis* 1°. *que* FD *est la tangente de la demi-somme des angles* B *&* C *opposés aux côtés* AC *&* AB. Par exemple, si les deux angles B & C pris ensemble valent 116 degrés, la ligne FD sera la tangente d'un angle de 58 degrés (58 est la moitié de la somme 116).

Car l'angle CAD est extérieur par rapport aux angles B & C du triangle BAC; par conséquent il est égal à ces deux angles pris ensemble (Liv. II, Art. 17): mais cet angle CAD est partagé en deux parties égales par la perpendiculaire AF (Liv. II, Art. 24); donc l'angle DAF est la moitié de la somme des angles B & C. Or la ligne FD perpendiculaire sur AF est la tangente de cet angle, comme il paroîtra en décrivant l'arc FG du centre A, & de l'intervalle AF; donc la ligne FD est la tangente de la demi-somme des angles B & C.

Si on tire encore la ligne AE *parallele à* BC *base du triangle* BAC, *je dis* 2°. *que* EF *est la tangente de la demi-différence des mêmes angles* B *&* C. Par exemple, si la différence des angles B & C est 34 degrés la ligne FE sera la tangente d'un angle de 17 degrés.

Car l'angle DAF est égal à la moitié de la somme de ces deux angles, comme on vient de le prouver: d'ailleurs l'angle DAE est égal au plus petit des mêmes angles, sçavoir à l'angle B, à cause des lignes AE & BC, qui sont supposées paralleles; donc l'angle EAF, qui est l'excès de l'angle DAF sur DAE, est la moitié de la différence des angles B & C (36). Or la tangente de cet angle EAF, est la ligne droite FE perpendiculaire sur le rayon AF de l'arc FG; donc FE est la tangente de la demi-différence des angles opposés B & C.

THÉORÊME II.

Fig. 7. 38. *Dans tout triangle, comme* BAC, *qui n'est pas équilateral, si on prend deux côtés inégaux, la somme de ces deux côtés, tels que* AB *&* AC *est à leur différence, comme la tangente de la demi-somme des angles* C *&* B *opposés aux deux côtés, est à la tangente de la demi-différence de ces angles.*

Supposant les lignes tirées comme dans le second Lemme, il

faut encore mener du point F la ligne FH parallele à BC base du triangle proposé BAC. Cela posé : Fig. 7.

1°. Il est évident que DB est égale à la somme des côtés AB & AC, puisque par la construction AD=AC. 2°. Le double de AH est égal à la différence des côtés AB & AC ou AD : car la ligne AF étant perpendiculaire sur DC base du triangle isocele DAC, elle coupe cette base en deux parties égales au point F (Liv. II, Art. 24) ; par conséquent la ligne FH coupe aussi DC en deux parties égales, puisqu'elle est tirée du point F ; donc cette ligne FH étant parallele à la base BC de l'angle BDC, il faut aussi qu'elle divise également l'autre côté DB de cet angle (Liv. I, Art. 151 & 162) ; par conséquent DH est la moitié de DB, c'est-à-dire, de la somme des côtés AB & AC ou AD. Or AH est l'excès de DH sur le petit côté AC ou AD ; donc par le Corollaire (36) du premier Lemme, AH est la moitié de la différence des côtés AB & AC ; donc le double de AH est la différence entiere de ces côtés.

Ainsi DB est la somme des côtés AB & AC ; le double de AH est la différence de ces côtés ; d'ailleurs on a fait voir dans le second Lemme, que FD est la tangente de la demi-somme des angles C & B opposés aux deux côtés, & que FE est la tangente de la demi-différence de ces angles. Il faut donc prouver que DB est au double de AH, comme FD est à FE.

DÉMONSTRATION.

L'angle HDF ayant deux bases paralleles, sçavoir, AE & FH par la supposition, on a la proportion (Liv. I, Art. 152) DH. AH : : FD. FE ; par conséquent si on double les deux termes de la premiere raison, la proportion subsistera toujours ; on aura donc la proportion, le double de DH, qui est DB, est au double de AH : : FD. FE : c'est-à-dire, que la somme des côtés AB & AC est à leur différence, comme la tangente de la moitié de la somme des angles B & C est la tangente de la moitié de leur différence. Ce qu'il falloit démontrer.

THÉORÊME III.

39. *Dans un triangle scalene, comme* BAC, *c'est-à-dire, dont les trois côtés sont inégaux, le grand côté* BC *est à la somme des deux autres* AB *&* AC, *comme la différence de ces deux est à la différence des segmens du grand côté divisé par la perpendiculaire* AD *tirée de l'angle opposé* A. Fig. 8.

Fig. 8. Du point A, comme centre, & de l'intervalle du moindre côté AC, décrivez une circonférence, & prolongez le côté AB au-delà du point A, jusqu'à la rencontre de la circonférence. 1°. Le petit côté AC étant égal à la ligne AF, parce que ce sont des rayons du même cercle, il s'ensuit que la ligne BF est égale à la somme des côtés AB & AC. En second lieu BG est la différence des côtés AB & AC, parce que le petit côté AC est égal à AG. Enfin la perpendiculaire AD coupant la corde EC en deux parties égales au point D (Liv. I, Art. 105), il est évident que BE est la différence des segmens BD & DC du grand côté BC. Il faut donc prouver que le grand côté BC est à BF somme des deux autres, comme leur différence BG est à BE différence des deux segmens du grand côté : ce qui se réduit à cette proportion BC. BF :: BG. BE.

DÉMONSTRATION.

Considerez que les deux lignes BC & BF sont deux sécantes extérieures, qui sont tirées du même point B ; par conséquent la sécante BC & sa partie BE hors du cercle, sont réciproques à l'autre sécante BF & à la partie BG hors du cercle (Liv. I, Art. 166). On a donc la proportion, BC. BF :: BG. BE. Ce qu'il falloit démontrer.

Pour entendre l'énoncé du Théorême suivant, il faut remarquer que si on prend un des côtés AE, Fig. 17, Planche XIII ; de l'angle droit du triangle rectangle AEC pour rayon d'un cercle qui ait pour centre le point A, l'autre côté CE de cet angle sera la tangente de l'angle CAE opposé au côté CE. Cela paroîtra, si on conçoit un arc décrit du point A comme centre & de l'intervalle AE. On le fera voir plus particulierement en parlant de la résolution des triangles rectangles. Avant de voir la démonstration de ce Théorême, il faut relire ce que nous avons prouvé dans le second Livre, Article 147 B & suivans jusqu'à l'Article 148.

THÉORÊME IV.

39 B *Le produit du demi-perimetre d'un triangle par la différence du côté opposé à un des angles du triangle, est à la surface de ce triangle, comme le sinus total ou le rayon est à la tangente de la moitié de cet angle.*

Quand nous disons différence d'un côté, il faut toujours entendre la différence de ce côté au demi-perimetre, ou à la demi-somme des trois côtés.

Soit le triangle BAD dans lequel on a inſcrit le cercle EFG qui a pour centre le point C, & qui touche les côtés du triangle aux points E, F, G. Le triangle AEC eſt rectangle en E, parce que le rayon CE eſt perpendiculaire au point de contingence E (Liv. I, Art. 115) : ainſi on peut regarder le côté AE comme ſinus total ou comme rayon d'un cercle qui auroit pour centre le point A, & le côté CE comme la tangente de l'angle CAE qui eſt (Liv. II, Art. 147 C) la moitié de l'angle total BAD. D'ailleurs le demi-perimetre eſt BD+AE (Liv. II, Art. 147D) ; & par conſéquent AE eſt la différence du côté BD au demi-perimetre, lequel côté eſt oppoſé à l'angle total BAD. Il faut donc prouver que le produit du demi-perimetre par AE eſt à la ſurface du triangle, comme AE eſt à CE.

DÉMONSTRATION.

La ſurface du triangle étant égale au produit de la moitié de ſon perimetre par la perpendiculaire CE (Liv. II, 147B) nous avons dans la proportion dont il s'agit, deux produits qui ont pour racine commune le demi-perimetre : ces produits ſont celui du demi-perimetre par AE, & la ſurface du triangle. Donc ces deux produits ſont entr'eux comme les produiſans inégaux AE & CE ; ainſi on a la proportion, le produit du demi-perimetre par la différence AE eſt à la ſurface du triangle total, comme AE eſt à CE. Ce qu'il falloit démontrer.

PRÉPARATION AU THÉOREME SUIVANT.

39C. Soit le triangle BAD, Fig. 17, Planche XIII, le cercle inſcrit EFG, les rayons CE, CF & CG menés aux points de contingence, & les lignes CA, CB, CD aux ſommets des angles. Il faut prolonger le côté AB juſqu'à ce que BH ſoit égal à la partie GD : ainſi la ligne AH ſera le demi-perimetre du triangle (Liv. II, Art. 147 D), parce qu'il contient le côté entier AB plus le prolongement BH égal à GD. On élevera du point H la perpendiculaire HP ſur le côté AB, & on la prolongera juſqu'à ce qu'elle rencontre la ligne ACP. On prendra auſſi ſur les côtés AB & AD prolongés les parties HL & DM égales chacune à BG : enfin on tirera du point P les lignes PB, PD, PL & PM. Nous allons faire voir d'abord que les triangles CGB & BHP ſont ſemblables : ce ſera une préparation à la démonſtration du Théorême ſuivant. Fig. 17. Pl. XIII.

DM ayant été priſe égale à BG, AM ſera le demi-perimetre (Liv. II, Art. 147 D :) ainſi les lignes AH & AM ſont égales :

Fig. 17. Pl. XIII. d'ailleurs l'angle BAD est coupé en deux parties égales par la ligne ACP (Liv. II, Art. 147 C) : de plus le côté AP est commun aux deux triangles AHP & AMP : ainsi ces deux triangles sont égaux en tout (Liv. II, Art. 29). Or l'angle H du premier est droit par la construction : ainsi l'angle M du second est droit pareillement. De même les triangles LHP & DMP sont égaux en tout ; car les côtés HL, DM sont égaux chacun à BG ; les côtés PH, PM sont aussi égaux entr'eux : d'ailleurs les angles H, M sont tous deux droits. Ainsi les deux hypoteneuses PL, PD sont égales. Or ces lignes sont les bases des angles PBL & BPD qui ont le côté commun BP : de plus les deux autres côtés BL & BD sont égaux par la construction : ainsi ces deux angles sont égaux. Cela posé, l'angle BCG est égal à l'angle PBH : car dans le quadrilatere BECG les quatre angles B, E, C, G pris ensemble sont égaux à quatre angles droits : d'ailleurs les deux angles E & G sont chacun droits ; ainsi la somme des deux autres B & C vaut deux angles droits. Pareillement la somme des angles EBG, GBH est égale à deux angles droits : donc en ôtant l'angle commun EBG, les deux autres ECG & GBH seront égaux. Or l'angle BCG est la moitié de l'angle ECG, parce que les deux triangles CEB & CGB sont égaux en tout ; & l'angle PBH ou PBL est aussi la moitié de l'angle GBH : donc ces angles BCG & PBH sont encore égaux. De plus les angles G & H sont droits : ainsi les triangles CGB & BHP sont semblables. Or c'est par la similitude de ces triangles que nous allons démontrer que la surface du triangle BAD est moyenne proportionnelle entre le produit du demi-perimetre AH par la différence AE, & celui des deux différences BG & GD.

THÉORÊME V.

39 D. *L'aire ou la surface d'un triangle est moyenne proportionnelle entre le produit du demi-perimetre ou de la demi-somme des trois côtés par la différence d'un des côtés, & le produit des différences des deux autres côtés.*

AE est la différence du côté BD (Liv. II, Art. 147 E) : de même BG & GD sont les différences des côtés AD & AB au demi-perimetre. Il faut donc prouver que la surface du triangle BAD est moyenne proportionnelle entre le produit du demi-perimetre AH par AE, & celui de BG par GD.

DÉMONSTRATION.

Par le Théorême IV le produit de la demi-somme des trois

côtés du triangle BAD par la différence AE est à la surface du triangle comme AE est à CE, ou à cause des triangles rectangles semblables AEC, AHP, comme AH est à PH. Or en multipliant AH & PH par la même grandeur CG, nous aurons AH est à PH comme AH×CG est à PH×CG : donc le produit de la demi-somme par la différence AE est à la surface du triangle comme AH×CG est à PH×CG. Or AH×CG est la surface du triangle : d'ailleurs à cause des triangles semblables CGB, BHP on a la proportion CG. BG : : BH ou GD . PH : ainsi BG×GD= CG×PH ou PH×CG : par conséquent le produit de la demi-somme par la différence AE est à la surface du triangle, comme cette surface est au produit des deux différences BG & GD. Ce qu'il falloit démontrer. Fig. 17. Pl. XIII.

39 E. On peut par ce Théorême trouver sans le secours des Tables des sinus & des logarithmes, la surface d'un triangle dont on connoît les trois côtés : il faut ajouter ensemble les trois côtés, & prendre la moitié de la somme : ensuite on cherchera la différence de chacun des côtés à la demi-somme, ce qui se trouve en ôtant séparément chacun des trois côtés de la demi-somme. On multipliera après cela la demi-somme par la différence d'un des côtés, le produit sera le premier terme de la proportion du Théorême (on peut prendre indifféremment laquelle des trois différences on voudra pour multiplier la demi-somme) : ensuite on multipliera les deux autres différences l'une par l'autre ; le produit sera le dernier terme de cette proportion continue dont le triangle est le moyen proportionnel. Si donc on multiplie ces deux produits l'un par l'autre, le nouveau produit qui en viendra sera le quarré du moyen terme, c'est-à-dire, de la surface du triangle : par conséquent si on tire la racine quarrée de ce dernier produit, ce sera la surface cherchée.

Je suppose que les trois côtés d'un triangle sont 2160, 1656, 1224, la somme sera 5040, la demi-somme 2520, les trois différences 360, 864, 1296, le produit de 2520 par la différence 360 est 907200, celui des différences 864, 1296 est 1119744. Or si on multiplie ces deux produits l'un par l'autre, & qu'on tire la racine du nouveau produit 1,015,831,756,800 qui vient de cette multiplication, on aura 1007884, qui sera la surface du triangle proposé, en sorte que si les trois nombres qui expriment les côtés signifient des pieds en longueur, la racine 1007884 marquera des pieds quarrés.

39 F. La surface étant connue on pourra trouver la perpen-

diculaire tirée de l'angle opposé à un des côtés, par exemple, au plus grand, il n'y a qu'à diviser le nombre qui exprime la surface par la moitié de celui qui désigne ce côté, le quotient sera la perpendiculaire cherchée, parce que la surface est égale au produit la perpendiculaire par la moitié de la base. Si le grand côté que nous prenons ici pour base est un nombre impair, il vaudra mieux diviser la surface par le côté entier, le quotient sera la moitié de la perpendiculaire. Dans notre exemple, il faut diviser 1007884 par 1580 moitié de 2160, le quotient 933 sera la perpendiculaire cherchée.

THÉORÊME VI.

39 G. *Dans tout triangle le produit du demi-perimetre par la différence de la base d'un des angles est au produit des deux différences des côtés de l'angle, comme le quarré du sinus total est au quarré de la tangente de la moitié de cet angle.*

Il faut prouver que dans le triangle BAD, Fig. 17, Planche XIII, le produit du demi-perimetre par la différence AE de la base BD de l'angle A est au produit des différences BG & GD, comme le quarré du sinus total est au quarré de la tangente de la moitié de l'angle A.

DÉMONSTRATION.

Le produit du demi-perimetre par la différence de la base de l'angle A est à la surface du triangle comme cette surface est au produit des différences des côtés de cet angle (39 D): par conséquent le premier terme est au troisiéme ou dernier, en raison doublée du premier au second. Or ce rapport du premier terme au second est égal au rapport du sinus total à la tangente de la moitié de l'angle A (39 B): ainsi le premier terme est aussi au troisiéme en raison doublée du sinus total à cette tangente, ou comme le quarré du sinus total est au quarré de la tangente: c'est-à-dire, que le produit du demi-perimetre par la différence de la base de l'angle A est au produit des différences des deux côtés de cet angle, comme le quarré du sinus total est au quarré de la tangente de la moitié de l'angle A.

La proportion énoncée dans ce Théorême suffit seule pour trouver les angles d'un triangle dont on connoît les côtés: au lieu que par la méthode ordinaire que nous expliquerons dans le quatriéme Problême, il faut faire deux proportions.

Problêmes

Problêmes généraux pour la pratique de la Trigonométrie.

40. Des trois premiers Théorêmes, nous allons déduire quatre Problêmes généraux desquels dépend la pratique de la Trigonométrie & de l'arpentage. Ces quatre Problêmes répondent à quatre Théorêmes sur la comparaison de deux triangles que nous avons démontré égaux (Liv. II, Art. 27, 29, 30 & 33), lorsque de ces cinq choses, sçavoir, trois côtés & deux angles, il y en a trois dans un triangle égales aux trois correspondantes d'un autre triangle. Or puisque trois de ces cinq choses ne peuvent être égales dans deux triangles, à moins qu'ils ne soient égaux en tout, il s'ensuit que ces trois choses, c'est-à-dire, ou deux angles & un côté, ou deux côtés & un angle, ou enfin les trois côtés déterminent un triangle; c'est pourquoi connoissant deux angles & un côté, ou deux côtés & un angle, ou les trois côtés d'un triangle, on peut connoître tout le reste. Nous en allons donner la méthode dans les quatre Problêmes suivans. Fig. 1.

41. Il faut néanmoins observer que si on ne connoît que deux côtés & un angle aigu opposé à un de ces côtés, on ne peut trouver le reste du triangle, parce que deux triangles peuvent être inégaux, quoique ces trois choses soient égales dans les deux triangles; c'est pourquoi pour rendre les triangles égaux dans ce cas, il faut y ajouter une quatriéme condition marquée dans le sixiéme Théorême sur les triangles (Liv. II, Art. 30).

Les trois analogies démontrées dans les trois premiers Théorêmes suffisent pour la résolution des quatre Problêmes suivans: c'est pourquoi nous allons les remettre devant les yeux du Lecteur afin qu'il se les rappelle aisément dans le besoin.

Premiere, *dans tout triangle les sinus des angles sont proportionnels aux côtés opposés à ces angles* (34).

Deuxiéme, *dans un triangle qui n'est pas équilateral la somme de deux côtés inégaux est à leur différence, comme la tangente de la moitié de la somme des angles opposés à ces côtés est à la tangente de la moitié de la différence des mêmes angles* (38).

Troisiéme, *dans un triangle scalene le grand côté est à la somme des deux autres, comme la différence de ces deux côtés est à celle des deux segmens du grand côté divisé par une perpendiculaire tirée du sommet de l'angle opposé* (39).

La premiere de ces trois analogies sert pour résoudre un triangle dont on connoît les angles & un côté, ou bien deux côtés & un angle opposé à un de ces côtés. La seconde sert à résoudre un triangle dont on connoît deux côtés & l'angle compris entre deux ; la troisiéme enfin tend à trouver les angles d'un triangle dont on connoît les trois côtés. Nous allons voir ces usages dans les quatre Problêmes suivans.

PROBLÊME I.

42. *Connoissant deux angles & un côté d'un triangle, trouver les deux autres côtés.*

Fig. 9. Soit le triangle BAC dont on connoisse les deux angles B & C, & le côté BC. Pour trouver les deux autres côtés AB & AC, considerez d'abord, que puisqu'on connoît deux angles de ce triangle, on connoîtra facilement le troisiéme, parce que la somme des trois vaut 180 degrés : ensuite cherchez le sinus de chacun de ces angles dans la Table des sinus, & faites la proportion suivante fondée sur le premier Théorême : *le sinus de l'angle* A *est au côté* BC, *comme le sinus de l'angle* C *est au côté* AB ; laquelle proportion se marque en cette maniere SA . BC : : SC . AB. Or les trois premiers termes de cette proportion sont connus ; par conséquent on pourra trouver le quatriéme, qui est le côté AB.

Pour avoir le côté AC, il faut faire la proportion ou analogie suivante, SA . BC : : SB . AC ; dont les trois premiers termes sont aussi connus.

A la place de ces deux proportions, on peut prendre leurs alternes, qui sont SA . SC : : BC . AB, & SA . SB : : BC . AC.

Si on suppose l'angle B de 45 degrés 24 minutes, & l'angle C de 71 degrés 42 minutes ; l'angle A sera nécessairement de 62 degrés 54 minutes. Si on suppose aussi le côté BC de 2160 toises, la proportion, SA . BC : : SC . AB, marquée dans le Problême, se réduira à celle-ci, 89021 . 2160 : : 94943 . x, dont le premier terme 89021 est le sinus de l'angle A, le second 2160 est le côté BC supposé de 2160 toises, le troisiéme terme 94943 est le sinus de l'angle C ; enfin le quatriéme x représente le côté AB qu'il faut chercher par la regle de trois. Or en faisant cette regle, on trouve pour quotient presque 2304. Ainsi le côté AB contient environ 2304 toises.

43. Comme le calcul est très-long & fort difficile par cette méthode, il faut se servir des logarithmes. Or les logarithmes des trois premiers termes de la premiere proportion SA . BC : : SC . AB, sont 994949, 333445, 997746. Il faut donc ajouter les deux moyens 333445, 997746, & de la somme 1331191 re-

trancher le premier logarithme 994949, le reste sera 336242. Fig. 9.
Ainsi ce nombre est le logarithme du côté AB. On cherchera ce nombre dans la Table des logarithmes des nombres naturels, & on trouvera qu'il approche plus du logarithme de 2304 que de tout autre. Par conséquent le côté AB contient presque 2304 toises.

Nous avons supprimé les deux derniers chifres des logarithmes des trois premiers termes de la proportion SA . BC : : SC . AB : car le logarithme du sinus de l'angle A=62 degrés 54 min. est 99494938 selon les Tables ; le logarithme de BC=2160 est 33344538 : & le logarithme de l'angle C=71 degrés 42 min. est 99774609. On peut toujours faire cette suppression sans erreur sensible (33S) afin d'abréger le calcul.

Pour trouver le côté AC on se servira pareillement des logarithmes de la seconde proportion SA . BC : : SB . AC, qui sont pour les trois premiers termes, 994949, 333445, 985250, dont le premier étant retranché de 1318695 qui est la somme des deux autres, le reste sera 323746 : c'est le logarithme de AC. Or en cherchant dans la Table on trouvera que ce nombre est le logarithme de 1728. Ainsi le côté AC contient 1728 toises.

44. Remarquez que si un angle étoit obtus, par exemple de 120 degrés, on ne trouveroit pas cet angle dans la Table, c'est pourquoi pour avoir le sinus de cet angle, il faudroit chercher son supplément, qui est l'angle de 60 degrés, lequel a le même sinus que l'angle dont il est supplément, comme on l'a fait voir (7).

45. Remarquez encore que si on veut que le terme cherché soit le second extrême, ou le quatriéme terme de la proportion, il faut lorsqu'on cherche un côté, commencer la proportion par le sinus de l'angle opposé à un côté connu ; & si on cherche un sinus, il faut commencer la proportion par le côté opposé à un angle connu : c'est pourquoi, comme il s'agissoit dans le Problême précédent de connoître un côté, nous avons commencé la proportion par le sinus l'angle A, dont la base ou le côté opposé BC étoit supposé connu.

PROBLEME II.

46. *Connoissant deux côtés d'un triangle & l'angle compris entre ces côtés, trouver les deux autres angles & le troisiéme côté.*

Soit le triangle BAC dont on connoisse le côté AB, le côté AC & l'angle A compris entre ces côtés. Afin de trouver les deux

Fig. 9. angles B & C, il faut faire la proportion ſuivante qui a été démontrée dans le ſecond Théorême (38) : *la ſomme des côtés connus* AB+AC *eſt à leur différence, comme la tangente de la moitié de la ſomme des angles* C *&* B, *eſt à la tangente de la moitié de la différence de ces angles.* Dans cette proportion les deux premiers termes ſont connus. Le troiſiéme l'eſt auſſi ; car l'angle A étant donné, il eſt facile de voir quelle eſt la ſomme des deux autres B & C, puiſque c'eſt le ſupplément du premier. Ainſi on connoîtra par les Tables la tangente de la moitié de cette ſomme : par conſéquent on trouvera le quatriéme terme, qui eſt la tangente de la moitié de la différence des angles B & C : cette tangente fera connoître par le moyen des Tables, l'angle qui eſt la moitié de la différence des angles inconnus. Or en ajoutant cet angle à la moitié de la ſomme des angles inconnus, on aura par le premier Lemme (35), l'angle C, qui eſt le plus grand, & en ôtant ce même angle de la moitié de la ſomme, on aura l'angle B, qui eſt le plus petit des angles inconnus : après cela il faudra chercher le côté BC par la méthode du premier Problême.

Si on ſuppoſe le côté AB de 2304 toiſes, le côté AC de 1728, & l'angle A de 62 degrés 54 minutes, il eſt clair que la ſomme des deux angles inconnus eſt de 117 degrés 6 minutes, dont la moitié eſt 58 degrés 33 minutes. Ainſi les trois premiers termes de l'analogie ſeront 4032, 576 & la tangente de 58 degrés 33 min. qui ont pour logarithmes 360552, 276042, 1021353, dont le premier étant ôté de la ſomme des deux autres, on trouve le reſte 936843 tangente artificielle, c'eſt-à-dire, logarithme de la tangente de $13^{d}\ 9'$. Si donc on ajoute cet angle, qui eſt la moitié de la différence des angles inconnus à la moitié de la ſomme, qui eſt de $58^{d}\ 33'$, on aura l'angle C qui ſera de $71^{d}\ 42'$: & ſi on ôte $13^{d}\ 9'$ de 58 degrés 33 minutes, on aura le petit angle B de 45 degrés 24 minutes. Enſuite pour trouver le côté BC, on pourra faire cette proportion, SB . AC : : SA . BC, ou bien cette autre, SC . AB : : SA . BC. En faiſant le calcul on trouvera le côté BC de 2160 toiſes.

47. Remarquez que ſi les deux côtés qui comprennent l'angle connu étoient égaux, les angles oppoſés à ces côtés ſeroient auſſi égaux ; ainſi puiſqu'on connoît la ſomme de ces deux angles, on connoîtroit auſſi chaque angle en particulier indépendamment de la proportion marquée dans le Problême : par exemple, ſi les côtés étant égaux, l'angle qu'ils comprennent étoit de 50 degrés la ſomme des autres qui ſeroient égaux entr'eux, ſeroit de 130

degrés, & par conséquent chacun de ces deux angles vaudroit 65 degrés. Fig. 9.

PROBLÊME III.

48. *Connoissant deux côtés d'un triangle & l'angle opposé à un de ces côtés, & de plus sçachant de quelle espece est l'angle opposé à l'autre côté, trouver les deux angles inconnus & le troisiéme côté.*

Soit le triangle ABC dont on connoisse les deux côtés AB & AC, & l'angle B opposé au côté connu AC, & que l'on sçache aussi de quelle espece est l'angle C opposé à l'autre côté connu AB; c'est-à-dire, que l'on connoisse s'il est aigu ou obtus, sans qu'il soit nécessaire de sçavoir combien de degrés il contient, (s'il étoit droit, pour lors les trois angles seroient connus). Pour trouver combien cet angle C contient précisément de degrés, il faut faire la proportion suivante fondée sur le premier Théorême, AC . SB : : AB . SC : les trois premiers termes de cette proportion sont connus par l'hypothèse; ainsi on pourra trouver le quatriéme qui est le sinus de l'angle C. Ce sinus peut convenir également à un angle aigu, & à un angle obtus qui est son supplément (7): mais comme l'espece de l'angle C est déterminée par l'hypothèse, on sçaura si l'angle C est l'angle aigu qui répond au sinus trouvé; ou si c'est l'angle obtus qui est son supplément. On connoîtra donc deux angles dans le triangle, sçavoir B & C; par conséquent on sçaura la valeur du troisiéme : enfin on trouvera le troisiéme côté BC par le premier Problême.

Si on suppose le côté AB de 2304 toises, le côté AC de 1728, & l'angle B de 45 degrés 24 minutes, & que l'angle C soit aigu, les logarithmes des trois premiers termes de la proportion, AC . SB : : AB . SC, seront 323754, 985250, 336248, dont le premier étant retranché de la somme des deux autres, on aura le reste 997744 qui est le sinus artificiel de l'angle C. Or en cherchant dans les Tables, on trouvera que ce nombre est le logarithme de 71 degrés 42 minutes. Ainsi l'angle C est de 71 degrés 42 minutes D'ailleurs par la supposition l'angle B est de 45 degrés 24 minutes; par conséquent l'angle A vaut 62ᵈ 54'. A présent afin de trouver le côté BC, il faut faire la proportion, SB . AC : : SA . BC, dont les trois premiers termes ont pour logarithme 985250, 323754, 994949. Or le premier de ces logarithmes étant ôté de la somme des deux autres, le reste sera 333453 qui est le logarithme de 2160. Ainsi BC contient 2160 toises.

48 B. Mais si les deux côtés AB, AC & l'angle B étant tou-

Fig. 9. jours les mêmes, on avoit supposé l'angle C obtus, comme l'angle AEB; pour lors, afin de trouver la valeur de cet angle, il auroit fallu faire la même proportion qu'on a faite, AC. SB : : AB. SC : & au lieu de prendre l'angle aigu, il auroit fallu prendre l'angle obtus, 108 degrés 18 minutes, qui est le supplément de l'angle aigu 71 degrés 42 minutes; ainsi l'angle C auroit eu 108 degrés 18 minutes; par conséquent l'angle A auroit été seulement de 26 degrés 18 minutes.

En cherchant le côté BC dans cette hypothèse, on trouveroit qu'il auroit 1075 toises; au lieu que dans la supposition que l'angle C est aigu, le côté BC a été trouvé d'environ 2160 toises.

49. Nous avons supposé que deux triangles peuvent être différens, quoique deux côtés de l'un soient égaux à deux côtés de l'autre, chacun à chacun, & que l'angle opposé à un des côtés du premier soit égal à l'angle correspondant du second triangle. On peut voir cela sensiblement, si du point A comme centre, & de l'intervalle AC, qui est le plus petit des côtés connus, on décrit un arc de cercle qui coupe le côté BC au point E, & qu'ensuite on tire une ligne du point A au point E : car on aura le triangle BAE, dont les côtés AB & AE sont égaux aux côtés AB & AC du triangle BAC, & de plus l'angle B est commun aux deux triangles.

50. Il est évident que dans le triangle BAE, l'angle AEB est obtus & supplément de l'angle C : car dans le triangle isocele EAC, les deux angles E & C sur la base EC sont égaux. Or l'angle AEB est supplément de l'angle E ou AEC; par conséquent il est aussi supplément de l'angle C.

51. Remarquez que si l'angle connu B est droit ou obtus, pour lors les deux triangles sont égaux en tout, parce que l'autre angle sur la base BC est nécessairement aigu (Liv. II, Art. 21), & par conséquent de même espece dans les deux triangles; ainsi dans ce cas il est inutile de mettre la quatriéme condition marquée dans le troisiéme Problême, parce qu'elle s'ensuit nécessairement.

PROBLÊME IV.

52. *Connoissant les trois côtés d'un triangle, trouver 1°. les segmens du grand côté sur lequel on conçoit une perpendiculaire tirée de l'angle opposé à ce côté, 2°. chacun des trois angles, 3°. la perpendiculaire.*

Fig. 8. Soit le triangle BAC dans lequel on connoisse les trois côtés dont le plus grand est BC. Il s'agit de trouver 1°. les segmens BD'

& DC du grand côté BC divisé par la perpendiculaire AD. Pour cela on fera la proportion suivante fondée sur le troisiéme Théorême (39) : *le plus grand côté* BC *est à la somme des deux autres* AB *&* AC, *comme leur différence* BG *est à* BE différence des parties ou segmens de la base ou du grand côté divisé par la perpendiculaire AD. Dans cette proportion les trois premiers termes sont connus ; par conséquent on trouvera le 4me : il faudra le retrancher du grand côté BC, & on connoîtra le reste EC, duquel prenant la moitié on aura DC petit segment du côté BC : & si ce petit segment est retranché du côté BC, le reste sera BD qui est l'autre segment : on trouvera aussi BD en ajoutant BE à DE ou DC.

Si on suppose le grand côté BC de 2160 toises, le côté AB de 1656, & le petit côté AC de 1224, la proportion marquée ci-dessus se réduira à celle-ci, 2160. 2880 : : 432. x que l'on résoudra par les logarithmes en cette maniere, les logarithmes des moyens sont 345939, 263548 dont la somme est 609487, il faut en retrancher 333445 logarithme du premier terme 2160, le reste sera 276042 logarithme de 576=BE.

Ensuite il faut ôter 576 du grand côté BC=2160, le reste est 1584=EC, dont on prendra la moitié qui est 792=DC ou DE : & si on ôte 792 de 2160=BC, ou si on ajoute BE à DE, c'est-à-dire 576 à 792, on trouvera 1368=BD. C'est ainsi qu'on connoîtra les deux segmens de BC.

2°. Pour trouver un des angles sur le grand côté, par exemple, l'angle C, on remarquera que dans le triangle rectangle ADC on connoît l'hypotenuse AC qui contient 1224 toises par la supposition, le côté DC qui en contient 792, & l'angle droit en D ; c'est pourquoi on fera cette proportion. *Le côté* AC *est au sinus de l'angle* D *ou au sinus total, comme le côté* DC *est au sinus de l'angle* CAD dont l'angle C est complément. Voici les logarithmes des trois premiers termes de cette proportion, 308778, 1000000, 289873, dont le premier étant retranché de la somme des deux autres, il reste 981095 sinus artificiel de 40 degrés 19 minutes=CAD : par conséquent l'angle C que l'on cherche vaut 49 degrés 41 minutes, parce qu'il est complément de l'angle CAD.

Afin de trouver l'angle B on se servira du triangle rectangle ADB dont on connoît l'hypotenuse AB, le côté BD, & l'angle droit D : on dira donc, *Le côté* AB *est au sinus total, comme le côté* BD *est au sinus de l'angle* BAD dont le complément est l'angle B. Après avoir trouvé l'angle C, on pourroit aussi connoître l'angle B

Fig. 8. par le triangle total BAC, en faisant cette proportion, *Le côté* AB *est au sinus de l'angle* C, *comme le côté* AC *est au sinus de l'angle* B. En faisant le calcul on trouvera cet angle B de 34 degrés 18 minutes.

3°. Pour connoître la perpendiculaire AD, on fera cette proportion tirée du triangle rectangle ADC, *Le sinus de l'angle droit en* D, *est au côté* AC, *comme le sinus de l'angle* C *est à la perpendiculaire* AD. On pourra aussi faire cette autre analogie tirée du triangle rectangle ADB, *Le sinus de l'angle droit est au côté* AB, *comme le sinus de l'angle* B *est à la perpendiculaire* AD. En faisant l'un ou l'autre de ces calculs on trouvera la perpendiculaire AD de 933 toises & un peu plus.

53. Après avoir trouvé le segment DC de la base, on pourroit connoître la perpendiculaire AD d'une autre maniere : car le triangle ADC étant rectangle, & les deux côtés AC & DC étant connus, si on ôte le quarré de DC du quarré de AC, le reste sera le quarré de la perpendiculaite (Liv. II, Art. 184).

On avoit déja donné une méthode de trouver la perpendiculaire AD, Art. 39 F.

54. Remarquez qu'il n'est pas nécessaire dans la pratique qu'il y ait actuellement une perpendiculaire tirée sur le grand côté, ni une circonférence décrite, comme dans la Figure 8, afin de trouver les segmens du grand côté & la valeur de chacun des angles & de la perpendiculaire lorsqu'on connoît les côtés du triangle : il suffit de faire cette proportion marquée dans le Problême : *Le grand côté est à la somme des deux autres, comme leur différence est à un quatriéme terme*, & d'operer ensuite, comme il est prescrit dans le Problême. La perpendiculaire & la circonférence n'ont été décrites que pour la démonstration. Il est bon de se donner à soi-même quelque exemple, en supposant les trois côtés d'un triangle d'un certain nombre de parties. Il faut que la somme des deux plus petits soit plus grande que le troisiéme.

55. Remarquez encore que s'il y avoit deux côtés égaux dans un triangle dont on suppose les trois côtés connus, alors la perpendiculaire tirée du sommet de l'angle compris entre les côtés égaux, diviseroit la base en deux parties égales ; c'est pourquoi on n'auroit pas besoin de la premiere proportion qu'on a faite pour connoître les parties de la base, puisque chacune en seroit la moitié : par exemple, si dans le triangle BAC, les deux côtés AB & AC étoient égaux, les deux parties BD & DC de la base divisée par la perpendiculaire, seroient connues sans proportion, parce que

que chacune feroit la moitié de la bafe BC que l'on fuppofe connue (Liv. II, Art. 24). Fig. 9.

55 B. On peut auffi trouver par le Théorême VI, les angles d'un triangle dont on connoît les trois côtés, fans connoître les fegmens du grand côté. En voici la méthode : 1°. Après avoir ajouté les trois côtés enfemble & pris la moitié de la fomme, on retranchera chaque côté de cette moitié, & on aura trois reftes ou excès. 2°. On ajoutera le logarithme de la moitié de la fomme au logarithme du refte ou de l'excès de cette moitié fur le côté oppofé à l'angle cherché. On ajoutera auffi le double du logarithme du rayon aux logarithmes des deux autres reftes ou excès de la même moitié fur chacun des deux côtés qui comprennent l'angle cherché. 3°. La premiere des fommes qui viendront de ces deux additions doit être retranchée de la feconde ; la moitié du refte de cette fouftraction fera le logarithme de la tangente de la moitié de l'angle cherché.

Nous allons appliquer cette méthode au même exemple, afin de la faire mieux concevoir. Il faut trouver l'angle C.

Les trois côtés du triangle BAC font BC=2160, AB=1656, AC=1224. Ainfi 1°. après avoir cherché la fomme de ces trois nombres qui eft 5040, & pris la moitié de cette fomme, fçavoir 2520, je retranche chaque côté de cette moitié, & je trouve les trois reftes ou excès, 360, 864, 1296. J'ajoute enfemble les deux nombres 340140, 293651, qui font les logarithmes de la moitié 2520 & de 864 excès de cette moitié fur le côté AB ; la fomme eft 633791. J'ajoute pareillement le double du logarithme du rayon avec les logarithmes des nombres 360 & 1296, qui font les reftes qu'on trouve en ôtant BC & AC de la moitié 2520. Le double du logarithme du rayon eft 2000000, les logarithmes de 360 & de 1296 font 255630 & 311260 ; ainfi la fomme de ces trois nombres eft 2566890. 3°. Je retranche la premiere fomme 633791 de cette derniere : le refte eft 1933099 dont la moitié 966549 eft la tangente artificielle de 24 degrés 50 minutes $\frac{1}{2}$ qui eft la moitié de la valeur de l'angle C : ainfi cet angle eft de 49 degrés 41 minutes.

Cette méthode eft une fuite néceffaire de l'analogie du Théorême VI : car la premiere des fommes prefcrites au *numero* 2 eft le logarithme du premier terme, & la feconde fomme marquée au même *numero* eft le logarithme des moyens : par conféquent en ôtant la premiere fomme de la feconde, le refte fera le logarithme du 4me terme qui eft le quarré de la tangente de la moitié de l'angle cherché : ainsi en prenant la moitié de ce reste, ce sera le logarithme de la tangente de la moitié de cet angle.

56. Il est évident que dans les différens cas des quatre Problêmes précédens, on peut trouver la surface du triangle proposé: car la surface d'un triangle est égale au produit d'un côté pris pour base, multiplié par la moitié de la hauteur. Or dans les trois premiers Problêmes, on a donné la méthode de connoître tous les côtés d'un triangle, & dans le quatriéme, on a montré la maniere de trouver la perpendiculaire tirée de l'angle opposé au grand côté du triangle dont on connoît les trois côtés : ainsi cette perpendiculaire étant la hauteur du triangle par rapport au grand côté consideré comme base ; il s'ensuit qu'on peut trouver la surface du triangle dans les différens cas des quatre Problêmes.

56 B. Le Théorême V fournit une méthode indépendante des sinus pour trouver la surface d'un triangle dont on connoît les trois côtés. On ajoutera ensemble les trois côtés, & on prendra la moitié de la somme : de cette moitié on ôtera successivement chcun des côtés, & on aura trois restes ou différences. On ajoutera ensuite les logarithmes de la demi-somme, & de chacune des trois différences : la moitié de la somme qui en viendra sera le logarithme de la surface du triangle. Nous allons appliquer cette méthode au triangle BAC de la Fig. 8 : BC=2160, AB=1656, AC=1224 : ainsi la somme des trois côtés est 5040, & la moitié de la somme est 2520. En ôtant les trois côtés de cette demi-somme, je trouve les différences 360, 864, 1296. Or les logarithmes de 2520 & de ces trois différences sont 34014005, 25563025, 29365137, 31126050 dont la somme est 120068217, & la moitié de la somme est 60034103 logarithme de 1007884 : ainsi la surface de ce triangle est de 1007884 toises quarrées. Pour ces calculs des grands nombres il faut prendre les logarithmes entiers, c'est-à-dire, les huit chifres : mais comme il y a quelque embarras à se servir des logarithmes à cause que les Tables ne sont pas continuées assez loin, on peut avoir recours à la méthode de l'Article 39 E, quand les nombres qui expriment les côtés du triangle sont grands.

57. On a supposé dans les Problêmes précédens que l'on connoît quelqu'un des côtés du triangle : mais si on ne connoissoit que les angles, on ne pourroit trouver les côtés, parce que la grandeur des angles ne détermine pas la longueur des côtés, puisque deux triangles peuvent être semblables, & avoir par conséquent

les angles égaux, quoique les côtés de l'un ne soient pas égaux aux côtés de l'autre. Cependant lorsqu'on connoît les angles d'un triangle, on peut toujours connoître les rapports des côtés ; car nous avons démontré que les sinus des angles sont comme les côtés opposés (34).

AUTRE MÉTHODE DE RÉSOUDRE les quatre Problêmes précédens.

58. Nous allons exposer en peu de mots une autre méthode de résoudre ces quatre Problêmes généraux, laquelle ne suppose pas les Tables des sinus, & qui est indépendante des trois premiers Théorêmes qui ont été démontrés dans ce Traité de Trigonométrie. Cette méthode est fondée sur les quatre Théorêmes que nous avons donnés dans le second Livre (Articles 53, 55, 56 & 59), touchant les conditions qui rendent les triangles semblables. Elle ne suppose qu'une échelle de parties égales. Il y en a une sur le compas de proportion, que l'on trouve dans tous les Etuis de Mathématiques : cette échelle peut être représentée par la ligne MN Fig. 17, que l'on suppose divisée en deux cens parties égales. Nous allons expliquer la construction & l'usage d'une autre échelle plus commode.

58 B. Il faut avoir une regle de cuivre d'environ un pouce un quart de largeur, & assez longue pour qu'elle contienne au moins mille parties : on trace sur les deux bords les paralleles égales AD, EH, Fig. 18, Planche XIII, & la ligne AE perpendiculaire entre les deux. On prendra sur les deux paralleles des parties égales telles que AB, BC, CD, sur l'une, & EF, FG, GH sur l'autre ; & on divisera AB & EF chacune en dix parties égales : celles de AB sont B-10, 10-20, 20-30, &c. celles de EF sont F-10, 10-20, 20-30, &c. On tirera ensuite de AD à EH des transversales B-10, 10-20, 20-30, &c. Après cela on divisera la perpendiculaire AE en dix parties égales. Par les points de division 1, 2, 3, 4, &c. on menera des paralleles aux deux premieres AD, EH, qui partageront chacune des transversales en dix parties égales. On tirera aussi les perpendiculaires entre les paralleles, telles que BF, CG, & DH également éloignées l'une de l'autre.

Il faut concevoir la partie F-10 divisée en dix aliquotes ; il est visible par la construction que la partie de chaque parallele comprise entre la ligne BF & la transversale B-10 contient des aliquotes de F-10 à proportion du rang que chaque parallele tient après AD : c'est-à-dire, que la partie de la premiere parallele après AD contient une aliquote de F-10, la partie de la seconde parallele en contient deux, celle de la troisiéme parallele en contient trois, OP qui est celle de la sixiéme parallele, en contient six : nous allons appliquer la preuve sur ce dernier exemple : Dans les deux triangles semblables OBP, 10-BF, les côtés BO & B-10 sont entr'eux comme OP & F-10. Or BO contient six aliquotes de B-10 : donc OP contient aussi six aliquotes de F-10, ou des autres distances entre les transversales, telles que sont B-10, 10-20, 20-30, &c. prises sur AB, qui sont toutes des dixaines par rapport aux aliquotes de F-10.

58 C. Afin de concevoir comment on se sert de cette échelle pour avoir un nombre de parties égales, il faut faire attention que les distances AB, BC, CD, &c. entre les perpendiculaires sont des centaines ; puisque les parties de AB ou de EF qui sont entre les transversales sont des dixaines ; telles sont B-10, 10-20, 20-30, &c. & les parties des différentes paralleles comprises entre BF & B-10 contiennent des aliquotes ou des unités des distances entre les transversales, comme nous venons de le prouver.

Cela posé, si on veut avoir 246 parties, on prendra deux distances BC & CD pour les deux centaines, on les prendra, dis-je, sur la sixiéme parallele à cause des six parties que renferme le nombre 246 : ces deux distances contiennent la longueur PRS : il y faut ajouter LP, & on aura LS qui contient 246 parties, sçavoir, 200 dans PS, 40 ou 4 dixaines dans LO, & 6 dans OP. Si on n'avoit voulu avoir que 146 parties, on auroit pris seulement LR. On peut voir dans notre Gnomonique, Art. 30 de la préparation qui précede le second Livre, comment on doit se servir d'une échelle de parties égales pour faire un angle d'une certaine grandeur, comme nous l'avons supposé, (Liv. II, Art. 11 D). Nous allons résoudre le premier & le second Problême par la méthode qui suppose une échelle de parties égales.

59. *Connoissant deux angles & un côté d'un triangle, trouver les deux autres côtés.*

Fig. 9. Soit le triangle BAC, dont on connoisse les deux angles B & C avec le côté BC, que je suppose de 2160 toises. Pour trouver les deux autres côtés AB & AC, considerez d'abord, que puisqu'on connoît deux angles de ce triangle, on connoîtra facilement le troisiéme, qui avec les deux autres vaut 180 degrés. Cela posé, prenez sur l'échelle avec le compas la longueur de

2160 parties égales, & tirez une ligne droite, comme *bc*, égale à cette longueur : ensuite tirez à l'extrémité *b* une ligne qui fasse avec *bc* un angle égal à l'angle B, & à l'extrémité *c* une autre ligne qui fasse avec *bc* un angle égal à l'angle C : ces deux lignes étant prolongées, se réuniront à un point comme *a*, & formeront le triangle *bac* semblable au triangle BAC (Liv. II, Art. 53) ; par conséquent les côtés de l'un sont proportionnels aux côtés homologues de l'autre ; ainsi BC . AB : : *bc* . *ab*. D'où il suit que le côté AB contient autant de parties égales à celles de BC que le côté *ab* contient de parties égales à celles de *bc* ; si donc en prenant la longueur de *ab* avec le compas, & portant cette longueur sur l'échelle, pour voir combien elle contient de parties égales de l'échelle, on trouve qu'elle en contient 2304 ; on sera assuré que AB contient 2304 toises. Il faut faire la même chose pour trouver combien le côté AC contient de toises. Fig. 9.

60. On voit par la solution de ce Problême, qu'il ne s'agit que de faire un triangle semblable au triangle proposé dont on veut connoître quelque côté ou quelque angle. Or nous avons donné (Liv. II, Art 35, 36, 37 & 38) quatre Problêmes qui enseignent à faire un triangle semblable au triangle proposé. Voici encore la solution du second Problême par la même méthode.

61. *Connoissant deux côtés d'un triangle & l'angle compris entre ces côtés, trouver les deux autres angles, & le troisiéme côté.*

Soit le triangle BAC, dont on connoisse le côté AB, que je suppose de 2304 toises, & le côté AC de 1728 toises, avec l'angle compris entre ces côtés. Afin de trouver le côté BC, il faut prendre sur l'échelle la longueur de 2304 parties égales, & tirer la ligne *ab* égale à cette longueur, ensuite prendre aussi sur l'échelle 1728 parties égales, & tirer du point *a* la ligne *ac* égale à cette autre longueur, & qui fasse avec *ab* un angle égal à l'angle A ; après cela, menez une ligne droite du point *b* au point *c*, & vous aurez le triangle *bac* semblable (Liv. II, Art. 55) au triangle BAC, puisque les deux côtés *ab* & *ac* sont proportionnels aux côtés AB & AC du triangle BAC, & que l'angle *a* est égal à l'angle A : par conséquent, si en portant sur l'échelle la longueur du côté *bc*, on voit combien ce côté contient de parties égales de l'échelle, on sçaura combien le côté correspondant BC contient de toises qui sont des parties égales à celles des côtés AB & AC.

Pour trouver les angles B & C du triangle proposé, il faut mesurer avec le rapporteur les angles correspondans *b* & *c* du triangle semblable *bac*, ou se servir du compas de proportion.

Fig. 9. 62. Si les côtés du triangle proposé ne contenoient qu'un petit nombre de toises; par exemple, 3, 4, 5, 6, 7, &c. il faudroit réduire chacun des côtés connus de ce triangle en pieds ou en pouces, afin d'avoir un plus grand nombre de parties; parce que le nombre de ces parties étant plus grand, il est plus facile de faire le triangle *bac* semblable au premier.

63. Remarquez que cette derniere méthode est plus sujette à erreur dans la pratique que la premiere, tant à cause qu'il est difficile d'avoir une échelle qui soit divisée exactement en parties égales, que parce qu'il est presque impossible de faire un triangle tout-à-fait semblable à un autre.

METHODE PARTICULIERE AUX TRIANGLES RECTANGLES.

L'une & l'autre méthodes expliquées dans les Problêmes précédens, sont générales & peuvent être appliquées tant aux triangles rectangles, qu'à ceux qui sont obliquangles : cependant comme il y a une méthode particuliere pour les triangles rectangles qui répond à la premiere & qui est plus courte, il est à propos de la donner ici ; mais il faut auparavant établir quelques propositions qui serviront de principes à cette méthode.

Nous appellerons côtés seulement les deux lignes qui forment l'angle droit; & la base de cet angle nous ne la nommerons que *hypotenuse*, quoique ce soit aussi un côté du triangle.

Fig. 3. 63 B. Si dans un triangle rectangle on regarde l'hypotenuse comme rayon ou comme sinus total, chacun des deux côtés est le sinus de l'angle opposé. Par exemple, si dans le triangle rectangle ABC on prend l'hypotenuse AC pour rayon, & le point C pour centre, il est évident que le côté AB est le sinus de l'angle opposé C ou de l'arc AD qui en est la mesure : car ce côté est tiré de l'extrémité A de l'arc perpendiculairement sur le rayon CBD qui aboutit à l'autre extrémité D. On verroit pareillement que le côté CB est le sinus de l'angle opposé A, si on prenoit le point A pour centre, & l'hypotenuse AC pour rayon.

63 C. Quand on considere un des côtés comme rayon, l'autre côté est la tangente de l'angle opposé, & l'hypotenuse devient la sécante du même angle. Si, par exmple, on prend le côté CB pour rayon, & le point C pour centre, le côté AB devient la tangente de l'angle C, & l'hypotenuse CA en devient la sécante. Cela paroît en tirant l'arc BE dont le côté AB est la tangente, lequel arc est la mesure de l'angle C. Mais si on prenoit le côté AB pour rayon, & le point A pour centre, l'autre côté CB seroit

tangente de l'angle opposé A, & l'hypotenuse AC deviendroit la sécante du même angle A.

63 D. Quoique l'hypotenuse CA soit la sécante de l'angle C en prenant CB pour rayon, & qu'elle soit sécante de l'angle A quand c'est le côté AB qu'on regarde comme rayon, il ne s'ensuit pas de-là que les sécantes de ces deux angles aient le même nombre de parties : car si CB est plus petit que AB, & qu'on conçoive que l'un & l'autre est divisé dans le même nombre de parties, par exemple, 100000, l'hypotenuse CA contiendra plus de parties de CB que de AB ; & par conséquent la sécante de l'angle C aura plus de parties que celle de l'angle A, parce que les parties de CB seront plus petites que celles de AB. Fig. 3.

63 E. REMARQUE. Il suit des articles 63 B & 63 C que les nombres des Tables qui sont les sinus, les tangentes & les sécantes representent les côtés & l'hypotenuse d'un triangle rectangle, en supposant que l'hypotenuse ou un des côtés qu'on regarde comme rayon, est divisé en 100000 parties égales ; en sorte que si on prend l'hypotenuse pour rayon ou sinus total, les deux côtés contiendront autant de ces parties qu'il y a d'unités dans les nombres qui sont les sinus des angles opposés. Par exemple, si l'angle C est de 50 degrés & l'angle A de 40 degrés, le côté AB contiendra 76604 parties égales à celles de l'hypotenuse CA qui en a 100000, & l'autre côté CB en contient 64279, parce que le premier de ces nombres est le sinus de 50 degrés & le dernier est celui de 40. Si on prend le côté CB pour rayon, il faudra le concevoir divisé en 100000 parties ; & alors le côté AB tangente de l'angle C qui est de 50 degrés contiendra 119175 parties, & la sécante CA en contiendra 155572, parce que le premier de ces deux nombres est la tangente, & l'autre la sécante de 50 degrés. Mais si on prend AB pour rayon, la tangente CB de l'angle A=40 degrés ne contiendra que 83910, & la sécante AC du même angle n'en contiendra que 130541. Les analogies que nous allons proposer dans les Problêmes suivans sont fondées sur cette remarque, comme nous l'observerons après le premier Problême.

PROBLÊME I.

Connoissant un côté & les angles aigus, trouver 1°. l'autre côté, 2°. l'hypotenuse.

63 F. PREMIER CAS. On prendra le côté connu CB pour rayon, & le point C pour centre ; ainsi l'autre côté sera la tangente de l'angle C ; on pourra donc faire l'analogie suivante. Fig. 3.

Fig. 3. *Le ſinus total eſt au côté* CB *comme la tangente de l'angle* C *eſt au côté* AB.

63 G. SECOND CAS. On prendra l'hypotenuſe pour rayon, & par conſéquent chaque côté ſera le ſinus de l'angle qui lui eſt oppoſé ; c'eſt pourquoi on dira,

Le ſinus de l'angle A *eſt au côté* CB *comme le ſinus total eſt à l'hypotenuſe.*

Nous ſuppoſons le côté CB de 864 pieds, l'angle C de 50 degrés ; & par conſéquent l'angle A ſera de 40 degrés. Cela poſé, voici un exemple de chaque analogie en ſe ſervant des logarithmes.

Pour le premier Cas.	*Pour le ſecond Cas.*
293651 log. de CB=864	293651 log. de CB=864
1007619 tang. ar. de C=50	1000000 log. du ſinus total.
1301270 ſomme	1293651 ſomme
100000 log. du ſin. total.	980807 ſin. ar. de 40^d=A
R. 301270 log. de 1029$\frac{1}{2}$=AB.	*R.* 312844 log. de 1344=AC.

63 H. Il eſt facile d'appercevoir la vérité des analogies précédentes après la remarque que nous avons faite (63E) : car pour la premiere, elle ſe réduit à cette regle de trois, ſi le ſinus total de 100000 parties contient 864 pieds, combien la tangente de l'angle C, laquelle eſt de 119175 de ces mêmes parties, contient-elle de pieds ? ou bien, ſi le ſinus total de 10000 parties ſuppoſe le côté CB de 864 pieds, combien la tangente de l'angle C, laquelle eſt de 119175 parties, donnera-t-elle de pieds pour le côté AB ?

Pour ce qui eſt de la ſeconde analogie, elle conſiſte dans la regle de trois ſuivante : Si le ſinus de 64279 parties contient 864 pieds, combien le ſinus total compoſé de 100000 des mêmes parties contient-il de pieds ? Les termes de ces analogies ſont comme on voit, des ſinus & des tangentes naturelles, & non pas leurs logarithmes.

Toutes les autres analogies particulieres aux triangles rectangles ſe prouvent de la même maniere.

Pour reſoudre le même Problême, on pourra faire les deux analogies ſuivantes, dont la premiere ſuppoſe que le côté inconnu AB eſt le rayon, & la ſeconde, que c'eſt le côté connu CB.

63 I. PREMIER CAS. *La tangente de l'angle* A *eſt au côté* CB *comme le ſinus total eſt au côté* AB.

63 K.

63 K. SECOND CAS. *Le sinus total est au côté* CB *comme la secante de l'angle* C *est à l'hypotenuse.*

Pour le premier Cas.	*Pour le second Cas.*
293651 log. de CB=864.	293651 log. de CB=864.
1000000 log. du sin. total.	1019193 sec. art. de 50^d=C.
1293651 somme	1312844 somme
992381 tang. ar. de 40^d=A.	1000000 log. du sin. total.
R. 301270 log. de 1027½=AB.	*R.* 312844 log. de 1344=AC.

PROBLÊME II.

Connoissant l'hypotenuse & les angles aigus, trouver les côtés.

63 L. On prendra l'hypotenuse pour rayon, d'où il arrivera que chaque côté sera le sinus de l'angle qui lui est opposé : ainsi on dira,

Le sinus total est a l'hypotenuse comme le sinus d'un des angles aigus est au côté opposé.

L'hypotenuse étant supposée de 1344 pieds, & l'angle C de 50 degrés, les logarithmes des trois premiers termes seront 1000000, 312840, 988425, dont le premier étant ôté de la somme des deux autres, on aura le reste 301265 logarithme de 1029½=AB.

63 M. Si on prend un des côtés pour rayon, l'hypotenuse sera secante de l'angle compris entr'elle & le rayon ; ainsi on pourra dire ;

La secante de l'angle A *compris entre l'hypotenuse & le côté cherché* AB *est à l'hypotenuse comme le sinus total est à ce côté.*

Les logarithmes des trois premiers termes de cette analogie sont 1011575 secante art. de A=40 degrés 312840, 1000000 dont le premier étant ôté de la somme des deux autres, il reste 301265 logarithme de 1029,=AB.

PROBLÊME III.

Connoissant les deux côtés CB *&* AB *d'un triangle rectangle, trouver* 1°. *les angles aigus,* 2°. *l'hypotenuse.*

63 N. PREMIER CAS. On regardera un des côtés connus, par exemple CB, comme rayon, & pour lors l'autre côté sera la tangente de l'angle C (93 C) : ainsi on pourra dire,

Le côté CB *est au sinus total, comme le côté* AB *est à la tangente de l'angle* C *opposé au côté* AB : lequel angle est complément de l'angle A.

Fig. 8. 63 O. SECOND CAS. Après avoir trouvé les angles aigus par l'analogie précedente, on prendra l'hypotenuse AC pour rayon, & pour lors chacun des deux côtés sera sinus de l'angle opposé (63 B): on dira donc,

Le sinus de l'angle A *est au côté opposé* CB, *comme le sinus total est à l'hypotenuse.*

Voici le calcul de ces deux analogies, en supposant le côté CB de 864 pieds, & le côté AB de 1029½.

Pour le premier Cas.	*Pour le second Cas.*
1000000 log. du sin. total.	293651 log. de CB=864
301263 log. de AB=1029½.	1000000 log. du sinus total.
1301263 somme	1293651 somme
293651 log. de CB=864.	980807 sin. art. de 40^d=A.
R. 1007612 tang. art. de 50^d=C.	*R.* 312844 log. de 1344=AC.

Au lieu des analogies proposées, on pourroit se servir des suivantes, qui supposent qu'on prend le côté AB pour rayon.

63 P. PREMIER CAS. *Le côté* AB *est au sinus total comme le côté* CB *est à la tangente de l'angle* A, qui est complément de l'angle C.

63 Q. SECOND CAS. *Le sinus total est au côté* AB *comme la secante de l'angle* A *est à l'hypotenuse.*

Voici le calcul de ces deux analogies en supposant que les côtés & les angles ont la grandeur qui a été marquée ci-dessus.

Pour le premier Cas.	*Pour le second Cas.*
1000000 log. du sinus total.	301263 log. de AB=1029½.
293651 log. de CB=864	1011575 sec. art. de A=40^d.
1293651 somme	1312838 somme
301263 log. de AB=1029½	1000000 log. du sinus total.
R. 992388 tang. art. de 40^d=A.	*R.* 312838 log. de 1344=AC.

63 R. On pourroit aussi trouver l'hypotenuse AC en tirant la racine quarrée de la somme des quarrés de CB & de AB. (Géom. Liv. II, Art. 184).

PROBLÊME IV.

Connoissant un côté & l'hypotenuse, trouver 1°. *les angles aigus*; 2°. *l'autre côté.*

63 S. PREMIER CAS. On trouvera les angles aigus en prenant l'hypotenuse pour rayon, & pour lors chaque côté est le sinus de l'angle qui lui est opposé (63 B). Voici l'analogie.

L'hypotenuse AC, *est au sinus total, comme le côté connu* CB *est au sinus de l'angle opposé* A qui est le complement de l'angle C.

63 T. SECOND CAS. On trouvera l'autre côté AB en prenant toujours l'hypotenuse pour sinus total, & en disant,

Le sinus total est à l'hypotenuse, comme le sinus de l'angle C *est au côté opposé* AB.

En supposant l'hypotenuse AC de 1344 pieds & le côté CB de 864, les logarithmes des trois premiers termes de la premiere analogie seront 312840, 1000000, 293651 dont le premier étant ôté de la somme des deux autres, on aura le reste 980811 qui est le sinus artificiel de 40 degrés ; c'est la valeur de l'angle A.

Les logarithmes des trois premiers termes de la seconde analogie, sont 1000000, 312840, 988425 dont le premier étant ôté de la somme des deux autres, on aura le reste 301265 qui est le logarithme de 1029½=AB.

On peut aussi résoudre les deux cas de ce Problême par les analogies suivantes, dans lesquelles on considere le côté CB comme sinus total, & le point C comme centre; d'où il arrive que l'hypotenuse est la secante de l'angle C opposé au côté cherché, & ce côté est la tangente du même angle (93 C).

63 V. PREMIER CAS. *Le côté* CB *est au sinus total comme l'hypotenuse est à la secante de l'angle* C, dont l'autre angle A est le complément.

63 X. SECOND CAS. *Le sinus total est au côté* CB *comme la tangente de l'angle* C *est au côté* AB.

Pour le premier Cas.	*Pour le second Cas.*
1000000 log. du sinus total.	293651 log. de CB=864.
312840 log. de AC=1344.	1007619 tan. art. de C=50ᵈ.
1312840 somme	1301270 somme
293651 log. de CB=864.	1000000 log. du sinus total.
R. 1019189 sec. art. de 50ᵈ=C.	R. 301270 log. de 1029½=AB.

63 Y. Il paroît par ces deux derniers Problêmes, que quand on ne connoît pas les angles aigus, il faut faire deux analogies pour trouver l'hypotenuse ou un des côtés, parce que, avant de chercher l'une ou l'autre ligne, il faut d'abord connoître les angles aigus, à moins qu'on ne se serve de la méthode indiquée à l'article (63 R), qui seroit encore plus longue.

APPLICATIONS DES PROBLÊMES GENERAUX à des exemples particuliers.

Il ne sera pas inutile de proposer quelques Problêmes particuliers sur la hauteur & la distance des objets, qui ne sont que des applications des quatre Problêmes généraux dont nous avons parlé.

64. Lorsque l'on cherche quelque longueur inconnue, par exemple, la hauteur d'une tour par le moyen d'un triangle, on se sert d'un instrument pour mesurer les angles du triangle; cet instrument est appellé *Graphometre :* c'est une circonférence ou une demi-circonférence divisée en degrés & en minutes. Il y a une regle attachée au centre du graphometre que l'on appelle *Alidade*, qui peut tourner autour du centre. Elle sert à diriger les rayons visuels par le moyen de deux pinnules, c'est-à-dire, deux plaques percées qui sont attachées sur l'alidade : cet instrument est ordinairement de cuivre. Dans la Figure 10 la circonférence EGFH représente un graphometre avec son alidade GH, dont les pinnules sont les petites plaques G & H, qui sont percées vers le milieu, afin d'appercevoir l'extrémité de la tour dont on veut mesurer la hauteur.

PROBLÊME I.

65. *Mesurer une hauteur accessible.*

Fig. 10. Soit la tour accessible AC, dont il faut trouver la hauteur. Pour cela mesurez d'abord la distance du point B au point C, soit avec une chaîne ou une corde, soit avec une perche; ensuite dirigez l'alidade du graphometre, ensorte que l'on puisse voir l'extrémité A de la tour à travers des pinnules par le rayon visuel BA, & remarquez quel est le degré & la minute marquée au point H où passe le rayon visuel : enfin disposez l'alidade horisontalement suivant la direction EF, afin d'appercevoir le bas de la tour au travers des pinnules, & voyez combien l'arc HF contient de degrés & de minutes : cet arc est la mesure de l'angle au centre HBF ou ABC; ainsi dans le triangle rectangle BAC, connoissant l'angle B par l'observation, & l'angle C qui est droit, à cause de la tour qui est perpendiculaire sur l'horison, il sera facile de connoître l'angle A : mais d'ailleurs le côté BC a été mesuré; c'est pourquoi, afin de trouver la hauteur cherchée AC, qui est un des côtés du triangle, il n'y a qu'à faire (premier Problême général) la proportion suivante, dont les trois premiers termes sont connus : *Le sinus de l'angle* A *est au côté* BC, *comme le sinus de l'angle* B *est au côté* AC *qui est la hauteur de la tour.*

66. Si on veut mesurer la hauteur de la tour sans graphometre, & sans le secours des Tables des sinus, on peut le faire en employant deux triangles semblables en cette maniere.

Plantez un picquet, comme EFG, qui soit perpendiculaire à l'horison, & par conséquent parallele à la tour, & éloignez-vous de ce picquet à quelque distance; par exemple, en BH, afin que vous puissiez voir l'extrémité A de la tour par un rayon visuel BEA qui rase l'extrémité du picquet, lequel doit être plus grand que la hauteur d'un homme; enfin regardez aussi un point de la tour tel que K, par un rayon horisontal BK, & remarquez le point F du picquet par lequel passe le rayon horisontal. Tout cela posé, on aura deux triangles semblables, BEF & BAL; par conséquent leurs côtés homologues seront proportionnels; ce qui donnera la proportion, BF . BL : : EF . AL, dont les trois premiers termes sont des lignes que l'on peut facilement mesurer; par conséquent on pourra connoître le quatriéme, auquel ajoutant LC=BH, on aura la hauteur AC. Fig. 11.

67. On peut encore trouver la même chose par le moyen de l'ombre de la tour sans graphometre, & sans les Tables des sinus. Plantez un picquet EF, comme dans l'exemple précédent, qui soit perpendiculaire à l'horison, & par conséquent parallele à la tour : ensuite mesurez 1°. l'ombre du picquet, 2°. la hauteur du picquet, sans y comprendre la partie enfoncée en terre, 3°. l'ombre de la tour : enfin faites la proportion : *L'ombre du picquet est à la hauteur du picquet, comme l'ombre de la tour est à sa hauteur.* Les trois premiers termes de cette proportion étant connus, on trouvera facilement le quatriéme. Fig. 12.

68. Remarquez que pour avoir l'ombre de la tour que l'on suppose terminée en pointe dans les figures 10, 11 & 12, il ne suffit pas de prendre la distance qui est depuis la fin de l'ombre jusqu'à la tour; il faut y ajouter la moitié du diametre de la tour : par exemple, si l'ombre de la tour finit au point B, il ne suffit pas de prendre BD pour avoir la longueur de l'ombre; il faut encore ajouter DC qui est la moitié du diametre de la tour. Il faut observer la même chose dans les deux premieres manieres de mesurer la hauteur de la tour; c'est-à-dire, qu'il faut prendre la distance du point B, Figure 10, ou du point H, Figure 11, jusqu'à l'axe AC de la tour, dont l'extrémité est le point A.

PROBLÊME II.

69. *Mesurer la largeur d'une Riviere.*

Fig. 13. Soit la largeur d'une Riviere marquée par BC. On suppose que celui qui veut mesurer cette largeur soit du côté du point B, & que le point C qui est d'un autre côté soit un objet remarquable; par exemple, une pierre ou le tronc d'une arbre ou autre chose semblable. Pour trouver la longueur de la ligne BC, choisissez un certain point, comme A, duquel vous puissiez appercevoir le point B & le point C, & mesurez avec le graphometre l'angle A & l'angle B du triangle BAC : mesurez aussi la ligne AB qui est la distance des deux points B & A : après cela vous trouverez, par le premier Problême général, le côté BC qui est la largeur qu'on cherche.

PROBLÊME III.

70. *Mesurer une hauteur inaccessible, comme celle de la tour* AC, *qu'on suppose inaccessible.*

Fig. 12. Choisissez à quelque distance de la tour deux lieux différens, comme B & G, qu'on appelle *Stations*, desquels on puisse voir l'extrémité A de la tour. Les rayons visuels BA & GA & la ligne BG qui est l'intervalle des stations formeront le triangle BAG, dont il faudra mesurer l'angle B, l'angle G & le côté BG : ces trois choses étant connues, on trouvera facilement le côté AB par le premier Problême. Connoissant le côté AB, il faudra mesurer l'angle ABC : après quoi on pourra connoître la hauteur AC : car dans le triangle rectangle BAC, on connoît l'angle C qui est droit; on connoît aussi l'angle ABC qu'on a mesuré, & d'ailleurs on a trouvé le côté AB, qui est un rayon visuel; d'où il suit qu'on pourra trouver aussi le reste du triangle par le premier Problême général; ainsi on pourra connoître non-seulement la hauteur AC, mais aussi la ligne BC, qui est la distance du point B à l'axe de la tour.

On peut de la même maniere mesurer la hauteur d'une montagne, en choisissant deux stations au bas de la montagne, desquelles on puisse voir le sommet.

PROBLÊME IV.

71. *Trouver la distance de deux objets inaccessibles tels que* C & D,

Fig. 15. Prenez deux stations, comme A & B, desquelles on puisse appercevoir les deux objets, & mesurez l'intervalle de ces stations; ensuite du point A mesurez l'angle DAB & l'angle CAB, formés tous les deux par des rayons visuels; du point B, mesurez aussi les angles CBA & DBA, formés pareillement par des rayons visuels; ainsi dans le triangle BDA on connoîtra les deux angles DAB & DBA, & le côté AB qui est l'intervalle des stations: par conséquent on trouvera le côté BD par le premier Problême général. De même dans le triangle ACB, on connoîtra les deux angles CBA & CAB, le côté AB; par conséquent on trouvera aussi BC. Enfin on considerera un troisiéme triangle qui est CBD, dont on connoît déja les deux côtés BD & BC; ainsi si l'on mesure l'angle compris DBC, on trouvera par le second Problême général le côté CD, qui est la distance cherchée.

On voit bien que par le moyen des deux premiers triangles BDA & ACB, on peut trouver les distances de chaque station aux deux objets inaccessibles.

PROBLÊME V.

72. *Lever la carte d'un pays, par les regles de la Trigonométrie.*

Pour lever une carte, il ne s'agit que de marquer sur un plan la situation des objets les uns à l'égard des autres, c'est-à-dire, le rapport des distances qui se trouvent entre les objets les plus remarquables qui sont dans le pays dont on veut faire la carte, tels que sont les Villes, les Bourgs, les Villages, les Abbayes, &c. que l'on suppose désignés dans la seconde Fig. Planche XII par les lettres C, D, E, F, G, H, L. Or les distances des objets se trouvent par la Trigonométrie en concevant des lignes qui forment des triangles dont les sommets se terminent à ces objets. Voici donc comment on peut exécuter ce que l'on propose dans le Problême. Fig. 2. Pl. XII.

Prenez une base, c'est-à-dire, la distance de deux points tels que A & B: il faut pour cela mesurer actuellement avec une ou plusieurs perches égales, ou avec une chaîne, la longueur du chemin depuis A jusqu'à B en allant toujours en ligne droite: mais pour faire la carte avec exactitude, il faut que cette base ait une longueur proportionnée à la distance des objets que l'on veut marquer sur la carte: par exemple, s'il s'agit de lever la carte d'une Province, il faut prendre une base d'environ mille toises ou davantage. Après cela mesurez les angles DAB, EAB, FAB, HAB, LAB formés par la base AB & par les rayons visuels qui partent des objets D, E, F, H, L, que l'on peut voir du point A: ensuite allez à la seconde station B, & mesurez aussi les angles DBA, EBA, FBA, HBA, LBA formés par la même base AB, & par les rayons visuels qui viennent au point B des objets D, E, F, H, L que l'on suppose pouvoir être apperçus de ce point : on aura des triangles dont on connoîtra un côté, sçavoir, la base AB & les deux angles sur ce côté : par exemple, dans le triangle AEB on connoîtra le côté AB & les deux angles EAB & EBA : ainsi par le moyen du premier Problême général on trouvera facilement les deux autres côtés AE & BE.

On n'a pas pris la mesure des angles CAB & GBA, parce qu'ils sont trop obtus : mais cela n'empêche pas qu'on ne puisse avoir la situation des points C & G : pour cela il faut prendre un des côtés de quelque triangle connu pour base. (On suppose qu'on a trouvé la longueur de ce côté par le moyen de la premiere base AB.) Ainsi pour déterminer la position du point C, je puis me servir de la ligne AD, qui est un des côtés du triangle ADB. Je prends donc la mesure de l'angle CAD, & ensuite celle de l'angle ADC : ainsi dans le triangle ACD je connois un côté, sçavoir, AD, & les deux angles sur ce côté : donc je trouverai les deux côtés AC & DC qui déterminent la position du point C.

S'il y a d'autres objets dont on veuille déterminer la position, & que l'on ne puisse appercevoir des stations A & B, il faut choisir une nouvelle base qui soit un des côtés de quelque triangle connu, en sorte que l'on puisse voir cet objet des deux extrémités de cette base : par exemple, si on ne peut voir le point O de la station A, on pourra prendre pour base le côté FG que je suppose connu par le moyen du triangle BGF, & mesurer les angles OFG & OGF, afin de trouver les côtés FO & GO. Il faut employer la même méthode pour les objets plus éloignés.

Quand on aura trouvé la longueur des côtés des triangles il sera aisé d'en marquer la situation sur une carte à l'aide d'une échelle dont on se servira, comme nous l'avons dit, en proposant la seconde méthode de résoudre les triangles indépendamment des Tables des sinus. On prendra donc d'abord sur cette échelle avec un compas autant de parties égales qu'il y a par exemple de perches dans la base AB ; & on marquera sur la carte une ligne droite *ab* égale à l'ouverture du compas : les deux extrémités de cette ligne représenteront les deux stations A & B : ensuite pour marquer la position du point E on prendra sur l'échelle avec le compas autant de parties égales qu'il y a de perches dans la ligne AE ; & ayant mis une pointe du compas sur l'extrémité *a* de la ligne, on décrira un petit arc du côté qui répond au point

E :

E : enſuite on prendra pareillement ſur l'échelle autant de parties égales qu'il y a de perches dans BE, & ayant poſé une pointe du compas ſur l'extrémité *b* de la ligne on décrira un autre arc qui coupe le premier : l'interſection des deux arcs marquera la poſition du point E par rapport aux deux points A & B. On fera de même pour les autres points.

73. On pourroit ſe diſpenſer de la peine de chercher tous les côtés des triangles : il ſuffiroit après avoir meſuré la baſe AB, & pris avec un inſtrument la grandeur de deux angles de chaque triangle, il ſuffiroit, dis-je, de faire des triangles ſemblables à ceux qui ſont formés ſur le terrein par la baſe & les rayons viſuels, ſelon que nous l'avons expliqué dans la ſeconde méthode de réſoudre les triangles : ces triangles que l'on feroit détermineroient la poſition des objets.

Nous omettons pluſieurs obſervations qui ſont d'uſage dans la pratique de lever des cartes, parce qu'il ne s'agit ici que de faire voir l'application de la Trigonométrie dans cette opération. Nous remarquerons cependant que quand on prend les angles avec le graphometre, comme nous l'avons dit, il faut diſpoſer cet inſtrument de façon que ſon plan ſoit dans une ſituation horiſontale, du moins à peu près.

Ce que nous avons dit juſqu'à préſent, peut ſuffire pour faire voir l'utilité de la Trigonométrie ; néanmoins afin de faire encore mieux ſentir la ſubtilité de cet Art, nous allons propoſer un Problême, par lequel on verra que l'on peut par le moyen de la Trigonométrie, trouver la diſtance des planetes à la terre.

PROBÊME VI.

74. *Trouver la diſtance de la Lune à la Terre.*

Dans la Fig. 14, le petit cercle dont C eſt le centre, & CT le rayon, repréſente la terre ; la ligne HB qui touche la terre repréſente l'horiſon ſenſible ; le petit globe L qui eſt dans le plan repréſente la Lune ; l'autre globe I qui répond auſſi au plan de l'horiſon repréſente Jupiter : enfin FOB eſt une partie du firmament, auquel on rapporte les planetes. Fig. 14.

Si on voyoit la Lune du centre C de la terre, on la rapporteroit au point O du firmament : mais ſi on regardoit la Lune du point T, on la rapporteroit à un point inférieur du firmament, ſçavoir, au point B. Le point O auquel on rapporteroit la Lune vûe du centre de la terre, eſt appellée *le lieu vrai* de la Lune ; & le point B auquel on la rapporte étant vûe de deſſus la ſurface de la terre, eſt nommé *le lieu apparent* de la Lune ; & l'arc OAB

Fig. 14. compris entre ces deux points, est appellé *parallaxe.* Or le firmament étant à une distance immense de la terre, de la Lune & des autres planetes, on peut regarder chacune des planetes comme le centre du firmament; ainsi l'arc OB est la mesure de l'angle OLB & de l'angle CLT opposé au sommet; c'est pourquoi l'un & l'autre de ces deux angles est encore appellé *parallaxe.* Tout cela posé, voici comme on trouve la distance de la Lune à la terre

Le Triangle TCL formé par le rayon de la terre CT, & par les rayons visuels CL & TL est rectangle, parce que le rayon de la terre est perpendiculaire à la tangente HB qui représente l'horison sensible (Liv. I, Art. 115); ainsi l'angle T est droit. D'ailleurs on connoît l'angle CLT mesuré par la parallaxe horisontale OB que l'on trouve dans les Tables astronomiques. Mais on connoît encore le côté CT qui est un rayon de la terre que l'on sçait être de 1432 lieues communes de France, dont chacune contient 2282 toises; ainsi on pourra trouver par le premier Problême le côté CL, qui est la distance de la Lune au centre de la terre.

La Lune n'est pas toujours également éloignée de la terre: mais si on la prend dans sa moyenne distance, on trouve que l'angle L est d'environ un degré, lorsque la Lune répond au plan de l'horison; on aura donc la proportion suivante: *Le sinus de l'angle d'un degré est au côté* CT, *qui est un demi-diametre de la terre, comme le sinus de l'angle droit est à* CL. Voici cette proportion: $1745 . 1 :: 100000. CL = 57 \frac{535}{1745}$.

Ainsi le côté CL, qui est la distance de la Lune au centre de la terre est d'environ 57 demi-diametres de la terre; par conséquent la moyenne distance de la Lune à la terre, marquée par DL, n'est que de 56 demi-diametres, qui sont d'environ 80000 lieues.

75. Remarquez que la parallaxe d'une planete est d'autant plus petite que la planete est plus éloignée de la terre: par exemple: la parallaxe de Jupiter supposé en I est moindre que celle de la Lune, comme on le voit sensiblement dans la Figure 14, où la parallaxe de Jupiter est l'arc AB ou l'angle CIT. Cet angle est même si petit qu'il devient insensible, & que l'angle TCI est presque droit, aussi-bien que l'angle CTI, en sorte que les deux rayons visuels CI & TI sont sensiblement paralleles, à cause de la grande distance de Jupiter; c'est pourquoi on ne pourroit pas se servir de cette méthode pour connoître la distance de Jupiter à la terre.

76. On peut remarquer de même par rapport aux hauteurs que l'on veut meſurer ſur la terre, qu'il faut être à une diſtance médiocre de ces hauteurs, afin que l'erreur inſenſible qu'il n'eſt preſque pas poſſible d'éviter, lorſqu'on prend l'angle de hauteur, en le faiſant un peu trop grand ou un peu trop petit, ne cauſe pas une erreur trop conſidérable dans le calcul de la hauteur qu'on cherche. Suppoſons, par exemple, qu'il s'agiſſe de meſurer la hauteur AC : ſi on obſerve du point D, & qu'au lieu de prendre l'angle ADC tel qu'il eſt, on le faſſe un peu plus grand & égal à l'angle FDC ; il eſt viſible que cette erreur fera la hauteur AC plus grande qu'elle n'eſt de la quantité FA qui eſt plus du quart de AC : mais ſi on meſure l'angle de hauteur au point B, & qu'au lieu de prendre l'angle ABC tel qu'il eſt, on faſſe la même erreur qu'auparavant, en prenant EBC, en ſorte que l'angle EBA ſoit égal à l'angle FDA ; il eſt évident que cette derniere erreur, quoiqu'égale à la premiere, ne fera la hauteur AC plus grande qu'elle n'eſt effectivement, que de la quantité EA, qui eſt beaucoup moindre que FA. Il en ſeroit de même, ſi on étoit beaucoup plus près qu'il ne faut de la hauteur à meſurer. Ainſi il faut, afin de meſurer exactement une hauteur, qu'il y ait de la proportion entre la diſtance de l'obſervateur à l'objet & la hauteur de cet objet : & ſi cette diſtance eſt égale à la hauteur, (ce qui arrive lorſque l'angle de hauteur eſt de 45 degrés) pour lors on eſt dans l'éloignement le plus favorable pour meſurer la hauteur. Fig 16.

77. Ce que l'on vient de dire touchant la meſure des hauteurs, doit auſſi s'entendre de la meſure de toute autre ligne, ſoit qu'elle marque la largeur ou la diſtance des objets ; en ſorte qu'il faut toujours que l'éloignement qui eſt entre l'obſervateur & la ligne à meſurer, ait quelque rapport ſenſible avec cette ligne.

FIN.

SUPPLÉMENT

AUX ÉLÉMENS DE GÉOMÉTRIE.

Nous mettrons dans ce Supplément quelques démonstrations que nous n'avons pas cru devoir inserer dans le cours des Elémens.

On peut démontrer le Théorême fondamental sur les lignes proportionnelles par les triangles, en supposant que ceux qui ont même hauteur & même base sont égaux, & que ceux qui ont seulement même hauteur, ou qui sont entre mêmes paralleles, sont entr'eux comme leurs bases. La premiere de ces propositions est à l'Article 126 du second Livre, & la seconde est à l'Article 172 du même Livre. L'une & l'autre sont des Corollaires des propositions semblables sur les parallelogrammes, sçavoir que ceux qui ont même hauteur & même base sont égaux, & que ceux qui ont même hauteur sont entr'eux comme leurs bases. Or ces propositions sont démontrées sans rien supposer touchant les lignes proportionnelles. Voici la proposition sur les triangles dont nous tirerons un Corollaire équivalent au Théorême fondamental des lignes proportionnelles.

THÉORÊME.

ART. 1. *Si on coupe deux côtés d'un triangle par une ligne parallele à la base, ils seront coupés proportionnellement*, ou, ce qui revient au même, *les deux parties de l'un seront proportionnelles aux deux parties de l'autre. Réciproquement si les deux parties d'un côté sont proportionnelles à celles de l'autre, la ligne qui coupe les deux côtés est parallele à la base.*

Soit le triangle BAD Figure 63 du premier Livre, dont les deux côtés AB & AD soient coupés par la ligne EF parallele à la base BD: Je dis 1°. que AE . EB : : AF . FD, 2°. que posée cette proportion, EF est parallele à la base BD. Pour le démontrer il faut tirer les deux lignes BF & DE.

DÉMONSTRATION.

I. PARTIE. Les deux triangles EBF & EDF sont égaux, parce

qu'ils ont même base EF & qu'ils sont entre les mêmes paralleles BD & EF D'ailleurs le triangle EAF est au triangle EBF comme la base AE est à la base EB (Liv. II, Art. 172) : car ayant leur sommet au même point F, & de plus ayant leurs bases sur la même ligne AB ils ont même hauteur. Par la même raison le triangle EAF est au triangle EDF comme la base AF est à la base FD, parce que ces deux triangles ont leur sommet au même point E, & qu'ils ont leurs bases sur la même ligne AD. Nous avons donc les deux proportions EAF . EBF : : AE . EB. & EAF . EDF : : AF . FD. Or les deux premieres raisons de ces proportions sont égales parce qu'elles ont le même antécédent, & que d'ailleurs les deux conséquens, sçavoir les deux triangles EBF, EDF sont égaux; donc les deux dernieres raisons sont aussi égales, c'est-à-dire, que AE . EB : : AF . FD. Ce qu'il falloit démontrer en premier lieu.

II. Partie. Si les deux parties d'un côté sont proportionnelles à celles de l'autre la ligne qui coupe les deux côtés est parallele à la base : car on a, comme dans la premiere partie, les deux proportions, EAF . EBF : : AE . EB & EAF . EDF : : AF . FD. Or par l'hypothèse les deux dernieres raisons de ces deux proportions sont égales; donc les deux premieres le sont aussi. Or ces deux premieres raisons ont le même antécédent EAF : donc il faut que les conséquens, sçavoir les triangles EBF & EDF soient égaux. D'ailleurs ces deux triangles ont la même base EF; donc ils ont aussi même hauteur (Liv. II, Art. 126), ou, ce qui revient au même, les lignes EF & BD entre lesquelles ils sont compris sont paralleles.

Corollaire.

2. Les deux côtés du triangle BAD étant coupés par la ligne EF parallele à la base, la partie AE est au côté entier AB comme la partie AF est à l'autre côté entier AD : car puisque AE . EB : : AF . FD, donc *componendo* AE . AE+EB : : AF . AF+FD, c'est-à-dire, que AE . AB : : AF . AD. On prouvera de même que la partie inférieure EB est au côté entier AB comme la partie FD est à l'autre côté entier AD : car ayant la proportion AE . EB : : AF . FD : donc *componendo*, AE+EB . EB : : AF+FD : FD, ou bien, AB . EB : : AD . FD, ou *invertendo*, EB . AB : : FD . AD. Il paroît donc par ce Corollaire que les parties soit supérieures soit inférieures des côtés du triangle sont proportionnelles aux côtés entiers.

Ce Corollaire renferme la proposition fondamentale sur les

lignes proportionnelles; nous en allons faire le Théorême suivant.

THÉORÊME II. ET FONDAMENTAL.

2 B. *Lorsque deux lignes comprises dans un espace parallele, sont autant inclinées que deux autres lignes enfermées dans un autre espace parallele. Les deux premieres sont proportionnelles aux deux autres.* Pour voir que le Corollaire précédent renferme ce Théorême, il suffit de concevoir que les deux parties AE & AF sont dans une espace parallele compris entre la ligne A & la parallele EF, & que les deux côtés entiers AB & AD sont dans un autre espace parallele contenu entre la ligne A & la base BD.

3. Pour la page 59 à la fin de l'Article 169 du premier Livre de Géométrie. *On ne peut diviser un nombre en moyenne & extrême raison.*

DÉMONSTRATION. J'appelle a tout nombre proposé, x sa grande partie; ainsi la petite partie est $a-x$. Il faut prouver que x n'est pas commensurable avec a: & par conséquent que ce n'est pas un nombre. On suppose la proportion, $a . x :: x . a-x$: donc $xx=aa-ax$, & $xx+ax=aa$; & en ajoutant à chaque membre le quarré de la moitié d'a on aura $xx+ax+\frac{aa}{4}=aa+\frac{aa}{4}$. Or si on réduit aa à la fraction $\frac{4aa}{4}$, & qu'on l'ajoute ensuite avec $\frac{aa}{4}$ la somme sera $\frac{5aa}{4}$: donc $xx+ax+\frac{aa}{4}=\frac{5aa}{4}$. Et tirant la racine quarrée de chaque membre, on aura $x+\frac{a}{2}=\sqrt{\frac{5aa}{4}}$. Donc $x=-\frac{a}{2}+\sqrt{\frac{5aa}{4}}$, ou $\sqrt{\frac{5aa}{4}}-\frac{a}{2}$: ainsi afin que x fût commensurable il faudroit que l'on pût tirer la racine quarrée de $\frac{5aa}{4}$; ce qui est impossible: car si $\frac{5aa}{4}$ étoit un quarré parfait, en le multipliant par un autre quarré, par exemple par 4, le produit $\frac{20aa}{4}$ ou $5aa$ seroit encore un quarré. Or $5aa$ n'est pas un quarré: car on a la proportion, $aa . 5aa :: 1 . 5$, & par conséquent les racines de ces quatre termes sont encore en proportion, c'est-à-dire, que $a . \sqrt{5aa} :: 1 . \sqrt{5}$. Or $\sqrt{5}$ n'est pas rationel ou commensurable par rapport à 1: donc $\sqrt{5aa}$ ne l'est pas non plus par rapport au nombre a: ou, ce qui revient au même, la quantité $\sqrt{5aa}$ n'est pas un nombre. Ainsi $5aa$ n'est pas un nombre quarré, ni par conséquent $\frac{5aa}{4}$. Donc x est une grandeur incommensurable. Ainsi on ne peut diviser le nombre a en moyenne & extrême raison.

Nous avons supposé que le produit des deux nombres quarrés est aussi un nombre quarré; en voici la preuve: Soient les deux nombres *a*, *b*, les quarrés seront *aa*, *bb*, & le produit sera *aabb*. Or ce produit est le quarré de *ab* qui est encore un nombre, à cause des deux premiers nombres *a* & *b*.

THEORÊME.

3 B. *Si deux triangles sont égaux & que l'un ait un angle égal à un angle de l'autre, les côtés de ces angles seront réciproques : & de même si de deux triangles l'un a un angle égal à un angle de l'autre, & que les côtés de ces angles soient réciproques, les deux triangles seront égaux.*

Cette proposition est la quinziéme du sixiéme Livre d'Euclide.

Soient les deux triangles, BEC, DFC de la Figure 63 du premier Livre dont les angles BCE & DCF soient égaux. Je dis 1°. que si ces triangles sont égaux les côtés de l'angle BCE sont réciproques à ceux de l'angle DCF, c'est-à-dire, qu'on aura la proportion, CB . CF : :CD . CE : 2°. & si ces côtés sont réciproques, les triangles sont égaux. Il faut disposer le côté CD de maniere qu'il fasse la même ligne que le côté EC prolongé, alors le côté CF sera aussi le prolongement de BC.

DÉMONSTRATION.

I. PARTIE. La ligne EF étant tirée on aura le troisiéme triangle ECF que je compare avec les deux autres. Les triangles BEC, ECF ayant même sommet E, & ayant pour base les parties de la ligne BF, ont même hauteur : ainsi ils sont entr'eux comme leurs bases CB, CF (Liv. II, Art. 172). Par la même raison les deux triangles DFC, ECF qui ont le même sommet F sont comme leurs bases CD, CE : on a donc les deux proportions, BEC . ECF : : CB . CF, & DFC . ECF : : CD . CE. Or dans ces proportions les deux premiers antécédens BEC & DFC sont égaux par l'hypothèse, & leur conséquent est le même, sçavoir ECF, donc la premiere raison de l'une des proportions est égale à la premiere de l'autre. Ainsi la seconde raison d'une part est aussi égale à la seconde de l'autre part, c'est-à-dire que CB . CF : : CD . CE.

II. PARTIE. Si cette proportion CB . CF : : CD . CE est vraie les deux triangles sont égaux, en supposant toujours les angles BCE, DCF égaux. Car on a encore par la raison exposée ci-dessus les proportions BEC . ECF : : CB . CF, & DFC . ECF : : CD . CE. Or par l'hypothèse les deux dernieres raisons de ces proportions sont égales : donc les deux premieres raisons, sçavoir, celles de BEC à ECF & de DFC à ECF, sont aussi égales entre elles. Or ces deux raisons ont le même conséquent ECF : donc les deux antécédens BEC, DFC sont égaux (Arith. Liv. II, Art. 14). Ce qu'il falloit démontrer.

Toutes les démonstrations que nous avons données (Liv. II, Art. 183) du Théorême fondamental touchant le quarré de l'hypotenuse étant fondées sur les proportions, nous en allons proposer une autre qui en est indépendante, & qui peut être facilement entendue par ceux même qui ne sçavent que les premiers Élémens de la Géométrie.

THÉOREME FONDAMENTAL.

4. *Le quarré de l'hypotenuse est égal aux quarrés des deux autres côtés.*

Fig. 1. Pl. XII. Soit le triangle BAC dont l'angle A est droit : je dis que le quarré de BC est égal au quarré de AB, plus au quarré de AC. Pour le prouver il faut prolonger le côté AB de part & d'autre, en sorte que les deux lignes AD & AP soient chacune égales à la somme des côtés AB & AC. Il faut pareillement prolonger le côté AC de façon que les lignes AH & AL soient aussi l'une & l'autre égales à la somme des mêmes côtés. Ensuite achevez les quarrés AF & AN. Après cela divisez chaque côté du quarré AF en deux parties égales aux côtés AB & AC du triangle donné, en sorte que les deux côtés de chaque angle droit, comme D, du quarré AF soient égaux aux côtés AB & AC de l'angle BAC, chacun à chacun ; & tirez les lignes BE, EG, GI & BI, on aura quatre triangles rectangles dont chacun est égal au triangle BAC, puisque les deux côtés qui comprennent l'angle droit sont égaux à ceux qui forment l'angle droit de ce triangle : de plus le quadrilatere BG, dont les quatre côtés sont égaux chacun à l'hypotenuse BC, est le quarré de cette ligne : ce que je prouve en faisant voir que les angles de ce quadrilatere sont droits. L'angle extérieur IBD est égal aux deux intérieurs IAB & BIA (Liv. II, Art. 17). Or ce dernier angle BIA est égal à l'angle EBD, parce que les triangles BAI & EDB sont égaux en tout. Donc l'angle IBE est égal à l'angle IAB qui est droit. Il faut dire la même chose des autres angles du quadrilatere.

Pour ce qui est du quarré AN, tirez par le point C la ligne CO parallele au côté AP : de même ayant pris sur le côté AP la partie AR égale à AC, menez RM parallele à l'autre côté AL, on aura deux quarrés, sçavoir, AS & SN. Or il est évident que le premier, AS, est le quarré du côté AC : d'ailleurs le second, SN, est

est le quarré de l'autre côté AB : car la ligne AP est égale par la construction à la somme des côtés AB & AC. Mais la partie AR a été prise égale au côté AC ; donc l'autre partie RP est égale au côté AB. Or les deux côtés SO & MN sont chacun égaux à RP à cause du parallelisme des lignes RM & PN : donc ils sont aussi égaux au côté AB. Pareillement les côtés SM & ON sont égaux au côté AB, parce que la ligne AL étant égale par la construction à la somme des côtés AB & AC, il faut que la partie CL soit égale au côté AB. Or les deux côtés SM & ON sont égaux l'un & l'autre à cette partie CL. Ainsi SN est le quarré de AB. Il faut donc faire voir que le quarré de l'hypotenuse BC, sçavoir BG, est égal aux deux quarrés AS & SN : pour cet effet tirez encore les diagonales RO & SL qui partagent les rectangles PS & CM en quatre triangles. Tout cela posé, je démontre ainsi la proposition.

DÉMONSTRATION.

Le quarré AF est égal à l'autre quarré AN, puisque les côtés du premier sont égaux à ceux du second. D'ailleurs les quatre triangles du premier sont égaux aux quatre triangles du second ; car nous avons déja fait voir que chacun des quatre triangles du premier quarré est égal au triangle BAC. Or les quatre triangles du second quarré sont aussi égaux au même triangle BAC, puisqu'ils sont tous rectangles, & que d'ailleurs les deux côtés qui comprennent l'angle droit sont égaux par la construction aux deux côtés qui renferment l'angle droit du triangle BAC. Si donc on retranche les quatre triangles du premier quarré & les quatre du second, les restes de part & d'autre seront égaux. Or le reste du premier quarré AF est le quarré de l'hypotenuse BC, & le reste du second quarré AN sont les deux quarrés des côtés AB & AC. Par conséquent le quarré de l'hypotenuse est égal aux quarrés des deux autres côtés. Ce qu'il falloit démontrer.

PROBLÊME.

4 B. *Inscrire dans un cercle un pentedecagone régulier, c'est-à-dire, un polygone régulier de quinze côtés.*

Soit l'arc ABF Fig. 41. du Liv. II, Planche III. il s'agit de trouver l'arc dont la corde soit le côté du pentedecagone. Pour cela tirez la corde AF égale au rayon & la corde AB qui soit égale à la grande partie du rayon divisé en moyenne & extrême raison : cette corde AB sera le côté du decagone régulier (Geom.

Liv. II, Art. 103). Si on tire la ligne BF corde de l'arc BEF, ce sera le côté du pentedecagone. Car puisque la corde AF est égale au rayon elle sera le côté de l'exagone régulier (Liv. II, Art. 100). Ainsi l'arc ABF sera de soixante degrés. D'ailleurs la corde AB étant le côté du decagone régulier, l'arc qu'elle soutient est de 36 degrés qui sont la dixiéme partie de 360. Ainsi l'arc ABF étant de 60 degrés & l'arc AB de 36, il faut que l'arc BEF qui est l'autre partie de ABF soit de 24 degrés. Or 24 degrés sont la quinziéme partie de 360. Par conséquent la corde BF qui soutient l'arc BEF est le côté du pentedecagone.

PROBLÊME.

4. C. *Décrire un polygone semblable à un polygone donné & égal à un autre polygone.*

Nous nous servirons des Figures 61 & 62 de la quatriéme Planche du second Livre. On propose de faire un pentagone *aeb* semblable au grand pentagone AEB de la Figure 62 & égal au triangle ADC de la Figure 61. Pour cela 1°. je fais un parallelog. (Liv. II, Art. 45 & 128 B.) que je nomme *a* égal au pentagone AEB que je suppose avoir été réduit en un triangle par la méthode de l'article 133 du Livre II, puis je décris un autre parallelogramme *b* qui ait pour base un côté AB du pentagone AEB & qui soit égal au premier parallelogramme (Livre II, Article 149 C). 2°. Je construis pareillement un parallelogramme *c* qui ait même hauteur que *b* & qui soit égal au triangle ADC de la Figure 61. J'aurai donc le parallelogramme *b* égal au pentagone AEB, & le parallelogramme *c* égal au triangle ADC de la Figure 61. (J'appelle *x* & *y* les bases des deux parallelogrammes *b* & *c*). La premiere *x* est par la construction égale au côté AB du pentagone AEB. 3°. Je cherche une moyenne proportionnelle *m* entre les deux bases *x* & *y* (Liv. I, Art. 172). 4°. Enfin je fais sur le côté *ab* de la Fig. 62 que je suppose égal à la moyenne proportionnelle *m* un pentagone *aeb* semblable au pentagone AEB (Liv. II, Art. 194 P): je dis qu'il est égal au triangle ADC. Car ayant la proportion continue *x* ou AB . *m* : : *m*. *y*, les deux pentagones semblables AEB & *aeb* décrits sur *x* & *m* seront entr'eux comme *x* est à *y*, parce qu'ils sont comme les quarrés des lignes *x* & *m* (Liv. II, Art. 179) & que ces quarrés sont entre eux comme *x* est à *y* (Arith. Liv. II, Art. 113). D'ailleurs les deux parallelogrammes *b* & *c* ayant même hauteur par la construction sont aussi comme leurs bases *x* & *y* (Liv. II, Art. 164). Par conséquent les pentagones AEB & *aeb* sont comme les parallelogrammes *b* & *c*, & *alternando* le pentagone AEB est au parallelogramme *b* comme le pentagone *aeb* est au parallelogramme *c*. Or par la construction le pentagone AEC est égal au parallelogramme *b*. Donc le pentagone *aec* est aussi égal au parallelogramme *c* qui a été fait égal au triangle ADC : ainsi le pentagone *aeb* est semblable au pentagone AEB, & en même temps égal au triangle ADC.

La suite de ce Supplément regarde les Articles 101, 112, 153 du second Livre, & les Articles 76 & 146 du troisiéme Livre des Élémens de Géométrie.

5. Le côté de l'exagone régulier, inscrit dans un cercle, étant égal au rayon du cercle, le perimetre de ce polygone contient six fois ou est six fois plus grand que le rayon; par conséquent ce perimetre est trois fois plus grand que le diametre. Or la circonf. du cercle est plus grande que le perimetre de l'exagone inscrit. Ainsi cette circonférence est plus de trois fois plus grande que son diametre, c'est-à-dire, que le rapport de la circonférence au diametre est plus grand que la raison de 3 à 1 ou de 21 à 7. Mais Archimede a fait voir qu'il est moindre que celui de 22 à 7 & plus grand que la raison de 21 $\frac{70}{71}$ à 7, qui est la même que celle de 223 à 71. Afin d'assigner des limites encore plus étroites entre lesquelles se trouve le rapport de la circonférence au diametre, nous prouverons qu'il est plus petit que la raison de 21 $\frac{112}{113}$ à 7, & plus grand que celle de 21 $\frac{111}{112}$ à 7, en sorte néanmoins que ce rapport approche plus de la premiere que de la seconde. Or cette premiere raison de 21 $\frac{112}{113}$ à 7 est égale à celle de 355 à 113, puisque si on multiplie les deux extrêmes 21 $\frac{112}{113}$ & 113 l'un par l'autre, le produit sera égal à celui des moyens 7 & 355.

6. On peut remarquer ici en passant que si on reduit les deux fractions $\frac{112}{113}$ & $\frac{111}{112}$ au même dénominateur, on aura les deux suivantes $\frac{12544}{12656}$ & $\frac{12543}{12656}$. Par conséquent les deux nombres 21 $\frac{112}{113}$ & 21 $\frac{111}{112}$ sont égaux à ceux-ci 21 $\frac{12544}{12656}$ & 21 $\frac{12543}{12656}$. Or ces deux derniers ne different entr'eux que de $\frac{1}{12656}$, c'est-à-dire, de la 12656me partie d'une unité. Donc les deux premiers 21 $\frac{112}{113}$ & 21 $\frac{111}{112}$ ne different aussi que de la même quantité.

7. Plusieurs grands Mathématiciens ont cherché quel est au juste ce rapport de la circonférence au diametre; mais ils n'ont pû résoudre ce fameux Problême, qui est le même que celui de la quadrature du cercle; c'est pourquoi dans l'usage on suppose ordinairement qu'il est égal à celui de 22 à 7 : & si on veut

avoir un rapport plus approchant du véritable, on prend celui de 355 à 113 trouvé par Métius.

8. Ludolphe de Cologne, autrement Ludolphe à Ceulen, a encore approché plus près de la vérité : car il a fait voir qu'en ſuppoſant le diametre de 100, 000, 000, 000, 000, 000, 000, 000, 000,000, 000, la circonférence eſt moindre que le premier des nombres ſuivans, & plus grande que le ſecond, qui ne differe du premier que par une ſeule unité.

314,159,265,358,979,323,846,264,338,327,951.

314,159,265,358,979,323,846,264,338,327,950.

Meſſieurs Hugueins & de Lagny ont travaillé depuis ſur la même matiere, & ſe ſont rencontrés avec Ludolphe, quoique par des voies différentes de celle de Ludolphe ; mais M. de Lagny a pouſſé le calcul beaucoup plus loin dans les Mémoires de l'Académie Royale des Sciences de l'année 1719.

Nous prendrons ſeulement les neuf premiers chifres de ces nombres pour faire voir 1°. que le rapport de la circonférence au diametre eſt plus petit que la raiſon de $21\frac{112}{113}$ à 7, & plus grand que celle de $21\frac{111}{112}$ à 7 ; 2°. combien les rapports de 22 à 7 & de 355 à 113 approchent de celui de la circonférence au diametre.

9. Suivant le calcul de Ludolphe, le diametre étant 100,000,000, (J'appellerai dans la ſuite ce nombre B, afin d'abréger) la circonférence eſt moindre que 314159266, & plus grande que 314159265, ou, ce qui revient au même, le rapport de la circonférence au diametre eſt plus petit que la raiſon de 314159266 à B, & plus grand que celle de 314159265 à B. Cela poſé,

10. Je dis d'abord que le rapport de la circonférence au diametre eſt moindre que la raiſon de $21\frac{112}{113}$ à 7, ou de 355 à 113. Car ce rapport de la circonférence au diametre eſt plus petit que la raiſon de 314159266 à B. Par conſéquent il eſt auſſi plus petit que la raiſon de $314159292\frac{4}{113}$ à B (I. Part. Liv. II, Art. 15). Or cette derniere raiſon eſt égale à celle de 355 à 113, parce que le produit des extrêmes eſt égal à celui des moyens. Donc le rapport de la circonférence au diametre eſt plus petit que la raiſon de 355 à 113, ou de $21\frac{112}{113}$ à 7.

11. Au contraire le rapport de la circonférence au diametre eſt plus grand que la raiſon de $21\frac{111}{112}$ à 7 ; car ce rapport eſt plus grand que la raiſon de 314159265 à B ; donc il eſt auſſi plus grand que la raiſon de $314158163\frac{13}{49}$ à B (I. Part. Liv. II, Art. 15). Or cette derniere raiſon eſt égale à celle de $21\frac{111}{112}$ à 7, puiſque le produit des extrêmes eſt égal à celui des moyens. Ainſi

le rapport de la circonférence au diametre eſt plus grand que la raiſon de 21 $\frac{111}{111}$ à 7.

12. Il eſt facile de prouver par un raiſonnement ſemblable à celui qu'on vient de faire, que le rapport de la circonférence au diametre eſt moindre que la raiſon de 22 à 7, & plus grand que celle de 21 $\frac{70}{71}$ à 7, ou de 223 à 71.

13. Pour démontrer ces deux choſes, Archimede s'eſt ſervi de deux polygones réguliers de 96 côtés, dont l'un eſt circonſcrit & l'autre inſcrit au cercle, & a prouvé la premiere propoſition de cette maniere : La raiſon de 22 à 7 eſt plus grande que celle du perimetre circonſcrit de 96 côtés au diametre. Or ce perimetre étant plus grand que la circonférence qu'il renferme, il faut que la raiſon du perimetre circonſcrit au diametre ſoit plus grande que le rapport de la circonférence au diametre. Par conſéquent la raiſon de 22 à 7 eſt plus grande que ce rapport, ou, ce qui revient au même, le rapport de la circonférence au diametre eſt moindre que celui de 22 à 7.

14. Le même Auteur a auſſi prouvé que la raiſon de 21 $\frac{70}{71}$ à 7, ou de 223 à 71, eſt moindre que celle du perimetre inſcrit de 96 côtés au diametre. Or ce perimetre étant moindre que la circonférence dans laquelle il eſt renfermé, la raiſon du perimetre inſcrit au diametre eſt plus petite que le rapport de la circonférence au diametre. Par conſéquent la raiſon de 223 à 71 eſt moindre que ce rapport.

Nous donnerons à la fin de ce Supplément ces deux démonſtrations.

15. Il eſt fort aiſé de trouver le perimetre de 96 côtés quand on a des tables des ſinus ; car le côté du polygone circonſcrit eſt double de la tangente de l'arc de 1 degré 52 minutes 30 ſecondes ; & celui du polygone inſcrit eſt double du ſinus du même arc. Or ces côtés étant multipliés par 96, donnent le perimetre circonſcrit & le perimetre inſcrit. En ſuppoſant le diametre de 100000 parties, la tangente de 1 degré 52 minutes 30 ſecondes eſt à peu près 1637, elle n'en differe pas d'une unité, & le ſinus eſt environ 1636. Par conſéquent ſi on multiplie ces deux nombres par 2, on aura les côtés des deux polygones, dont on cherche les perimetres. Dans les tables on trouve pour cette tangente & pour ce ſinus, des nombres doubles de ceux qu'on vient de rapporter, parce que le diametre y eſt ſuppoſé double, c'eſt-à-dire, de 200000 parties.

16. Si on compare ces trois raiſons ; ſçavoir, celle de

314159292 $\frac{4}{113}$ à B, celle de 314158163 $\frac{13}{49}$ à B, & celle de 314159265 à B, qui ont toutes le même conſéquent, il eſt évident que la premiere approche plus de la troiſiéme que la ſeconde. Or cette troiſiéme peut être regardée comme le véritable rapport de la circonférence au diametre. Donc la raiſon de 21 $\frac{16}{113}$ à 7, qui eſt égale à la premiere, approche plus de ce rapport que celle de 21 $\frac{111}{112}$ à 7, qui eſt égale à la ſeconde. On prouveroit de même que la raiſon de 21 $\frac{70}{71}$ à 7 approche plus du rapport de la circonférence au diametre, que celle de 22 à 7. La raiſon de 21 $\frac{56}{57}$ à 7 approche encore un peu plus de ce rapport de la circonférence au diametre que celle 22 à 7 : mais la raiſon de 21 $\frac{55}{56}$ à 7 en approche un peu moins.

17. A préſent il faut faire voir combien le rapport de 22 à 7 approche de celui de la circonférence au diametre, ou, ce qui revient au même, quel eſt à peu près l'excès de 22 ſur la véritable circonférence, dont le diametre eſt 7. Pour cela je fais une regle de trois, afin de trouver un nombre que j'appelle A, qui ſoit au diametre 100,000,000, (B) comme 22 eſt à 7. Je dis donc 7 eſt à 22 comme 100,000,000 eſt au nombre A. En multipliant les deux moyens l'un par l'autre, le produit eſt 2200,000,000, qu'il faut diviſer par 7, on trouve le quotient 314285714 $\frac{2}{7}$. Or ce quotient eſt plus grand que le nombre 314159265, lequel, ſelon le calcul de Ludolphe, eſt un peu moindre que la circonférence dont le diametre eſt B ; & l'excès du quotient ſur ce nombre de Ludolphe eſt 126449 $\frac{2}{7}$. Il s'agit donc de déterminer quelle partie du nombre trouvé A eſt cet excès. Pour cela il faut diviſer ce nombre 314285714 $\frac{2}{7}$ par l'excès 126449 $\frac{2}{7}$. Mais comme ces deux nombres contiennent chacun une fraction qui a pour dénominateur 7, il faut les multiplier par 7 pour ôter les fractions, on aura les deux produits 2200,000,000 & 885145, qui ont le même rapport que les nombres multipliés. Or le quotient de 2200,000,000, diviſé par 885145 eſt 2485, avec le reſte 414675. Par conſéquent en multipliant l'excès 126449 $\frac{2}{7}$ par 2485, le produit n'eſt pas égal au nombre trouvé A, à cauſe du reſte de la diviſion. Cet excès n'eſt donc pas tout-à-fait la 2485me partie de ce nombre trouvé ; par conſéquent ſi en cherchant la circonférence d'un cercle dont on connoît le diametre, on ſe ſert du rapport de 7 à 22, le nombre qu'on trouvera n'excedera pas de ſa 2485me partie la véritable circonférence qu'on cherche.

18. Cependant en ſe ſervant du rapport de 7 à 22, l'excès du

nombre trouvé sur la véritable circonférence, sera plus grand que la 2486me partie de ce nombre ; en voici la preuve : la raison de 22 à 7 est égale à celle de 314285714 $\frac{2}{7}$ à 100,000,000, puisque le produit des extrêmes est égal à celui des moyens (pour abréger j'appelle toujours ces deux nombres A & B). Or l'excès du nombre A sur la circonférence qui a pour diametre B, est plus grand que la 2486me partie de A. Car la circonférence qui a pour diametre B, est, selon le calcul de Ludolphe, moindre que 314159266. Par conséquent l'excès du nombre A sur cette circonférence est plus grand que l'excès du même nombre A sur 314159266. Or cet excès de 314285714 $\frac{2}{7}$ sur 314159266 ; sçavoir, 126448 $\frac{2}{7}$, est plus grand que la 2486me partie du nombre A, puisqu'en multipliant 126448 par 2486, le produit est plus grand que A. Donc à plus forte raison l'excès de A sur la circonférence qui a pour diametre B, est plus grand que la 2486me partie de ce nombre A. Ainsi l'excès de 22 sur la circonférence qui a pour diametre 7, est aussi plus grand que la 2486me partie de 22. D'où il suit que si pour trouver la circonférence d'un cercle dont le diametre est connu, on se sert du rapport de 7 à 22, l'excès du nombre qu'on trouvera sur la circonférence, sera plus grand que 2486me partie de ce nombre.

19. On peut conclure de-là que si en cherchant la circonférence d'un cercle par le rapport de 7 à 22, le nombre trouvé est égal ou plus grand que 2486, il surpassera la circonférence au moins d'une unité ; & si ce nombre trouvé étoit deux fois plus grand que 2486, il excéderoit la circonférence au moins de deux unités, &c. Si, par exemple, on cherchoit la circonférence d'un cercle dont le diametre est de 800 pieds, & qu'on fît la regle de trois, 7 est à 22 comme 800 est à un quatriéme terme, on trouveroit 2514 $\frac{2}{7}$. Or ce nombre excede la véritable circonférence de plus d'un pied, puisqu'il est plus grand que 2486. Si le diametre étoit seulement de 400 pieds, on trouveroit 1257 $\frac{1}{7}$ pour quatriéme terme de la proportion. Or ce nombre est un peu plus de la moitié de 2486 ; ainsi il surpasse la circonférence au moins de la moitié d'une unité. On pourroit donc retrancher $\frac{1}{2}$ de 1257 $\frac{1}{7}$, & le reste 1256 $\frac{1}{2}+\frac{1}{7}$, ou bien 1256 $\frac{9}{14}$ seroit encore plus grand que la circonférence. En général il faut diviser le nombre trouvé par 2486 & soustraire le quotient de ce nombre trouvé, le reste sera encore plus grand que la circonférence : mais si on divise le même nombre par 2485, & qu'on en retranche

le quotient, alors le reste sera moindre que la circonférence.

20. Si on se sert du rapport de 113 à 355, au lieu de celui de 7 à 22, le nombre trouvé approchera beaucoup plus de la circonférence. Car si on fait la regle de trois, 113 . 355 :: 100,000,000. x, on trouvera le quatriéme terme 314159292 $\frac{4}{113}$, qui ne differe de 314159265 que par 27 $\frac{4}{113}$. Or pour voir quelle partie du quatriéme terme trouvé est cette différence, il faut les multiplier d'abord l'un & l'autre par 113, afin de faire évanouir les fractions, on aura les produits 3055 & 35,500,000,000; & diviser ensuite le dernier produit par 3055, le quotient sera 11620294 avec le reste 1830. Ainsi la différence 27 $\frac{4}{113}$ n'est pas tout-à-fait la 11620294me partie du quatriéme terme 314159292 $\frac{4}{113}$. Par conséquent 355 n'excede pas de sa onze millioniéme partie la circonférence qui a pour diametre 113. Si donc on se sert du rapport de 113 à 355 pour chercher la circonférence d'un cercle, le nombre qu'on trouvera ne surpassera pas de sa onze millioniéme partie la véritable circonférence.

21. Si pour faire la regle de trois on prenoit 100,000,000, 000,000, qui contient quinze chifres, à la place de 100,000, 000, qui n'en a que neuf, on prouveroit par la même méthode qu'on vient de pratiquer, qu'en employant le rapport de 113 à 355, l'excès du nombre trouvé sur la circonférence n'est pas la 11776666me partie de ce nombre : mais cet excès est plus grand que 11776667me partie du même nombre, comme on le prouveroit facilement par un raisonnement semblable à celui qu'on a fait pour montrer que si on emploie le rapport de 7 à 22, l'excès du nombre trouvé sur la vraie circonférence est plus grand que la 2486me partie de ce nombre.

22. Si on se sert du rapport de 106 à 333 pour chercher une circonférence, le nombre qu'on trouvera sera moindre que la circonférence. Or en suivant la méthode qu'on vient d'employer, on prouvera que la différence du nombre trouvé à la circonférence n'est pas la 37749me partie de ce nombre trouvé, & qu'elle est plus grande que la 37750me partie du même nombre; de sorte que si on prend cette 37749me partie, & qu'on l'ajoute au nombre trouvé, la somme surpassera la circonférence : mais si on ajoute à ce nombre seulement la 37750me partie, la somme sera encore moindre que la circonférence. Pour prouver ces deux choses, il suffit de prendre les dix premiers chifres du calcul de Ludolphe.

23. On peut aussi déduire du calcul de Ludolphe, que la raison de

de 22 à 7 approche plus du rapport de la circonférence au diametre, que celle de 314 à 100 : car la raiſon de 22 à 7 eſt égale à celle de $314285714\frac{2}{7}$ à 100,000,000 (B), puiſque le produit des extrêmes eſt égal à celui des moyens. On prouvera de la même maniere que la raiſon de 314 à 100 eſt égale à celle de 314000,000 à B. Ainſi puiſque l'antécédent $314286714\frac{2}{7}$ differe moins que 314000,000, du nombre 314159265, il s'enſuit que la raiſon de $314285714\frac{2}{7}$ à B, approche plus que celle de 314,000,000 à B du rapport de 314159265 à B, que l'on peut regarder comme celui de la circonférence au diametre. Il paroît donc que ſi on ſe ſert du rapport de 22 à 7 pour chercher la circonférence d'un cercle dont on connoît le diametre, le nombre qu'on trouvera différera moins de la véritable circonférence, que ſi on ſe ſervoit de celui de 314 à 100.

24. A la place de la raiſon de 314 à 100, on peut prendre celle de 3141 à 1000, qui eſt plus petite que celle de la circonférence au diametre, & qui en approche davantage que celle de 22 à 7, comme il eſt facile de le prouver en obſervant d'abord que la raiſon de 3141 à 1000 eſt égale à celle de 314100000 à B, & en raiſonnant de même qu'on vient de faire en comparant les deux raiſons de 22 à 7 & de 314 à 100, au rapport de la circonférence au diametre. On peut auſſi ſe ſervir de la raiſon de 2199 à 700, ou de celle de 1043 à 332, qui ſont l'une & l'autre moindres que le rapport de la circonférence au diametre. La premiere de ces deux raiſons eſt la même que celle de $21\frac{99}{100}$ à 7, & la ſeconde eſt preſque égale à celle de $21\frac{110}{111}$ à 7.

25. On peut encore ſe ſervir du calcul de Ludolphe pour s'aſſurer de ce que nous avons ſuppoſé dans le troiſiéme Livre de la Géométrie, art. 79 & 148 ; ſçavoir, que 31416 approche plus de la ſurface d'un globe dont le diametre eſt 100, que le nombre 31415 ; & que 523599 approche auſſi plus de la ſolidité du même globe que 523598. Pour prouver la vérité de la premiere ſuppoſition, nous chercherons quelle eſt la ſurface du globe qui a pour diametre 100,000,000.

On a fait voir que la ſurface d'un globe eſt égale au produit de la circonférence d'un grand cercle par ſon diametre. Or la circonférence qui a pour diametre 100,000,000, eſt un peu plus de 314159265. Donc la ſurface du globe eſt un peu plus de 31,415,926,500,000,000. Préſentement ſi on veut trouver par cette ſurface celle du globe qui a 100 pour diametre, il faut prendre les quarrés des diametres 100,000,000 & 100, &

faire la proportion ſuivante marquée dans la ſeconde méthode, article 78, Livre troiſiéme.

10,000,000,000,000,000. 10000.: 31,415,926,500,000,000.x=31415 plus la fraction $\frac{9,265,000,000,000,000}{10,000,000,000,000,000}$, laquelle eſt égale à celle-ci $\frac{9265}{10000}$; ainſi la ſurface du globe qui a pour diametre 100 eſt 31415 $\frac{9265}{10000}$: elle eſt même un peu plus grande, parce que celle du globe qui a 100,000,000 pour diametre eſt un peu plus grande que le troiſiéme terme de la proportion précédente. Or la fraction $\frac{9265}{10000}$ eſt preſque égale à l'unité : donc le nombre 31416 approche plus de la ſurface du globe dont le diametre eſt 100, que le nombre 31415.

Il eſt facile de prouver la ſeconde ſuppoſition par un raiſonnement ſemblable ; mais il faut que les deux premiers termes de la proportion ſoient les cubes des diametres, à cauſe qu'il s'agit des ſolidités.

Nous avons remis à la fin de ce Supplément les démonſtrations des deux propoſitions d'Archimede touchant le rapport de la circonférence au diametre, ſçavoir, que ce rapport eſt moindre que celui de 22 à 7, & plus grand que celui de 21 $\frac{70}{71}$ à 7. Or pour faire ces deux démonſtrations nous nous ſervirons des propoſitions ſuivantes.

Fig. 9. Pl. XII. 26. 1°. Si un angle comme LCB eſt diviſé en deux également par la ligne CH, les deux côtés de cet angle ſont proportionnels aux deux parties de la baſe, c'eſt-à-dire, que CL. CB :: LH. HB. Cela a été démontré dans le premier Livre de Géométrie, Article 161.

27. 2°. Dans un triangle rectangle dont un des angles aigus eſt de 30 degrés ; le côté oppoſé à cet angle eſt la moitié de l'hypotenuſe, c'eſt-à-dire, du côté oppoſé à l'angle droit. Soit le triangle rectangle CMI dont l'angle en C ſoit de 30 degrés : je dis que le côté IM eſt la moitié de l'hypotenuſe CI. Pour le prouver, il faut du point C, comme centre, & de l'intervalle CI décrire une circonférence, & prolonger les côtés IM & CM juſqu'à la rencontre de la circonférence. Cela poſé, le rayon CMB eſt perpendiculaire ſur la corde IK à cauſe de l'angle droit en M. Donc il coupe la corde en deux parties égales auſſi-bien que l'arc IBK. Or l'arc IB eſt de 30 degrés, puiſqu'il eſt la meſure de l'angle en C. Donc l'arc IBK eſt de 60 degrés. Ainſi la corde IK peut être conſiderée comme un côté de l'exagone régulier inſcrit dans un cercle. Par conſéquent elle eſt égale au rayon CI (Liv. II, Art. 100). Donc le côté IM qui eſt la moitié de la corde eſt auſſi moitié du rayon CI, qui eſt l'hypotenuſe du triangle.

THÉORÊME I.

28. *Le rapport de la circonférence au diametre est moindre que celui de 22 à 7, ou de $3\frac{1}{7}$ à 1, ou, ce qui revient au même, la circonférence ne contient pas trois fois le diametre plus la septiéme partie de ce diametre.*

Supposons un polygone régulier de quatre-vingt-seize côtés, circonscrit à un cercle, le perimetre de ce polygone sera plus grand que la circonférence du cercle : si donc le rapport du perimetre de ce polygone est moindre que celui de de 22 à 7, à plus forte raison le rapport de la circonférence au diametre sera plus petit que celui de 22 à 7. Il n'y a donc qu'à faire voir que le rapport du perimetre d'un polygone régulier circonscrit de 96 côtés est plus petit que la raison de 22 à 7.

Pour cela soit le diametre ACB, & la tangente LB de l'angle LCB que l'on suppose de 30 degrés. Divisez cet angle en deux parties égales par la ligne CH, l'angle HCB sera de 15 degrés. Partagez de même cet angle HCB en deux également par la ligne CG, l'angle GCB sera de 7 degrés 30 minutes. Tirez pareillement la ligne CF qui coupe l'angle GCB par le milieu, & vous aurez l'angle FCB de 3 degrés 45 minutes : enfin divisez encore l'angle FCB en deux également par la ligne CE, vous aurez l'angle ECB de 1 degré 52 minutes 30 secondes dont la tangente est EB. Si vous tirez la ligne CD qui fasse l'angle DCB égal à l'angle ECB, vous aurez l'angle ECD de 3 degrés 45 minutes qui sera par conséquent l'angle au centre du polygone de 96 côtés. Ainsi la ligne EBD qui touche le cercle par le point du milieu B sera le côté du polygone circonscrit de 96 côtés. Donc la tangente EB sera la moitié du côté de ce polygone, & 2EB sera égal au côté entier. Par conséquent le perimetre sera égal à $2EB \times 96$. Il faut donc prouver que le rapport de $2EB \times 96$ au diametre AB est plus petit que celui de 22 à 7.

DÉMONSTRATION.

Puisque l'angle LCB est divisé en deux parties égales par la ligne CH on aura la proportion, CL . CB : : LH . HB : & *componendo*, CL+CB . CB : : LH+HB . HB, ou bien, CL+CB . CB : : LB . HB : & par un raisonnement semblable on aura les trois autres proportions, CH+CB . CB : : HB . GB ; CG+CB . CB : : GB . FB ; CF+CB . CB : : FB . EB, & *alternando*, on aura les quatre proportions suivantes,

1re CL+CB . LB :: CB . HB , 2de CH+CB . HB :: CB . GB, 3me CG+CB . GB :: CB . FB , 4me CF+CB . FB :: CB . EB. L'angle LCB étant de 30 degrés dans le triangle rectangle CBL, le côté LB opposé à cet angle est la moitié du côté CL opposé à l'angle droit (27); donc si on suppose le côté LB de 153 parties égales, le côté CL sera de 306. Or si on retranche le quarré de LB du quarré de l'hypotenuse CL, le reste sera le quarré de CB : le quarré de LB=153 est 23409, & celui de CL=306 est 93636. Si donc on ôte le premier du second, on aura le reste 70227 qui est plus grand que 70225. Or la racine de ce dernier nombre est 265. Donc CB est un peu plus grand que 265. Ainsi la raison de CL+CB à LB est plus grande que celle de 306+265 à 153, ou de 571 à 153 (I. Partie, Liv. II, Art. 15), parce que l'antécédent de la premiere raison est plus grand que celui de la seconde; & d'ailleurs le conséquent est le même. Or on vient de faire voir que la raison de CL+CB à LB est égale à celle de CB à HB. Donc cette derniere raison est aussi plus grande que celle de 571 à 153. Mais si on multiplie ces deux termes 571 & 153 par le nombre 8, les produits 4568 & 1224 auront toujours le même rapport. Par conséquent la raison de CB à HB est plus grande que celle de 4568 à 1224.

Ainsi en supposant HB de 1224, on aura CB plus grand que 4568. Donc le quarré de l'hypotenuse CH du triangle rectangle CBH sera plus grand que 22,364,800 qui est la somme des quarrés de 1224 & de 4568. (Ces deux quarrés sont 1,498,176 & 20,866,624). Or 4729 est la racine du nombre 22,363,441, qui est plus petit que la somme 22,364,800. Donc CH est plus grand que 4729. Donc la raison de CH+CB à HB est plus grande que celle de 4729+4568 à 1224, ou bien, de 9297 à 1224. Or CH+CB . HB :: CB . GB , comme on vient de le prouver. Donc la raison de CB à GB est aussi plus grande que celle de 9297 à 1224.

Si on suppose donc GB=1224 , CB sera plus grand que 9297. Donc le quarré de l'hypotenuse CG du triangle rectangle CBG sera plus grand que 87,932,385 qui est la somme des nombres 1,498,176 & 86,434,209 qui sont les quarrés de 1224 & de 9297. Par conséquent CG surpasse 9377 racine du nombre 87,928,129 qui est moindre que 87,932,385. Ainsi la raison de CG+CB à GB est plus grande que celle de 9377+9297 à 1224, ou de 18674 à 1224. Or CG+CB . GB :: CB . FB, comme nous l'avons prouvé ci-dessus. Donc la raison de

CB à FB surpasse celle de 18674 à 1224, ou bien celle de 9337 à 612, en prenant la moitié des deux termes 18674 & 1224.

Si on suppose donc FB=612, CB surpassera 9337 : par conséquent le quarré de l'hypotenuse CF du triangle rectangle CBF sera plus grand que 87,554,113, qui est la somme des nombres 374544 & 87,179,569, qui sont les quarrés de 612 & de 9337. Donc CF sera plus grand que la racine de 87,554,114, & à plus forte raison que celle de 87,553,449. Or la racine de ce dernier nombre est 9357. Donc CF surpassera 9357. Ainsi le rapport de CF+CB à FB sera plus grand que celui de 9357+9337 à 612 ou de 18694 à 612, ou de 9347 à 306, en prenant la moitié des deux termes 18694 & 612. Or nous avons fait voir ci-dessus que CF+CB . FB :: CB . EB : donc le rapport de CB à EB est plus grand que celui de 9347 à 306. D'ailleurs AB . 2EB :: CB . EB, puisque les deux derniers termes sont les moitiés des deux premiers. Par conséquent le rapport de AB à 2EB est aussi plus grand que celui de 9347 à 306.

Si on suppose donc le côté 2EB=306, le diametre AB sera plus grand que 9347. Ainsi le rapport de 2EB à AB sera moindre que celui de 306 à 9347 (I. Part. Liv. II, Art. 16), puisque le premier conséquent AB est plus grand que le second 9347, & que d'ailleurs les deux antécédens 2EB & 306 sont supposés égaux. Donc en multipliant les deux antécédens par le même nombre 96, le premier rapport sera toujours moindre que le second. Ainsi le rapport de 2EB×96 à AB est moindre que celui de 306×96 à 9347. Or 2EB×96 est le perimetre du polygone circonscrit de quatre-vingt-seize côtés, puisque 2EB est un des côtés, & 306×96=29376. Donc le rapport du perimetre circonscrit de quatre-vingt-seize côtés au diametre AB est moindre que celui de 29376 à 9347. Or la raison de 22 à 7 est plus grande que ce dernier rapport ; car 22 est à 7 comme 29376 $\frac{2}{7}$ à 9347, puisque le produit des extrêmes est égal à celui des moyens. Par conséquent le rapport du perimetre circonscrit de 96 côtés au diametre est moindre que celui de 22 à 7. Donc à plus forte raison le rapport de la circonférence au diametre est moindre que celui de 22 à 7. Ce qu'il falloit démontrer.

Voici en peu de mots toute la suite du calcul de cette démonstration.

1°. Si on suppose LB=153, le rayon CB sera plus grand que 265.

2°. Si HB=1224, le rayon CB sera plus grand que 4568.

3°. Si GB=1224, le rayon CB sera plus grand que 9297.

4°. Si FB=612, le rayon CB sera plus grand que 9337.

5°. Si EB=306, le rayon CB sera plus grand que 9347. ou bien si 2EB=306, le diametre AB sera plus grand que 9347.

THÉORÊME II.

29. *Le rapport de la circonférence au diametre est plus grand que celui de* $21 \frac{70}{71}$ *à* 7 *ou de* $3 \frac{10}{71}$ *à* 1.

Pour prouver ce Théorême nous nous servirons d'un polygone régulier inscrit de 96 côtés, & nous ferons voir que le rapport du perimetre de ce polygone au diametre est plus grand que celui de $21 \frac{70}{71}$ à 7. Or la circonférence du cercle dans lequel le polygone est inscrit est plus grande que le perimetre du polygone. Ainsi le rapport de la circonférence au diametre doit être plus grand que celui du perimetre inscrit au diametre; & par conséquent ce rapport de la circonférence au diametre est aussi plus grand que celui de $21 \frac{70}{71}$ à 7.

Fig. 10. Soit le diametre du cercle AB, & l'arc LB de 60 degrés: tirez la ligne AL & la corde LB qui sera égale au rayon, puisque soutenant un arc de 60 degrés, elle peut être regardée comme le côté d'un exagone régulier inscrit. Menez ensuite la ligne AH qui divise l'arc LB en deux parties égales au point H: ainsi l'arc HB sera de 30 degrés: tirez pareillement la ligne AG qui partage l'arc HB en deux également: l'arc GB sera de 15 degrés, menez aussi la ligne AF qui divise l'arc GB en deux parties égales: l'arc FB sera de 7 degrés 30 minutes. Enfin tirez AE qui coupe l'arc FB par le milieu: l'arc EB sera de 3 degrés 45 minutes. Menez aussi les cordes HB, GB, FB, EB: cette derniere corde EB sera le côté du polygone régulier inscrit de 96 côtés, puisqu'elle soutient un arc de 3 degrés 45 minutes, lequel est la quatre-vingt-seiziéme partie de la circonférence: par conséquent 96EB ou EB×96 est le perimetre inscrit. Il faut donc prouver que le rapport de EB×96 au diametre AB est plus grand que la raison de $21 \frac{70}{71}$ à 7.

DÉMONSTRATION.

Puisque par la construction les arcs LB, HB, GB, FB, ont été divisés chacun en deux parties égales, il s'ensuit que les angles inscrits LAB, HAB, GAB, FAB ont aussi été coupés en deux angles égaux. Donc (26) AL . AB :: LK . KB, & *componendo*, AL

+AB . AB : : LK+KB . KB, ou bien, AL+AB . AB : : LB . KB, & *alternando*, AL+AB . LB : : AB . KB. D'ailleurs les deux triangles AHB & BHK ſont ſemblables, puiſqu'ils ont l'angle H commun, & que l'angle HAB eſt égal à l'angle HBK ou HBL du ſecond (ce ſont deux angles inſcrits appuyés ſur les arcs égaux HB & LH). Ainſi les côtés homologues de ces deux triangles ſont proportionnels. On aura donc la proportion, AB . KB : : AH . HB. On peut donc mettre la raiſon de AH à HB à la place de celle de AB à KB. Ainſi au lieu de la proportion, AL+AB . LB : : AB . KB, on aura celle-ci, AL+AB . LB : : AH . HB. Par des raiſonnemens ſemblables on trouvera ces trois autres proportions, AH+AB . HB : : AG . GB, AG+AB . GB : : AF . FB, & AF+AB . FB : : AE . EB. Voici les quatre proportions.

1re AL+AB . LB : : AH . HB. 2de AH+AB . HB : : AG . GB.
3me AG+AB . GB : : AF . FB. 4me AF+AB . FB : : AE . EB.

Suppoſons que LB contient 780 parties égales, le diametre AB en contiendra 1560, parce que la corde LB eſt égale au rayon; & par conſéquent le diametre eſt le double de cette corde : le quarré de LB ou de 780 ſera donc 608400, & celui de AB ou de 1560 ſera 2,433,600. Or dans le triangle rectangle ALB, ſi on ôte le quarré du côté LB du quarré de l'hypotenuſe AB, le reſte ſera le quarré de l'autre côté AL. Il faut donc ôter 608400 de 2,433,600, le reſte 1,825,200 ſera le quarré de AL. Mais au lieu de ce nombre je prends celui-ci 1,825,201, qui eſt plus grand, & dont la racine eſt 1351 : ainſi AL eſt moindre que la racine 1351 : par conſéquent les deux lignes AL+AB ſont moindres que 1351+1560, ou 2911. Ainſi la raiſon de AL+AB à LB eſt plus petite que celle de 2911 à 780, parce que les deux conſéquens étant égaux, l'antécédent de la premiere eſt plus petit que celui de la ſeconde. Or AL+AB . LB : : AH . HB : c'eſt la premiere proportion marquée ci-deſſus. Par conſéquent la raiſon de AH à HB eſt moindre que celle de 2911 à 780. D'ailleurs en multipliant ces deux nombres par 100, on trouve les produits 291100, & 78000. Donc le rapport de AH à HB eſt plus petit que celui de 291100 à 78000.

Ainſi en ſuppoſant HB=78000, AH ſera moindre que 291100 : le quarré de HB ſera donc 6,084,000,000, & celui de AH ſera plus petit que 84,739,210,000. La ſomme de ces nombres; ſçavoir, 90,823,210,000, eſt donc plus grande que le quarré de l'hypotenuſe AB du triangle rectangle AHB. Au lieu de cette ſomme, je prends un plus grand nombre, ſçavoir,

90,826,890,625, qui eſt le quarré de 301375. Donc AB eſt moindre que 301375. Par conſéquent la raiſon de AH+AB à HB eſt plus petite que celle de 291100+301375 à 78000, ou de 592475 à 78000. Or AH+AB . HB :: AG . GB : c'eſt la ſeconde proportion marquée ci-deſſus. Donc le rapport de AG à GB eſt plus petit que celui de 592475 à 78000. Mais ſi on diviſe ces deux nombres par 325, & qu'on multiplie les deux quotiens par 11, on trouvera 20053 & 2640. Ainſi le rapport de AG à GB eſt moindre que celui de 20053 à 2640.

Si donc on ſuppoſe GB=2640, AG ſera moindre que 20053, le quarré de GB ſera donc égal à 6,969,600, & celui de AG ſera plus petit que 402,122,809. Ainſi la ſomme de ces nombres, ſçavoir 409,092,409, eſt plus grande que le quarré de l'hypotenuſe AB du triangle AGB. Mais au lieu de cette ſomme, je prends 409,131,529 dont la racine eſt 20227. Ainſi AB eſt moindre que 20227 : par conſéquent la raiſon de AG+AB à GB eſt plus petite que celle de 20053+20227 à 2640, ou de 40280 à 2640. Or AG+AB . GB :: AF . FB : c'eſt la troiſiéme proportion marquée ci-deſſus. Donc la raiſon de AF à FB eſt plus petite que celle de 40280 à 2640. Mais en diviſant ces deux nombres par 40, & multipliant enſuite les quotiens par 6, on trouve les deux autres nombres 6042 & 396. Ainſi le rapport de AF à FB eſt plus petit que celui de 6042 à 396.

Si donc on ſuppoſe FB=396, AF ſera moindre que 6042; ainſi le quarré de FB ſera 156816, & celui de AF ſera plus petit que 36,505,764. Par conſéquent la ſomme de ces nombres, ſçavoir, 36,662,580 ſera plus grande que le quarré de l'hypotenuſe AB du triangle rectangle AFB : mais au lieu de cette ſomme je prends le nombre 36,663,025, dont la racine eſt 6055. Ainſi AB eſt moindre que la racine 6055 : par conſéquent la raiſon de AF+AB à FB eſt plus petite que celle de 6042+6055 à 395, ou de 12097 à 396. Or AF+AB . FB :: AE . EB : c'eſt la quatriéme proportion marquée ci-deſſus. Donc la raiſon de AE à EB eſt plus petite que celle de 12097 à 396. Mais en multipliant ces deux termes par 2, les produits ſont 24194 & 792. Par conſéquent le rapport de AE à EB eſt plus petit que celui dé 24194 à 792.

Si donc on ſuppoſe EB=792, AE ſera moindre que 24194. Donc le quarré de EB ſera 627264 & celui de AE ſera plus petit que 585,349,636. Par conſéquent la ſomme de ces deux nombres, ſçavoir 585,976,900 ſera plus grande que le

quarré

quarré de l'hypotenuse AB du triangle rectangle AEB. Mais au lieu de cette somme, je prends 585,978,849, qui est le quarré de 24207. Ainsi l'hypotenuse AB est moindre que 24207.

Ainsi en supposant que le côté EB est de 792, le diametre AB est moindre que 24207. Donc la raison du côté EB au diametre AB est plus grande que celle de 792 à 24207, parce que l'antécédent de l'une & de l'autre raison étant le même, le conséquent de la premiere est plus petit que celui de la seconde. Or si on divise les deux nombres 792 & 24207 par 3, on trouvera les quotiens 264 & 8069. Par conséquent la raison du côté EB au diametre AB est aussi plus grande que celle de 264 à 8069. Ainsi en multipliant les deux antécédens de ces dernieres raisons par le même nombre 96 nous aurons encore le rapport de EB×96 au diametre AB plus grand que celui de 264×96 à 8069 : c'est-à-dire, que le rapport du perimetre du polygone régulier inscrit de 96 côtés au diametre AB est plus grand que celui de 264×96 à 8069, ou de 25344 à 8069. Or ce rapport de 25344 à 8069 est un peu plus grand que celui de 21 $\frac{70}{71}$ à 7, puisque cette derniere raison est égale à celle de 25343 $\frac{34}{71}$ à 8069, comme il paroît, parce que le produit des extrêmes 21 $\frac{70}{71}$ & 8069 est égal au produit des moyens 7 & 25343 $\frac{34}{71}$. Donc le rapport du perimetre du polygone régulier inscrit de 96 côtés au diametre est plus grand que celui de 21 $\frac{70}{71}$ à 7. Ce qu'il falloit démontrer.

Voici en abrégé la suite du calcul de cette démonstration.

1°. Si on suppose LB=780, la ligne AL sera moindre que 1351.

2°. Si HB=78000, AH sera moindre que 291100.

3°. Si GB=2640, AG sera moindre que 20053.

4°. Si FB=396, AF sera moindre que 6042.

5°. Enfin si EB=792, AE sera moindre que 24194, & alors le diametre AB sera aussi plus petit que 24207. D'où on conclut que le rapport du côté EB au diametre AB est plus grand que la raison de 264 à 8069, qui est la même que celle de 792 à 24207.

Voici encore une autre Démonstration du Théorême fondamental qui est à l'article 4 de ce Supplément, & qui auroit dû être placée à la suite du même article.

AUTRE DÉMONSTRATION.

Pour prouver que le quarré BF est égal à la somme de AH Fig. 65. Pl. IV.

& AL, soit tirée la ligne ADG perpendiculaire sur l'hypotenuse & sur EF, & par conséquent parallele aux deux côtés BE & CF du quarré BF. Soient aussi tirées les lignes AE, AF; CH, BL : on aura quatre triangles dont les deux ABE, HBC sont égaux. Car l'angle CBE est droit de même que l'angle ABH ; & par conséquent en ajoutant de part & d'autre l'angle ABC, on aura l'angle total ABE égal à l'angle total HBC : d'ailleurs AB du premier triangle est égal au côté BH du second, parce que ce sont des côtés du même quarré. Par la même raison le côté BE du premier est égal à BC du second. Donc les deux triangles ABE & HBC sont égaux en tout (Liv. II, Art. 29). Or le triangle ABE est la moitié du rectangle BG, parce que ces deux figures ont la même base BE, & sont entre les mêmes paralleles BE & AG. Pareillement le triangle HBC est la moitié du quarré AH, à cause qu'ils ont la même base BH, & qu'ils sont entre les mêmes paralleles BH & CI. Par conséquent les deux triangles ABE, HBC, étant égaux, le rectangle BG est égal au quarré AH.

On prouvera de la même maniere que le rectangle DF est égal au quarré AL, parce que les triangles ACF & LCB sont égaux, & que ces triangles sont moitiés du rectangle DF & du quarré AL.

Fin du Supplément.

Fautes à corriger dans l'Arithmétique & l'Algebre.

PRÉFACE, *Page* 1, *lig. pénult.* des plus, *lis.* de plus.

Page 2, *lig.* 1, une vase, *lis.* une base. *Ibid. lig.* 31, les clauses, *lis.* les causes.

Page 47, *art.* 80. *lig.* 10, glus grands, *effacez* glus.

Page 66, *lig.* 12, les mars, *lis* les marcs. *Ibid. art.* 108. *lig.* 14, je réduis sols, *lis.* je réduis en sols.

Page 79, *lig.* 20, énoncées dans la page précédente, *lis.* énoncées ci-dessus.

Page 89, Exemple V. $-4a$, *lis.* $=4a$.

Page 183, *art.* 133 G. *lig.* 10, le reste $-a$, *lis.* le reste $m-a$.

Page 188, *art.* 145. *lig.* 24, $\frac{12}{5}$, *lis.* $\frac{12}{15}$.

Page 193, *art.* 150. *lig.* 9, (139), *lis.* (138).

Page 212, *art.* 200. *lig.* 1, 4. 56', *lis.* 4.56''.

Page 224, *art.* 234. *lig.* 3, $=a\frac{ms+mr}{ns}$, *lis.* $=a\frac{ms+nr}{ns}$.

Page 246, Second Cas. *lig.* 7, ou $5x$, *lis.* ou $7x$.

Page 253, *art.* 44 B. *lig.* 7, sera de, *effacez* de.

Page 255, *lig.* 30, la part du fils, *lis.* la part du premier fils.

Page 266, *lig. pénult.* membres, *lis.* nombres.

L'Errata suivant contient des expressions qui ne sont pas bien marquées.

PAGE 91, *art.* 169 D. $\frac{a^2}{a}$, *lis.* $\frac{a^2}{a^3}$.

Page 93, *dans la lig. avant l'art.* 174. $2ab^3$, *lis.* $2a^3b^3$.

Page 94, Exemple 1. *lig.* 1, $+b$, *lis.* $+b^2$.

Page 166, *art.* 105. *lig.* 2, après le mot doublé *mettez* $\frac{ac}{bd}$.

Page 168, *art.* 112. *lig.* 5, *lis.* $\frac{aa}{bb}$.

Page 169, *art.* 112 F. *lig.* 4, $\frac{a}{e}\cdot\frac{a}{e}$, *lis.* $\frac{a}{e^2}\cdot\frac{a}{e}$.

Page 177, *art.* 126. *lig.* 3, $\frac{}{6}$, *lis.* $\frac{3}{6}$.

Page 193, *art.* 149. *lig.* 4, *lis.* $\frac{4}{5}$.

Page 197, *art.* 161. *lig.* 14, *lis.* $\frac{a}{b}$ & $\frac{c}{d}$.

Page 203, *lig.* 4, *lis.* je multiplie $\frac{a}{b}$.

Page 223, *art.* 230, *lig.* 4 & 5, *lis.* la racine n de a^m s'exprime aussi en cette maniere $\sqrt[n]{a^m}$.

Page 224, *art.* 233. *lig.* 5, *lis.* celle de a^m & de a^{-n} est $a^m + a^{-n}$.

Page 224, *art.* 234. *lig.* 2, *lis.* $a^5 \times a^{-2} = a^{5-2}$.

Page 252, *lig.* 8, *lis. ainsi* $\frac{by}{p}$. *Ibid. lig.* 12, *lis.* ou $\frac{ax+by}{p} = c$. *Ibid. lig.* 13, *lis.* & $\frac{ax+by}{p} = c$ *Ibid. la lig. avant le dernier alinea*, *lis.* d'où l'on tire $x = \frac{cp-bp}{a-b}$.

Page 253, *lig.* 8, *lis.* $x = \frac{cp-bp}{a-b}$.

Page 256, *lig.* 4, *lis.* $a + \frac{x-a}{d}$.

Fautes à corriger dans les Élémens de Géométrie.

PAGE 18, *ligne* 13, *effacez* le mot *Lemme* dans cette ligne & mettez le au-dessus en titre.

Page 21, *lig.* 9, son ussi, *lis.* sont aussi.

Page 32, *art.* 100. *lig.* 4, la couder, *lis.* la couper.

Page 51, *à la marge*, *effacez* Fig. 59.

Page 60, *lig.* 2, au côté AC & à sa partie AF, *lis.* aux côtés AC & AF.

Page 112, *art.* 102 C. *lig.* 10, est inscrit, *lis.* est double du perimetre inscrit.

Page 120, *art.* 112 C. *lig.* 2, circonfcc que êren, *lis.* circonférence que.

Page 143, *art.* 154. *lig.* 6, $\frac{1}{14}$, *lis.* $\frac{2}{14}$. *Ibid. lig.* 8, $\frac{2}{7}$, *lis.* $\frac{1}{7}$ *Ibid. lig.* 11, $\frac{11}{7}$, *lis.* $\frac{1}{7}$.

Page 168, *art.* 194 S. *lig.* 12, Figure 6, *lis.* Figure 6 Planche XII.

Page 174, *art.* 210. *lig.* 6, est a^1, *lis.* sera a^2. *Ibid. lig.* 9, se réduit à $2a^1$, *lis.* se réduit à $2a^2$. *Ibid. lig.* 10, $+ 2b^2$, *lis.* $+ b^2$.

Page 185, *art.* 251. *lig.* 7, article 227, *lis.* article 224.

Page 288, *art.* 63 H. *lig.* 6, de 10000, *lis.* de 100000.

Planche I à la fin du Livre Ier de Géom.

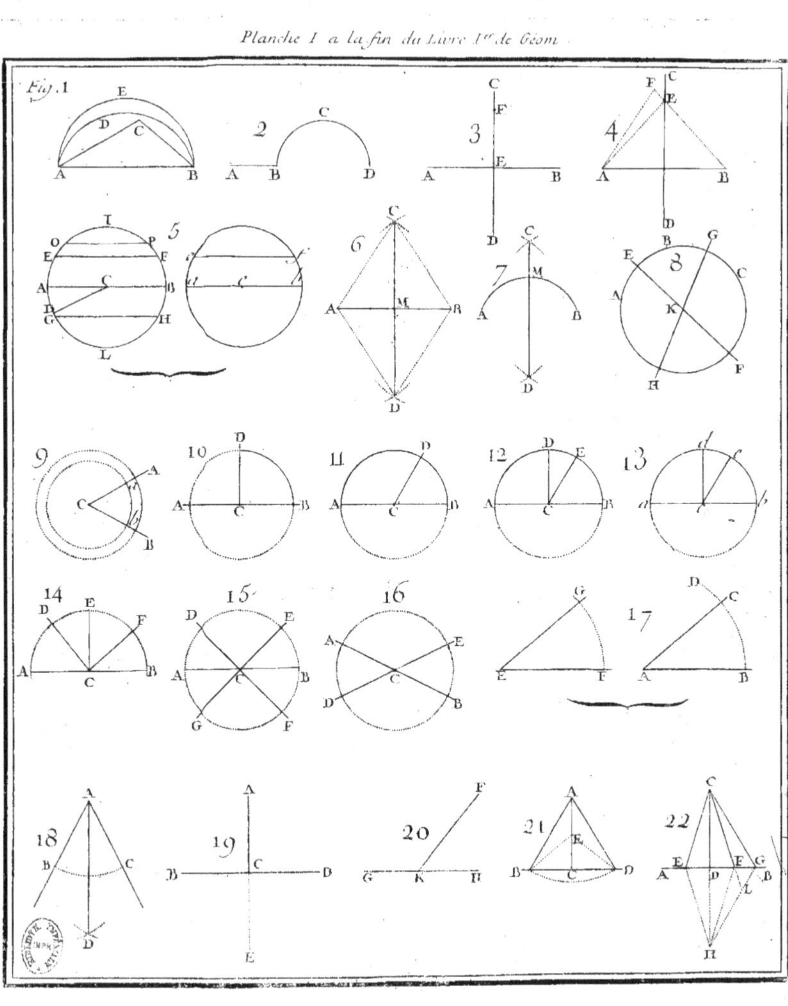

Planche II. a la fin du Liv. I. de la Geom.

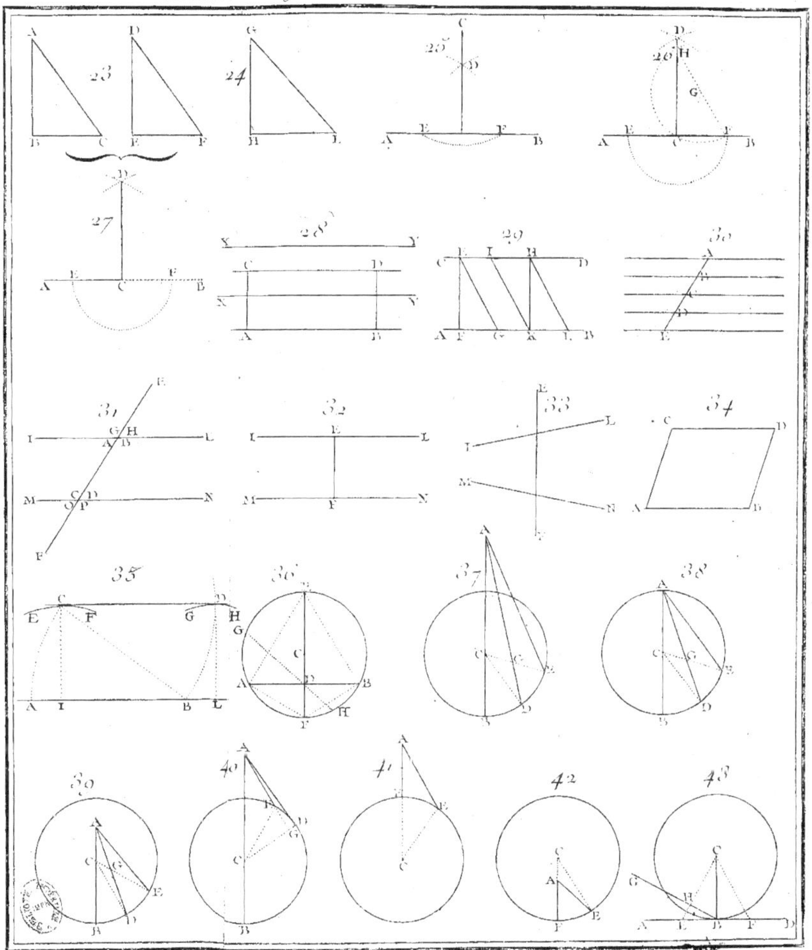

Planche III. a la fin du Livre I. de Geom.

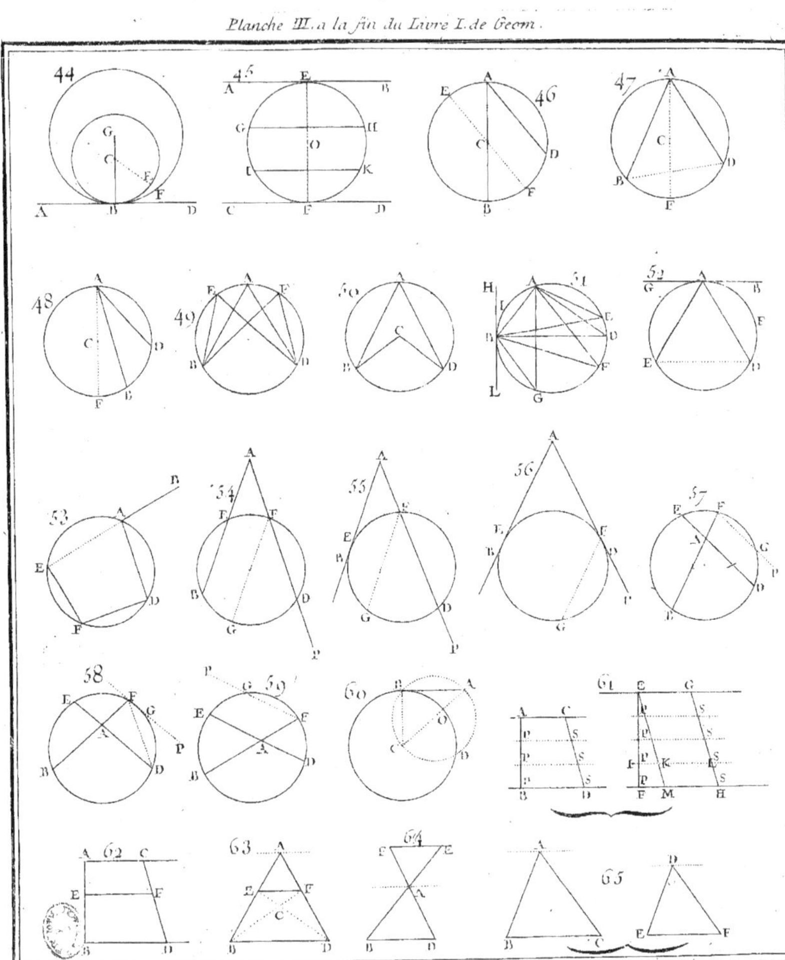

Planche IV a la fin du Liv. I de Geom.

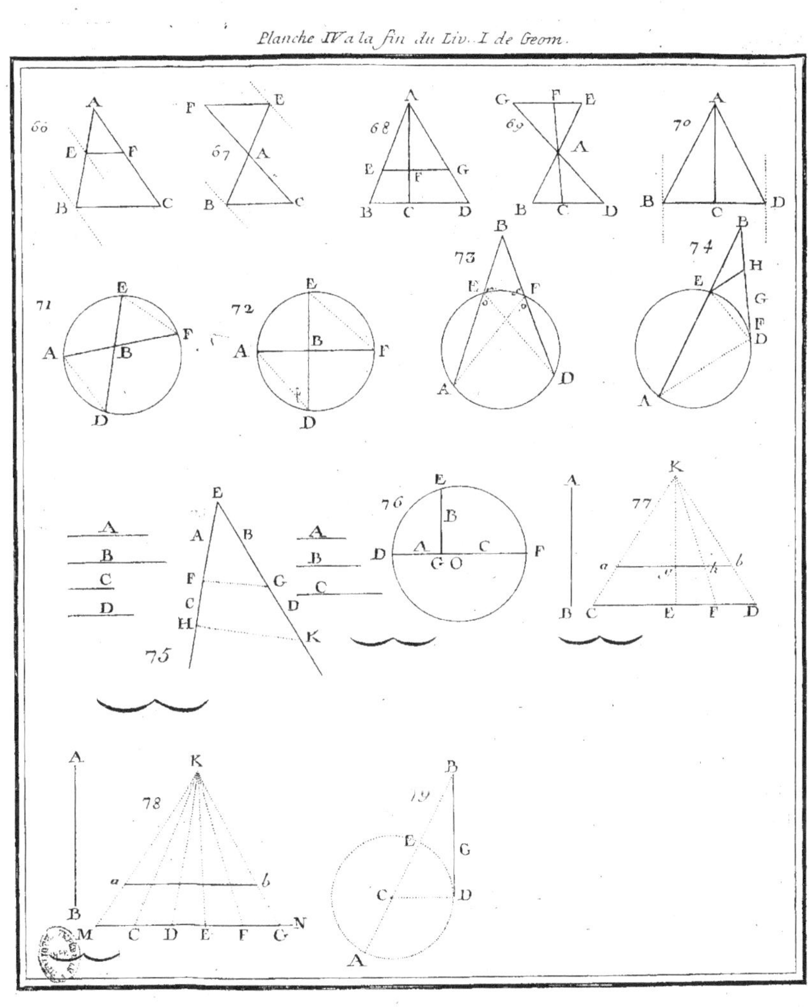

Planche I. a la fin du Livre II. de Geometrie.

Planche II. a la fin du Livre II. de la Geom.

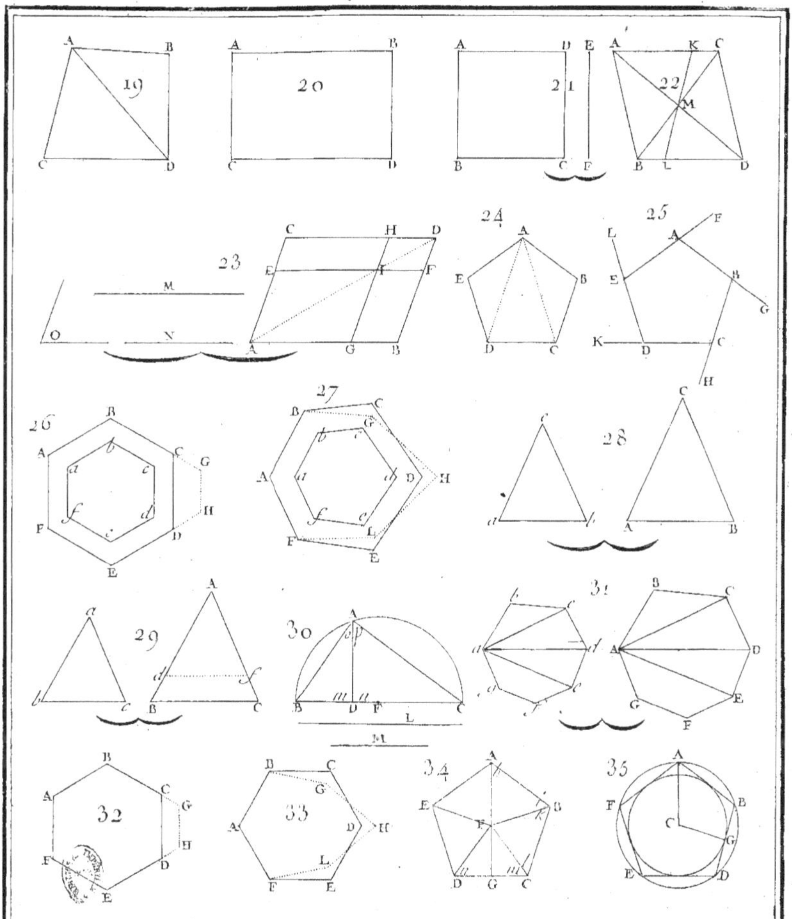

Planche III. a la fin du Livre II. de la Géom.

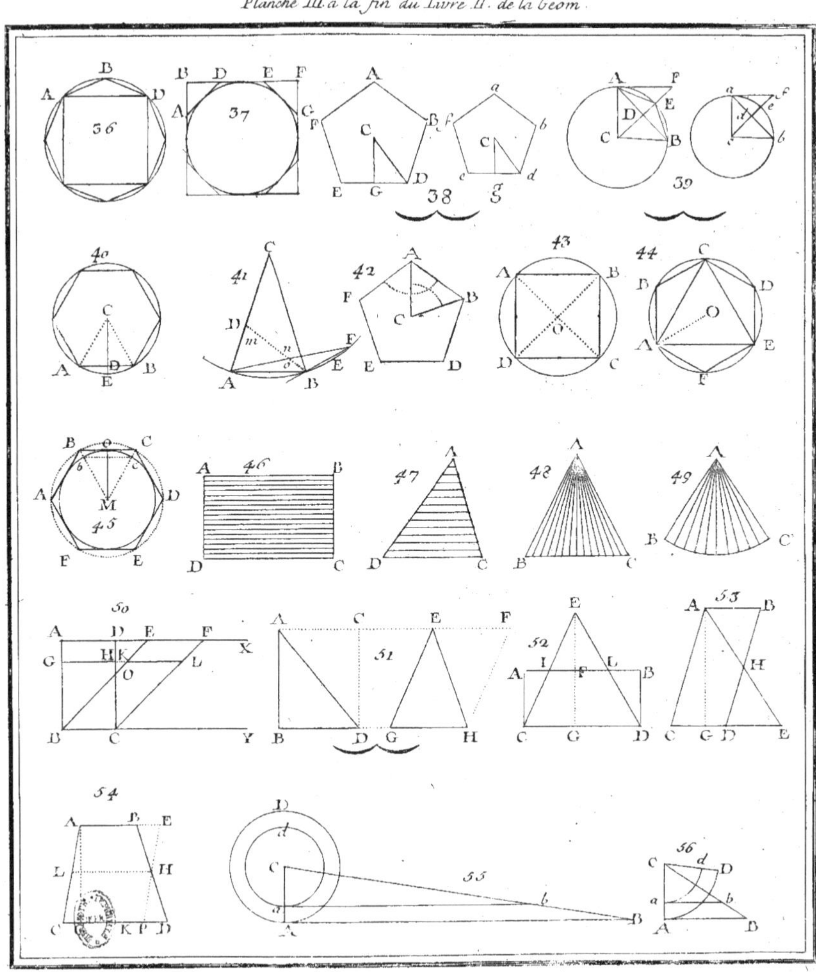

Planche IV à la fin du Livre II de Géom.

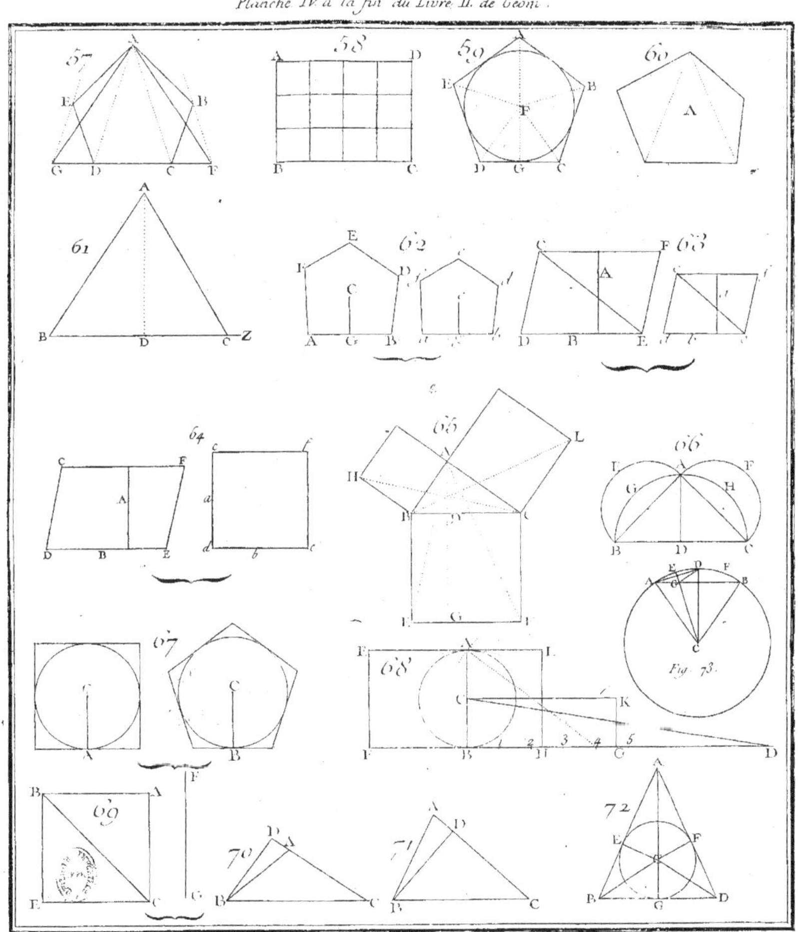

Pl. I. à la fin du Liv. III. de Geom.

Planche II. a la fin du Liv. III. de Geom.

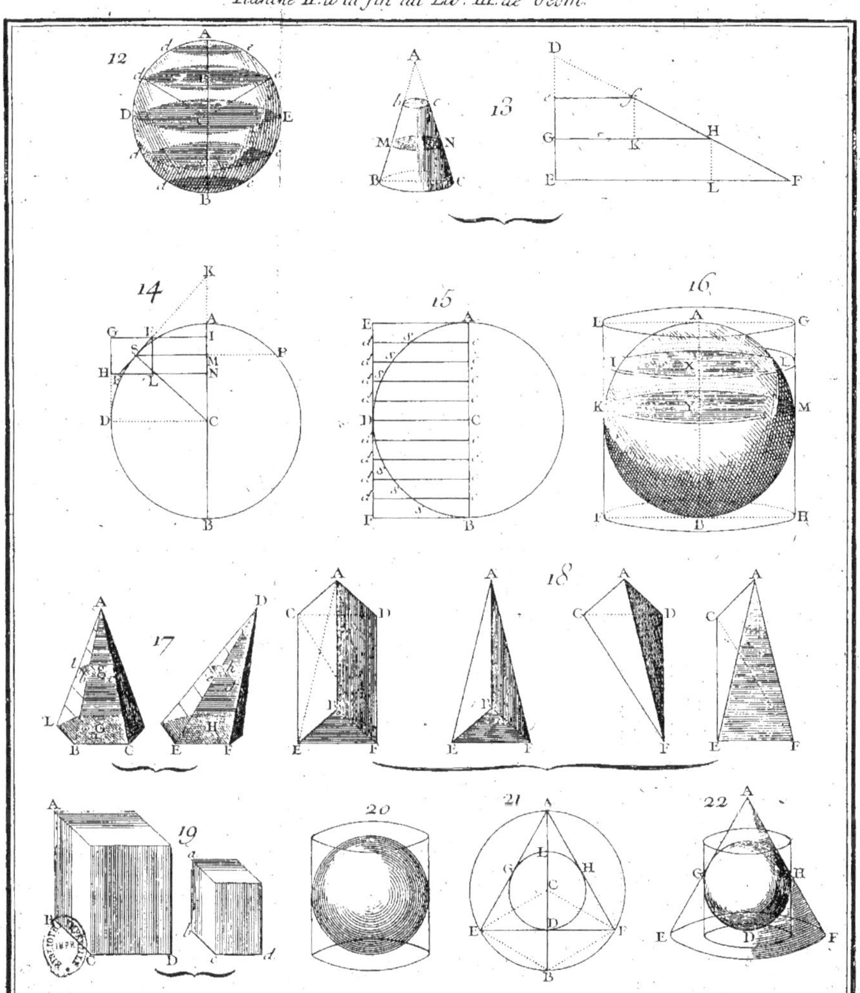

Planche XII à la fin du Suplém.t de Géom.

Planche XIII. a la fin du Suplement de Geometrie.

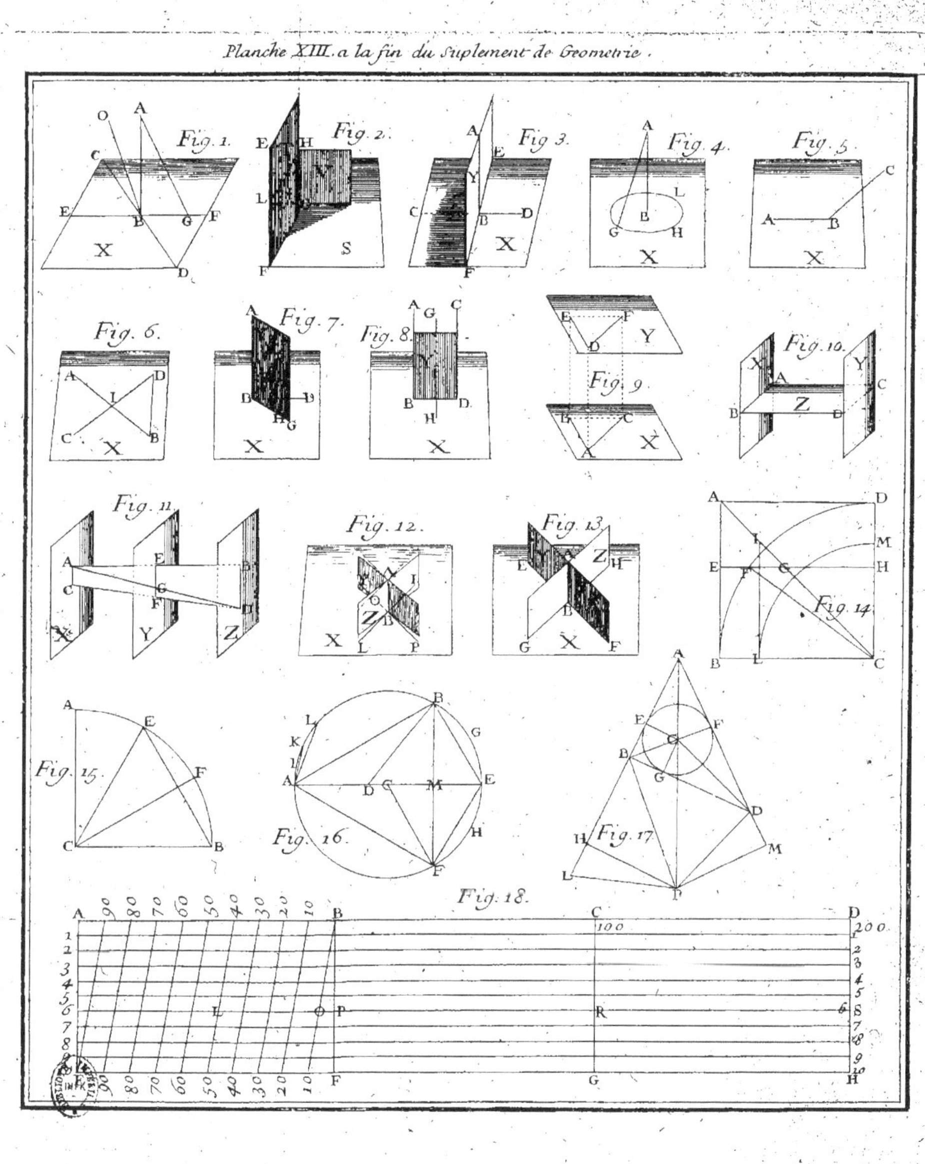

a la fin de la Trigonometrie.

www.ingramcontent.com/pod-product-compliance
Ingram Content Group UK Ltd.
Pitfield, Milton Keynes, MK11 3LW, UK
UKHW020303200726
13857UKWH00001B/78